中国维扬

传统菜点大观

张延年　石顺明　主编

U0286440

中国纺织出版社有限公司

编委会成员

张延年　石顺明　顾正阳

马月清　胡夏陵　张建敏

胡桂林　姚庆功　陈恩德

姜传水　鞠福明

图书在版编目（CIP）数据

中国维扬传统菜点大观 / 张延年，石顺明主编 .
北京：中国纺织出版社有限公司，2024.11. -- ISBN
978-7-5229-1952-2

Ⅰ. TS972.182.53

中国国家版本馆 CIP 数据核字第 20246BB619 号

责任编辑：闫　婷　国　帅　　特约编辑：金　鑫
责任校对：高　涵　　　　　　　责任印制：王艳丽

中国纺织出版社有限公司出版发行
地址：北京市朝阳区百子湾东里 A407 号楼　邮政编码：100124
销售电话：010—67004422　传真：010—87155801
http：//www. c-textilep. com
中国纺织出版社天猫旗舰店
官方微博 http：//weibo. com/2119887771
北京印匠彩色印刷有限公司印刷　各地新华书店经销
2024 年 11 月第 1 版第 1 次印刷
开本：889×1194　1/16　印张：37
字数：1125 千字　定价：158.00 元

凡购本书，如有缺页、倒页、脱页，由本社图书营销中心调换

序

我对于吃，其实不大讲究。小时候一天三顿，只是勉强果腹而已，"品味"一说是绝对没有的。后来年岁渐长，偶尔忆起少年时的家常菜，也只是怀旧罢了，并不在乎烹饪的技艺。再后来因为工作和兴趣的关系，关心起扬州的历史文化，才把维扬菜作为读书和研究的重点之一。

张延年、石顺明等先生的大作《中国维扬传统菜点大观》著成，向我索序，心中不免惶恐，但也爽快答应了。一则因为石先生的诚意难拂，二则这些年来于此稍加关注，多少有些话可说。

《中国维扬传统菜点大观》共分二十余类，称为大观，名副其实。

首先是燕菜类，细列绣球燕菜、明月燕菜、芙蓉鸡燕菜等十余种，一看便知是高等宴席所用。如什锦燕菜，除主料燕菜外，需配以熟火腿、熟鸡皮、熟净笋、水发冬菇、水发干贝、水发发菜、熟野鸭脯肉、熟鸡脯肉、熟鸽蛋、青菜心等，非一般家庭日常所能具备。又如七星燕菜，更是别出心裁，除了主料燕菜，还需配以红绿樱桃、枇杷、荔枝、桂圆、葡萄、杨梅各十颗，其中枇杷、荔枝、桂圆、葡萄、杨梅去核放碗中，加冰糖，入开水，在笼中蒸熟，红绿樱桃略蒸。将以上六种水果按色彩搭配，摆放在燕菜周围，成为七星燕菜。最后用炒锅上火，放水与冰糖，加少许甜桂花卤，事成倒入汤盘即可。此菜的特点是色彩艳丽，独具风味，仅读菜谱就令人垂涎。

鱼肚类、长鱼类，都是以鱼为主材的菜肴，让人想起扬州人对于鱼的食用传统。三国时陈登任广陵太守，治政有方，民赖其利，百姓对他感恩戴德。陈登转任东郡（今河南濮阳）太守时，广陵吏民扶老携幼，要随陈登一起北迁。陈登十分感动，耐心地劝说他们回去。陈登早年有病，虽经神医华佗诊治，但并未除根。后来病重，因华佗不在，无人可治，溘然长逝，时年三十九岁。《三国志·华佗传》记载："广陵太守陈登得病，胸中烦懑，面赤不食。佗脉之曰：'府君胃中有虫数升，欲成内疽，食腥物所为也。'即作汤二升，先服一升。斯须尽服之，食顷。吐出三升许虫，赤头皆动，半身是生鱼脍也，所苦便愈。佗曰：'此病后三期当发，遇良医乃可济救。'依期果发动，时佗不在，如言而死。"后人认为，陈登可能是吃鱼类时，由于当时卫生条件差，食物中有后来所谓的"血滴虫"。当时虽给华佗治好了，但还留下后遗症，正如华佗所说："遇良医乃可济救。"扬州人又好食黄鳝，称为"长鱼"。《扬州画舫录》云："面有浇头，以长鱼、鸡、猪为三鲜。"谓此，我曾在扬州怡园食炒鳝背，鲜美嫩滑，莫过于此。

猪肉类的菜肴是最丰富的，诸如排骨、肉圆、腰子、里脊、脚爪等，各有风味，不可替代，扬州尤以扒烧整猪头、蟹粉狮子头闻名遐迩。扬州人于此素有讲究，淮北亦如此。旧时曾读薛福成《庸盦笔记》，云，在清江浦，"凡饮食、衣服、车马、玩好之类，莫不斗奇竞巧，务极奢侈。即以宴席言之，一豆腐也，而有二十余种；一猪肉也，而有五十余种"。有一次席上有猪肉，众客无不叹赏，但觉其精美无比。一客偶起如厕，忽见数十头死猪，问其故，才知道刚才所吃的那碗猪肉，就是从这数十头猪的脊背上割下的肉做成的。其方法，先把猪关在室内，着人用竹竿扑打，猪叫号奔走，以至于死，立即取其背肉一片，数十头猪仅供一席之宴。这在世界的烹饪史上，也是罕见的。

牛羊类，此亦扬州人所好。我的三姨家是回民，原住扬州东洼子街回民区，向以烧牛肉最拿手。据说宋人苏轼任扬州知州时，于端午节在石塔寺选小羊、乳猪等为原料，设宴款待友人。元人乔吉《杜牧之诗酒扬州梦》杂剧有写道："大官羊，柳蒸羊，馔列珍馐。"清人宗元鼎《小市桥》诗云："河桥尚忆繁华夜，小市春灯煮百羊"写的是扬州宵市桥的羊肉席。扬州美食素有羊肉席，如李斗《扬州画舫录》云："小东门街多食肆，有熟羊肉店，前屋临桥，后为河房，其下为小东门码头。就食者鸡鸣而起，茸裘毡帽，耸肩扑鼻，雪往霜来。"近些年，扬州城南红桥的羊肉，每到冬日便顾客盈门。我的记忆中，在最饥饿的时代，有一次祖父带回来一碗冻羊油，其味道之特别，至今难忘。

鸡鸭鹅等类菜肴，在扬州也有悠久的历史。"有地惟栽竹，无家不养鹅"，这是唐人姚合《扬州春词》里的诗句。诗中说唐代扬州人家，没有一户不养鹅的。养那么多的鹅，除了像王羲之那样的雅士把它当作宠物饲养，大多都是过年过节宰了吃。在鉴真大师东渡扶桑八十六年之后，有一个日本和尚不畏艰险来到了大唐扬州，名叫圆仁。圆仁是随日本使团抵达扬州的，在扬州生活了七个月。他的《入唐求法巡礼行记》描写了在扬州的亲见亲闻，说："白鹅白鸭，往往多有"，"水路之侧，有人养水鸟，追集一处，不令外散，一处所养，数二千有余。如斯之类，江曲有之矣。"通过这段文字，我们了解唐代扬州人养殖的家禽，主要有鹅、鸭、水鸟等，有的人家圈养的数量多达两千余只。现在黄珏老鹅出了名，但是北湖一带最出名的本不是鹅，而是鸭。清人焦循《北湖小志》说，过去北湖农民常从苏州、常州买来乳鸭，放在湖中放养，这些乳鸭因"食鱼稻，肥厚异常，谓之'湖鸭'"。当然北湖也有鹅。焦循说，公道桥有一位高人黄衮，"草书入怀素之室，每大书'鹅'字，得者珍藏之"。康熙南巡时，黄衮年已九十，迎銮献字，获赏大缎二匹。

虾蟹类，扬州人对此有殊好。扬州原是产螃蟹的地方，扬州人也喜爱养蟹，善于吃蟹。据一些扬州食谱记载，用螃蟹制作的常用菜肴就有清蒸蟹、炒蟹微、雪花蟹斗、蟹子豆腐、蟹黄扒鱼翅、蟹粉狮子头，等等，令人眼花缭乱。扬州的螃蟹来自几处地方。李斗《扬州画舫录》载，扬州城北的黄金坝，在清代中叶为热闹的鱼市。其中有来自各处的螃蟹："蟹自湖至者为湖蟹，自淮至者为淮蟹，淮蟹大而味淡，湖蟹小而味厚，故品蟹者以湖蟹为胜。"蟹、虾、菱、藕、芋头、柿子、萝卜、车螯，时称"八鲜"，在黄金坝设有八鲜行，专事螃蟹等水鲜的交易。

关于螃蟹的产地、味道、蓄藏等，长期生活在扬州的清代美食家童岳荐在所著《调鼎集》中说："蟹以兴化、高邮、宝应、邵伯湖产者为上，淮蟹脚多毛，味腥。藏活蟹，用大缸一只，底铺田泥纳蟹，上搭竹架，悬以糯谷稻草。谷头垂下，令其仰食。上覆以盖，不透风，不见露，虽久不瘦。如法坛装，可以携远。"扬州人因爱食螃蟹，对于蓄藏活蟹也积累了如此的妙法，堪称一绝。对于螃蟹的吃法，《调鼎集》中介绍了剥壳蒸蟹、酒煮蟹钳、蟹炒鱼翅、蟹炒南瓜、蟹肉干、蟹炖蛋、炒蟹肉、拌蟹酥、脍蟹、籴蟹、蟹粉、蟹松等法，而以"壮蟹"法尤为奇特："活蟹洗过，悬空处半日，用大盆将蛋清打匀，放蟹入盆，任其食饱即蒸。又，雄蟹扎定爪，剃去毛，以甜酒和蜜饮之，凝结如膏。"由此可见，扬州人在美食方面的用心之细。

扬州人特别爱吃醉蟹或糟蟹。以鲜活幼蟹浸清水中，让其吐尽秽物，然后置于瓶中，以酒渍之，便成佳肴。清初郝璧《广陵竹枝词》云："蟹黄肥美敌江瑶，活眼蹒跚受赭糟。但是团脐居上脍，琉璃酒满且持螯。"所咏即糟蟹也。扬州人食蟹之法，在白云外史散花居士的《后红楼梦》中也曾提及："说起吃螃蟹来，不是一个个的剥他也没趣。若是别的弄起来，也没个新鲜的法儿，不过是鱼翅炒的、鸡蛋炒的、鸡鸭肉和做了羹汤的。再不然，扬州调儿——剥了一盘，一角一角的，也再不见什么新样儿。"这段话是王夫人对林黛玉等人说的，也许就是林黛玉将扬州人吃蟹的方法带到了贾府，并被王夫人戏称为"扬州调儿"。所谓"扬州调儿"，就是将许多螃蟹一起剥成一角一角的，放在一个大盆子里，到时候食客围坐一圈，不用个人取来螃蟹费事，而只需从大盆中随意取食即可。这也是扬州人的特点，取其便捷。

我住在沙北三村时，一日买来螃蟹，当天未能吃完。至夜深，女儿床头书架传来郭索之声。开灯一看，原来是一只螃蟹。这只爱书的螃蟹也就此成为宠物，在我家多活了几天。我喜欢吃醉蟹，可以独自搭酒，消磨半日。我的印象中，在南京下关江边曾看到无数的蟛蜞（螃蟹的一种），在江都老家码头边随手捉到活虾，如今这些都成了回忆。

鸡蛋类，除了大名鼎鼎的扬州炒饭，个园主人黄志筠与鸡蛋的传说流传甚广。易宗夔《新世说汰侈》中所记载的两淮盐商黄均太，即黄至筠："黄均太为两淮八大盐商之冠。晨起饵燕窝，进参汤，更食鸡卵二枚。一日无事，翻阅簿记，见'卵二枚'下，注：'每枚纹银一两。'黄诧曰：'卵值即昂，未必如此之巨！'呼庖人至，责以浮冒。庖人曰：'每日所进之鸡卵，非市上购者可比。每枚一两，价犹未昂。主人不信，请别易一人，试尝其味。'言毕，告退。黄遂择一人充之，其味迥异于昔。一易再易，仍如是，意不怿，仍命旧庖人服役。翌日，以鸡卵进，味如初，因问曰：'汝果操何术而使味美若此?'庖人曰：'小人家中，畜母鸡百头，所饲之食，皆参术煮枣等，研末掺入，其味故若是之美。主人试使人至小人家中一观，即知真伪。'黄遣人往验，果然！由是复使用之。"个园主人每天早晨吃的鸡蛋系饲人参、白术之母鸡所产，这与其子黄小园每日早晨用十几种点心和十几种粥来待客有异曲同工之妙。

豆腐类的菜肴之多，将近百种，蔚为大观。在普通的扬州人家，哪怕是一锅热豆腐，也能驱散冬夜的寒意。在朱自清的《冬天》中，"白水豆腐"有家的温情。他说："围着桌子坐的是父亲跟我们哥儿三个。'洋炉子'太高了，父亲得常常站起来，微微地仰着脸，觑着眼睛，从氤氲的热气里伸进筷子，夹起豆腐，一一地放在我们的酱油碟里。""我们都喜欢这种白水豆腐，一上桌就眼巴巴望着那锅，等着那热气，等着热气里从父亲筷子上掉下来的豆腐。"汪曾祺的《豆腐》生动地摹画了豆腐各种可爱的形态：说南北方做的豆腐不同，点得比较老的，为北豆腐；点得比较嫩的，则是南豆腐。豆腐压紧成形，是豆腐干。卷在白布层中压成大张的薄片，是豆腐片。东北叫干豆腐。压得紧而且更薄的，南方叫百页或千张。豆浆锅的表面凝结的一层薄皮撩起晾干，叫豆腐皮，或叫油皮，"我的家乡则简单地叫作皮子"。

豆腐本是再普通不过的食品。在扬州饭店里，可以常常吃到一种豆腐羹，那是把豆腐切成极细的丝丝，加上别的调料制成的羹汤。其味之美，无法形容，而论其主要原料，不过是一般的豆腐而已。据说，它的名字叫作"文思豆腐"，乃是清代扬州和尚文思发明的。《扬州画舫录》有关于文思的一段记载，说："文思，字熙甫，工诗，善识人，有鉴虚、惠明之风，一时乡贤、寓公皆与之友。又善为豆腐羹、甜浆粥，至今效其法者，谓之'文思豆腐'。"好像扬州的和尚与吃，一直很有缘分：唐代的扬州鉴真和尚，把豆腐的制法传到了日本；晚清的扬州莲性寺僧人，以红烧猪头闻名于世。和尚已经如此善于吃，商人自然更胜一筹。

据《清稗类钞·饮食类·煎豆腐》载："乾隆戊寅，袁子才与金冬心在扬州程立万家食煎豆腐，诧为精绝！"扬州程立万家的煎豆腐，竟给诗人袁枚留下了深刻的印象。袁枚后来在《随园食单》中特地写了一篇《程立万豆腐》记载此事，说："乾隆廿三年（1758），同金寿门在扬州程立万家食煎豆腐，精绝无双。其腐两面黄干，无丝毫卤汁，微有车螯鲜味，然盘中并无车螯及他杂物也。"第二天，袁枚念念不忘此物，把程家美食告诉了友人查某。查某说："这个我也能做的，我特邀你们来我家吃。"过了一天，袁枚和杭世骏同去查家吃豆腐，才伸了一筷，就大笑不已，原来那并非豆腐，而是雀脑，"其费十倍于程，而味远不及也"。袁枚原来是想向程立万讨教豆腐的煎法的，因为妹妹猝亡返宁，没有来得及讨教。不料一年之后，程立万去世，"程立万豆腐"也就成了广陵散！

关于扬州的豆腐，还有一件事情可说的，就是连皇帝也喜欢。这一则有趣的故事并非来自民间的采风，却是见于英国人濮兰德、白克好司所著的《清室外纪》："乾隆时曾数举巡幸之典，每至一处，则喜访其地特产之精者食之。有一满人，乃世禄之家，言其先代随扈日记中，曾记一事，言帝至江南扬州，食豆腐而甘。此本扬州有名之肴馔也，问其价只三十文耳。乃下谕以后类此价贱味美之馔品，御厨中亦须备之。"回京后，乾隆得知在扬州只需三十文就办到的豆腐，内府竟然开出十二两的价钱！问是何缘故，回禀说："南方之物，不易至北，故价值悬绝如此。"这也可见皇宫内府的虚浮之弊到了什么程度。

其他还有素菜类、甜菜类，琳琅满目，美不胜收。菌菇类近年受到营养学家的吹捧，也得到年轻人的喜好。总之，石顺明先生作为资深的职业厨师和专业教师，在他丰富的烹饪实践与教学实践的基础上，退而不休，毅然执笔写出这部大作，于扬州菜、于扬州工、于扬州城，都是厥功至伟的。我乐于为之作序，并希望有更多的读者喜爱这部书。

韦明铧

2023 年 11 月 8 日于醒堂

维扬烹饪文化漫谈

扬州是国务院首批公布的"中国历史文化名城",有着深厚的历史文化底蕴。扬州也是中国烹饪文化名城,同样历史悠久,闻名遐迩。长期以来,扬州的饮食市场繁荣发达,烹饪技艺、菜点特色同样声名远播,被世人誉为"吃在扬州",被联合国评为"世界美食之都"。

谈及五千年文明的中华民族文化,必然包括古老的烹饪文化,其是民族文化不可分割的重要组成部分。中华烹饪文化的杰出代表是"鲁、川、扬、粤"四大传统菜系。研究扬州烹饪文化,不仅是深入了解扬州、感受扬州文化的需要,也是烹饪专业人士继承、发展扬州烹饪文化,继承扬州烹饪技艺的迫切需要。

本文以"信手拈来"的形式,和读者诸君进行一次关于扬州烹饪文化漫谈式的交流。

一

何谓烹饪

《易经·巽卦》(巽为木、为风)曰:"以木巽火,烹饪也。"

《辞海》上解释说:"烹饪,烹调食物。"

中国台湾版的《中文大辞典》这样解释烹调:"烹调,烹制食物。"转了一个圈,又回来了。

要真正理解和掌握烹饪的准确含义,须从"烹"和"饪"两个单音词说起。

东汉许慎在《说文解字》中说："烹，从火亨声。""饪，从食壬声。"两字均系形声字，即"烹源自火，饪止之于食"。故而烹饪即指用火加热原料使之成熟。如果要给烹饪下一个比较完整的定义，笔者觉得如下的表达较为妥帖：用火加热（或用其他方法）使食物成熟的全过程。这个全过程包括了从原料选择到进馔程式间的所有环节。

烹饪的发生、发展是人类所独有的生存智慧和文化现象。古人云："国以民为本，民以食为天。"百姓、人民是一个国家的根本，而给百姓提供食物，解决百姓的吃饭问题，则是像天一样大的事情。

烹饪的出现，源于人类对自然界火种的保存、控制和使用。进而在长期实践中，逐步发明了"钻木取火""钻燧取火"的生火方法，由被动转为主动，掌握了生产力。

人类由"茹毛饮血"的生食时代进化到用火加热的"熟食时代"，再发展成色香味形俱佳的"美食时代"，充分体现出人类智慧的发展、社会文明的进步、生活品质的提升。

从掌握保存火种的方法，到生火方法的发明，进而全方位控制、使用火的技巧，人类所独有的"火文化"，不仅使人类完全区别于一般动物，成为"万物之灵"，而且熟食让人类远离了疾病，极大地延长了人类的寿命。故而，在人类发展的历史长河中，烹饪一步步进入了"科学、文化、艺术"的范畴。而烹饪关联到的原料、加工、传热方法，调味的使用，营养的配比，食疗养生等方面，使其成为一门多学科交叉的边缘性科学。由于烹饪关系到人类的生存，健康、智慧的提升，生命的延长，美学享受等方面，故而又成为一门极具生命力的"永恒科学"。中国烹饪根植于中华民族文化的土壤之中，博大精深，丰富多彩。万千种菜肴、点心展现出独特的中华民族风貌，被誉为世界的"烹饪王国"。

二

维扬、淮扬与扬州

在不少人眼中，这是几个"纠缠不清"的名字，还有不少"误解误读"。实际上，只要翻开历史，一切都会明明白白。简言之，维扬、淮扬如同广陵、江都、邗江、江阳等称谓，都是扬州的别名或代称而已。只是维扬、淮扬二名号，更加具有地域的、历史的和文化的色彩。

维扬之称源于《尚书·禹贡》："淮海惟扬州。"大禹治水，以疏代堵，水患解除，乃分天下为九州。从淮河向南至东南大海，华夏东南部地区称为扬州。扬州三面环水，而"水扬波也"，故名扬州。古扬州并非今扬州，不可简单地混为一谈。古代扬州地域非常广阔，根据不同的历史时期，其范围有所变化。自南北朝庾信（公元513—581年）写《哀江南赋》，其中有"淮海维扬，三千余里"的表述，自此往后，许多诗人常以维扬指代扬州，而且这些指代中，往往"大""小"扬州逐步交叉使用，乃至最后特指"小扬州"。

唐代诗人刘希夷（公元约651—约680年）在其《江南曲》中吟曰："潮平见楚甸，天际望维扬"、"维扬吴楚城"。有"诗圣"之称的唐代大诗人杜甫（公元712—770年）在《奉寄章十侍御》中写道："淮海维扬一俊人，金章紫绶照青春。"盖指章十侍御为扬州人士也。延至晚唐，诗人杜荀鹤（公元846—904年）在《送蜀客游维扬》中写道："见说西川景物繁，维扬景物胜西川。"由上述可知，自公元6世纪至公元9世纪，绵延三百余年，骚人墨客皆以"维扬"指代扬州，赋予了"维扬"丰富的文化内涵。

至宋代，学者费衮在其作品《梁溪漫志》（书成于公元1192年）中总结了这一文化现象："古今称扬州为惟扬，盖取《禹贡》淮海惟扬州之语，今则易惟为维也。"

元代诗人鲜于枢（公元1256—1302年）在其《扬州五言四十韵》中则开宗明义："淮海楚之城，维扬冠九州。"

以淮扬指代扬州，源自唐代。首先须廓清真相：此淮扬绝非今人以为的"淮阴、扬州"之谓也。唐开元年间（公元713年开始），设天下为"十道"，其中有"淮南道"。后又改为"十五道"，易"淮南道"为"淮南东道"。至德年间（公元756年开始），又设"淮南道方镇"，领有豫、鄂及皖苏江淮之间的广大地区。自唐至宋三百余年间，"淮南"治所（相当于今日之省会）均设在扬州，扬州也成为"淮南地区"的政治、经济、文化中心，故俗以"淮南""淮扬"指代扬州。

菜系是在历史发展的过程中逐步形成的。扬州烹饪文化和技艺孕育在长江、淮河流域的长河之中，故以"维扬菜""淮扬菜"指称也颇贴切。

三

维扬烹饪的滥觞

远在公元前486年邗城建城之前，在这片地域中已经有先民定居，烹饪文明也随之相伴而生。考古学的发现告诉我们，那时的烹饪技艺已经有了一定基础。在邗江七里甸一带的丘陵地区，曾出土"绳纹袋足陶鬲"的残片。经鉴定，乃新石器时代晚期（七八千年前）所制作。鬲，圆口广肚的容器，下部有三足鼎立，可稳定放置于地面，可以"举火通风"，是颇为先进的炊煮用具，足以证明扬州的先民们远在七千年前就已经掌握了较为先进的烹饪技巧。

三千年前的淮河下游、长江以北的地域，为古邗国之地。考古学家曾在今扬州之西、仪征新城以北的"破山口"丘陵地带，挖掘出大批青铜器。其制作之精美、品种之繁多令人惊叹。其中有作为乐器的钟，作为炊具的鼎、鬲，作为饮具的尊、卣，作为食器的盘、簋，等等，都反映当时的餐饮生活已经十分丰富，烹饪的方法已经多样化，体现出当时的"贵族"举办大型餐饮活动时"钟鸣鼎食"的排场，也证实了发达的中原地区饮食文化已经跨越了千山万水，影响到了"淮夷地区"。至于该地区先后出土的"吴邗王之壶"，战国墓葬中出土的鎏金、镶嵌漆杯、夹纻漆盘，也充分表明当时的吴楚饮食文化有了较高水平。上述种种足以证明：扬州建城（公元前486年）之前，淮夷地区的烹饪已经有了较好的基础。至建城之后，在多种因素的影响和促进下，终于占据了烹饪技艺的"核心地位"，得以成为"维扬菜系"的中心。

四

维扬菜系形成的诸多因素

首先需要明确：什么是"菜系"？菜系是烹饪技艺、菜点特色的体系。菜系一定是在广阔的地域空间，经历漫长时间的积累，逐步形成各种不同风味，集中提炼而形成的"特色风味"，是缓慢而又坚实形成的体系。菜系的形成是不以人们的主观意志而改变的。菜系也不宜以一时一地的"行政区划"来命名，因为行政区域及其名称是可以不断改变的。有人说：我们这里有特色菜肴、特色点心。但这不能因此而形成"体系"。有特色菜肴、点心事实上是广泛而又分散存在着，但与体系不可同日而语。

如上所述，扬州建城前的烹饪文化，经人群长期活动而保留。建城后的诸多因素和条件，终于造就扬州居于维扬菜系中心的地位，并且形成了独有的基本特色。

下面我们就抽丝剥茧地来探讨一下"维扬菜系"是如何形成和发展的。

（一）得天独厚的自然环境，富足丰饶的物产资源

扬州东临大海，面江负淮。建城以后，运河中贯，水网密布。邵伯湖、高邮湖、宝应湖、洪泽湖自东向北排列成行，连成一片。境内气候温暖，雨量充沛，年积温高且四季分明。自然条件适合农作物生长和水族繁衍。瓜果蔬菜长年不断，鹅鸭鱼虾源源不绝。这些都给烹饪提供了品种丰富、四季有别、取之不尽用之不竭的原料，为烹饪发展奠定了坚实的物质基础。远在夏代（公元前21世纪—公元前17世纪）即有"淮夷贡鱼"的记录。考古和史料的记录充分

证实了这一切。仅从扬州汉墓出土的烹饪原料及其制成品就有梅子、枣、栗、杏、甜瓜、稻谷、高粱、小米、麦、鸡、鱼、鳝、鳖、肉类、竹笋、鱼干、肉脯、果脯、饧，等等，极为丰富。至隋唐时期，扬州的蜜蟹、鱼鲊、蜜姜等美食，一直被列为"贡品"。元明时期，扬州成为皇室宫廷的烹饪原料和食品的重要供应基地之一，每年岁贡不绝于途。

优越的地理位置和自然环境，不仅使扬州成为"水落鱼虾常满市，湖多莲芡不论钱""菜花甲鱼菊花蟹，刀鱼过时鲥鱼来"的鱼米之乡，而且因为季节分明，烹饪原料达到"应时应景""四时有别"："春有鲥鱼夏有鲖，秋有野鸭冬有蔬""春笋蚕豆荷花藕，八月桂花烧芋芳"。里下河地区湖荡的野鸡、麻鸭、莲藕，沿长江地区的刀鱼、鲖鱼、鲥鱼，一年四季的应时蔬菜，为扬州烹饪的发展提供了源源不断的丰盛原料。

自隋王朝在古邗沟基础上开筑了"通济渠"（即京杭大运河），长江上下游、两湖、川广的大量土特产品必须经过扬州才能转运至京畿即北方中原地区，从而进一步丰富了扬州烹饪原料的品种，扩大了烹饪原料的来源。

（二）沟通南北的地理位置，繁荣发达的商业经济

中华大地的广袤国土，地势西北高东南低，故而江河川溪，皆自西向东流淌，直至大海。古时交通虽有陆地道路，然而大宗货物、物品流通、交易皆仰仗于河流、船舶。南北方向缺少河道贯通，极大地阻碍和影响了物质流转和商业活动的规模。

公元前486年，吴王夫差为北上伐齐，以争诸侯盟主之位，遂征集民夫，于长江北岸由南往北开挖河道，直至末口（即今淮安），此即邗沟。为供给民夫日常用度物质、轮换休憩，遂于长江、邗沟交汇处之高岗上建城，名曰"邗城"，此即最早的"扬州城"。因邗沟末口位于洪泽湖畔，与淮河相通，故邗沟沟通、连接了长江、淮河两大水系，极大地方便了长江、淮河两大流域广大地区的货物运输、流通和人文交流，同时大大促进了邗城的经济发展和繁荣。公元前335年，楚怀王在邗城旧址上设"广陵县"。正由于邗城这种独特的、无可替代的特殊位置，到汉代分封的若干诸侯国，如"江都国""广陵国""吴国"等，都将"都城"设置于广陵。公元605年隋炀帝杨广，以古邗沟为基础，开筑"通济渠"，南至杭州，北通京城，将黄河、淮河、长江、钱塘江连成一体，使之成为沟通中国南北的、名副其实的大动脉。扬州扼守在这条大动脉的"咽喉要道"，货物流通之宏大，商业经济活动之频繁自不待言。唐代刘肃（公元820年前后，元和中任"江都主簿"）在《大唐新语》中写道："江淮俗尚商贾……及誉为扬州。"商业活动的活跃与发达，势必导致人口的日益集中、城市规模的不断扩大。据日本圆仁和尚在《入唐求法巡礼行记》一书中记载：唐代天

宝年间（公元742—756年），扬州连同所属七县，共有百姓七万七千一百五十户，人口四十六万七千八百七十五人，约占当时全国人口的1%。城市规模巨大，经济繁荣昌盛，绕城城墙广达四十里之多。唐人高彦休在《唐阙史》一书中描述："扬州，盛地也。每重城向夕，倡楼之上，常有绛纱灯数万，辉罗耀列空中。九里三十步街中，珠翠填咽，邈若仙境。"宋代学者洪迈，在其《容斋随笔》卷九"唐扬州之盛"中记曰："唐世盐铁转运使在扬州，尽斡利权，判官多至数十人，商贾如织。故谚称'扬一益二'。谓天下之盛，扬为一而蜀次之也。"

至于吟咏扬州风物繁华的诗歌，更是不胜枚举。人们耳熟能详的如："腰缠十万贯，骑鹤上扬州。""十里长街市井连，月明桥上看神仙。""二十四桥明月夜，玉人何处教吹箫。""夜桥灯火连星汉，水郭帆樯近斗牛。""拖轴诚为壮，豪华不可名。""满郭是春光，街衢土亦香。"等。乃至远在长江之南的京口（今镇江），每至深夜也能感受到扬州的繁华景象："天远楼台横北固，夜深灯火现扬州。"

如此繁荣发达的商业经济，势必对饮食业起到巨大的促进和推动作用，极大地刺激了烹饪技艺和餐饮市场的快速发展。至明、清两朝，扬州更是食肆林立，获得了"扬州茶肆甲天下"的美誉。

《桃花扇》作者、清代著名戏曲家孔尚任（公元1648—1718年）有诗云："东南繁荣扬州起，水陆物力盛罗绮。朱桔黄橙香者橼，蔗仙糖狮如茨比……一客已开十丈筵，客客对列成肆市……"可见那时扬州的筵席之盛是如何的不同凡响。

需要特别指出的是，通济渠贯通之后，扬州不仅成为中国最繁荣的城市，同时又成为与海外各国交流的中心城市。

唐代高僧扬州鉴真大和尚（公元688—763年）六次东渡日本，皆由扬州出发，虽历尽艰辛，终于抵达日本。日本先后十三批派遣"遣唐使"，也大多经扬州上岸，再中转至帝都长安。扬州对于中日两国间的文化交流，包括烹饪文化的交流，都起着举足轻重的作用。鉴真大和尚东渡不仅携带了"胡饼"（今之芝麻烧饼）、"蒸饼"（今之馒头、包子）、"捻头"（今之馓子）、"牛酥"（今之油酥面制品）等作为"路粮"，而且将这些"扬州点心"的制作方法和工艺技术也传到了日本。据有关资料记录，中国发明的豆腐制作技术，也是鉴真一行传至日本的。

元代时，意大利著名旅行家马可·波罗，曾长期在元朝出任官职。从公元1275年在扬州担任管理专门事务的长官——总管。元朝时朝廷在扬州设"江淮财赋都总管府"，故有"总管"一职。在华十七年之久的马可·波罗回国后，将其在华经历口述成书《马可波罗行纪》，不仅记录了扬州的富庶与昌明，而且将中国的面条、米饭等制作技艺传到了意大利。

唐代时，由于扬州商业繁荣，加上连通海外的便利，大批波斯等中东地区商贾来扬州经商。至今扬州坊间尚流传着"波斯献宝"等俚语，充分反映出阿拉伯人在扬州留下的影响。

综合以上所述，历史上扬州的繁华如范文澜先生在《中国通史》里所说："唐代水陆交通以扬州为中心通济渠是南北交通总干线。自扬、益、湖南，至交、广、闽、中等州，所有公家运漕。私行商旅，都依靠通济渠。""扬州是南北交通枢纽，江淮盐、茶、漕米和轻货，先汇集在这里，然后转运到关中和北方各地、扬州有大食（今沙特阿拉伯）、波斯（今伊朗）贾人居住，多以卖珠宝为业。朝廷在扬、广二州特置市舶使，足见扬州也是一个对外贸易的重要商埠。"

扬州作为重要的交通枢纽位置，决定了经济长盛不衰的繁荣，又决定了扬州饮食市场的高度发达；烹饪技艺的高超精湛，为维扬烹饪文化的繁荣和形成体系，奠定了又一个坚实的基础。

（三）封建帝王巡幸游览，南北技艺的广泛交流

维扬烹饪文化和烹饪技艺体系的形成和发展，不仅有无比坚实的物质基础，持续的市场刺激和需求，还有一些非同一般、特殊的因素。其中突出的是"帝王多次的巡幸游览"和"南北技艺的广泛交流"。

公元605年，隋炀帝杨广率皇后嫔妃、王公百官，以及男女僧尼共十万余人，乘龙舟凤舶、赤舰、楼船，浩浩荡荡、旌旗蔽天、首尾相连数十里之遥的船队巡幸扬州。途中饮食不仅有若干御厨伺候，还有尚食直长（即宫廷厨师长）谢讽总理其事。在中原地区大批高手名庖随驾南下的同时，隋炀帝下令："御舟过处，五百里内之州、县，均需献食。"沿途州县官吏，莫不"诚惶诚恐"，既恐罹祸，又冀邀宠，于是各地美馔异味，纷至沓来，使这支庞大的皇家船队客观上成为中原地区的美食和烹饪技艺的"搜罗队"。隋炀帝住跸江都之后扬州官府派出最佳厨师由谢讽统领，昼夜为皇家效力。南北高厨，"同室操锅"。同时，江南各地也选进名馔，效力君王。客观上使扬州厨师得以"采南北众家之长，集南北菜点之美"，从而丰富了自己的技艺内涵。后来谢讽也撰写了《食经》，记录了当时的各式菜点。惜乎此书亡佚，只留下了个别的菜名。

宋建炎三年（公元1129年），金人侵占汴梁，掳徽宗、钦宗。高宗赵构，携宗庙、社稷、六宫、朝臣，匆忙中逃往扬州，以扬州为"行在"（即临时帝都）。同时有大批商贾乡绅、士人艺人，乃至百姓人等数十万，纷纷南下避祸，云集扬州，使南北厨艺又出现一次大规模"交融"。赵构在扬州设行宫别院，立天坛、地坛，收税集赋，颁诏纳贡，甚至开科取士。至金兵南下，追逼无度，方"车驾自维扬渡江"，定都于临安（今浙江杭州）。其时有大量"北人"，因各种因素未能随之前往，留在了扬州。

至明、清两朝，从明正德皇帝，至清康熙、乾隆二帝，均多次"南巡"，扬州屡屡接驾。钦差往返频仍，衣食住行安排得细致入微。地方官员挥金如土，盛宴豪饮连绵不绝。山珍海错，刻意求工；美馔佳肴，力求精致。扬州厨人不仅扬南北技艺之长，而且集满汉肴馔之精，闻名遐迩的"满汉全席"就是这一时期的产物。由乾隆帝在扬州摆下的这一盛宴，为我们留下了唯一的、有文字记录的满汉全席食单。

历史上，自杨广迷醉扬州，并终老于扬州之后，扬州的人文美景、美馔佳肴声名大振。历代官宦游侠、骚人墨客，莫不以一游扬州为愿，以屡至扬州为乐，致使扬州成为一座闻名遐迩、纸醉金迷的高消费城市。

（四）豪商大贾的骄奢淫逸，私家厨师的刻意求工

自战国初期开始，延绵至明、清王朝，扬州长期繁荣发达的商业经济，造就一批又一批的商人，其中不乏腰缠万贯者。他们追求锦衣玉食，享乐无度。扬州自古即为"淮盐总汇"，隋王朝时更是形同"陪都"。唐代时设"盐铁转运使"，明清时更置"两淮盐运使"。商贾中"以盐为业者"，向有数百家。盐商中"富以百万计者"多多，"百万以下皆为小商"，其豪富程度可见一斑。

清代时，"盐课"对政府财政收入起着举足轻重的作用。据乾隆、光绪两朝修订的《两淮盐法志》记载："（盐）课居天下之半，江淮盐课又居天下之半。"扬州盐税居然占到清政府财政岁入的四分之一，盐商之豪富可想而见。富裕的盐商们广筑园林、争奇斗富："衣物屋宇，鳞至麇至，穷极华奢。饮食器具，倍求工巧……宴会嬉戏，殆无虚日。骄奢淫逸，相习成风。"在这样的背景下，扬州的饮食市场不仅保持着长期的繁荣，而且和园林、建筑等艺术相互融合。故而，"扬州茶肆甲于天下，多有以此为业者。（他们）出金建造花园，或鬻故家大室废园为之。楼台亭舍，花木竹石，杯盘匙箸，无不精美。""市肆百品，夸视江表。"其中，"烹饪之技，家庖最胜"。盐商们聘养家厨，往复宴请，竞邀名厨，炫耀豪富。清代时扬州盛行"诗文之会"，由大盐商们出面邀请书画名流、骚人墨客，或吟诗作对，或泼墨作画，且"每会酒肴，俱极精美"。豪商大贾对精美饮馔的相互攀比和无穷追求，使得"家厨"这一特殊阶层迅速发展，日益庞大，出现了父业子承、代代因袭的景观。出于生存竞争的需要，厨师们在技术上精益求精、孜孜以求，不断地创新出擅长的特色菜点品种，从而进一步促进了维扬烹饪的发展和体系的形成。

（五）美食名家的归纳总结，万千厨师的广泛传播

"民以食为天"，文化人当然更不例外。自古扬州便是文人荟萃之地。隋代时，"海内文士，半集维扬"。千百年的文化熏陶，其影响早已渗透到烹饪之中。

长期以来，文士们不仅以"清淡雅致"的饮食习惯充实了扬州菜点的内涵，而且用他们的生花妙笔，书写和记录了扬州饮食的方方面面。三国时期，广陵人吴普修订、编纂了《神农本草经》，成为我国最早系统研究食物形状、功能的重要典籍。明代扬州人黄正一编纂的《事物绀珠》，介绍了许多当时的食物掌故。明代扬州人彭大翼撰著的《山堂肆考》，则记录的当时众多的菜点饭粥、羹饼脯胙。在中国烹饪发展史上有很大影响的《随园食单》，是清乾隆年间著名文人袁枚，集四十年亲身饮食经历的生动记录，其中包括数十款在扬州食用过的菜品。尤其令人惊叹的是扬州盐商童岳荐搜集、编纂的《调鼎集》，可谓是我国集烹饪技艺、菜点大成皇皇巨著。书中收录了两千余种菜肴、点心、饭粥、果品以及大量的调料酒茶调制技术，而且以"维扬风味"为主，成为我国至今为止"容量最大、概括最全"的一部烹饪著作。此外，如清代仪征人李斗编纂的《扬州画舫录》、林苏门所著的《邗江三百吟》，都从不同的角度归纳、保存了扬州的烹饪文化，极大地丰富了维扬烹饪的内涵。

至清末民初，随着津浦、沪宁铁路的开通，扬州作为沟通南北的交通枢纽地位的优势大大削弱。一些皖、浙巨商返回故里，扬州繁盛的经济地位也"一落千丈"，从而造成饮食市场迅速回落，厨师也随之大量过剩。广大厨师迫于生计，挟起刀、包，散落全国各地，乃至海外。厨师的大规模流动，将扬州的传统特色、风味菜点、烹饪技艺传至四方八处，进一步扩大了维扬菜点的影响。《北京饭店史闻》一书介绍："淮扬菜不仅是四大菜系中最早来到北京饭店的，而且是中国最古老的菜系。""1949 年开国大典后举办的盛大国宴，全部都是淮扬风味的菜品。"扬州市侨联 1985 年提供的资料显示，和扬州保持联系的三万多名华侨中，80% 以上在世界各地从事烹饪和餐饮工作。其中仅江都一地，就有一千多人在四十多个国家和地区开设和经营餐馆。相伴随的，则是"扬州炒饭""扬州三头""三套鸭""扬州风鸡"和"维扬细点"等富有扬州特色的菜点风靡世界，受到各国人民的欢迎和喜爱。日本著名饮食风俗史研究学者江武真一，在其著作《中国料理体系及口味之特征》一书中这样阐述："以扬子江流域的扬州为中心发展起来的江南料理……所谓南方派，就是淮扬菜。在此菜系中，除了主流扬州菜之外，还有徽州菜、苏州菜、杭州菜、上海菜、无锡菜、南京菜、湖南菜、江西菜等等。"

（六）发达、领先的烹饪教育

烹饪文化的昌盛，烹饪技艺的传承，烹饪技术的创新，都离不开烹饪人才的培养。几千年来"拜师学艺""以师带徒"的模式，起到了决定性的作用。然而，随着时代的进步、科技的发展，烹饪教育也显得越来越重要。

中华人民共和国成立后，扬州的烹饪教育发轫于 1959 年。这年，扬州市饮食公司成立了扬州市烹饪学校，这是中华人民共和国成立后最早的烹饪专业学校之一。1978年恢复建立的扬州市商业技工学校，一直以烹饪专业为主导专业，培养出大批烹饪人才。同时承担了为江苏省、全国不断培养中高级烹调师、面点师的重任，被誉为中国的"厨师摇篮"。1983年，中国职业教育史上第一个烹饪大专班出现在扬州，由扬州商业专科学校举办。之后逐步发展成为扬州大学旅游学院，培养出源源不断的烹饪本科生。1993年，扬州英才烹饪技工学校诞生，中央电视台在《新闻联播》中报道："中国首家私立烹饪技工学校，出现在古城扬州。"

时至今日，在这座历史文化名城中，遍布设有烹饪专业的中、高职业学校。除扬州大学旅游职业学院外，还有江苏省旅游职业学院（由扬州市商业技工学校发展而来）、江海职业技术学院、扬州旅游商贸学校、扬州生活科技学校、扬州市天海职业技术学校，等等，为扬州烹饪文化发展、烹饪技艺人才培养，提供了源源不断的动力。

（七）维扬烹饪及菜点特色

综上所述，维扬菜系是在历史发展的长河中，在多种客观条件的促进下，在广阔地理区域中逐步形成的。这是一个客观的存在，不是仅凭人们的主观意愿能够实现的。维扬烹饪及其菜点的特色，也是融合文化古城文化底蕴、兼收南北烹饪之长逐步形成的。可以用以下四十八个字进行高度归纳：

> **选料严格，刀工精细；**
> **讲究火工，擅长炖焖；**
> **汤清味醇，汤浓不腻；**
> **清淡鲜嫩，原汁原味；**
> **工于造型，巧用点缀；**
> **咸中微甜，南北皆宜。**

这四十八个字的内涵极其丰富，绝非三言两语能够说得清。本文只能大而化之地简要剖析，稍加介绍。

"选料严格，刀工精细。"乃是中国烹饪技艺的基本特点，而维扬菜点的要求尤为严格。

如扬州名菜"大煮干丝"，以绵软爽口、鲜美甘香、回味隽永见长。此菜对豆腐干的选用甚为严格。须以"北大豆"（即东北地区所产的大豆）为原料，根据不同季节、气温用不同水温将清理后的大豆浸泡至透后，方能磨制成浆。烧沸后用石膏点卤，压制而成。要求切成长短一致、如火柴梗粗细的"干丝"，用沸水烫制三次，去尽豆腥味，再添加配料，以纯鸡汤煮制方成。

再如维扬名点"蟹黄包子"的制作，须选用秋高气爽、菊花盛开季节的雌蟹，取其黄，以黑毛猪板油熬出的油熬制成金黄色蟹油，调制以黑毛猪前夹肉的肉蓉，再加调味料和适量的水搅拌成馅。外皮须用"嫩酵面"，将皮子擀成四周薄、中间厚的圆皮，按皮、馅一比一的重量包成"鲫鱼嘴、荸荠股"，褶皱清晰、均匀，每个包子不少于27个褶。蒸熟后，饱满洁白。脐孔内可见蟹油，香气四溢，俯视之如盛开之白菊。

"讲究火工，擅长炖焖。"三国时期的名医华佗及其弟子、广陵人吴普，全力主张"食物火化"，并明确指出"火化，烂煮也。"扬州烹制菜肴，用火灵活、机巧、微妙细致。因料因形施火，鼎中"九沸就变"，特别擅长于炖、煮、烧、焖的技法。其炖焖菜要求："酥烂脱骨而不失其形。"将菜肴口感的酥软烂和形态上必须保持完整这两个对立面，和谐地统一起来。如"扬州三头"中的"扒烧整猪头"：大圆盘中，一只金红色的"整猪脸"油光闪亮，香气扑鼻。食用时须用调羹挖取，入口不腻，软烂香醇。

"汤清味醇，汤浓不腻。"汤是烹制菜肴、制作点心馅心的关键性原料之一。俗话说："唱戏的腔，厨师的汤。"意即没有好汤，难以做出好的菜肴和点心。维扬烹饪中，特别善于制作"高汤"。汤分为两大类：清汤和浓汤。如著名的"三吊汤"，以清鸡汤为底料，用含蛋白丰富、味道鲜美的三种原料，经三次"吊制"，成为"汤清如水，淡而不薄"、味道醇厚的"七哑汤"。而用猪骨等熬制的浓汤，则须达到"汤浓如乳，浓而不腻"的境界。

"清淡鲜嫩，原汁原味。"扬州地处水网之中，环绕之河流湖泊，交织成网。气候四季分明，民风淳朴，气质平和，加之文人荟萃，饮食雅致，故菜点之主味均以"清淡"见长。如《吕氏春秋·本味篇》所云："大味必淡。"大味者，本味也。瓜果蔬菜、鸡鸭鱼虾、山珍海味，均以让食者能够品尝到它们自身独具味道，是为本味。这才是人们最高、最美妙的味觉享受。重盐、重糖、重油，不仅不符合现代营养学和养生的观点，而且会让食物"失去本味"。所以，唯清淡方能突出各种原料"与众不同"的鲜美香嫩的独特滋味。

"工于造型，巧用点缀。"菜肴、点心的造型和点缀，是人们对美的自然追求在饮食方面的体现。在潜意识中，人们都希望呈现在自己面前的菜肴和点心，"色香味形俱佳"。发轫于扬州的"西瓜灯、西瓜盅雕刻"精美绝伦，巧夺天工，举世闻名。厨人以可食性原料，施以各种刀法雕刻成大小不一、形态各异、栩栩如生的各种形态用之于菜肴的拼摆、衬托、配色，甚至于用作盛器。如西瓜盅、冬瓜盅之类，实现了"色、香、味、形、器"的完美结合。让人们在品尝美食的同时，也饱享了"食趣"之乐。

"咸中微甜，南北皆宜。"维扬菜点，除去一些酸甜口味和"甜菜"外，均应在清淡的基础上，入口微咸。"着色菜肴"（俗称红烧、红炒），略有淡淡的"回甜"。"原色菜肴"（俗称白炒），要做到"放糖不甜"。也正因为此，方使得略嗜咸味的北方人、略喜甜味的南方人，都可以接受"清淡中微咸，微咸中回甜"的味觉刺激，做到了"五味调和百味香"，形成"南北皆宜"的特色。

综上所述，维扬烹饪文化、烹饪技艺有着悠久的历史、广泛的影响，但如今随着饮食产业高度的市场化，人们有意无意地忽略了传统技艺和风味的传承。我们应该认识到"越是民族的才越是世界的"，继承和发扬烹饪优秀传统。对于扬州菜点，从事厨艺的人员既要知其然，更要知其所以然。所以，我们应正本清源、加强研究、充实队伍、强化培训，让维扬烹饪文化、烹饪技艺回归传统，再由传统出发，进一步发扬光大。目前，由扬州烹饪研究会为主编编撰的《中国维扬传统菜点大观》，已经奉献在各位面前。希望各位有识之士，能够为扬州这座烹饪文化名城、世界美食之都增光添彩。这也是所有烹饪工作者的使命与责任！

2024 年 2 月

CONTENTS

目录

书中所涉及的野生保护动物、植物，不可捕杀、贩卖和食用。制作方法仅供参考，可用其他动物、植物或用人工养殖品种替代。——出版者注

味入金齑美

巢营玉垒虚

——中国维扬传统菜点大观

燕菜类

1 绣球燕菜

主料： 燕菜 40 克。

配料： 生鸡肉 200 克、熟猪肥膘肉 50 克、熟火腿 50 克、水发发菜 50 克、熟净笋 50 克、鸡蛋皮 1 张、鸡蛋清 1 个、青菜叶 2 张。

调料： 熟猪油、葱姜汁、绍酒、精盐、干淀粉、湿淀粉、高级清鸡汤。

制作方法

1. 燕菜放冷水中浸泡至回软、松散，撕成条，沥尽水放入碗内，加高级清鸡汤，放大火开水的笼锅内蒸熟、蒸透，取出沁去汤汁。

2. 熟火腿、熟净笋、鸡蛋皮切成细丝。水发发菜择洗干净，切成段。青菜叶洗净，切成丝。与一半燕菜调匀成为六丝。

3. 生鸡肉、熟猪肥膘肉分别刮成蓉，同放盆内，加葱姜汁、鸡蛋清、绍酒、干淀粉、精盐、制成鸡馅，再放入另一半燕菜和匀。

4. 将鸡馅抓成圆子，在六丝中滚满六丝，成绣球燕菜生坯。

5. 笼锅上火，放水烧开，放入绣球燕菜生坯蒸熟，整齐摆放在盘内。

6. 炒锅上火，放鸡汤烧开，加精盐，用湿淀粉勾米汤芡，倒入绣球燕菜上即成。

大师指点

1. 燕菜须蒸熟、蒸透、入味。

2. 蒸绣球燕菜时，要防止蒸过。

特点 形似绣球，鲜香味美。

2 芙蓉鸡燕菜

主料： 燕菜 50 克。

配料： 熟鸡皮 50 克、生鸡脯肉 50 克、白鱼肉 50 克、熟猪肥膘肉 30 克、熟瘦火腿 100 克、青菜叶 5 张、黄瓜 1 根、鸡蛋清 2 个。

调料： 熟猪油、葱姜汁、绍酒、精盐、干淀粉、湿淀粉、高级清鸡汤。

制作方法

1. 燕菜放冷水中浸泡至回软、松散，撕成条，沥尽水放碗内加高级清鸡汤，置大火开水笼锅中蒸熟、蒸透后取出，翻身入盘、泌去汤汁、去扣碗。

2. 生鸡脯肉、熟猪肥膘肉、白鱼肉分别刮成蓉，同放碗内，加葱姜汁、绍酒、鸡蛋清、精盐，制成鸡鱼馅。

3. 将熟瘦火腿、青菜叶各刻成 5 个鸡形片，鸡皮刻成 10 个直径 1.2 寸圆形片。黄瓜洗净、去瓤，一剖两半，刻成 10 个秋叶片。

4. 圆鸡皮上放鸡鱼蓉抹平，放上火腿或青菜叶鸡形片，成为芙蓉鸡生坯。

5. 笼锅上火，放水烧开，放入芙蓉鸡生坯蒸熟，取出。

6. 黄瓜片放熟猪油锅中，上火焐油成熟，倒入漏勺沥尽油。

7. 燕菜放盘中，周围放芙蓉鸡，再间隔放上黄瓜秋叶片。

8. 炒锅上火，放鸡汤烧开，加精盐，用湿淀粉勾米汤芡，倒入盘中即可。

大师指点

1. 生鸡脯肉、白鱼肉须泡净血水，刮成的蓉要细。

2. 蒸芙蓉鸡时，一熟即可，不能蒸过。

特点 洁白细嫩，爽滑味美。系滋补佳品。

3 明月燕菜

主料：燕菜 40 克。

配料：鸽蛋 10 个、熟瘦火腿末 10 克、香菜叶 10 克。

调料：熟猪油、精盐、高级清鸡汤。

制作方法

1 燕菜放冷水中浸泡至回软、松散，撕成条，沥尽水，放入碗中，加高级清鸡汤，放入大火开水笼锅中蒸熟、蒸透，翻身入汤盘，沁去汤汁，去扣碗。

2 取小碟 10 个，涂上熟猪油，放冰箱略冻取出，打入鸽蛋，蛋黄周围放上熟瘦火腿末、香菜叶，成为明月鸽蛋生坯。

3 笼锅上火，放水烧开，放入明月鸽蛋生坯蒸熟，在冷水中脱出鸽蛋，摆放盘中，上笼稍蒸一下取出。

4 将蒸熟的鸽蛋，摆放在燕菜周围。

5 炒锅上火，放鸡汤烧开，加精盐，用湿淀粉勾米汤芡，浇燕菜上即成。

大师指点

1 鸽蛋黄须在小碟正中，蒸熟后匀称。

2 蒸鸽蛋时不可蒸过，一熟即可。

特点 明月相映，鲜嫩爽滑。

4 四喜燕菜

主料：燕菜 50 克。

配料：鸡脯肉 200 克、熟猪肥膘肉 50 克、熟瘦火腿 20 克、水发发菜 20 克、蛋黄糕 20 克、鸡蛋清 2 个。

调料：熟猪油、葱姜汁、绍酒、精盐、湿淀粉、高级清鸡汤。

制作方法

1 燕菜放冷水中浸泡至回软、松散，撕成条，沥尽水，放入碗中，加高级清鸡汤，放入大火开水笼锅中蒸熟、蒸透后取出，翻身入盘，沁去汤汁，去扣碗。

2 鸡脯肉、熟猪肥膘肉分别刮成蓉，放入盆内，加葱姜汁、绍酒、鸡蛋清、精盐，制成鸡馅，加 30 克燕菜拌匀。

3 将熟瘦火腿、水发发菜、蛋黄糕、燕菜分别切成末，并分别放置。

4 10 只小盘内，抹上熟猪油，放上鸡馅，制成正方形，分别将熟瘦火腿、水发发菜、蛋黄糕、燕菜末放成四个小方块，成为四喜燕菜生坯。

5 笼锅上火，放水烧开，放入四喜燕菜生坯，将其蒸熟，取出脱盘整齐摆放在盘内。

6 炒锅上火，放鸡汤烧开，加精盐，用湿淀粉勾米汤芡，浇四喜燕菜上即成。

大师指点

1 鸡馅须稠厚。

2 大、小正方形要匀称，四个小正方形须界限分明。

特点 喜庆吉祥，色彩分明、嫩滑鲜香。

5 什锦燕菜

主料：燕菜 50 克。

配料：熟火腿 40 克、熟鸡皮 30 克、熟净笋 30 克、水发冬菇 30 克、水发干贝 30 克、水发发菜 30 克、熟野鸭脯肉 20 克、熟鸡脯肉 20 克、熟鸽蛋 5 个、青菜心 10 棵。

调料：熟猪油、精盐、高级清鸡汤。

制作方法

1 燕菜放冷水中浸泡至回软、松散，撕成条，沥尽水

放入碗中，加高级清鸡汤，放入大火开水笼锅中蒸
熟、蒸透后取出，泌去汤汁，扣入碗中。

2 熟火腿、熟鸡皮、熟净笋、水发冬菇分别切成片，
熟鸡脯肉、熟野鸭脯撕成鹅毛片，水发干贝撕碎，
水发发菜洗净去杂质，切成段。熟鸽蛋去壳，一剖
两半。青菜心焯水后，入油锅，上火焗油成熟，倒
入漏勺沥尽油。

3 燕菜碗中放熟鸡皮、熟净笋、水发冬菇、熟鸡脯、
熟野鸭脯诸片和熟干贝、水发发菜、高级清鸡汤、

精盐，入大火开水笼中蒸透取出，翻身入大汤盘，
泌下汤汁，去扣碗，熟放火腿片，四周间隔围以青
菜心、鸽蛋。

4 炒锅上火，放入泌下的汤汁、鸡汤烧开。加精盐，
倒盘中燕菜上即成。

大师指点

各种配料，排列分明。蒸制时须蒸透入味。

特点 原料多样，味不雷同。美味可口，营养
丰富。

6 如意燕菜

主料： 燕菜 25 克。

配料： 虾仁 200 克、熟猪肥膘肉 50 克、熟瘦火腿 30
克、青菜叶 30 克、鸡蛋皮 1 张、鸡蛋清 1 个。

调料： 葱姜汁、绍酒、精盐、湿淀粉、高级清鸡汤。

制作方法

1 燕菜放冷水中，浸泡至回软、松散，撕成条，沥尽
水放入碗中，加高级清鸡汤，放入大火开水笼锅中
蒸熟、蒸透，取出泌去汤汁。

2 虾仁洗净，挤干水分，刮成蓉，熟猪肥膘肉刮成
蓉，同放盆中，加葱姜汁、绍酒、鸡蛋清、精盐制
成虾馅，再加燕菜拌匀，成燕菜虾馅。

3 熟瘦火腿、青菜叶分别切成末。

4 将鸡蛋皮切成正方形片，抹上燕菜虾馅，分别在两
边放上长条形火腿末、青菜末，相向卷起成两圆
筒，用虾馅粘住，成如意燕菜生坯。

5 笼锅上火，放水烧开，放入如意燕菜生坯蒸熟，取
出切成 4 分厚的块，整齐放入盘中。

6 炒锅上火，放高级清鸡汤烧开，加精盐，用湿淀粉
勾米汤芡，倒如意燕菜上即成。

大师指点

相向卷时，须两边一样大小，不可松散开。

特点 形似如意，鲜咸香嫩。

7 芙蓉燕菜

主料： 燕菜 30 克。

配料： 熟瘦火腿 10 克、香菜叶 10 克、鸡蛋清 4 个。

调料： 葱姜汁、精盐、高级清鸡汤。

制作方法

1 燕菜放冷水中，浸泡至回软、松散，撕成条，沥尽
水，放入碗中，加高级清鸡汤，放入大火开水笼锅
中蒸熟、蒸透，取出泌下汤汁。

2 熟瘦火腿切成末，香菜叶拣洗干净。

3 鸡蛋清放碗内，加高级清鸡汤、精盐搅匀，成芙蓉
蛋液。

4 笼锅上火，放水烧开，放入芙蓉蛋液蒸熟，取出。

5 炒锅上火，放高级清鸡汤烧开，加燕菜、精盐烧
开，盛入汤碗内。

6 将芙蓉蛋剞成大鹅毛片，放汤碗内，撒上火腿末、
香菜叶即成。

大师指点

1 鸡蛋清和高级清鸡汤的比例为 1:1。

2 蒸芙蓉蛋时不可蒸过、起孔。

特点 洁白软嫩，爽滑味醇。

8 凤衣燕菜

主料：燕菜 50 克。

配料：熟鸡皮 100 克、熟火腿 50 克、水发冬菇 50 克、青菜心 10 棵。

调料：熟猪油、精盐、虾籽、高级清鸡汤。

制作方法

1 燕菜放冷水中浸泡至回软，撕成条，沥尽水，放碗中，加高级清鸡汤，放大火开水笼锅中蒸熟、蒸透，取出泌去汤汁。

2 熟鸡皮撕成大片，熟火腿、水发冬菇切成片。青菜心焯水后，放油锅内，上火焐熟，倒入漏勺沥尽油。

3 炒锅上火，放入高级清鸡汤、虾籽、熟鸡皮、水发冬菇烧开，加熟火腿片、青菜心烧开，收稠汤汁。将熟鸡皮放盘底，上放燕菜，间隔排上熟火腿片、水发冬菇片，青菜心围在四周，倒入汤汁即成。

大师指点

1 鸡皮须用老母鸡鸡皮。

2 汤汁须收稠，要有一定醇厚度。

特点 肥美爽滑，汤浓汁鲜。

9 三丝燕菜

主料：燕菜 50 克。

配料：熟鸡脯肉 100 克、水发冬菇 50 克、熟瘦火腿 60 克、豌豆苗 20 克。

调料：精盐、高级清鸡汤。

制作方法

1 燕菜放冷水中浸泡至回软、松散，撕成条，沥尽水放入碗中，加高级清鸡汤，放入大火开水笼锅中蒸熟、蒸透，取出泌去汤汁。

2 熟鸡脯肉、水发冬菇、熟瘦火腿均切成细丝，豌豆苗拣洗干净。

3 三丝碗中加高级清鸡汤、精盐，入中火开水笼中蒸熟，泌去汤汁，放燕菜碗中，翻身入汤碗，去扣碗。

4 炒锅上火，放高级清鸡汤烧开，加精盐、豌豆苗烧开，倒汤碗中即成。

大师指点

三丝要均匀，略细。

特点 汤清味醇，爽滑鲜香。

10 一品燕菜

主料：燕菜 80 克。

配料：熟瘦火腿 1 片、水发香菇 3 个。

调料：精盐、高级清鸡汤。

制作方法

1 燕菜用冷水浸泡至回软、松散，撕成条，沥尽水，放入碗中，加高级清鸡汤，放入大火开水笼锅中蒸熟、蒸透，取出泌去汤汁。

2 熟瘦火腿刻成一字形。水发香菇刻成三个口字形，拼在一起成为品字。

3 炒锅上火，放高级清鸡汤、燕菜烧开，捞起沥尽汤，盛至大汤盘中。

4 炒锅上火，放高级清鸡汤烧开，加精盐，倒入汤盘，上面放上一品两字即成。

大师指点

一字要略大，和品字的宽度相同。

特点 汤清味醇，爽滑鲜嫩。

11 雪蛤燕菜（一）

主料：燕菜 30 克。

配料：蛤士蟆油 15 克、熟火腿片 20 克、香菜叶 10 克。

调料：葱结、姜块、绍酒、精盐、高级清鸡汤。

制作方法

1 燕菜用冷水浸泡至回软、松散，撕成条，沥尽水，放入碗中，加高级清鸡汤，放入大火开水笼锅中蒸熟、蒸透，取出泌去汤汁。

2 蛤士蟆油放冷水中浸泡 12~20 小时，撕去黑膜，拣洗干净放入碗中，加葱结、姜块、绍酒、精盐、高级清鸡汤，放大火开水笼锅中蒸熟、蒸透，去葱结、姜块，取出泌去汤汁。

3 炒锅上火，放高级清鸡汤、燕菜、蛤士蟆油烧开，加精盐，盛汤盘内，放熟火腿片、洗净的香菜叶即成。

大师指点

蛤士蟆油要去尽黑膜和杂质，蒸制时葱、姜不可多放，去除腥味即可。

特点 汤清味醇，滋补佳品。

12 雪蛤燕菜（二）

主料：燕菜 30 克。

配料：蛤士蟆油 15 克，红、绿樱桃各 4 颗。

调料：葱结、姜块、绍酒、冰糖。

制作方法

1 燕菜用冷水浸泡至回软、松散，撕成条，沥尽水，放入碗中，加水，放入大火开水笼锅中蒸熟、蒸透，取出泌出汤汁。

2 蛤士蟆油放冷水中浸泡 12~20 小时，撕去黑膜，拣洗干净，放入碗中，加葱结、姜块、绍酒，放入大火开水笼锅中蒸熟、蒸透，去葱结、姜块，泌去汤汁，再加水、冰糖入笼复蒸，使其入味，取出，泌去汤汁。

3 炒锅上火，放水、冰糖烧开，加燕菜、蛤士蟆油烧开，盛汤盘内，间隔摆上红、绿樱桃即成。

大师指点

要去除干净蛤士蟆油的黑膜和杂质，蒸制时葱姜不可过多。

特点 甜醇味厚，滋补佳品。

13 七星燕菜

主料：燕菜 40 克。

配料：红樱桃、绿樱桃、净枇杷、荔枝、桂圆、葡萄、杨梅各 10 颗。

调料：冰糖、甜桂花卤。

制作方法

1 燕菜用冷水浸泡至回软、松散，撕成条，沥尽水放入汤碗内，加水，放入大火开水笼锅中蒸熟、蒸透，取出泌去汤汁，放入盘中。

2 净枇杷、荔枝、桂圆、葡萄、杨梅去核放入碗中，加冰糖入开水笼中蒸熟。红樱桃、绿樱桃略蒸。

3 将以上七种水果按色彩搭配，摆放在燕菜周围，成为七星燕菜。

4 炒锅上火，放水、冰糖烧化，加少许甜桂花卤，倒入汤盘即成。

大师指点

1 蒸水果时，加冰糖水，入味即可。

2 七种水果须根据不同特点决定蒸的时间。

特点 色彩艳丽，独具风味。

清风生两翅

至味出双鳍

——

中国维扬传统菜点大观

鱼翅类

1 凤凰鱼翅

主料： 水发鱼翅 200 克。

配料： 光母鸡 1 只（重约 1000 克）、生鸡肉 400 克、熟猪肥膘肉 100 克、生猪板油块 50 克、熟瘦火腿 80 克、熟净笋 50 克、鸡蛋清 2 个。

调料： 熟猪油、葱结、姜块、葱姜汁、绍酒、精盐、干淀粉、湿淀粉、虾籽、鸡汤。

制作方法

1 鱼翅放汤碗内，加葱结、姜块、绍酒、虾籽、生猪板油块、鸡汤、用中火在开水笼锅中蒸熟、蒸透，去葱结、姜块、板油丁，泌去汤汁。

2 光母鸡去翅膀、爪，从脊背开刀，取下整张鸡皮，洗净鸡肉，用刀在鸡肉上拍一下，加葱结、姜块、绍酒、精盐，腌渍一下取出，放大火开水锅内稍烫后洗净、沥尽水。

3 取 50 克熟瘦火腿切成丝、30 克切成末，熟净笋切成丝。

4 鸡肉，猪肥膘肉，分别刮成蓉，同放碗内，加葱姜汁、绍酒、鸡蛋清、干淀粉、精盐制成馅、加鱼翅、火腿丝、笋丝拌匀，成鸡肉鱼翅馅。

5 将鸡肉平铺案板上，放上鸡肉鱼翅馅，抹平后撒上火腿末，成凤凰鱼翅生坯。

6 笼锅上火、放水烧开、放入凤凰鱼翅生坯蒸熟取出，切下鸡头，颈摆放盘内、将鸡身切成一字条，摆放成鸡形。

7 炒锅上火，放鸡汤烧开，加精盐，用湿淀粉勾琉璃芡，放熟猪油，浇鱼翅上即成。

大师指点

1 鱼翅须蒸熟、蒸纯不可有硬感，要蒸透入味。

2 母鸡须选用当年的仔母鸡。

特点 鲜香味醇、营养丰富。

2 凤腰鱼翅

主料： 水发鱼翅 400 克。

配料： 鸡腰 12 只、生猪板油块 50 克、熟火腿 20 克、豌豆苗 20 克。

调料： 熟猪油、葱结、姜块、绍酒、精盐、湿淀粉、虾籽、鸡汤。

制作方法

1 鱼翅放汤碗内，加葱结、姜块、绍酒、虾籽、生猪板油、鸡汤，放中火，开水笼锅中蒸熟、蒸透，取出，去葱结、姜块、猪油块，泌去汤汁。

2 炒锅上火、放水，加鸡腰、葱结、姜块烧开，加绍酒，煮熟，取出撕去外皮，放碗中，加鸡汤、葱结、姜块、绍酒，入笼蒸透，去葱结、姜块、泌去汤汁。

3 熟火腿切成小片、豌豆苗拣洗干净。

4 炒锅上火，放鸡汤、虾籽、鱼翅、鸡腰烧开，加熟猪油、熟火腿片烧开，收稠汤汁，放精盐、豌豆苗，用湿淀粉勾琉璃芡，装盘即成。

大师指点

鸡腰剥外皮时要保持完整。

特点 鲜嫩软糯、汤汁醇厚。

3 绣球鱼翅

主料： 水发鱼翅 250 克。

配料： 生鸡肉 250 克、熟猪肥膘肉 50 克、生猪板油块 50 克、熟瘦火腿 50 克、水发发菜 50 克、熟净笋 50 克、鸡蛋皮 1 张、青菜叶 2 张、鸡蛋清 1 个。

调料： 熟猪油、葱结、姜块、葱姜汁、绍酒、虾籽、精盐、干淀粉、湿淀粉、鸡汤。

制作方法

1 鱼翅放汤碗内，加葱结、姜块、绍酒、虾籽、生猪板油块、鸡汤，放中火开水笼锅中蒸熟，去葱结、姜块、板油块，泌去汤汁。

2 将熟瘦火腿、鸡蛋皮、熟净笋、青菜叶切成细丝，水发发菜洗净切成段，加上一半鱼翅拌匀，成为六丝。

3 生鸡肉、熟猪肥膘肉分别刮成蓉，放入盆内，加另一半鱼翅、葱姜汁、鸡蛋清、绍酒、干淀粉、精盐，制成鸡馅。

4 鸡馅抓成圆子，沾满六丝即成绣球鱼翅生坯。

5 笼锅上火，放水烧开，将绣球鱼翅蒸熟、蒸透，整齐地叠放在盘内。

6 炒锅上火，放鸡汤烧开，加精盐，用湿淀粉勾琉璃芡，浇熟猪油，倒入绣球鱼翅上即成。

大师指点

1 六丝应突出鱼翅。

2 制成的圆子须大小一致。

特点 形似绣球、香鲜软嫩。

4 原焖鱼翅

主料：水发鱼翅1000克。

配料：熟火腿120克、水发香菇50克、熟净笋50克、熟野鸡脯肉50克、熟鸡肫2只、青菜心6棵、生猪板油块50克、生鸡腿一只、生火腿100克。

调料：熟猪油、葱结、姜块、绍酒、精盐、虾籽、湿淀粉、浓白鸡汤。

制作方法

1 鱼翅放汤碗内，加葱结、姜块、生鸡腿、生火腿、生猪板油块、绍酒、虾籽、浓白鸡汤，放中火开水笼锅中蒸熟、蒸透，去葱结、姜块、猪油块、鸡腿、火腿，泌去汤汁。

2 将火腿、熟净笋，切成1.5寸长、8分宽、2分厚的长方片各6片，其余的火腿、笋和香菇（留一个完整的）切成片。

3 青菜心洗净，放大火开水锅内焯水，捞出放冷水中泌透，取出挤尽水，再入熟猪油锅中，上大火焐油成熟，倒入漏勺沥尽油。

4 汤碗内放鱼翅、火腿片、笋片、香菇片，扣入砂锅，加浓白鸡汤、虾籽、熟猪油，上火烧开，移小火烧焖入味，去扣碗，在鱼翅上间隔放上火腿片、笋片、青菜心，中间放一个香菇，再上大火，收稠汤汁，加精盐，上桌即可。

大师指点

1 这是扬州著名的功夫菜，各个环节均需严格做好。

2 焖烧鱼翅时须用小火焖透、焖烂。

特点 汤浓如乳、鲜香味美。

5 鸡粥鱼翅

主料：水发鱼翅250克。

配料：生鸡脯肉150克、熟火腿末10克、猪板油50克、大米粉80克。

调料：熟猪油、葱结、姜块、葱姜汁、绍酒、精盐、鸡汤。

制作方法

1 鱼翅放汤碗内，加葱结、姜块、绍酒、鸡汤、猪板油块，放入中火开水笼中蒸熟，蒸透，去葱结、姜块、猪油块，泌去汤汁。

2 生鸡脯肉刮成蓉，放入盆内，加葱姜汁、绍酒、鸡汤、精盐、大米粉拌匀，成生鸡粥。

3 炒锅上火、放鸡汤、熟猪油、生鸡粥，不断搅动至鸡粥成熟后放入鱼翅，搅拌均匀，倒入碗中，撒上熟火腿末，即成。

大师指点

1 鸡脯肉须刮细，不可有颗粒。

2 鸡粥须熬成有一定黏稠度的粥。

特点 香糯细腻、口味鲜香。

6 桂花鱼翅

主料： 水发鱼翅 200 克。

配料： 虾仁 150 克、熟猪肥膘肉 40 克、鸡蛋黄 6 个、熟火腿末 10 克、生猪板油块 50 克。

调料： 熟猪油、葱结、姜块、葱姜汁、绍酒、虾籽、精盐、鸡汤、干淀粉。

制作方法

1 鱼翅放汤碗内，加葱结、姜块、绍酒、虾籽、鸡汤、生猪板油块，放中火开水笼锅中蒸熟、蒸透、去葱结、姜块、猪板油块，沁去汤汁，备用。

2 虾仁洗净，放入纱布中，挤干水分，刮成蓉，熟猪肥膘肉刮成蓉，同放盆中，加葱姜汁、绍酒、鸡蛋黄、精盐、干淀粉、鱼翅拌匀，成桂花鱼翅生坯。

3 炒锅上火，放熟猪油、桂花鱼翅生坯，炒拌均匀，呈桂花状时盛入盘内即成。

大师指点

炒时须掌握好火候，不可炒成块状。

特点 色泽金黄、滑嫩鲜香。

7 芙蓉鸡烧鱼翅

主料： 水发鱼翅 1000 克。

配料： 熟鸡皮 100 克、鸡脯肉 120 克、白鱼肉 150 克、熟火腿 100 克、鸡蛋清 2 个、生猪板油块 50 克、青菜叶 5 张、黄瓜 1 根。

调料： 熟猪油、葱结、姜块、葱姜汁、绍酒、虾籽、精盐、鸡汤、湿淀粉。

制作方法

1 鱼翅放汤碗内，加葱结、姜块、绍酒、虾籽、鸡汤、生猪板油块，放中火开水笼中蒸熟、蒸透，去葱结、姜块、猪板油块，沁去汤汁，备用。

2 鸡脯肉、白鱼肉分别刮蓉，同放盆内，加葱姜汁、鸡蛋清、绍酒、精盐制成鸡鱼馅。

3 熟火腿、青菜叶用模具各刻成 5 个鸡形片，熟鸡皮刻成 10 张圆片。

4 鸡皮上抹鸡鱼馅，放火腿、青菜叶的鸡形片，成为芙蓉鸡生坯。

5 黄瓜洗净一剖两半，去籽刻成 10 个秋叶片。

6 笼锅上火，放水烧开，放入芙蓉鸡生坯将其蒸熟，黄瓜片入温油锅上火焐一下，倒入漏勺沥尽油。

7 炒锅上火，放鸡汤、虾籽、鱼翅烧开，加熟猪油，收稠汤汁，用湿淀粉勾琉璃芡，盛大圆盘中，周围放芙蓉鸡，与黄瓜片间隔围放即成。

大师指点

1 鸡脯肉、白鱼肉须用清水泡去血水方可刮蓉。

2 蒸制芙蓉鸡时掌握火候，不可蒸老。

特点 醇糯细嫩、汤浓味鲜。

8 干丝烧鱼翅

主料： 水发鱼翅 500 克。

配料： 豆腐干 2 块、熟鸡肉 100 克、熟净笋 100 克、生猪板油块 50 克。

调料： 熟猪油、葱结、姜块、绍酒、酱油、精盐、湿淀粉、虾籽、高级清鸡汤。

制作方法

1 鱼翅放碗内，加葱结、姜块、绍酒、虾籽、生猪板油块，放中火开水笼锅中蒸熟、蒸透，去葱结、姜块、板油块，沁去汤汁，备用。

2 豆腐干批切成干丝，用开水烫三次，沁去水，熟鸡肉、熟净笋切成丝。

3 炒锅内放高级清鸡汤、虾籽、熟猪油、干丝、鸡丝、笋丝，上火烧开，放少许酱油、精盐，移小火烧焖入味，泌去汤汁。

4 炒锅上火、放熟猪油、葱结、姜块稍炒，加高级清鸡汤、鱼翅、虾籽烧开，加绍酒、少许酱油、精盐，去葱结、姜块，收稠汤汁。将干丝、鸡丝、笋丝盛入大圆盘，上面放鱼翅。

5 炒锅上火，放入烧鱼翅的汤计烧开，用湿淀粉勾琉璃芡，浇鱼翅上即成。

大师指点

1 烫制干丝须去尽黄泔味。

2 烧干丝时滴几滴酱油即可，色呈牙黄色。

特点 ▶ 香糯绵软、汤浓味醇。

9 红烧鱼翅

主料：水发鱼翅 1000 克。

配料：熟鸡肉 50 克、熟鸡肫 2 只、熟火腿 50 克、青菜心 6 棵、生猪板油块 50 克。

调料：熟猪油、葱结、姜块、绍酒、酱油、白糖、湿淀粉、虾籽、高级清鸡汤。

制作方法

1 鱼翅放碗内，加葱结、姜块、绍酒、虾籽、鸡汤、生猪板油块、放中火开水笼中蒸熟、蒸透，去葱结、姜块、生猪板油，泌去汤汁，备用。

2 将熟鸡肉撕成大鹅毛片，熟火腿、熟鸡肫切成片，

青菜心焯水后用冷水泌透，挤尽水，放熟猪油锅内，上火焐油成熟，倒入漏勺沥尽油。

3 炒锅上火，放熟猪油、葱结、姜块略炒，去葱结、姜块、加鸡汤、虾籽、绍酒、酱油、白糖、鱼翅、火腿片、鸡片、肫片烧开，移小火烧焖入味，放青菜心，上大火烧开，收稠汤汁，用湿淀粉勾琉璃芡，盛盘中即成。

大师指点

烧焖鱼翅时须小火，确保入味。

特点 ▶ 色泽红亮、软嫩香鲜。

10 玛瑙鱼翅

主料：水发鱼翅 750 克。

配料：熟猪肺 300 克、熟火腿 50 克、熟净笋 50 克、青菜心 6 棵、生猪板油块 50 克。

调料：熟猪油、葱结、姜块、绍酒、精盐、虾籽、湿淀粉、胡椒粉、高级清鸡汤。

制作方法

1 鱼翅放碗内、加葱结、姜块、绍酒、高级清鸡汤、生猪板油块，放中火开水笼锅中蒸熟、蒸透，去葱结、姜块、板油块，泌去汤计，备用。

2 熟猪肺顺经络撕成小块。熟火腿、熟净笋尾切成片。青菜心焯水后放冷水中泌透，挤尽水，放熟猪

油锅内，上大火焐油成熟，倒入漏勺沥尽油。

3 炒锅上火、放熟猪油、葱结、姜块略炒，去葱结、姜块，加高级清鸡汤、虾籽、鱼翅、猪肺烧开，放绍酒、火腿片、笋片，转小火烧焖入味，再上大火收稠汤汁，放青菜心、精盐，用湿淀粉勾琉璃芡，撒胡椒粉。装盘时，一边盛鱼翅，另一边盛猪肺，上面间隔放上火腿片、笋片、青菜心点缀即成。

大师指点

猪肺需炖至酥烂。

特点 ▶ 汤浓汁厚、绵软香糯。

11 鸳鸯鱼翅

主料： 水发鱼翅 1000 克。

配料： 熟瘦火腿末 10 克、豌豆苗 40 克、生猪板油块 50 克。

调料： 熟猪油、葱结、姜块、绍酒、酱油、白糖、精盐、虾籽、湿淀粉、高级清鸡汤。

制作方法

1 鱼翅放碗内、加葱结、姜块、绍酒、高级清鸡汤、虾籽、生猪板油块，放中火开水笼锅中蒸熟、蒸透，去葱结、姜块、板油，泌去汤汁。

2 豌豆苗拣洗干净。

3 炒锅上火，放熟猪油、葱结、姜块略炒，去葱结、姜块，加高级清鸡汤、虾籽、 300 克鱼翅烧开，

加绍酒，收稠汤汁，放入精盐，用湿淀粉勾琉璃芡、盛入大圆盘（半边）。

4 炒锅上火，放熟猪油、葱结、姜块略炒，去葱结、姜块，加鸡汤、虾籽、 300 克鱼翅、酱油、白糖烧开，收稠汤汁，用湿淀粉勾琉璃芡盛入大圆盘另一边，成为鸳鸯鱼翅。

5 炒锅上火，放熟猪油、豌豆苗、精盐炒熟，放在鱼翅中间，撒上火腿末即成。

大师指点

红、白鱼翅的两个半圆要大小一致。

特点 鱼翅软糯、鲜香爽滑，别具风味。

12 芙蓉鱼翅

主料： 水发鱼翅 500 克。

配料： 熟净笋 20 克、熟瘦火腿末 10 克、豌豆苗 40 克、鸡蛋清 4 个、生猪板油块 50 克。

调料： 鸡油、葱结、姜块、绍酒、高级清鸡汤。

制作方法

1 鱼翅放汤碗内，加葱结、姜块、绍酒、高级清鸡汤、虾籽、生猪板油块，放中火开水笼锅中蒸熟、蒸透，去葱结、姜块、猪板油块，泌去汤计，备用。

2 豌豆苗拣洗干净，熟净笋切成片。

3 鸡蛋清放碗内，加高级清鸡汤、精盐调匀，入中火开水笼锅中蒸熟，成为芙蓉蛋。

4 炒锅上火，放高级清鸡汤、鱼翅、笋片烧开，加豌豆苗、精盐倒入汤碗中。用手勺将芙蓉蛋剜成片放汤内，撒上熟瘦火腿末即成。

大师指点

制芙蓉蛋液时蛋清和鸡汤的比例是 1 : 1，不可蒸过起孔。

特点 洁白细嫩、爽滑味浓。

13 鸡包翅

主料： 水发鱼翅 400 克。

配料： 净仔母鸡 1 只（重约 700 克）、生猪板油块 50 克。

调料： 熟猪油、葱结、姜块、绍酒、精盐、虾籽、高级清鸡汤、湿淀粉。

制作方法

1 鱼翅放汤碗内，加葱结、姜块、绍酒、虾籽、鸡

汤、生猪板油块，放中火开水笼中蒸熟、蒸透，去葱结、姜块、猪板油块，泌去汤汁，备用。

2 炒锅上火、放熟猪油、葱结、姜块略炒，去葱结、姜块，加高级清鸡汤、虾籽、鱼翅烧开，加绍酒，收稠汤汁，放入精盐，用湿淀粉勾芡，成鱼翅馅。

3 仔母鸡洗净，整鸡出骨，放大火开水锅略烫，控去水，从开口处灌入鱼翅馅，用棉线扎紧，放汤盘内

成为鸡包翅生坯。

4 笼锅上火，放水烧开，放鸡包翅生坯，加葱结、姜块、绍酒、精盐，蒸熟、蒸透，将鸡包翅放入另一个盘中。

5 炒锅上火，放蒸鸡包翅汤汁烧开，加精盐，倒入鸡

包翅上即成。

大师指点

1 整鸡出骨时须保持鸡皮完整。

2 鸡包翅生坯要蒸熟。

特点 香鲜软糯、菜中上品。

14 凤衣鱼翅

主料： 水发鱼翅 750 克。

配料： 熟鸡皮 200 克、熟火腿 50 克、熟净笋 50 克、青菜心 6 棵、生猪板油块 50 克。

调料： 熟猪油、葱结、姜块、绍酒、精盐、虾籽、湿淀粉、高级清鸡汤。

制作方法

1 鱼翅放汤碗内，加葱结、姜块、绍酒、鸡汤、虾籽、生猪板油块，放中火开水笼中蒸熟、蒸透，去葱结、姜块、猪板油块，泌去汤汁，备用。

2 熟鸡皮撕成大片，熟火腿、熟净笋切成片，青菜心洗净，入大火开水锅焯水捞出，入冷水中泌透，挤

尽水，放熟猪油锅内，上火焐油成熟，倒入漏勺沥尽油。

3 炒锅上火。放熟猪油、葱结、姜块略炒，去葱结、姜块，加高级清鸡汤、虾籽、鱼翅、鸡皮片、笋片烧开，加绍酒，收稠汤汁，放入精盐，用湿淀粉勾琉璃芡。装盘时，将鸡皮垫在盘底，上放鱼翅，用火腿片、笋片、青菜心点缀即成。

大师指点

鸡皮须选用老母鸡的皮。

特点 肥美爽滑、汤浓味厚。

15 锅烧鱼翅

主料： 水发鱼翅 200 克。

配料： 虾仁 200 克、熟猪肥膘肉 50 克、鸡蛋 1 个。

调料： 花生油、葱姜汁、绍酒、精盐、干淀粉、花椒盐、甜酱、麻油、鸡汤。

制作方法

1 鱼翅放汤碗内，加葱姜汁、绍酒、鸡汤，放中火开水笼锅中，蒸熟、蒸透，取出泌去汤计。

2 虾仁洗净，用干布挤去水，刮成蓉，熟猪肥膘肉刮成蓉，同放盆内加鸡蛋液、葱姜汁、绍酒、干淀

粉、精盐、鱼翅制成鱼翅馅。

3 炒锅上火。放花生油，待油六成热时，将鱼翅馅抓成大圆子入锅炸熟捞起，待油七成热时，入锅重油炸至色呈金黄色时捞起，沥尽油，堆放盘中。

4 带花椒盐一碟上桌即成。

大师指点

两次油炸、油温皆不宜过高。

特点 色泽金黄、软嫩鲜香。

16 清汤鱼翅

主料: 水发鱼翅 500 克。

配料: 熟火腿 40 克、熟净笋 40 克、水发冬菇 40 克、熟鸡皮 40 克、香菜 20 克、生猪板油一块。

调料: 熟猪油、葱结、姜块、绍酒、精盐、虾籽、胡椒粉、高级清鸡汤。

制作方法

1 鱼翅放汤碗内,加葱结、姜块、绍酒、虾籽、鸡汤、生猪板油块,放中火开水笼锅中蒸熟、蒸透,去葱结、姜块、猪板油块,泌去汤汁,备用。

2 熟火腿、熟净笋、冬菇皆切成片,鸡皮撕成片,香菜择洗干净。

3 鱼翅整齐放碗内,加火腿片、笋片、香菇片、鸡皮片,放高级清鸡汤、虾籽、葱结、姜块、绍酒、熟猪油,成清汤鱼翅生坯。

4 笼锅上火,放水烧开,将清汤鱼翅生坯蒸熟,须套汤三次,再将鱼翅蒸透、取出,翻身入汤碗中,泌去汤汁,去扣碗。

5 炒锅上火,放高级清鸡汤烧开,加精盐,撒胡椒粉,倒汤碗中,放香菜叶即成。

大师指点

鱼翅在蒸时,须套汤三次,使其味醇。

特点 汤清味醇、鲜香软嫩。

注:鱼翅在笼锅蒸时,换三次汤蒸,扬州称之曰"套汤"。

17 金凤群龙翅

主料: 水发鱼翅 500 克。

配料: 净仔母鸡 1 只、熟火腿 100 克、生猪板油 50 克。

调料: 葱结、姜块、绍酒、精盐、虾籽、胡椒粉、高级清鸡汤。

制作方法

1 将鱼翅放汤碗中,加葱结、姜块、生猪板油、绍酒、虾籽、高级清鸡汤,上中火开水笼锅中蒸熟、蒸透,取出,去葱结、姜块、猪板油块,泌去汤汁,备用。

2 净仔母鸡去食管、气管,挡下开刀去内脏、爪、翅、屁股,放入大火开水锅内焯水,捞出洗净,放砂锅中,加水、葱结、姜块、烧开、加绍酒,放中小火上煨熟,取出晾凉。

3 净仔母鸡剁成块,熟火腿切成 1.5 寸长、8 分宽、2 分厚的长方片。将鱼翅及另 2 种原料,整齐地放入碗内,加葱结、姜块、绍酒、虾籽、高级清鸡汤,放入大火开水的笼锅中蒸熟、蒸透入味。取出,翻身入一品锅中去扣碗。

4 炒锅上火,放入高级清鸡汤烧开,加精盐、胡椒粉,倒入一品锅内即成。

大师指点

1 鸡代表凤,火腿代表龙,故称之"金凤群龙翅"。

2 3 种原料切成片(块)后,整齐地放入碗中。

3 上笼蒸后要蒸透入味。

特点 汤清味醇、爽滑鲜香、菜中上品。

18 神仙鱼翅

主料：水发鱼翅 400 克。

配料：黄芽菜 1 棵（重约 500 克）、熟火腿 50 克、熟净笋 50 克、水发冬菇 50 克、生猪板油块 50 克。

调料：葱结、姜块、绍酒、虾籽、精盐、浓白鸡汤。

制作方法

1 鱼翅放碗内，加葱结、姜块、绍酒、虾籽、鸡汤、猪板油块，放中火开水笼锅中蒸熟、蒸透，去葱结、姜块、猪板油块，泌去汤汁，备用。

2 黄芽菜洗净，放大火开水锅内焯水，取出挤干水分，切成长方块。

3 熟火腿、熟净笋、冬菇切成片。

4 火锅内依次放黄芽菜片、鱼翅、火腿片、笋片、冬菇片，加浓白鸡汤、虾籽、精盐。点燃木炭（现代用电炉代替木炭），加热烧开，上桌即成。

大师指点

黄芽菜焯水要焯熟、焯透。

特点 荤素搭配、汤浓味醇。

19 蟹黄大扒翅

主料：通天排翅 1 片（重约 1000 克）。

配料：净蟹黄肉 200 克、青菜心 10 棵。

调料：熟猪油、葱结、姜块、葱姜末、绍酒、精盐、胡椒粉、高级鸡汤、湿淀粉。

制作方法

1 通天排翅焯水后放汤碗内，加鸡汤、葱结、姜块、绍酒，放大火开水笼锅中蒸半小时，泌下汤汁。青菜心焯水后放冷水泌透取出，沥尽水，放熟猪油锅内，上火焐油成熟，倒入漏勺沥尽油。

2 炒锅上火，放熟猪油、葱姜末，炸香后放入净蟹黄肉熬出蟹油，加鱼翅、高级鸡汤烧开约 5 分钟，加绍酒、精盐，用湿淀粉勾琉璃芡，撒胡椒粉，盛大汤盘中周围摆上青菜心，即可上桌。

大师指点

鱼翅烧制时不可过散；蟹黄须炒出香味，但不可炒老。

特点 色泽金黄、香浓味美。

禁犹宽北海

馔可佐南京

——

中国维扬传统菜点大观

海参类

1 烧海参

主料： 水发海参800克。

配料： 熟火腿50克、熟鸡脯肉50克、熟净笋50克、青菜心10棵。

调料： 熟猪油、葱结、姜块、绍酒、精盐、湿淀粉、虾籽、高级清鸡汤。

制作方法

1 海参用刀批切成大片，放入大火开水锅中焯水，捞出。

2 熟火腿、熟净笋切成片，熟鸡脯肉用手撕成鹅毛片。青菜心洗净，放入大火开水锅中焯水，捞出用冷水泌透，挤干水分，放熟猪油锅内，上火焐熟，倒入漏勺沥尽油。

3 炒锅上火，放熟猪油、葱结、姜块煸炒一下，加高级清鸡汤、虾籽、海参、鸡肉、笋片烧开，加绍酒、精盐收稠汤汁，用湿淀粉勾琉璃芡，起锅去葱结、姜块，装入盘内，放上火腿片，周围放上青菜心即成。

大师指点

海参须选用涨发后不硬、不烂的。

特点 软糯鲜醇、美味可口。

2 烧二海

主料： 水发海参800克。

配料： 净蟹肉100克、香菜10克。

调料： 熟猪油、葱花、姜米、葱结、姜块、绍酒、酱油、精盐、湿淀粉、胡椒粉、高级清鸡汤。

制作方法

1 海参用刀批切成大片，放入大火开水锅中焯水，捞出。

2 炒锅上火，放熟猪油、葱花、姜米稍炒，再放净蟹肉煸炒成熟，加绍酒、酱油，少许高级清鸡汤烧开，撒胡椒粉，装碗内。

3 炒锅上火，放熟猪油、葱结、姜块稍炒，再放入高级清鸡汤、海参和一半蟹肉以及全部卤汁烧开，收稠汤汁，加精盐，用湿淀粉勾琉璃芡，去葱结、姜块，盛入盘内，放上另一半蟹肉和拣洗干净的香菜即成。

大师指点

须选用现剥的新鲜蟹肉。

特点 软糯鲜香，美味佳肴。

3 蝴蝶海参

主料： 水发海参800克。

配料： 熟鸡肉40克、虾仁40克、熟火腿40克、熟鸡肫1只、熟净笋40克、鸡蛋3个、青菜心6棵。

调料： 熟猪油、葱结、姜块、绍酒、精盐、湿淀粉、虾籽、高级清鸡汤。

制作方法

1 海参批切成大片，放入大火开水锅焯水，捞出。

2 虾仁洗净，用干布吸去水分，放碗内加精盐、鸡蛋清、干淀粉上浆。熟火腿切成片，熟鸡肉撕成小鹅毛片，熟净笋、熟鸡肫切成片，青菜心放大火开水锅焯水，捞出用冷水泌透，挤干水分，放熟猪油锅内，上火焐油成熟，倒入漏勺沥尽油。

3 将3只鸡蛋煮熟，去壳去蛋黄留蛋白，洗净用刀批切成片。

4 炒锅上火，放熟猪油、葱结、姜块稍炒一下，加高级清鸡汤、虾籽、蛋白片、海参、熟鸡肉、肫片、笋片烧开，收稠汤汁，放精盐，用湿淀粉勾琉璃芡，去葱结、姜块，装盘，海参上摆放火腿片，围上青菜心。

5 炒锅上火，放熟猪油将虾仁炒熟，放在海参上即成。

要选择不硬、不烂的水发海参。

特点 鲜糯软嫩，黑白分明。

4 火腿爪烧海参

主料： 水发海参800克。

配料： 火腿爪子3只、水发绿笋100克。

调料： 熟猪油、葱结、姜块、绍酒、酱油、精盐、湿淀粉、虾籽、高级清鸡汤、石碱。

制作方法

1 海参用刀批切成大片，放大火开水锅内焯水，捞出。

2 火腿爪子用石碱水洗刷干净，用刀一劈两半，用清水浸泡去碱味，放大火开水锅内焯水，捞出洗净，放砂锅内，加水、葱结、姜块烧开，放绍酒，移小火上煨熟，捞出去毛、去骨、甲黄（爪子内的黄色）洗净，再换砂锅，放竹垫、高级清鸡汤、火腿爪子肉、葱结、姜块上大火烧开，移小火焖烂

取出。

3 绿笋用手撕成条，切1寸长的段。

4 炒锅上火，放熟猪油、葱结、姜块稍炒，放高级清鸡汤、海参、火腿爪子肉、绿笋、虾籽烧开，放绍酒、酱油，待汤呈牙黄色后，加少许精盐，收稠汤汁，去葱结、姜块，用湿淀粉勾琉璃芡，装入盘内即成。

大师指点

1 火腿爪先用冷水浸泡软，再用石碱水刷洗干净。

2 煨的过程中要换三次汤，即去毛、去骨、去甲黄，煨至酥烂有腊香味。

特点 腊香味浓，软糯适口。

5 金钱海参

主料： 水发海参250克。

配料： 净白鱼肉200克、熟猪肥膘肉50克、熟瘦火腿末20克、净香菜叶20克、鸡蛋清2个。

调料： 熟猪油、葱姜汁、绍酒、精盐、湿淀粉、虾籽、高级清鸡汤。

制作方法

1 海参用模具刻成圆片，放大火开水锅焯水，捞出。

2 炒锅上火，放高级清鸡汤、虾籽、海参片烧开，加绍酒、精盐、烧至汤汁浓稠，用湿淀粉勾芡，装盘冷却，铺案板上。

3 白鱼肉、熟肥膘肉分别刮成蓉，同放盆内，加葱姜汁、鸡蛋清、绍酒、精盐，制成鱼馅。

4 将鱼馅放在海参片上，抹平、抹圆，放上熟瘦火腿末、香菜叶，即成金钱海参生坯。

5 笼锅上火，放水烧开，放入金钱海参生坯蒸熟，取出整齐地摆放入盘。

6 炒锅上火，放高级清鸡汤烧开，加精盐，用湿淀粉勾米汤芡，放熟猪油，倒入金钱海参上即成。

大师指点

1 海参须烧透入味。

2 白鱼蓉须刮细，无颗粒。

特点 形似金钱，细嫩软糯。

6 鸡酥圆烧海参

主料： 水发海参 800 克。

配料： 猪精肉 250 克、熟鸡肉 50 克、熟鸡肫 1 只、熟净笋 50 克、鸡蛋 1 个。

调料： 葱花、姜米、葱结、姜块、绍酒、酱油、精盐、干淀粉、湿淀粉、虾籽、高级清鸡汤、熟猪油。

制作方法

1 海参用刀批切成大片，放大火开水锅中焯水，捞出。

2 猪精肉洗净，刮成蓉，放盆内，加鸡蛋、葱花、姜米、绍酒、干淀粉、精盐，制成肉馅。

3 炒锅上火，放熟猪油，待油七成热时，将肉馅用手抓成橄榄形圆子，入锅炸熟、炸香，捞起放砂锅内，加高级清鸡汤烧开，移小火焖至酥烂，捞出即成鸡酥圆。

4 熟鸡肉用手撕成小鹅毛片，熟鸡肫、熟净笋切成片。

5 炒锅上火，放熟猪油、葱结、姜块稍炒。放高级清鸡汤、虾籽、海参、鸡酥圆、鸡肉片、鸡肫片、笋片、烧开，加绍酒、酱油，少许精盐，收稠汤汁，去葱结、姜块，用湿淀粉勾琉璃芡，起锅装盘，将鸡肉片、鸡肫片、笋片垫盘底，上放海参、鸡酥圆，倒入汤汁即成。

大师指点

鸡酥圆须炖至酥烂。

特点 ▶ 香酥软糯，美味佳肴。

7 元鱼海参

主料： 水发海参 800 克。

配料： 甲鱼 1000 克、生猪板油 100 克、熟净笋 200 克。

调料： 熟猪油、葱结、姜块、绍酒、酱油、精盐、湿淀粉、虾籽、胡椒粉、高级清鸡汤。

制作方法

1 海参用刀批切成大片，放大火开水锅中焯水，捞出。

2 猪板油洗净，切成大块。熟净笋切成滚刀块。

3 甲鱼由颈部宰杀，去尽血，放大火开水锅中稍烫，去外衣、黑釉，剖开去内脏、黄油洗净，放砂锅内，放水、葱结、姜块、板油块，上火烧开，加绍酒，移小火烧熟、焖烂，去葱结、姜块、板油渣。甲鱼捞出去壳、骨，留下裙边肉切成块，汤汁留用。

4 炒锅上火，放熟猪油、葱结、姜块稍炒，再放海参片、甲鱼块、笋块，将甲鱼汤汁、高级清鸡汤、虾籽烧开，加绍酒、少许酱油（呈牙黄色）、精盐，收稠汤汁，去葱结、姜块，用湿淀粉勾琉璃芡，撒胡椒粉，装盘即成。

大师指点

1 须选用野生甲鱼。

2 甲鱼裙边的黑釉，腹内黄油均须去除干净。

特点 ▶ 汤汁醇厚，鲜香味浓。

8 锅巴海参

主料： 水发海参 150 克。

配料： 米饭锅巴 150 克、熟净笋 50 克、水发冬菇 50 克、豌豆苗 50 克。

调料： 熟猪油、花生油、葱结、姜块、绍酒、精盐、湿淀粉、胡椒粉、鸡汤。

制作方法

1 海参用刀批切成大片，放大火开水锅内焯水，捞出。

2 熟净笋、冬菇切成片，豌豆苗拣洗干净。

3 炒锅上火，放熟猪油、葱结、姜块稍炒，放鸡汤、海参片、笋片、冬菇片烧开，加绍酒、精盐、豌豆苗烧开，去葱结、姜块，用湿淀粉勾米汤芡，撒胡

椒粉，成海参卤汁，倒入碗内。

4 炒锅上火，放花生油，待油九成热时，放入锅巴炸脆，装入有辣油的盘内，上桌倒入海参卤汁即成。

大师指点

炸锅巴时须大火辣油。

特点 锅巴酥脆，汤鲜味浓。

9 肉末海参

主料：水发海参 350 克。

配料：猪精肉 100 克、西兰花 50 克。

调料：熟猪油、葱白段、绍酒、酱油、白糖、湿淀粉、胡椒粉、鸡汤。

制作方法

1 海参用刀批切成大片，放大火开水锅中焯水；捞出。

2 猪精肉切成末，西蓝花摘成小朵洗净，放大火开水锅中焯水，捞出放冷水中沁透，取出。

3 炒锅上火，放熟猪油、葱白段、煸炒出葱油，去葱白，放入猪精肉煸炒至肉末变色，加入鸡汤、酱油、白糖、绍酒、海参片烧开，换小火煨一下，再加入西蓝花，上大火收稠汤汁，用湿淀粉勾琉璃芡，撒胡椒粉，装盘即成。

大师指点

西蓝花亦可放入熟猪油锅内焐油成熟。

特点 香鲜软嫩，葱油味浓。

10 酿海参

主料：水发海参 10 条。

配料：虾仁 300 克、熟肥膘肉 50 克、西蓝花 100 克、鸡蛋清 1 个。

调料：熟猪油、葱姜汁、绍酒、精盐、酱油、白糖、湿淀粉、干淀粉、虾籽、胡椒粉、鸡汤。

制作方法

1 海参洗净，放大火开水锅中焯水，捞出。

2 虾仁洗净，用干布挤干水分，刮成蓉。熟猪肥膘肉刮成蓉，同放盆内，加葱姜汁、鸡蛋清、干淀粉、绍酒、精盐，制成馅。

3 西蓝花摘成小朵，洗净。

4 将虾馅填入海参肚内，用手抹平，即成酿海参生

坯，放大火开水笼锅中蒸熟，取出。

5 炒锅上火，放鸡汤、熟猪油、酿海参烧开。再放绍酒、酱油、白糖、虾籽，收稠汤汁，用湿淀粉勾琉璃芡，撒胡椒粉，整齐摆放盘内，倒入汤汁。

6 炒锅上火，放熟猪油、西蓝花，将其焐油成熟，倒入漏勺沥尽油，围在海参周围即成。

大师指点

1 须选择新鲜河虾仁。

2 烧海参时须烧透入味。

特点 海参软糯，汤汁浓稠。

11　黄鱼海参

主料： 水发海参250克。

配料： 净黄鱼肉200克、熟猪肥膘肉20克、熟瘦火腿20克、鸡蛋清1个、香菜10克。

调料： 熟猪油、葱结、姜块、绍酒、精盐、湿淀粉、干淀粉、胡椒粉、鸡汤。

制作方法

1　海参用刀批切成片，放大火开水锅内焯水，捞出。

2　净黄鱼肉批切成片，放盆中，加精盐、鸡蛋清、干淀粉上浆。

3　炒锅上火，辣锅冷油，放入黄鱼片划油至熟，倒入漏勺沥尽油。

4　熟猪肥膘肉切成指甲片大小，熟瘦火腿切成末，香菜拣洗干净。

5　炒锅上火，放熟猪油、葱结、姜块略炒，再放鸡汤、海参片、黄鱼肉片、肥膘肉片烧开，加绍酒，移小火煮焖约10分钟，再上大火，收稠汤汁，加精盐，用淀粉勾琉璃芡，撒入胡椒粉，装盘中，撒上火腿末、香菜即成。

大师指点

须选用800克以上黄鱼取肉。

特点　鱼肉滑嫩，海参软糯，味美鲜香。

12　鲌鱼海参

主料： 水发海参250克。

配料： 活鲌鱼2条（重约500克）、熟净笋20克。

调料： 熟猪油、葱结、姜块、绍酒、精盐、酱油、白糖、湿淀粉、胡椒粉、鸡汤。

制作方法

1　海参用刀批切成片，放大火开水锅内焯水，捞出。

2　鲌鱼宰杀，去腮，内脏洗净。

3　炒锅上火，放熟猪油、葱结、姜块略炒，再放入鸡汤、海参片烧开，加绍酒、酱油、白糖、鲌鱼烧开，移小火烧熟焖透，再上大火、去葱结、姜块，收稠汤汁，用湿淀粉勾琉璃芡，撒胡椒粉，起锅装盘即成。

大师指点

须选用活鲌鱼。

特点　海参软糯、鲌鱼鲜嫩、汤汁浓稠，别具风味。

13　乌龙哺子

主料： 水发刺参12条（重约800克）。

调料： 熟猪油、葱结、姜块、绍酒、精盐、虾籽、湿淀粉、胡椒粉、高级清鸡汤。

制作方法

1　刺参洗净，放大火开水锅中焯水，捞出。

2　炒锅上火，放熟猪油、葱结、姜块稍炒，再放鸡汤、虾籽、刺参烧开，加绍酒，移小火上烧透入味，去葱结、姜块，上大火收稠汤汁，放精盐，用湿淀粉勾琉璃芡，撒胡椒粉，整齐装入盘中即成。

大师指点

1　须选择不硬、不烂的刺参。

2　也可将刺参放碗内，加鸡汤、虾籽上笼蒸透入味，再行烧制。

特点　鲜香软糯，系扬州功夫菜之一。

14 龙凤海参

主料： 水发刺参 12 条。

配料： 仔母鸡 1 只（重约 1500 克）、熟火腿 30 克、熟净笋 30 克、水发冬菇（大而圆）1 只。

调料： 熟猪油、葱结、姜块、绍酒、精盐、湿淀粉、虾籽、胡椒粉、鸡汤。

制作方法

1 刺参洗净，放大火开水锅焯水，捞出。

2 仔母鸡宰杀、去毛洗净，从脊背开刀，去气管、食管、内脏，洗净。去翅膀、嘴骨、爪、屁股，用刀在鸡骨上稍拍一下，放盆内，加葱结、姜块、绍酒、精盐，放大火开水笼锅中蒸熟、蒸烂，取出，去葱结、姜块，放大圆盘中。

3 炒锅上火，放熟猪油、葱结、姜块稍炒，加鸡汤、虾籽、海参烧开，加绍酒，收稠汤汁，去葱结、姜块，用湿淀粉勾琉璃芡，撒入胡椒粉，将 12 条刺参排在鸡身周围，倒入汤汁。

4 熟火腿切成长方片熟净笋切成大片，冬菇洗净。

5 炒锅上火，放熟猪油、笋片、冬菇划油至熟，倒入漏勺沥尽油。

6 将火腿片、笋片间隔放在鸡身上，中间放上香菇即成。

大师指点

1 海参为龙，仔鸡为凤，故名龙凤海参。

2 须选用鲜活仔母鸡。

特点 软糯鲜香，营养丰富。

15 稀卤海参

主料： 水发海参 800 克。

配料： 熟火腿 50 克、熟净笋 50 克、水发冬菇 50 克。

调料： 熟猪油、葱结、姜块、绍酒、酱油、白糖、湿淀粉、虾籽、胡椒粉、鸡汤。

制作方法

1 海参批切成大片，放大火开水锅中焯水，捞出。

2 熟火腿、熟净笋、冬菇分别切成丁。

3 炒锅上火，放熟猪油、葱结、姜块略炒，再放鸡汤、虾籽、海参烧开，加绍酒、酱油、白糖收稠汤汁，去葱结、姜块，烧透入味，捞出装盘中。

4 汤汁中放火腿、笋、冬菇诸丁烧开，用湿淀粉勾琉璃芡，成卤汁，倒入海参上即成。

大师指点

1 须选择不硬、不烂的海参。

2 控制好稀卤厚度，要小火慢熬，卤汁须透明、光亮、有劲。

特点 软糯鲜嫩，风味独特。

16 芙蓉海参

主料： 水发刺参 10 根。

配料： 鸡蛋清 4 个、熟瘦火腿 10 克、豌豆苗 20 克。

调料： 熟鸡油、葱结、姜块、绍酒、精盐、虾籽、胡椒粉、高级清鸡汤。

制作方法

1 刺参洗净，放大火开水锅中焯水，捞出沥尽水，放碗内，加葱结、姜块、绍酒、鸡汤、虾籽，上大火开水笼锅中蒸熟、入味。取出沁去汤汁。

2 鸡蛋清、高级清鸡汤、精盐放碗内搅匀，成芙蓉蛋液。

3 笼锅上火，放水烧开，放入芙蓉蛋液稍蒸，移中小火蒸熟，取出。

4 熟瘦火腿切成末，豌豆苗拣洗干净。

5 炒锅上火，放高级清鸡汤烧开，加豌豆苗、精盐烧开，撒胡椒粉盛入大汤碗，放海参，再用手勺将芙蓉蛋剞成大片，放汤碗中。撒火腿末，滴几滴熟鸡油，即成。

大师指点

1 鸡蛋清、高级清鸡汤须搅打均匀，鸡蛋清不可起沫。

2 蒸芙蓉蛋时须小火，不可起孔。

特点 洁白鲜嫩，软糯可口。

17 长生不老

主料： 水发海参500克。

配料： 生猪大肠头2个。

调料： 熟猪油、葱结、姜块、绍酒、精盐、酱油、白糖、湿淀粉、醋、麻油、鸡汤、明矾、胡椒粉。

制作方法

1 海参批切成大片，放大火开水锅内焯水，捞出。

2 大肠头放盆内，加精盐、明矾、醋拌匀，浸渍半小时，洗净去除黏液、油脂、杂质，再用清水浸泡半小时，放大火开水锅中焯水，捞出洗净。

3 砂锅内放水、大肠头、葱结、姜块烧开，加绍酒、移小火上煨熟焖烂，捞出切成斜角块。

4 炒锅上火，放熟猪油、葱结、姜块稍炒，放鸡汤、海参、大肠头块烧开，加绍酒、酱油、白糖，收稠汤汁，去葱结、姜块，用湿淀粉勾琉璃芡，撒胡椒粉，装盘即成。

大师指点

大肠头须去尽杂质和异味。

特点 肥嫩软糯，咸中微甜。

18 一品海参

主料： 水发海参800克。

配料： 熟瘦火腿10克、水发冬菇3个。

调料： 熟猪油、葱结、姜块、绍酒、精盐、虾籽、高级清鸡汤。

制作方法

1 海参批切成大片，放大火开水锅中焯水，捞出洗净，沥尽水，放碗中，加葱结、姜块、绍酒、鸡汤、精盐、虾籽、熟猪油，放中火开水笼中蒸熟、蒸入味，取出泌去汤汁，盛大汤盘中。

2 将熟瘦火腿刻成一字，冬菇刻成三个口，拼放在海参上成为"一品"二字。

3 炒锅上火，放高级清鸡汤烧开，加精盐，倒汤盘内海参上即成。

大师指点

1 也可选用大乌参1条，内壁打吞刀，加调料上笼蒸熟入味。

2 须选用不硬、不烂的海参。

3 此菜系古代官府宴请上司的头等大菜。

特点 海参软糯，汤鲜味醇。

19 清汤大乌参

主料： 大乌参 400 克。

配料： 火腿 200 克、生猪板油 200 克、香菜 20 克。

调料： 葱结、姜块、绍酒、精盐、虾籽、胡椒粉、熟鸡油、高级清鸡汤。

制作方法

1 将大乌参外皮在火上烧一下，刮去黑皮洗净，放在有竹垫的砂锅内，加满水，上火烧至七成热，复小火焖至微松，换水再焖，如此反复 3~4 次，焖烂后取出，去肠杂，四周修净，清洗干净，在乌参两面打吞刀，不要划破。

2 炒锅上火，放水烧开，将乌参焯水，捞出。

3 炒锅上火，放高级清鸡汤、大乌参烧开，捞出放碗内，加葱结、姜块、高级清鸡汤、虾籽、绍酒、精盐、生猪板油，放中火开水笼锅中蒸熟、蒸透入味，去葱结、姜块、板油渣，泌去汤汁。

4 炒锅上火，放高级清鸡汤烧开，加精盐，撒胡椒粉，盛入汤碗，放入大乌参和拣洗干净的香菜，滴几滴熟鸡油即成。

大师指点

1 大乌参涨发繁杂，须细心操作。

2 须蒸透入味。

特点 形态完整，鲜美味醇。

20 芝麻酱拌海参

主料： 水发海参 800 克。

配料： 熟净笋 50 克、水发冬菇 50 克、香菜 20 克。

调料： 熟猪油、葱结、姜块、绍酒、精盐、虾籽、芝麻酱、高级清鸡汤。

制作方法

1 海参批切成大片，放大火开水锅内焯水，捞出。

2 熟净笋、冬菇切成片，香菜拣洗干净。

3 炒锅上火，放熟猪油、葱结、姜块稍炒，加高级清鸡汤、虾籽、海参、笋片、冬菇片烧开，加绍酒，去葱结、姜块，加精盐，收稠汤汁，倒入盘内，加芝麻酱拌匀，放入香菜，即成。

大师指点

芝麻酱须拌匀，紧裹海参。

特点 鲜香软糯，夏令佳肴。

黄州好猪肉，价贱如泥土

贵人不肯吃，贫人不解煮

——中国维扬传统菜点大观

猪肉类

1 凉拌肉

主料：猪后腿肉（去皮） 250 克。

配料：凉粉皮， 2 张。

调料：葱结、姜块、绍酒、酱油、麻油、蒜泥。

制作方法

1 猪后腿肉入开水锅焯水，捞出洗净。

2 砂锅放水、肉、葱结、姜块大火烧开，加入绍酒，盖上盖盘，移至小中火将肉烧至七成熟捞出。

3 凉粉皮用刀切成斜角块，放入大火开水锅内烫一下，捞出沥尽水，放盘内用麻油拌一下。

4 猪肉用刀切 1 分厚的长片放盘中凉粉皮上，浇上酱油、麻油、蒜泥即成。

大师指点

1 猪肉切成的片要薄。

2 凉粉皮放入开水锅内一烫即捞，时间不宜过长。

特点 口味鲜爽、美味佳肴。

2 卤肉

主料：猪肋条（去骨） 1000 克。

调料：葱结、姜块、酱油、白糖、绍酒、桂皮、八角。

制作方法

1 猪肋条去毛，刮洗干净放入大火开水锅内，焯水，捞出洗净。

2 砂锅放入水、葱结、姜块、酱油、白糖、桂皮、八角、猪肉，在大火上烧开，盖上盖子，小火将肉烧七成熟即成卤肉。

3 将卤肉用刀切成片，装盘，放入卤汁即成。

大师指点

掌握好肉的烧焖时间，七成熟即可。

特点 色泽红润，肉香味美。

3 酱肉

主料：猪肋条肉（去骨） 1000 克。

调料：葱结、姜块、酱油、白糖、甜酱、绍酒、桂皮、八角。

制作方法

1 猪肋条肉，去毛刮洗干净，放入大火开水锅内，焯水捞出，洗净。

2 砂锅一只放水、葱结、姜块、酱油、白糖、桂皮、八角、猪肉，上大火烧开，放绍酒，盖上盖，移小火上将肉烧至七成熟，取出。

3 炒锅上火，放入肉和卤汁，加入甜酱，收稠，卤汁，最后剩少许酱卤即成酱肉。

4 酱肉用刀切片，浇上酱卤，装盘即成。

大师指点

肉和卤汁，加入甜酱，收稠即可。

特点 酱香浓郁，口味甜美。

4. 咸肉

主料：猪后座肉1块，4000~5000克。

调料：粗盐（扬州人称大籽盐）、花椒、姜块、葱结、绍酒。

制作方法

1 用铁签将猪后座肉戳一戳。

2 花椒洗净，和粗盐同放锅内上火，炒至花椒有香味，倒入盆中冷却。

3 猪后座肉放入盆内，洒满花椒盐，进行腌制。第2天开始将肉进行翻动，民间称为"翻缸"，腌制15~20天取出，用绳子穿起，挂在外面晾晒至干，以后放在阴凉、透风处直至春节使用。

4 春节前2~3天取出咸肉，用刀剁成块，放入冷水中浸泡2天左右，期间不断换水，去除盐卤味和咸味。

5 砂锅一只或铁锅一只，上火放水、葱结、姜块、咸肉烧水，加绍酒，盖盖，将肉煨熟，取出晾凉，用刀切成长方块，整齐装盘即成。

大师指点

1 后座肉分成去骨式和不去骨式两种，取一即可。

2 每年小雪节气后是腌咸肉的最佳时节。

特点 咸肉腊香，酥烂入味。

5. 冻肉

主料：猪肉2000克。

配料：猪肉皮400克。

调料：葱结、姜块、酱油、白糖、绍酒、桂皮、八角。

制作方法

1 猪肉洗净，猪肉皮去毛刮干净，放入大火开水锅内焯水，捞出洗净。

2 砂锅一只，放入水、葱结、姜块、酱油、白糖、桂皮、八角、猪肉、猪肉皮，上大火烧开，放绍酒，盖盖，转至小火上将肉、肉皮烧热、烧烂，捞出，

将肉用手撕碎。

3 肉皮用刀刮成蓉。

4 卤汁上火，放入肉皮蓉烧开装入大盆内均匀地放入猪肉，使其冷冻，即成冻肉。

5 将冻肉切成长方块，整齐装盘放上即成。

大师指点

1 选用猪精肉，肉烧烂后，方可拆碎。

2 调好肉汤的口味。

特点 软、韧、鲜、香，冬季佳肴。

6. 冻蹄

主料：猪前蹄1只。

配料：猪肉皮500克。

调料：葱结、姜块、酱油、白糖、绍酒、桂皮、八角。

制作方法

1 猪前蹄去骨，去毛，放大火开水锅内焯水取出，洗净。

2 砂锅一只放入猪蹄、葱结、姜块、酱油、白糖、桂皮、八角、水，在大火上烧开，放入绍酒，转至小火将猪蹄烧热、烧烂取出。

3 猪蹄去皮，将肉拆碎。

4 猪皮放在案板上用刀刮成蓉。

5 卤汁上火，放入肉皮蓉，烧开，装入大盆，均匀地放入猪蹄肉，使其冷却成为冻蹄。

6 将冻蹄用刀切成长方片装入盘内即成。

大师指点

1 猪蹄一定要烧熟、烧烂方可拆碎。

2 加入肉皮蓉，增加汤汁凝固成冻。

特点 软、韧、鲜、香，别具风味，冬季佳肴。

7. 水晶肴肉

主料： 猪前蹄 1 只（4000~5000 克）。

配料： 姜丝。

调料： 葱结、姜块、绍酒、精盐、冰糖、花椒、醋。

制作方法

1 将猪前蹄去骨去毛，刮洗干净，在肉表面，用铁签戳透，蹄子肉，撒上硝水，放容器内撒盐进行腌渍，冬季腌 10 天左右，春秋季腌 7 天左右，夏季腌 3 小时左右。

2 腌过的肴肉，取出刮洗干净，放入清水浸泡，冬季 2 天左右，秋季 1.5 天左右，夏季 4~5 小时，中途要常换水，去卤腥味。

3 砂锅上火，放水、盐、猪前蹄、冰糖、花椒（用纱布袋包好）、葱结、姜块，上火烧开，砂锅内要放

竹垫，加绍酒，盖上盖儿，移至小火，烧焖 2.5~3 小时。

4 用漏勺捞出，放入盘内，摆放整齐，放适量的卤汁晾透用重物压起来。

5 食用时肴肉切成长方片，装盘带醋、姜丝再上桌。

大师指点

1 掌握好腌制时间，腌好后，要每天不停地翻动（扬州人叫"翻缸"）使蹄子腌渍均匀。

2 蹄子腌好后，掌握好清水浸泡时间。

3 煮肴肉时花椒要放入锅内煮一下，去除黑色素。

特点 香、酥、鲜、嫩、冷菜佳品。

8. 水晶脚爪

主料： 猪脚爪 4 只（1000~2000 克）。

调料： 葱结、姜块、绍酒、精盐、桂皮、八角。

制作方法

1 猪脚爪去毛，刮洗干净，用刀剁成块，放入大火开水锅内焯水，捞出洗净。

2 锅上火，放入水、葱结、姜块、精盐、猪脚爪，烧开加入桂皮、八角、绍酒，移小火将猪脚爪煨熟、焖烂，移大火，收稠汤汁，去桂皮、八角、葱结、

姜块，倒入盆内，冷透结冻，即成水晶脚爪。

3 临吃时，脚爪连冻放入盘中上桌即可。

大师指点

1 脚爪用镊子镊去毛，不能用其他方法，如松香拔毛或剃须刀剃毛，否则影响口感、风味。

2 脚爪要烧软烂，入口即化。

特点 脚爪软、韧、香、咸，味美。

9. 卤猪肚

主料： 猪肚 1 只（1000 克左右）。

调料： 葱结、姜块、酱油、白糖、绍酒、桂皮、八角、精盐、醋、麻油、矾。

制作方法

1 猪肚放入盘内加矾、精盐、醋搓揉洗去黏液，摘去肚子里的油块和污垢，清洗干净。

2 猪肚入大火开水锅内焯水，刮去白衣及污皮用清水洗净。

3 砂锅上火放入猪肚、水、葱结、姜块、绍酒、酱油、白糖、八角、桂皮烧开转移小火焖烧至七成

熟，捞出用刀切片装盘，放入卤汁、麻油即成。

大师指点

猪肚初加工要洗干净。

特点 软、韧、香、鲜。

10. 卤猪肺

主料： 猪肺1挂。

调料： 葱结、姜块、酱油、白糖、绍酒、桂皮、八角。

制作方法

1 将猪肺用清水灌洗，至发白。

2 将猪肺放入大火开水内焯水捞出，洗净。

3 砂锅上放入葱结、姜块、猪肺、酱油、白糖、桂

皮、八角烧开，放入绍酒，盖上盖子移小火，将猪肺烧至八成熟，捞起。

4 用刀将猪肺切成片，装盘浇上卤汁、麻油即成。

大师指点

1 初加工要洗干净。

2 猪肺要烧熟入味。

特点 猪肺软绵，香鲜味美。

11. 卤猪心

主料： 猪心2只（500~800克）。

调料： 葱结、姜块、酱油、白糖、绍酒、麻油、桂皮、八角。

制作方法

1 将猪心洗干净，用刀切成两半，洗净血污。

2 猪心放入大火开水内，焯水，捞出洗净。

3 砂锅上火放入猪心、葱结、姜块、酱油、白糖、桂

皮、八角，水烧开放入绍酒，盖盖移至小火上，将猪心烧熟捞出。

4 将猪心用刀切成片，装盘浇上卤汁、麻油即成。

大师指点

猪心初加工要洗干净。

特点 猪心软韧，卤汁香鲜。

12 卤猪脑

主料： 生猪脑6只。

调料： 葱结、姜块、绍酒、酱油、白糖、桂皮、八角、醋。

制作方法

1 生猪脑放入冷水中浸泡去血污，撕去脑膜，放大火开水锅内焯水，捞出洗净。

2 炒锅上火放水、葱结、姜块、酱油、白糖、猪脑，

烧开加绍酒盖盖，移小火，烧熟再上大火收稠卤汁，去葱结、姜块、桂皮、八角，捞出猪脑，放入盘内，浇上卤汁。

3 带醋一碟上桌。

大师指点

猪脑在小火上卤透入味。

特点 鲜香软嫩，卤味可口。

13 卤大肠

主料：猪大肠1挂（3000~4000克）。

调料：葱结、姜块、酱油、白糖、桂皮、八角、麻油、矾、精盐、醋。

制作方法

1 猪大肠洗净放盆内加盐、醋、矾搅拌均匀后放水洗去黏液及肠内的污物，洗净。

2 将猪大肠放入大火开水锅内焯水捞出，洗净。

3 砂锅上火，加水、猪大肠、葱结、姜块、酱油、白糖、桂皮、八角烧开加绍酒，盖上盖盘，移小火上，将猪大肠烧熟捞出。

4 将猪大肠用刀切成段装盘，浇上卤汁、麻油即成。

大师指点

1 猪大肠初加工要清洗干净。

2 要卤透入味。

特点 色泽酱红，鲜香入味。

14 卤猪肝

主料：猪肝1500克。

调料：葱结、姜块、酱油、白糖、绍酒、桂皮、茴香、麻油。

制作方法

1 猪肝洗净，放入大火开水锅内焯水，捞出洗净。

2 砂锅放入葱结、姜块、酱油、白糖、桂皮、八角、水、猪肝，再上大火烧开放绍酒，盖上盖子，移小火烧熟，捞出。

3 用刀将猪肝切成片装入盘内，放入卤汁、麻油即成。

大师指点

1 猪肝要在砂锅内卤入味。

2 特点香、鲜、酥，别具风味。

15 卤猪舌

主料：生猪舌头2条（1000~1500克）。

调料：葱结、姜块、酱油、白糖、绍酒、桂皮、八角、麻油。

制作方法

1 生猪舌头洗净去气管放入大火开水锅内稍烫，捞出，用刀刮去白色的舌衣，洗净，再入开水锅内焯水，捞出洗净。

2 锅上火，放入水、葱结、姜块、酱油、白糖、桂皮、八角、猪舌烧开放绍酒，盖上盖子，移小火将猪舌烧至七成熟，捞出，用刀切成块，再放入碗内，用卤汁浸泡入味。

3 翻身入盘去扣碗浇麻油即成。

大师指点

1 生猪舌入开水锅稍烫一下，捞出洗去白色的舌衣，时间不能长，否则舌衣刮不下来。

2 猪舌烧至七成熟即可，不可烧烂。

特点 色泽酱红，猪舌香鲜。

16 糟肉

主料： 猪肋条肉 1000 克。

配料： 酒酿 1000 克。

调料： 麻油、盐。

制作方法

1 猪肉切长方形，用盐腌制 4 小时取出。

2 取一只小坛子下铺一层酒酿、一层肉，一层酒酿、一层肉地叠好，放入麻油，坛口密封半月。

3 取出酒酿与肉，放入碗内。

4 笼锅上火放入水烧开，再放上酒酿肉，蒸熟，取出装盘即成。

大师指点

糟好肉的坛子，放在阴凉通风的地方。

特点 糟香扑鼻，别有风味。

17 凉拌腰子

主料： 猪腰 2 只。

配料： 香菜 10 克。

调料： 葱结、姜块、绍酒、酱油、醋、胡椒粉、麻油。

制作方法

1 猪腰去腰皮，洗净用刀一切两半，去腰臊，将腰肉批切大片放入清水中，加入葱结、姜块、绍酒，浸泡 3~4 小时。

2 炒锅上火放入水，烧开，再放入连水的腰片，将腰

片烫至变色，用漏勺捞起，沥净水。

3 香菜洗净。

4 将腰片放入盆内撒上胡椒粉、醋，稍拌一下，用手挤去水分，装入盘内，放入香菜、酱油、麻油即成。

大师指点

腰子放入清水浸泡，时间过长，腰片容易发大。

特点 脆、嫩、香、鲜，冷菜佳点。

18 卤酥腰

主料： 猪腰 4 只。

调料： 葱结、姜块、酱油、白糖、绍酒、桂皮、八角、麻油。

制作方法

1 猪腰去腰皮洗净，在腰子上打花刀。

2 猪腰入大火开水锅焯水，捞出洗净。

3 炒锅上火，放入腰子、葱结、姜块、酱油、白糖、

桂皮、八角烧开，加绍酒盖上盖子移至小火上将腰子烧熟捞起，即成卤酥腰。

4 将腰子切成块，放入盘内浇上卤汁麻油即成。

大师指点

腰子卤至七成熟即可。

特点 色泽酱红，香酥味美。

19 汁肉

主料： 猪枚条肉 400 克。

调料： 花生油、葱结、姜块、酱油、白糖、绍酒、桂皮、麻油。

制作方法

1 猪枚条肉用刀批切成柳叶片，放入盆内加葱结、姜块、绍酒稍拌浸渍 1 小时后取出洗净。

2 炒锅上火放花生油，待油六成热时放入肉片滑散至变色，倒入漏勺内沥尽油。

3 炒锅上火加水、肉片、酱油、白糖、桂皮烧开，加绍酒，盖锅盖移至小火烧 20 分钟左右，再移至大火，将卤汁收稠至干，浇麻油起锅装盘。

大师指点

浸渍入味，上火烧时放少许酱油。

特点 色泽红亮，香、鲜、甜适口，系扬州传统佳肴。

20 糖醋排骨

主料： 猪仔排 350 克。

调料： 花生油、葱花、姜米、酱油、白糖、绍酒、醋、麻油。

制作方法

1 将排骨用刀剁成 8 分长的小块，洗净放入盆内，加少许酱油拌匀，浸渍入味。

2 炒锅上火，放入油，待油九成热时，放入排骨炸一下，捞起沥尽油。

3 炒锅上火，放入少量花生油、葱花、姜米稍炒一下，再加入排骨、水、酱油、白糖烧开，放入绍酒移小火，烧制肉骨可以脱离，上大火，放放醋，收稠卤汁浇麻油起锅装盘。

大师指点

排骨烧制六七成熟，肉骨脱离即可。

特点 色泽红亮，酸甜适口。

21 糖醋穿骨

主料： 猪仔排 350 克。

配料： 熟净笋 150 克。

调料： 花生油、葱花、姜米、酱油、白糖、绍酒、醋、麻油。

制作方法

1 将排骨用刀剁成 1 寸大的块，放入盆内，加酱油稍拌浸渍入味。

2 炒锅上火，放入花生油，待油九成热时，放入排骨炸一下捞起沥尽油。

3 炒锅上火，放入少量花生油、葱花、姜米、稍炒，再放入水、排骨烧开，放入绍酒，移至小火，烧至能抽出骨头时捞起，拆去骨。

4 熟净笋切成骨头大小穿入肉内制成糖醋穿骨生坯。

5 将糖醋穿骨生坯放入汤内，加入酱油、白糖、醋，烧开再小火焖一下，移至大火，收稠卤汁，烧麻油起锅装盘即成。

大师指点

1 排骨烧至能脱骨即可。

2 笋切成和骨头同等大小的块。

特点 制作精细，别具一格。

22 炒肉丝

主料: 生净猪肉(瘦7肥3) 250克。

配料: 熟净鲜冬笋100克、韭菜黄50克。

调料: 花生油、酱油、白糖、绍酒、湿淀粉。

制作方法

1 猪肉洗净分别将瘦、肥肉切成火柴棒粗细的丝。

2 熟净鲜冬笋切成丝洗净,韭菜黄洗净,切成8分长的段。

3 炒锅上火,放入花生油、肥肉煸炒成熟,放瘦肉丝煸炒成熟,再放笋丝煸炒成熟,放酱油、白糖、绍酒用湿淀粉勾芡,放韭菜黄翻炒拌匀浇花生油起锅装盘。

大师指点

1 肉丝长短、粗细一致,笋丝粗细小于肉丝。

2 韭菜黄易熟,把肉、笋丝炒熟放调料,再放韭菜黄,翻炒,拌匀即成。

特点 香、脆滋润,咸甜适中。

注:春季 韭菜芽、螺丝炒肉丝、春笋炒肉丝等

夏季 红椒炒肉丝、青椒炒肉丝、白瓜炒肉丝等

秋季 藕丝炒肉丝,茭白炒肉丝等

冬季 韭菜黄冬笋炒肉丝、黄芽菜炒肉丝、水芹菜炒肉丝、蒲芹炒肉丝等

其他 青蒜炒肉丝、青蒜干炒肉丝、青蒜百页炒肉丝等

23 炒筋片

主料: 猪精肉350克。

配料: 熟净笋50克、青椒1克、鸡蛋1个。

调料: 花生油、酱油、白糖、精盐、绍酒、干淀粉、湿淀粉。

制作方法

1 将猪精肉洗净,用刀批切成柳叶片放入盆内,加精盐、鸡蛋、干淀粉上浆。

2 熟净笋切成片,青椒去籽洗净切成片。

3 炒锅上火,辣锅冷油放入肉片划油,倒入漏勺沥净油。

4 放入少量花生油、笋片、青椒片翻炒,放入酱油、白糖,用湿淀粉勾芡,放肉片,翻炒几下起锅装盘。

大师指点

可选用后座肉上的弹子肉或里脊肉。

特点 肉嫩,味美。

24 回锅肉

主料: 猪后座肉400克。

配料: 熟净笋50克、青蒜25克、红大椒25克。

调料: 花生油、酱油、白糖、甜酱、绍酒、湿淀粉、辣油。

制作方法

1 猪后座肉去毛刮洗干净,放入中火开水锅内烧至4成熟,捞起,晾凉后,用刀切成3寸长,1分厚的大肉片。

2 熟净笋切成片,青蒜洗净切成1寸长的段,红大椒洗净切成片。

3 炒锅上火,放入花生油、肉片煸炒至肉片微卷,炒熟,放入红大椒片、笋片稍翻炒几下再放入酱油、白糖、甜酱、青蒜炒拌均匀后用湿淀粉勾芡,浇辣油起锅装盘即成。

大师指点

1 选用后座肉上的磨裆肉。

2 此菜产于川菜,引入扬州,采用维扬风味别具一格。

特点 肉片香、嫩,酱香浓郁,辣中微甜。

25 炒里脊丝

主料： 猪里脊肉 350 克。

配料： 青椒 1 只、红椒 1 只、香菇 2 片、鸡蛋清 1 个。

调料： 花生油、精盐、绍酒、干淀粉、湿淀粉。

制作方法

1 猪里脊肉用刀切成细丝，放入盆内加入精盐、鸡蛋清、干淀粉上浆。

2 青椒、红椒、香菇均切成细丝。

3 炒锅上火，辣锅冷油，放入里脊肉划油至熟，倒入漏勺沥尽油。

4 炒锅上火，放入少许油，再放入青红椒丝、香菇丝，稍炒加入水、精盐，用湿淀粉勾芡再放入里脊肉丝，翻炒几下，起锅装盘即成。

大师指点

1 肉丝切得越细越好。

2 肉丝切好后用碱水泡一下，再入清水泡去碱味。

特点 刀工精细，鲜嫩爽口。

26 炒腰花

主料： 猪腰 2 只（约 300 克）。

配料： 熟净笋 50 克、韭菜黄 50 克。

调料： 花生油、酱油、白糖、绍酒、湿淀粉、醋、麻油。

制作方法

1 猪腰去皮，用刀一剖两半，除去腰臊，洗净在腰肉上用刀剞荔枝花刀后切成块。

2 熟净笋切成片，韭菜黄洗净切成 8 分长的段。

3 炒锅上火，辣锅冷油放入猪腰划油至熟，倒入漏勺沥尽油。

4 炒锅上火放入油、笋片稍炒，放入酱油、白糖，用湿淀粉勾芡再放入韭菜黄，腰花翻炒几下，使韭菜黄成熟再搅拌均匀，放醋、麻油起锅装盘。

大师指点

腰花划油后，用手挤去血水。

特点 香、鲜、脆、嫩。

27 炒猪肝

主料： 猪肝 250 克。

配料： 去皮熟山药 50 克、葱白段 5 根、青椒 1 只。

调料： 花生油、酱油、白糖、绍酒、湿淀粉、醋、麻油。

制作方法

1 猪肝洗净，切成 2 分厚的片。

2 去皮熟山药切成片，葱白段切成雀舌葱，青椒去籽洗净，切成片。

3 炒锅上火，辣锅冷油，放入猪肝划油至熟后，倒入漏勺沥尽油。

4 炒锅上火，放入花生油、笋片、青椒片翻炒，放入酱油、白糖，用湿淀粉勾芡，再放入猪肝，搅拌、翻炒均匀，放入醋、麻油起锅装盘。

大师指点

猪肝不能切得太厚，切 2 分厚为好。

特点 滑嫩爽口，咸中微甜。

28 炒肥肠

主料：熟肥肠 300 克。

配料：去皮熟山药 50 克、葱白段 6 根、青椒 1 只。

调料：花生油、酱油、白糖、绍酒、湿淀粉、醋、麻油。

制作方法

1 熟肥肠用刀切成段。

2 去皮熟山药切成片，葱白段切成雀舌葱，青椒去籽洗净切成片。

3 炒锅上火，放入花生油、熟肥肠煸炒几下，再放入山药片、雀舌葱、青椒片继续煸炒成熟再放入酱油、白糖、绍酒，用淀粉勾芡，放醋、麻油起锅装盘。

大师指点

肥肠下锅炒时要煸炒透。

特点 ▶ 软韧有度，咸中微甜。

29 炒肝尖

主料：猪肝 150 克、熟猪肥肠 150 克。

配料：去皮熟山药 50 克、葱白段 6 根、青椒 1 只。

调料：花生油、酱油、白糖、绍酒、湿淀粉、醋、麻油。

制作方法

1 猪肝洗净，用刀切成片；熟猪肥肠切成段。

2 去皮熟山药切成片，葱切成雀舌葱，青椒去籽洗净切成片。

3 炒锅上火，放入猪肝划油至熟，倒入漏勺沥尽油。

4 炒锅上火、烧辣，放入花生油、肥肠煸炒几下，再放入山药片、葱白段、青椒片煸炒成熟，放入酱油、白糖、绍酒，用湿淀粉勾芡，加入猪肝翻炒几下，放醋、麻油，起锅装盘。

特点 ▶ 香嫩味美，系扬州大众化菜肴之一。

30 炒猪心

主料：生猪心 300 克。

配料：熟去皮山药 50 克、青椒 50 克、葱白段 4 根。

调料：花生油、酱油、白糖、绍酒、湿淀粉、醋、麻油。

制作方法

1 将生猪心洗净用刀切成片。

2 熟去皮山药切成长方片，青椒去籽洗净切成片，葱白段切成雀舌葱。

3 炒锅上火，辣锅冷油放入猪心片划油成熟，倒入漏勺，沥尽油。

4 炒锅放入花生油、山药片、青椒片、雀舌葱，翻炒成熟，再放入酱油、白糖、绍酒，用湿淀粉勾芡，放入猪心，翻炒几下，放醋、麻油起锅装盘。

大师指点

1 猪心要洗净血污。

2 刀工均匀。

特点 ▶ 猪心软嫩，咸甜适口。

31　爆肚尖

主料： 生猪肚尖肉（去皮）250 克。

配料： 熟净笋 50 克、红大椒 1 只。

调料： 花生油、葱花、姜米、蒜泥、精盐、绍酒、湿淀粉、醋、麻油、碱粉。

制作方法

1　将生猪肚尖肉用刀剞成十字花刀，放入盆内，加碱粉，用少量的水浸渍 4 小时后，放入清水洗净，在清水中浸泡，并经常换水，套去碱味，使肚尖肉呈半透明状态即成。

2　熟净笋用刀拍一下，切成小块，红大椒去籽洗净、切成块。

3　将肚尖肉放入大火开水锅内烫一下捞出，用干布吸干水分。

4　炒锅上火，放入花生油，待油九成热，放入肚尖爆一下捞起沥尽油。

5　炒锅上火，放入少量花生油，加葱花、姜米、笋片、红椒片煸炒再放入绍酒、少量水、蒜泥，用湿淀粉勾芡，投入肚尖肉，翻炒几下，浇麻油，装入有醋的盘内，即成爆肚尖。

大师指点

1　肚尖肉块，加入碱粉，到将肚尖治透治纯，泡水后不断换水要泡尽碱水。

2　肚尖下开水烫，下辣油锅爆，动作迅速。

特点　鲜、脆、嫩，为扬州一绝。

32　炒肚片

主料： 熟猪肚半只（约 300 克）。

配料： 去皮熟山药 50 克、青蒜 50 克、红大椒 1 只。

调料： 花生油、精盐、湿淀粉、麻油。

制作方法

1　熟猪肚用刀批切成 1 寸 2 分长，4 分宽带片。

2　去皮熟山药切成片，青蒜洗净切成段，红大椒去籽洗净切成片。

3　炒锅上火，放入花生油、肚片翻炒，放入山药片、青蒜段、红大椒片一起炒，再放入少许水、精盐，用湿淀粉勾芡，浇麻油，起锅装盘。

大师指点

肚片下锅要煸炒透起香。

特点　香韧味美。

33　炸仔盖

主料： 猪后座上面与猪尾相连的肥肉 300 克。

配料： 大米粉 100 克、面粉 50 克、鸡蛋 1 个。

调料： 花生油、葱结、姜块、绍酒、酱油、花椒盐、辣酱油、甜酱、番茄酱（选用）。

制作方法

1　猪肉用刀批切成 3 分厚的薄片，放入盆内，加入葱结、姜块、绍酒搅拌，浸渍入味。

2　鸡蛋、大米粉、面粉、水制成全蛋糊。

3　炒锅上火，放入花生油，待油至七成热时，将肉沾上全蛋糊，下锅炸熟，捞起沥尽油，整理一下。

4　炒锅再上火，待油八成热时，放入炸熟的肉重油一下，外表成老黄色时捞起、沥尽油，用刀切成一字条，装盘即成。

5　带一碟花椒盐或辣酱油、甜酱、番茄酱（选用）。

大师指点

选用这一块肉是因为肉质肥嫩，其部位称之曰"仔盖肉"，故名炸仔盖。

特点　外脆里嫩，酥香可口。

34 椒盐排骨

主料：猪仔排 250 克。

配料：大米粉 100 克、面粉 50 克、鸡蛋 1 个。

调料：花生油、葱花、姜块、绍酒、酱油、白糖、麻油、花椒盐。

制作方法

1 将猪仔排洗净用刀剁成 4 分的小方块，放入盆内加葱花、姜块、绍酒、酱油、白糖拌匀浸渍入味。

2 鸡蛋、大米粉、面粉、水制成全蛋糊。

3 炒锅上火，放入花生油，待油七成熟时，将排骨块沾满全蛋糊，下油锅炸熟，捞出整理一下，待油八成热时放入排骨重油，待色呈老黄色时用漏勺捞出，沥尽油，放入盘内浇麻油即成。

4 带花椒盐上桌（或放入锅内排骨上翻炒拌匀）。

大师指点

排骨要炸熟、炸香。

特点 外香脆、里鲜嫩。

35 卷筒肉

主料：猪肉 250 克。

配料：猪网油 1 张、熟净笋 50 克、水发香菇 50 克、葱白段 50 克、大米粉 100 克、面粉 50 克、鸡蛋 1 个。

调料：花生油、酱油、白糖、绍酒、花椒盐。

制作方法

1 猪肉、熟净笋、葱白段、香菇用刀切成丝，放入盆内加白糖、酱油、绍酒拌均匀入味，即成三丝馅心。

2 网油铺在案板上，放入三丝馅心卷成中指粗细的圆筒，即成卷筒肉生坯。

3 鸡蛋、大米粉、面粉、水制成全蛋糊。

4 炒锅上火放花生油，待油七成热时，将卷筒肉生坯沾满全蛋糊，放入油锅炸熟，捞起沥尽油，整理一下，待油八成热时，放入卷筒肉复炸一下，色呈老黄色，捞起，沥尽油用刀切成斜角块装盘即可。

5 带花椒盐一碟上桌。

大师指点

选用猪网油，也可用豆腐皮、鸡蛋皮，但以猪网油最佳。

特点 外酥脆，内香鲜。

36 芝麻肉

主料：猪精肉 250 克。

配料：熟芝麻 200 克、面粉 50 克、鸡蛋 2 个。

调料：花生油、葱姜汁、绍酒、干淀粉、酱油。

制作方法

1 猪精肉切成 3 分厚片，在肉的两边打上十字花刀，用刀拍一下，放入盆中，加入葱姜汁、酱油、绍酒拌匀，浸渍入味。

2 鸡蛋、干淀粉制成全蛋浆（此浆要浓厚）。

3 肉片拍上面粉，再沾上全蛋浆，放入熟芝麻内，肉沾上芝麻用手压一压，即成芝麻肉生坯。

4 炒锅上火，放入花生油，待油七成热放入芝麻肉生坯，炸熟捞起，待油烧八成热放入芝麻肉重油一下，捞起，沥净油。

5 将炸熟的芝麻肉用刀切成一字条，装盘即成。

大师指点

1 全蛋浆要厚。

2 沾满芝麻用手压紧，防止芝麻脱落。

特点 香酥软嫩，美味可口。

37 芝蒜猪肝

主料：猪肝 250 克。

配料：熟芝麻 150 克、面粉 10 克、鸡蛋 2 个。

调料：花生油、葱结、姜块、酱油、绍酒、干淀粉。

制作方法

1 猪肝洗净用刀切成 2 分厚的片放入盆内，放入葱结、姜块、酱油、绍酒、猪肝拌匀，浸渍入味取出，拍面粉。

2 鸡蛋、干淀粉制成全蛋浆。

3 猪肝沾满全蛋浆，放入熟芝麻内，两边沾上芝麻用手压一压即成芝麻猪肝生坯。

4 炒锅上火放入花生油，待油七成热时放入芝麻猪肝生坯，炸熟捞出沥尽油，待油八成热倒入猪肝，待芝麻微黄时用漏勺捞出，沥尽油，装盘即可。

大师指点

1 猪肝切得厚薄均匀。

2 沾芝麻用手压紧防止脱落。

特点 芝麻香酥，猪肝软嫩，别有风味。

38 纸包肉片

主料：猪枚条肉或里脊肉 300 克（4 寸见方）。

配料：玻璃纸或糯米纸 12 张。

调料：花生油、葱结、姜块、绍酒、精盐。

制作方法

1 猪枚条肉用刀切成长 1 寸 5 分宽、2 分长的长方形，放入盆内，加入葱结、姜块、绍酒、精盐拌匀浸渍入味。

2 玻璃纸铺在案板上放入肉片，用手将玻璃纸包成长方形即纸包肉生坯。

3 炒锅上火，放入花生油待油五成热时放入纸包肉生坯将其炸熟捞出，沥尽油。

4 将纸包肉整齐摆放入盘即可。

大师指点

1 肉要浸泡入味。

2 要整理好纸包肉的封口，防止油炸时松散。

特点 制法新奇，肉片鲜嫩，风味独特。

39 炸枚卷

主料：猪枚条肉 250 克。

配料：处理好的猪网油 1 张、大米粉 100 克、面粉 50 克、鸡蛋 3 个。

调料：花生油、葱花、姜米、干淀粉、绍酒、酱油、白糖、精盐、花椒盐。

制作方法

1 猪枚条肉洗净，用刀刮成蓉，放入盆内加入葱花、姜米、鸡蛋 1 个、干淀粉、绍酒、酱油、白糖、水、精盐制成馅心。

2 鸡蛋、干淀粉制成全蛋浆。

3 鸡蛋、大米粉、面粉、水制成全蛋糊。

4 将猪网油平铺在案板上，抹上全蛋浆放上肉馅心制成长条状，然后用猪网油包起成长圆条形，即成枚卷生坯。

5 炒锅上火放入花生油，待油七成热时，将枚卷生坯沾上全蛋糊下油锅，炸熟后捞起沥净油，并整理一下。

6 油锅上火待油温九成热时，放入枚卷，当色呈老黄色时，捞起，用刀将枚肉卷切成斜角块装盘。

7 带花椒盐上桌。

大师指点

肉馅制作时要厚一点。

特点 外酥脆，里香嫩。

40 锅烧肉

主料：猪精肉 400 克。

配料：面粉 100 克、鸡蛋 2 个。

调料：花生油、酱油、白糖、绍酒、葱结、姜块、花椒盐。

制作方法

1 猪精肉洗净，下开水锅内焯水，捞起洗净放入锅内，加水、葱结、姜块、酱油、白糖，在大火上烧开，放入绍酒，盖上盖子移小火上，将肉烧熟、烧烂，并收稠卤汁。

2 将烧熟的肉用手撕碎。

3 鸡蛋、面粉、水制成全蛋糊。

4 盘内放油，在油上放入全蛋糊，铺平放入撕碎的肉，在肉上再放入全蛋糊，即锅烧肉生坯。

5 烧锅上火，放入花生油，待油七成热时放入锅烧肉生坯，炸熟捞出，待油九成熟时，将锅烧肉炸制呈老黄色、外壳起脆，捞出沥尽油，用刀切成一字条装盘即成。

6 带花椒盐上桌。

大师指点

1 猪肉要烧烂才可拆碎。

2 锅烧肉生坯下油锅要慢点，以保持圆形。

特点 ▶ 外香脆，里味美。

41 炸猪排

主料：猪夹心肉 250 克（猪前夹排骨下面的精肉）。

配料：面包屑（咸）200 克、面粉 50 克、鸡蛋 2 个。

调料：花生油、葱结、姜块、绍酒、酱油、干淀粉、辣酱油。

制作方法

1 猪精肉用刀批切成 3 分厚的片，在肉的两面打十字花刀，并用刀拍一下，放入盆内，加入葱结、姜块、绍酒、酱油拌匀，浸渍入味。

2 鸡蛋、干淀粉制成全蛋浆。

3 肉片拍上面粉、沾上全蛋浆，放入面包屑内，两面沾满面包屑，并用手压一下，即成猪排生坯。

4 炒锅上火，放入花生油，待油七成热时，放入猪排生坯炸熟捞起，待油八成热时，放入猪排重油，炸至老黄色时，捞起沥尽油，用刀切成一字条，装盘即成。

5 带一小碟辣酱油上桌。

大师指点

全蛋浆要厚一些，沾上面包屑，用手压紧，防止脱落。

特点 ▶ 香、酥、脆、嫩。

42 芙蓉猪排

主料：猪精肉 250 克。

配料：虾仁 150 克、面包屑 100 克、熟瘦火腿末 10 克、熟黑芝麻 10 克、面粉 50 克、鸡蛋 2 个、鸡蛋清 1 个。

调料：花生油、葱姜汁、绍酒、酱油、精盐、干淀粉。

制作方法

1 精猪肉用刀切成 3 分厚的片，在肉的两面剞十字花刀，再用刀拍一下，放入盆内，加葱姜汁、绍酒、酱油拌匀，浸渍入味。

2 虾仁洗净，用干布挤干水分，刮成蓉，放入盆中，加葱姜汁、干淀粉、鸡蛋清、绍酒、精盐制成虾馅。

3 鸡蛋、干淀粉制成全蛋浆。

4 肉片拍上面粉，沾满全蛋浆，两面沾满面包屑，用手压紧，即成猪排生坯。

5 炒锅上火，放入花生油，待油七成热时，将猪排生坯炸至面包屑香脆时，捞起沥尽油，并用干抹布擦干油，在猪排的一面放虾馅，用手抹平，分别撒上熟瘦火腿末和熟黑芝麻，即成芙蓉猪排生坯。

6 炒锅上火，放入花生油，待油四成热时，放入芙蓉

猪排生坯，将其养炸熟，捞起沥尽油，用刀切成一字条，整齐地摆放入盘即成。

大师指点

1 虾馅不要放水，制得厚一点。

2 芙蓉猪排入油锅炸时，火要小，油温低，将虾馅养炸熟，才能将虾馅炸得洁白如芙蓉。

特点 一面香脆，一面软嫩，风味独特。

43 干炸杨梅球

原料：猪精肉 200 克。

配料：鱼肉 50 克、熟瘦火腿末 100 克、鸡蛋 1 个。

调料：花生油、葱花、姜米、精盐、干淀粉。

制作方法

1 猪肉、鱼肉洗净，分别刮成蓉，放入盆内，加葱花、姜米、绍酒、干淀粉、少许水、精盐制成肉馅。

2 火腿末放入盘内铺开。用手将肉馅抓成圆子入盘，

将肉圆滚沾满熟瘦火腿末，即成杨梅球生坯。

3 炒锅上火，放入花生油，待油七成热时，放入杨梅球生坯将其炸熟，捞出沥尽油，装入盘内即成。

大师指点

火腿要去除咸味才可以切成末。

特点 形似杨梅，别具风味。

44 油炸肉圆

主料：猪精肉 500 克。

配料：净鱼肉 50 克。

调料：花生油、葱花、姜米、酱油、白糖、绍酒、干淀粉、精盐。

制作方法

1 猪精肉、鱼肉洗净，分别用刀刮成蓉，放入盆内，加葱花、姜米、酱油、白糖、绍酒、干淀粉、水、精盐制成肉馅。

2 炒锅上火，放入花生油，待油七成热时，用手将肉馅抓成肉圆，下油锅炸熟，捞起沥尽油，即成油炸肉圆。

大师指点

1 猪精肉配鱼肉可使肉圆光润饱满。

2 肉圆放入中火开水锅内煮熟，即水煮肉圆。

特点 香、鲜、软、嫩。

45 高丽肉

主料：熟猪肥膘肉 250 克。

配料：大米粉 100 克、面粉 50 克、鸡蛋清 2 个。

调料：熟猪油、绵白糖。

制作方法

1 熟猪肥膘肉切成长 1 寸，宽、厚各 3 分的长方条。

2 鸡蛋清、大米粉、面粉、水制成蛋清糊。

3 炒锅上火，放入熟猪油，待油四五成热时，熟猪肥膘肉条沾满蛋清糊，放入油锅内养炸熟捞出，待油六成热时，放入重油，炸至外壳发脆，色呈淡黄色时，捞出沥尽油，装入盘内，撒入绵白糖

即成。

注：鸡蛋清用筷子拂打成发蛋，放入干淀粉制成的发蛋糊。

高丽肉油炸时油温要低，要使颜色洁白、微黄。

特点 香、脆、滋润。

46　膏丽油

主料：猪板油250克。
配料：大米粉200克、面粉50克、鸡蛋清2个。
调料：熟猪油、绵白糖。

制作方法

1　猪板油洗净，用刀切成1寸长，3分宽、厚的长方条。
2　鸡蛋清、大米粉、面粉、水制成蛋清糊。
3　炒锅上火，放入熟猪油，待油四五成热时，将板油

条沾满蛋清糊，放入油锅内养炸熟，捞起沥尽油，整理一下，待油六成热时，放入重油，炸至外壳脆、色呈淡黄色时，捞起沥尽油，装入盘内，撒上绵白糖即成。

大师指点

油炸时油温要低，要使猪板油颜色洁白，微黄。

特点 香，脆，滋润。

47　麻花腰子

主料：猪腰3只。
配料：熟猪肥膘肉150克、熟海带50克、香菇4个、青椒1只。
调料：花生油、酱油、白糖、绍酒、干淀粉、湿淀粉、醋、麻油。

制作方法

1　猪腰去腰皮洗净，用刀一剖两半，去中间腰臊，将腰肉用刀批成长1寸5分，宽8分，厚1分的薄片，熟猪肥膘肉也批切成一样大小的片，并在腰肉片、肥膘肉片的中间用刀尖划一个6分长的口。
2　鸡蛋清、干淀粉制成蛋清浆。
3　腰片、肥膘肉片相叠在一起，用手将其翻成麻花形，沾上蛋清浆，放入有油的盘内，即成麻花腰子

生坯。

4　熟海带切成片，香菇切成片，青椒洗净切成片。
5　炒锅上火，辣锅冷油，放入麻花腰子生坯划油成熟，倒入漏勺沥尽油。
6　炒锅上火，放入花生油、海带片、香菇片、青椒片煸炒至熟，加酱油、白糖、绍酒，用湿淀粉勾芡，倒入麻花腰子，炒拌均匀，放醋、麻油，起锅装盘。

大师指点

1　腰片、肥肉片要大小一致，肥肉片要薄。
2　腰片、肥肉片叠成一起，翻转后要形成麻花形，融合在一起。

特点 制作独特，鲜嫩爽口。

48　萝卜球烩酥腰

主料：猪腰子2个。
配料：杨花萝卜12个（选大的）、黄瓜1根。
调料：熟猪油、葱结、姜块、绍酒、精盐、湿淀粉、

虾籽、鸡汤、石碱。

制作方法

1　猪腰去腰皮洗净，用刀在腰子两面剞直刀（刀深四

分之一）。

2 猪腰放入大火开水锅内焯水，捞出洗净。

3 砂锅内放入水、猪腰、葱结、姜块在大火上烧开，放绍酒，盖盖，移小火，将腰子煨熟、煨酥捞出，用刀切3分厚的片，扣入碗内，加精盐、虾籽、鸡汤，即成酥腰生坯。

4 杨花萝卜放入大火开水锅内，加少许石碱，用竹刷不断搅动去皮，捞出放清水中漂洗干净和碱味，放入碗内，加鸡汤，精盐。

5 黄瓜用模具刻成秋叶片，放入熟猪油锅内，上火焐油成熟，倒入漏勺沥尽油。

6 笼锅上火，放水烧开，放入酥腰生坯与萝卜球，将其蒸熟、蒸入味，取出，酥腰翻身入盘，泌下汤汁，去扣碗，周围放入萝卜球，间隔摆放黄瓜秋叶片。

7 炒锅上火，放入鸡汤，泌下的汤汁烧开，用湿淀粉勾琉璃芡，放熟猪油，倒入盘内即成。

大师指点

1 猪腰要煨至酥。

2 萝卜球要泡洗去碱味。

特点 酥、烂、鲜、醇。

49 芝麻腰子

主料： 猪腰子2只400克左右。

配料： 熟芝麻200克、鸡蛋1个、面粉50克。

调料： 花生油、葱结、姜块、绍酒、酱油、白糖、干淀粉。

制作方法

1 腰子去外衣，洗净，用刀一剖两半，去腰臊，将腰肉切成2分厚的片，并在腰面用刀稍拍一下，放入盆内，加葱结、姜块、绍酒、酱油拌匀，浸渍入味。

2 鸡蛋、干淀粉制成全蛋浆。

3 腰片拍上面粉，沾上全蛋浆，再沾满芝麻，用手压

一压，即成芝麻腰子生坯。

4 炒锅上火，放入花生油，待油七成热时，放入芝麻腰子生坯，下锅炸熟，待芝麻起香，色呈微黄，用漏勺捞出沥尽油。

5 将芝麻腰子切成一字条，整齐地堆叠在盘中即可。

大师指点

1 腰片厚薄一致。

2 全蛋浆要厚一些，沾上芝麻要压紧。

特点 外香里嫩，美味可口。

50 纸包腰子

主料： 猪腰2只（400克）。

配料： 玻璃纸或糯米纸12张（每张4寸见方）。

调料： 花生油、葱结、姜块、绍酒、精盐。

制作方法

1 腰子去外衣洗净，用刀一剖两半，去除腰臊，将腰肉批切成1寸5分长、8分宽、1寸厚的长方片，放入盆内，加葱结、姜块、绍酒、精盐拌匀，浸渍入味。

2 玻璃纸铺在案板上，放入腰片，用手将纸包成长方

形，即纸包腰子生坯。

3 炒锅上火放入花生油，待油五成热时放入纸包腰子生坯，将其养炸熟，捞出沥尽油，将纸包腰子整齐地摆放盘内即成。

大师指点

1 腰子要浸渍入味。

2 要处理好纸包腰子的封口，防止油炸时松散。

特点 制作新奇、腰子脆嫩、风味独特。

51 蝴蝶腰子

主料：猪腰子 2 只（300 克）。

配料：鸡蛋 4 个。

调料：熟猪油、葱结、姜块、绍酒、精盐、湿淀粉、虾籽、鸡汤。

制作方法

1 猪腰去外衣，洗净，在腰子两面剖直刀，刀深 2 分，放入大火开水内焯水，捞出洗净，放入砂锅内，加水、葱结、姜块，上火烧开，再放入绍酒，移小火将腰子煨至酥烂取出，用刀切成 3 分厚的片。

2 鸡蛋上锅煮熟，剥壳，一切两半去蛋黄，洗净，用刀披切成片。

3 炒锅上火放入鸡汤、虾籽、熟猪油、腰子、鸡蛋白烧开，收稠汤汁，再放入精盐，用湿淀粉勾琉璃芡，装入盘内即成。

大师指点

腰子煨成酥烂，切片要厚，薄了易碎。

特点 腰子酥香，蛋白软嫩，味道可口，别具风味。

52 红白腰子

主料：猪腰 2 只（300 克左右）。

配料：公鸡腰 10 只、熟火腿 20 克、豌豆苗 20 克。

调料：熟猪油、葱结、姜块、绍酒、精盐、湿淀粉、虾籽、鸡汤。

制作方法

1 腰子去外衣，用刀在腰子两面打直剖刀，刀深 2 分，放入大火开水内焯水，捞出洗净，放入砂锅内，加水、葱结、姜块上大火烧开，再放入绍酒，移小火上，将其煨至酥烂取出；用刀切成 4~5 分厚的片，即酥腰生坯。

2 公鸡腰洗净，大火焯水。捞出洗净，再放入砂锅

内，上火烧开，烧熟，取出放冷水中，剥去外衣。

3 熟火腿用刀切成片，豌豆苗洗净。

4 炒锅上火放入鸡汤、虾籽、熟猪油、酥腰生坯、鸡腰烧开，再放入熟火腿、豌豆苗，收稠汤汁，用湿淀粉勾琉璃芡，装盘即成。

大师指点

鸡腰子成熟后放冷水浸泡，剥去外衣，要细心，因为鸡腰软嫩，防止弄碎。

特点 腰子酥香，鸡腰味鲜，味不雷同，相得益彰。

53 腐衣腰子

原料：猪腰子 2 个（400 克左右）。

配料：豆腐皮 2 张、熟火腿 20 克、豌豆苗 20 克。

调料：熟猪油、精盐、绍酒、湿淀粉、鸡汤、虾籽。

制作方法

1 猪腰去外衣洗净，用刀一剖两半，去腰膜，在腰子的肉面上剖直刀，斜切成眉毛形的片，俗称眉毛腰子。

2 豆腐皮撕碎，水洗一下，沥净水。

3 熟火腿用刀切成片，豌豆苗拣洗干净。

4 炒锅上火，辣锅冷油，放入眉毛腰子划油成熟，倒入漏勺沥尽油。

5 炒锅上火，放鸡汤、虾籽、熟猪油、豆腐皮烧开，加绍酒、眉毛腰子、火腿，收稠汤汁，放豌豆苗，用湿淀粉勾琉璃芡，装入盘内即成。

大师指点

腰子划油时间不能太长，要使腰子脆嫩。

特点 腰子脆嫩，豆腐皮鲜韧，佐酒佳肴。

54 卷筒腰子

原料： 猪腰2只（400克）。

配料： 熟净笋50克、水发冬菇50克、葱白段50克、网油1张、鸡蛋1个、大米粉150克、面粉50克。

调料： 花生油、酱油、白糖、绍酒、麻油、花椒盐、葱结、姜块。

制作方法

1 腰子去外衣洗净，用刀一剖两半，去腰臊，将腰肉切成丝。

2 熟净笋、冬菇、葱白段用刀分别切成丝，即三丝。

3 网油洗净放入盆内，放入葱结、姜块、绍酒拌匀。浸渍2~3小时。取出洗净，放竹竿上，在阴凉通风处晾干。

4 盆中放入腰肉丝、笋丝、冬菇丝，葱白丝、绍酒、酱油、白糖，拌匀，浸渍入味，成三丝腰馅。

5 鸡蛋、大米粉、面粉、水制成全蛋糊。

6 网油铺在案板上，放入三丝腰馅制成长条，用网油包卷起，即卷筒腰子生坯。

7. 炒锅上火，放入花生油，待油七成热时。将卷筒腰子生坯沾满全蛋糊，放入油内炸熟捞出，待油八成热时，将卷筒腰子放入重油，炸至老黄色，捞起沥尽油。再用刀将其切成斜角块整齐地摆放盘内。

8 带花椒盐一小碟上桌。

大师指点

1 猪腰去尽中间的腰臊。

2 猪网油按操作处理好。

特点 外酥脆，里香鲜。

55 金钱腰子

主料： 腰子2只（约400克）。

配料： 熟猪肥膘肉200克、青菜叶5棵、鸡蛋1个、大米粉100克、面粉50克。

调料： 花生油、葱结、姜块、绍酒、精盐、麻油、花椒盐。

制作方法

1 腰子去外衣洗净，用刀一剖两片，去除腰臊，熟肥膘肉批切成2分的厚片，两种原料用模具刻成直径1寸的圆片，放入盆内用葱结、姜块、绍酒、精盐拌匀，浸渍入味。

2 青菜叶洗净，放大火开水锅内烫一下取出，用圆模具刻出与腰片一样大小的片。

3 鸡蛋、干淀粉制成全蛋浆。

4 熟猪肥膘肉片铺在案板上，抹上全蛋浆，放上腰片，再抹全蛋浆，放上青菜叶片，即成金钱腰子生坯。

5 鸡蛋、大米粉、面粉、水制成全蛋糊。

6 炒锅上火，放入花生油，待油七成热时，将金钱腰子生坯沾满全蛋糊入锅炸熟，待油八成热时，放入重油炸脆，至色呈老黄色时，用漏勺捞出沥尽油，整齐地摆放入盘，即成。

7 带一碟花椒盐上菜。

大师指点

1 腰片、熟猪肥膘片、青菜片大小一致。

2 要沾满全蛋糊，下油锅炸制。

特点 形似金钱，香、脆、鲜、嫩。

56 锅贴腰子

主料： 猪腰 300 克。

配料： 熟猪肥膘肉 200 克、青菜叶 6 张、大米粉 200 克、面粉 50 克、鸡蛋 1 个。

调料： 花生油、葱结、姜块、绍酒、精盐、干淀粉、麻油、胡椒粉、花椒盐。

制作方法

1 腰子去外衣洗净，用刀一剖两半，去腰臊，将腰肉批切成长 2 寸、宽 1 寸 2 分、厚 1 分的片，计 6 片。放入盆内，加葱结、姜块、绍酒、精盐、胡椒粉拌匀，浸渍入味。

2 熟猪肥膘肉、青菜叶（洗净，入大火开水锅内稍烫）切成和腰片同样大小的片，各 6 片。

3 鸡蛋、干淀粉制成全蛋浆。

4 鸡蛋、大米粉、面粉、水制成全蛋糊。

5 肥膘肉片铺在案板上，抹上全蛋浆，放上腰片，再抹全蛋浆，放上青菜叶，即成锅贴腰子生坯。

6 炒锅上火烧辣，放少许花生油，放入沾满全蛋糊的锅贴腰子生坯（肥膘肉面朝下，青菜叶面朝上）用小火将其煎熟，底部煎脆，倒入漏勺。

7 炒锅上火，放入花生油烧辣，用手勺舀辣油，浇青菜叶面，将全蛋糊浇熟，沥尽油，用刀将锅贴腰子切成一字条，摆放入盘，浇麻油上桌即成。

8 带花椒盐一小碟上桌。

大师指点

将锅贴腰子入锅煎时，正确地掌握火候，将其煎熟、煎脆。

特点 一面香脆、一面软嫩，口感多样，别有风味。

57 咕噜肉

主料： 猪夹心肉 200 克。

配料： 去皮菠萝 100 克、大米粉 150 克、面粉 50 克、鸡蛋 1 个。

调料： 花生油、番茄酱、葱花、姜米、精盐、白糖、绍酒、湿淀粉、白醋、麻油。

制作方法

1 将夹心肉用刀批切成大厚片，在肉的两面剞十字花刀，用刀拍一下，切成小肉丁，放入盆内，加绍酒、精盐拌匀入味。

2 鸡蛋、大米粉、面粉、水制成全蛋糊。

3 菠萝切成丁。

4 炒锅上火，放入花生油，待油七成热时，将肉丁沾满全蛋糊，放入油锅内炸熟，捞出整理一下。

5 炒锅上火，放入花生油、葱花、姜米、菠萝煸炒一下，再放水、番茄酱、白糖烧开，用湿淀粉勾芡，加白醋，成番茄汁。

6 油锅上火，待油八成热时，放入肉丁重油，炸至老黄色，捞出沥尽油，油锅倒去油，放入肉丁、番茄汁，炒拌均匀，浇麻油，起锅装盘。

大师指点

1 肉丁要切得大小一致。

2 外壳要炸至酥、脆。

特点 外脆里嫩，酸甜味美。

58 熘排骨

主料： 猪仔排骨 200 克。

配料： 大米粉 100 克、面粉 50 克、鸡蛋 1 个。

调料： 花生油、葱花、姜米、蒜泥、酱油、白糖、绍酒、湿淀粉、醋、麻油。

制作方法

1 将猪仔排用刀剁成小方块，放入盆内，加绍酒、酱油拌匀入味。

2 鸡蛋、大米粉、面粉、水制成全蛋糊。

3 炒锅上火，放入花生油、待油七成热时，将排骨沾满全蛋糊，放油锅内炸熟，捞出整理一下。

4 炒锅再上火，放花生油、葱花、姜米稍微炒一下，加水、酱油、白糖烧开，用湿淀粉勾芡，放入蒜泥、醋，即成糖醋汁。

5 油锅再上火，放入排骨重油，炸至老黄色时，捞起沥尽油，油锅倒去油，放入排骨、糖醋汁，浇麻油，起锅装盘即成。

大师指点

1 排骨要剁得大小统一。

2 排骨下油锅炸，注意火候要将排骨炸熟、炸脆。

特点 外脆里嫩，酸甜适口。

59 熘里脊肉

主料：猪里脊肉 250 克。

配料：大米粉 150 克、面粉 50 克、鸡蛋 1 个。

调料：花生油、葱花、姜米、蒜泥、酱油、白糖、绍酒、湿淀粉、醋、麻油。

制作方法

1 将猪里脊肉用刀批切成柳叶片，放入盆内，加酱油、绍酒拌匀入味。

2 鸡蛋、大米粉、面粉、水制成全蛋糊。

3 炒锅上火，放入花生油，待油七成热，将里脊肉片沾满全蛋糊，入油锅炸熟捞出。

4 炒锅上火，放花生油、葱花、姜米稍炒，加水、酱油、白糖烧开，用湿淀粉勾芡，再放蒜泥、醋制成糖醋汁。

5 油锅上火，待油八成热，放入里脊肉片入锅重油，炸至老黄色捞起，油锅倒去油，放入里脊肉片、糖醋汁，炒拌均匀，浇麻油，装盘即成。

大师指点

里脊肉片要大小一致。

特点 外脆里嫩、酸甜适口。

60 熘象牙里脊

主料：猪里脊肉 200 克。

配料：熟净笋 100 克。

调料：花生油、葱花、姜米、蒜泥、绍酒、酱油、白糖、干淀粉、湿淀粉、醋、麻油。

制作方法

1 将猪里脊肉切成 6 厘米长、2 厘米宽的薄片，熟笋切成长 1 寸 2 分，宽、厚各 2 分的长方条。

2 鸡蛋、干淀粉制成全蛋浆。

3 一片里脊肉片包一根笋条，沾满全蛋浆，放入有油的盘内，即成象牙里脊生坯。

4 炒锅上火，辣锅冷油，放入象牙里脊生坯划油至熟，倒入漏勺沥尽油。

5 炒锅上火，放入花生油、葱花、姜米稍炒，加酱油、白糖、绍酒，用湿淀粉勾芡，放蒜泥、象牙里脊生坯，炒拌均匀，浇醋、麻油，起锅装盘即成。

大师指点

全蛋浆要厚一些，肉片要包紧笋条。

特点 滑嫩爽口、酸甜适口。

61 烩银花

主料： 猪脑 4 只（2 副）。
配料： 花菜 350 克、熟净笋 20 克、水发香菇 20 克。
调料： 熟猪油、葱结、姜块、绍酒、精盐、湿淀粉、
虾籽、鸡汤。
制作方法

1 猪脑放入冷水中浸泡去血污，撕去脑膜，放入大火
开水锅内焯水，捞出洗净。

2 炒锅上火，放入水、葱结、姜块、猪脑烧开，加绍
酒，移小火将猪脑烧熟，捞出放冷水中，去猪脑中
的经络，留猪脑肉，放入漏勺沥尽水。

3 花菜去根柄，摘成朵洗净，熟净笋切成小滚刀块，
香菇批切成片。

4 炒锅上火，放入熟猪油，待油三成热时放入花菜朵
焐油成熟，倒入漏勺沥尽油。

5 炒锅再上火，放入鸡汤、虾籽、猪脑、花菜朵、笋
块、香菇片烧开，收稠汤汁，放精盐，用湿淀粉勾
琉璃芡，放熟猪油，起锅装盘即成。

大师指点

1 猪脑要浸泡去尽血污，烧熟后要细心去脑内的
经络。

2 花菜朵要切小一些和猪脑相称。

特点 猪脑鲜嫩，花菜香脆，咸淡适中。

62 肉片锅巴

主料： 猪精肉 100 克。
配料： 锅巴 100 克、水发木耳 40 克、豌豆苗 50 克、
鸡蛋半只。
调料： 花生油、精盐、绍酒、干淀粉、湿淀粉、鸡汤。
制作方法

1 猪精肉洗净，用刀批切成柳叶片，放入盆内，加精
盐、鸡蛋、干淀粉上浆。

2 炒锅上火，辣锅冷油，放入猪精肉片划油至熟，倒
入漏勺沥净油。

3 炒锅上火，放入鸡汤、木耳烧开，加绍酒、豌豆苗

烧开。用湿淀粉勾米汤芡，放入肉片，装入碗内即
成肉片汤汁。

4 炒锅上火放入花生油，待油九成热时，放入锅巴炸
至膨松发大，起脆后倒入漏勺沥净油，装入盘内，
倒上肉片汤汁即成。

大师指点

1 肉片汤汁的芡汁不能过厚。

2 锅巴油炸，火要大，油要辣，锅巴下锅就炸好，不
能耐火。

特点 汤汁鲜香，锅巴酥脆，美味可口。

63 溜简头

主料： 猪大肠头 500 克。
调料： 花生油、葱结、姜块、葱花、姜米、蒜泥、精
盐、绍酒、酱油、白糖、醋、矾湿淀粉。
制作方法

1 猪大肠头放入盆内，加矾、醋、精盐搅拌后用清水
洗净，将大肠头翻过来，去肠壁杂质和肥油后再翻

过来洗净，放入大火开水锅内焯水，捞出洗净。

2 砂锅内放入水、葱结、姜块、大肠头上火烧开，加
绍酒，移小火将其煨熟，取出稍冷用刀切成斜
角块。

3 湿淀粉制成淀粉糊。

4 炒锅上火，放入花生油，待油七成热时，将大肠块

沾满淀粉糊，放入油锅炸熟，捞出整理一下。

5 炒锅上火，放入花生油、葱花、姜米稍炒，加水、酱油、白糖、用湿淀粉勾芡，放绍酒、蒜泥、醋制成糖醋卤汁。

6 炒锅上火，放入花生油，待油八成热时，放大肠块入锅重油，将其炸透、炸酥、炸脆捞出，倒去油，放入大肠头、糖醋卤汁，炒拌均匀，浇麻油，起锅

即成。

大师指点

1 绿豆淀粉是制作淀粉糊最好的原料。

2 炸大肠块的时候要炸透、炸脆、炸酥。

3 调制的糖醋卤汁要酸甜适口。

特点 肠头酥脆，酸甜适口。

64 扒烧整猪头

主料： 黑毛猪头 1 只（约 6000 克）。

配料： 青菜心 12 棵。

调料： 熟猪油、葱结、姜块、桂皮、八角、绍酒、酱油、冰糖、醋。

制作方法

1 黑毛猪头去毛，刮洗干净，在脑后劈开去骨，以刀削去眼睛毛肉，割去凸嘴，修去嘴巴核子肉，下开水焯水三次，透时取出，挖下两眼，以麻丝穿起，割下嘴巴，放入有个竹垫的锅内，脸皮朝下，两边放嘴巴、双耳、双眼、葱结、姜块、酱油、醋、冰糖、水，须淹过猪头 1 寸，在大火上烧开，移小火烧焖 4~5 小时，至汤黏稠肉烂，取出翻身入盘内，

再将嘴巴、双耳、双眼放在原来的部位。

2 青菜心洗净，入开水内焯水捞出，在冷水中浸泡泌透，捞出挤尽水，入熟猪油锅内，上火焐油成熟，倒入漏勺沥尽油，放入盘内猪头的两旁，浇上扒猪头的汤汁即成。

大师指点

1 猪头初加工时去毛、刮洗干净，要人工镊毛，不能用剃须刀去毛及松香拔毛，否则影响质量和口感。

2 猪头要扒烧至软、烂，但不破坏造型。

特点 色泽红润、造型完整、软烂味美，扬州名菜肴之一。

65 清炖蟹粉狮子头

主料： 猪五花肋条肉 1500 克。

配料： 蟹肉 200 克、大汤菜 1000 克（青菜的一种）、鸡蛋清 2 个。

调料： 葱花、姜米、绍酒、干淀粉、虾籽。

制作方法

1 猪五花肋条肉去皮，去骨，皮去毛刮洗干净，切成块，骨剁成块洗净，骨、皮放入大火开水锅内焯水，捞出洗净。

2 猪肋条肉切成石榴米状的小丁，放入盆内，加蟹肉（留下少量蟹黄），葱花、姜米、绍酒、鸡蛋清、干淀粉、精盐制成蟹肉肉馅。

3 干淀粉加水，制成淀粉浆，双手沾上淀粉浆，将肉馅制成一个个扁圆的肉圆（10 只），上面按入蟹黄，即成蟹粉狮子头生坯。

4 大汤菜去茎叶，黄叶（留几张菜叶）洗净，用刀切成 1 寸 2 分长的段，放入大火开水锅内焯水捞出。

5 砂锅内放入水、骨、皮、大汤菜、虾籽，上大火烧至微开时，放入蟹粉狮子头生坯，盖上汤菜叶，在大火上烧开，移小火焖烧 2.5 小时左右，去盖上的菜叶，在汤内放入精盐，即可上桌。

大师指点

1 肥、瘦肉比例应按季节变化，冬季肥 8、瘦 2，春季肥 7、瘦 3，夏季肥 6、瘦 4（或肥 5、瘦 5）。

2 此菜制作，选用最好的制作方法，即一刀不刮的方法。

特点 嫩如豆腐，肥而不腻，汤汁鲜醇，滋润鲜美，为扬州名菜肴之一。

66 蛋子肉

主料：猪五花肉 600 克。

配料：鸡蛋 6 个、豌豆苗 250 克。

调料：熟猪油、姜块、葱结、绍酒、酱油、白糖、精盐、湿淀粉。

制作方法

1 猪五花肉去毛，刮洗干净，放入大火开水锅中焯水，捞出洗净。

2 将鸡蛋煮熟并去壳。

3 将猪肉放入砂锅中，加水、酱油、白糖、葱结、姜块上大火烧开，放绍酒，盖盖，移小火烧至七分熟时，放入鸡蛋焖烧至熟。

4 取出五花肉，切成长方块摆放入碗，占碗中一半，鸡蛋一切两半放入碗中，占碗中另一半，放入烧肉

的汤汁，即成蛋子肉生坯。

5 笼锅上火，放水烧开，放入蛋子肉生坯，将其蒸熟、煮透，取出，翻身入盘，泌下汤汁，去扣碗。

6 炒锅上火，放熟猪油、拣洗后的豌豆苗、精盐炒熟，泌去汤计，围放蛋子肉周围。

7 炒锅上火，放烧肉的汤汁烧开，用湿淀粉勾琉璃芡，浇在蛋子肉上即成。

大师指点

1 熟鸡蛋切得大小一致。

2 五花肉刀工整齐。

特点 肥润软滑、咸中微甜。

67 红烧刮肉

主料：生净猪肋条肉 1000 克（肥 7 瘦 3）。

配料：大汤菜 1000 克、鸡蛋 2 个。

调料：熟猪油、葱花、姜米、绍酒、酱油、白糖、精盐、干淀粉。

制作方法

1 猪肉洗净，细切粗刮成肉泥，放入盆内，加葱花、姜米、鸡蛋、酱油、白糖、绍酒、干淀粉、水、精盐制成肉馅。

2 干淀粉、水制成淀粉浆。

3 肉馅分成 10 份，双手掌沾满淀粉浆，将肉馅制成 10 个刮肉生坯。

4 大汤菜拣洗干净，切成 1 寸 2 分长的段，放入大火开水锅内焯水，捞出沥尽水，放入砂锅，加水上火

烧开。放入刮肉生坯、酱油、白糖烧开。移小火上烧焖约 2 小时成熟，再上大火，收稠汤汁，装盘即成。

大师指点

1 肉馅制作要上劲。

2 刮肉在小火上烧焖，发出香味即成熟了。

特点 刮肉鲜嫩，咸淡适中。

注：

1 肥、瘦根据季节变化，冬季，肥 8、瘦 2，春季秋肥 7、瘦 3，夏季肥 6、瘦 4。

2 其他还有春季的河蚌春笋烧刮肉，夏季清炖刮肉，秋季的蟹黄刮肉，冬季的汤菜刮肉、黄牙菜烧刮肉等。

68 松子肉

主料：猪肋条骨（去骨） 1000 克。

配料：虾仁 150 克、松子仁 25 克、豌豆苗 250 克、

鸡蛋 2 个。

调料：熟猪油、葱结、姜块、葱花、姜米、绍酒、精

盐、酱油、白糖、干淀粉、湿淀粉。

制作方法

1 猪肋条肉的肉面层修下一层肉，留下皮肉约 8 分厚，将肉上烤叉，放在大火上将肉皮烧焦，取出放在冷水中，用刀刮去焦屑，至肉皮呈金黄色时即成，然后将肉用刀修成长方形，在肉皮上打花刀，在肉面上打花刀。

2 修下的肉刮成蓉，虾仁洗净，用干布挤尽水，刮成蓉，同放入盆内，加葱花、姜米、绍酒、酱油、白糖、干淀粉、精盐制作成虾肉馅。

3 炒锅上火，放入熟猪油、松子仁，将松子仁炸香，倒入漏勺沥尽油，放入虾肉馅中搅拌均匀。

4 鸡蛋、干淀粉制作全蛋浆。

5 将肋条肉肉皮朝下，肉面朝上放在案板上，肉面上抹上全蛋浆，放上虾肉馅，用刀拍几下，将虾馅融汇在肉上，用手沾上全蛋浆，将虾肉馅抹平，抹整齐，即成松子肉生坯。

6 炒锅上火烧辣，放入熟猪油，松子肉生坯（肉面朝下）将肉面煎炸至金黄色倒入漏勺沥尽油，然后肉皮朝下放入有竹垫的炒锅内，加水、酱油、糖、葱结、姜块上大火烧开，放入绍酒，再用盘子盖在肉上，移小火上，将松子肉烧熟、焖烂，捞起翻身入盘，肉皮朝上。

7 豌豆苗拣洗干净，放入炒锅，加入熟猪油炒熟，去汤汁，放入盘内松子肉周围。

8 炒锅再上火，放入烧松子肉的汤汁烧开，用湿淀粉勾琉璃芡，浇入松子肉上即成。

大师指点

1 肉蓉、虾蓉需切刮细，不可存颗粒。

2 虾肉馅要粘合在猪肉上。

3 煎制时锅要烧辣。

特点 色泽酱红，松子鲜香，嫩如豆腐，别具风味。

69 百花酒焖肉

主料： 猪肋条肉（去骨）1000 克。

配料： 百花酒 500 克。

调料： 葱结、姜块、酱油、白糖。

制作方法

1 将猪肋条上烤叉，上火将肉皮烧焦，放入冷水中用刀刮去焦屑，至肉皮呈金黄色。

2 将烤过的五花肉修齐洗净，用刀切成大小相同的正方形 12 块，在肉皮上用刀剞成万字花刀。

3 砂锅内放入竹垫、肉块（肉皮朝上，整齐地摆放竹垫上），放入百花酒、酱油、白糖、葱结、姜块在大火上烧开，放入绍酒，盖盖，移小火将肉烧熟、焖烂，再上大火，去盖、竹垫、葱结、姜块收稠汤汁即成。

大师指点

1 肉块要大小一致。

2 烧焖时砂锅要密封。

特点 酒香肉酥、肥而不腻、咸甜适中。

70 裙褶肉

主料： 猪五花肉 750 克。

配料： 香干 10 块。

调料： 花生油、葱结、姜块、绍酒、酱油、白糖、湿淀粉。

制作方法

1 猪五花肉去毛，刮洗干净，放入大火开水锅内焯水，捞出洗净，放入锅内加水，葱结、姜块、酱油、白糖上火烧开，加绍酒，盖盖，移至小火，将肉烧至七成熟取出。

2 炒锅上火，放花生油，待油九成热时，放入肉炸成金黄色，捞出沥尽油。

3 将肉切成 2.5 寸长、5 分厚的长方块。

4 取一只碗，将 1 块肉、1 块香干整齐地叠放入碗内，加酱油、白糖、葱结、姜块、绍酒。即成裙褶肉生坯。

5 笼锅上火，放水烧开，将裙褶肉生坯放入笼内，将肉蒸熟、蒸烂、蒸透取出，翻身入盘，泌下汤汁，去扣碗。

6 炒锅上火，放入烧肉汤汁烧开，用湿淀粉勾琉璃芡，浇裙褶肉上即成。

大师指点

1 肉块和香干须大小一致叠放整齐。

2 用中火开水，一次蒸透。

特点 肉质酥烂、肥而不腻、香干软韧、风味独特。

71 东坡肉

主料：猪肋条肉去骨 1000 克。

配料：豌豆苗 250 克。

调料：熟猪油、葱结、姜块、酱油、白糖、绍酒、湿淀粉。

制作方法

1 猪肋条肉上烤叉，放在大火上将肉皮烧焦，取出放入冷水中，用刀刮去肉皮上的焦屑，至肉皮呈金黄色时即可。

2 用刀将肉修整齐，切成正方形的肉共计 6 块，在肉皮上划双线，中间又划双线即成东坡肉生坯。

3 砂锅一只，放竹垫、东坡肉生坯（肉皮朝下）、酱油、白糖、葱结、姜块、水大火烧开，放入绍酒，盖盖，移至小火，将肉烧热、焖烂。

4 炒锅上火，放入熟猪油、豌豆苗，将豌豆苗炒熟，放入盘内。

5 取出肉翻身入盘，放在豌豆苗之上。

6 炒锅上火，放烧肉的汤汁烧开，用湿淀粉勾琉璃芡，浇在东坡肉上即成。

大师指点

肉块大小一致。

特点 色泽酱红，鲜香有味，肥而不腻，甜咸适中。

72 冰糖扒蹄

主料：猪蹄 1 只（2000 克）。

配料：豌豆苗 400 克。

调料：熟猪油、葱结、姜块、酱油、冰糖、绍酒、湿淀粉、醋。

制作方法

1 猪蹄去毛，刮洗干净，放入大火开水锅内焯水，捞出洗净。

2 取砂锅一只，内放竹垫，放入猪蹄、水、酱油、冰糖、葱结、姜块上大火烧开，放入绍酒，盖盖，移小火上，将猪蹄烧熟、焖烂，再上大火，放少许醋，收稠汤汁，捞起放入盘内，去竹垫、葱结、姜块。留汤汁备用。

3 炒锅上火，放入熟猪油、豌豆苗炒熟，放入盘内猪蹄肉周围。

4 炒锅再上火，放入烧蹄的汤汁烧开，用淀粉勾琉璃芡，倒入盘内猪蹄上即成。

大师指点

选用猪前蹄。

特点 色泽酱红，入口即烂，口味甜美。

73 盐水蹄

主料：猪前蹄1只（约4000克）。

调料：葱结、姜块、蒜泥、精盐、绍酒、花椒。

制作方法

1 猪蹄去毛、去骨、刮洗干净，放入大火开水锅内焯水，捞出洗净。

2 砂锅放入猪蹄、水、葱结、姜块上大火烧开，放绍酒，盖盖，移小火煨至七成熟捞出。

3 猪蹄肉用刀切成2寸长、3分厚的片，整齐地扣入碗内（在扣肉时一层肉一层盐）。

4 花椒洗净放在砧板上，将生姜块放花椒上，用刀一拍，成花椒姜块，放入碗内并加入葱结、绍酒、少许水，即成盐水蹄生坯。

5 笼锅上火，放水烧开，放入盐水蹄生坯，将其蒸熟、煮透、蒸烂取出，去葱结、花椒姜块，翻身入盘，去扣碗，放上蒜泥，即成。

大师指点

1 盐水蹄生坯在笼上蒸一定要熟烂入味。

2 注意精盐用量，不宜太咸。

特点 咸淡适宜，清爽味美，夏季佳肴。

74 红烧脚爪

主料：猪脚爪4只（1000~2000克）。

调料：葱结、姜块、绍酒、酱油、白糖、醋、桂皮、八角。

制作方法

1 猪脚爪去毛，刮洗干净，用刀剁成块，放入大火开水锅内焯水，捞出洗净。

2 锅上放入水、葱结、姜块、脚爪块、酱油、白糖烧开，加桂皮、八角、绍酒，盖盖，移小火上，将脚爪烧熟、焖烂，再上大火，去桂皮、八角、葱结、姜块，放入少许醋，收稠汤汁，起锅装入盘内即成。

大师指点

1 脚爪用镊子去毛，不能用其他方法，如用松香拔毛或剃须刀剃毛会影响风味和口感。

2 脚爪要烧熟焖烂，入口即化。

特点 色泽酱红，入口肥嫩，咸甜适中。

75 坛子肉

主料：猪肋条肉1500克。

配料：豆腐皮2张、荷叶2张。

调料：绍酒、葱结、姜块、酱油、白糖。

制作方法

1 猪肋条肉上烤叉，将肉皮在火上烧焦，放入冷水中，用刀刮去焦屑，至肉皮金黄色时即可。

2 用刀将肉切成长1寸2分、厚3分的长方块。

3 取5斤绍兴酒坛1只，放入肉块、绍兴酒、葱结、姜块、酱油、白糖，用2张豆腐皮密封坛口，上加荷叶，用绳子扎好，在大火上烧开，小火上将肉烧熟、焖烂，即可。

4 上桌时揭开坛子上的荷叶、豆腐皮即成。

大师指点

1 肉块大小一致。

2 坛口要封严，不可泄气。

特点 酒香浓郁，滋润可口。

76 眉毛刮肉

主料： 猪精肉 400 克。

配料： 熟净笋 50 克、水发木耳 20 克、青菜心 6 棵、鸡蛋 2 个。

调料： 花生油、葱花、姜米、精盐、绍酒、酱油、干淀粉、湿淀粉、虾籽、鸡汤。

制作方法

1 猪精肉洗净，刮成蓉，放入盆内，加葱花、姜米、鸡蛋、干淀粉、绍酒、精盐制成肉馅。

2 熟净笋切成片，木耳洗净，青菜心洗净。入大火开水锅内焯水，捞出入冷水内泌透，捞出沥尽水。入油锅内上火熘油至熟，倒入漏勺沥尽油。

3 盘内抹上油，将肉馅放入手掌，用刀尖将肉馅刮成

一寸长、两头尖、长圆形块，放入有油的盘内，即成眉毛刮肉生坯。

4 炒锅上火，放入花生油，待油 7 成热时，放入眉毛刮肉生坯，将其炸熟成型，捞起放入砂锅内加水，在大火上烧开，移小火炖至酥烂取出。

5 炒锅上火，放鸡汤、虾籽、眉毛刮肉、笋片、木耳、青菜心，在大火上烧开，加少许酱油（呈牙色）、精盐，收稠汤汁，用湿淀粉勾芡，装盘即成。

大师指点

眉毛刮肉形状要大小一致。

特点 鲜、嫩、香、醇。

77 蚕豆米烧樱桃肉

主料： 猪五花肉 750 克。

配料： 鲜嫩蚕豆米 200 克。

调料： 葱结、姜块、酱油、白糖、绍酒、湿淀粉。

制作方法

1 猪五花肉去毛、刮洗干净。用刀切成长方块，放入大火开水锅中焯水，捞出洗净。

2 将肉放入砂锅中，加葱结、姜块、酱油、白糖、水

上大火烧开，放入绍酒。移小火烧至成熟。

3 鲜嫩蚕豆米洗净，放入大火开水锅内焯水捞出，在冷水中泌一下取出，放入烧肉锅中，上大火收稠汤汁，用湿淀粉勾琉璃芡，装盘即戒。

大师指点

肉块要大小一致。

特点 红绿相间、肥嫩爽口。

78 虎皮肉

主料： 猪五花肉 1000 克。

配料： 豌豆苗 250 克。

调料： 花生油、葱结、姜块、绍酒、酱油、白糖、湿淀粉。

制作方法

1 猪肉去毛、刮洗干净，放入大火开水锅内焯水，捞出洗净，放入锅内，加葱结、姜块、水，上大火烧开，放入绍酒，移小火将肉煨至七成熟时捞起。

2 炒锅上火，放花生油，待油九成热时放肉炸至肉皮成金黄色时，捞起沥尽油，用刀切成 2 寸半长、4 分厚的大片，整齐地摆放入碗，加酱油、白糖、葱

结、姜块，即成虎皮肉生坯。

3 笼锅上火，放水烧开，放上虎皮肉生坯，将肉蒸熟、蒸烂，取出翻身入盘，泌下汤汁，去扣碗。

4 炒锅上火，放入花生油、豌豆苗炒熟放入盘内虎皮肉周围。

5 炒锅上火，放入肉汤，泌下汤汁烧开，加酱油、白糖，用湿淀粉勾琉璃芡，浇在虎皮肉上即成。

大师指点

刀工一致，厚薄均匀。

特点 香酥适口，肥而不腻。

79 荷叶粉蒸肉

主料：猪肋条肉（去骨） 1000 克。

配料：大米 400 克。

调料：熟猪油、葱结、姜块、绍酒、酱油、白糖、香腐乳、荷叶、桂皮、鸡汤。

制作方法

1 猪肉去毛，刮洗干净。用刀切成长 2 寸半、厚 3 分的块，放入盆内，加入葱结、姜块、酱油、白糖、绍酒拌匀，浸泡 15 分钟。

2 大米淘洗干净，晾干酥透，放入锅内，加桂皮上火炒成老黄色，去桂皮稍冷，将米用磨子磨成粉，再用细筛过一下，放入盆内，加入酱油、白糖，用刀揾浓的香腐乳、熟猪油，鸡汤搅拌均匀。

3 荷叶用刀切成扇面形、洗净，放入大火开水锅内烫一下，取出，用干布擦干水，在荷叶上放上一层米粉，摆上一块肉，再放一层米粉，然后用荷叶包成长方形，放入盘内即成荷叶粉蒸肉生坯。

4 笼锅上火，放水烧开，放入荷叶粉蒸肉生坯将其蒸熟、蒸烂、蒸透入味取出。

5 将粉蒸肉的荷叶换成新荷叶，上笼稍蒸一下。刷上麻油装盘，上桌即成。

大师指点

1 大米淘洗后，干放数小时，使大米晾酥透再下锅炒。

2 米粉糊要调制得香鲜味浓。

特点 清香可口，肥而不腻，咸甜适中。

80 梅干菜烧肉

主料：猪肋条肉（去骨） 750 克。

配料：梅干菜 250 克。

调料：熟猪油、葱结、姜块、酱油、白糖、绍酒、大蒜瓣。

制作方法

1 猪肋条肉去皮，刮洗干净，切成 1 寸半长、 3 分厚的长方块，放入大火开水锅内焯水，捞出洗净。

2 梅干菜泡洗干净。

3 锅上火，放水、肉块、梅干菜，酱油，白糖，葱结、姜块烧开，加绍酒、大蒜瓣烧开，移小火，将肉烧熟，上大火，放熟猪油，收稠、收干汤汁，起锅装盘。

大师指点

1 梅干菜要泡洗干净，泡软。

2 梅干菜要加肉烧使梅干菜更入味。

特点 干菜滋润，猪肉鲜嫩，夏季佳肴。

81 烤方

主料：猪肋条肉（7 根肋条） 1 块（3000～5000 克）。

配料：空心饽饽 10 只（点心）、红萝卜皮 15 克。

调料：甜酱、花椒盐、葱白段。

制作方法

1 猪肋条肉上烤叉，叉起，在肉骨面用铁签稍稍戳一下，不可戳破肉皮。

2 在烤炉内，放入芝麻秸子或黄豆秸子，点火烧开，火烧熄后，将灰烬揉成圆宝形备用。

3 第一次上火，将烤方的肉皮放在火上烧枯焦取出，淋上水，用刀刮去枯焦斑，使肉皮呈淡黄色，再用刀将肉修齐，应根据肉皮的厚度，决定烤、焗的次数。

第二次上火，将烤方放入烤炉内，挑起火头，将肉皮再烧枯焦取出，淋上水，用刀刮去枯焦斑，防止肉皮起鼓。

第三次上火：将炉膛内的火扑灭，灰扑平，肉骨头面朝火，肉皮面朝锅，将烤方焐熟、焐透（锅烟灰切不可碰上肉皮）。

第四次上火：肉如有不酥不透处，另在火上烘不透处，再用芝麻火焐肉皮，使油全部浸透皮成熟，肉皮仅有 1~2 分厚。

4 临吃时，再烘肉皮一次，听见肉内有吱吱声，肉皮

起酥时，即成，将肉皮用刀取下，切成块，肉切成薄片上桌。

5 带花椒盐一小碟、甜酱一小碟，葱白段切成丝（一小碟），红萝卜皮切成丝（一小碟），空心饽饽一碟，上桌即成。

大师指点

烤制时把握肉皮厚度，决定烤、焐的次数，肉皮以烤酥脆，肉以烤熟为准。

特点 肉皮酥脆，烤肉香嫩，酒宴佳肴。

注：烤方是高档酒宴必备菜品，扬州满汉全席菜肴之一。

82 叉烧腰子

原料：猪腰 2 只（300 克）。

配料：猪精肉 100 克、熟净笋 100 克、京冬菜 100 克、猪网油一张、鸡蛋 2 个。

调料：葱白段、姜块、酱油、白糖、绍酒、干淀粉、葱椒。

制作方法

1 猪腰去外衣洗净，用刀一割两半，去掉腰臊，将腰肉切成丝，猪精肉切成丝，熟净笋切成丝，京冬菜拣洗干净。四种原料同放盆内，加酱油、白糖、绍酒拌匀入味，即成四丝馅。

2 网油洗净，放入盆内，加绍酒、葱结、姜块，搅拌均匀，腌 2~3 小时，取出洗净，放在竹竿上，在阴凉通风的地方晾干。

3 鸡蛋、干淀粉、葱椒制成葱椒蛋浆。

4 网油铺在案板上，放入葱椒蛋浆抹匀，再放入四丝

馅，呈长方形，网油包四丝成长方形，放入长方形铁丝络，再上烤叉，即成叉烧腰子生坯。

5 烤炉内烧黄豆秸子待烧熄后，放入叉烧腰子生坯，将其烤熟取出，上大火稍烤一下（扬州俗称"拿面子"），去烤叉、铁丝络，用刀切成长条，整齐地摆放盘内即可。

大师指点

1 猪腰要去尽中间腰臊，调料浸渍入味。

2 猪网油按要求处理，再包四丝馅，烤制时掌握好时间。

3 掌握好火候，将叉烧腰子烤熟、烤香。

特点 色泽金黄，外香脆，里鲜嫩。

注：扬州三叉即"烤鸭""叉烧""烤方"，"叉烧"是其中的一种，且品种较多如"叉烧鸡""叉烧鳜鱼""叉烧三白"等是扬州高档宴席必备佳肴。

83 蚌蟹刮肉

主料：猪肋条肉 1000 克。

配料：蚌蟹 500 克、青菜心 10 棵。

调料：熟猪油、葱花、姜米、绍酒、干淀粉、精盐。

制作方法

1 猪肋条肉洗净，用刀细切粗刮，放入盆内、加入葱花、姜米、绍酒、干淀粉、水、精盐制成肉馅。

2 蚌蟹去壳，挤去腹中脏水，洗净，放入大火开水锅汤焯水，捞起洗净。

3 将肉馅制成 10 只肉圆，稍扁，按上车螯，即成蚌蟹刮肉生坯。

4 青菜心洗净，入开水锅焯水，捞出用冷水泌一下，去尽水，放入熟猪油锅内，上火焐油成熟倒入漏勺

沥尽油，放入盘内。

5 砂锅上火，放水烧开，再放入蚌蝤刲肉生坯。盖上青菜叶烧开，移小火上，将蚌蝤刲肉焖熟，去青菜叶，放入青菜心上，加精盐，烧开即成。

大师指点

蚌蝤拣洗干净。

特点 香嫩鲜美，肥而不腻。

84 红烧扣肉

主料： 去骨猪肋条肉 1000 克。

配料： 菠菜 500 克。

调料： 熟猪油、葱结、姜块、酱油、白糖、绍酒、湿淀粉。

制作方法

1 猪肉去毛、刮洗干净放入大火开水锅内焯水捞起洗净入锅内，加水、葱结、姜块、酱油、白糖，上大火烧开，放绍酒，移至小火，将肉烧熟，取出。

2 将肉用刀切成长2寸半、厚3分的长方块，整齐地扣入碗内，放烧肉汤汁，即成红烧扣肉生坯。

3 笼锅上火，放水烧开，放入红烧扣肉生坯，将其蒸熟、蒸烂，取出，翻身入盘，去汤汁、扣碗。

4 炒锅上火，放入熟猪油、拣洗后的菠菜，炒熟后放入扣肉周围。

5 炒锅上火，放烧肉的汤汁烧开，用湿淀粉勾琉璃芡，浇在扣肉内即成。

大师指点

肉块要大小一样。

特点 肉质软嫩，肥而不腻，咸甜适中。

85 诸葛肉

主料： 猪肋条肉（去骨）750 克。

配料： 鸽子 2 只。

调料： 花生油、葱结、姜块、酱油、白糖、绍酒、麻油。

制作方法

1 猪肋条肉去毛，刮洗干净，放入大火开水锅内焯水，捞出洗净。

2 鸽子宰杀，去毛，内脏洗净。

3 砂锅上火，放入花生油，待油8成热时，鸽子下锅炸一下捞起。

4 砂锅内放入猪肉、鸽子、葱结、姜块、酱油、白糖上大火烧开，加绍酒，盖盖，移小火上烧熟取出，汤汁备用。

5 将肉批斜刀，切成块，鸽子剁成块，整齐地扣入碗内，一半猪肉，一半鸽子，放入汤汁即成诸葛肉生坯。

6 笼内上火，放入水，烧开，放入诸葛肉生坯，将其蒸热、蒸烂取出，翻身入盘，泌下卤汁，去扣碗。

7 炒锅上火，放入汤汁烧开，用湿淀粉勾琉璃芡，浇在诸葛肉上即成。

大师指点

1 肉块、鸽肉块大小一致。

2 炸鸽肉时油温要高，不可炸焦。

特点 鸽肉香醇，猪肉肥润，别有风味。

86　棋盘肉

主料：猪肋条肉（去骨）　1500 克。

配料：豌豆苗 300 克、蛋黄糕、熟瘦火腿、香菇适量。

调料：熟猪油、姜块、葱结、绍酒、酱油、白糖、湿淀粉。

制作方法

1　猪肉洗净，上烤叉，将肉皮上火烧焦，淋上水，用刀刮去焦枯斑，肉皮呈淡黄色，并用刀将肉修理成长方形，在肉皮用刀刻成棋盘，即成棋盘肉生坯。

2　将蛋黄糕用圆模具刻成棋子，熟瘦火腿、香菇刻成车、马等字，放在蛋黄糕上，即为棋子。

3　砂锅内放入竹垫、棋盘肉生坯（皮朝下）、水、葱结、姜块、酱油、白糖上火烧开，放绍酒，盖盖，移小火将其烧熟，取出。

4　炒锅上火，放入熟猪油，豌豆苗，将其炒熟，放入盘内。

5　将棋盘肉捞出，翻身入盘，放入棋子。

6　炒锅上火，放入烧肉汤汁烧开，用湿淀粉勾琉璃芡，浇在肉上即成。

大师指点

黑白棋子的大小、厚度均匀一至，摆成象棋残局。

特点 ▶ 形态逼真，可看可食，雅俗共享。

87　椒盐大排

主料：猪大排（带里脊肉的半截肋骨）　10 根。

配料：面包屑 250 克、面粉 50 克、鸡蛋 3 个。

调料：花生油、葱结、姜块、酱油、白糖、绍酒、干淀粉、花椒盐。

制作方法

1　猪大排洗净，用竹签在肉上戳几下，放入盆内，加葱结、姜块、酱油、白糖、绍酒拌匀，浸渍半小时。

2　鸡蛋、干淀粉制成全蛋浆（厚一点）。

3　将猪大排拍上面粉，沾满全蛋浆，放入面包屑内，沾满面包屑，用手压一压，即成大排生坯。

4　炒锅上火，放入花生油，待油六成热时，放入大排生坯，炸时不时用竹签戳几下，使其炸透，炸熟捞起。油锅在火上，待油七成热时，放入大排重油，炸至金黄色、面包屑香脆时，捞起沥净油，装盘即成。

5　带一小碟花椒盐上桌。

大师指点

1　浸渍入味。

2　油炸时注意火候，要炸熟、炸脆。

特点 ▶ 外脆里嫩，别具风味。

88　四喜肉

主料：猪肋条肉 1000 克。

配料：豌豆苗 250 克。

调料：熟猪油、葱结、姜块、酱油、白糖、精盐、绍酒、湿淀粉。

制作方法

1　将猪肋条肉上烤叉，放在火上，将肉皮烧焦后，淋上冷水，用刀刮去枯焦斑，至肉皮金黄色即可。

2　将肉用刀修整一下，切成 4 块正方形的块，在肉皮上剞划成双面花刀，肉面上剞十字花刀。

3　砂锅内放入竹垫，放入肉（皮朝下）、葱结、姜块、酱油、白糖、水上大火烧开，放入绍酒，盖盖，移至大火烧熟、焖烂，放入盘内。

4 炒锅上火，放熟猪油、拣洗干净的豌豆苗炒熟，放入盘内四喜肉周围。

5 炒锅上火，放入烧肉的汤汁烧开，用湿淀粉勾琉璃芡，浇在肉上即成。

大师指点

肉块大小一致，剞的刀纹、刀距深浅一致。

特点 造型别致，软嫩鲜香。

89 双囍肉

主料：猪肋条肉（去骨） 1000 克。

配料：豌豆苗 200 克。

调料：熟猪油、葱结、姜块、酱油、白糖、绍酒、湿淀粉。

制作方法

1 猪肋条肉去毛，刮洗干净，上烤叉在火上将肉皮烧焦，淋上冷水，用刀刮去黑斑至颜色成淡黄色，再将肉面和四周整理一下，成长方形。在肉皮上用刀刻囍字，即成双喜肉生坯。

2 砂锅内放入竹垫，放入双喜肉生坯，肉皮朝下，加入水、葱结、姜块、酱油、白糖，上火烧开，放入

绍酒，盖盖，移至小火上将肉烧熟、焖烂取出，放入盘中。

3 炒锅上火放入少量的熟猪油、豌豆苗炒熟，装入盘内双喜肉周围。

4 炒锅上火，放入烧肉的汤汁烧开，用湿淀粉勾琉璃芡，浇在双喜肉上即成。

大师指点

1 肉皮烧焦后要刮洗干净。

2 烧熟后要细心，保持肉的完整。

特点 色泽酱红，肉质软嫩，喜宴必备。

90 寿字肉

主料：猪肋条肉（去骨） 1000 克。

配料：豌豆苗 200 克。

调料：熟猪油、葱结、姜块、酱油、白糖、绍酒、湿淀粉。

制作方法

方法同 89，就是刻的囍字改为寿字。

91 奠字肉

主料：猪肋条肉（去骨） 1000 克。

配料：豌豆苗 200 克。

调料：熟猪油、葱结、姜块、酱油、白糖、绍酒、湿淀粉。

制作方法

方法同 89，就是刻的囍字改为奠字。

92 锅烧蹄子

主料：猪前蹄肉 1000 克。

配料：大米粉 100 克、面粉 50 克。

调料：花生油、葱结、姜块、绍酒、酱油、白糖、麻油、花椒盐。

制作方法

1 猪前蹄肉去毛，刮洗干净，放入大火开水锅内焯水，捞出洗净。

2 砂锅上火，放入竹垫、水、葱结、姜块、酱油、白糖、蹄子肉烧开，加绍酒，盖盖，移小火上烧熟、焖烂取出，晾冷，用手撕碎蹄子肉，肉皮保持完整。

3 大米粉、面粉、蹄子肉、烧蹄子的汤汁拌匀，放入

肉皮上抹平即成锅烧蹄子生坯。

4 炒锅上火，放花生油，待油七成热时，放入锅烧蹄子生坯，将其炸熟捞出，待油八成热时，放入锅烧蹄子重油，炸至肉皮起脆，色呈老黄色，捞起沥尽油，用刀切成块，整齐地摆放入盘，浇麻油即成。

5 带一小碟花椒盐上桌。

大师指点

油炸时注意达到外脆里嫩。

特点 香、酥、脆、软。

---

93 水晶刮肉

主料：猪助条肉（去皮） 300 克。

配料：糯米 500 克。

调料：熟猪油、葱花、姜米、绍酒、精盐、干淀粉、湿淀粉。

制作方法

1 猪助条肉洗净，刮成蓉，放入盆内，加葱花、姜米、绍酒、干淀粉、水、精盐制成肉馅。

2 糯米淘洗干净，放在阴凉通风处，晾酥 1~2 小时，放入盘内。

3 用手将肉馅抓成肉圆，放入糯米内沾满糯米即成水

晶刮肉生坯。

4 笼锅上火，放水烧开，再放入水晶刮肉生坯，将其蒸熟，取出叠放入盘内。

5 炒锅上火，放入鸡汤、精盐，用湿淀粉勾琉璃芡，放熟猪油，倒入水晶刮肉上即成。

大师指点

糯米淘洗后要酥透，蒸熟后的糯米要透明发亮。

特点 形似水晶，糯米软糯，肉圆鲜嫩，风味独特。

---

94 三鲜蹄筋

主料：油发蹄筋 150 克。

配料：熟鸡肉 50 克、熟净笋 50 克、熟火腿片 50 克、青菜心 8 棵。

调料：熟猪油、精盐、湿淀粉、虾籽、鸡汤、碱粉。

制作方法

1 油发蹄筋用冷水泡软，泡透，用刀切成 2 寸长的段，放入盆肉，加入碱粉，少许水，除去油脂，再用清水泡洗几次，去碱味。

2 熟鸡肉用手撕成小鹅毛片，熟净笋切成片，青菜心洗净，入大火开水锅内焯水，捞出入冷水中泌透，取出挤尽水，放熟猪油锅内，上火焐油成熟，倒入

漏勺沥尽油。

3 蹄筋放入开水锅内焯水捞出，沥尽水。

4 炒锅上火，放入鸡汤、蹄筋、鸡丝、笋片、熟猪油、虾籽烧开，收稠汤汁，放精盐，用湿淀粉勾琉璃芡，起锅装盘，放入火腿片、青菜心即成。

大师指点

1 选择好的油发蹄筋（无硬心）。

2 烧透入味。

特点 蹄筋软糯，鲜醇可口。

95 蟹黄蹄筋

主料： 油发蹄筋 150 克。

配料： 蟹黄 50 克、青菜心 10 棵。

调料： 熟猪油、葱花、姜米、精盐、湿淀粉、鸡汤、
胡椒粉、绍酒、酱油、碱粉。

制作方法

1 蹄筋、青菜心的制作方法同三鲜蹄筋。

2 炒锅上火，放熟猪油、葱花、姜米煸炒一下，放入
蟹黄煸炒成熟，加绍酒、酱油、鸡汤、烧开。

3 炒锅上火，放鸡汤、蹄筋、熟猪油烧开，加入一半

蟹黄及全部汤汁，收稠汤汁，再放入精盐，用湿淀
粉勾琉璃芡，撒上胡椒粉，起锅装盘，摆上另一半
蟹黄、青菜心即成。

大师指点

1 蟹黄下锅炒出香味。

2 蟹黄和蹄筋要烧透入味。

特点 蟹黄鲜香，蹄筋软糯，美味佳肴。

96 翡翠蹄筋

主料： 干猪蹄筋 150 克。

配料： 丝瓜 300 克、熟火腿片 80 克。

调料： 熟猪油、花生油、葱结、姜块、绍酒、精盐、
湿淀粉、虾籽、鸡汤、碱粉。

制作方法

1 半油发蹄筋制作方法：

①干蹄筋放入油锅内，上火使猪蹄收缩，移小火焗油
1 小时，捞出沥尽油。

②蹄筋放砂锅内，放入水、葱结、姜块烧开，加绍
酒，移小火将蹄筋煨至软烂，捞出放入大盆内，加
水、碱粉（500 克蹄筋、 100 克碱粉的比例）浸
泡 5~6 小时然后洗干净，再放入清水内浸泡 12 小
时，期间不断换水，去尽蹄筋上老肉，泡去碱味，

使蹄筋发白、发亮、发大即成。

2 丝瓜用碎玻璃去皮，丝瓜呈翠绿色，切去两头，用
刀一剖两半，去瓜瓤洗净，用花刀切成菱形块。

3 炒锅上火，放入熟猪油，待油四成热时，放入丝瓜
块焐油，呈翠绿色，熟时倒入漏勺沥尽油。

4 炒锅上火，放鸡汤、虾籽、熟猪油烧开，放入蹄
筋烧开，用湿淀粉勾琉璃芡，起锅装盘，放在中
间，丝瓜块围放周围，蹄筋上放入火腿片即成。

大师指点

配好调料的汤锅内烧开后放入蹄筋一开就放调料，不
能耐火，如烧的时间长，半油发蹄筋会收缩。

特点 丝瓜碧绿，色如翡翠，蹄筋软糯，汤鲜味醇。

97 鸡粥蹄筋

主料： 油发蹄筋 50 克。

配料： 生鸡脯肉 100 克、大米粉 50 克、熟瘦火腿末
10 克。

调料： 熟猪油、葱姜汁、绍酒、精盐、鸡汤碱粉。

制作方法

1 蹄筋制作方法同三鲜蹄筋。

2 生鸡脯肉洗净，用刀刮成蓉，放入盆内，加葱姜
汁、绍酒、鸡汤、大米粉、精盐制作生鸡粥。

3 炒锅上火，放鸡汤、熟猪油、蹄筋烧开，加精盐，
收干汤汁。

4 炒锅上火，放鸡汤、生鸡粥用勺不停搅动，烧熟成
粥，放入蹄筋搅匀后，装入盘内，撒上熟瘦火腿末

即成。

大师指点

1 鸡脯肉要刳细，不能粗。

2 炒生鸡粥时，要掌握火候，炒成粥状即成功。

特点 蹄筋软糯，粥白如玉，口味醇和。

98 酿百花皮肚

主料：油炸肉皮 150 克。

配料：生白鱼肉 150 克、鸡蛋清 3 只、熟火腿 20 克、蛋黄糕 20 克、胡萝卜 20 克、香菜 20 克。

调料：熟猪油、葱姜汁、绍酒、精盐、湿淀粉、虾籽、鸡汤。

制作方法

1 油炸肉皮放入冷水中浸泡透，用刀切成长 1 寸半、宽 1 寸的长方块，或用模具刻成直径 1 寸半的圆块，放入盆内加碱粉和热水洗去油污，放入冷水中洗净，再放入冷水中浸泡去碱味（浸泡时要换几次水）。

2 熟火腿、蛋黄糕、胡萝卜要用模具弄成小圆片、菱形片、鸡心片等作为装饰花，香菜洗净作为花枝花叶。

3 生白鱼肉放入盆中，加水浸泡去血水，捞出挤尽水，刳成蓉，放入盆内，加葱姜汁、绍酒、鸡蛋清、精盐制成白鱼馅。

4 炒锅上火，放入熟猪油、鸡汤、虾籽、肉皮烧开，加绍酒，收稠收干汤汁，倒入盘内晾凉，平铺在盘中，上放白鱼馅，用手抹平，再摆上火腿片、蛋黄糕片、胡萝卜片制成的花朵，插上香菜作成的花枝、花叶即成百花皮肚生坯。

5 笼锅上火，放水烧开，放入百花皮肚生坯，将其蒸熟取出，放入盘中。

6 炒锅上火，放入鸡汤烧开，加精盐，用湿淀粉勾琉璃芡，放少许熟猪油，浇入百花皮肚上，即成。

大师指点

1 造型多样任选一样。

2 皮肚烧好后，要收干汤汁不能留存任何汤汁，要使皮肚入味。

3 在皮肚上摆各种图案，由厨师决定。

特点 造型多样，色泽艳丽，鲜嫩软糯。

注：皮肚换成鱼肚，即为百花鱼肚。

99 三鲜皮肚

主料：油炸肉皮 150 克。

配料：虾仁 40 克、熟鸡肉 40 克、熟净笋 40 克、水发的冬菇 40 克、青菜心 4 棵。

调料：熟猪油、酱油、精盐、干淀粉、湿淀粉、虾籽、鸡汤、碱粉。

制作方法

1 油炸肉皮放入冷水中泡透，用刀切成菱形块，放入盆中，加碱粉，热水洗去油渍。放入水中洗净，浸泡去碱味（浸泡时几次换水）。

2 炒锅上火，放水烧开，放入洗净的青菜心焯水捞出，放冷水中泌透。捞出挤出水，放入熟猪油内，上火焐油成熟，倒入漏勺沥尽油。虾仁洗净，挤尽水，放入盆内，加精盐、鸡蛋清、干淀粉上浆，熟鸡肉撕成小鹅毛片，熟净笋、冬菇均切成片。

3 炒锅上火，放入鸡汤、虾籽、肉皮、笋片、冬菇片、熟猪油烧开，收稠汤汁，使汤浓白，用湿淀粉勾琉璃芡，装盘，放入青菜心。

4 炒锅上火，放入虾仁，将其炒熟，装入盘中即成。

大师指点

1 肉皮用碱水去除油渍，要在清水中泡洗干净。

2 肉皮烧时一定要使汤汁浓稠、浓白。

特点 皮肚鲜香，汤汁醇厚，配料多样，味不雷同。

100　汤爆肚

主料： 猪肚尖肉 250 克。

配料： 熟火腿 25 克、熟净笋 25 克、豌豆苗 25 克。

调料： 葱结、姜块、精盐、绍酒、熟鸡油、高级清鸡汤、碱粉。

制作方法

1. 猪肚尖肉上用刀剞兰花刀，放入盆内，加入碱粉及少量的水，拌匀浸渍 4 小时后，放入清水中洗净碱水，再放入清水中浸泡，并不断换水，去除碱味，使肚尖肉至半透明状用刀切成段。

2. 熟火腿、熟净笋切成片，豌豆苗拣洗干净。

3. 炒锅上火，放入高级清鸡汤、笋片、豌豆苗烧开，放入精盐，装入汤碗内。

4. 炒锅再上火，放水烧开，放入肚尖肉烫一下捞起，放入汤碗内，加入火腿片，滴几滴熟鸡油，即成。

大师指点

肚尖浸泡，清洗至无腥味，无碱味。

特点 汤汁清醇，肚尖脆嫩，食之爽口。

101　蹄肚汤

主料： 猪前蹄肉 500。

配料： 猪肚 500 克、熟净山药 50 克、水发木耳 20 克、青菜心 6 棵。

调料： 精盐、葱结、姜块、绍酒、醋、矾。

制作方法

1. 猪蹄去毛，刮洗干净放入大火开水锅内焯水，捞出洗净，切成长方块。

2. 猪肚放入盆内加入矾、精盐、醋、搅拌后用水洗净，放入大火开水锅内焯水，捞出洗净，去除内壁油，用刀切成长方片。

3. 熟净山药切成片，木耳撕碎洗净，青菜心洗净，放入大火开水锅内焯水成熟，捞出放冷水中泌透备用。

4. 砂锅内放入水、葱结、姜块、猪蹄块、肚片，上大火烧开，放入绍酒盖盖，在中火上，将其煨熟，再上大火，使汤浓白，放山药片、木耳、青菜心烧开，放精盐，将砂锅放入托盘即成。

大师指点

猪蹄肉去毛，刮洗干净，猪肚清洗干净。

特点 汤汁浓白、口味鲜咸。

102　萝卜排骨汤

主料： 猪仔排 500 克。

配料： 白萝卜 400 克。

调料： 葱结、姜块、绍酒、精盐。

制作方法

1. 猪仔排用刀剁成小方块洗净，放入大火开水锅内焯水，捞出洗净。

2. 白萝卜去皮，用刀切成滚刀块，放入大火开水锅内焯水，捞出放冷水中泌透备用。

3. 砂锅一只，放水、排骨、葱结、姜块上大火烧开，放入绍酒，盖盖，移小火上煨至七成热时，放入萝卜，煨至成熟，再上大火，放精盐，将砂锅放入等盘上，上桌即成。

大师指点

排骨煨至八成热即可。

特点 汤鲜汁浓，口味鲜咸，扬州大众汤菜之一。

103 榨菜肉丝汤

主料：猪枚条肉 250 克。

配料：熟净笋 20 克、榨菜 50 克、菠菜 30 克。

调料：熟猪油、葱结、姜块、绍酒、精盐、酱油、鸡汤。

制作方法

1 猪枚条肉洗净，用刀切成丝，放入碗内，加葱结、姜块、绍酒、水浸泡。

2 笋切成丝，榨菜洗净切成丝，菠菜拣洗干净。

3 炒锅上火，放入鸡汤烧开，放入肉丝和浸泡的水，

烫至肉丝变白，用漏勺捞起，拣去葱结、姜块，汤中出现的浮沫用勺子舀去，至汤清澈，放入榨菜、熟净笋、菠菜烧开，再滴两滴酱油，使汤呈牙黄色，加精盐，装入碗内，放入烫熟的肉丝，滴几滴熟猪油即成。

大师指点

1 肉丝放入鸡汤内一烫即熟即捞，防止变老。

2 汤上的浮沫必须去尽。

特点 汤汁清醇，味鲜爽口。

104 猪肝汤

主料：猪肝 200 克。

配料：榨菜 50 克、熟净笋 20 克、菠菜 50 克。

调料：熟猪油、葱结、姜块、绍酒、精盐、鸡汤。

制作方法

1 猪肝洗净，用刀切成片放入碗内，加水、葱结、姜块、绍酒浸泡。

2 榨菜洗净切成片，熟净笋切成片，菠菜拣洗干净。

3 炒锅上火，放入鸡汤烧开，再放入浸泡的猪肝和水，至猪肝变色时，用漏勺捞起，去葱结、姜块，

这时汤会出现浮沫，用勺舀去浮沫，至汤汁清澄，放入榨菜片、笋片、菠菜，继续烧开，再放精盐，装入汤碗内，最后放入烫熟的猪肝，滴上几滴熟猪油即成。

大师指点

1 猪肝要厚薄均匀。

2 猪肝下锅一烫即熟，切记烫老。

特点 汤汁清醇、鲜嫩、味美。

105 腰片汤

主料：猪腰 2 个、 200 克左右。

配料：榨菜 50 克、熟净笋 20 克、菠菜 50 克。

调料：熟猪油、葱结、姜块、绍酒、精盐、醋、胡椒粉、鸡汤。

制作方法

1 腰子去外皮，用刀一剖两半。去中间腰骚，将腰肉批切成薄片，放入盆内，加水、葱结、姜块、绍酒、精盐、浸泡备用。

2 榨菜洗净切成片，熟净笋切成片，菠菜拣洗干净。

3 炒锅上火，放入鸡汤，烧开后，放入腰片及浸泡

水。待腰片变色后，用漏勺捞出，去掉葱结、姜块放入碗内，加醋、胡椒粉拌匀，挤去血水。这时汤面会出现浮沫，用手勺舀去浮沫。至汤汁清澄。放入榨菜片、笋片、菠菜，继续烧开，加入精盐，装入汤碗内，放入腰片，滴上几滴熟猪油即成。

大师指点

烫熟的腰片，放入碗内加调味料拌匀，去血水和腰子的腥膻味。

特点 汤汁清醇，腰片脆嫩，清爽利口。

106　相思腰子

主料：腰子 2 只（400 克）。

配料：熟净笋 20 克、水发冬菇 20 克、豌豆苗 40 克。

调料：熟猪油、葱结、姜块、绍酒、精盐、醋、胡椒粉、鸡汤。

制作方法

1. 腰子去外衣，洗净，用刀一剖两半，去腰臊，在腰肉上剞兰花刀，放入盆中，加水、葱结、姜块、绍酒、精盐浸泡备用。

2. 熟净笋切成片，冬菇批切成片，豌豆苗拣洗干净。

3. 炒锅上火，放入鸡汤烧开，放入腰子和浸泡水，待腰子变色后，捞出放入碗内，加醋、胡椒粉拌匀，挤去血水。这时汤面出现浮沫，用手勺舀去浮沫，放入笋片、冬菇片、豌豆苗烧开，加精盐，倒入汤碗，放入腰片，滴几滴熟猪油即成。

大师指点

1. 选择大的腰子，剞兰花刀成兰花形。

2. 腰子放入烧开的汤内一烫即熟捞出，放醋和胡椒粉去腥膻味，挤干血水保持腰子脆嫩。

特点 形似兰花，腰子脆嫩，汤汁清醇。

107　虎爪腰子

主料：猪腰 2 只（300 克左右）。

配料：虎瓜笋 100 克、熟火腿 50 克、豌豆苗 20 克。

调料：熟猪油、葱结、姜块、绍酒、精盐、胡椒粉、醋、鸡汤。

制作方法

1. 腰子去外衣洗净，用刀在腰子两面剞直刀（刀深四分之一），放入大火开水锅内焯水，捞出洗净。

2. 虎爪笋放入温开水泡发好、洗净。

3. 熟火腿切成片，豌豆苗拣洗干净。

4. 腰子放入砂锅内，加水、葱结、姜块、虎爪笋上火烧开，放入绍酒，盖盖，移小火上，将腰子煨焖至酥烂捞出，用刀切成 3 分厚的片，再放入鸡汤内，上大火，放入火腿片、豌豆苗烧开，加精盐即成。

大师指点

腰子焯水，时间要长一些去尽血水，并洗净。

特点 香、鲜、脆、嫩。

108　茼蒿刮肉

主料：生净猪肋条肉 250 克。

配料：茼蒿 500 克、熟净笋 50 克、水发木耳 10 克、鸡蛋清 1 个。

调料：葱花、姜米、绍酒、精盐、干淀粉、虾籽。

制作方法

1. 生猪肉洗净，刮成蓉，放入盆内，加葱花、姜米、绍酒、水、鸡蛋清、干淀粉、精盐制成肉馅。

2. 茼蒿摘取嫩头洗净，熟净笋切成片，木耳洗净。

3. 砂锅上火，放水烧开，用手将肉馅挤成圆子，放入水中烧开，加入虾籽。移小火烧焖 15～20 分钟，再上大火，放入笋片、木耳、茼蒿烧开。加精盐，盛入汤碗即成。

大师指点

1. 猪肉刮成的蓉要稍粗一些，肉圆要大小一致。

2. 肉圆放入汤内烧开，注意火候，使肉圆成熟，汤汁鲜醇。

特点 肉圆鲜嫩、汤汁鲜醇。

109 肝羹汤

主料：猪肝 300 克。

配料：熟火腿 100 克、松子 50 克、熟净笋 100 克、水发冬菇 40 克、青豆 20 克。

调料：熟猪油、花生油、葱结、姜块、绍酒、精盐、湿淀粉、胡椒粉、鸡汤。

制作方法

1 猪肝洗净用刀在肝上划几刀，放入盆中，加水泡至发白，放入大火开水锅内焯水，捞出洗净。

2 猪肝放入锅内，加水、葱结、姜块烧开，加绍酒，盖盖，移入小火，将猪肝煨熟捞出，去葱结、姜块，猪肝去尽筋络，切成小丁。

3 熟火腿切成丁，松子放入花生油锅内，上火油炸至松子有香味时，倒入漏勺沥尽油，熟净笋切成丁，冬菇切成丁。

4 炒锅上火，放鸡汤、肝丁、笋丁、火腿丁、冬菇丁、松子、青豆烧开，加精盐，用湿淀粉勾芡，撒胡椒粉，放熟猪油，倒入汤碗中即成。

大师指点

猪肝要洗白、洗干净。

特点 软嫩爽口，味道鲜美。

今日非十斋

庖童馈鱼肉

——中国维扬传统菜点大观

鱼

类

1 熏鱼

主料：鲤鱼1条（约1500克）。
调料：花生油、葱结、姜块、葱花、姜米、酱油、白糖、醋、绍酒、五香粉。
制作方法
1 鲤鱼去鳞、腮、鳍，剖腹去内脏，清水中洗净。
2 鲤鱼去头、尾，取下肚裆肉切成大块，脊背一剖两半斜批切成大块。
3 将鱼块放盆内，加绍酒、酱油、葱结、姜块拌匀，浸渍约20分钟，取出放竹筛内晾干。
4 炒锅上火，放花生油，待油九成热时，放入鱼块，炸至呈老黄色时，捞出沥尽油。

5 炒锅复上火，放少许花生油、葱花、姜米稍炒，投入鱼块，加清水、酱油、白糖、醋放入锅内要与鱼片持平，用大火烧开，移中火烧至鱼肉回软，再用大火收干大部分汤汁，撒五香粉，加盖稍焖即成。

大师指点
1 加热时切记，九成辣油下锅，九成辣油起锅。一次下鱼块不宜过多，以防鱼块炸碎。
2 鱼片定要炸成较深黄色才能捞起，否则回卤时鱼片易碎。

特点 香软酸甜，冷菜佳品。

2 糟鱼

主料：鲤鱼1条（约2000克）。
配料：酒酿1500克。
调料：精盐、麻油、花椒。
制作方法
1 鲤鱼破腹去内脏洗净，不经水洗，放入精盐抹匀腌制2~3天后，去鳞及头、尾，用水洗净，剁成块放竹筛内晾至半干。
2 取坛一只，内部需洁净无水。底层铺满酒糟，再铺上鱼块。一层鱼一层酒糟依次铺完，最上面一层，

以酒糟封面，倒入麻油，用荷叶扎口，用黄泥密封不漏气。腌制40天左右，取出鱼块，抖去酒糟放盆中。
3 笼锅上火，加水烧开，再放入糟鱼块将其蒸熟，取出，装盘即成。

大师指点
糟制鱼块时必须密封并不能有生水，否则鱼必发臭。

特点 鱼块爽嫩，糟香扑鼻。

3 风鱼

主料：青鱼1条（约2000克）。
调料：花椒盐、葱结、姜块、绍酒、酱油、白糖。
制作方法
1 青鱼去鳞，从脊背剖开去内脏，头部一剖两半，鱼头、鱼身、鱼肚撒上花椒盐，用竹板夹紧，再用细麻绳紧紧扎牢，挂阴凉通风处1个月左右。
2 临吃时去除麻绳、夹板、鳞片，剁去头尾，放清水中浸泡一昼夜。

3 锅内放水、葱结、姜块、酱油、白糖，用大火烧开后，加绍酒，移小火煮鱼至熟，去除胸卡（扬州称刺为卡）、大卡。
4 将鱼撕成大片，装盘即成。

大师指点
悬挂时不可晒到阳光，最好也不要靠墙，悬空最佳。

特点 甘香爽口，鲜嫩美味。

4 醉鱼

主料： 鲤鱼1条（约2000克）。

调料： 猪板油丁、白酒、绍酒、葱末、花椒末、花椒盐。

制作方法

1 将鲤鱼从头至脊背一剖两半，去腮、内脏放盆内，均匀抹上花椒盐。腌制4天左右以清水洗净，剁去头尾，清除鳞片，切成大块，洗净放竹筛内晾干。

2 酒坛一只洗净擦干，底层撒花椒盐。将鱼块逐片沾上白酒，均匀摆入坛内，一层鱼一层花椒盐，倒入绍酒、白酒（3:2），密封坛口3~5天取出。

3 砂锅内放入醉鱼、猪板油丁、葱末、花椒末、醉鱼原卤，用大火烧开，移小火煮熟，取出装盘，浇上卤汁即成。

大师指点

要掌握好白酒、绍酒的用量，过多过少都会影响口感。

特点 鲜嫩爽口，酒香扑鼻。

5 鱼松

主料： 净青鱼肉500克。

调料： 葱结、姜块、精盐、绍酒。

制作方法

1 青鱼肉洗净，去鱼红部分，入清水反复清洗浸泡至鱼肉变白。

2 鱼肉放盘内，加葱结、姜块、绍酒、精盐，放入大火开水的笼锅内，将其蒸熟，取出去尽卡刺，用干布吸去水分。

3 炒锅上火，烧热后投入撕碎的鱼肉，以小火缓缓加热，用锅铲边炒边揉，炒至鱼肉发亮、松散后，起锅装盘即成。

大师指点

1 大卡小刺，均需去除干净。

2 炒制时控制好火力大小，既需炒干，又防焦枯。

特点 松软可口，回味悠长。

6 咸鱼

主料： 青鱼1条（约3000克）。

调料： 花椒盐、葱结、姜块、绍酒、酱油、白糖。

制作方法

1 将青鱼从头到身，从脊背剖开，去腮及肠杂，内外均匀抹上花椒盐，放小缸内腌制30天左右。

2 将腌好的鱼清洗干净，去尽鳞片，剁成大块，再用清水浸泡24小时，中途时而换水，以去尽腥味和咸味。

3 锅内放清水、葱结、姜块、酱油、白糖、鱼块，上大火烧开后，放绍酒，加盖，煮鱼至熟，用漏勺捞起，去尽头、尾、卡、刺，用手撕成片，装盘即成。

大师指点

腌制时盐需细心涂抹，不可有遗漏处，防止发臭。

特点 腊香鲜嫩，别有风味。

7 炝鱼片

主料： 黑鱼 1 条（约 850 克）。

配料： 熟火腿末 5 克、香菜 5 克、鸡蛋清 1 个。

调料： 葱姜汁、绍酒、精盐、酱油、干淀粉、麻油。

制作方法

1. 黑鱼去尽鳞、腮、鳍，剖腹去内脏，用清水洗净。
2. 剁去鱼头、鱼尾，去脊骨、肚裆、鱼皮，取净鱼肉斜批切成片。
3. 鱼片放碗内，加姜葱汁、绍酒、精盐略拌，浸渍入味，取出用干布吸去水分后，用鸡蛋清、干淀粉上浆。
4. 香菜拣洗干净。

5. 炒锅上火，加清水烧开，将鱼片依次下锅，烫熟后用漏勺捞出沥尽水，摆放盘内，浇酱油、麻油，放上香菜、熟火腿末即成。

大师指点

1. 腌渍鱼片时，控制盐的用量，略有咸味即可。
2. 鱼片上浆时要摔打上劲，防止加热时脱浆。
3. 下开水锅时，不可两片粘连，颜色变成亮白，即行捞出。

特点 清淡鲜嫩，滑爽可口。

8 芙蓉鱼片

主料： 净白鱼肉 75 克。

配料： 熟净笋 30 克、熟瘦火腿末 10 克、水发香菇 20 克、豌豆苗 20 克、鸡蛋清 5 个。

调料： 熟猪油、葱姜汁、绍酒、精盐、湿淀粉、鸡汤。

制作方法

1. 净鱼肉洗净、刮成蓉，放碗中加水、葱姜汁、绍酒、精盐，搅拌均匀成鱼馅。
2. 5 个鸡蛋清放大碗内，用竹筷拭打成泡沫状发蛋，再倒入鱼馅，搅拌均匀，成芙蓉鱼片生馅。
3. 熟净笋、香菇切成薄片，豌豆苗拣洗干净。
4. 炒锅内放融化后的熟猪油，用手勺将芙蓉鱼片生馅剐成鹅毛片入锅，再上火以中小火养熟，用漏勺捞起沥尽油。

5. 炒锅上火，放少许熟猪油，笋片、香菇片、豌豆苗稍炒，加入少量鸡汤、精盐，用湿淀粉勾芡，倒入鱼片，炒拌均匀，装盘，撒入熟瘦火腿末即成。

大师指点

1. 鱼蓉一定要斩细，不可残留粗粒。
2. 鱼馅内加水要适量，鸡蛋清打制时要顺着一个方向，由慢而快，直至成为充满气孔的白色泡沫。
3. 鱼片成形上火加热要控制好油温、火候，不可操之过急。
4. 炒制芙蓉鱼片时，不可用手勺，可用锅铲，防止碎裂。

特点 软嫩鲜美，滑润爽口。

9 昂刺鱼烧臭干

主料： 昂刺鱼 750 克。

配料： 臭豆腐干 2 块（扬州称大圆干子）。

调料： 熟猪油、葱结、姜块、绍酒、酱油、白糖。

制作方法

1. 用手撕开昂刺鱼肚皮，去除腮及内脏，清洗干净。

2. 臭豆腐干清洗干净，斜劈切成大块。
3. 炒锅上火，入熟猪油，放葱结、姜块炒出香味，加清水、酱油、白糖、鱼块、臭豆腐干，烧开后加绍酒，盖上盖，小火烧鱼至熟，去锅盖，上大火收浓汤汁，去葱结、姜块，装盘即成。

2 上火时需用旺火，要烧至豆腐干起孔。

特点 鱼肉细嫩，臭豆腐干香味独特。

10 昂刺鱼豆腐汤

主料： 昂刺鱼 750 克。

配料： 豆腐 1 块。

调料： 熟猪油、葱结、姜块、绍酒、精盐。

制作方法

1 昂刺鱼用手撕开肚皮，去尽腮和肠杂，洗净，豆腐切成小方块。

2 炒锅上火，放入清水、葱结、姜块、昂刺鱼，在大

火烧开后，投入豆腐块、绍酒，加盖烧开，放熟猪油烧至汤色浓白，放入精盐，去葱结、姜块，盛入汤碗即成。

大师指点

1 要选用盐卤点制的豆腐。

2 煮汤时火要旺，及时加猪油，确保汤色浓白。

特点 肉滑腐嫩，汤鲜不腻。

11 红烧鳗鱼

主料： 鳗鱼 750 克。

配料： 大蒜头 80 克。

调料： 熟猪油、葱结、姜块、绍酒、酱油、麻油、白糖、胡椒粉。

制作方法

1 鳗鱼宰杀后，去腮，剖腹去内脏，清洗干净，放盆内加开水烫一下，刮洗去黏液洗净，切成 6~7 公分鱼段。

2 大蒜头剥去外衣，成大蒜瓣洗净。

3 炒锅上火，加熟猪油、葱结、姜块炒出香味后，加水、酱油、白糖、鳗鱼段、大蒜瓣，烧开后加绍酒，加盖，移小火烧焖至熟，再上大火收稠汤汁，放麻油，撒胡椒粉，装盘即成。

大师指点

鳗鱼段一定要用小火慢烧入味，不可性急。

特点 咸中微甜，滑嫩肥美。

12 清蒸鳗鱼

主料： 鳗鱼 750 克。

配料： 大蒜头 80 克。

调料： 熟猪油、葱结、姜块、绍酒、精盐、胡椒粉、鸡汤。

制作方法

1 鳗鱼宰杀去腮，剖腹去内脏，清洗干净放盆中，放开水烫一下，刮去黏液，洗净，剁成 6~7 公分的段。

2 大蒜头剥去外皮，成大蒜瓣洗净。

3 鳗鱼段放汤盘中，加葱结、姜块、大蒜瓣、绍酒、精盐、熟猪油和少许鸡汤。

4 笼锅上火，放入水烧开，再放入鳗鱼盘，盖上笼盖，将鳗鱼蒸熟，取出，去葱结、姜块，另换盘，撒些胡椒粉即成。

大师指点

1 鳗鱼段加入绍酒、精盐要拌匀拌透。

2 蒸时大火开水， 15~20 分钟，一气呵成。

特点 清淡鲜嫩。

13 蒜爆鳗鱼花

主料： 鳗鱼 1000 克。

配料： 青椒 30 克、红椒 30 克。

调料： 花生油、葱结、姜块、蒜片、绍酒、精盐、湿淀粉、麻油、胡椒粉、鸡汤。

制作方法

1. 鳗鱼宰杀，去腮，剖腹去内脏，洗净后放盆中，放开水烫一下，刮去黏液，洗净。

2. 鳗鱼去头尾、脊背、肚裆，在两片带皮的鳗鱼肉上剞荔枝花刀，刀深至皮，再切成 3 厘米见方的块，放盆内加葱结、姜块、绍酒拌匀、浸渍入味。

3. 青椒、红椒去柄、去籽，洗净切成菱角块。

4. 炒锅上火，放入花生油，待油九成热时，投入鳗鱼块。一爆即熟，倒入漏勺沥尽油。

5. 炒锅上火，放入少许花生油，青红椒块、蒜片，稍炒后加适量鸡汤、精盐，用湿淀粉勾芡，倒入鳗鱼块，炒拌均匀，撒胡椒粉，放入麻油，装盘即成。

大师指点

1. 剞荔枝刀花时，一定要刀深及皮，刀距均匀。

2. 过油时需大火辣油，快速加热，待荔枝花纹定型，即行捞出。

特点 形态美观，滑嫩爽口。

14 鲇鱼粉皮

主料： 鲇鱼 1 条（约 700 克）。

配料： 粉皮 150 克、香菜 10 克。

调料： 熟猪油、葱结、姜块、绍酒、酱油、白糖、胡椒粉、麻油。

制作方法

1. 鲇鱼宰杀、去腮，剖腹后去内脏，洗净后放盆中，放开水烫一下，刮去黏液，洗净。

2. 粉皮切成菱角片，放盆中，用开水略烫，捞起沥尽水。

3. 炒锅上火，放熟猪油、葱结、姜块炒出香味，加水、酱油、白糖、鲇鱼。烧开后加绍酒，盖盖，移小火烧焖至熟。再上大火，放入粉皮，收稠汤汁，撒胡椒粉、香菜末，浇上麻油，装盘即成。

大师指点

1. 鲇鱼去除黏液时需耐心，不可有残留。

2. 鲇鱼整条、剁块均可烧制。

特点 爽、滑、鲜、嫩。

15 豆腐鲇鱼汤

主料： 鲇鱼 1 条（约 500 克）。

配料： 老豆腐 1 块。

调料： 熟猪油、葱结、姜块、绍酒、精盐、胡椒粉。

制作方法

1. 鲇鱼宰杀后，去腮，剖腹去内脏，清洗干净，放盆中，放开水烫一下，刮去黏液，洗净。

2. 老豆腐切成小方块，开水略烫。

3. 炒锅上火，放熟猪油，放葱结、姜块炒出香味，加水、鲇鱼，烧开后放绍酒、豆腐块，在火上继续烧开。待汤色发白后加绍酒，至汤汁呈浓白色，去葱结、姜块，放精盐，撒胡椒粉，盛入汤碗即成。

大师指点

注意操作程序，一定要火大水开。若汤不够浓，中途加些熟猪油。

特点 汤浓味厚，鲜嫩爽口。

16 清蒸鲈鱼

主料： 鲈鱼 1 条（约 750 克）。

调料： 熟猪油、葱结、姜块、绍酒、精盐、虾籽、鸡汤。

制作方法

1 鲈鱼去鳞、鳃，剖腹去内脏，洗净后，在脊背肉上打上花刀，沥尽水，放入盆内，放精盐、虾籽、绍酒、葱结、姜块、熟猪油，加少许鸡汤。

2 笼锅上火，放水烧开，再放鲈鱼盆，将其蒸热。成熟后去葱结、姜块，将鲈鱼放入另一个盘内，即可上桌。

大师指点

1 鲈鱼应选用鲜活的。

2 蒸时要大火开水，将鱼一气呵成地蒸熟。

特点 鲜嫩爽口，清淡宜人。

17 红烧鲈鱼

主料： 鲈鱼 1 条（约 750 克）。

调料： 熟猪油、葱结、姜块、绍酒、酱油、白糖、干淀粉。

制作方法

1 鲈鱼去鳞、腮，剖腹去内脏，洗净沥尽水，在脊肉上打花刀。

2 用干淀粉、酱油制成浆，均匀地涂抹在鲈鱼全身。

3 炒锅上火烧辣，放熟猪油，将鲈鱼两面煎出面子（扬州方言，表皮金黄为"面子"），放水、葱结、姜块、酱油、白糖烧开后，加绍酒，加盖，移小火烧焖至熟，再上大火收稠汤汁，去葱结、姜块，装盘即成。

大师指点

1 要选用鲜活鲈鱼。

2 煎鱼时要用锅铲使鱼翻身，鱼烧焖后，收稠汤汁（简称自来稠），不用湿淀粉，鱼更加入味。

特点 外香里嫩，咸中微甜。

18 牡丹花鱼

主料： 鲈鱼 1 条（约 750 克）。

配料： 水发香菇 6 个、黄瓜 1 条、鸡蛋 1 个。

调料： 花生油、葱结、姜块、葱姜汁、精盐、白糖、番茄沙司、干淀粉、湿淀粉、白醋、麻油。

制作方法

1 鲈鱼去鳞、腮，剖腹去内脏，洗净。剁去头、尾，去肚裆，沿脊骨取下两片净肉，洗净。

2 将鲈鱼净肉斜劈切成 1 厘米厚片放盆内，加精盐、葱姜汁、绍酒拌匀，浸渍入味。

3 鸡蛋、干淀粉制成全蛋浆。

4 鲈鱼片沾满全蛋浆，滚满干淀粉，形成牡丹花瓣。

5 将两根牙签摆出十字形，分别穿入牡丹花瓣，做成两朵"牡丹花"。

6 炒锅上火，放花生油，待油七成热时，将放入漏勺上的牡丹花生坯入油，炸至定型，成熟后捞起。待油温升至八成时，入锅重油，待色呈金黄、外壳变脆时，捞出沥尽油，放盘中，抽去牙签。

7 冬菇用剪刀剪成长短不一的粗条当作花枝，黄瓜洗净，刻成花叶状。锅中放入花生油，上火焐熟，倒入漏勺沥尽油。

8 炒锅上火，放葱结、姜块炒出香味，加水略烧，去葱结、姜块，放入番茄沙司、白醋、白糖，烧开后，用湿淀粉勾芡，加麻油，浇在牡丹花上，摆上香菇条、黄瓜片即成。

大师指点

1 牙签上穿鱼片时，既要花瓣清晰，又要紧凑成形。

2 鱼片上浆、滚粉时要均匀。

3 掌握好番茄沙司制成的卤汁，确保浇在花瓣上时能够四处流淌。

特点 形态美观，酸甜可口。

19 清蒸鲥鱼

主料： 鲥鱼1条（约1000克）。

配料： 猪网油1张（重约250克）、熟火腿50克、熟净春笋100克、水发香菇40克。

调料： 葱结、姜块、姜米、绍酒、精盐、虾籽、醋。

制作方法

1 鲥鱼去鳃，剖腹去内脏，不去鳞片，洗净。

2 熟火腿、熟净春笋均切成片，香菇斜切成片。

3 猪网油放盆中，加葱结、姜块、绍酒浸渍半小时，捞出洗净。放在竹竿上，在阴凉通风处晾干。

4 炒锅放水，烧开后放入鲥鱼，烫后捞起放冷水中洗净。

5 鲥鱼放腰盘内，鱼身上间隔摆放火腿片、笋片、香菇片、虾籽、葱结、姜块、绍酒、精盐，盖上猪网油。即成清蒸鲥鱼生坯。

6 笼锅上火放入水烧开，放清蒸鲥鱼生坯，盖上笼盖，蒸熟后取出，去葱结、姜块移入另一盘内。

7 带姜米、醋碟上桌即成。

大师指点

1 鲥鱼乃长江特产，贵在鳞片。需新鲜时制作、食用。

2 鲥鱼入大火开水的笼锅中蒸制，时间15~20分钟，不可过长、过短，鱼鳞可食用，因鱼鳞的皮下有脂肪。

特点 鲜嫩滋润，风味独特。

20 红烧鲥鱼

主料： 鲥鱼1条（约750克）。

配料： 生猪板油50克、熟净春笋50克。

调料： 熟猪油、葱结、姜块、绍酒、酱油、白糖、干淀粉。

制作方法

1 鲥鱼去鳃，剖腹去内脏，洗净，加干淀粉、酱油调制成浆，均匀涂满鲥鱼鳞片；生猪板油切成丁，熟净春笋切成片。

2 炒锅上火烧辣，放熟猪油，将鲥鱼两面煎出面子，倒入漏勺沥尽油。

3 炒锅上火，加水、葱结、姜块、猪板油丁、笋片、鲥鱼、酱油、白糖烧开，加绍酒，盖盖，移小火烧熟，再上大火收稠汤汁，装盘即成。

大师指点

1 煎鱼时掌握时间、火候，不可煎焦。

2 鲥鱼烧熟后，要收稠汤汁，不用淀粉勾芡。

特点 味浓鲜香，佐餐佳品。

21 酒酿蒸鲥鱼

主料： 鲥鱼1条（约750克）。

配料： 酒酿200克。

调料： 净猪网油1张、葱结、姜块、精盐、绍酒。

制作方法

1 鲥鱼洗净，去鳃，剖腹去内脏，洗净沥尽水，用精盐、绍酒抹匀腌制一下。

2 腰盘内放一层酒酿，放上鲥鱼，盖一层酒酿，再用猪网油盖上，放葱结、姜块。成酒酿鲥鱼生坯。

3 笼锅上火，放水烧开，再放入酒酿鲥鱼生坯鱼盘，蒸熟后去葱结、姜块，换盘上桌即成。

1 掌握好酒酿用量，过多过少都会影响风味。

2 始终用大火加热。

特点 鲜嫩味美，酒香浓郁。

---

22 烤鲥鱼

主料： 鲥鱼 1 条（约 1000 克）。

调料： 熟猪油、葱花、姜米、蒜泥、酱油、绍酒、花椒盐、麻油。

制作方法

1 鲥鱼洗净，去腮，剖腹去内脏，洗净沥尽水，放盆内，在鱼面上抹上酱油，再放葱花、姜米、蒜泥、绍酒腌制约半小时。

2 烤盘内放少许熟猪油，放上鲥鱼，放入烤箱，烤至鱼面金黄，鱼肉成熟时取出，装盘后，浇麻油即成。

3 带一小碟花椒盐上桌。

大师指点

掌握好烤箱的温度和烤箱的烧制时间。

特点 色泽金黄，香鲜软嫩，别具风味。

---

23 春笋烧鲴鱼

主料： 鲴鱼 1 条（约 850 克）。

配料： 净春笋 100 克、大蒜瓣 50 克。

调料： 熟猪油、葱结、姜块、精盐、绍酒、湿淀粉、虾籽、鸡汤。

制作方法

1 鲴鱼去腮，剖腹去内脏，洗净剁成块，大火开水锅内略烫，捞出洗尽黏液。

2 净春笋切成滚刀块，放入冷水锅内，上火煮熟后，再投入冷水中浸凉，沥尽水分备用。

3 炒锅上火，放鸡汤烧开，放入鲴鱼块、春笋、大蒜瓣、葱结、姜块、虾籽，用大火烧开，加绍酒，移中火上烧熟，加熟猪油，再上大火收稠汤汁烧至汤呈浓白，加精盐，去葱结、姜块，装盘即成。

大师指点

此菜为扬州春季时令菜。烧制时不可用手勺搅动，只能晃动锅身，防止粘锅。

特点 笋脆蒜香，肉嫩味鲜。

---

24 清蒸鲴鱼

主料： 鲴鱼 1 条（约 850 克）。

调料： 猪板油丁、葱结、姜块、姜米、绍酒、精盐、虾籽、醋。

制作方法

1 鲴鱼去腮，剖腹除内脏洗净，切下头、尾，鱼身剁成块，入大火开水锅内略烫，捞出放冷水中，洗净黏液。

2 在腰盘两端放上鱼头、鱼尾，中间排上鲴鱼块，恢复成鱼形撒上精盐、虾籽、葱结、姜块、绍酒，放入大火开水的笼锅内蒸熟。去葱结、姜块即成。

3 上桌时带姜米、醋各一小蝶。

大师指点

1 需掌握好蒸制火候和时间，控制在 15~20 分钟。

2 亦可加火腿片、香菇片，以增加不同风味。

特点 鱼嫩味鲜，清淡爽口。

25 生煎鲴鱼

主料： 鲴鱼 1 条（约 1000 克）。

配料： 鸡蛋 1 个。

调料： 熟猪油、花生油、葱结、姜块、绍酒、精盐、酱油、白糖、干淀粉、胡椒粉、花椒末、鸡汤、葱椒。

制作方法

1 鲴鱼去腮，剖腹去内脏，取下头、尾、肚裆，洗净后剁成 10 块 3 厘米厚椭圆形鱼块，放盆内加葱结、姜块、绍酒、酱油、白糖、胡椒粉拌匀，浸渍入味。

2 鸡蛋、干淀粉、葱椒制成葱椒蛋浆。

3 鲴鱼块均匀沾满蛋浆，再沾满干淀粉，即成生煎鲴鱼生坯。

4 鲴鱼头、尾、肚裆剁成块，放大火开水锅内略烫，捞出洗去黏液沥尽水。

5 炒锅上火，加鸡汤、虾籽、葱结、姜块、鲴鱼头、尾、肚裆块，烧开，放绍酒、熟猪油，加盖后用小火烧熟闷透，再上大火收稠汤汁，去葱结、姜块，撒胡椒粉盛入盘中，在中间堆起。

6 炒锅上火烧辣，放花生油、鲴鱼生坯将其煎熟至两面金黄，倒入漏勺沥尽油，放入盘子四周即成。

大师指点

鲴鱼块要浸渍入味，煎鱼时需用锅铲，便于及时翻身。

特点 外脆里嫩，香浓可口。

26 荷叶粉蒸鲴鱼

主料： 鲴鱼 1 条（约 1000 克）。

配料： 大米 500 克、荷叶 6 张。

调料： 熟猪油、葱结、姜块、绍酒、精盐、桂皮、八角、酒酿、麻油、鸡汤、白糖。

制作方法

1 鲴鱼去腮，剖腹去内脏洗净。剁下头、尾、肚裆，将脊肉剁成 3 厘米厚的椭圆形厚块，肚裆也切成大块，放入大火开水锅内稍烫，再用冷水洗净，沥尽水，放盆中，加葱结、姜块、绍酒、白糖、酱油，拌匀腌渍入味。

2 大米淘洗干净，放置 1 小时后与桂皮、八角同放锅中，用小火炒至老黄色，去桂皮、八角，研磨成粉，放盆中，加熟猪油、酱油、白糖、酒酿和鸡汤

制成馅。

3 荷叶洗净，入大火开水锅中稍烫，捞出切去梗，撕成 24 片扇状片。

4 在案板上铺开 12 张荷叶，铺上米粉，上放鲴鱼块，再铺上米粉，逐块包成长方形，即成粉蒸鲴鱼生坯。

5 笼锅上火，放水烧开，放入粉蒸鲴鱼生坯，将其蒸透、蒸熟取出，换另外 12 张荷叶，依然包成长方块，上笼稍蒸后装盘，在荷叶上刷麻油即成。

大师指点

1 注意桂皮、八角用量，确保大米饭有浓郁香味。

2 装盘时换新鲜荷叶，色呈翠绿，荷叶香浓。

特点 香浓味鲜，别有风味。

27 叉烧鲴鱼

主料： 鲴鱼 1 条（约 850 克）。

配料： 净猪网油 1 张、京冬菜 50 克、熟净冬笋 50

克、猪精肉 50 克、鸡蛋 3 个。

调料： 熟猪油、葱白段、姜片、酱油、白糖、绍酒、

干淀粉、葱椒。

制作方法

1 鲴鱼去除腮、鳍，从腮孔去除内脏，洗净沥尽水，在脊肉剞上花刀，用酱油、绍酒腌渍入味。

2 京冬菜拣洗干净，熟净冬笋、猪精肉切丝。

3 炒锅上火放熟猪油、京冬菜、笋丝、肉丝煸炒至熟，加酱油、白糖、绍酒炒匀，收干汤汁，从腮口处灌进鱼腹。

4 鸡蛋、葱椒、干淀粉制成葱椒蛋浆。

5 猪网油铺在案板上，均匀抹上葱椒蛋浆，放上装满馅的鲴鱼，然后用网包起。

6 取鱼形铁丝络一只放入鲴鱼，在鲴鱼的上下两面各

放5根葱白段，5片姜。合起铁丝络，上烤叉，即成叉烧鲴鱼生坯。

7 灶膛内用黄豆秸点燃、烘烤，灶膛热烫后扑去明火，伸入烤叉烤制鲴鱼，基本成熟后，拨燃明火，再行烤制出香味，取出，去烤叉、铁丝络，将鱼放入盘内即成。

大师指点

1 浸渍鲴鱼时要控制好时间，一般在10~15分钟。

2 制馅时确保口味清淡，咸中微甜。

3 烤制后用竹筷戳脊背肉检验成熟度，筷子插穿脊肉即为成熟。

特点 ► 香、脆、酥、嫩。

28 酿鲴鱼

主料： 鲴鱼1条（约750克）。

配料： 净白鱼肉150克、熟瘦火腿10克、水发香菇10克、香菜10克、蛋黄糕10克、净红椒10克、鸡蛋清2个。

调料： 熟猪油、葱姜汁、绍酒、精盐、湿淀粉、鸡汤。

制作方法

1 鲴鱼去腮、鳍，剖腹内脏洗净。剁去头、尾、肚裆，取下脊肉，切成5厘米的厚块。入大火开水锅内稍烫，捞出洗去黏液，沥尽水后放盆内，加葱姜汁、绍酒、精盐浸渍入味。

2 将净白鱼肉剞成蓉，加葱姜汁、水、绍酒、鸡蛋清、精盐制成馅。

3 火腿、香菇、蛋黄糕分别切成丝、条、圆片，红椒

烫透，切成鸡心片。香菜洗净晾干，摘下叶片待用。

4 鲴鱼块放案板上，依次抹上白鱼馅，用各种丝、条、片、叶、梗摆放出不同花卉，成为酿鲴鱼生坯。

5 笼锅上火，放水烧开，放入鲴鱼生坯蒸熟，取出装盘。

6 炒锅上火，放鸡汤、精盐，用湿淀粉勾芡，放入熟猪油，浇在鱼上即成。

大师指点

1 白鱼馅制作时口味要清淡。

2 摆放花卉时要注意形态有变化。蒸制时注意时间，蒸熟即可出笼。

特点 ► 造型美观，肉嫩味美。

29 拆烩鲢鱼头

主料： 鲢鱼头1只（约2500克）。

配料： 熟净笋50克、水发香菇50克、青菜心10棵。

调料： 熟猪油、葱结、姜块、绍酒、精盐、湿淀粉、虾籽、鸡汤。

制作方法

1 鲢鱼头去腮、鳞，洗净后，用刀剖成两半。

2 炒锅上火，放清水、鲢鱼头、葱结、姜块、绍酒，大火烧开后，加盖，移小火烧至能拆骨，捞出放入冷水中拆去头骨，将鱼肉完整摆放大碗中，加葱结、姜块、绍酒、虾籽、鸡汤。

3 笼锅上火，放水烧开，放入鲢鱼头蒸透至熟，取出，泌去汤汁。

4 熟净笋与香菇均切成片，青菜心入下火开水锅内焯水捞出，放冷水中泌透，沥尽水，再放猪油锅内，上火焐油至熟，倒入漏勺沥尽油。

5 炒锅上火，放熟猪油、葱结、姜块稍炒，放鸡汤，去葱结、姜块，放鱼头肉、笋片、香菇片、虾籽烧至汤汁黏稠，加精盐，用湿淀粉勾琉璃芡装盘，恢

复成鱼头状，四周围上青菜心即成。

大师指点

1 此菜为著名的"扬州三头之一"，需选用自然生长的长江鲢或河鲢。

2 讲究火候，要烧透入味。

3 保持鱼的头形。

特点 鲜嫩味美，别有风味。

30 红烧鲢鱼头

主料： 鲢鱼头半只（约1000克）。

调料： 熟猪油、葱结、姜块、酱油、白糖、绍酒、干淀粉。

制作方法

1 鲢鱼头去鳞、腮、鳍，清洗干净。

2 酱油、干淀粉制成浆，均匀涂抹在鱼头上。

3 炒锅上火烧辣，放熟猪油，放入涂上浆的鱼头煎出

面子，倒入漏勺沥尽油。

4 炒锅上火，放酱油、白糖、葱结、姜块、水、鱼头烧开，加绍酒，盖上盖子，移中火烧透入味，去葱结、姜块，加熟猪油，用大火收稠汤汁，装盘即成。

大师指点

鱼头要选用1.5千克以上的江鲢或河鲢。

特点 色泽酱红，肥嫩鲜香。

31 砂锅鲢鱼头

主料： 鲢鱼头1只（约1000克）。

配料： 猪五花肉100克、熟净笋50克、水发香菇20克、青菜心10棵。

调料： 熟猪油、葱结、姜块、绍酒、精盐、胡椒粉。

制作方法

1 鲢鱼头去鳞、腮、鳍，洗净后剖成两半洗净，加酱油、干淀粉制成浆，抹在鲢鱼头上备用。

2 熟净笋、香菇切成片，五花肉切成鸡冠片，青菜心用开水锅汆水后，用冷水泌透，沥尽水。

3 炒锅上火烧辣，放熟猪油、鲢鱼头，将其煎成金黄

色，倒入漏勺沥尽油。

4 炒锅上火，放熟猪油、肉片煸炒至出油，加水、葱结、姜块、鲢鱼头，烧开后放绍酒、笋片、冬菇片，继续大火烧至汤汁乳白后，盛入砂锅继续加热，待汤汁浓厚，加精盐，装盘即成。

大师指点

1 选用江鲢、河鲢。

2 控制火候，不可马虎。

特点 汤浓味鲜，肉质肥嫩。

32 瓜姜塘里鱼片

主料： 塘里鱼1500克。

配料： 酱瓜25克、酱生姜25克、红椒1只、鸡蛋清1只。

调料： 熟猪油、精盐、绍酒、干淀粉、湿淀粉、醋、麻油。

制作方法

1 塘里鱼去鳞、鳍，剖腹去内脏，洗净后去头、脊骨、肚裆，取下净鱼肉切片，洗净放入盆内。加精盐、鸡蛋清、干淀粉上浆。

2 酱瓜、酱生姜切片，红椒去籽、洗净切片。

3 炒锅上火，辣锅冷油，放入塘里鱼片划油至熟，倒入漏勺沥尽油。

4 炒锅上火放熟猪油，酱瓜片、酱生姜片、红椒片稍

加煸炒，加绍酒、精盐，用湿淀粉勾芡，倒入塘里鱼片，炒拌均匀，浇麻油，装入放有底醋的盘内即成。

大师指点

1 塘里鱼选择大一些的，以保证取下较厚的鱼肉。

2 上浆时要搅拌上劲。

特点 鱼片滑嫩，清淡爽口。

33 雪笋塘里鱼汤

主料： 塘里鱼 12 条。

配料： 雪菜 50 克、熟净笋 30 克。

调料： 熟猪油、葱结、姜块、精盐、绍酒、胡椒粉。

制作方法

1 塘里鱼去鳞、腮、鳍，剖腹去内脏，洗净。

2 雪菜切成末，熟净笋切成片。

3 炒锅上火，放水、葱结、姜块、雪菜末、笋片和塘里鱼，烧开后加绍酒、熟猪油，加盖继续用大火

烧，至汤呈乳白色变浓，去葱结、姜块，加精盐装入汤碗即成。

大师指点

1 鱼的血污一定要洗净。

2 熟猪油用量适中，少则汤色不浓白，多则汤色发黑。

特点 汤浓如乳，鲜嫩爽口。

34 酥爆鲫鱼

主料： 活小鲫鱼 500 克。

配料： 净红椒 50 克、酱瓜 50 克、酱生姜 50 克、葱白段 100 克。

调料： 花生油、酱油、白糖、绍酒、醋、麻油。

制作方法

1 鲫鱼去鳞、腮，剖腹去内脏，洗净沥尽水。

2 红椒、酱瓜、酱生姜均切成丝。

3 炒锅上火，加入花生油，待油八成热时，放入鲫鱼，炸至老黄色起脆后，捞出沥尽油。

4 砂锅底铺葱白段、红椒丝、酱瓜丝、酱生姜丝、鲫鱼，加清水、酱油、白糖、醋，用大火烧开，移小火上，将鲫鱼烧至酥烂，去葱白，移大火收稠卤汁，放麻油，装盘即成。

大师指点

1 鲫鱼需鲜活，尽量大小均匀。

2 炸制时必须大火辣油，但不可炸过头。

特点 骨尾俱酥，别具风味。

35 荷包鲫鱼

主料： 活鲫鱼 2 条（每条重约 800 克）。

配料： 猪五花肉（肥 4 瘦 6） 150 克、熟净笋 40

克、鸡蛋 1 个。

调料： 熟猪油、葱结、姜块、葱花、姜米、绍酒、精

盐、酱油、白糖、干淀粉。

制作方法

1 鲫鱼去鳞、腮、鳍，从脊背剖开去内脏、黑膜，洗净后用干布吸去腹内水分。

2 猪五花肉刮成蓉，熟净笋切末，同放盆内，加葱花、姜米、鸡蛋、绍酒、精盐，制成肉馅。

3 将肉馅灌入鲫鱼腹内，开口处抹平，在鱼的两面均匀抹上用酱油、干淀粉制成的浆。

4 炒锅上火烧辣，放熟猪油，待油六七成热时，放

荷包鲫鱼，煎成两面金黄色面子，再放葱结、姜块、水、酱油、白糖烧开，放绍酒，盖盖，移中小火烧透，加熟猪油，上大火收浓汤汁，装盘即成。

大师指点

1 肉馅微咸，装馅适中，不可过多。

2 烧鱼时要确保肉馅成熟。

特点 鱼香肉嫩，咸中微甜。

---

36 萝卜丝氽鲫鱼汤

主料： 活鲫鱼2条（约800克）。

配料： 净白萝卜200克、淡菜50克。

调料： 熟猪油、葱结、姜块、姜米、绍酒、精盐、醋。

制作方法

1 鲫鱼去腮、鳞、鳍，剖腹去内脏洗净。

2 白萝卜去皮切丝，入大火开水锅内焯水、捞出放冷水中泌透。淡菜用温开水泡发开、洗净。

3 炒锅上火，放入水、鲫鱼、葱结、姜块，烧开后撇

去浮沫，加绍酒、淡菜、萝卜丝、熟猪油，用大火烧至汤色浓白，加精盐，去葱结、姜块，盛入汤碗。

4 上桌时带姜米、醋一小碟。

大师指点

1 萝卜丝用量在鲫鱼三分之一以内，焯水时要去尽异味。

2 掌握熟猪油用量和火力，确保汤汁浓白。

特点 汤浓味厚，鱼肉鲜嫩。

---

37 龙戏珠汤

主料： 活鲫鱼2条（约800克）。

配料： 虾仁300克、熟猪肥膘肉50克。

调料： 熟猪油、葱结、姜块、姜葱汁、姜米、绍酒、精盐、醋、干淀粉。

制作方法

1 鲫鱼去鳞、腮、鳍，剖腹去肠杂，清洗干净。

2 虾仁洗净，用干布吸干水分，刮成蓉，熟猪肥膘肉刮成蓉，同放盆内加葱姜汁、鸡蛋、干淀粉、精盐制成虾馅，抓成虾圆。

3 炒锅上火，放水、鲫鱼、葱结、姜块烧开，加绍酒、熟猪油，盖盖。将汤烧成浓白，鱼成熟，再放虾圆烧开煮熟，加精盐，装入汤碗内即成。

4 带姜米、醋一小碟上桌。

大师指点

1 虾蓉要搅打上劲，以确保虾圆在汤中上浮。

2 煮时时间略长，待虾圆熟后，再放精盐。

特点 鱼肉鲜嫩，虾圆爽滑。

38 红烧鲫鱼

主料： 活鲫鱼2条（约800克）。

配料： 熟净笋50克、生猪板油50克。

调料： 熟猪油、葱结、姜块、绍酒、酱油、白糖、干淀粉。

制作方法

1 鲫鱼去鳞、鳃，剖腹去内脏洗净。

2 熟净笋切成片、生猪板油切成丁，酱油、干淀粉制成浆，涂在鲫鱼的两面。

3 炒锅上火烧辣，放熟猪油、鲫鱼，将鱼的两面煎成

面子，加酱油、白糖、水、葱结、姜块、笋片、板油丁烧开，放绍酒，盖盖，移小火烧熟，再上大火，去葱结、姜块收稠汤汁，装盘即成。

大师指点

1 选用大活鲫鱼。

2 煎面子注意火候。

特点 色泽酱红、鱼鲜肉嫩、咸甜适中。

39 荔枝鱼

主料： 活黑鱼1条（约1500克）。

配料： 猪板油丁50克、大蒜瓣20克、青蒜丝10克、香菜10克。

调料： 熟猪油、葱结、姜块、酱油、白糖、绍酒、干淀粉、醋、麻油。

制作方法

1 黑鱼去鳞、鳃，剖腹去内脏洗净，去头、尾、脊骨、肚裆骨，取下两片鱼肉，在肉面剞出荔枝花刀，刀深至皮，斜切成4厘米宽、3厘米长的长方块，拍上干淀粉。

2 炒锅上火，放熟猪油，待油七成熟时，逐个投入鱼

块，炸成淡黄色、呈荔枝鱼状时，捞出沥尽油。原锅上火放熟猪油少许，放葱结、姜块、蒜瓣、板油丁、鱼块，加清水、酱油、白糖、醋、绍酒烧开，移小火烧焖约30分钟，再上大火收稠汤汁，去葱结、姜块，放麻油，撒青蒜丝、洗净后的香菜，装盘即成。

大师指点

1 鱼肉剞花刀时，要深至鱼皮。

2 掌握好糖、醋的比例。

特点 形态美观，酸甜可口。

40 将军过桥

主料： 活黑鱼1条（约850克）。

配料： 熟净笋30克、熟火腿片10克、水发木耳10克、葱白段4根、青菜心6棵、鸡蛋清1个。

调料： 熟猪油、葱结、姜块、姜米、绍酒、精盐、干淀粉、湿淀粉、醋、麻油。

制作方法

1 黑鱼去鳞、鳃、鳍，从脊背剖开，去脊骨、内脏（留下鱼肠）洗净，剁下鱼头、鱼尾、脊骨、肚

裆，取下两片鱼肉去皮洗净，鱼肠处理干净。

2 将鱼头、鱼尾、脊骨、肚裆、鱼皮、肠子入大火开水锅内焯水捞出，放冷水中洗净。

3 鱼肉斜批成片，用精盐、鸡蛋清、干淀粉上浆。

4 熟净笋切片，葱白段切成雀舌葱，木耳洗净。青菜心入开水锅焯水后，用冷水泌透，沥尽水。

5 炒锅上火，放清水、葱结、姜块、鱼头、尾、骨、肠及鱼皮，肚裆烧开，放绍酒、熟猪油，加盖，烧

至汤色乳白，加盐，青菜心，烧开后去葱结、姜块，盛入汤碗。

6 炒锅上火，辣锅冷油，放入鱼片划油至熟，倒入漏勺沥尽油。

7 炒锅上火，放熟猪油，笋片、雀舌葱、木耳煸炒，加少许水、绍酒、精盐，用湿淀粉勾芡，倒入鱼片，炒拌均匀，放麻油，盛入放有底醋的盘中即成。

8 带姜米、醋一小碟上桌。

大师指点

1 此为维扬代表菜之一，一菜两吃。

2 黑鱼肠不可丢弃，扬州民谚："宁丢大银洋，不丢黑鱼肠。"

特点 汤浓味美，鲜嫩爽滑。

41 松鼠鱼

主料： 黑鱼1条（约1000克）。
配料： 净红椒1个、水发冬菇1个。
调料： 熟猪油、葱结、姜块、葱花、姜米、蒜泥、酱油、白糖、绍酒、精盐、干淀粉、湿淀粉、醋、麻油。

制作方法

1 黑鱼去鳞、鳃，剖腹去内脏、洗净。

2 黑鱼去头，沿脊骨剖下两片肉，各连一半鱼尾去肚裆，洗净。

3 在鱼肉上剞十字花刀，深及鱼皮。加葱姜汁、绍酒、精盐浸渍入味，取出拍上干淀粉，为松鼠鱼生坯。

4 红椒、冬菇用模具各刻出两个圆片，冬菇片略小，入开水锅烫熟，两两相叠，制成鱼眼。

5 炒锅上火，放熟猪油，待油七成热时，放入松鼠鱼生坯，炸熟捞出，待油八成热时，放入松鼠鱼重油，至色呈金黄，外皮起脆捞出沥尽油、装入盘内。

6 炒锅上火，放入熟猪油、葱花、姜米稍炒，加水、酱油、白糖烧开，再加醋、蒜泥，用湿淀粉勾芡，放麻油。制成糖醋汁，均匀浇在鱼身上，装上鱼眼即成。

大师指点

1 剞十字花刀时，要匀称一致，深度至皮。

2 油炸时分两次进行，一次定型、成熟，二次酥脆。

3 糖醋汁口味要把握好。

特点 造型美观，外脆里嫩，酸甜可口。

42 干炸银鱼

主料： 银鱼300克。
配料： 面粉200克。
调料： 花生油、葱结、姜块、绍酒、精盐、麻油、花椒盐。

制作方法

1 银鱼去头，肠杂洗净，放盆中，加葱结、姜块、绍酒、精盐拌匀浸渍入味，泌去卤汁、放入面粉，拌匀拌透，成为干炸银鱼生坯。

2 炒锅上火，放花生油，待油温七成热时，将一条条银鱼，放入油锅，炸熟捞出，待油温九成热时，倒入重油，至老黄色脆硬时，捞出沥尽油，装盘后，浇麻油即成。

3 带花椒盐一小碟上桌。

大师指点

1 银鱼要新鲜，尽可能大小均匀。

2 控制精盐用量，略有咸味即可。

特点 色泽老黄，香脆可口。

43　银鱼炖蛋

主料：银鱼 150 克。

配料：鸡蛋 4 个。

调料：熟猪油、精盐、绍酒、鸡汤。

制作方法

1　银鱼去头、内脏，洗净，沥尽水。

2　汤碗内放鸡蛋、鸡汤，拭打均匀，加绍酒、银鱼、精盐、熟猪油搅匀，成为银鱼炖蛋生坯。

3　笼锅上火，放水烧开，再放入银鱼炖蛋生坯，将其蒸熟后，取出放入盘内，上桌即成。

大师指点

1　蛋液与鸡汤比例为 1∶1，不可过多或过少。

2　蒸制时要保持中火。

特点　清淡鲜嫩，味美可口。

44　银鱼炒蛋

主料：银鱼 150 克。

配料：鸡蛋 6 个。

调料：熟猪油、葱花、精盐、绍酒、干淀粉。

制作方法

1　银鱼去头、内脏，洗净，沥尽水。

2　蛋液放汤碗中，加葱花、银鱼、绍酒、精盐、干淀粉，搅拌均匀。

3　炒锅上火烧辣，放熟猪油、银鱼蛋液，用手勺不停炒拌至熟，装盘即成。

大师指点

确保蛋液包裹银鱼，凝固即可。

特点　鲜香味美，银鱼软嫩。

45　银鱼涨蛋

主料：银鱼 150 克。

配料：鸡蛋 6 个。

调料：花生油、葱花、精盐、绍酒、干淀粉。

制作方法

1　银鱼去头、内脏，洗净，沥尽水。

2　蛋液放汤碗中，加葱花、绍酒、银鱼、干淀粉、精盐，搅拌均匀。

3　炒锅上火烧辣，放熟猪油，银鱼蛋液，用手勺不断搅动蛋液，开始结饼时，放少许熟猪油，加盖，晃动锅身，使蛋液均匀受热，锅内飘出香味后，起锅装盘即成。

大师指点

1　炒锅必须烧辣才能放油。掀起锅盖，将鸡蛋饼大翻身（即大翻锅）再盖上锅盖，将鸡蛋饼放在火上，不停转动，使鸡蛋饼受热均匀，以确保蛋液不粘锅。

2　蛋液即将凝固时，不可再搅拌，确保呈大圆饼状，两面均需煎成金黄色。

特点　色泽金黄，鲜香软嫩。

46　银鱼蛋汤

主料：银鱼 100 克。

配料：鸡蛋 3 个、豌豆苗 50 克、熟净笋 20 克、水发木耳 10 克。

调料：熟猪油、精盐、绍酒、鸡汤。

制作方法

1 银鱼去头、内脏，洗净沥尽水。

2 熟净笋切小片，鸡蛋去壳放碗内拭打均匀。

3 炒锅上火，放鸡汤、银鱼、笋片、木耳，烧开后放豌豆苗，倒入蛋液，用手勺搅匀，加精盐，盛入汤碗，放少许熟猪油即成。

大师指点

下蛋液前，先用手勺将汤搅动，再徐徐倒入蛋液。使蛋液飘起来，不会成团。

特点 汤清味醇，银鱼鲜嫩。

---

47 三鲜脱骨鱼

主料： 鲤鱼 1 条（约 750 克）。

配料： 猪前夹肉 100 克、虾仁 50 克、熟净冬笋 50 克、水发香菇 50 克、鸡蛋 1 个。

调料： 熟猪油、葱结、姜块、葱姜汁、绍酒、酱油、白糖、干淀粉。

制作方法

1 鲤鱼去鳞、腮、鳍，洗净，平放在案板上。在肛门处横切刀，切断脊骨。翻身在腮盖下切断脊骨，用细长尖刀从腮盖插入，剔下脊骨、胸骨，取出内脏，洗净沥尽水。

2 猪前夹肉刮成蓉，虾仁洗净，用干布吸干水分，切成丁，笋与香菇切成丁，同放盆内，加鸡蛋、葱姜汁、绍酒、酱油、白糖制成馅，从鲤鱼腮口灌入腹中。酱油、干淀粉调匀，涂抹鱼的两面。

3 炒锅上火烧辣，放熟猪油，煎制鲤鱼两面至金黄，加水、酱油、白糖、葱结、姜块烧开，放绍酒，移小火烧熟，再上大火，放入熟猪油，收浓收稠汤汁，去葱结、姜块，装盘即成。

大师指点

1 鲤鱼脱骨时，不可碰破鱼皮。

2 馅心装入鱼腹不可灌满，防止烧制时鱼收缩胀破鱼身。

3 煎鱼时要用熟猪油，不可用花生油，否则鱼皮会破。

4 烧制时在小火上时间要长，要将馅心烧熟。

特点 鱼肉鲜嫩，三鲜味美。

---

48 熘瓦块鱼

主料： 净鲤鱼肉 750 克。

配料： 熟净笋 10 克、净红椒 10 克、水发香菇 10 克、韭菜黄 10 克。

调料： 花生油、葱花、姜米、蒜泥、葱姜汁、精盐、酱油、白糖、绍酒、干淀粉、湿淀粉、醋、麻油。

制作方法

1 鲤鱼肉洗净，批成 10 块大片成瓦块形，用葱姜汁、绍酒、精盐拌匀、浸渍入味。

2 熟净笋、红椒、香菇切成细丝，韭菜切成 3 厘米的段。干淀粉加水，调成略厚的浆。

3 炒锅上火，放花生油，待油七成热时，将鱼块沾满淀粉浆，入锅炸透至熟捞出。待油九成热时，鱼块重油，炸至酥脆，捞出沥尽油，盛入盘内。

4 炒锅上火放花生油，葱花、姜米略炒，放水、笋丝、红椒丝、香菇丝、酱油、白糖烧开，用湿淀粉勾芡后，加醋、韭菜黄段，成糖醋卤汁，浇在鱼块上即成。

大师指点

1 鱼片切成瓦块形，故名"瓦块鱼"。

2 上浆最好选用绿豆淀粉，其黏度和酥脆度最佳。

3 掌握好糖醋使用比例，确保酸甜可口。

特点 鱼块香脆，酸甜味浓。

49 干炸刀鱼

主料：鲜刀鱼 300 克。

配料：大米粉 100 克、面粉 50 克、鸡蛋 1 个。

调料：花生油、葱结、姜块、酱油、绍酒、花椒盐、麻油。

制作方法

1 鲜刀鱼去鳞、腮、鳍，用筷子从腮孔伸入鱼腹，去内脏，清洗干净。鱼身剞上十字花刀，再剁成斜刀块，放入盆内，加葱结、姜块、绍酒、酱油拌匀，浸渍约 30 分钟。

2 鸡蛋、大米粉、面粉、水制成全蛋糊。

3 炒锅上火，放花生油，待油七成热时，将刀鱼块沾满全蛋糊放入炸熟捞出，去鱼骨，在去骨鱼外沾上全蛋糊，复炸定型，捞出后整理一下，待油九成热时，再将鱼块重油，炸至老黄色，捞起沥尽油，装盘即成。

4 带花椒盐一小碟上桌。

大师指点

剞十字花刀时要深及鱼骨，便于熟后去骨。

特点 香、酥、脆、嫩。

50 清蒸刀鱼

主料：刀鱼 4 条（约 600 克）。

配料：熟火腿 30 克、熟净笋 30 克、水发香菇 20 克、猪板油丁 50 克。

调料：葱结、姜块、姜米、绍酒、精盐、虾籽、醋、鸡汤。

制作方法

1 刀鱼去鳞、腮、鳍，由腮孔清除内脏、清洗干净。切下鱼尾，整齐排列在盘内。

2 熟火腿、熟净笋切成片，均匀排列在鱼身上。盘内放猪板油丁、葱结、姜块、绍酒、精盐、虾籽、鸡

汤，即成刀鱼生坯。

3 笼锅上火，放水烧开，放入刀鱼生坯，将其蒸熟。取出去葱结、姜块、移放另一盘内即成。

4 带姜米、醋一小碟，上桌即成。

大师指点

1 要选用每条 150 克以上的新鲜刀鱼。

2 放大火开水的笼锅中一气呵成。

特点 鱼肉细嫩，鲜香可口，为春季应时佳肴。

51 双皮刀鱼

主料：刀鱼 4 条（约 600 克）。

配料：白鱼肉 100 克、猪网油 1 张、熟火腿片 15 克、火腿末 10 克、熟笋片 15 克、水发香菇片 15 克、香菜叶 10 克、鸡蛋清 1 个。

调料：葱结、姜块、葱姜汁、绍酒、精盐、虾籽、鸡汤。

制作方法

1 刀鱼去鳞、鳍，从脊背处剖开去内脏洗净，从脊背

处切去脊骨，切下鱼尾，洗净。

2 白鱼肉剁成蓉，放盆内加葱姜汁、绍酒、鸡蛋清、精盐制成馅，从脊背处填入鱼腹，还原成刀鱼形状。在开口处嵌入火腿末、香菜叶，成为双皮刀鱼生坯。

3 腰盘内排好刀鱼，鱼身间隔排列熟火腿片、熟笋片、香菇片，放葱结、姜块、绍酒、精盐、虾籽、鸡汤少许。盖上猪网油，即成双皮刀鱼生坯。

4 笼锅上火，放水烧开，放入双皮刀鱼生坯将其蒸
  熟，取出去葱结、姜块。移放另一盘内，将汤汁泌
  入炒锅，上火烧开，用湿淀粉勾米汤芡，浇鱼身上
  即成。

大师指点

1 选用每条 150 克以上的新鲜刀鱼。

2 白鱼肉刮得越细越好。

特点 细嫩鲜香，口味清淡。

52 熘刀鱼

主料： 刀鱼 300 克。

配料： 大米粉 100 克、面粉 50 克、鸡蛋 1 个。

调料： 花生油、葱花、姜米、蒜泥、葱姜汁、绍酒、
  酱油、白糖、湿淀粉、醋、麻油。

制作方法

1 刀鱼去鳞、鳍、腮，从腮口处去除内脏，洗净，在
  鱼身两面剞十字花刀，剁去头、尾，将鱼切成斜刀
  块，用葱姜汁、绍酒、酱油拌匀浸渍入味。

2 鸡蛋、大米粉、面粉、水制成全蛋糊。

3 炒锅上火，放花生油，待油七成热时，将鱼块沾满
  全蛋糊，入锅炸熟捞出，去骨、刺，去鱼骨刺后，
  涂上全蛋糊复炸，捞出沥尽油。

4 炒锅上火，放花生油、葱花、姜米稍炒后，放水、
  酱油、白糖，用湿淀粉勾芡，加醋、蒜泥制成糖醋
  卤汁。

5 炒锅上火放油，待油八成热时，将刀鱼重油，炸至
  色老黄色时，捞出沥尽油，倒去锅内油，放入刀鱼
  块，糖醋卤汁，拌匀，浇麻油，装盘即成。

大师指点

1 刀鱼块要炸得外皮起脆。

2 掌握好醋、糖比例，酸甜适口。

特点 外脆里嫩，酸甜美味。

53 红烧刀鱼

主料： 刀鱼 4 条（约 600 克）。

配料： 熟净冬笋片 50 克、猪板油丁 50 克。

调料： 熟猪油、葱结、姜块、绍酒、酱油、白糖、干
  淀粉。

制作方法

1 刀鱼去鳞、鳍、腮，从腮口去内脏，清洗干净，切
  下鱼尾，排列整齐。

2 酱油、干淀粉制成浆，均匀涂抹在刀鱼身上。

3 炒锅上火烧辣，放熟猪油，将刀鱼两面煎制成金黄
  色，加水、葱结、姜块、酱油、白糖、猪板油丁、
  熟净冬笋片烧开后，加绍酒，盖盖，移小火烧熟，
  再上大火收稠汤汁，去葱结、姜块，装盘即成。

大师指点

煎鱼时要放熟猪油煎面子。

特点 咸中微甜，肉质细嫩。

54 刀鱼羹卤子面

主料： 刀鱼 1000 克。

配料： 刀切面条 1000 克、熟春笋片 250 克。

调料： 熟猪油、葱结、姜块、绍酒、酱油、白糖、湿
  淀粉、虾籽、鸡汤。

制作方法

1 刀鱼去鳞、鳍、腮，从腮口处去内脏，洗净。切下头、尾、肚裆。

2 炒锅上火，放熟猪油、葱结、姜块、炒出香味后、加鱼肉、酱油、白糖、水烧开，移小火烧熟，取出去尽骨、刺，成刀鱼净肉。

3 炒锅上火，加熟猪油、葱结、姜块稍炒，再将鱼头、尾、肚裆煸炒，放入鸡汤、虾籽，烧至汤色浓白盛起，用漏勺滤去渣滓，留用刀鱼汤。

4 炒锅上火，放鸡汤、虾籽、熟春笋片、刀鱼肉、刀鱼汤烧开，加酱油、白糖、熟猪油，用湿淀粉勾成琉璃芡，即为刀鱼羹。

5 炒锅上火，放水烧开，放入面条，成熟后捞起过冷水，再入开水锅烫热，捞起沥尽水，装入盘中，用熟猪油拌透。

6 鸡汤烧开加精盐，盛入汤碗中。

7 将刀鱼羹、面条、鸡汤同时上桌，由食客自行取用。

大师指点

1 刀鱼去骨刺时，准备一碗冷水，防止粘手。

2 面条要选用小刀面，面熟后，拌熟猪油防止面条粘连成饼。

特点 鱼羹鲜美、面条爽韧。

55 发菜刀鱼圆汤

主料：刀鱼 4 条（约 600 克）。

配料：发菜 10 克。

调料：熟猪油、葱姜汁、绍酒、精盐、熟鸡油、鸡汤。

制作方法

1 刀鱼去鳞、腮、鳍，剖腹去内脏，切去头、尾、肚裆、鱼皮，取下净肉，放入冷水中浸泡 1 小时后，捞出沥尽水，用刀刮成蓉，加葱姜汁、水、绍酒、精盐串和上劲后，成刀鱼馅，再放入熟猪油少许拌匀。

2 炒锅放水，用手将刀鱼馅抓成小鱼圆入水，上火将鱼圆慢慢养熟定型，捞入冷水中，冷却后，捞出沥尽水。

3 发菜用冷水泡发后去杂质，洗净。

4 炒锅上火，放鸡汤、发菜，刀鱼圆，烧开后，加精盐，盛入汤碗，滴几滴熟鸡油即成。

大师指点

掌握好制作鱼馅时水的用量，搅打上劲。

特点 鱼圆嫩滑、发菜软韧、汤清味醇。

56 三色鱼线

主料：净白鱼肉 600 克。

配料：熟火腿丝 30 克，净菠菜 300 克（挤成汁），水发干贝丝 30 克，鸡蛋清、鸡蛋黄各 2 个。

调料：葱姜汁、绍酒、精盐、鸡汤、熟鸡油。

制作方法

1 将白鱼肉刮蓉分成三等分，装入三个碗内，都加入葱姜汁、绍酒、水、精盐。一碗内加菠菜汁，一碗内加鸡蛋清，一碗内加鸡蛋黄，分别搅匀，制成三种颜色的鱼馅。

2 炒锅上火，放水烧开，用裱花袋分别将三种鱼馅挤

成线状入水养熟，捞起放冷开水中。

3 炒锅上火，放鸡汤、鱼线烧开，再放熟火腿丝、干贝丝、精盐烧开，盛入汤碗中，滴几滴熟鸡油即成。

大师指点

1 制鱼馅时控制水的用量，不可过稀。

2 制鱼线时挤压裱花袋时要用力均匀，使鱼线粗细均匀。

3 鱼线成形时，水要开，火要小。

特点 色泽鲜艳，爽滑鲜嫩。

57　熏白鱼

主料： 白鱼 1 条（约 1000 克）。

配料： 茶叶 50 克、锅巴 100 克、香菜 10 克。

调料： 葱段、姜片、花椒盐、绍酒、白糖、麻油。

制作方法

1　白鱼去鳞、腮，剖腹去内脏，洗净，将鱼剖成两片，一片连头、一片连尾，在鱼身上每隔 3 厘米划一刀，撒上花椒盐、绍酒，腌 1 小时。取出洗净，即成熏白鱼生坯。

2　大铁锅置火上，放入泡发后的茶叶、锅巴、白糖，搁上铁丝络，铺上葱段、姜片，放上熏白鱼生坯。加盖密封，用中、小火加热，同时锅要不断转动，待锅内冒出的白烟转成黄烟后，鱼即成熟。取出装盘，刷上麻油，用香菜加以点缀即成。

大师指点

1　锅盖缝隙可用白棉纸湿水封固。

2　熏制时经常转动铁锅，使之受热均匀。

特点　鱼肉鲜嫩，鱼香可口。

58　稀卤白鱼

主料： 白鱼 1 条（约 850 克）。

配料： 熟火腿丁 50 克、熟笋丁 50 克、水发香菇丁 30 克。

调料： 熟猪油、葱结、姜块、绍酒、酱油、白糖、湿淀粉、鸡汤。

制作方法

1　白鱼去鳞、腮、鳍，剖腹去内脏，洗净，将鱼分成两片，一片连头、一片连尾，打扇面斜刀。入大火开水锅内，烫一下捞起洗净，沥尽水，放入腰盘加葱结、姜块、绍酒、精盐、虾籽、鸡汤、熟猪油即成稀卤白鱼生坯。

2　笼锅上火，放水烧开，放入稀卤白鱼生坯，将其蒸熟取出，去葱结、姜块，泌下卤汁备用。

3　炒锅上火，放鱼卤、熟火腿丁、熟笋丁、香菇丁、酱油、白糖烧开，用湿淀粉勾米汤芡，倒入白鱼上即成。

大师指点

勾芡时掌握浓度，不可过厚。

特点　鱼肉细嫩，卤汁鲜美。

59　清蒸白鱼

主料： 白鱼 1 条（约 1000 克）。

配料： 熟火腿片 20 克、熟净笋片 20 克、水发香菇片 20 克。

调料： 熟猪油、葱结、姜块、姜米、绍酒、精盐、醋、虾籽、鸡汤。

制作方法

1　白鱼去鳞、腮、鳍，剖腹去内脏洗净，将鱼分成两片，一片连头，一片连尾，放腰盘内，鱼身撒匀精盐，间隔排熟火腿片、香菇片、熟净笋片。加葱结、姜块、绍酒、熟猪油、虾籽、鸡汤。

2　笼锅上火，放水烧开，再放白鱼入笼，蒸熟取出，去葱结、姜块，另换一腰盘，上桌即成。

3　带姜米、醋一小碟上桌。

大师指点

鱼须鲜活，蒸鱼时一气呵成。

特点　鱼肉鲜嫩，清淡爽口。

60 红烧白鱼

主料： 白鱼 1 条（约 1000 克）。

调料： 熟猪油、葱结、姜块、绍酒、酱油、白糖、干淀粉。

制作方法

1 白鱼去鳞、腮、鳍，剖腹去内脏，打扇面斜刀，洗净放盘内，抹上酱油、干淀粉制成的浆。

2 炒锅上火烧辣，放熟猪油，将白鱼两面煎成金黄色后，放水、葱结、姜块、酱油、白糖、烧开，加绍酒，盖盖，移小火烧焖至熟，再上大火，收稠汤汁，去葱结、姜块，装盘即成。

大师指点

1 白鱼要鲜活，煎鱼要用锅铲，便于翻身。

2 鱼烧成型后，不用淀粉勾芡，用自来稠的方法，使鱼烧得更加入味。

特点 色泽酱红、鱼肉鲜嫩、咸中微甜。

61 烧黄鱼

主料： 黄鱼 1 条（约 850 克）。

配料： 熟猪板油丁 50 克、大蒜 20 瓣。

调料： 熟猪油、葱结、姜块、绍酒、酱油、白糖。

制作方法

1 黄鱼去鳞、鳍、腮，用竹筷从腮孔伸入腹内不断搅动清除内脏并洗净。在脊背肉上剞花刀，鱼嘴、头用棉线扎紧，鱼身涂抹酱油、干淀粉制的浆。

2 炒锅上火烧辣，加熟猪油，将黄鱼煎制两面金黄后，加水、葱结、姜块、酱油、白糖烧开后放蒜瓣、熟猪板油丁、绍酒，加盖，移小火烧熟，去葱结、姜块，上大火收稠汤汁，装盘即可。

大师指点

1 黄鱼头偏大，故需扎紧，以防碎裂。

2 脊背上剞花刀，可使肉厚处易成熟。

特点 鱼肉鲜嫩，味浓可口。

62 西米黄鱼羹

主料： 黄鱼 1 条（约 600 克）。

配料： 西米 200 克、鸡蛋清 1 个、香菜叶 10 克。

调料： 熟猪油、葱结、姜块、绍酒、精盐、胡椒粉、干淀粉、湿淀粉。

制作方法

1 黄鱼去鳞、腮，剖腹去内脏，洗净，去头、尾、脊骨、肚裆及皮，取下两片净鱼肉，切玉米粒大小的丁放入盆内，加精盐、鸡蛋清、干淀粉上浆。

2 西米洗净，放冷水中浸泡半小时，上火煮至透明状成熟，捞入冷水浸泡后沥尽水。

3 炒锅上火放熟猪油，将鱼头、尾、肚裆煸炒后加水、葱结、姜块，烧开，放绍酒，大火烧至汤汁浓白，用汤筛滤去渣滓，汤留用。

4 炒锅上火，辣锅冷油，放入鱼丁，划油至成熟，倒入漏勺沥尽油。

5 炒锅上火，放鱼汤、西米、鱼丁，烧开后加精盐、胡椒粉，用湿淀粉勾米汤芡，盛入汤碗中，撒拣洗后的香菜叶即成。

大师指点

鱼丁大小要一致。

特点 细、嫩、香、鲜。

63 熘黄鱼

主料： 黄鱼1条（约750克）。
调料： 花生油、葱花、姜米、蒜泥、绍酒、酱油、白糖、湿淀粉、醋、麻油。

制作方法

1 黄鱼去鳞、鳍、腮，用筷子从腮孔伸入腹部内不断搅动清除内脏并洗净，用线扎紧鱼头，并在鱼身两侧打牡丹花刀。
2 干淀粉加水制成淀粉浆（稍厚些）。
3 炒锅上火放花生油，待油七成热时，将黄鱼沾满淀粉浆入锅，炸至金黄色捞起，沥尽油拆去嘴上细线，盛入腰盘中。
4 炒锅上火放花生油、葱花、姜米、稍炒，加酱油、绍酒、白糖、水、烧开，用湿淀粉勾芡后，加醋制成糖醋汁。
5 油锅上火，待油八成热时，放入黄鱼重油，炸至老黄色、酥脆时，捞起沥尽油，盛入腰盘，将糖醋卤汁烧开，放麻油，浇黄鱼身上即成。

大师指点

淀粉浆的浓度适中，保证沾裹鱼身。

特点 酥香鲜脆，酸甜爽口。

64 叉烧黄鱼

主料： 黄鱼1条（850克左右）。
配料： 加工后的猪网油1张、京东菜50克、熟净笋丝50克、猪精肉丝50克、鸡蛋2个、罗十花2朵、香菜10克。
调料： 熟猪油、葱段、姜片、绍酒、酱油、白糖、葱椒、干淀粉。

制作方法

1 黄鱼去鳞、鳃、鳍，用竹筷从鳃孔去内脏，洗净。在鱼脊肉上剞花刀，不可划破肚皮，放入酱油中，浸泡20分钟，取出。
2 炒锅上火，放熟猪油、笋丝、肉丝，拣洗净后的京东菜，煸炒至熟，加酱油、白糖、绍酒，收稠收干汤汁，制成馅，从黄鱼鳃孔灌进鱼腹。
3 鸡蛋、葱椒、干淀粉制成葱椒蛋浆。
4 猪网油铺在案板上，抹上葱椒蛋浆，放上黄鱼将其包裹起来，即成黄鱼生坯。
5 取鱼形铁丝络1个，间隔放入5片生姜，5根葱白段放上黄鱼生坯。鱼身上间隔放上5片生姜、5根葱白段，夹紧铁丝络，上烤叉，即成叉烧黄鱼生坯。
6 烤炉内烧黄鱼秸子，明火熄灭后，放入叉烧黄鱼生坯，将其烤熟，再挑起熄灭的明火，烤到香味飘出时取出，去烤叉、铁丝络，装入盘内。用罗十花、香菜点缀即成。

大师指点

1 用猪网油包黄鱼时，要细心，包紧贴切。
2 抹浆要均匀。

特点 酥、脆、鲜、嫩，香味诱人。

65 蛤蜊鱼

主料： 青鱼肉（带皮）350克。
配料： 虾仁150克、熟火腿末10克、香菜叶10克、鸡蛋清2个。
调料： 花生油、葱花、姜米、葱姜汁、精盐、绍酒、白糖、番茄酱、干淀粉、湿淀粉、白醋、麻油、鸡汤。

制作方法

1 在鱼肉上竖切约 1 分厚的鱼片,一片至皮一刀切断,放入盆内加葱姜汁、精盐、绍酒拌匀入味。

2 虾仁洗净,用干布挤尽水,用刀刮成蓉,放盆内,加葱姜汁、绍酒、鸡蛋清、精盐制成虾馅。

3 鸡蛋清、干淀粉制成蛋清浆。

4 鱼片摊开,在鱼肉上放虾馅,对叠成半圆形,在叠口处虾馅上放熟火腿末、香菜叶,成蛤蜊鱼生坯,沾满蛋清浆,放入有油的盆内,即成蛤蜊鱼生坯。

5 炒锅上火,辣锅冷油,放入蛤蜊鱼生坯,划油至熟,倒入漏勺沥尽油,整齐摆入盘内。

6 炒锅上火,放花生油、葱花、姜米稍炒,加番茄酱、鸡汤、白醋、白糖烧开,用湿淀粉勾芡,放麻油,浇在蛤蜊鱼上即成。

大师指点

蛋清浆要略厚。

特点 鲜香软嫩,酸甜可口。

66 熘鱼片

主料: 青鱼肉 200 克。

配料: 大米粉 150 克、面粉 50 克、鸡蛋 1 个。

调料: 花生油、葱结、姜块、葱花、姜米、蒜泥、绍酒、精盐、酱油、白糖、湿淀粉、醋、麻油。

制作方法

1 将青鱼肉切成 1 寸长、5 分宽、2 分厚的片,放葱结、姜块、绍酒、酱油、精盐拌匀浸渍入味。

2 用鸡蛋、大米粉、面粉、水制成全蛋糊。

3 炒锅上火放花生油,待油七成热时,将沾满全蛋糊的鱼片入锅炸至成熟,捞起沥尽油。

4 炒锅上火放花生油、葱花、姜米略炒,加水、绍酒、酱油、醋、白糖烧开,放蒜泥,用湿淀粉勾芡,成糖醋卤汁。

5 油锅上火,待九成热时,放入鱼片重油,炸至老黄色时,捞起沥尽油,锅内倒去油,放入鱼片,倒入糖醋卤汁,炒拌均匀,浇麻油,装盘即成。

大师指点

1 全蛋糊保持稀、厚适度,确保不脱糊。

2 两次炸制油温不同,不能混淆。

特点 外脆里嫩,酸甜适口。

67 炸鱼排

主料: 青鱼肉 200 克。

配料: 面粉 50 克、面包屑 150 克、鸡蛋 2 个。

调料: 花生油、葱结、姜块、酱油、绍酒、干淀粉、辣酱油。

制作方法

1 青鱼肉洗净、沥尽水,批切成 2 分厚大片,用刀在鱼的两面拍一下并用刀拍松鱼肉,放入盆内,加葱结、姜块、绍酒、酱油拌匀,浸渍入味。

2 蛋液、干淀粉制成全蛋浆。

3 鱼片沾满面粉,再沾裹全蛋浆,两面沾上面包屑,成为鱼排生坯。

4 炒锅上火,放花生油,待油七成热时,放鱼排生坯炸熟捞起,待油八成热时,入锅重油,炸至老黄色,捞起沥尽油,切成一字条装盘即成。

5 带辣酱油一小碟上桌。

大师指点

1 浸渍鱼片时,控制酱油用量,略有咸味即可。

2 鱼排上的面包屑要压紧。

特点 香酥鲜嫩,美味可口。

68 锅贴鱼

主料：青鱼肉 150 克。

配料：猪肥膘肉 150 克、大米粉 100 克、面粉 50 克、青菜叶 4 片、鸡蛋 2 个。

调料：花生油、葱结、姜块、葱椒、绍酒、精盐、干淀粉、花椒盐、麻油。

制作方法

1 青鱼肉、青菜叶各切成 2 寸长、1 寸宽、2 分厚的片，用绍酒、葱结、姜块、精盐拌匀浸渍 20 分钟。猪肥膘肉切成鱼片一样大的片。

2 鸡蛋、葱椒、干淀粉制成葱椒蛋浆。

3 肥膘肉抹上葱椒蛋浆，放上鱼片，再抹上葱椒蛋浆，放上青菜叶即成锅贴鱼生坯。

4 鸡蛋、大米粉、面粉、水制成全蛋糊。

5 炒锅上火烧辣，放花生油，锅贴鱼生坯沾满全蛋糊，肉面朝下，青菜叶面朝上，煎至底部香脆，锅贴鱼成熟，倒入漏勺，将锅内热油浇炸熟青菜叶面，沥尽油，切成一字条，装盘后浇麻油即成。

6 带花椒盐一小碟上桌。

大师指点

1 煎制锅贴鱼时，火力要小，防止下糊上不熟。

2 出锅前用热油浇青菜叶，使其成熟。

特点 下脆上嫩，香酥鲜美。

69 四菊甩水

主料：青鱼 1 条（约 1500 克）。

配料：鸡蛋松 20 克、黄瓜 1 条、绿樱桃 4 颗。

调料：花生油、葱花、姜米、葱姜汁、绍酒、精盐、干淀粉、番茄酱、白糖、白醋、麻油、鸡汤。

制作方法

1 青鱼去鳞、腮，剖腹去内脏洗净，去头、脊骨、肚裆，剖成两片鱼肉（连尾）剞十字花刀后，再切成 4 个长条（连尾），用葱姜汁、绍酒、精盐拌匀，腌渍入味。

2 黄瓜洗净，刻制成秋叶片，成花叶。

3 青鱼肉拍上干淀粉，圈成圆形，尾在中间，放漏勺里，成为四菊甩水生坯。

4 炒锅上火，放花生油，待油七成热时，漏勺内的四

菊甩水生坯，入油锅炸制定型，待油八成热时，复炸至金黄色、外壳起脆，捞起沥尽油，盛入大圆盘内，鱼尾在中间。

5 炒锅上火，放花生油、葱花、姜米稍炒，加鸡汤、白糖、番茄酱烧开，加白醋，用湿淀粉勾琉璃芡，放麻油，浇在 4 朵花上，花的中间放鸡蛋松、绿樱桃，花的周围放花叶，即成。

大师指点

1 菊花制作、定型均须细心制作。

2 掌握好油温。

特点 造型美观，香脆酸甜。

70 炒鱼豆

主料：净青鱼肉 300 克。

配料：熟净笋丁 20 克、熟火腿丁 20 克、水发香菇丁

20 克、葱白丁 20 克、鸡蛋清 1 个。

调料：熟猪油、绍酒、精盐、干淀粉、湿淀粉、醋、

麻油、鸡汤。

制作方法

1 鱼肉切成小丁，用精盐、鸡蛋清、干淀粉上浆。

2 炒锅上火，辣锅冷油，放入鱼丁，划油至熟，倒入漏勺沥尽油。

3 炒锅上火，放入熟猪油、熟火腿丁、熟净笋、香

菇、葱白诸丁炒熟，加绍酒、鸡汤、精盐，用湿淀粉勾芡，倒入鱼丁，炒拌均匀，浇麻油，盛放有底醋的盘中即成。

大师指点

鱼丁的大小要均匀，上浆须摔打上劲。

特点 鲜嫩爽滑，美味可口。

---

71 三丝鱼卷

主料： 净青鱼肉 200 克。

配料： 熟净笋丝 50 克、熟鸡丝 50 克、熟火腿丝 50 克、红椒丝 10 克、酱生姜丝 10 克、酱瓜丝 10 克、水发香菇丝 10 克、葱白丝 10 克、鸡蛋 1 个。

调料： 花生油、葱姜汁、绍酒、酱油、白糖、干淀粉、湿淀粉、醋、麻油。

制作方法

1 将鱼肉切成长 1 寸 2、宽 1 寸、厚 2 分的片，用葱姜汁、绍酒浸渍约 10 分钟。

2 鸡蛋、干淀粉制成全蛋浆。

3 鱼片上放笋丝、火腿丝、鸡丝，分别卷成卷，裹满

全蛋浆后，放入有油的盘内，即成三丝鱼卷生坯。

4 炒锅上火，辣锅冷油，放入三丝鱼卷生坯，划油成熟，倒入漏勺沥尽油。

5 炒锅上火，放入红椒丝、酱生姜丝、酱瓜丝、香菇丝、葱白丝稍炒，加酱油、白糖，用湿淀粉勾芡，倒入三丝鱼卷，炒拌均匀，放醋、麻油，装盘即成。

大师指点

1 鱼片稍薄，全蛋浆稍厚。

2 鱼卷划油时尽量不用手勺，轻轻晃动油锅即可。

特点 色泽美观，软嫩鲜香。

---

72 芝麻鱼条

主料： 净青鱼肉 250 克。

配料： 熟芝麻 100 克、面粉 50 克、鸡蛋 2 个。

调料： 花生油、葱姜汁、绍酒、精盐、干淀粉。

制作方法

1 青鱼肉洗净沥尽水，切成长 1 寸、3 分见方的鱼条，加葱姜汁、绍酒、精盐拌匀浸渍入味。

2 鸡蛋、干淀粉制成全蛋浆。

3 鱼条拍上干淀粉，沾满全蛋浆，滚满芝麻（按一下不让芝麻脱落），成为芝麻鱼条生坯。

4 炒锅上火，放花生油，待油七成热时，投入芝麻鱼条生坯，炸至成熟，捞出沥尽油。

5 油锅上火，待油八成热时，投入鱼条复炸，至芝麻呈淡黄色后，捞起装盘即成。

大师指点

1 鱼条长短、宽厚要一致。

2 芝麻一定要粘牢，不能脱落。

特点 外香里嫩，美味爽口。

73 烧滑丝

主料：青鱼划水、肚裆 750 克。

调料：熟猪油、葱结、姜块、绍酒、酱油、白糖、干淀粉、醋。

制作方法

1 将划水、肚裆、剁成块，洗净沥尽水，沾满用酱油和干淀粉制成的浆。

2 炒锅上火烧辣，放入熟猪油、鱼块，将其煎出面子，捞起沥尽油。

3 炒锅上火，放熟猪油、葱结、姜块稍炒，加水、酱油、白糖、鱼块烧开，加绍酒，盖盖，移小火烧熟，再上大火，收稠汤汁，放醋，装盘即成。

大师指点

1 青鱼划水、肚裆均肥嫩，故名滑丝。

2 加热时间不宜过长。

特点 滑嫩爽口，味道鲜美。

74 烧青鱼头尾

主料：青鱼半片头、半片尾（总重约 800 克）。

调料：熟猪油、葱结、姜块、绍酒、酱油、白糖、干淀粉。

制作方法

1 将青鱼头、尾洗净、沥尽水。

2 用酱油、干淀粉制成浆，均匀涂抹在青鱼头、尾上。

3 炒锅上火烧辣，放入熟猪油，青鱼头、尾将其煎成面子，倒入漏勺沥尽油。

4 炒锅上火，放熟猪油、葱结、姜块稍炒，加水、酱油、白糖、青鱼头尾烧开，加绍酒，盖盖，用中小火烧熟，去葱结、姜块，再上大火收稠汤汁，装盘即成。

大师指点

掌握火候，头、尾要烧成酱红色。

特点 色泽酱红，爽滑肥嫩，味道鲜美。

75 烧青鱼块

主料：青鱼 1 条（重约 1000 克）。

调料：熟猪油、葱结、姜块、绍酒、酱油、白糖。

制作方法

1 青鱼去鳞、腮、鳍，剖腹去内脏，洗净，剁成鱼块。

2 炒锅上火，放熟猪油、葱结、姜块稍炒，加水、青鱼块、酱油、白糖烧开，加绍酒，盖盖，用中小火烧熟，去葱结、姜块，再上大火收稠汤汁，装盘即成。

大师指点

青鱼块大小一致。

特点 鱼块鲜嫩，咸中微甜。

76 菊花鱼

主料：带皮青鱼肉 800 克。

配料：香菜叶 10 克、黄瓜 1 条、绿樱桃 1 颗。

调料：花生油、葱姜汁、绍酒、精盐、白糖、番茄
　　　酱、干淀粉、湿淀粉、白醋、麻油。

制作方法

1 将青鱼肉斜批五刀（刀深至皮），鱼片分别切条，连在皮上。洗净，用葱姜汁、绍酒、精盐、拌匀，浸渍入味，均匀拍上干淀粉，成为菊花鱼生坯。

2 香菜洗净，黄瓜刻成秋叶片。

3 炒锅上火，放花生油，待油七成热时，放入菊花鱼生坯，炸至成形、成熟，捞起沥尽油。待油八成热时，入锅重油，炸至金黄色、外壳酥脆，捞起沥尽

油，在盘内叠放成一枝花形状。

4 炒锅上火，放水、白糖、番茄酱，烧开后，用湿淀粉勾芡，加白醋、麻油，浇在菊花鱼上，摆上绿樱桃做花心，焐油后的黄瓜片、香菜叶制成花叶即成。

大师指点

青鱼肉必须新鲜，切条时粗细均匀，拍干淀粉时需全部沾上。

特点 形态美观，脆嫩酸甜。

77 翠珠鱼花

主料：带皮青鱼肉 1000 克。

配料：净莴苣 500 克、鸡蛋松 20 克、红樱桃 1 颗。

调料：花生油、葱花、姜米、葱姜汁、绍酒、精盐、白糖、番茄酱、干淀粉、湿淀粉、白醋、麻油、石碱。

制作方法

1 在青鱼肉上剞十字花刀，切 1 寸宽长条 4 根，长度逐步递减，放入盆内加葱姜汁、绍酒、精盐拌匀，浸渍入味。

2 青鱼条拍上干淀粉，分别圈成 4 个圆形，接头处粘牢，成为鱼花生坯。

3 莴苣用模具刻成 10 个圆球，放入有石碱的大火开

水锅内焯水，捞起放入冷水中泌透，捞出，放冷油锅中上火，慢慢加热焐熟，倒入漏勺沥尽油。

4 炒锅上火，放花生油，待油七成热时，放入鱼花生坯炸熟捞起，待油八成热时，入锅重油，炸至外皮起脆、色泽老黄时，捞起沥尽油，由大到小，叠放在盘中成为宝塔形鱼花。

5 炒锅上火，放花生油、葱花、姜米稍炒，加水、番茄酱、白糖、白醋，用湿淀粉勾芡，放麻油，浇鱼花上。顶部放蛋松，围上莴苣球即成。

大师指点

剞花纹时要匀称一致。

特点 造型美观，酸甜脆嫩。

78 软炸鱼条

主料：净青鱼肉 250 克。

配料：熟火腿末 5 克、香菜 5 克、鸡蛋清 4 个。

调料：熟猪油、葱姜汁、绍酒、精盐、干淀粉、苏打粉、花椒盐。

制作方法

1 青鱼肉洗净沥尽水，切成 1 寸长、3 分见方的鱼条，放入盆内加葱姜汁、绍酒、精盐拌匀，浸渍 20 分钟。

2 鸡蛋清用竹筷拭打成发蛋，加干淀粉、小苏打搅拌成发蛋糊。

3 炒锅上火放熟猪油，待油四成热时，将鱼条沾满发蛋糊，投入炸熟，捞起沥尽油。待油六成热时，投入重油，炸至呈淡黄色时，捞起沥尽油，装盘内，撒火腿末、香菜点缀即成。

4 带花椒盐一小碟上桌。

大师指点

1 发蛋糊因加了小苏打，需现做现用。

2 需用低温油养熟，使蛋泡充分膨胀。

特点 松软鲜嫩，美味爽口。

79 香糟鱼片

主料： 净青鱼肉 300 克。

配料： 熟荸荠片 50 克、熟火腿片 10 克、豌豆苗 10 克、鸡蛋清 1 个。

调料： 花生油、绍酒、精盐、白糖、香糟、干淀粉、湿淀粉、熟鸡油。

制作方法

1 青鱼肉洗净，批切成长 1 寸 2 分、宽 5 分、厚 2 分的片，用精盐、鸡蛋清、干淀粉上浆。

2 炒锅上火，辣锅冷油，放鱼片划油至熟，倒入漏勺沥尽油。

3 炒锅上火，放花生油、荸荠片稍炒，加香糟、绍酒、白糖、鱼片，用湿淀粉勾芡，浇熟鸡油，装盘即成。

大师指点

1 鱼片大小厚薄要一致。

2 香糟用量不可过多，以免发苦。

特点 糟香浓郁，嫩滑爽口。

80 瓜姜鱼丁

主料： 净青鱼肉 350 克。

配料： 酱瓜 50 克、酱生姜 50 克、鸡蛋清 1 个。

调料： 熟猪油、葱花、绍酒、精盐、湿淀粉、干淀粉、醋、麻油、鸡汤。

制作方法

1 青鱼肉洗净，沥尽水，切成 3 分见方的鱼丁，用精盐、鸡蛋清、干淀粉上浆。

2 酱瓜切成 2.5 分见方的丁，将生姜切成小片。

3 炒锅上火，辣锅冷油，放入鱼丁划油至熟，倒入漏勺沥尽油。

4 炒锅上火，放熟猪油、葱花略炒，加绍酒、精盐、酱瓜丁、酱生姜片、鸡汤少许，用湿淀粉勾芡，放入鱼丁，炒拌均匀，浇麻油，装入有底醋的盘内即成。

大师指点

鱼丁、酱瓜丁大小要一致。

特点 鱼丁滑嫩、风味独特。

81 糟熘鱼片

主料： 净青鱼肉 300 克。

配料： 熟净笋片 50 克、红椒片 10 克、水发木耳 10 克、鸡蛋清 1 个。

调料： 花生油、葱花、姜米、精盐、白糖、香糟油、干淀粉、湿淀粉、鸡汤。

制作方法

1 青鱼肉洗净，沥尽水，切成长 1.2 寸、宽 5 分、厚 2 分的长方片，放入盆内加精盐、鸡蛋清、干淀粉上浆。

2 炒锅上火，辣锅冷油，放鱼片划油至熟，倒入漏勺沥尽油。

3 炒锅上火，放花生油、葱花、姜米略炒，加熟净笋片、红椒片、木耳、鸡汤少许、绍酒、精盐、白糖，用湿淀粉勾芡，倒入鱼片，炒拌均匀，放香糟油，装盘即成。

大师指点

鱼片大小要整齐划一。

特点 鱼片滑嫩，糟香扑鼻。

82 软熘草鱼

主料： 净草鱼肉（有皮） 800 克。

调料： 花生油、葱花、姜米、蒜泥、酱油、白糖、绍酒、湿淀粉、醋、麻油。

制作方法

1 草鱼洗净，沥尽水，用刀批成十大片，放入盆内，加绍酒拌匀，放入开水中浸烫 5 分钟，泌去水，再放开水浸烫 5 分钟至熟，泌去水，整齐铺在盘中。

2 炒锅上火，放花生油、葱花、姜米略炒，放水、酱油、白糖烧开，用湿淀粉勾芡，加蒜泥、醋、麻油成糖醋卤汁，倒盘内鱼片上即成。

大师指点

1 鱼片大小要均匀一致。

2 烫鱼片时，水要多一些，要保持鱼片完整。

特点 软嫩爽滑，鲜香可口，酸甜适中。

83 扣蒸鱼糕

主料： 净草鱼肉 500 克。

配料： 熟猪肥膘肉 100 克、豌豆苗 200 克、鸡蛋清 4 个。

调料： 熟猪油、葱姜汁、精盐、绍酒、干淀粉、湿淀粉、虾籽、鸡汤。

制作方法

1 草鱼肉洗净，沥尽水，刮成蓉，猪肥膘肉刮成蓉，二者同放盆内，加葱姜汁、绍酒、鸡蛋清、干淀粉、精盐制成鱼馅。

2 取长方形饭盒一只，四面抹上熟猪油，放入冰箱冷冻 10 分钟取出，放入鱼蓉抹平，即成鱼糕生坯。

3 笼锅上火，放水烧开，再放鱼糕生坯，将其蒸熟，取出鱼糕，切成长 1.5 寸、宽 8 分、厚 2 分的长方片，整齐摆放碗中，加鸡汤、虾籽，上笼蒸透，取出，翻身入盘，泌下汤汁，去扣碗。

4 炒锅上火，放熟猪油、精盐、豌豆苗炒熟，盛放在鱼糕周围。

5 炒锅上火，放鸡汤烧开，加精盐，用湿淀粉勾芡，放熟猪油，倒入鱼糕盘中即成。

大师指点

1 制作鱼馅时不能加水，以免影响造型。

2 蒸制时不可蒸过起孔。

特点 滑润香鲜，清淡可口。

84 菠萝鱼

主料： 净带皮草鱼肉 2 片（约 800 克）。

配料： 黄色面包屑 300 克、鸡蛋黄 2 个、黄瓜 1 根。

调料： 花生油、葱结、姜块、绍酒、精盐、橙汁、吉士粉、湿淀粉。

制作方法

1 草鱼肉洗净沥尽水，在鱼肉上，剞十字花刀，刀深至皮，爆出鱼肉丁如小拇指大小，再切成长 2 寸、宽 1.5 寸的块，放入盆内，加葱结、姜块、绍酒、鸡蛋黄、精盐拌匀，浸渍入味。

2 面包屑与吉士粉拌匀，使鱼块沾满面包屑，粒粒分开成菠萝形。

3 炒锅上火，放花生油，待油七成热时，鱼块放漏勺中，入油炸定型、炸熟，捞起沥尽油，待油八成热，放入重油，至外皮变脆、色泽金黄时，捞起沥尽油。

4 黄瓜一剖两半，切成佛手形，插入菠萝鱼一端，整齐摆放在盘内。

5 炒锅上火，放橙汁烧开，用湿淀粉勾芡，浇在菠萝鱼上即成。

大师指点

1 剞刀时刀距大小要均匀。

2 鱼块沾面包屑时要均匀，接口处蘸水使之黏合成菠萝形。

特点 形似菠萝，外脆里嫩。

---

85 青鱼鳎

主料： 净青鱼肉 400 克。

配料： 净猪网油 1 张、净雪菜梗 50 克、雪菜 10 克、鸡蛋 2 个、香菜 20 克。

调料： 花生油、葱姜汁、葱椒、绍酒、干淀粉、胡椒粉、番茄酱。

制作方法

1 青鱼肉洗净，沥尽水，切成长 2 寸、宽 1 寸、厚 1 分的片，放入盆内，加葱姜汁、绍酒、胡椒粉、精盐拌匀，浸渍入味。

2 鸡蛋、葱椒、干淀粉制成葱椒蛋浆。

3 猪网油切成鱼片大小的片，雪菜梗切成末。

4 猪网油片抹上葱椒蛋浆，铺鱼片，撒雪菜，抹上葱椒蛋浆，铺网油片。两面沾满干淀粉，成为鱼鳎生坯。

5 炒锅上火烧辣，放花生油、鱼鳎生坯将其煎成两面金黄、鱼肉成熟，再放麻油略煎，盛起沥尽油，切成一字条摆放腰盘中，两头分别放番茄酱、香菜即成。

大师指点

1 青鱼块较厚，一定要浸渍入味。

2 煎鱼时，锅壁带油，若鱼块起孔，需用牙签戳破。

特点 外脆里嫩，鲜美爽口。

---

86 橄榄鱼

主料： 净青鱼肉 250 克。

配料： 熟猪肥膘肉 100 克、红椒片 10 克、豌豆苗 20 克。

调料： 花生油、葱花、姜米、葱姜汁、绍酒、精盐、酱油、白糖、干淀粉、湿淀粉、醋、麻油。

制作方法

1 青鱼肉洗净，沥尽水，与熟猪肥膘肉一起刮成蓉，放入盆内，加鸡蛋清、葱姜汁、绍酒、干淀粉、精盐制成鱼馅，用刀刮成橄榄形，摆放在有花生油的盘子里。

2 炒锅上火，辣锅冷油（花生油），放入橄榄鱼养炸至色白定型成熟，倒入漏勺沥尽油，装入盘中。

3 炒锅上火，放花生油、红椒片、豌豆苗稍炒，加水、酱油、白糖烧开，用湿淀粉勾芡后，加醋、麻油，倒橄榄鱼上即成。

大师指点

1 刮成的蓉越细越好，不可有粗粒。

2 制鱼馅时要控制水量，略干，便于成型。

特点 鲜嫩爽滑，酸甜适口。

87　炒鱼片

主料： 净青鱼肉 300 克。

配料： 净山药片 100 克、红椒片 10 克、水发木耳 10 克、葱白段 20 克、鸡蛋清 1 个。

调料： 花生油、精盐、酱油、白糖、绍酒、干淀粉、湿淀粉、醋、麻油。

制作方法

1 青鱼肉洗净沥尽水，切成长 1.2 寸、宽 8 分、厚 2 分的片，放入盆内，加精盐、鸡蛋清、干淀粉上浆。

2 葱白洗净，切成雀舌葱。

3 炒锅上火，辣锅冷油，放入鱼片划油至熟，倒入漏勺沥尽油。

4 炒锅上火，放花生油、山药片、红椒片、雀舌葱煸炒至熟，放鱼片、酱油、白糖、木耳、绍酒、加盖稍焖，用湿淀粉勾芡，放醋、麻油炒拌均匀，装盘即成。

大师指点

鱼片厚薄、大小要均匀。

特点 香嫩爽滑，咸中微甜。

88　炒鱼丝

主料： 净青鱼肉 300 克。

配料： 熟净笋丝 100 克、红椒丝 10 克、葱白丝 20 克、鸡蛋清 1 个。

调料： 熟猪油、精盐、绍酒、干淀粉、湿淀粉、醋、麻油。

制作方法

1 青鱼肉洗净、沥尽水，切成长 1.2 寸、1 分见方的鱼丝，放入盆内加精盐、鸡蛋清、干淀粉上浆。

2 炒锅上火，辣锅冷油，放入鱼丝划油至熟，捞起沥尽油。

3 炒锅上火，放熟猪油、熟净笋丝、红椒丝、葱白丝略炒，放绍酒、精盐，用湿淀粉勾芡，倒入鱼丝，炒拌均匀，放麻油，盛入放有底醋的盘内即成。

大师指点

1 鱼丝要长短、粗细一致。

2 鱼丝划油时，要用竹筷划散鱼丝，使之丝丝分开。

特点 色泽洁白，鲜嫩爽滑。

89　五柳居鱼

主料： 草鱼 1 条（约 1000 克）。

配料： 酱生姜丝 15 克、酱瓜丝 15 克、红椒丝 15 克、熟净笋丝 15 克、葱白丝 15 克。

调料： 熟猪油、葱结、姜块、精盐、酱油、白糖、湿淀粉、麻油。

制作方法

1 草鱼去鳞、腮、鳍，剖腹去内脏，洗净，用刀打成扇面式（一边连头，一边连尾），放入盆中，加葱结、姜块、精盐浸渍入味，再放入盘中，即成五柳居鱼生坯。

2 笼锅上火，放水烧开，放入五柳居鱼生坯，将其蒸熟，取出换盘。

3 炒锅上火，放熟猪油、酱生姜丝、红椒丝、酱瓜丝、熟净笋丝、葱白丝略炒，加酱油、白糖、鸡汤及蒸鱼卤烧开，用湿淀粉勾琉璃芡，放麻油，浇鱼身上即成。

大师指点

五种配料的丝，要粗细长短均匀一致。

特点 色彩斑斓，鱼肉香嫩。

90 芥末鱼条

主料： 净鳜鱼肉 250 克。

配料： 红椒 1 只、香菜 10 克、鸡蛋清 1 个。

调料： 花生油、精盐、绍酒、芥末粉、干淀粉、白醋。

制作方法

1 鳜鱼肉洗净，沥净水，切成长 1.2 寸、1 分见方的条，放入盆内，加精盐、鸡蛋清、干淀粉上浆。

2 香菜洗净，红椒去籽洗净，入大火开水锅内烫熟切成丝，用花生油、精盐稍拌。

3 芥末粉用冷开水调成糊状，再加入白醋调匀，加盖焖 15 分钟，即成芥末糊。

4 炒锅上火，辣锅冷油，放入鱼条，划油至熟，倒入漏勺沥尽油，整齐排在盘中，浇上芥末糊，再放香菜、红椒丝点缀即成。

大师指点

1 鱼条要长短、粗细一致。

2 芥末糊也可用芥末油代替。

特点 香味独特，鱼肉鲜嫩。

91 醋溜鳜鱼

主料： 鳜鱼 1 条（约 850 克）。

配料： 韭菜黄段 20 克。

调料： 花生油、葱花、姜米、蒜泥、酱油、白糖、绍酒、干淀粉、湿淀粉、醋、麻油。

制作方法

1 鳜鱼去鳞、腮、鳍，剖腹去内脏，洗净，用刀在鱼身剞牡丹花刀，刀深及骨。

2 干淀粉、水制成淀粉浆。

3 炒锅上火，放花生油，待油七成热时，放入粘满淀粉浆的鳜鱼，下油锅炸熟，捞起沥尽油。

4 炒锅上火，放花生油、葱花、姜米、韭菜黄段略炒，加水、酱油、白糖烧开，用湿淀粉勾芡，加醋、蒜泥制成糖醋汁。

5 炒锅上火，待油八成热时，放入鳜鱼重油，炸至酥脆，捞起，待油温九成热时，再炸至老黄色时，捞起沥尽油，放腰盘中。

6 糖醋汁入锅烧开，放麻油，浇盘内鳜鱼上即成。

大师指点

1 最好选用绿豆淀粉。

2 鳜鱼第一次炸后，宜用净布裹上握一握，以排去内部气体。

3 两次油炸，外脆里嫩，适合老人食用。

特点 骨肉俱酥，酸甜可口。

92 白汁鳜鱼

主料： 鳜鱼 1 条（约 850 克）。

调料： 熟猪油、葱结、姜块、绍酒、精盐、虾籽、鸡汤。

制作方法

1 鳜鱼去鳞、腮，剖腹去内脏，洗净，放入大火开水锅内略烫，捞起放入冷水中刮洗干净，剞上花刀。

2 炒锅上火，放熟猪油、葱结、姜块略炒，加鸡汤、虾籽、鳜鱼烧开，加绍酒，盖盖，用小火烧焖至熟，再上大火收稠汤汁，将鳜鱼盛入腰盘，汤汁烧开，用湿淀粉勾琉璃芡，浇鱼身上即成。

大师指点

烫鱼时一烫即可，刮黑斑、黏液时不可刮破鱼皮。

特点 鱼肉鲜嫩，清淡爽口。

93 白汁八宝鳜鱼

主料： 鳜鱼 1 条（约 850 克）。

配料： 熟火腿丁 10 克、熟净笋丁 10 克、熟鸡肉丁 10
克、熟鸡肫丁 10 克、水发干贝 10 克、水发香
菇丁 10 克、虾仁 10 克、青豆 10 克。

调料： 熟猪油、葱结、姜块、精盐、绍酒、湿淀粉、
虾籽、鸡汤。

制作方法

1 鳜鱼去鳞、鳍、腮，用竹筷伸入腮孔去除内脏并清
洗干净，入大火开水锅内速烫，捞出放冷水中刮去
黑斑、黏液，洗净。

2 炒锅上火，放熟猪油、鸡汤、熟火腿丁、熟净笋
丁、熟鸡肉丁、熟鸡肫丁、香菇丁、虾仁、青豆、
撕碎的干贝、虾籽烧开，收稠、收干汤汁，用湿淀

粉勾芡，成为八宝馅。

3 将八宝馅从鳜鱼腮孔填入鱼腹，成为八宝鳜鱼
生坯。

4 炒锅上火，放熟猪油、葱结、姜块略炒，放鸡汤、
八宝鳜鱼生坯烧开，加绍酒、虾籽，盖盖，用小火
烧透、烧熟，再上大火收稠汤汁，用湿淀粉勾芡，
装盘即成。

大师指点

1 烫鳜鱼时一烫即可，刮黑斑、黏液时不可刮破
鱼皮。

2 八宝馅只能填到鱼腹八成，不可过满。

特点 鱼肉香嫩，八宝鲜美。

94 麒麟鳜鱼

主料： 鳜鱼 1 条（约 850 克）。

配料： 熟火腿 60 克、熟净笋 60 克、水发香菇 60
克、净青椒 60 克、蛋黄糕 60 克、鸡蛋松 10
克、大紫萝卜 1 只。

调料： 熟猪油、葱结、姜块、葱姜汁、绍酒、精盐、
湿淀粉、鸡汤。

制作方法

1 鳜鱼去鳞、鳍、腮，剖腹去内脏洗净，去头、尾、
肚裆、鱼皮、脊骨，取下净肉，用模具刻成鸡心
片，放入盆内，加葱姜汁、绍酒、精盐拌匀、浸渍
入味。

2 熟火腿、香菇、熟净笋、蛋黄糕刻成鸡心片。青椒
去籽洗净，入开水锅略烫，亦刻成鸡心片。另用熟
火腿片、香菇片（略小），各刻两个圆片，相叠制
成眼睛。

3 鳜鱼头、尾放大碗中，加葱结、姜块、绍酒、精

盐，上大火开水的笼锅中蒸熟取出。

4 用刀将大紫萝卜刻成一对麒麟角。

5 在大腰盘一头放上鱼头，依次摆火腿片、鱼肉片、
香菇片、笋片、青椒片、蛋黄糕片，组成麒麟身
体，后面放上鱼尾，成为麒麟鳜鱼生坯。

6 笼锅上火，放水烧开，放入麒麟鳜鱼生坯，将其蒸
熟取出。将鱼头嘴部放上鸡蛋松作为龙须，斜插上
麒麟角，摆上眼睛。

7 炒锅上火，放鸡汤、精盐烧开，用湿淀粉勾米汤
芡，浇鱼身上即成。

大师指点

摆放麒麟身子时，注意色彩搭配，原料块形大小
一致。

特点 造型美观，品类多样，鱼肉鲜嫩，风味
各异。

95 叉烧鳜鱼

主料： 鳜鱼 1 条（约 850 克）。

配料： 加工后的猪网油 1 张、京冬菜 50 克、熟净笋丝 50 克、猪精肉丝 50 克、萝卜花 2 朵、鸡蛋 2 个、香菜 10 克。

调料： 熟猪油、葱白段、姜片、绍酒、酱油、白糖、葱椒、干淀粉。

制作方法

1 鳜鱼去鳞、鳍、腮，从腮孔去内脏，清洗干净，在鱼脊肉上剞花刀，不可划破肚皮，放酱油中浸泡约 20 分钟。

2 炒锅上火，放熟猪油、京冬菜、熟净笋丝、猪精肉丝煸炒至熟，加酱油、白糖、绍酒，收稠收干汤汁，制成馅心，从腮孔处灌进鱼腹。

3 鸡蛋、葱椒、干淀粉制成葱椒蛋浆。

4 猪网油铺案板上，抹上葱椒蛋浆，放入鳜鱼包裹起来，即成叉烧鳜鱼生坯。

5 取鱼形铁丝络间隔放上 5 根葱白、 5 片生姜，放上鳜鱼生坯，鱼身再间隔放 5 片生姜、 5 根葱夹紧铁丝络，上烤叉。

6 锅膛内烧黄豆秸，明火熄灭后，放入鳜鱼烘烤至熟，再挑起明火，烤出香味飘出时即可取出，去烤叉铁丝络装入盘，用萝卜花、香菜点缀即可。

大师指点

1 此为"扬州三叉"之一，其他两叉是烤方和烤鸭，适合大型宴席使用。

2 用网油包鳜鱼时需细心，抹浆要均匀，包紧贴切。

3 黄豆秸用量偏多，余火用足。

特点 酥脆鲜嫩，香味诱人。

96 锅贴鳜鱼

主料： 鳜鱼 1 条（约 750 克）。

配料： 虾仁 20 克、熟净笋末 20 克、水发香菇末 20 克、水发干贝 20 克、熟瘦火腿 2 片（圆形）、水发香菇 2 片（圆形，略小）、黄瓜 1 根。

调料： 花生油、葱姜汁、绍酒、精盐、干淀粉。

制作方法

1 鳜鱼去鳞、鳍、腮，剖腹去内脏，洗净，切下头、尾，去脊骨、肚裆。将鱼肉切成块，放入盆内，加葱姜汁、绍酒、精盐拌匀，浸渍约 15 分钟。

2 虾仁洗净，用干布吸去水分，刮成蓉。水发干贝撕成丝。将笋末、香菇末、干贝丝、虾蓉同放盆内，加葱姜汁、绍酒、精盐、干淀粉，制成馅心。

3 将鱼块放在干淀粉里，用擀面杖敲成薄片，再用模具刻成大圆片，圆边抹上水，逐个包入馅心，合拢捏成锅贴饺子即成锅贴鳜鱼生坯。

4 黄瓜洗净去籽，刻成鱼鳍。火腿、冬菇用模具刻成一大（2 片）、一小（2 片）的圆片相叠在一起成两只眼睛。

5 鳜鱼头、尾放碗内，加葱结、姜块、绍酒、精盐，上大火开水的笼锅内蒸熟。

6 平底锅上火烧辣，放花生油，排入锅贴鱼生坯，煎至定型，加适量水，盖盖，煎蒸至熟，去盖，放入花生油，将锅贴鱼底部煎脆。

7 大腰盘一只，一端放上鱼头，加鱼眼，摆放入锅贴鳜鱼头、鱼尾，摆上鱼鳍即成。

大师指点

1 鱼块大小适中，确保能制成锅贴皮。

2 煎锅贴时注意程序，加水后要将锅贴鱼煎熟。

特点 形似锅贴，上嫩底脆，风味独特。

97 清蒸鳜鱼

主料： 鳜鱼1条（约850克）。

配料： 熟火腿片20克、熟净笋片20克、水发香菇片20克。

调料： 猪板油丁、葱结、姜块、姜米、绍酒、精盐、虾籽、醋、鸡汤。

制作方法

1 鳜鱼去鳞、鳍、腮，剖腹去内脏洗净，入大火开水锅内稍烫，取出放冷水中刮去黑斑、黏液，洗净放盘内，在鱼身间隔摆上熟火腿片、熟净笋片、香菇

片，盘内再放葱结、姜块、绍酒、猪板油丁、虾籽、精盐、少许鸡汤，即成清蒸鳜鱼生坯。

2 笼锅上火，放水烧开，放鳜鱼蒸熟取出，去葱结、姜块，换盘。

3 带姜米、醋一小碟上桌即成。

大师指点

烫鳜鱼时要一烫即起，刮黑斑、黏液时不可碰破鱼皮。

特点 鱼肉鲜嫩，清淡可口。

98 红烧鳜鱼

主料： 鳜鱼1条（约850克）。

配料： 生猪板油丁50克、熟净笋片50克。

调料： 熟猪油、葱结、姜块、绍酒、酱油、白糖、干淀粉。

制作方法

1 鳜鱼去鳞、鳍、腮，剖腹去内脏，洗净沥尽水，在鱼身抹上用酱油、干淀粉制成的浆。

2 炒锅上火烧辣，放熟猪油，将鳜鱼两面煎成金黄色

的面子，加水、葱结、姜块、酱油、白糖、熟净笋片、生猪板油丁烧开，放绍酒，加盖，移小火将鱼烧熟、烧透，再上大火收稠汤汁，去葱结、姜块，装盘即成。

大师指点

煎鱼时，要慢慢晃动锅身，煎得香而不焦。

特点 色泽酱红，鱼肉细嫩，咸中微甜。

99 夹沙鳜鱼

主料： 鳜鱼1条（约750克）。

配料： 甜豆沙50克、大米粉100克、面粉50克、熟火腿10克、水发香菇10克、黄瓜1根、鸡蛋清2个。

调料： 熟猪油、葱结、姜块、葱姜汁、绍酒。

制作方法

1 鳜鱼去鳞、鳍、腮。剖腹去内脏，洗净。

2 取下鳜鱼头、尾、脊骨、肚裆、鱼皮，将鱼肉批切成长1.2寸、宽4分、厚2分的片，放入盆内，加葱姜汁、绍酒、拌匀，浸渍20分钟。

3 鱼片铺平，上放甜豆沙再放上一层鱼片，即成夹沙鳜鱼生坯。

4 鸡蛋清、大米粉、面粉、水制成蛋清糊。

5 熟火腿、香菇（小）刻成圆片，相叠成眼睛，黄瓜洗净，刻成鱼鳍。

6 鳜鱼头、尾放碗中，加葱结、姜块、绍酒、精盐，上笼蒸熟后，将头、尾放在腰盘两头。

7 炒锅上火，放熟猪油，待油五成热时，将夹沙鳜鱼生坯沾满蛋清糊，入锅养炸至熟捞起。待油七成热时，入锅重油，炸至色微黄，捞起沥尽油，摆放盘中成为鱼身，在鱼头放上鱼眼，鱼身放上鱼鳍即成。

大师指点

1 豆沙熬制得略厚，涂抹要均匀。

2 鳜鱼片大小、厚薄要一致。

特点 外香脆，里甜美。

100　枣泥鳜鱼

主料： 鳜鱼1条（约750克）。

配料： 枣泥100克、大米粉100克、面粉50克、熟火腿10克、香菇1只、黄瓜1根、鸡蛋清2个。

调料： 熟猪油、葱姜汁、绍酒、干淀粉、鸡汤。

制作方法

1　鳜鱼去鳞、腮、鳍，剖腹去内脏洗净，取下头、尾、肚裆、鱼皮，将鱼肉批成长1寸、宽5分、厚2分的片，放盆内，加葱姜汁、绍酒、拌匀，浸渍入味。

2　鱼片铺平，放上枣泥，再盖鱼片，成为枣泥鳜鱼生坯。

3　鸡蛋清、大米粉、面粉、水制成蛋清糊。

4　鱼头、尾拍上干淀粉，入油锅炸酥脆，捞出沥尽油，放腰盘两端。

5　火腿、香菇刻成圆片，制成鱼眼。黄瓜洗净，刻成鱼鳍。

6　炒锅上火，放花生油，待油五成热时，放入沾满蛋清糊的枣泥鳜鱼生坯，养炸至熟捞起，待油七成热时，入锅重油，炸至色呈微黄时，捞起沥尽油，摆放盘中成为鱼身，装上鱼眼、鱼鳍即成。

大师指点

1　鳜鱼片大小、厚薄要一致。

2　枣泥熬得要稍干一些。

特点 ▶ 甜嫩味美，枣香浓郁。

101　芙蓉鳜鱼

主料： 鳜鱼1条（约750克）。

配料： 香菜10克、熟火腿条20克、鸡蛋清4个。

调料： 葱结、姜块、绍酒、精盐、鸡汤。

制作方法

1　鳜鱼去鳞、腮、鳍，剖腹去内脏，洗净，放大汤碗中，加葱结、姜块、绍酒、精盐浸渍入味。

2　鸡蛋清、鸡汤、精盐制成芙蓉蛋液。

3　笼锅上火，放水烧开，放入鳜鱼，蒸至七成熟，倒进芙蓉蛋液，加盖盘，用中小火蒸熟，在芙蓉蛋上，放香菜、火腿条摆放成菊花图案，入笼稍蒸即成。

大师指点

1　制芙蓉蛋液，鸡蛋清和鸡汤比例为1:1。

2　蒸制时注意火力控制，不能蒸过、蒸老。

特点 ▶ 芙蓉洁白，鲜嫩爽滑。

102　大汤鳜鱼

主料： 鳜鱼1条（约850克）。

配料： 熟净笋片50克、水发木耳20克、青菜心6棵。

调料： 熟猪油、葱结、姜块、姜米、绍酒、精盐、醋、鸡汤。

制作方法

1　鳜鱼去鳞、腮、鳍，剖腹去内脏，洗净沥尽水。

2　木耳、青菜心洗净，将青菜心入大火开水锅焯水，捞入冷水中冷却，捞起沥尽水。

3　炒锅上火。放水、鳜鱼，烧开后将水倒掉，加鸡汤、葱结、姜块、绍酒、熟猪油，大火烧至鳜鱼成熟，汤色乳白时，放木耳、熟净笋片、青菜心，加精盐烧开，去葱结、姜块，盛入大汤碗即成。

4　带姜米、醋一小碟上桌。

大师指点

氽汤时要大火，确保汤色浓白。

特点 ▶ 汤鲜味美，鱼肉细嫩。

103 鳜鱼烧卖

主料： 鳜鱼1条（约800克）。

配料： 熟火腿50克、熟鸡肉丁50克、熟净笋丁50克、水发香菇丁50克、虾仁100克、青菜叶2张、黄瓜1根、鸡蛋清1个。

调料： 熟猪油、葱结、姜块、葱姜汁、绍酒、精盐、干淀粉、湿淀粉、虾籽、鸡汤。

制作方法

1 鳜鱼去鳞、鳍、腮，剖腹去内脏洗净，去头、尾、肚裆、脊骨、鱼皮，将净肉切成大块，用精盐、绍酒、葱结、姜块、拌匀，浸渍入味。

2 熟火腿、香菇各切2个圆片，制成鱼眼。黄瓜洗净，刻成鱼鳍。

3 虾仁洗净，挤干水，取一半，刮成蓉。加葱姜汁、绍酒、干淀粉、精盐制成虾馅。另取一半虾仁加精盐、鸡蛋清、干淀粉上浆，青菜叶洗净刮成末。

4 炒锅上火，放花生油，煸炒熟火腿丁、熟净笋丁、香菇丁、熟鸡肉丁、虾仁，加少许鸡汤、虾籽、精盐，炒熟后用湿淀粉勾芡成五丁馅。

5 鱼块放干淀粉中，用擀面杖捶打成24张薄片，再用模具刻成圆片，包入五丁馅成烧卖状，上端放虾蓉粘口，上放火腿末、香菜末，即成鳜鱼烧卖生坯。

6 炒锅上火，放花生油，待油七成热时，将鳜鱼头、尾拍上干淀粉炸熟，捞起沥尽油，放腰盘两端。

7 平底锅上火烧辣，放花生油、鳜鱼烧卖生坯、清水少许，加盖，煎烧至底部金黄、起脆，烧卖成熟后，取出装盘作为鱼身，装上鱼眼、鱼鳍即成。

大师指点

1 烧卖片大小、厚薄要一致。

2 煎制时控制火力，既要煎出脆皮，又不能煎煳。

特点 造型独特，鲜脆香醇。

104 龙须鱼

主料： 鳜鱼2条（1条重约500克、1条重约1000克）。

配料： 熟瘦火腿丝50克、熟瘦火腿圆片2片，水发香菇圆片2片，鸡蛋皮丝50克、豌豆苗50克、鸡蛋清1个。

调料： 花生油、葱结、姜块、绍酒、精盐、湿淀粉、干淀粉、醋、麻油。

制作方法

1 鳜鱼去鳞、腮、鳍，剖腹去内脏洗净。取下一条小鳜鱼的头、尾、肚裆、鱼皮，将头、尾放入碗内，加葱结、姜块、绍酒，上大火开水的笼锅内蒸熟，头、尾放大腰盘两端，中间放一些醋。

2 另一条也去头、尾、肚裆、鱼皮，将两条鳜鱼净肉切成细丝，加精盐。鸡蛋清、干淀粉上浆，再加少许花生油拌匀。

3 豌豆苗洗净，将熟瘦火腿、香菇圆片，分别入大火开水锅内焯水，捞出晾凉，熟瘦火腿丝、鸡蛋皮丝，用花生油拌匀。豌豆苗挤尽水，加精盐、花生油拌匀。火腿片（大）、香菇片（小）相叠成眼睛。

4 炒锅放花生油，放入鱼丝，用筷子划散，上火加热至色变白，倒入漏勺沥尽油。

5 炒锅上火，放少许鸡汤、绍酒、精盐，用湿淀粉勾芡，倒入鱼丝，炒拌均匀，盛入腰盘摆成鱼身，放入火腿片、香菇片制成眼睛，再将火腿丝、蛋皮丝、豌豆苗放在鱼肉上摆出三道线，即成。

大师指点

鱼丝要长短、粗细均匀，浆要上劲，不能脱浆。

特点 色彩艳丽，鱼丝滑嫩。

105 萝卜鱼

主料: 净鳜鱼肉 200 克。

配料: 虾仁 100 克、熟笋丁 40 克、熟火腿丁 50 克、水发香菇丁 25 克、面包屑 200 克、香菜 10 克,鸡蛋清 3 只。

调料: 花生油、葱姜汁、葱椒、绍酒、精盐、干淀粉。

制作方法

1. 净鳜鱼肉批成长 1.2 寸、厚 2 分一头稍窄一头稍宽的鱼片 10 片,放入盆内,用葱姜汁、绍酒拌匀,浸渍入味。
2. 鸡蛋、葱椒、干淀粉制成葱椒蛋浆。
3. 虾仁洗净,挤干水分,刮成蓉,与熟笋丁、熟火腿丁、水发香菇丁放盆内,加葱姜汁、绍酒、鸡蛋清、干淀粉、精盐制成虾馅。
4. 鱼片铺平,抹上葱椒蛋浆,放入虾馅,卷制成萝卜鱼,沾满葱椒蛋浆,滚满面包屑,在鱼卷的大头插入牙签,即成萝卜鱼生坯。
5. 炒锅上火,放花生油,待油七成热时,放入萝卜鱼生坯,炸熟炸透,捞起沥尽油。待油温九成热时,投入重油,至色泽金黄后,捞起沥尽油,去牙签插入香菜成萝卜缨,整齐排在盘中即成。

大师指点

1. 切鱼片、填虾馅要大小、多少一致,成型的萝卜鱼需基本相同。
2. 葱椒蛋浆要略厚。
3. 炸制前用牙签插几下,便于炸透成熟。

特点 形似萝卜、造型独特,外脆里嫩、香鲜可口。

106 芝麻鳜鱼

主料: 鳜鱼 1 条(重约 750 克)。

配料: 熟芝麻 100 克、面粉 50 克、鸡蛋 1 个。

调料: 花生油、葱姜汁、绍酒、精盐、干淀粉。

制作方法

1. 鳜鱼去鳞、腮、鳍,剖腹去内脏洗净,切下头、尾、肚裆、脊骨、鱼皮,将鱼肉批切成长 1.2 寸、宽 6 分、厚 2 分的片,与头、尾一起放盆中,加葱姜汁、绍酒、精盐拌匀,浸渍入味。
2. 鸡蛋、干淀粉制成全蛋浆。
3. 鳜鱼片拍上面粉,沾满全蛋浆,粘上芝麻,用手压实,成芝麻鳜鱼生坯。头、尾拍上干淀粉。
4. 炒锅上火,放花生油,待油七成热时,放入芝麻鳜鱼生坯炸熟,捞起沥尽油。再将头、尾炸成老黄色,捞起沥尽油,放腰盘两端。待油八成热时,芝麻鳜鱼重油,炸至香酥,捞起沥尽油,装入盘内,作为鱼身即成。

大师指点

1. 鱼块大、小、厚、薄均一致。
2. 炸制时,火力略大,确保芝麻炸透。

特点 酥香软嫩,美味可口。

107 松鼠鳜鱼

主料: 鳜鱼 1 条(重约 850 克)。

配料: 熟净笋丁 20 克、水发香菇丁 29 克、虾仁 20 克、青豆 12 粒。

调料: 熟猪油、葱白段、蒜泥、绍酒、精盐、番茄酱、白糖、干淀粉、湿淀粉、白醋、麻油、肉汤。

制作方法

1. 鳜鱼去鳞、鳃,从胸鳍处斜切下头,在鱼头下巴处剖开，沿脊骨两侧批下鱼肉，尾不要切断。取下脊骨、肚裆，在鱼肉上每隔 3 分直剖一刀，隔 1 寸斜剖一刀，刀深及皮，成为菱形纹，用绍酒、葱姜汁、精盐浸渍入味。

2 鱼肉、鱼头均匀拍上干淀粉（包括花纹内），抖去浮粉。

3 炒锅上火，放熟猪油，待油八成热时，将两片鱼肉翻起成松鼠形，提起鱼尾入油炸制定型，炸熟，捞起沥尽油。再将鱼头炸熟，捞起沥尽油。待油八成热

时，鱼身、鱼头均入油锅重油，炸至金黄色时，捞起沥尽油，装腰盘内，鱼身用手掌按一按，装上鱼头。

4 炒锅上火，放熟猪油、葱白段，炒香后加蒜泥、虾仁、熟净笋丁、水发香菇丁、青豆，略炒后加肉汤、番茄酱、白糖烧开后，去葱白段，用湿淀粉勾芡，加白醋、麻油，浇鱼上即成。

大师指点

剖的菱形花纹要大小、深浅一致。

特点 外酥里嫩，酸甜可口。

108 瓜姜鳜鱼丝

主料： 净鳜鱼肉 250 克。

配料： 酱瓜丝 20 克、酱生姜丝 20 克、红椒丝 20 克、鸡蛋清 1 个。

调料： 熟猪油、精盐、湿淀粉、干淀粉、醋、麻油、鸡汤。

制作方法

1 净鳜鱼肉切成细丝，放冷水中漂洗 10 分钟后，挤尽水，加精盐、鸡蛋清、干淀粉上浆。

2 炒锅放入熟猪油、鳜鱼丝，用筷子划散，然后上火加热，鱼丝变白，倒入漏勺沥尽油。

3 炒锅上火，放熟猪油、红椒丝、酱生姜丝、酱瓜丝略炒，加少许鸡汤、精盐、湿淀粉勾芡，放入鳜鱼丝，炒拌均匀，放麻油，倒入放有底醋的盘内即成。

大师指点

1 鳜鱼丝长短、粗细一致。

2 鱼丝过油要冷锅冷油，放入后再逐步加热。

特点 爽滑鲜嫩，风味独特。

109 梅花鳜鱼

主料： 鳜鱼 1 条（重约 850 克）。

配料： 净白鱼肉 100 克、红椒圆片（大） 2 片、水发香菇圆片（小） 2 个、水发香菇 10 克、蛋黄糕 10 克、鸡蛋清 3 个。

调料： 熟猪油、葱结、姜块、葱姜汁、绍酒、精盐、湿淀粉、鸡汤。

制作方法

1 鳜鱼去鳞、腮、肚裆、脊骨、尾，在两片鱼肉上剖十字花刀，用绍酒、精盐、葱结、姜块拌匀，浸渍入味。

2 鳜鱼头、尾洗净，沥尽水，放碗内，加葱结、姜块、绍酒、精盐放入大火开水的笼锅内蒸熟，取出，去葱结、姜块。

3 红椒、冬菇各 2 片圆片，入开水烫熟，取出涂油，做成鱼眼。

4 白鱼肉洗净，刮成蓉，加鸡蛋清、葱姜汁、绍酒、精盐，制成白鱼馅。

5 冬菇切成粗细不等的条，作为树枝。蛋黄糕刻成几朵梅花。

6 鳜鱼肉平放在腰盘内，抹上白鱼馅，上面用冬菇条拼成树枝，放上梅花，即成梅花鳜鱼生坯。

7 笼锅上火，放水烧开，放入梅花鳜鱼生坯，蒸熟后放上鱼头、鱼尾，按上鱼眼。

8 炒锅上火，放入鸡汤、精盐，用湿淀粉勾米汤芡，浇鳜鱼上即成。

大师指点

1 白鱼肉要细剁，不可加水。

2 蒸制时控制好火候、时间。

特点 形态美观，细嫩鲜香。

110 纸包鳜鱼

主料： 净鳜鱼肉 300 克。

配料： 玻璃纸或糯米纸 12 张（三寸见方）。

调料： 花生油、葱姜汁、绍酒、精盐、湿淀粉。

制作方法

1 鳜鱼肉洗净，用干布吸去水分，切成长 1.5 寸、宽 6 分、厚 2 分的片，加葱姜汁、绍酒、精盐拌匀，浸渍入味，取出后用少许花生油略拌。

2 用玻璃纸包裹鱼片，接头处用湿淀粉黏合，成为纸包鳜鱼生坯。

3 炒锅上火，放花生油，待油五成热时，放入纸包鳜鱼生坯，养炸至熟，捞起沥尽油，摆放盘中即成。

大师指点

1 包鳜鱼片时一定封口严实，不可漏油进去。

2 炸制时油温、火力控制好，慢慢养炸熟。

特点 ▶ 鱼肉滑嫩，鲜香可口。

111 绣球鳜鱼

主料： 鳜鱼 1 条（重约 750 克）。

配料： 熟火腿丝 40 克、熟净笋丝 40 克、熟鸡脯肉丝 40 克、鸡蛋皮丝 40 克、水发发菜段 40 克、青菜叶丝 20 克、熟猪肥膘肉 50 克、水发香菇片（圆）2 片、红椒片（圆）2 片、鸡蛋清 2 个。

调料： 熟猪油、葱结、姜块、葱姜汁、绍酒、精盐、湿淀粉、鸡汤。

制作方法

1 鳜鱼去鳞、腮，剖腹去内脏，洗净。从胸鳍处切下鱼头，下巴处劈一刀（不可劈破）。从鱼鳍处切下鱼尾，洗净，放大碗内，加葱结、姜块、绍酒、精盐，放入大火开水的笼锅内蒸熟，取出，去葱结、姜块。

2 鳜鱼中段去脊骨、肚裆、鱼皮，取净肉。三分之一切成细丝，三分之二刮成鱼蓉，熟猪肥膘肉也刮成蓉，共放盆内，加葱姜汁、鸡蛋清、绍酒、精盐，制成鱼馅。

3 红椒圆片、水发香菇圆片放入大火开水锅内烫熟，捞出抹上油，相叠制成鱼眼。熟火腿丝等六种丝，搅拌均匀。

4 将鱼馅制成玻璃球大小的圆球，滚满六丝，成为绣球鳜鱼生坯。

5 笼锅上火，放水烧开，放入绣球鳜鱼生坯蒸熟，取出装盘，摆放成鳜鱼身，放上头、尾，安上眼睛。

6 炒锅上火，放鸡汤烧开，加精盐，用湿淀粉勾琉璃芡，浇鱼身上即成。

大师指点

1 制作鱼馅，不可加水。

2 六丝要长短、粗细均匀。

特点 ▶ 造型美观，软嫩香鲜。

112 灯笼五彩鱼米

主料： 净鳜鱼肉 400 克。

配料： 红椒丁 40 克、熟净笋丁 40 克、水发香菇丁 40 克、青豆 40 克、玉米粒 40 克、鸡蛋清 1 个、高温玻璃纸 1 张。

调料： 熟猪油、精盐、绍酒、湿淀粉、干淀粉、麻油、鸡汤。

制作方法

1 鳜鱼肉洗净，切成玉米粒大小的丁，加精盐、鸡蛋清、干淀粉上浆。

2 炒锅放熟猪油、鳜鱼丁用筷子划散，上火加热，待鱼丁变白，倒入漏勺沥尽油。

3 炒锅上火，放熟猪油、红椒丁、熟净笋丁、水发香菇丁、青豆、玉米粒炒熟，加少许鸡汤、精盐、绍酒，用湿淀粉勾芡后，倒入鱼丁，炒拌均匀，倒玻璃纸内，包成灯笼状，用棉线扎口。

113 鸡汁鱼皮馄饨

主料： 净鳜鱼肉 250 克。

配料： 虾仁 150 克、净蟹肉 50 克、熟净笋片 30 克、水发木耳 20 克、菠菜心 150 克。

调料： 鸡油、葱姜汁、绍酒、精盐、鸡蛋清、干淀粉、鸡汤。

制作方法

1 鳜鱼肉洗净，切成小块，用葱姜汁、绍酒、精盐拌匀，浸渍入味后，放入干淀粉中，用擀面杖敲成薄片，再修成两寸见方的片。

2 虾仁洗净，挤尽水，刮成蓉，加葱姜汁、绍酒、鸡蛋清、干淀粉、精盐制成虾馅，加入净蟹肉成虾

114 八宝香酥鳜鱼

主料： 鳜鱼 1 条（重约 800 克）。

配料： 豆腐皮 2 张、猪精肉丝 10 克、酱瓜丝 10 克、酱生姜丝 10 克、熟火腿丝 10 克、熟净笋丝 10 克、水发冬菇丝 10 克、熟鸡丝 10 克、虾仁 10 克、鸡蛋 2 个、面包屑 100 克。

调料： 花生油、葱结、姜块、生姜、精盐、湿淀粉、干淀粉、虾籽。

制作方法

1 鳜鱼去鳞、腮，从鳃口处去内脏，洗净，用绍酒、精盐浸渍入味。

2 鸡蛋、干淀粉制成全蛋浆。

3 猪精肉丝、酱瓜丝、酱生姜丝、熟火腿丝、熟净笋丝、冬菇丝、鸡丝、虾仁洗净挤尽水分放碗中，加蛋清、精盐、干淀粉上浆，成为八宝。

4 炒锅上火，放花生油，放入八宝炒熟，加绍酒、鸡

4 炒锅上火，放花生油，待油五成热时，放入五彩灯笼焐炸至灯笼膨胀，用漏勺捞起沥尽油，拆去棉线，改用红绸带扎口，放盘内浇麻油即成。

大师指点

炸鱼米灯笼时，油温不能高于五成，时间不可长。

特点 ▶ 造型独特，五丁鲜嫩。

蟹馅。

3 虾蟹馅放鳜鱼片中，包成馄饨。即为鱼皮馄饨生坯。

4 炒锅上火，放鸡汤，放入熟净笋片、洗净后的木耳烧开。再放菠菜心烧开，加精盐，倒入汤碗。

5 炒锅上火，放水烧开，放入鱼皮馄饨生坯，将其烧熟，用漏勺捞起，放汤碗中，滴几滴鸡油，即成。

大师指点

1 敲制鱼片时用力均匀，不可敲破。

2 包馄饨时，收口处捏紧，不可漏馅。

特点 ▶ 爽滑可口，鲜美香嫩。

汤、精盐烧开，收稠收干汤汁，用湿淀粉勾芡，成为八宝馅。

5 将八宝馅填入鳜鱼腹中，放腰盘内，加葱结、姜块、绍酒，放入大火开水的笼锅内，蒸至八成熟取出稍冷。

6 两张豆腐皮铺在案板上，将鳜鱼完整包裹后，沾满全蛋浆，滚上面包屑，成为八宝鳜鱼生坯。

7 炒锅上火，放花生油，待油七成热时，放入八宝鳜鱼生坯将其炸熟，捞起沥尽油。待油八成热时，入锅重油，炸至色呈老黄色，外皮香酥时，捞起沥尽油，装盘即成。

大师指点

豆腐皮要保持完整，上浆要匀，面包屑要粘牢。

特点 ▶ 香酥可口，鱼肉鲜嫩。

115 鱼圆汤

主料： 净铜头鱼肉 150 克（又称黄季杆子、川鱼）。

配料： 熟净笋片 40 克、水发木耳 40 克、荷蒿嫩头 50 克。

调料： 熟猪油、葱姜汁、绍酒、精盐、鸡汤。

制作方法

1 铜头鱼肉洗净，刮成蓉，加葱姜汁、水、绍酒、精盐制成鱼馅。

2 炒锅内放冷水。将鱼肉抓成玻璃球大小的鱼圆入锅，再上火，将鱼圆养成熟，捞入冷水泌透。

3 炒锅上火，放鸡汤、鱼圆、熟净笋片、水发木耳烧开。再放荷蒿嫩头、精盐，烧开倒汤碗，浇熟猪油即成。

大师指点

鱼圆制作要求很高，老嫩程度决定于鱼馅加的水，要冷水下锅再上火加热，养熟烧开后，捞出用冷水泌透。

特点 鱼圆鲜嫩，汤清味醇。

注：鱼圆选用的鱼，最好是"黄季杆子"，又称"川鱼""铜头"，其次是"青鱼""草鱼"。

116 烧鱼肚

主料： 油发鱼肚 150 克。

配料： 虾仁 40 克、熟鸡肉 50 克、熟净笋 50 克、熟鸡肫 1 只、青菜心 6 棵、鸡蛋清半个。

调料： 熟猪油、精盐、酱油、干淀粉、湿淀粉、虾籽、鸡汤、石碱。

制作方法

1 油发鱼肚用冷水浸泡回软，批切成大片，用热碱水洗去污垢，再用清水泡去碱味，入大火开水锅内焯水，捞出待用。

2 熟鸡肉撕成鹅毛片，熟净笋、熟鸡肫切成片。虾仁洗净，挤去水分，放盆内，加精盐、鸡蛋清、干淀粉上浆。青菜心洗净，放大火开水锅焯水，放冷水中泌透，取出挤尽水，入油锅上火焐熟，倒入漏勺沥尽油。

3 炒锅上火，放鸡汤、虾籽、熟猪油、鱼肚、熟鸡肉、熟净笋片、熟鸡肫片烧开，收稠汤汁，加少许酱油（呈牙黄色）、精盐，用湿淀粉勾琉璃芡，盛盘中。

4 炒锅上火，放熟猪油，虾仁炒熟，倒盘中鱼肚上，四周围以青菜心即成。

大师指点

鱼肚以鮰鱼肚为佳，黄鱼肚等次之。

特点 酥香软糯，鲜醇可口。

117 蟹黄鱼肚

主料： 油发鱼肚 150 克。

配料： 螃蟹肉 100 克、香菜 10 克。

调料： 熟猪油、葱花、姜米、绍酒、精盐、酱油、醋、湿淀粉、胡椒粉、鸡汤、石碱。

制作方法

1 油发鱼肚用冷水浸泡回软，批切成大片，用热碱水洗去污垢，再用清水泡洗去碱味，入大火开水锅焯水，捞出待用。

2 炒锅上火，放熟猪油、葱花、姜米略炒，加螃蟹肉炒熟，加鸡汤、酱油、绍酒、醋烧开，再加鱼肚烧开，收稠汤汁，放精盐，用湿淀粉勾琉璃芡，放胡椒粉，起锅装盘放上香菜即可。

大师指点

1 螃蟹肉须选用活蟹现剥。

2 鸡汤须用上好浓白鸡汤。

特点 汤浓味醇，软糯香鲜。

118 酿鱼肚（又称"百花鱼肚"）

主料：油发鱼肚 100 克。

配料：净白鱼肉 150 克、熟猪肥膘肉 50 克、鸡蛋清 4 个，熟火腿、蛋黄糕、水发香菇、胡萝卜、香菜各适量。

调料：熟猪油、葱姜汁、绍酒、精盐、湿淀粉、鸡汤、石碱。

制作方法

1 油发鱼肚用冷水浸泡回软，用模具刻成 12 个圆片，用热碱水洗去污垢，再用清水泡去碱味，入大火开水锅内焯水，捞起待用。

2 白鱼肉洗净，刮成蓉，熟猪肥膘肉刮成蓉，同放盆内，加葱姜汁、绍酒、鸡蛋清、精盐制成白鱼馅。

3 炒锅上火，放鸡汤、鱼肚烧开，加精盐，收浓、收干汤汁，使鱼肚入味，取出。

4 熟火腿、蛋黄糕、水发香菇、胡萝卜各切成圆片、菱形片、长条，用以拼制各种花卉。香菜拣洗干净。

5 鱼肚片上放白鱼馅抹平，用各种片拼出花卉，香菜做枝干，成为酿鱼肚生坯。

6 笼锅上火，放水烧开，放入酿鱼肚生坯，将其蒸熟取出，摆放入盘中。

7 炒锅上火，放鸡汤烧开，放精盐，用湿淀粉勾琉璃芡，放熟猪油，倒入酿鱼肚即成。

大师指点

1 白鱼肉要浸泡去血水，刮细。

2 蒸制时一熟即可，不能蒸过。

特点 造型美观，软嫩香鲜。

119 鸡粥鱼肚

主料：油发鱼肚 100 克。

配料：生鸡脯肉 150 克、熟火腿末 10 克、大米粉 150 克。

调料：熟猪油、葱姜汁、绍酒、精盐、鸡汤、石碱。

制作方法

1 油发鱼肚用冷水浸泡回软，批切成大片，用热碱水洗去污垢，再用清水泡去碱味，入大火开水锅内焯水，捞出待用。

2 生鸡脯肉洗净、刮成蓉放碗内，加葱姜汁、绍酒、大米粉、鸡汤、精盐制成生鸡粥。

3 炒锅上火，放鸡汤、鱼肚、熟猪油烧开，加精盐，收干卤汁，盛入汤盘。

4 炒锅上火，放熟猪油、鸡汤、生鸡粥，用手勺不断搅动，至鸡粥成糊状成熟，放入鱼肚搅匀，倒汤盘中，撒上火腿末即成。

大师指点

1 生鸡粥须用汤筛滤去颗粒。

2 熬制鸡粥，不可过干、过稀，须成粥状。

特点 细腻鲜嫩，美味爽口。

120 翡翠鱼肚

主料：油发鱼肚 150 克。

配料：净莴苣 2 根、熟火腿 30 克。

调料：熟猪油、葱结、姜块、绍酒、精盐、湿淀粉、虾籽、胡椒粉、鸡汤、石碱。

制作方法

1 油发鱼肚用冷水浸泡回软，批切成大片，用热碱水洗去污垢，再用清水泡去碱味，入大火开水锅内焯水，捞出待用。

2 莴苣洗净，刻成秋叶片，放入有少许碱的大火开水锅内焯水，捞出放冷水泡去碱味，晾干，入熟猪油锅内，上火焐油至翠绿色。成熟后，捞出沥尽油。熟火腿切成长方片。

3 炒锅上火，放熟猪油、葱结、姜块略炒，加鸡汤、虾籽、鱼肚烧开，加绍酒，收稠汤汁，去葱结、姜

块，放莴苣，用湿淀粉勾琉璃芡，撒胡椒粉。先将鱼肚盛入汤盘，再将莴苣摆成图案，放上火腿片即成。

大师指点

莴苣焯水加少许石碱，使其色泽翠绿，易于成熟。

特点 色如翡翠，软糯鲜香。

121 鸡火鱼肚

主料： 油发鱼肚 150 克。

配料： 熟鸡脯肉 150 克、熟火腿 50 克、鸡蛋清半只。

调料： 熟猪油、绍酒、精盐、干淀粉、湿淀粉、虾籽、胡椒粉、鸡汤。

制作方法

1 油发鱼肚用冷水浸泡回软，批切成大片，用热碱水洗去污垢，再用清水泡去碱味，入大火开水锅内焯水，捞出待用。

2 熟鸡脯肉撕成鹅毛片，熟火腿切成长方片。

3 炒锅上火，放鸡汤、虾籽、鱼肚烧开，再放熟猪油、熟鸡脯肉片烧开，收稠汤汁，放精盐，用湿淀粉勾琉璃芡，放熟猪油，装入盘内，撒上胡椒粉，摆上熟火腿片即成。

大师指点

鱼肚要烧透入味。

特点 软韧味浓，爽滑香鲜。

122 鸡蓉银肚

主料： 干鲴鱼肚 150 克。

配料： 生鸡脯肉 200 克、熟猪肥膘肉 50 克、熟火腿末 10 克、鸡蛋清 2 个、大米米粉 200 克。

调料： 熟猪油、葱结、姜块、葱姜汁、绍酒、鸡汤、精盐。

制作方法

1 干鲴鱼肚放清水中浸泡回软，放锅中，加水、大火烧开，移小火将其煨熟，取出批切成大片放碗内，加葱结、姜块、绍酒、鸡汤，放大火开水的笼锅中蒸熟入味，去葱结、姜块，泌去汤汁。

2 生鸡脯肉洗净，刮成蓉，熟猪肥膘肉洗净，刮成蓉，同放盆内，加葱姜汁、鸡蛋清、鸡汤、大米粉、精盐调制成鸡蓉液。

3 炒锅上火，辣锅辣油，将鸡蓉液慢慢倒入锅中，边倒边搅，至鸡蓉起稠时，放入鱼肚炒拌均匀，盛盘中，撒上熟火腿末即成。

大师指点

鸡蓉液入锅炒时，搅动要快，防止成团、成饼。

特点 银肚软嫩，鸡蓉鲜香。

123 凉拌鱼肚

主料： 油发鱼肚 150 克。

配料： 熟鸡脯肉 100 克、熟鸡肫 1 只、水发绿笋

50 克。

调料： 熟猪油、葱结、姜块、绍酒、精盐、白糖、酱

油、湿淀粉、醋、虾籽、芝麻酱、鸡汤。

制作方法

1 油发鱼肚放清水中浸泡回软，取出批切成大片放盆内，用热碱水洗去污垢，用清水泡去碱味，放大火开水锅内焯水，捞出放入碗中。加葱结、姜块、绍酒、鸡汤，上笼蒸熟入味，取出。

2 熟鸡脯肉撕成鹅毛片，熟鸡肫切成片，水发绿笋撕成条，切成 1 寸长的段。

3 炒锅上火，放熟猪油、葱结、姜块略炒，加鸡汤、虾籽、鱼肚、熟鸡脯肉片、熟鸡肫片、水发绿笋段烧开，放少量酱油（呈牙黄色）、精盐，收稠汤汁，去葱结、姜块，用湿淀粉勾琉璃芡，盛盘中晾冷。

4 将鸡汤、芝麻酱、白糖、少许醋拌匀，倒鱼肚上拌匀即成。

大师指点

此菜为夏令佳肴，须冷透后拌卤汁。

特点 软糯鲜香，味浓爽口。

---

124 白汁鱼唇

主料： 鱼唇 1000 克。

配料： 熟鸡脯肉 100 克、熟鸡肫 2 只、熟净笋 50 克、青菜心 6 棵、生猪板油 50 克。

调料： 熟猪油、葱结、姜块、绍酒、精盐、湿淀粉、虾籽、高级清鸡汤。

制作方法

1 锅内放水、鱼唇，上火烧至八成热，离火焐 1 小时，用刀刮去砂和杂物，洗净。放冷水锅内，上火烧至八成热，移小火焖约 3 小时，捞出放冷水中，刮去黑釉洗净，再放入冷水中，上火烧至八成热，移小火焖 4 小时，至七成熟时，捞出拆去骨和老肉，切成斜角块，放大火开水锅中焯水，捞出沥尽水，放入碗内，加葱结、姜块、虾籽、绍酒、精盐、生猪板油、鸡汤，放入大火开水笼锅中蒸熟、蒸烂、蒸透入味，去葱结、姜块、猪板油渣，泌去汤汁，备用。

2 熟鸡脯肉撕成大鹅毛片，熟鸡肫、熟净笋切成片。青菜心在开水锅内焯水，捞出放冷水中泌透，取出，挤尽水，放入熟猪油锅内，上火焐油成熟，倒入漏勺沥尽油。

3 炒锅上火，放高级清鸡汤、虾籽、鱼唇、熟鸡脯肉、熟鸡肫和熟净笋片烧开，放绍酒、熟猪油，收稠汤汁，用湿淀粉勾琉璃芡，盛盘中。先装鱼唇，后装熟鸡脯肉、熟净笋片、熟鸡肫片，围上青菜心即成。

大师指点

鱼唇涨发须细心，要去尽砂、骨、老肉。

特点 鱼唇肥美，汤鲜味醇，软糯适口。

---

125 烧鳖裙

主料： 鳖裙 1000 克。

配料： 熟鸡脯肉 100 克、熟鸡肫 2 只、熟净笋 50 克、青菜心 10 棵、生猪板油 50 克。

调料： 熟猪油、葱结、姜块、绍酒、精盐、湿淀粉、虾籽、高级清鸡汤。

制作方法

1 鳖裙放锅内，加水烧至六成熟，离火焐半小时，刮去黑釉，洗净，再放冷水锅中，烧至六成熟，移小火焐 45 分钟，拆去裙边壳，刮去黑釉、细沙，放冷水锅烧至七成熟，移小火焐 45 分钟清洗干净，切成斜角块，放大火开水锅中焯水，捞出放扣碗内，加葱结、姜块、绍酒、虾籽、生猪板油、高级清鸡汤，上大火开水笼锅中蒸熟、蒸烂、蒸透入味，去葱结、姜块、猪板油渣，泌去汤汁，备用。

2 熟鸡脯肉撕成鹅毛片，熟净笋、熟鸡肫切成片，青菜心焯水后，捞出放冷水中泌透，挤尽水，放入熟猪油锅内，上火焐熟，倒入漏勺沥尽油。

3 炒锅上火，放熟猪油、葱结、姜块略炒，放高级清鸡汤、虾籽、鳖裙、熟鸡脯肉、熟鸡肫、熟净笋片烧开，加绍酒、熟猪油，收稠汤汁，去葱结、姜块，加精盐，用湿淀粉勾琉璃芡，装盘内，先装鳖裙，再装熟鸡脯肉、熟鸡肫、熟净笋片，围上青菜心即成。

大师指点

鳖裙涨发须细心，要去尽沙、骨、黑釉、老肉。

特点 鳖裙爽滑，汤浓味鲜。

126 三鲜鱼皮

主料： 鱼皮 500 克。

配料： 熟鸡脯肉 100 克、熟净笋 50 克、水发冬菇 50 克、青菜心 10 棵、生猪板油 50 克。

调料： 熟猪油、葱结、姜块、绍酒、精盐、湿淀粉、虾籽、高级清鸡汤。

制作方法

1 锅内放水、鱼皮，上火烧至八成热时，换小火略焖捞出，刮去沙（指表皮杂物），换冷水再烧至八成热，摸去沙，放冷水中，上火烧至八成热，移小火焖至去尽沙和腐肉，洗净切成斜角块，放碗内，加葱结、姜块、虾籽、绍酒、鸡汤、生猪板油，入大火开水笼锅中蒸熟、蒸烂、蒸透入味，去葱结、姜块、猪板油渣，泌去汤汁，备用。

2 熟鸡脯肉撕成鹅毛片，熟净笋、水发冬菇切成片。青菜心焯水后，捞出放冷水中泌透，挤尽水，放入熟猪油锅内，上火焐熟，倒入漏勺沥尽油。

3 炒锅上火，放熟猪油、葱结、姜块略炒，加高级清鸡汤、虾籽、鱼皮、熟鸡脯肉、熟净笋片、水发冬菇片烧开，加绍酒、精盐，收稠汤汁，去葱结、姜块，用湿淀粉勾琉璃芡，起锅装盘。先装鱼皮，再装熟鸡脯肉、熟净笋片，围上青菜心即成。

大师指点

鱼皮须反复涨发，反复去沙，直至去净。

特点 鱼皮肥美，鲜香味浓。

127 蟹黄鱼皮

主料： 鱼皮 500 克。

配料： 净蟹肉 100 克、生猪板油 50 克。

调料： 熟猪油、葱结、姜块、葱花、姜米、绍酒、酱油、醋、湿淀粉、胡椒粉、高级清鸡汤。

制作方法

1 锅内放水、鱼皮，烧至八成热时，略焖捞出，刮去沙，换冷水再烧至八成热，摸去沙，放冷水再烧至八成热，移小火焖至去尽沙和腐肉，洗净切成斜角块，放碗内，加葱结、姜块、虾籽、绍酒、高级清鸡汤、生猪板油，入大火开水笼锅中蒸熟、蒸烂、蒸透入味，去葱结、姜块、猪板油渣，泌去汤汁，备用。

2 炒锅上火，放熟猪油、葱花、姜米稍炒，放蟹肉炒熟，加绍酒、酱油、高级清鸡汤烧开，加醋，撒胡椒粉，放鱼皮烧开，收稠汤汁，用湿淀粉勾琉璃芡，装盘。先装鱼皮，放上蟹肉即成。

大师指点

须选用鲜活螃蟹剥肉。

特点 蟹肉香鲜、鱼皮肥美，风味独特。

128　水发鱿鱼

1 500 克干鱿鱼浸冷水中一天，泡透、回软，撕去外皮，去头和中间骨头。
2 水中放 100 克石碱粉、 100 克生石灰搅匀，放入

浸泡过的鱿鱼 10~12 小时后，捞出洗净，再放清水中浸泡 6~8 小时，中间换水 4~5 次，直至鱿鱼膨大、碱味去尽即成。

129　爆鱿鱼卷

主料： 水发鱿鱼 400 克。
配料： 红椒 20 克。
调料： 花生油、葱花、姜米、蒜片、绍酒、精盐、湿淀粉、醋、麻油、胡椒粉、鸡汤。
制作方法
1 先在水发鱿鱼上剞十字花刀，再切成长 1 寸 2 分、宽 8 分的长方块。
2 红椒去籽洗净，切成片。
3 炒锅上火，放水烧开，放鱿鱼块，烫成鱿鱼卷，捞出沥尽水。
4 炒锅上火，放花生油，待油九成热时，放入鱿鱼

卷，一爆即倒入漏勺沥尽油。
5 炒锅上火，放花生油、葱花、姜米、蒜片略炒，加红椒片炒熟，加鸡汤、绍酒、精盐，用湿淀粉勾芡，倒入鱿鱼卷，炒拌均匀，撒胡椒粉，浇麻油，盛入放有底醋的盘中即成。

大师指点
1 十字花刀须大小、深浅一致。
2 烫制和过油均须动作迅速，花纹清晰即可。

特点 香脆鲜嫩，形态美观。

130　鱿鱼锅巴

主料： 水发鱿鱼 300 克。
配料： 锅巴 150 克、熟净笋 50 克、水发冬菇 50 克、豌豆苗 30 克。
调料： 花生油、精盐、绍酒、湿淀粉、胡椒粉、鸡汤。
制作方法
1 水发鱿鱼批切成大片，放大火开水锅中焯水，捞出。
2 熟净笋切成片，水发冬菇切成片，豌豆苗拣洗

干净。
3 炒锅上火，放鸡汤、鱿鱼片、熟净笋片、水发冬菇片烧开，加豌豆苗烧开，加精盐、绍酒，用湿淀粉勾米汤芡，撒胡椒粉，倒碗内，成鱿鱼卤汁。
4 炒锅上火，放花生油，待油九成热时，放锅巴炸至浮出油面，捞出盛盘内，倒入鱿鱼卤汁即成。

大师指点
炸锅巴时须旺火辣油，确保酥脆。

特点 锅巴酥脆，鱿鱼鲜韧。

131 砂锅鱿鱼

主料： 水发鱿鱼 750 克。

配料： 熟火腿 50 克、熟鸡肉 50 克、虾仁 30 克、熟净笋 50 克、青菜心 6 棵、鸡蛋清 6 个。

调料： 熟猪油、葱结、姜块、绍酒、精盐、干淀粉、湿淀粉、胡椒粉、虾籽、高级鸡汤。

制作方法

1 水发鱿鱼用刀批切成大片，放入大火开水锅内焯水，捞出沥尽水。

2 熟火腿切成片，熟鸡肉撕成鹅毛片，虾仁洗净，用干布挤尽水，放入盆内加精盐、鸡蛋清、干淀粉上浆，熟净笋切成片，青菜心洗净入大火开水锅内焯水捞出，放冷水中泌透，捞出沥尽水，放熟猪油锅

内，上火焐油成熟，捞出沥尽水。

3 炒锅上火，放入熟猪油、葱结、姜块略炒，加高级鸡汤、虾籽、鱿鱼片、熟鸡肉片、熟净笋片，烧开后放绍酒，收稠汤汁，加精盐、胡椒粉，装入砂锅，上面摆放熟火腿片、青菜心。

4 炒锅上火，放入熟猪油、虾仁炒熟，放入砂锅中间，即成砂锅鱿鱼，上大火烧开，盖上砂锅盖，离火，放入盘中即成。

大师指点

鱿鱼要烧透入味。

特点 鱿鱼软韧，汤汁醇厚，鲜香味美。

132 金鱼戏水

主料： 水发鱿鱼 600 克。

配料： 熟净笋 40 克、红椒 10 克、香菜 10 克。

调料： 花生油、葱花、姜米、蒜片、绍酒、酱油、白糖、湿淀粉、醋、麻油、胡椒粉、鸡汤。

制作方法

1 水发鱿鱼切成 3 寸长、1.5 寸宽的长方块。在前面 1.5 寸剞十字花刀，后面切成连刀薄片，放大火开水锅中略烫，成金鱼形后捞出，沥尽水。

2 红椒去籽，洗净切片。熟净笋切片，香菜拣洗干净。

3 炒锅上火，辣锅冷油，放入鱿鱼卷划油至熟，倒入

漏勺沥尽油。

4 炒锅上火，放花生油、葱花、姜米、蒜片稍炒，再放熟净笋片、红椒片炒熟，加绍酒、酱油、白糖、少许鸡汤，用湿淀粉勾芡，倒入鱿鱼卷、香菜段、炒拌均匀，撒胡椒粉，放醋、麻油，起锅装盘即成。

大师指点

1 剞花刀时须掌握好尺寸、深浅，确保烫后成为金鱼形。

2 划油时勺子不要搅动，将炒锅晃动即可。

特点 造型独特，鲜韧味浓。

133 八宝鱿鱼筒

主料： 鲜鱿鱼 2 条。

配料： 蒸熟糯米饭 150 克、熟火腿丁 40 克、熟鸡肉丁 40 克、熟精肉丁 40 克、熟鸡肫丁 40 克、熟净笋丁 40 克、水发冬菇丁 40 克、水发干贝丝 40 克。

调料： 熟猪油、绍酒、精盐、湿淀粉、虾籽、鸡汤。

制作方法

1 鲜鱿鱼去头、内脏、外皮、脆骨，清洗干净，成鱿鱼筒。

2 炒锅上火，放熟猪油、熟火腿丁、熟鸡肉丁、熟精

肉丁、熟鸡肫丁、熟净笋丁、水发冬菇丁、水发干贝丝煸炒成熟，放鸡汤、绍酒、虾籽、精盐烧开，收稠、收浓汤汁，用湿淀粉勾芡，放盘内，加蒸熟糯米饭拌匀，装入鱿鱼筒内，即成八宝鱿鱼筒生坯。

3 笼锅上火，放水烧开，放入八宝鱿鱼筒生坯蒸熟，取出切成 1 厘米长的段，扣入碗内，上笼略蒸，取

出翻身入盘，泌去汤汁，去扣碗。

4 炒锅上火，放鸡汤烧开，加精盐，用湿淀粉勾琉璃芡，倒入八宝鱿鱼筒上即成。

大师指点

须选择新鲜鱿鱼，内外均需清理干净。

特点 色泽洁白，八宝味浓，风味独特。

134 炝鱿鱼

主料：鲜鱿鱼 300 克。

配料：黄瓜 150 克、熟芝麻 10 克、香菜 10 克。

调料：葱花、姜米、蒜泥、精盐、酱油、白糖、醋、辣椒油。

制作方法

1 鲜鱿鱼去头、内脏、外皮、脆骨，洗净。

2 在鱿鱼肉上剞麦穗花刀或荔枝花刀，切成块，放大火开水锅中烫熟，捞出沥尽水。

3 黄瓜去皮切成片，放盆内，加精盐腌制入味，捞出挤尽水。

4 盘内放黄瓜片、鱿鱼块，叠放整齐，放上洗净的香菜。

5 碗内放葱花、姜米、蒜泥、酱油、白糖、醋、熟芝麻、辣椒油，制成卤汁浇鱿鱼筒上，或用小碗盛装上桌，即成。

大师指点

1 须选择新鲜鱿鱼。花刀应深浅一致，花纹清晰。

2 烫制鱿鱼，一熟即成，不能烫过。

特点 卤汁醇厚，鲜韧味美。

呼童烹鸡酌白酒

儿女嬉笑牵人衣

——中国维扬传统菜点大观

鸡

类

1 白鸡

主料：光鸡 1 只（重约 1000 克）。

调料：葱结、姜块、姜米、绍酒、酱油、麻油。

制作方法

1 光鸡去气管、食管，从裆下剖开，去内脏洗净。放大火开水锅内焯水，捞起洗净。

2 砂锅上火，放清水、鸡、葱结、姜块烧开，加绍酒，盖盖，移小火煨焖至七成熟时，捞起晾凉。

3 将鸡剁成一字条，整齐摆放盘内，撒姜米，放入酱油、麻油即成。

大师指点

1 煨焖鸡时须小火慢炖，七成熟即捞起。

2 剁鸡一字条时要长短、宽厚一致。

特点 色泽淡黄，鲜嫩微咸。

2. 白刮鸡

主料：光仔鸡 1 只（重约 1000 克）。

调料：葱结、姜块、姜米、绍酒、酱油、麻油。

制作方法

1 光仔鸡去气管、食管，从裆下剖开，去内脏洗净，放大火开水锅内焯水，捞起洗净。

2 砂锅上火，放水、鸡、葱结、姜块烧开，加绍酒，盖盖，移小火煨焖至七成熟，捞起晾凉。

3 将鸡剁成一字条，整齐摆放在盘中，撒上姜米，放入酱油、麻油即成。

大师指点

1 此菜与白鸡区别在于，白鸡只能选用老鸡。

2 下锅炖焖时，时间不可长。

特点 肉质细嫩，清淡爽口。

3 油鸡

主料：当年母鸡 1 只 ［（光）重约 1500 克］。

调料：葱结、姜块、桂皮、八角、山柰、绍酒、精盐。

制作方法

1 光鸡去气管、食管，从裆下开刀去内脏，洗净，放入大火开水锅内焯水，捞起洗净。

2 砂锅内放清水、鸡、葱结、姜块、精盐、桂皮、八角、山柰，烧开后加绍酒，盖盖，移小火煨焖至七成熟，捞起，趁热抹上鸡油，鸡汤继续在大火收浓，去葱结、姜块、桂皮、八角、山柰，成卤汁。

3 鸡晾凉后剁成一字条，整齐摆放盘内，浇上卤汁即成。

大师指点

炖焖时控制好时间，及时查验。

特点 色泽油亮，鲜香爽嫩。

4 卤鸡

主料：光鸡 1 只（重约 1000 克）。

调料：花生油、葱结、姜块、桂皮、八角、绍酒、酱油、白糖、麻油。

制作方法

1 光鸡去气管、食管，从裆下开刀，去内脏洗净，取下鸡翅、鸡爪，洗净控干。

2 炒锅上火放花生油，待油八成热时，放鸡入锅，炸至鸡皮呈金黄色时，捞起沥尽油。

3 锅中放清水、葱结、姜块、桂皮、八角、酱油、白糖、鸡，大火烧开，加绍酒，盖盖，移小火煨焖至七成熟，捞起，趁热在鸡身抹上麻油。

4 晾冷后将鸡剁成块，整齐摆放盘中，浇上鸡卤即成。

大师指点

炸鸡时，须晾干，鸡身不可有浮水。

特点 色泽酱红，鲜香可口。

5 卤肫

主料： 净鸡肫 500 克。

调料： 葱结、姜块、桂皮、八角、绍酒、酱油、白糖、麻油。

制作方法

1 鸡肫洗净，一剖两半，去肫皮、杂质，洗净，在鸡肫上剞花刀，深及三分之一。放入大火开水锅内焯水，捞出洗净控干。

2 锅内放清水、葱结、姜块、桂皮、八角、酱油、白糖、鸡肫，上火烧开，加绍酒，盖盖，移小火烧至七成熟，再用大火烧开。捞起鸡肫略冷。

3 将鸡肫切成片，摆放在盘中，浇上卤汁即可。

大师指点

鸡肫上剞花刀是便于入味。

特点 酥烂入味，酱香浓郁。

6 酱鸡

主料： 光鸡 1 只，重约 1000 克。

调料： 花生油、葱结、姜块、桂皮、八角、绍酒、酱油、白糖、甜酱、麻油。

制作方法

1 光鸡去气管、食管，从裆下开口，去内脏洗净，剁下鸡翅、鸡爪。

2 炒锅上火放花生油，待油八成热时，放入鸡，炸至鸡皮色呈金黄色时。捞起沥尽油。

3 锅内放清水、鸡、葱结、姜块、桂皮、八角、酱油、白糖，大火烧开，加绍酒，盖盖，移小火烧焖七成熟，加甜酱，上大火收浓卤汁，即成酱鸡。

4 酱鸡晾凉后，剁成块，摆放盘中，浇麻油即成。

大师指点

油炸时鸡身不可有浮水。

特点 酱香浓郁，鲜嫩微甜。

7 醉鸡

主料： 光鸡 1 只，重约 1000 克。

调料： 葱结、姜块、绍酒、精盐、冰糖。

制作方法

1 光鸡去气管、食管，从裆下开口，去内脏，剁下鸡翅、鸡爪，放大火开水锅中焯水，捞起洗净。

2 砂锅内放清水、葱结、姜块、鸡，大火烧开，放绍酒，盖盖，移小火烧至七成熟，上大火烧开，去葱结、姜块，捞出鸡。

3 砂锅内放鸡汤烧开，加冰糖、精盐，烧至冰糖溶化，倒盆内冷却后，加绍酒，成为醉卤。

4 剁下鸡头、鸡颈，鸡身剁成四块整齐放入碗中，加醉卤浸泡，再放冰箱中 4~5 小时，即成醉鸡。

5 将醉鸡剁成一字条，扣入碗内，加醉卤。放冰箱内，食用时，取出翻身入盘，去扣碗，即成。

烧鸡时掌握好火候和时间，既不可生，也不可过烂。

特点 鲜嫩清淡，酒香扑鼻。

8 糟鸡

主料： 光鸡（当年母鸡）一只，重 1000~1500 克。
调料： 葱结、姜块、绍酒、精盐、酒酿、麻油。
制作方法

1 光鸡去气管、食管，档下开口去内脏洗净，放入大火开水锅内焯水，捞出洗净。

2 砂锅内放葱结、姜块、精盐、鸡，大火烧开，加绍酒，移小火煨焖至七成熟取出、冷却。剁下鸡头、

鸡颈，鸡身分为四块。

3 盆内放一层酒酿，放鸡头、颈、块，再铺一层酒酿，倒上麻油，封严盆口，放冰箱内 4~5 天即成。

4 食用时剁成块，摆放盘中，倒入糟卤少许即成。

大师指点

掌握好煨焖时的火候和时间。

特点 肉质细嫩，糟香浓郁。

9 风鸡

主料： 活公鸡 1 只，重约 2500 克。
调料： 葱结、姜块、花椒盐。
制作方法

1 活公鸡宰杀、去血，从腋下开口，去内脏、气管、食管，灌花椒盐，用手抹匀。鸡嘴内抹上花椒盐，将鸡头从开口处插入，鸡用绳紧紧扎牢，挂阴凉通风处 1 个月左右，即成风鸡。

2 食用时，去尽鸡毛，洗净，放大火开水锅中焯水，取出洗净。

3 砂锅内放清水、葱结、姜块、风鸡，烧开后放绍酒，盖盖，移小火煨焖至熟，捞出晾凉。

4 拆尽鸡骨，将鸡肉用手撕成大片，叠放盘中，即可上桌。

大师指点

1 宰杀公鸡须宰口小、血放尽，否则影响风鸡质量。

2 花椒盐涂抹均匀，肉厚处要多抹一些。不可晒。

特点 鲜香细嫩，别具风味。

10 凉拌鸡

主料： 熟鸡肉 250 克。
配料： 凉粉皮 2 张、水发木耳 20 克、绿笋段 20 克、毛豆米 20 克。
调料： 蒜泥、酱油、醋、麻油。
制作方法

1 将熟鸡肉撕成小鹅毛片。

2 凉粉皮切成菱形片，放大火开水锅内略烫，捞起沥尽水放盘内，用麻油拌匀。

3 水发木耳撕小片，与绿笋段，入大火开水锅内略烫，捞起。毛豆米放大火开水锅内烫熟，捞起。

4 盘内放凉粉皮、水发木耳片、绿笋段、毛豆米、熟鸡肉片、蒜泥、酱油、麻油，醋即成。

大师指点

以鸡肉为主，多种配料，口感丰富。

特点 鲜嫩爽滑，清淡可口。

11 洋菜拌鸡丝

主料：熟鸡肉 250 克。

配料：洋菜 50 克。

调料：酱油、麻油。

制作方法

1 将熟鸡肉撕成小鹅毛片。

2 洋菜切成一寸长段，用温开水浸泡后，入大火开水

锅内稍烫，捞起沥尽水晾凉。

3 洋菜段堆放盘中，上面放熟鸡肉片，放酱油、麻油即成。

大师指点

熟鸡肉只能撕成片，不宜刀切。否则影响口感。

特点 清淡爽口，鲜嫩软滑。

12 银芽拌鸡丝

主料：熟鸡肉 300 克。

配料：绿豆芽 100 克。

调料：精盐、麻油。

制作方法

1 将熟鸡肉切成火柴棒粗细的丝。

2 绿豆芽拣洗后，放入大火开水锅中烫熟，捞起沥尽

水，晾凉后放盘中，再放鸡丝、精盐、麻油拌匀，叠放盘内，上桌即成。

大师指点

鸡丝长短、粗细须一致。绿豆芽不可烫过。

特点 洁白爽脆，鲜嫩可口。

13 腐乳鸡丝

主料：熟鸡肉 350 克。

调料：香腐乳、白糖、麻油。

制作方法

1 将熟鸡肉撕成小鹅毛片。

2 用刀将香腐乳揿成泥，加白糖、麻油搅拌均匀。放

入熟鸡肉片，拌匀堆放盘中即成。

大师指点

此菜为夏季特色冷菜。

特点 鸡肉细嫩，腐乳香鲜。

14 姜丝鸡

主料：熟鸡肉 200 克。

配料：嫩仔姜 150 克。

调料：精盐、麻油。

制作方法

1 熟鸡肉切成 1.2 寸长的细丝，放盆内。

2 嫩仔姜去皮，切成细丝，洗净，沥尽水，放入大火

开水锅内稍烫一下，捞出挤干水分。

3 仔姜丝放鸡肉丝盆内，加精盐、麻油，拌匀后叠放盘内即成。

大师指点

仔姜丝要长短、粗细一致，开水烫去一些姜味。

特点 清淡细嫩，口味鲜美。

15　葱油鸡

主料: 熟鸡肉 300 克。

调料: 花生油、葱白段、精盐。

制作方法

1　将熟鸡肉撕成小鹅毛片,放盆内,加精盐拌匀。

2　葱白段切成葱花。葱白段入花生油锅大火煸炒,小

火熬制成葱油。去葱白段,投入葱花略炒。

3　将葱油倒入鸡肉搅拌均匀,叠放盘中即可。

大师指点

熟鸡肉片不宜用刀切,要用手撕。

特点 葱香浓郁,鸡肉鲜嫩。

16　冻鸡

主料: 熟鸡脯肉 300 克。

配料: 洋菜 10 克、熟火腿 20 克、香菜 5 克。

调料: 精盐、鸡汤。

制作方法

1　熟火腿切成菱形片或圆片,香菜择洗干净。将熟火腿片、香菜在碗底拼摆成花形图案。

2　将熟鸡脯肉批切成片,分三摆放碗中。

3　洋菜洗净,切成 8 分长的段。

4　炒锅上火,放鸡汤烧开,加精盐、洋菜段烧化稍冷,倒入碗中,冷却后放入冰箱,冷冻后即成冻鸡。

5　食用前,将冻鸡翻身入盘,去扣碗,即成。

大师指点

1　掌握好洋菜和汤的比例,不能过老。

2　此为夏季时令冷菜。

特点 鲜嫩透明,诱人食欲。

17　出骨掌翅

主料: 鸡中翅 12 只、鸡爪 12 只。

配料: 香菜叶 10 克。

调料: 葱结、姜块、姜米、绍酒、酱油、麻油。

制作方法

1　鸡爪剥去指尖,和鸡中翅放大火开水锅中焯水,捞起洗净。

2　砂锅内放清水、葱结、姜块、鸡中翅、鸡爪上大火烧开,加绍酒,盖盖,移小火烧焖至能够拆骨,捞

起,冷透。

3　将鸡中翅、鸡爪拆去骨头,入开水锅烫透,捞起沥尽水,叠放盘内。

4　鸡中翅、鸡爪上,放洗净的香菜叶、姜米,浇酱油、麻油即成。

大师指点

爪翅不能煮得过烂。

特点 清香爽口,鲜中微咸。

18　龙穿凤衣

主料: 鸡中翅 20 只。

配料: 熟火腿 100 克。

调料: 葱结、姜块、桂皮、八角、绍酒、精盐、冰糖。

制作方法

1 鸡中翅洗净，入大火开水锅内焯水，捞起洗净。

2 砂锅内放清水、鸡中翅、葱结、姜块、桂皮、八角、精盐和少许冰糖烧开，加绍酒，盖盖，移小火烧至能拆骨，捞起鸡翅，卤汁留用，去葱结、姜块、桂皮、八角晾冷。

3 剁去鸡中翅两端，拆去中间两根翅骨。

4 火腿切成和鸡翅骨一样粗细、略长的条 40 根，穿入鸡翅内，整齐叠放在盘内，浇上卤汁即成。

大师指点

鸡翅不可煮得过烂。穿火腿条时，两头略露出一点。

特点 ▶ 造型独特，别有风味。

19　鸡丝拉皮（一）

主料：生鸡脯肉 200 克。

配料：粉皮 150 克、鸡蛋清 1 个。

调料：花生油、精盐、干淀粉、酱油、麻油。

制作方法

1 将生鸡脯肉批切成柳叶片，放盆中，加精盐、鸡蛋清、干淀粉上浆。

2 粉皮切成菱形片，入大火开水锅中略烫，捞起沥尽水，稍冷后用麻油拌匀，放盘中。

3 炒锅上火，辣锅冷油，放入鸡脯肉片划油至熟，倒入漏勺沥尽油，放粉皮上，浇酱油、麻油即可上桌。

大师指点

1 粉皮入水，一烫即可，不可太过。

2 酱油应选用扬州的三伏抽油。

特点 ▶ 鲜嫩爽滑，夏令佳肴。

20　鸡丝拉皮（二）

主料：生鸡脯肉 200 克。

配料：粉皮 150 克、鸡蛋清 1 个。

调料：花生油、绍酒、精盐、干淀粉、湿淀粉、麻油。

制作方法

1 生鸡脯肉批切成柳叶片，放盆中，加精盐、鸡蛋清、干淀粉上浆，粉皮切成菱形片。

2 炒锅上火，放花生油、粉皮焐油成熟，倒入漏勺沥尽油。

3 炒锅上火，辣锅冷油，放鸡片划油至熟，倒入漏勺沥尽油。

4 炒锅上火，放花生油、水、精盐，用湿淀粉勾芡，放入粉皮、鸡片炒拌均匀，浇麻油，装盘即成。

大师指点

粉皮焐油时，油热即可。

特点 ▶ 色泽淡雅，爽滑鲜嫩。

21　炒鸡片

主料：生鸡脯肉 300 克。

配料：熟净笋片 50 克、红椒片 10 克、豌豆苗 20 克、鸡蛋清 1 个。

调料：熟猪油、绍酒、精盐、干淀粉、湿淀粉、醋、麻油、鸡汤。

制作方法

1 生鸡脯肉批切成柳叶片，放盆内，加精盐、鸡蛋清、干淀粉上浆。

2 炒锅上火，辣锅冷油，放入鸡肉片划油至熟，倒入漏勺沥尽油。

3 炒锅上火，放熟猪油，熟净笋片、红椒片、煸炒成熟，放鸡汤、精盐、绍酒，用湿淀粉勾芡后，倒入鸡肉片、豌豆苗，炒拌均匀，放麻油，倒入放有底醋的盘中即成。

大师指点

1 鸡肉片应稍薄，浆不宜厚。

2 鸡肉片划油时，油温不宜超过三成。

特点 鸡肉细嫩，口味清淡。

22 翠竹鸡片

主料： 生鸡脯肉 300 克。

配料： 熟净笋片 50 克、莴苣片 50 克、红椒 1 只、鸡蛋清 1 个。

调料： 熟猪油、绍酒、精盐、湿淀粉、干淀粉、醋、麻油、鸡汤。

制作方法

1 生鸡脯肉批切成柳叶片，放盆中，加精盐、鸡蛋清、干淀粉上浆。

2 莴苣片放入大火开水锅略烫，捞起沥尽水。红椒去籽，洗净切成片。

3 炒锅上火，辣锅冷油，放鸡片划油至熟，倒入漏勺沥尽油。

4 炒锅上火，放熟猪油、熟净笋片、莴苣片、红椒片，煸炒至熟，加鸡汤、精盐、绍酒，用湿淀粉勾芡，倒入鸡肉片，炒拌均匀，放麻油，盛入放有底醋的盘中即成。

大师指点

柳叶片稍薄，划油时要旺火速成。

特点 色泽艳丽，清淡爽口。

23 炒鸡丁

主料： 生鸡腿肉 300 克。

配料： 茭白 1 根，约 100 克，红椒 1 只、鸡蛋 1 个。

调料： 花生油、绍酒、精盐、酱油、白糖、醋、湿淀粉、干淀粉、麻油、鸡汤。

制作方法

1 生鸡腿肉洗净，在鸡腿肉上剞十字花刀后，切成丁，放盆中加精盐、鸡蛋液、干淀粉上浆。

2 茭白去皮，入开水锅煮熟，捞起泌水，切成丁。红椒去籽，洗净切成片。

3 炒锅上火，辣锅冷油，放鸡丁划油至熟，倒入漏勺沥尽油。

4 炒锅上火，放花生油、茭白丁、红椒片煸炒至熟，加绍酒、酱油、白糖，用湿淀粉勾芡，倒入鸡丁炒拌均匀，放醋、麻油，盛入盘中即成。

大师指点

鸡腿肉上剞花刀，便于成熟。

特点 色泽淡红，软嫩鲜美。

24 银芽鸡丝

主料： 生鸡脯肉 300 克。

配料： 绿豆芽 500 克、红椒 1 只、鸡蛋清 1 个。

调料： 熟猪油、绍酒、精盐、干淀粉、湿淀粉、麻油。

制作方法

1 生鸡脯肉洗净，切成长 1.2 寸的丝，放盆内，加精盐、鸡蛋清、干淀粉上浆。

2 绿豆芽摘去根，洗净。红椒去籽洗净，切成丝。

3 炒锅上火，辣锅冷油，放入鸡丝，划油至熟，倒入漏勺沥尽油。

4 炒锅上火，放熟猪油、红椒丝、绿豆芽炒熟，加绍酒、精盐，用湿淀粉勾芡后，倒入鸡丝，炒拌均匀，放麻油，装盘即成。

大师指点

鸡丝须长短、粗细一致。

特点 ▶ 脆嫩鲜香，滑润爽口。

---

25 炒菊红

主料： 鸡肫 300 克。

配料： 熟荸荠（去皮） 100 克、红椒 1 只、葱白段 2 根、鸡蛋 1 个。

调料： 花生油、绍酒、酱油、白糖、湿淀粉、干淀粉、醋、麻油。

制作方法

1 鸡肫去肫皮洗净，批切成片，放盆内，加精盐、鸡蛋、干淀粉上浆。

2 熟荸荠切成 2 分厚片，红椒去籽洗净，切成片。葱白段切成雀舌葱。

3 炒锅上火，辣锅冷油，放鸡肫片划油至熟，倒入漏勺沥尽油。

4 炒锅上火，放花生油、红椒片、熟荸荠片略炒，放雀舌葱炒熟，加绍酒、酱油、白糖，用湿淀粉勾芡后，倒入鸡肫片，炒拌均匀，放醋、麻油，装盘即成。

大师指点

鸡肫要切成薄片，旺火速成。

特点 ▶ 脆嫩香鲜，咸中微甜。

---

26 炸鸡塔

主料： 生鸡脯肉 200 克。

配料： 熟猪肥膘肉 200 克、咸菜叶 6 张、鸡蛋 3 个、大米粉 100 克、面粉 50 克。

调料： 花生油、葱姜汁、绍酒、酱油、白糖、干淀粉、精盐、麻油、葱椒、花椒盐。

制作方法

1 生鸡脯肉洗净，刮成蓉，放盆内，加葱姜汁、绍酒、酱油、白糖、干淀粉、鸡蛋（1 个）、精盐，制成鸡肉馅。

2 熟猪肥膘肉切成长 2 寸、宽 1.2 寸、厚 2 分的片。咸菜叶洗净，切成和熟猪肥膘肉同样大小的片。

3 将大米粉、面粉、鸡蛋（1 个）和清水制成全蛋糊。

4 将葱椒、鸡蛋（1 个）制成葱椒蛋浆。

5 熟猪肥膘肉片抹上葱椒蛋浆，放鸡肉馅后，再用手沾葱椒蛋浆将其抹平，盖上咸菜叶，成为鸡塔生坯。

6 炒锅上火，放花生油，待油七成热时，投入沾了全蛋糊的鸡塔生坯，炸至熟捞起。待油八成热时，放入将鸡塔重油，至外壳起脆、色呈老黄色时，用漏勺捞起沥尽油。

7 将鸡塔切成一字条，整齐排入盘内，浇麻油即成。

8 上桌时带花椒盐小碟。

大师指点

1 如无咸菜叶时，可用青菜叶代替。

2 最后炸制时，鸡塔生坯蛋糊一定要沾裹均匀。

特点 ▶ 外层香脆，内里鲜嫩。

27 炸鸡排

主料： 生鸡脯肉 300 克。

配料： 鸡蛋 2 个、面包屑 150 克、面粉 50 克。

调料： 花生油、葱结、姜块、绍酒、酱油、白糖、干淀粉、辣酱油。

制作方法

1 生鸡脯肉洗净，批成大片，用刀排一下放盆内，加葱结、姜块、绍酒、酱油、白糖拌匀，浸渍入味。

2 鸡蛋、干淀粉制成全蛋浆。

3 鸡片拍上面粉，沾满全蛋浆，两面再沾满面包屑（用手压下），成为鸡排生坯。

4 炒锅上火，放花生油，待油七成热时，放入鸡排炸熟，捞起，待油八成热时，下锅重油，至老黄色时捞起，沥尽油。

5 将鸡排切成一字条，整齐摆放盘中即成。

6 上桌时带一小碗辣酱油。

大师指点

1 鸡片一定要浸渍入味。

2 全蛋浆要略厚，面包屑要粘牢。

特点 香脆鲜嫩，美味可口。

28 金钱鸡

主料： 生鸡脯肉 200 克。

配料： 熟猪肥膘肉 200 克、青菜叶 6 张、鸡蛋 3 个、大米粉 100 克、面粉 50 克。

调料： 花生油、葱姜汁、绍酒、酱油、白糖、精盐、干淀粉、麻油、花椒盐。

制作方法

1 生鸡脯肉洗净，刮成蓉，放盆内，加葱姜汁、鸡蛋、酱油、白糖、干淀粉、精盐，制成鸡馅。

2 熟猪肥膘肉批成 1 分厚的大片，用模具刻成圆片。青菜叶开水内略烫捞起铺平，亦刻出大小一样的圆片。

3 鸡蛋（1 个）和干淀粉制成全蛋浆。

4 大米粉、面粉、鸡蛋（1 个）、水制成全蛋糊。

5 熟猪肥膘肉抹上全蛋浆，放鸡馅抹平，放青菜叶，成为金钱鸡生坯。

6 炒锅上火，放花生油，待油七成热时，放入裹满全蛋糊的金钱鸡生坯，将其炸熟，捞起，待油八成热时，入锅重油，至色呈老黄色时，捞起沥尽油，叠放盘中，浇麻油即成。

7 上桌时带花椒盐小碟。

大师指点

金钱鸡生坯沾满全蛋糊时，用筷子将青菜叶上的糊稍刮一下，露出青菜叶的绿色再下油锅炸。

特点 形似金钱，外脆里嫩。

29 金钱芝麻鸡

主料： 生鸡脯肉 300 克。

配料： 熟芝麻 150 克、鸡蛋 1 只。

调料： 花生油、葱姜汁、绍酒、酱油、白糖、精盐、干淀粉。

制作方法

1 生鸡脯肉洗净，刮成蓉，放盆内，加葱姜汁、绍酒、酱油、白糖、鸡蛋液、干淀粉、精盐制成鸡馅。

2 将鸡馅抓成鸡圆，滚满熟芝麻，再用手按成扁圆形，成为金钱芝麻鸡生坯。

3 炒锅上火，放花生油，待油七成热时，放芝麻鸡生坯炸熟，捞起，待油八成热时，放入金钱芝麻鸡重油，至闻到芝麻香时，捞起沥尽油，装盘即成。

大师指点

1 制鸡馅时不可加水。

2 制作鸡圆或鸡饼时，须大小一致。

特点 ▶ 芝麻香脆，鸡肉鲜嫩。

30　干炸鸡

主料： 生鸡肉 300 克。

配料： 鸡蛋 1 个、大米粉 100 克、面粉 50 克。

调料： 花生油、葱结、姜块、绍酒、酱油、白糖、麻油、花椒盐（或甜酱）。

制作方法

1 生鸡肉洗净，剞十字花刀（刀深及皮），再切成大丁，放盆内，加葱结、姜块、绍酒、酱油、白糖拌匀，浸渍入味。

2 将大米粉、面粉、鸡蛋、水制成全蛋糊。

3 炒锅上火，放花生油，待油七成热时，将鸡丁沾满全蛋糊入锅炸熟，捞起，待油八成热时，重油炸至老黄色，捞起沥尽油，盛放盘内，浇麻油即成。

4 上桌时带花椒盐或甜酱一小碟。

大师指点

鸡肉浸渍须入味。鸡丁大小要一致。

特点 ▶ 色泽老黄，外脆里嫩。

31　锅烧鸡

主料： 光鸡 1 只，重约 800 克。

配料： 熟猪肥膘肉 250 克、鸡蛋 2 个、大米粉 100 克、面粉 20 克。

调料： 花生油、葱结、姜块、绍酒、酱油、白糖、干淀粉、麻油、花椒盐。

制作方法

1 光鸡去头、颈、翅、爪、屁股，从脊背剖开，去内脏、气管、食管洗净，入大火开水锅内焯水，捞起洗净。

2 砂锅内放清水、葱结、姜块、酱油、白糖上大火烧开，加绍酒，盖盖，移小火烧焖至熟烂，捞起晾凉，放盆内拆去鸡骨（须保持皮肉完整）。

3 鸡蛋（1 个）、干淀粉制成全蛋浆。

4 鸡蛋（1 个）、大米粉、面粉、水制成全蛋糊。

5 熟猪肥膘肉切成直径 4 寸、厚 2 分的大圆片。

6 盘内放入油，放入一半全蛋糊，上放熟猪肥膘肉片抹上全蛋浆，再放鸡肉片，倒入另一半全蛋糊，即成锅烧鸡生坯。

7 炒锅上火，放花生油，待油七成热时，放入锅烧鸡生坯炸熟，捞起，待油八成热时，放入锅烧鸡重油，外表起脆，色呈老黄色时，捞起沥尽油。切成长方条，整齐地放盘中即成。

8 上桌时带花椒盐一小碟。

大师指点

1 熟猪肥膘肉圆片，与摊平的鸡要大小相同。

2 全蛋糊要略稀一点。

特点 ▶ 色泽老黄，香脆滋润。

32 卷筒鸡

主料: 生鸡脯肉 100 克。

配料: 熟净笋 60 克、水发香菇 60 克、葱白段 60 克、鸡蛋 2 个、猪网油 1 张、大米粉 100 克、面粉 50 克。

调料: 花生油、葱结、姜块、绍酒、酱油、白糖、干淀粉、麻油、花椒盐。

制作方法

1 将生鸡脯肉、熟净笋、水发香菇、葱白段分别切成丝,放盆内,加绍酒、酱油、白糖拌匀,浸渍入味。

2 猪网油洗净,放盆内,加葱结、姜块、绍酒浸渍 4 小时左右,取出洗净,挂阴凉通风处晾干。

3 鸡蛋(1 个)、干淀粉制成全蛋浆。

4 鸡蛋(1 个)、大米粉、面粉、水制成全蛋糊。

5 猪网油铺案板上,抹上全蛋浆,放鸡丝、熟净笋丝、水发香菇丝、葱白丝,卷成中指粗细(可卷数根),即成卷筒鸡生坯。

6 炒锅上火,放花生油,待油七成热时,将沾满全蛋糊的卷筒鸡生坯放入炸熟,捞起,待油八成热时,入锅重油,至外皮起脆、呈老黄色时捞起,沥尽油,切成斜角块,整齐装盘,浇麻油即成。

7 上桌带花椒盐一小碟。

大师指点

1 各种原料切成丝后,要掌握好浸渍入味时间。

2 挂糊要厚薄均匀。

特点 色泽老黄,香脆味美。

33 芝麻鸡肝

主料: 生鸡肝 350 克。

配料: 熟芝麻 150 克、鸡蛋 1 个、面粉 20 克。

调料: 花生油、葱姜汁、绍酒、精盐、干淀粉。

制作方法

1 生鸡肝摘去胆洗净,批切成大片放盆内,加葱姜汁、绍酒、精盐拌匀,浸渍入味。

2 鸡蛋、干淀粉制成全蛋浆。

3 生鸡肝拍上面粉,沾满全蛋浆,放熟芝麻内沾满芝麻,成为芝麻鸡肝生坯。

4 炒锅上火,放花生油,待油七成热时,投入芝麻鸡肝生坯炸熟,捞起,待油八成热时,入锅重油,至芝麻有香味时,捞起沥尽油,整齐叠放在盘内即成。

大师指点

1 摘除胆时,不可弄破。

2 重油时掌握好油温和时间,芝麻不可炸焦。

特点 香酥鲜嫩,美味可口。

34 炸肫仁

主料: 生鸡肫 350 克。

配料: 大米粉 100 克、面粉 50 克、鸡蛋 1 个。

调料: 花生油、葱结、姜块、绍酒、酱油、白糖、麻油、花椒盐。

制作方法

1 生鸡肫去肫皮,洗净,剞十字花刀,拍一下,切成小块,放盆中,加葱结、姜块、绍酒、酱油、白糖拌匀,浸渍入味。

2 大米粉、面粉、鸡蛋、水制成全蛋糊。

3 炒锅上火，放花生油，待油七成热时，投入沾满全蛋糊的鸡肫炸熟，捞起，待油八成热时，投入重油，至呈老黄色捞起，沥尽油，叠放盘中，浇麻油即成。

4 上桌带花椒盐一小碟。

【大师指点】

鸡肫剞花刀要深度恰当，块形大小一致。

【特点】 香、鲜、脆、嫩。

35 香炸鸡肝

主料： 鸡肝 300 克。

配料： 大米粉 100 克、面粉 50 克、鸡蛋 2 个。

调料： 花生油、葱结、姜块、绍酒、酱油、白糖、麻油、胡椒粉、花椒盐。

制作方法

1 鸡肝摘去胆，洗净，批切成大片放盆内，加葱结、姜块、绍酒、酱油、白糖、胡椒粉拌匀，浸渍入味。

2 大米粉、面粉、鸡蛋、水制成全蛋糊。

3 炒锅上火，放花生油，待油七成热时，将鸡肝沾满全蛋糊，入锅油炸至熟，捞起，待油八成热时，入锅重油，至色呈老黄时，捞起沥尽油，叠放盘中。浇麻油即成。

4 上桌带花椒盐一小碟。

【大师指点】

1 鸡肝摘胆时不可弄破。

2 肝片大小、厚薄要一致。

【特点】 外脆里嫩，香鲜爽口。

36 锅贴鸡

主料： 生鸡脯肉 200 克。

配料： 熟猪肥膘肉 200 克、咸菜叶 6 张、鸡蛋 2 个、大米粉 100 克、面粉 50 克。

调料： 花生油、葱结、姜块、绍酒、酱油、白糖、干淀粉、麻油、葱椒、花椒盐。

制作方法

1 生鸡脯肉批切成 2 寸长、1.2 寸宽、2 分厚的片，放碗中，加葱结、姜块、绍酒、酱油、白糖拌匀，浸渍入味。

2 熟猪肥膘肉、咸菜叶（略大）切成和鸡脯肉相同大小的片。

3 干淀粉、葱椒、鸡蛋（1 个）制成葱椒蛋浆。

4 大米粉、面粉、鸡蛋（1 个）、水制成全蛋糊。

5 生猪肥膘肉片铺案板上，抹上葱椒蛋浆，放生鸡脯肉片，再抹全蛋糊，放上咸菜叶，成为锅贴鸡生坯。

6 平底锅烧辣，加花生油，将沾满全蛋糊的锅贴鸡生坯，肥膘一面朝下放入锅中，咸菜叶一面朝上且糊要少一些，露出咸菜叶，在中小火上将其煎至成熟，盛起沥尽油。

7 将锅贴鸡切成一字条，整齐摆放盘中，浇麻油即成。

8 上桌时带花椒盐一小碟。

【大师指点】

锅贴鸡下油锅煎时，熟猪肥膘肉面朝下，咸菜叶面朝上。开始火力要小，煎熟后将锅贴鸡放在漏勺，将熟猪肥膘肉面浇辣油使全蛋糊香脆，咸菜叶面浇热油，使之软嫩。

【特点】 香脆软嫩，风味独特。

37 纸包鸡

主料： 鸡里脊肉 400 克。

配料： 香菜叶 20 克、玻璃纸 2 张。

调料： 花生油、葱姜汁、绍酒、精盐、麻油。

制作方法

1. 鸡里脊肉洗净，去筋，批成片放盆中，加葱姜汁、绍酒、精盐拌匀，浸渍入味，再加麻油拌匀。
2. 玻璃纸裁成 3 寸见方块 12 张，每片放入两片鸡片，一片拣洗后的香菜叶，包成长方形（包口处留出纸尖，便于食用时拆开），成为纸包鸡生坯。

3. 炒锅上火，放花生油，待油五成热时放入纸包鸡生坯，养炸至熟。纸包鼓胀、浮上油面时及时捞起沥尽油摆放盘中，即可上桌。

大师指点

1. 玻璃纸包鸡片时，要贴住包紧。如没有玻璃纸可用糯米纸代替。
2. 掌握好油温、火候。

特点 鲜嫩味美，清淡可口。

38 熘荔枝鸡

主料： 鸡脯肉（带皮） 400 克。

配料： 红椒 50 克、鸡蛋 1 个。

调料： 花生油、葱花、姜米、蒜泥、绍酒、酱油、白糖、精盐、干淀粉、湿淀粉、醋、麻油。

制作方法

1. 在鸡脯肉上剞荔枝花刀，刀深及皮，切成象眼块，放盆内，加精盐、鸡蛋、干淀粉上浆。
2. 红椒去籽洗净，切斜角片。

3. 炒锅上火，辣锅冷油，放鸡块划油至熟，倒入漏勺沥尽油。
4. 炒锅上火，放花生油、葱花、姜米、红椒片略炒，加绍酒、酱油、白糖、蒜泥，用湿淀粉勾芡，倒入鸡块炒拌均匀，放醋、麻油，装盘即成。

大师指点

剞荔枝花刀须深度一致，刀距均匀。

特点 细嫩香鲜，酸甜可口。

39 熘桃仁鸡

主料： 净鸡脯肉 300 克。

配料： 核桃仁 100 克、鸡蛋 1 个。

调料： 花生油、葱花、姜米、蒜泥、绍酒、酱油、白糖、湿淀粉、干淀粉、醋、麻油。

制作方法

1. 净鸡脯肉批切成长柳叶片。
2. 核桃仁用开水略泡捞出，剥去外衣，投入六成热油锅炸熟、炸脆，沥尽油后，将其切碎。
3. 鸡蛋液、干淀粉制成全蛋浆。
4. 鸡肉片抹上全蛋浆，放上核桃仁卷紧、卷实，再沾

满全蛋浆，放有花生油的盘内，成为桃仁鸡生坯。

5. 炒锅上火，辣锅冷油，将桃仁鸡生坯（连盘中的油）倒入锅内，划油至熟，倒入漏勺沥尽油。
6. 炒锅上火，放花生油、葱花、姜米稍炒，加酱油、白糖，绍酒，蒜泥，用湿淀粉勾芡，倒入桃仁鸡，放醋，炒拌均匀，浇麻油，装盘即成。

大师指点

1. 全蛋浆要略厚，防止脱落。
2. 芡汁须有劲，要紧裹在桃仁鸡上。

特点 香脆软嫩，酸甜可口。

40 白果熘仔鸡

主料： 生仔鸡肉 250 克。

配料： 净白果 150 克、红椒片 10 克、鸡蛋 1 个。

调料： 花生油、葱花、姜米、蒜泥、绍酒、酱油、白糖、湿淀粉、干淀粉、醋、麻油。

制作方法

1 生仔鸡肉洗净，剞十字花刀，切成大丁，放盆中，加精盐、鸡蛋、干淀粉上浆。

2 炒锅上火，放花生油，待油五成热时，投入净白果拉油，去白果皮，捞起沥尽油，用刀稍拍，剥去白果芯。

3 炒锅上火，辣锅冷油，放入鸡丁划油至熟，倒入漏勺沥尽油。

4 炒锅上火，放花生油、葱花、姜米稍炒，放红椒片炒熟，加绍酒、酱油、白糖、蒜泥，用湿淀粉勾芡，倒入鸡丁，加醋，炒拌均匀，浇麻油，装盘即成。

大师指点

鸡丁上浆时，干淀粉不宜过多。

特点 ▶ 软糯细嫩，酸甜爽口。

41 熘仔鸡

主料： 净仔鸡肉 250 克。

配料： 梨 1 个，重约 200 克，红椒片 10 克、鸡蛋 1 个。

调料： 花生油、葱花、姜米、蒜泥、绍酒、酱油、白糖、干淀粉、湿淀粉、醋、麻油。

制作方法

1 仔鸡肉洗净，剞上十字花刀，切成大丁，放盆内加精盐、鸡蛋、干淀粉上浆。

2 梨去皮、核，切成小丁。红椒去籽，洗净切成片。

3 炒锅上火，辣锅冷油，放鸡丁划油至熟，倒入漏勺沥尽油。

4 炒锅上火，放花生油、葱花、姜米略炒，放红椒片、梨丁炒熟，加绍酒、蒜泥、酱油、白糖，用湿淀粉勾芡，放入鸡丁、醋，炒拌均匀，浇麻油，装盘即成。

大师指点

划油时鸡丁一变成白色即成，保持鸡丁鲜嫩。

特点 ▶ 香鲜脆嫩，酸甜适口。

42 酱爆鸡丁

主料： 生仔鸡肉 300 克。

配料： 茭白 150 克、鸡蛋 1 个。

调料： 花生油、精盐、葱花、姜米、绍酒、酱油、白糖、干淀粉、湿淀粉、甜酱、麻油。

制作方法

1 在生仔鸡肉上剞十字花刀，切成大丁放盆内，加精盐、鸡蛋、干淀粉上浆。

2 茭白去表皮，放入锅内加水，上火煮熟取出，剖成两半，用刀拍扁，切成丁。红椒去籽，洗净切丁。

3 炒锅上火，辣锅冷油，放鸡丁划油至熟，倒入漏勺沥尽油。

4 炒锅上火，放花生油、葱花、姜米稍炒，放入茭白丁、红椒丁炒熟，加绍酒、酱油、白糖、甜酱，用湿淀粉勾芡，倒入鸡丁炒拌均匀，浇麻油，装盘即成。

大师指点

1 剞十字花刀深浅、刀距要一致。

2 旺火速成，保持肉嫩。

特点 ▶ 细嫩味美，酱香浓郁。

43 红白鸡片

主料：净鸡脯肉 150 克、鸡肝 150 克。

配料：熟净笋 50 克、豌豆苗 20 克、鸡蛋 1 个。

调料：熟猪油、绍酒、精盐、湿淀粉、干淀粉、醋、麻油、鸡汤。

制作方法

1 鸡脯肉洗净，批切成柳叶片。鸡肝去胆洗净，批切成片。同放盆内，加精盐、鸡蛋清、干淀粉上浆。

2 熟净笋切成片，豌豆苗拣洗干净。

3 炒锅上火，辣锅冷油，放鸡片、肝片划油至熟，倒入漏勺沥尽油。

4 炒锅上火，放熟猪油、熟净笋片煸炒，加豌豆苗炒熟，放绍酒、精盐、鸡汤，用湿淀粉勾芡，倒入鸡片、肝片，炒拌均匀，浇麻油，装入有底醋的盘内即成。

大师指点

1 鸡脯肉要薄，鸡肝片不能太薄。

2 炒制时要旺火速成。

特点 香鲜软嫩，美味可口。

44 姜爆鸡

主料：生鸡肉 300 克。

配料：仔姜 50 克、白果 50 克、红椒 1 只、鸡蛋 1 个。

调料：花生油、绍酒、酱油、白糖、精盐、干淀粉、湿淀粉、醋、麻油。

制作方法

1 在生鸡肉上剞十字花刀，切成大丁，放盆内，加精盐、鸡蛋液、干淀粉上浆。

2 仔姜去皮、洗净，批切成片。白果去壳洗净，入五成油锅拉油去皮，捞起拍扁去芯。红椒去籽，洗净切片。

3 炒锅上火，辣锅冷油，放鸡丁划油至熟，倒入漏勺沥尽油。

4 炒锅上火，放花生油、仔姜片稍炒，加红椒片、白果炒熟，放绍酒、酱油、白糖，用湿淀粉勾芡，倒入鸡丁，炒拌均匀，浇醋、麻油，起锅装盘即成。

大师指点

1 剞十字花刀时，深度达到四分之三。

2 旺火速成。

特点 仔姜脆辣，鸡肉鲜嫩，风味独特。

45 鸡里爆

主料：生鸡脯肉 150 克。

配料：生猪肚尖 150 克、熟荸荠（去皮） 50 克、红椒 1 只、鸡蛋 1 个。

调料：花生油、葱花、姜米、绍酒、精盐、酱油、白糖、湿淀粉、干淀粉、醋、麻油。

制作方法

1 将生鸡脯肉批切成柳叶片。生猪肚尖去皮洗净，切成片，同放盆内，加鸡蛋液、精盐、干淀粉上浆。

2 熟荸荠切成片。红椒去籽，洗净切片。

3 炒锅上火，辣锅冷油，放入鸡片、生猪肚片，划油至熟，倒入漏勺沥尽油。

4 炒锅上火，放花生油、葱花、姜米稍炒，放入红椒片、荸荠片炒熟，加绍酒、酱油、白糖，用湿淀粉勾芡，倒入鸡片、肚片，炒拌均匀，放醋、麻油，装盘即成。

大师指点

1 鸡片要薄一点，鸡蛋液控制淀粉用量。

2 生猪肚尖先用碱粉腌制半小时，再用清水漂洗去碱味。

特点 鸡片鲜嫩，肚片脆嫩，风味独特。

46　芙蓉鸡片

主料： 生鸡脯肉 30 克。

配料： 熟火腿末 10 克、熟净笋片 50 克、水发木耳 20 克、豌豆苗 30 克、鸡蛋清 6 只。

调料： 熟猪油、葱姜汁、绍酒、精盐、湿淀粉、鸡汤。

制作方法

1　将生鸡脯肉刮成蓉，放盆内，加葱姜汁、绍酒、冷鸡汤、精盐，制成馅。

2　水发木耳、豌豆苗拣洗干净。鸡蛋清用三支筷子拂打成发蛋，加入鸡馅拌匀，成为芙蓉鸡片生坯。

3　炒锅内放熟猪油（融化），用手勺将芙蓉鸡片生坯剜片下锅，上火养炸至熟，倒入漏勺沥尽油。

4　炒锅上火，放熟猪油、熟净笋片稍炒，加鸡汤、水发木耳、豌豆苗、精盐，用湿淀粉勾芡，放入芙蓉鸡片，炒拌均匀，装盘撒入熟火腿末即成。

大师指点

1　鸡肉要刮细，不可有颗粒。

2　鸡片要冷油入锅，慢慢加热养炸熟，不能膨大。

特点　白如芙蓉，鲜嫩爽口。

47　绣球鸡

主料： 熟鸡脯肉 100 克。

配料： 熟瘦火腿 50 克、熟净笋 50 克、水发香菇 50 克、鸡蛋皮 1 张、青菜叶 5 张、虾仁 150 克、净鱼肉 150 克、鸡蛋清 1 个。

调料： 熟猪油、葱姜汁、绍酒、精盐、湿淀粉、鸡汤。

制作方法

1　熟鸡脯肉、熟净笋、熟瘦火腿、水发香菇、鸡蛋皮、青菜叶分别切成细丝，放盆内，拌匀，成为六丝。

2　虾仁洗净，用干布挤干水分，刮成蓉，鱼肉刮成蓉，同放盆内，加葱姜汁、绍酒、鸡蛋清、精盐，制成鱼虾馅。

3　将鱼虾馅用手抓成圆子，投入六丝盆内，滚满六丝，即成绣球鸡生坯。

4　笼锅上火，放水烧开，放入绣球鸡生坯蒸熟，取出叠放在另一盘中。

5　炒锅上火，放鸡汤烧开，加精盐，用湿淀粉勾成琉璃芡，放熟猪油，倒入绣球鸡上即成。

大师指点

1　虾仁、鱼肉均需刮细，加各种调料后，须保持一定厚度，便于成形。

2　蒸制时间要控制好，以防蒸老。

特点　形似绣球，色彩艳丽，细嫩香软。

48　水晶鸡

主料： 生鸡脯肉 300 克。

配料： 猪肥膘肉 50 克、糯米 200 克、鸡蛋 1 个。

调料： 熟猪油、葱花、姜米、绍酒、精盐、湿淀粉、干淀粉、鸡汤。

制作方法

1　将生鸡脯肉、猪肥膘肉分别刮成蓉，放盆内，加葱花、姜米、绍酒、鸡蛋、干淀粉、精盐，制成鸡肉馅。

2　糯米淘洗干净，略加浸泡，捞起放置酥干 2 小时，倒入盘中。

3　将鸡肉馅抓成玻璃球大小的圆子，放糯米内沾满糯米，成为水晶鸡生坯。

4 笼锅上火，放水烧开，放入水晶鸡生坯将其蒸熟蒸透，取出，堆放盘中。

5 炒锅上火，放鸡汤、熟猪油烧开，加精盐，用湿淀粉勾琉璃芡，倒入水晶鸡上即成。

大师指点

制馅时掌握调料用量，不可调稀，影响成形。

特点 形如水晶，软嫩香咸。

49 炮竹鸡

主料：生鸡脯肉 300 克。

配料：熟净笋 30 克、酱生姜 30 克、酱瓜 30 克、葱白段 60 克、锅巴 20 克、红椒 2 只、鸡蛋 2 个。

调料：花生油、绍酒、精盐、干淀粉、湿淀粉、醋、麻油、鸡汤。

制作方法

1 生鸡脯肉用刀片成大鹅毛片，铺案板上。

2 熟净笋、酱生姜、酱瓜洗净切成细丝。红椒去籽洗净，切成火柴梗粗细的丝。葱白段切成细丝。

3 鸡蛋、干淀粉制成全蛋浆。

4 炒锅上火，放花生油，九成热时倒入锅巴炸脆，倒入漏勺沥尽油。

5 鸡片上抹全蛋浆，放入酱生姜丝、酱瓜丝、熟净笋丝、一根红椒丝（须露出头），另一端放锅巴 1 粒，用手将鸡肉卷起并搓紧，沾上全蛋浆，放有花生油的盘内，即为炮竹鸡生坯。

6 炒锅上火，辣锅冷油，连油倒入炮竹鸡生坯，划油至熟，倒入漏勺沥尽油。

7 炒锅上火，放花生油、熟净笋丝、瓜姜丝、葱白丝、红椒丝，煸炒至熟，加鸡汤、精盐，用湿淀粉勾芡，倒入炮竹鸡，炒拌均匀，放麻油，起锅装入有底醋的盘内，即成。

大师指点

鸡片要薄，鸡肉卷得要紧，全蛋浆要厚，划油时要辣锅冷油。

特点 形如炮竹，香嫩味鲜。

50 象牙鸡翅

主料：生鸡中翅 12 只。

配料：熟净笋 50 克、水发香菇 50 克、熟火腿 20 克、青菜心 6 棵。

调料：熟猪油、葱结、姜块、绍酒、精盐、湿淀粉、虾籽、鸡汤。

制作方法

1 生鸡中翅洗净，入大火开水锅中焯水，捞出洗净，放砂锅中加水、葱结、姜块烧开，加绍酒，盖盖，移小火煮熟，再上大火烧开，捞起晾凉，剁去鸡中翅两端，拆去翅骨。将熟净笋切成鸡翅骨大小的条，穿入鸡翅，成为象牙鸡翅生坯。

2 熟净笋、水发香菇、熟火腿切成片。青菜心洗净，放大火开水锅焯水，捞起挤尽水分，放入油锅中，上火焐油成熟，倒入漏勺沥尽油。

3 炒锅上火，放鸡汤、象牙鸡翅生坯、熟净笋片、水发香菇片、虾籽烧开，放绍酒、熟猪油，收稠汤汁，加精盐，用湿淀粉勾芡，起锅装盘。叠放盘中，水发香菇片、青菜心点缀，熟火腿片放鸡翅上即成。

大师指点

鸡翅不可煮得太烂，拆骨时要保持完整。

特点 脆鲜香嫩，清淡可口。

51 瓜姜毛豆米烧鸡

主料：光仔鸡 1 只，重约 750 克。

配料：毛豆米 250 克、酱生姜 10 克、酱瓜 10 克。

调料：熟猪油、葱结、姜块、酱油、白糖、绍酒、湿淀粉、麻油。

制作方法

1 光仔鸡洗净剁成块。

2 酱生姜、酱瓜洗净，切成末。毛豆米入大火开水锅内焯水，捞出用冷水沁透。

3 炒锅上火，放熟猪油、鸡块煸炒，加水、葱结、姜块、酱油、白糖、毛豆米、酱瓜末、酱生姜末烧开，加绍酒，盖盖，移小火将鸡烧熟，再上大火收稠汤汁，去葱结、姜块，用湿淀粉勾芡，浇麻油，装盘即成。

大师指点

鸡块大小要一致。

特点 鸡肉酥烂，酱瓜、酱姜味浓。

52 栗子烧鸡

主料：光鸡 1 只，重约 750 克。

配料：栗子 400 克。

调料：熟猪油、葱结、姜块、绍酒、酱油、白糖、湿淀粉、麻油、鸡汤。

制作方法

1 将鸡剁成块洗净。栗子剖成两半，放大火开水锅中煮熟，捞起稍冷，剥壳去皮，洗净。

2 炒锅上火，放熟猪油，待油八成热时，放入鸡块拉油，捞起沥尽油。

3 炒锅上火，放入水、葱结、姜块、鸡块、栗子、酱油、白糖烧开，加绍酒，盖盖，移小火烧熟，再上大火烧开，收浓汤汁，用湿淀粉勾芡，浇麻油，装盘即成。

大师指点

鸡块大小要一致，拉油时要高油温。

特点 栗子酥香，鸡肉软烂，咸中带甜，秋季佳肴。

53 红酥鸡

主料：仔鸡腿 2 只（带皮），重约 300 克。

配料：虾仁 100 克、猪精肉 150 克、豌豆苗 250 克、鸡蛋 2 个。

调料：熟猪油、葱结、姜块、葱姜汁、绍酒、酱油、白糖、精盐、湿淀粉、干淀粉、麻油。

制作方法

1 仔鸡腿去骨洗净，在鸡肉上剞十字花刀。

2 虾仁洗净，用干布挤干水分，刮成蓉。猪精肉洗净刮成蓉，同放盆中，加葱姜汁、绍酒、鸡蛋、干淀粉、精盐，制成虾肉馅。

3 鸡蛋、干淀粉制成全蛋浆。

4 仔鸡腿肉铺案板上，抹全蛋浆，放虾肉馅，用刀稍拍，抹平，成为红酥鸡生坯。

5 炒锅上火烧辣，放熟猪油，红酥鸡生坯（鸡皮朝上，肉面朝下），煎出面子，倒入漏勺沥尽油。

6 炒锅上火，放水、葱结、姜块、酱油、白糖、红酥鸡烧开，加绍酒，盖盖，移中、小火烧熟焖烂，再上大火收汤汁，捞出切成一字条，扣放入碗内。

7 笼锅上火，放水烧开，放入红酥鸡蒸熟、蒸透后，翻身入盘中。沁去汤汁，去扣碗。

8 豌豆苗拣洗干净，放入锅内加熟猪油、精盐炒熟，泌去汤汁，围放在红酥鸡四周。

9 炒锅上火，放入烧红酥鸡的卤汁烧开，用湿淀粉勾芡，放麻油倒入红酥鸡上即成。

大师指点

1 虾肉馅调味要淡，后面还要二次调味。

2 鸡腿肉与虾肉馅结合要紧，用刀多拍几下。

特点 肉质酥香，咸中微甜。

54 白酥鸡

主料：生仔鸡脯肉2只（带皮），重约250克。

配料：虾仁100克、豌豆苗250克、鸡蛋2个、净鸡脯肉100克。

调料：熟猪油、葱结、姜块、葱姜汁、绍酒、精盐、干淀粉、湿淀粉、鸡汤。

制作方法

1 在生仔鸡脯肉上剞十字花刀。鸡脯肉洗净刮成蓉。虾仁洗净用干布挤去水分，刮成蓉。同放盆内，加葱姜汁、鸡蛋清、干淀粉、精盐，制成鸡虾馅。

2 鸡蛋清、干淀粉制成蛋清浆。

3 仔鸡脯肉抹上蛋清浆，放鸡虾馅，用刀稍拍，抹平，成为白酥鸡生坯。

4 炒锅上火烧辣，放熟猪油、白酥鸡生坯（鸡皮朝上，肉面朝下），煎出面子，倒入漏勺沥尽油。

5 砂锅内放鸡汤、葱结、姜块、精盐、白酥鸡生坯烧开，加绍酒，盖盖，移小火烧焖至酥烂，取出稍冷，切成一字条整齐扣放碗中。

6 笼锅上火，放水烧开，将白酥鸡蒸熟，取出翻身入盘，泌去汤汁去扣碗。

7 豌豆苗拣洗干净，放入锅内上火，加熟猪油、精盐炒熟，泌去汤汁，围在白酥鸡四周。

8 炒锅上火，放鸡汤烧开，加精盐，用湿淀粉勾芡，放熟猪油，倒入白酥鸡上即成。

大师指点

1 鸡脯、虾仁均需新鲜。

2 鸡虾馅和鸡脯肉结合要紧。

特点 洁白清淡，香酥鲜嫩。

注：白酥鸡生坯也可以上笼蒸熟。

55 腐乳鸡

主料：光仔鸡1只，重约750克。

调料：花生油、葱结、姜块、绍酒、酱油、白糖、香腐乳、麻油。

制作方法

1 光仔鸡从脊背开刀，去内脏、气管、食管洗净，剁下爪、翅。鸡肫剖开，去肫皮、杂质洗净。鸡肝去胆，洗净。将鸡剁成块，洗净。

2 将香腐乳制成泥。

3 炒锅上火，放花生油，待油八成热时投入鸡块、爪翅、肫、肝拉油，捞起沥尽油。

4 砂锅内放清水、葱结、姜块、酱油、白糖、鸡块、爪翅、肫、肝烧开，加绍酒，盖盖，移小火烧熟，再上大火，加香腐乳泥烧开，收稠汤汁，去葱结、姜块，浇麻油，装盘即成。

大师指点

烧鸡块时，略放酱油即可。才能呈现香腐乳的红色（香腐乳内有咸味）。

特点 色泽红亮，香鲜味浓。

56 坛子鸡

主料： 光嫩母鸡1只，重约1200克。

配料： 熟火腿150克、鲜蘑菇150克、水发干贝100克。

调料： 花生油、葱结、姜块、绍酒、酱油、白糖。

制作方法

1. 光母鸡去头、颈、爪、翅、屁股，剁成大块（每块重约80克），放盆内，加少许酱油拌匀。

2. 炒锅上火，放花生油，待油八成热时，放鸡块拉油至鸡皮变红，捞起沥尽油。

3. 鲜蘑菇洗净，熟火腿切成块。

4. 炒锅上火，放清水、葱结、姜块、鸡块、酱油、白糖烧开，加绍酒，倒入小陶瓷坛内，加鲜蘑菇、熟火腿块、水发干贝烧开，盖盖，移小火炖至酥烂，直接上桌即可。

大师指点

1. 鸡块拉油时，一定要呈红色，方可捞起。

2. 坛口要密封，加盖前可先垫上一片荷叶。

特点 酥烂脱骨，香味浓郁。

57 香糟鸡

主料： 光仔鸡1只，重约750克。

调料： 熟猪油、葱结、姜块、绍酒、精盐、酒酿或香糟、麻油。

制作方法

1. 光仔鸡从脊背开刀，去内脏、气管、食管，洗净，剁下爪、翅，肫剖开去肫皮、杂质，肝摘去胆洗净。鸡肉剁成大块，洗净。

2. 炒锅上火，放熟猪油，待油八成热时，放鸡块、爪、翅、肫、肝拉油，捞起沥尽油。

3. 炒锅上火，放水、葱结、姜块、鸡块、爪、翅、肫、肝烧开，加绍酒，盖盖，移小火将鸡烧熟，加香糟、精盐，用大火烧开，收稠汤汁，去葱结、姜块，浇麻油，即可装盘。

大师指点

香糟放入适量。

特点 糟香扑鼻，清淡鲜嫩。

58 陈皮鸡

主料： 光鸡1只，重约1000克。

调料： 花生油、葱结、姜块、绍酒、酱油、白糖、陈皮、麻油。

制作方法

1. 光鸡从脊背开刀，去内脏、气管、食管，取下爪、翅，将鸡剁成大块洗净。鸡肫剖开，去肫皮、杂质，洗净。鸡肝摘去胆，洗净。

2. 炒锅上火，放花生油，待油八成热时，放鸡块、爪、翅、肫、肝拉油，倒入漏勺沥尽油。

3. 炒锅上火，放清水、葱结、姜块、酱油、白糖、鸡块、爪、翅、肫、肝烧开，加绍酒、陈皮，盖盖，移小火烧熟焖烂，再上大火收稠汤汁，去葱结、姜块，浇麻油，装盘即成。

大师指点

陈皮与鸡块同烧，便于入味。

特点 香酥软嫩，别有风味。

59 松子鸡

主料： 带皮生鸡腿 2 只，重约 300 克。

配料： 猪精肉 100 克、虾仁 100 克、松子 10 克、豌豆苗 250 克、鸡蛋 2 个。

调料： 熟猪油、葱结、姜块、葱姜汁、绍酒、酱油、白糖、干淀粉、湿淀粉、麻油。

制作方法

1. 生鸡腿去骨洗净，剞十字花刀，刀深至皮。
2. 虾仁洗净，用干布挤去水分，刮成蓉。猪精肉洗净，刮成蓉。同放盆内，加鸡蛋（1 个）、绍酒、干淀粉、葱姜汁、精盐，制成虾肉馅。
3. 鸡蛋、干淀粉制成全蛋浆。松子入油锅炸香。
4. 鸡腿抹上全蛋浆，放虾肉馅，用刀排刮几下抹平，放上松子，嵌入鸡肉，成为松子鸡生坯。
5. 炒锅上火烧辣，放熟猪油，放入松子鸡生坯（肉面朝下），煎出面子，并有香气溢出时，倒入漏勺沥尽油。
6. 砂锅上火，放水、葱结、姜块、酱油、白糖、松子鸡生坯烧开，加绍酒，盖盖，移小火烧熟焖烂，捞出。稍冷后，切成一字条整齐地扣入碗中。
7. 笼锅上火，放水烧开，放入松子鸡将其蒸熟，翻身入盘中。泌下卤汁，去扣碗。
8. 豌豆苗拣洗干净，放入锅内上火，加熟猪油、精盐煸炒至熟，泌去汤汁，围在松子鸡周围。
9. 炒锅上火，放烧松子鸡汤汁烧开，用湿淀粉勾琉璃芡，浇麻油，倒松子鸡上即成。

大师指点

1. 虾肉馅与鸡肉贴合要紧。
2. 松子煎至金黄色，不能煎焦。

特点 香鲜酥烂，咸中微甜。

60 咖喱鸡

主料： 光仔鸡 1 只，重约 750 克。

配料： 土豆 250 克、洋葱 100 克。

调料： 熟猪油、花生油、葱结、姜块、绍酒、精盐、咖喱粉。

制作方法

1. 光仔鸡剁下头、颈、翅、爪，鸡身剁成块，入大火开水锅内焯水，捞出洗净。
2. 土豆去皮切滚刀块，洗净。洋葱去皮、根，切两半撕成大片。
3. 炒锅上火，放花生油，待油九成热时，放土豆，炸成老黄色，外层起壳时，捞起沥尽油。
4. 炒锅上火，放清水、葱结、姜块、精盐、鸡块烧开，加绍酒，盖盖，移小火将鸡烧熟。再上大火，放土豆块烧开。
5. 炒锅上火，放熟猪油、洋葱，煸炒出香味时，倒入放鸡块的锅中。
6. 炒锅上火，放熟猪油、咖喱粉炒香，倒入鸡块锅中，用大火收稠汤汁，去葱结、姜块，装盘即成。

大师指点

1. 鸡块大小均匀，焯水后要洗清水。
2. 炸土豆块要用辣锅辣油。

特点 色呈微黄，鲜嫩香辣。

61 贵妃鸡

主料： 光鸡 1 只，重约 750 克。

配料： 熟净笋 50 克、水发香菇 50 克、葱白段 10 根。

调料： 花生油、葱结、姜块、酱油、白糖、葡萄酒、麻油。

制作方法

1. 光鸡从脊背开刀，去内脏、气管、食管，洗净，剁成块洗净。鸡肫剖开，去肫皮、杂质，洗净。鸡肝去胆，洗净。

2. 熟净笋、水发香菇切成片，洗净。

3. 炒锅上火，放花生油，待油九成热时，放葱白段，炸成金黄色时捞起，即金葱。

4. 炒锅上火，放入花生油，待油九成热时，放鸡块、肫、肝拉油，至色呈牙黄色时，捞起沥尽油。

5. 砂锅内放葡萄酒、葱结、姜块、鸡块、肫、肝、熟净笋片、水发香菇片、金葱段、酱油、白糖，大火烧开后，移小火烧熟焖烂，去葱结、姜块，再上大火，收稠汤汁，浇麻油，装盘即成。

【大师指点】

鸡块大小一致，炸成牙黄色即可。葱白须炸成金黄色。

特点 ▸ 色泽淡红，酥烂香浓。

62 贵妃鸡翅

主料： 鸡中翅12只。

配料： 熟净笋50克、水发香菇50克、葱白段12根。

调料： 花生油、葱结、姜块、酱油、白糖、葡萄酒、麻油。

制作方法

1. 鸡中翅洗净。

2. 熟净笋、水发香菇洗净，切成片。

3. 炒锅上火，放花生油，待油九成热时放葱白段，炸成金黄色捞起，即金葱。

4. 炒锅上火，放入花生油，待油九成热时，放鸡中翅拉油，至色呈牙黄色时，捞起沥尽油。

5. 砂锅内放葡萄酒、姜块、葱结、鸡中翅、熟净笋片、水发香菇片、金葱、酱油少许、白糖，大火烧开，小火烧熟焖烂，去葱结、姜块，再上大火，收稠汤汁，浇麻油起锅装盘即成。

【大师指点】

鸡翅大小一致，炸成牙黄色。葱白段要辣锅辣油，炸成金黄色。

特点 ▸ 色呈淡红，酥烂香浓。

63 黄焖鸡翅

主料： 光鸡中翅12只。

配料： 水发香菇50克、葱白段8根。

调料： 花生油、熟猪油、葱结、姜块、绍酒、酱油、白糖。

制作方法

1. 光鸡中翅洗净，沥尽水。

2. 炒锅上火，放花生油，待油九成热时放鸡中翅，炸成金黄色，捞起沥尽油。

3. 炒锅上火，放花生油，待油九成热时放葱白段，炸成金黄色，捞起，成金葱。

4. 砂锅内放葱结、姜块、绍酒、酱油、白糖、鸡中翅，大火烧开，盖盖，移小火烧熟焖烂。

5. 另用一只砂锅，将熟鸡翅整齐摆放，加汤汁、金葱、水发香菇片、熟猪油，盖盖烧开，移小火焖约15分钟，即可放入等盘上桌。

【大师指点】

焖制鸡中翅要掌握好时间、火候，既确保酥烂，又不能破坏形状。

特点 ▸ 酥香可口，别有风味。

64 酿鸡翅

主料： 鸡中翅 12 只。

配料： 虾仁 10 克、熟火腿 10 克、熟净笋 10 克、水发香菇 10 克、糯米 10 克、青菜心 10 棵。

调料： 熟猪油、葱结、姜块、绍酒、精盐、湿淀粉、鸡汤。

制作方法

1 鸡中翅去骨，洗净。虾仁洗净，用干布挤干水分，刮成蓉。熟火腿、熟净笋、水发香菇洗净，切成丁，和糯米饭同放盆中，加精盐，制成五丁馅。

2 将五丁馅灌入鸡翅中（原翅骨部分），放碗内，加葱结、姜块、绍酒、少许鸡汤，成酿鸡翅生坯。

3 青菜心洗净，入大火开水锅内焯水后，捞出，放冷水泌透，挤尽水，再放入熟猪油锅中，上火焐油成熟，倒入漏勺沥尽油。

4 笼锅上火，放水烧开，放入酿鸡翅生坯，将其蒸熟、蒸透，取出叠放盘中，围上青菜心。

5 炒锅上火，放鸡汤烧开，加精盐，用湿淀粉勾芡，放熟猪油，倒入酿鸡翅上即成。

大师指点

鸡中翅去骨时，不可弄破皮。

特点 制作精细，酥烂鲜美。

65 花菇凤翅

主料： 生鸡翅 750 克。

配料： 水发花菇 100 克。

调料： 葱结、姜块、绍酒、精盐、虾籽、鸡汤。

制作方法

1 水发花菇去蒂洗净，摆放碗内。

2 生鸡翅剁去翅尖，入大火开水锅肉焯水，捞起洗净，摆放水发花菇碗中，加葱结、姜块、绍酒、精

盐、虾籽/鸡汤。

3 笼锅上火，放水烧开，放入鸡翅蒸熟，花菇蒸入味。

4 将鸡翅翻身入品锅，去扣碗，花菇围四周即成。

大师指点

蒸制时间要掌握好，鸡翅保持酥烂脱骨而不失其形。

特点 酥烂鲜美，别具风味。

66 如意鸡

主料： 熟鸡皮 150 克。

配料： 生鸡脯肉 250 克、熟猪肥膘肉 50 克、熟瘦火腿 80 克、青菜叶 4 张、鸡蛋清 1 个。

调料： 熟猪油、葱姜汁、绍酒、精盐、干淀粉、湿淀粉、鸡汤。

制作方法

1 生鸡脯肉洗净，刮成蓉，熟猪肥膘肉刮成蓉，同放盆中，加葱姜汁、绍酒、鸡蛋清、干淀粉、精盐，制成鸡馅。

2 熟瘦火腿切末，青菜叶洗净、切末，各放碗中，加少许鸡馅，搅拌均匀。

3 将熟鸡皮切成 2 寸见方的片，放鸡馅抹平。一边放熟瘦火腿末，一边放青菜叶末（各占一半），从两边向中间卷起，成为如意鸡卷生坯。

4 笼锅上火，放水烧开，放入如意鸡卷生坯，将其蒸熟，取出切成 5 分厚的块，整齐摆放盘中。

5 炒锅上火，放鸡汤烧开，加精盐，用湿淀粉勾芡，放熟猪油，倒入如意鸡卷上即成。

大师指点

1 鸡脯肉、熟猪肥膘肉刮得越细越好。

2 如意鸡卷放入馅心不宜过多，防止卷成鸡卷过大。

特点 形似如意，鲜美香嫩。

67 荷叶粉蒸鸡

主料： 净鸡肉 1000 克。

配料： 生猪板油 100 克、大米 500 克、鲜荷叶 6 张。

调料： 熟猪油、葱结、姜块、桂皮、八角、绍酒、酱油、白糖、麻油、鸡汤。

制作方法

1 大米淘洗干净，浸泡后沥尽水，放置 2 小时左右，入炒锅，加桂皮、八角炒至老黄色，去桂皮、八角，用磨子磨成粉。放入盆内，加酱油、白糖、熟猪油、鸡汤，制成米粉馅。

2 净鸡肉切成十块长方块（每块 100 克），放盆内，加葱结、姜块、绍酒、酱油、白糖拌匀，浸渍入味。

3 生猪板油切成十块长方块（每块 10 克）。

4 荷叶去柄，撕成大片，放入大火开水锅内略烫，捞出晾凉。

5 荷叶上放入米粉馅成长方形（和鸡块一样大小），放鸡块、猪板油块，再放上米粉馅抹平。包成长方块，成为荷叶粉蒸鸡生坯。

6 笼锅上火，放水烧开，放入荷叶粉蒸鸡生坯，将其蒸熟，取出，换荷叶，再上笼锅稍蒸一下，取出，在荷叶上刷麻油，摆放盘中，上桌即成。

大师指点

1 大米要炒香，不能炒焦。

2 荷叶粉蒸鸡要蒸熟蒸透入味。

3 换荷叶，保持荷叶上桌绿色。

特点 酥烂香醇，时令佳肴。

68 花菇蒸鸡

主料： 光母鸡 1 只，重约 1500 克。

配料： 水发花菇 250 克。

调料： 鸡油、葱结、姜块、绍酒、精盐。

制作方法

1 将光母鸡剁成小方块，洗净，放入大火开水锅内焯水，捞起洗净。

2 将鸡块、水发花菇放汤碗内，加绍酒、葱结、姜块、精盐、鸡油。

3 笼锅上火，放水烧开，放水发花菇、鸡块蒸熟，取出，去葱结、姜块，即可上桌。

大师指点

1 鸡块要大小须一致。焯水后要反复洗净。

2 蒸制时间要略长，使之香味融合。

特点 清淡鲜嫩，酥烂脱骨。

69 明月沙滩鸡

主料： 生鸡肉 300 克。

配料： 净山药 200 克、净土豆 200 克、鸽蛋 10 个、熟火腿末 5 克、红椒 1 只、香菜叶 5 克、鸡蛋清 1 个。

调料： 熟猪油、绍酒、精盐、酱油、白糖、湿淀粉、干淀粉、醋、麻油、鸡汤。

制作方法

1 生鸡肉上剞十字花刀，切成丁，放盆内，加精盐、鸡蛋清、干淀粉上浆。红椒去籽，洗净切片。

2 山药、土豆洗净，放大火开水的笼中蒸至熟、烂，取出，去皮，分别制成泥蓉，各放碗内，加熟猪油、精盐拌匀，再蒸一次。

3 小碟内抹熟猪油，放冰箱内冷冻一下取出。放鸽蛋，撒上熟火腿末、香菜叶，即成明月鸽蛋生坯，上笼蒸熟，取出在冷开水中脱碟，成明月鸽蛋。

4 大圆盘内，一边放山药泥，另一边放土豆泥，抹平，四周放明月鸽蛋。

5 炒锅上火，辣锅冷油，放鸡丁划油至熟，倒入漏勺沥尽油。

6 炒锅上火，放熟猪油、红椒片煸炒成熟，加酱油、白糖、绍酒，用湿淀粉勾芡，倒入鸡丁炒拌均匀，放醋、麻油，盛放在山药土豆泥中间即成。

大师指点

鸡丁要大小一致，浆要上匀。

特点 造型美观，口感多样。

---

70 千层鸡

主料： 熟鸡脯肉 100 克。

配料： 熟火腿 100 克、熟净笋 100 克、水发香菇 100 克、蛋黄糕 100 克、豌豆苗 250 克、鸡蛋清 1 个。

调料： 熟猪油、精盐、干淀粉、湿淀粉、鸡汤。

制作方法

1 将熟鸡脯肉切成长宽各 1 寸、厚 2 分的正方片。熟火腿、熟净笋、水发香菇、蛋黄糕也切成相同的片。

2 鸡汤、精盐烧开，晾凉后放入鸡片等五种原料，浸渍入味。

3 鸡蛋清、干淀粉制成蛋清浆。

4 熟鸡脯片抹蛋清浆，放上水发香菇片，再抹蛋清浆，依次将五种片叠放成千层鸡生坯（共 10 只）。

5 笼锅上火，放水烧开，放入千层鸡生坯，将其蒸熟，整齐摆放在盘内。

6 炒锅上火，放熟猪油、拣洗干净的豌豆苗、精盐炒熟，泌去汤汁，围放在千层鸡四周。

7 炒锅上火，放鸡汤烧开，加精盐，用湿淀粉勾芡，放熟猪油，倒入千层鸡上即成。

大师指点

五种片要大小一致，中间的蛋清浆要抹匀。

特点 鲜美可口，别具一格。

---

71 芙蓉鸡

主料： 生鸡脯肉 250 克。

配料： 白鱼肉 250 克、熟鸡皮 200 克、熟火腿末 20 克、香菜叶 20 克。

调料： 熟猪油、葱姜汁、绍酒、精盐、干淀粉、湿淀粉、鸡汤。

制作方法

1 生鸡脯肉、白鱼肉洗净，分别刮成蓉，放盆内，加葱姜汁、绍酒、干淀粉、鸡汤、精盐，制成鸡鱼馅。

2 熟鸡皮修成大圆片，放盘内，抹上鸡鱼馅，撒上熟火腿末、香菜叶，成为芙蓉鸡生坯。

3 笼锅上火，放水烧开，放入芙蓉鸡生坯，将其蒸熟，取出稍冷，切成斜角块，放入盘中拼成圆形，复蒸一下取出。

4 炒锅上火，放鸡汤烧开，加精盐，用湿淀粉勾芡，放熟猪油，倒入芙蓉鸡上即成。

大师指点

1 生鸡脯肉、白鱼肉刮蓉之前，一定要漂洗干净，不能有一丝血水。

2 刮的蓉要细不能粗。

3 上蒸笼时注意火候，不能蒸过或蒸不熟。

特点 白如芙蓉，鲜美细嫩。

72　蛋美鸡

主料： 肥母鸡 1 只，重约 1500 克。

配料： 熟火腿 50 克、熟鸡脯肉 50 克、虾仁 50 克、鸡肫 1 副、熟净笋 50 克、水发冬菇 50 克、青菜叶 4 张、香菜 10 克、鸡蛋 4 个。

调料： 熟猪油、葱结、姜块、绍酒、精盐、酱油、白糖、湿淀粉、干淀粉、虾籽、鸡汤。

制作方法

1　肥母鸡宰杀后去毛、爪、翅，从脊背开刀，去内脏、气管、食管，用刀在骨头上拍一下，洗净，放入大火开水锅中焯水，捞起洗净。

2　砂锅内放清水、葱结、姜块、鸡烧开，加绍酒，盖盖，移小火将鸡烧熟焖烂，取出扣大碗内，加虾籽、精盐，放入中火开水的笼锅中蒸熟、蒸透，取出，翻身入盘，泌下汤汁，去扣碗。

3　鸡蛋、干淀粉、精盐，拭匀，用手勺制成 10 张小圆蛋皮。

4　将熟火腿、熟鸡脯肉、熟净笋、水发冬菇、肫均切成小丁，成五丁。

5　炒锅上火，放熟猪油、五丁煸炒成熟，加鸡汤、精盐烧开，大火收稠收干汤汁，用湿淀粉勾芡，制成五丁馅。

6　熟火腿、青菜叶切成末。虾仁洗净，用干布挤去水分，刮成蓉，放碗内，加葱姜汁、鸡蛋清、干淀粉、精盐制成虾馅。

7　鸡蛋皮上放五丁馅，包成烧卖状，烧卖口用虾馅黏合，放上熟火腿末、青菜末，成为蛋烧卖生坯。

8　笼锅上火，放水烧开，放入蛋烧卖将其蒸熟，取出围在鸡的周围。

9　炒锅上火，放鸡汤烧开，加精盐，用湿淀粉勾琉璃芡，放熟猪油，倒入蛋美鸡上，放香菜即成。

大师指点

蛋烧卖要大小一致。

特点　酥烂脱骨，造型别致。

73　荷花鸡

主料： 母鸡 1 只，重约 1500 克。

配料： 熟火腿 100 克、水发绿笋 100 克、水发香菇 1 只。

调料： 葱结、姜块、绍酒、精盐、虾籽。

制作方法

1　将母鸡宰杀、去毛，去气管、食管，从裆下开口，去内脏，剁下爪、翅，洗净，入大火开水锅内焯水，捞起洗净，放砂锅内，加清水、葱结、姜块烧开，加绍酒，盖盖，移小火将鸡烧熟焖烂，捞出晾凉，用鸡脯肉。

2　将鸡脯肉、水发绿笋、熟火腿切成片，一端呈宝剑形，另将一片火腿刻成 7 个小圆片。

3　大碗中放一个香菇水发（去柄），四周间隔围以鸡肉片、水发绿笋片、熟火腿片，成荷花形，再将别的鸡肉剁成块，放入碗内填满加虾籽、精盐、鸡汤即成荷花鸡生坯。

4　笼锅上火，放水烧开，将荷花鸡生坯蒸熟，取出放汤盘内，泌下汤汁，熟火腿圆片放在水发香菇上。

5　炒锅上火，放鸡汤，烧开，加精盐，倒入荷花鸡即成。

大师指点

1　鸡脯肉、水发绿笋、熟火腿要片形、厚薄一致。

2　上笼蒸后要蒸透入味。

特点　形似荷花，香嫩味鲜。

74 白雪鸡

主料： 生鸡脯肉 300 克。

配料： 熟鸡皮 20 克、熟猪肥膘肉 100 克、熟火腿 15 克、鸡蛋清 4 个、香菜叶 5 克。

调料： 熟猪油、葱姜汁、绍酒、精盐、干淀粉、湿淀粉、鸡汤。

制作方法

1 将生鸡脯肉、熟猪肥膘肉分别刮成蓉，同放盆内，加葱姜汁、鸡蛋清（1 只）、干淀粉、精盐，制成鸡肉馅。

2 熟火腿切末，香菜叶洗净。鸡蛋清用竹筷拭打成发蛋。

3 取 5 寸圆盘，放上鸡皮，修成与盘大小一样的圆，放鸡肉馅抹匀抹平，成为白雪鸡生坯。

4 笼锅上火，放水烧开，将白雪鸡生坯蒸熟，取出，在鸡肉馅上剞十字吞刀，加发蛋抹平，撒熟火腿末、香菜叶再放笼内蒸熟，取出放另一大盘中。

5 炒锅上火，放鸡汤烧开，加精盐，用湿淀粉勾琉璃芡，放熟猪油，倒入白雪鸡即成。

大师指点

1 发蛋要打上劲，筷子能直立不倒。

2 蒸发蛋时掌握好时间，不可蒸过。

特点 洁白如雪，鲜嫩味美。

75 清蒸鸡粉团

主料： 生鸡脯肉 150 克。

配料： 熟净笋尖 100 克、熟火腿 50 克、熟火腿末 5 克、大米粉 100 克、豌豆苗 50 克、鸡蛋清 1 个。

调料： 熟猪油、葱姜汁、绍酒、精盐、湿淀粉、鸡汤。

制作方法

1 将生鸡脯肉、熟火腿、熟净笋尖分别刮成蓉，同放盆内，加葱姜汁、绍酒、鸡蛋清、大米粉、精盐制成馅，搓团成乒乓球大小的圆子，成为鸡粉团生坯。

2 笼锅上火，放水烧开，放鸡粉团生坯，将其蒸熟，取出整齐放在盘中。

3 炒锅上火，放熟猪油、豌豆苗、精盐炒熟，泌去汤汁，放鸡粉团上，撒熟火腿末。

4 炒锅上火，放鸡汤烧开，加精盐，用湿淀粉勾琉璃芡，放熟猪油，倒入鸡粉团上即成。

大师指点

1 制馅时要掌握厚度，确保圆形不塌。

2 最后的芡汁要厚薄适中。

特点 鲜嫩味美，清淡爽口。

76 柴把鸡

主料： 熟鸡脯肉 250 克。

配料： 熟火腿 100 克、熟净笋 100 克、水发香菇 100 克、水发绿笋 40 克。

调料： 熟猪油、精盐、虾籽、湿淀粉、鸡汤。

制作方法

1 熟鸡脯肉、熟净笋、水发绿笋、水发香菇都切成 1.5 寸长、比火柴梗稍粗的条，水发绿笋撕成长丝。

2 用鸡肉条 4 根、熟净笋条、熟火腿条、水发香菇条各 2 根，用水发绿笋丝扎紧，成为柴把鸡生坯。整齐地放入碗内，加精盐、虾籽、鸡汤。

3 笼锅上火，放水烧开，放入柴把鸡生坯，将其蒸熟，取出翻身入盘中，泌出汤汁。去扣碗。

4 炒锅上火，放鸡汤烧开，用湿淀粉勾米汤芡，放熟猪油，倒入柴把鸡上即成。

大师指点

1 切条时，各种原料要长短、粗细一致。

77 香酥鸡

主料：光仔鸡 1 只（重约 750 克）。

调料：花生油、葱结、姜块、陈皮、花椒盐、绍酒、
精盐、酱油、甜酱、番茄酱、麻油。

制作方法

1 光仔鸡从腋下开刀，去内脏洗净。用花椒盐抹遍鸡
身、腹腔，腌渍 3 小时，洗净。

2 笼锅上火，放水烧开，放入鸡、葱结、姜块、陈
皮、绍酒蒸熟取出，抹上酱油，晾凉。

3 炒锅上火，放花生油，待油八成热时，放入鸡，将
其炸酥炸脆捞出，待油九成热时，入锅重油，至色

呈老黄色时，捞起沥尽油。

4 剁下鸡头、颈，将鸡身剁成一字条，在腰盘内还原
成鸡形，浇麻油即成。

5 带甜酱、番茄酱各一小碟上桌。

大师指点

1 光鸡腌制时要确保入味。

2 蒸制时间不宜过长，一熟即可。

3 炸制时用大火辣油，确保酥脆。

特点 色泽红亮，香酥爽口。

78 香酥鸡翅

主料：光鸡翅 12 只。

调料：花生油、葱结、姜块、绍酒、花椒盐、酱油、
甜酱、番茄酱、麻油。

制作方法

1 剁去鸡翅尖，用花椒盐、绍酒腌制 3 小时，取出洗
净。放大火开水的笼锅中蒸熟，取出抹上酱油，晾凉。

2 炒锅上火，放花生油，待油八成热时，放入鸡翅炸
脆、炸酥，捞起，待油九成热时，入锅重油，至色

呈老黄色，捞起沥尽油。

3 将鸡翅略加改刀，摆放盘内，浇上麻油。

4 带甜酱、番茄酱各一小碟上桌即成。

大师指点

1 腌渍入味。

2 油炸时要大火辣油。

特点 色泽红亮香酥可口。

79 香炸仔鸡

主料：光仔鸡 1 只（重约 750 克）。

配料：虾仁 100 克、熟瘦火腿末 10 克、青菜叶末 10
克、鸡蛋 1 个、鸡蛋清 1 个、面粉 20 克、面包
屑 50 克。

调料：花生油、葱结、姜块、葱姜汁、绍酒、精盐、
干淀粉、胡椒粉、番茄酱。

制作方法

1 光仔鸡去爪、翅、气管、食管，从脊背开刀，剔去
腿骨、颈骨，剥下完整鸡皮（连住鸡头）、鸡脯
肉、鸡腿肉，在鸡肉上剞十字花刀（刀深及皮），
放盆内，加葱结、姜块、绍酒、精盐、胡椒粉，浸
渍入味。

2 蒸制时要蒸熟、蒸透、入味。

特点 色彩多样，鲜香微咸。

2 鸡蛋、干淀粉制成全蛋浆。

3 在鸡皮上均匀拍上面粉，抹上全蛋浆，沾满面包屑，压紧。投入七成热花生油锅，炸至面包屑金黄，捞起沥尽油。

4 虾仁洗净，用干布挤干水分，刮成蓉，放盆中，加葱姜汁、鸡蛋清、干淀粉、精盐，制成虾馅。

5 在鸡肉面（先用干布吸干油），抹上全蛋浆，再抹上虾馅，撒上熟瘦火腿末、青菜叶末，抹平后成为香炸仔鸡生坯。

6 炒锅上火，放花生油，待油五成热时，放香炸仔鸡生坯，养炸至熟，捞起沥尽油，将鸡头切下，剖成两半，放盆中，鸡身切成一字条，摆成鸡形。

7 带番茄酱一小碟上桌即成。

大师指点

1 香炸仔鸡油炸时，油温不宜过高。

2 切一字条时，长短要一致。

特点 色泽金黄，香脆鲜嫩。

80 火夹鸡

主料： 生鸡脯肉 150 克。

配料： 熟火腿 200 克、鸡蛋 1 个、大米粉 100 克、面粉 50 克。

调料： 花生油、葱结、姜块、绍酒、精盐、麻油、花椒盐。

制作方法

1 将生鸡脯肉切成 1 寸长、8 分宽、2 分厚的片 10 片。熟火腿切成同样大小的 20 片。

2 生鸡脯肉片放盆内，加葱结、姜块、绍酒、精盐拌匀，浸渍入味。

3 鸡蛋液、大米粉、面粉、水制成全蛋糊。

4 用两片火腿片夹一片鸡脯肉片，成为火夹鸡生坯。

5 炒锅上火，放入花生油，待油七成热时，将火夹鸡生坯，沾满全蛋糊，入油锅内炸熟捞起。待油八成热时，入锅重油，至外皮起脆、色呈老黄色时，捞起沥尽油，摆放盘内，浇上麻油。

6 带花椒盐一小碟上桌。

大师指点

1 鸡脯肉片、熟火腿片须大小一致。

2 制全蛋糊，掌握浓度干、稀适度。

特点 香脆酥爽，美味可口。

81 葫芦鸡腿（一）

主料： 生鸡腿 10 只。

配料： 虾仁 100 克、净鱼肉 100 克、熟火腿 50 克、熟净笋 50 克、水发香菇 50 克、鸡蛋 2 个。

调料： 熟猪油、葱结、姜块、葱姜汁、绍酒、精盐、湿淀粉、鸡汤。

制作方法

1 将生鸡腿肉上的皮完整取下，去骨（留下一小截作为葫芦把），将鸡腿肉刮成蓉。

2 虾仁洗净，用干布挤干水分，刮成蓉。鱼肉洗净，刮成蓉。熟火腿、水发香菇、熟净笋切成小丁。

3 将鸡蓉、虾蓉、鱼蓉、熟火腿丁、水发香菇丁、熟净笋丁同放盆内，加葱姜汁、鸡蛋、干淀粉、精盐，制成鸡肉馅。

4 将鸡肉馅灌入鸡腿皮中，封口处用线扎紧，中间再扎一道，使之成为一大一小两个圆球，成为葫芦鸡腿生坯。

5 炒锅上火，放熟猪油，待油八成热时，放葫芦鸡腿生坯，炸至淡黄色，捞起沥尽油，放盘内，去扎线。

6 笼锅上火，放水烧开，放入葫芦鸡腿生坯（盘内加葱结、姜块、绍酒）将其蒸熟，取出摆放盘中。

7 炒锅上火，放鸡汤烧开，加精盐，用湿淀粉勾芡，浇葫芦鸡腿上即成。

大师指点

鸡腿皮须保持完整，不能搞破。

特点 形似葫芦，香鲜味美。

82 葫芦鸡腿（二）

主料： 生鸡腿 10 只。

配料： 虾仁 100 克、净鱼肉 100 克、熟火腿 50 克、熟净笋 50 克、水发香菇 50 克、鸡蛋 2 个。

调料： 熟猪油、葱结、姜块、葱花、姜米、绍酒、精盐、酱油、白糖、干淀粉、湿淀粉、麻油。

制作方法

1 完整取下生鸡腿皮，去腿骨，留一小截做葫芦把。鸡腿肉洗净，刮成蓉。

2 虾仁洗净，用干布挤干水分，刮成蓉。鱼肉洗净，刮成蓉。熟火腿、熟净笋、水发香菇切成小丁。

3 将鸡蓉、虾蓉、鱼蓉、熟净笋丁、熟火腿丁、水发香菇丁、葱花、姜米、绍酒、鸡蛋液、干淀粉、精盐，同放盆内，制成鸡肉馅。

4 将鸡肉馅灌入鸡腿皮，灌口处用线扎紧。中间扎出一大一小两个圆（腿骨露出），成为葫芦鸡腿生坯。

5 炒锅上火，放熟猪油，八成热时投入葫芦鸡腿生坯，炸至淡黄色，捞起沥尽油。

6 砂锅内放清水、葱结、姜块、酱油、白糖、葫芦鸡腿生坯烧开，加绍酒，盖盖，移小火烧熟烧透取出，去扎线，摆放盘内。

7 炒锅上火，放烧鸡腿汤汁烧开，用湿淀粉勾芡，放麻油，浇葫芦鸡腿上即成。

大师指点

1 鸡腿皮要保持完整。

2 线要扎紧，防止脱落。

特点 ▶ 色呈酱红，咸中微甜。

83 八大锤

主料： 生鸡腿 8 只。

配料： 香菜 50 克、姜丝 10 克。

调料： 花生油、葱结、姜块、绍酒、酱油、白糖、麻油、花椒盐。

制作方法

1 鸡腿用竹签戳一戳放盆内，加葱结、姜块、绍酒、酱油、白糖拌匀，浸渍入味。

2 炒锅上火，放花生油，待油七成热时，放入鸡腿炸熟，捞起，待八成热时，下锅重油，至色呈酱红色，捞出沥尽油，摆放盘内，浇麻油。

3 盘中放拣洗后的香菜，撒上姜丝即可。

大师指点

1 鸡腿戳小孔便于入味，便于炸熟。

2 两次油炸，掌握好油温。

特点 ▶ 色泽酱红，香脆软嫩。

84 芭蕉鸡

主料： 生鸡腿肉 4 只，重约 500 克。

配料： 面包屑 150 克、香菜 10 克、熟红椒末 5 克、面粉 50 克、鸡蛋 1 个。

调料： 花生油、葱姜汁、绍酒、酱油、白糖、麻油、干淀粉、番茄酱或甜酱。

制作方法

1 去上半截鸡腿骨，下半截剖开去骨，生鸡腿肉用刀剖开成两半，成芭蕉形，在肉上排几刀，放盆内，加葱姜汁、绍酒、酱油、白糖拌匀，浸渍入味。

2 鸡蛋、干淀粉制成全蛋浆。

3 生鸡腿肉拍上面粉，沾全蛋浆，粘满面包屑，成为芭蕉鸡生坯。

4 炒锅上火，放花生油，待油七成热时，放入芭蕉鸡生坯炸熟，捞起，待油八成热时，入锅重油，至色呈老黄色，捞出沥尽油。

5 将芭蕉鸡切成一字条，在盘内仍摆放成芭蕉状，浇麻油，放洗净的香菜，撒上熟红椒末即成。

6 带番茄酱或甜酱一小碟上桌。

大师指点

1 浸渍前将生鸡腿肉拍松，便于入味。

2 面包屑要均匀、粘牢。

特点 形似芭蕉，香脆鲜嫩。

85 油淋鸡

主料： 光仔鸡1只（重约750克）。

配料： 香菜10克。

调料： 花生油、葱结、姜块、绍酒、酱油、麻油、花椒盐、辣酱油或甜酱、番茄酱。

制作方法

1 光仔鸡洗净，用花椒盐、葱结、姜块、绍酒、腌制1~2小时，取出洗净，周身抹上酱油。

2 炒锅上大火，放花生油，待油七成热时，将光仔鸡投入油炸，移小火炸熟捞出，油锅再上火，待油八

成热时，入锅重油，炸至色呈酱红色时，捞起沥尽油。

3 剁下鸡头，剖成两半，放盘内。鸡颈剁成段，鸡肉剁成长方块，在盘内拼装成鸡形，浇麻油，放洗净的香菜即成。

4 带一小碟辣酱油或甜酱、番茄酱上桌。

大师指点

要选用嫩仔鸡，浸渍入味。

特点 色泽红亮，鲜嫩香浓。

86 铁扒鸡腿

主料： 生鸡腿4只（重约500克）。

配料： 香菜10克、熟红椒末5克。

调料： 花生油、葱结、姜块、绍酒、酱油、麻油、花椒盐、番茄酱或甜酱。

制作方法

1 生鸡腿洗净放盆内，加葱结、姜块、绍酒、花椒盐拌匀腌渍1小时，取出洗净，抹上酱油。

2 炒锅上火，放花生油，待油七成热时，放生鸡腿炸

熟，用刀剁成一字条装盘，浇麻油，上面放洗净的香菜，撒熟红椒末即成。

3 带一小碟番茄酱或甜酱上桌。

大师指点

鸡腿上用牙签戳些小孔便于入味。

特点 色泽红亮，香脆鲜嫩。

87 八宝鸡

主料： 当年母鸡1只（重约1000克）。

配料： 熟火腿50克、熟净笋50克、水发香菇50克、熟鸡肫和肝各1副、芡实10克、薏仁10克、虾仁30粒、水发海参50克。

调料： 花生油、葱结、姜块、绍酒、酱油、白糖、湿淀粉、虾籽。

制作方法

1 将母鸡宰杀、去毛，剁下爪、翅，整鸡出骨后洗净，放大火开水锅内稍烫一下捞出，沥尽水。

2 熟火腿、熟净笋、水发香菇、熟鸡肫和肝、水发海参均切成小丁。芡实、薏仁用开水泡开，上笼蒸透，取出沥尽水。

3 将火腿丁、笋丁、香菇丁、鸡肫丁、海参丁、虾仁和芡实、薏仁同放盆中，加酱油、白糖拌匀，灌入鸡腹，用棉线扎紧开口处，成为八宝鸡生坯。

4 炒锅上火，辣锅辣油，放入八宝鸡生坯炸成金黄色，捞起沥尽油。

5 砂锅内放竹垫，放水、葱结、姜块、酱油、白糖、虾籽、八宝鸡，大火烧开，加绍酒，盖盘，移小火烧熟焖烂，取出，装入盘内，拆去扎绳。

6 炒锅上火，放砂锅内汤汁烧开，用湿淀粉勾芡，浇八宝鸡上即成。

大师指点

1 整鸡出骨时要保持鸡皮完整。

2 鸡腹中八宝馅只能装七、八成，不能太满。

3 此菜也可用砂锅直接上桌，但须鸡肚朝上，去葱结、姜块。

特点 软嫩鲜美，咸中微甜。

88 八宝糯米鸡

主料：仔鸡 1 只（重约 1000 克）。

配料：熟火腿 30 克、熟净笋 30 克、水发香菇 30 克、猪精肉 30 克、虾仁 30 克、水发海参 30 克、鸡肫 1 付、糯米 200 克、鸡蛋清适量。

调料：花生油、葱结、姜块、绍酒、精盐、湿淀粉、干淀粉、花椒盐、鸡汤。

制作方法

1 仔鸡宰杀、去毛，洗净，去爪、翅，整鸡出骨、洗净，放大火开水锅内稍烫一下，捞起洗净。

2 虾仁洗净，用干布挤去水分，用精盐、鸡蛋清、干淀粉上浆。

3 熟火腿、猪精肉、熟净笋、水发香菇、水发海参、鸡肫均切成丁。

4 糯米淘洗干净，入大火开水锅内煮透，倒入淘米盆，淘洗至清水，再上笼蒸熟。

5 炒锅上火，放花生油、虾仁、熟火腿丁、猪精肉丁、熟净笋丁、水发香菇丁、水发海参丁、鸡肫丁炒熟，加鸡汤、精盐，收稠收干汤汁。用湿淀粉勾芡，放入糯米拌匀，成为八宝馅。

6 将八宝馅灌入鸡腹，用棉绳扎紧开口处，成八宝糯米鸡主坯，放中火开水的笼锅中蒸熟蒸透取出。

7 炒锅上火，放花生油，待油八成热时，投入八宝鸡炸至金黄色、皮发脆时，捞起沥尽油。

8 将鸡头、鸡颈剁下，鸡头剖两半。鸡身切成一字条。在盘内摆放成鸡形即成。

9 带花椒盐一小碟上桌。

大师指点

1 整鸡出骨时须保持鸡皮完整。

2 炸鸡时要大火辣油。

特点 鸡肉酥脆，八宝鲜香。

89 蛤蟆鸡

主料：仔鸡 1 只（重约 900 克）。

配料：猪精肉 60 克、熟火腿 60 克、水发香菇 60 克、鸡肫 1 副、熟净笋 60 克。

调料：熟猪油、葱结、姜块、绍酒、精盐、酱油、白糖、湿淀粉。

制作方法

1 将仔鸡宰杀、去毛，洗净，整鸡出骨。剁下鸡头、鸡颈和一个鸡翅。将鸡身投入大火开水锅中稍烫一下，捞出洗净。

2 猪精肉、熟火腿、水发香菇、鸡肫、熟净笋均切成小丁，即五丁。

3 炒锅上火，放入熟猪油、五丁煸炒成熟，加酱油、白糖收稠，收干汤汁，用湿淀粉勾芡成五丁馅。

4 将五丁馅灌入鸡腹，用棉线扎紧开口处，成蛤蟆鸡王坯。

5 用模具将熟火腿、水发香菇各刻两个圆片，香菇片略小，放火腿片上即为蛤蟆眼。

6 砂锅内放清水、葱结、姜块、蛤蟆鸡生坯烧开，加绍酒，盖盘，移小火烧熟焖烂，捞起放盘中，拆去扎绳，在鸡屁股处放上眼睛。

7 炒锅上火，放鸡汤烧开，加精盐，用湿淀粉勾芡，

放熟猪油，浇蛤蟆鸡上即成。

大师指点

1 鸡出骨时须保持鸡完整。

2 五丁馅不可填得太满。

特点 形似蛤蟆，鸡肉酥烂，五丁鲜美。

90 西瓜鸡

主料： 仔鸡1只（重约800克）。

配料： 西瓜1个（重约2000克）；熟火腿50克、猪精肉50克、熟净笋50克、水发香菇50克、熟肫1副、火腿皮1块。

调料： 熟猪油、葱结、姜块、绍酒、精盐、湿淀粉、虾籽、鸡汤。

制作方法

1 将仔鸡宰杀，去毛，剁下爪、翅，洗净。整鸡出骨、洗净。放大火开水锅中焯水，捞出洗净沥尽水。

2 将熟火腿、猪精肉、熟净笋、水发香菇、熟肫均切成小丁，即五丁。

3 炒锅上火，放入熟猪油、五丁炒熟后，加虾籽、绍酒、鸡汤烧开，放精盐，收稠收干汤汁，用湿淀粉勾芡，成五丁馅，灌入鸡腹，扎紧开口处，放大汤

碗中，加葱结、姜块、鸡汤、虾籽、精盐，成鸡生坯。

4 笼锅上火放入水烧开，再放入鸡生坯，盖盖，在中火开水的笼锅内蒸熟蒸透，取出，去葱结、姜块。

5 西瓜从五分之一处切下，挖去瓜瓤，在瓜身上雕刻各种应时图案，放入大火开水锅内烫一下取出，控尽水，再放入鸡和汤汁，放入另一盘内即成。

大师指点

1 西瓜灯、西瓜盅为扬州特色，不仅可为夏席烘托气氛，也可作为食物盛具。

2 选择西瓜，须无疤痕、色斑。

特点 造型美观，仔鸡软烂，五丁鲜香，夏季佳肴。

91 冬瓜套鸡

主料： 仔鸡1只（重约750克）。

配料， 冬瓜1个（重约1000克）、熟火腿40克、猪精肉40克、水发香菇40克、熟净笋40克、熟肫1副。

调料： 熟猪油、葱结、姜块、绍酒、精盐、湿淀粉、虾籽、鸡汤。

制作方法

1 将仔鸡宰杀，去毛，洗净，剁去爪、翅，洗净，整鸡出骨，放大火开水锅内稍烫一下，捞起洗净。

2 熟火腿、猪精肉、熟净笋、水发香菇、熟肫均切成丁，即五丁。

3 炒锅上火，放入熟猪油、五丁炒熟，加鸡汤、精盐、虾籽烧开，收稠收干汤汁，用湿淀粉勾芡，成五丁馅。

4 将五丁馅灌入鸡腹，扎紧开口处。

5 冬瓜刮去外皮，在上侧开出方洞，掏去瓜瓤，洗净，放大火开水锅内焯透水，取出控尽水，将鸡放冬瓜内，盖上洞口。

6 将冬瓜鸡放砂锅竹垫上，放鸡汤、虾籽烧开，加绍酒、葱结、姜块、精盐，盖盘，移小火烧熟焖烂，沥出汤汁。

7 炒锅上火，放鸡汤烧开，加精盐，倒砂锅内即成。

大师指点

1 整鸡出骨须保持鸡皮完整。

2 鸡腹内五丁馅不可装得太满。

3 冬瓜皮上可雕刻各种图案。

特点 造型别致、汤鲜味美，口味清淡。

92 叉烧鸡

主料： 仔鸡1只（重约900克）。

配料： 猪网油1张（处理后）、猪精肉150克、熟净笋50克、葱白段50克、鸡蛋2个。

调料： 熟猪油、葱白、姜块、绍酒、精盐、酱油、白糖、葱椒、湿淀粉。

制作方法

1 将仔鸡宰杀、去毛，去爪、翅，从腋下开刀，去内脏，洗净，用精盐、绍酒抹遍鸡身，浸渍入味。

2 将猪精肉、熟净笋、葱白段均切成丝。

3 炒锅上火，放入熟猪油，猪精肉丝、熟净笋丝炒熟，加酱油、白糖，用湿淀粉勾芡，倒入盘中，加葱白丝拌匀，成三丝馅，从鸡腋下灌入鸡腹。

4 葱椒、鸡蛋加少量干淀粉制成葱椒蛋浆。

5 猪网油抹上葱椒蛋浆，将鸡包裹，成为叉烧鸡生坯。

6 叉烧鸡生坯放入铁丝络再上烤叉别紧，再放入烤炉，将鸡烤熟取出，去烤叉、铁丝络，将鸡放入盘内即成。

大师指点

1 鸡从腋下开口，保持鸡完整。

2 此菜系"扬州三叉"之一（烤方、烤鸭、叉烧），别具风味。

特点 香嫩味美，风味独特。

93 熏鸡

主料： 仔鸡1只（重约1000克）。

配料： 香菜10克。

调料： 花生油、葱结、姜块、绍酒、桂皮、八角、酱油、白糖、锅巴、茶叶（泡过的）、麻油。

制作方法

1 将仔鸡宰杀、去毛，洗净，从脊背开刀，去内脏，洗净，剁下爪、翅。将鸡投辣锅辣油中，炸至鸡皮起皱，捞出沥尽油。

2 炒锅上火，放花生油，将桂皮、八角炒出香味，加清水、葱结、姜块、酱油、白糖、仔鸡烧开，加绍酒，盖盖，移中小火卤透、烧熟，取出晾凉。

3 大锅内放葱结、姜块、茶叶（泡过时）、锅巴，上放铁丝络、仔鸡、葱结、姜块，封严锅盖，上火加热。时时转动锅身，烧至锅内冒出烟气由白变黄后即成，取出熏鸡，刷上麻油，剁成一字条，在盘中还原成鸡形即成。香菜洗净，放熏鸡上。

大师指点

炸鸡时油温要高。

特点 香味独特，爽嫩可口。

94 鸡羹

主料： 熟鸡肉100克。

配料： 熟火腿40克、熟净笋40克、水发海参40克、水发香菇40克、去皮熟山药40克、豌豆苗30克。

调料：熟猪油、精盐、湿淀粉、胡椒粉、鸡汤。

制作方法

1 将熟鸡肉、熟火腿、熟净笋、水发海参、水发香菇、去皮熟山药均切成小丁，豌豆苗洗净。

2 炒锅上火，放鸡汤、六种小丁烧开，加精盐、豌豆苗，用湿淀粉勾米汤芡，撒胡椒粉，放熟猪油，盛入汤碗即成。

大师指点

勾芡时掌握好厚度，适中为要。

特点 汤汁清淡，营养丰富。

95 鸡蓉玉米羹

主料：生鸡里脊肉 150 克。

配料：嫩玉米粒 150 克、熟火腿 25 克、熟猪肥膘肉 50 克、香菜 10 克、鸡蛋清 3 个。

调料：葱姜汁、绍酒、精盐、湿淀粉、鸡汤。

制作方法

1 生鸡里脊肉剔去筋，与熟猪肥膘肉分别刮成蓉，放盆内，加葱姜汁、绍酒、精盐、鸡蛋清、鸡汤调成鸡蓉汁。

2 熟火腿切成末，香菜拣洗干净。

3 炒锅上火，放鸡汤、精盐烧开，将鸡蓉汁徐徐倒入，不停搅动，烧开后，放入嫩玉米粒，用湿淀粉勾米汤芡，盛入汤碗，撒上熟火腿末、香菜即成。

大师指点

鸡肉蓉要刮细，不可有一点颗粒。

特点 色彩缤纷，羹汁鲜醇。

96 清炖鸡

主料：光母鸡 1 只（重约 1500 克）。

配料：熟火腿 50 克、熟净笋 50 克、水发香菇 1 只。

调料：葱结、姜块、绍酒、精盐、虾籽。

制作方法

1 将光母鸡从脊背开刀，去气管、食管、内脏，剁下爪、翅，用刀在鸡骨上拍一下。将肫剖开，去肫皮、杂质，肝去胆，洗净。

2 将鸡、鸡肫、肝、爪、翅放入大火开水锅内焯水，捞出洗净。

3 熟火腿、熟净笋切成长方片。

4 砂锅上火，放竹垫、水、葱结、姜块、鸡（鸡皮朝下）、爪、翅、肫、肝烧开，加绍酒、虾籽，盖盖，移小火煨熟焖烂，去竹垫、葱结、姜块，将鸡翻身（鸡皮朝上），摆放火腿片、笋片，放上水发香菇，大火烧开，放精盐即成。

大师指点

选用肉质丰满的母鸡。

特点 肉质酥烂，汤鲜味浓，营养丰富。

97 清炖子母鸡

主料：光母鸡 1 只（重约 1500 克）。

配料：熟火腿 50 克、熟净笋 50 克、水发香菇 1 只、熟鸡蛋 10 个。

调料：葱结、姜块、绍酒、虾籽、精盐。

制作方法

1 将光母鸡从脊背剖开，去气管、食管、内脏，取下爪、翅，在鸡骨上排几刀。肫剖成两半，去肫皮、杂质，洗净。肝摘去胆，洗净。

2 将鸡、肫、肝、爪、翅投入大火开水锅内焯水后，捞出洗净。

3 熟火腿、熟净笋切成片，整齐摆放。

4 鸡蛋洗净放入冷水锅内，上火煮熟，取出用冷水泌透，剥去壳。

5 砂锅内放竹垫、清水、葱结、姜块、鸡（皮面朝下）、爪、翅、肫、肝烧开，加绍酒、虾籽，盖盘，移小火煨熟焖烂，再上大火，去盖盘、竹垫、葱结、姜块，将鸡翻身，鸡皮肉面朝上，鸡骨朝下，摆放熟火腿片、熟净笋片、水发香菇，熟鸡

蛋，烧开后加精盐，即可上桌。

大师指点

1 要选用肉质丰满的母鸡。

2 炖鸡时水要一次加足，中途不宜加水。

特点 汤清味醇，配以鸡蛋，营养丰富。

---

98 百鸟朝凤（又称馄饨鸡）

主料： 光母鸡 1 只（重约 1500 克）。

配料： 馄饨 20 只。

调料： 葱结、姜块、绍酒、精盐、虾籽。

制作方法

1 将光母鸡从脊背开刀，去气管、食管、内脏、爪、翅，洗净。肫剖成两半，去肫皮、杂质，肝摘去胆，洗净。在鸡骨上排几刀。

2 将鸡、肫、肝、爪、翅放大火开水锅内焯水，捞出洗净。

3 砂锅内放竹垫、清水、葱结、姜块、鸡（鸡骨朝

上）、爪、翅、肫、肝，大火烧开，加绍酒、虾籽，盖盖，移小火煨熟焖烂，再上大火，去竹垫、葱结、姜块，将鸡翻身，烧开加精盐。

4 炒锅上火，放水烧开，将馄饨煮熟，捞起放入砂锅内即成。

大师指点

1 要选用肉质丰满的母鸡。

2 炖鸡时一次性放水，配以馄饨，中途不宜再加水。

特点 汤清味醇，独具风味。

---

99 玛瑙鸡

主料： 光母鸡 1 只（重约 1500 克）。

配料： 猪肺 1 副。

调料： 葱结、姜块、绍酒、精盐、虾籽。

制作方法

1 将光母鸡从背脊剖开，去气管、食管、内脏、爪、翅，在骨头上拍几刀。鸡肫剖开，去肫皮、杂质，肝去胆，洗净。

2 将鸡、爪、翅、肫、肝投入大火开水锅内焯水，捞出洗净。

3 猪肺用水灌洗至白，用刀划破，放入大火开水锅中焯水捞出洗净，放砂锅内，加清水、葱结、姜块，

用大火烧开，放绍酒、移小火煨熟焖烂，捞出晾凉，拆去气管、老皮、经络，摘成蚕豆瓣大小的块，漂洗干净。

4 砂锅内放竹垫、清水、葱结、姜块、鸡（皮朝下）、爪、翅、肫、肝，大火烧开，加绍酒、虾籽，盖盖，移小火煨熟焖烂，再上大火去竹垫、葱结、姜块，鸡翻身将皮向上，加猪肺块，烧开，放精盐即成。

大师指点

猪肺必须灌洗干净，不能有残留经络、老皮。

特点 鸡肉酥烂，猪肺软嫩。

100 醉蟹清炖鸡

主料：母鸡 1 只（重约 1750 克）。
配料：醉蟹 1 只（200 克以上）。
调料：葱结、姜块、绍酒、精盐。

制作方法

1 将母鸡宰杀，去毛、爪、翅，从脊背开刀，去气管、食管、内脏，洗净，在骨头上拍几刀。鸡肫剖开，去肫皮、杂质洗净，肝去胆、洗净。

2 将鸡、爪、翅、肫、肝，放入大火开水锅内焯水，捞出洗净。

3 砂锅内放竹垫、水、葱结、姜块、鸡（皮朝下）、爪、翅、肝，大火烧开，加绍酒、醉蟹，盖盖，移小火煨熟焖烂，再上大火取出竹垫、葱结、姜块，鸡身反转皮朝上，烧开，放精盐、少许醉蟹卤汁即成。

大师指点

选用肉质丰满的母鸡，醉蟹应不小于 200 克。

特点 鸡肉酥烂，醉蟹鲜美，别具风味。

101 莲蓬鸡汤

主料：生鸡脯肉 350 克。
配料：熟火腿 30 克、猪精肉 30 克、熟净笋 30 克、水发香菇 30 克、熟鸡肫 30 克、豌豆苗 40 克、青豌豆 70 粒、鸡蛋清 2 个。
调料：熟猪油、葱姜汁、绍酒、精盐、虾籽、湿淀粉、鸡汤。

制作方法

1 生鸡脯肉洗净，刮成蓉，放盆内，加葱姜汁、绍酒、鸡蛋清、精盐制成鸡馅。

2 将熟火腿、猪精肉、熟净笋、水发香菇、熟鸡肫均切成五丁。

3 炒锅上火放入熟猪油、五丁、煸炒至熟，加鸡汤、虾籽烧开，收稠收干汤汁，用湿淀粉勾芡，成五丁馅。

4 取 10 只小酒杯，抹上熟猪油放冰箱略冻后，放鸡馅，中间掏孔放五丁馅，再加鸡馅抹平。均匀嵌上

7 粒青豌豆，成为莲蓬鸡生坯。

5 熟火腿、熟净笋、水发香菇切成片，豌豆苗拣洗干净。

6 笼锅上火，放水烧开，放入莲蓬鸡生坯，将其蒸熟取出，在冷水中脱去酒杯，再上笼锅稍蒸一下，取出。

7 炒锅上火，放鸡汤、熟火腿片、熟净笋片、水发香菇片烧开，加精盐倒入汤碗，放入莲蓬鸡即成。

大师指点

1 鸡蓉要刮细，不可有颗粒。
2 青豌豆摆放要匀称。
3 蒸制时掌握好时间、火候，不能蒸起孔。

特点 形似莲蓬，制作精细。软嫩鲜美，汤清味醇。

102 清汤鸡火鳖

主料：光母鸡半只（重约 750 克）。
配料：熟火腿 300 克，甲鱼 1 只（重约 750 克）。
调料：熟猪油、葱结、姜块、绍酒、精盐、虾籽。

制作方法

1 光母鸡洗净，大火开水锅内焯水，捞出洗净。
2 甲鱼宰杀去血，放入大火开水锅内略烫，刮去外衣

和黑釉，用刀剖开去黄油、内脏，洗净。

3 大砂锅内放清水、葱结、姜块、母鸡、甲鱼，上大火烧开，放绍酒，盖盖，炖约 30 分钟，取出甲鱼，母鸡继续炖焖，熟烂后取出，汤留用。

4 甲鱼放冷水中拆骨，取下裙边，切成菱形块。

5 扣碗内，中间排切成长方片的火腿，一边排上裙边块，另一边将鸡脯肉剁成块，其他多余熟火腿片、鸡块、裙边、净甲鱼肉填满碗内，放上葱结、姜块、绍酒、虾籽、鸡汤、精盐、熟猪油，成为鸡火鳖生坯。

6 笼锅上火，放水烧开，放入鸡火鳖生坯，将其蒸熟

蒸透，取出翻身入汤盘，沁下汤汁，去扣碗。

7 炒锅上火，放鸡汤烧开，加精盐，倒入鸡火鳖上即成。

大师指点

1 甲鱼不宜煨得太烂，能够拆骨就行。

2 汤碗底部三种原料要排齐，扣入汤碗后使食客一目了然。

3 最后蒸制要蒸透入味。

特点 汤汁鲜醇，肉质细嫩。

103 煨三鸡

主料：光鸡半只（重约 750 克）。

配料：光野鸡半只（重约 300 克）。风鸡半只，重约 400 克。

调料：葱结、姜块、绍酒、精盐、虾籽。

制作方法

1 将光鸡、光野鸡、风鸡洗净，放大火开水锅内焯水，捞出洗净。

2 砂锅内放清水、葱结、姜块、光鸡、光野鸡、风鸡，上火烧开，加绍酒、虾籽，盖盖，移小火煨焖至熟，捞出。

3 将三种鸡均剁成长方块，皮朝下扣入汤碗里，中间

是鸡肉，两边分别是野鸡肉、风鸡肉，加葱结、姜块、精盐、虾籽，即成三鸡生坯。

4 笼锅上火，放水烧开，放入三鸡生坯，将其蒸熟蒸透取出，翻身入装盘，沁下汤汁，去扣碗。

5 炒锅上火，放三鸡汤烧开，加精盐，倒入三鸡汤碗内即成。

大师指点

1 三鸡在焯水前，一定要漂洗到没有血水。

2 煨炖时水要一次性加足，中途不宜加水。

特点 汤汁浓厚，肉质软烂，鲜香味美。

104 煨三鲜

主料：光仔鸡 1 只（重约 750 克）。

配料：猪后座肉 200 克、咸鱼 200 克。

调料：葱结、姜块、绍酒、精盐、虾籽。

制作方法

1 光仔鸡洗净，剁成块。猪后座肉去毛、刮洗干净，切成块。咸鱼去鳞洗净剁成块，放清水中浸泡约 4 小时。

2 将仔鸡块、猪后座肉块分别放入大火开水锅内焯水，捞出洗净。

3 砂锅内放清水、葱结、姜块、仔鸡块、猪后座肉块、咸鱼块、虾籽上火烧开，加绍酒，盖盖，移小火煨熟焖烂，再上大火烧开，放精盐，即可上桌。

大师指点

1 咸鱼必须将咸味泡尽。

2 仔鸡块、猪后座肉块要分开焯水，清洗。

特点 汤浓味醇，肉质酥烂。

105 榨菜鸡丝汤

主料：熟鸡肉 200 克。

配料：熟净笋 50 克、榨菜 100 克、水发木耳 20 克、茼蒿 250 克。

调料：熟猪油、绍酒、精盐、鸡汤。

制作方法

1 将熟鸡肉撕成小鹅毛片。

2 熟净笋切片，榨菜洗净、批切成片，水发木耳撕碎，茼蒿拣出嫩头，洗净。

3 炒锅上火。放鸡汤烧开，加熟净笋片、榨菜片、水发木耳、茼蒿烧开，加绍酒、精盐，倒入汤碗，放入鸡丝，浇熟猪油，即成。

大师指点

1 熟净笋片、榨菜片要厚薄一致。

2 鸡丝不能下锅，以防卷曲。

特点 汤汁鲜醇，清淡爽口。

106 汆鸡片汤

主料：生鸡脯肉 100 克。

配料：熟净笋 50 克、水发木耳 20 克、茼蒿 250 克。

调料：熟猪油、葱结、姜块、绍酒、酱油、精盐、鸡汤。

制作方法

1 生鸡脯肉洗净，批切成柳叶片，放碗中，加葱结、姜块、绍酒、精盐、适量水，浸泡。

2 熟净笋切片，水发木耳撕碎，茼蒿拣其嫩头洗净。

3 炒锅上火，放鸡汤烧开，加一滴酱油，放入鸡片，待鸡片变白，即捞起，去葱结、姜块，撇去浮沫，待汤汁清澄，放熟净笋片、水发木耳、茼蒿烧开，加精盐，倒汤碗内，放入鸡片，浇熟猪油即成。

大师指点

1 鸡片不可烫过，颜色发白即须捞出。

2 去净汤面浮沫，使汤汁清澈见底。

特点 汤汁清醇，鸡片细嫩，配料多样。

竹外桃花三两枝

春江水暖鸭先知

——中国维扬传统菜点大观

鸭

类

1 盐水鸭

主料：光肥鸭 1 只（重约 2000 克）。
调料：葱结、姜块、大曲酒、精盐、冰糖、花椒袋。
制作方法
1 将光肥鸭从颈部开口，去气管、食管、取下翅膀、爪子、屁股、鸭嘴皮、鸭舌皮。从肚裆下开口去内脏，洗净，在腹壁内外均匀擦盐，腌渍 2 小时左右，洗净。
2 大锅上火，放水，葱结、姜块、花椒袋、精盐、冰糖、鸭子（腹部朝下），烧开撇去浮沫，加大曲酒，盖盖，移小火烧至七成熟，取出冷却。去葱结、姜块，再将鸭子泡入鸭卤。
3 上桌前从卤中取出鸭子，剁块装盘，浇上鸭卤即成。

大师指点
1 鸭卤可反复使用，第二次使用后须添加调料，形成老卤。
2 小火烧焖鸭子时，七八成熟即可。

特点　鸭香浓郁，咸淡适口，鸭肉肥嫩。

2 卤鸭

主料：光鸭 1 只（重约 2000 克）。
调料：花生油、葱结、姜块、桂皮、八角、绍酒、酱油、冰糖、麻油。
制作方法
1 光鸭从颈背开口，去气管、食管，剁去翅膀、爪和屁股，从翅膀夹窝开口去内脏，洗净。
2 锅上火，放花生油，葱结、姜块、桂皮、八角煸出香味后，放水、酱油、冰糖和鸭子烧开，撇开浮沫，加绍酒，盖盖，移中小火烧至七八成熟捞起，刷麻油，去卤内葱结、姜块等调料，取出晾凉。
3 卤鸭剁块装盘，浇上卤汁即成。

大师指点
鸭卤可反复使用，第二次使用后须添加调料，形成老卤。

特点　色泽酱红，味美鲜嫩。

3 酱鸭

主料：光鸭 1 只（约重 2000 克）。
调料：花生油、葱结、姜块、桂皮、八角、酱油、绍酒、冰糖、甜酱。
制作方法
1 光鸭从颈部开口去气管、食管，剁去翅膀、爪、屁股，从翅窝开口去除内脏，洗净。
2 锅内放花生油，待油八成热时，放入鸭子将其炸成金黄色，捞起沥尽油。
3 锅上火，放水、葱结、姜块、桂皮、八角、酱油、绍酒、冰糖，用大火烧开，盖盖，移小火烧焖至七八成熟，去葱结等调料，放甜酱，再用大火收稠卤汁，取出晾凉。
4 酱鸭剁成块，齐整装盘，浇上卤汁即成。

大师指点
卤制时，酱油不可用多，因为最后要用甜酱，以避免颜色过深。

特点　咸中微甜，皮酥肉香。

4　糟鸭

主料：光鸭 1 只（重约 1500 克）。

调料：葱结、姜块、绍酒、精盐、白糖、香糟。

制作方法

1　光鸭去嘴、翅膀、爪、屁股，从脊背剖开，去内脏及气管、食管，洗净，沥尽水，入大火开水锅中焯水，捞起洗净。锅内换水，加葱结、姜块、光鸭，大火烧开，去浮沫，加绍酒，盖盖，转中小火烧至七八成熟时捞起，趁热在鸭身均匀抹上精盐。

2　将煮鸭的汤和香糟拌匀，澄清后滤去渣，加精盐、白糖、绍酒制成糟卤。鸭剁去头、颈，鸭身剁成四大块，浸入糟卤，加盖密封 5~6 小时。临吃时剁成长方块，整齐装盘，浇上糟卤即成。

大师指点

1　糟前在鸭肉上用牙签戳一些孔，便于入味。

2　鸭汤和香糟一般按 1∶1 使用。

特点　糟香扑鼻，鸭肉鲜嫩。

5　冻鸭

主料：光鸭 1 只（重约 1500 克）。

配料：猪肉 1000 克、猪皮 200 克、香菜 5 克。

调料：葱结、姜块、桂皮、八角、绍酒、酱油、冰糖。

制作方法

1　光鸭从颈部开口，去气管、食管，剁去翅膀、爪、屁股，从肚裆剖腹去内脏洗净，入大火开水锅内焯水。捞出洗净，猪肉、猪皮，洗净，也入大火开水锅焯水，捞起洗净。

2　锅内放水、葱结、姜块、桂皮、八角、酱油、冰糖、光鸭和猪肉、猪皮，烧开后加绍酒，盖盖，移小火烧至鸭可拆骨时捞出，去猪肉、猪皮及葱结等调料，留卤待用。

3　鸭肉拆去骨，撕成大片放汤盘内，浇上鸭卤晾冷放冰箱冷冻，即成冻鸭。

4　临吃时，取出冻鸭，切成长方块，装盘上桌即成。

大师指点

1　此菜系冬令冷菜。

2　煮鸭时掌握好加热时间，不可过烂。

特点　色泽酱红，甜咸适中，香醇爽口。

6　凉拌鸭

主料：熟鸭肉 300 克。

配料：胡萝卜 20 克、熟净笋 20 克、水发香菇 20 克、青椒 20 克。

调料：蒜泥、酱油、麻油。

制作方法

1　将熟鸭肉撕成小鹅毛片。

2　胡萝卜去皮，切成菱形片。青椒去籽洗净，切成菱形片。熟净笋和水发香菇也切成菱形片。四种原料均投入大火开水锅内焯水，捞起沥尽水，放盘内用麻油略拌。

3　鸭肉片、胡萝卜片、熟净笋片、青椒片、水发香菇片拌匀装盘，放蒜泥、浇麻油、酱油，上桌即成。

大师指点

鸭肉撕成小鹅毛片要整齐，不能过碎。

特点　鲜嫩爽口，色彩缤纷。

7 西芹拌鸭条

主料：盐水鸭肉 200 克。

配料：西芹 200 克。

调料：精盐、麻油、盐水鸭卤。

制作方法

1 将盐水鸭肉切成长 1.2 寸、宽 4 分的长条。

2 将西芹剔去粗筋洗净，切成 1 寸长条，入大火开水锅内焯熟，捞起晾凉。

3 鸭条、西芹同放碗内，加盐水鸭卤、精盐、麻油，拌匀，装盘即成。

大师指点

西芹不可有老筋，烫熟即可。

特点 ► 鲜嫩爽脆，佐酒佳肴。

8 凉拌鸭舌

主料：鸭舌 500 克。

配料：香菜 5 克、红椒 5 克。

调料：葱结、姜块、绍酒、蒜泥、酱油、麻油。

制作方法

1 鸭舌去衣洗净，入锅加水、葱结、姜块，上大火烧开，加绍酒，盖盖，移小火烧至能拆除骨头时，捞起拆去骨头、气管，再入开水锅略烫，捞起沥尽水，摆放盘中。

2 香菜洗净，摘下嫩叶。红椒烫熟，切成细丝，与香菜、蒜泥放在鸭舌上，再放酱油、麻油即成。

大师指点

鸭舌在拆骨时，要尽量保持完整。

特点 ► 鲜韧爽口，蒜香浓郁。

9 芥末鸭舌

主料：熟鸭舌 400 克。

配料：香菜 5 克、红椒 5 克。

调料：精盐、白醋、芥末、麻油。

制作方法

1 熟鸭舌去骨、气管，入大火开水锅内略烫，捞起沥尽水，放盘中，用精盐略拌。

2 香菜摘下嫩叶，洗净。红椒洗净，入大火开水锅烫熟，切成细丝，用麻油略拌。

3 芥末加少许冷开水调成稀糊，再加白醋调匀，加盖焖约 15 分钟，放入鸭舌拌匀后，整齐摆放盘中，放上香菜叶、红椒丝即成。

大师指点

1 拆骨时保持鸭舌完整。

2 芥末糊调制要浓淡适中。

特点 ► 香辣适口，软韧味美。

10 葱油鸭舌

主料：熟鸭舌 400 克。

配料：香菜 5 克、红椒 5 克。

调料：花生油、葱段、精盐。

制作方法

1 熟鸭舌去骨、气管，入大火开水锅内略烫，捞起沥尽水，放碗中，加精盐略拌。

2 香菜取叶，洗净。红椒洗净，入大火开水锅内烫熟，切成细丝。

3 炒锅上火，放花生油，放入葱段养炸成葱油，与鸭舌拌匀拌透，整齐排在盘中，放上香菜叶、红椒丝即成。

大师指点

1 鸭舌拆骨时要尽可能保持完整。

2 熬葱油时，要养炸结合，确保油的香味。

特点 葱香浓郁，软韧爽口。

11 水晶鸭舌

主料： 鸭舌 200 克。

配料： 胡萝卜 15 克、香菜 15 克、琼脂 50 克。

调料： 葱结、姜块、绍酒、精盐、鸡汤。

制作方法

1 鸭舌去衣，入开水锅焯水，捞起洗净。

2 炒锅上火，加清水、葱结、姜块、鸭舌烧开，加绍酒，盖盖，移小火将鸭舌烧熟取出，拆去骨头、气管。

3 香菜摘下嫩叶，洗净。胡萝卜切成小圆片。

4 炒锅上火，放鸡汤烧开加琼脂、精盐，制成琼

脂液。

5 每个汤匙内放 2 条鸭舌，加琼脂液至七成，用香菜叶、胡萝卜拼成图案，再加琼脂液，冷却后放入冰箱，即成水晶鸭舌。

6 食用时，取出汤匙内水晶鸭舌，装盘上桌即成。

大师指点

1 鸭舌拆骨时要保持完整。

2 制作琼脂液时，须滤去杂质，掌握好口味和浓度。

特点 形似水晶，鲜香爽口。

12 水晶鸭、舌掌

主料： 鸭舌 20 条、鸭掌 10 只。

配料： 熟火腿 20 克、青豆 10 粒、琼脂 30 克。

调料： 葱结、姜块、绍酒、精盐。

制作方法

1 鸭舌去舌衣，鸭掌去掌皮、指甲，入大火开水锅中焯水，捞起洗净。

2 炒锅上火，放水、葱结、姜块、鸭舌、鸭掌烧开，加绍酒，盖盖，移小火将鸭舌、鸭掌烧至能拆骨，捞出鸭舌、气管、骨，鸭掌拆去骨。

3 熟火腿切成菱形片，放小碗底拼成花形，整齐放上

鸭舌。

4 取 10 只小汤匙，每只内放鸭掌一只，上放 1 粒青豆。

5 原汤上火烧开，放琼脂，待其全部融化，加精盐，盛入放鸭舌和鸭掌的汤匙和小碗，冷却后放进冰箱，即成水晶鸭舌、鸭掌。

6 将水晶鸭舌翻身入盘去扣碗，周围围以去汤匙的水晶鸭掌即成。

大师指点

鸭舌、鸭掌去骨时，尽量保持形态完整，不能拆碎。

特点 形态美观，鲜韧爽口。

13 凉拌鸭掌

主料： 鸭掌 300 克。

配料： 香菜 5 克。

调料： 葱结、姜块、姜米、绍酒、酱油、麻油。

制作方法

1 鸭掌去指甲、外衣，洗净，入大火开水锅内焯水，捞起洗净，放锅内，加水、葱结、姜块烧开，加绍

酒，盖盖，移小火烧熟至能拆骨时，捞起晾凉进行拆骨，拆骨后再入原汤略烫，捞起沥尽水，整齐摆放盘内。

2 鸭掌上，放香菜、姜米，再放酱油、麻油即成。

大师指点

鸭掌拆骨时要保持完整。

特点 香鲜味美，清淡可口。

14 三丝鸭掌

主料： 熟鸭掌 350 克。

配料： 红椒 20 克、青椒 20 克、水发香菇 20 克。

调料： 精盐、麻油。

制作方法

1 熟鸭掌沿骨节拆去骨，用刀切成细长条。

2 红椒、青椒去籽洗净，和水发香菇一同，入大火开

水锅内烫熟，捞起，切成细丝。

3 鸭掌条、红椒、青椒、水发香菇丝同放碗内，加精盐、麻油，拌匀，装盘即成。

大师指点

鸭条要长短、粗细均匀。

特点 色泽鲜艳，爽滑清淡。

15 芥末鸭掌

主料： 鸭掌 500 克。

调料： 葱结、姜块、绍酒、精盐、白醋、芥末。

制作方法

1 鸭掌去指甲、外衣，入大火开水锅内焯水，捞起洗净，放清水锅中，加葱结、姜块，大火烧开，加绍酒、精盐，盖盖。移小火烧至鸭掌能拆骨，捞出晾凉，拆去爪、骨，整齐摆放盘中。

2 芥末放碗中，加冷开水调匀，再加白醋、精盐，加盖焖约 15 分钟，均匀地浇鸭掌上，即成。

大师指点

1 鸭掌拆骨时，尽量保持完整。

2 芥末糊一般在食用前半小时调制，以防变稀。

特点 香味浓郁，鲜辣可口。

16 咖喱鸭掌

主料： 鸭掌 300 克。

调料： 花生油、葱结、姜块、绍酒、精盐、咖喱粉。

制作方法

1 鸭掌去指甲、外衣洗净，放入大火开水锅内焯水，洗净，捞起放锅内，加水、葱结、姜块。上火烧开，加绍酒、精盐，盖盖，移小火烧至鸭掌能拆骨，捞起晾凉，拆去掌骨，再入原汤略烫捞起沥尽水，放碗内。

2 炒锅上火，放花生油，待油六成热时，放咖喱粉，炒至香味飘出，倒鸭掌内拌匀，整齐摆放盘内即成。

大师指点

1 拆鸭掌骨时，尽量保持完整。

2 炒制咖喱糊时，小火慢炒，不可焦煳。

特点 色泽淡黄，咖喱味香。

17　卤鸭翅

主料： 鸭翅 350 克。

调料： 葱结、姜块、桂皮、八角、酱油、白糖、绍酒、麻油。

制作方法

1　鸭翅洗净，放入大火开水锅内焯水，捞起洗净，放锅内，加水、葱结、姜块、桂皮、八角、酱油、白糖，烧开后，加绍酒，盖盖，移小火烧熟取出，去葱结、姜块、桂皮、八角，大火收稠卤汁。

2　将鸭翅剁成段装盘，浇上卤汁，放麻油即成。

大师指点

卤煮时控制火候，鸭翅需上色。

特点 色泽酱红，香味扑鼻，咸中微甜。

18　凉拌鸭肠

主料： 鸭肠 400 克。

配料： 香菜叶 10 克、蒜泥 5 克。

调料： 精盐、绍酒、酱油、麻油、醋、矾。

制作方法

1　鸭肠用剪刀剖开，清除肠杂清洗干净，用精盐、醋、矾拌匀拌透，去除黏液、污物，反复漂洗。

2　炒锅上火，放水烧开，将鸭肠入水速烫，捞起晾冷后切 2 寸长段装盘。

3　香菜叶洗净，放鸭肠上。酱油和蒜泥拌匀，放入盘内，浇麻油即成。

大师指点

1　鸭肠必须反复洗净，不可有丝毫异味。

2　烫制鸭肠，旺火快速，不可烫老。

特点 鸭肠爽脆，蒜香浓郁。

19　盐水鸭肫

主料： 鸭肫 400 克。

调料： 葱结、姜块、桂皮、八角、精盐、冰糖、绍酒。

制作方法

1　将鸭肫剖开，去肫皮、杂质，洗净，放入大火开水锅内焯水后，捞出洗净。

2　炒锅上火，放水、葱结、姜块、桂皮、八角、精盐、冰糖、鸭肫烧开，加绍酒，盖盖，移小火，将鸭肫烧至七成熟时取出，去葱结、姜块、桂皮、八角、鸭卤备用。

3　鸭肫放入鸭卤内浸泡，临吃时将鸭肫切片，整齐摆放盘中，浇上卤汁即成。

大师指点

卤煮时要调好口味。

特点 爽韧鲜香，佐酒佳品。

20　酱鸭肫

主料： 鸭肫 400 克。

调料： 葱结、姜块、桂皮、八角、绍酒、酱油、白糖、甜酱、麻油。

制作方法

1　将鸭肫剖开，去肫皮、杂质，洗净，入大火开水锅内焯水后，捞起洗净。

2 炒锅上火，放水、葱结、姜块、桂皮、八角、酱油、白糖、鸭肫烧开，加绍酒，盖盖，移小火烧至七成熟，再上大火，加甜酱搅匀，收稠卤汁，成酱鸭肫。

3 鸭肫切片装盘，浇上卤汁、麻油即成。

大师指点

1 酱制时，调好卤汁口味、颜色。

2 鸭肫切片须厚薄一致。

特点 酱香浓郁，咸中微甜。

21 醉鸭肫

主料：鸭肫500克。

调料：葱结、姜块、桂皮、八角、绍酒、精盐、白糖。

制作方法

1 鸭肫剖开，去肫皮、杂质，洗净。放大火开水锅内焯水，捞出洗净。

2 炒锅上火，放水、葱结、姜块、桂皮、八角、鸭肫烧开，加绍酒，盖盖，移小火烧至六七成熟捞起，冷后切成2分厚的片，整齐地摆放碗中。

3 炒锅上火，放鸭卤、白糖、精盐烧开，倒入盆内冷

却后，加绍酒成醉卤。放入鸭肫扣碗内，浸泡12小时，再放入保鲜冰箱内，吃时取出翻身入盘，去扣碗，即成。

大师指点

1 醉卤按1:1比例配制。

2 夏季须将鸭肫放冰箱保鲜。

特点 酒香浓郁，香脆鲜韧。

22 绿豆芽炒鸭丝

主料：烤鸭肉350克。

配料：绿豆芽150克。

调料：熟猪油、生姜丝、葱白丝、精盐、绍酒、麻油、鸡汤。

制作方法

1 将烤鸭肉切成火柴梗粗细的丝。

2 绿豆芽掐头、尾，浸泡在冷水中，洗净捞出。

3 炒锅上火，放熟猪油、葱白丝、生姜丝炒出香味，

加绿豆芽、鸡汤煸炒至熟，放精盐、烤鸭肉丝、绍酒炒拌均匀，放麻油，装盘即成。

大师指点

1 切鸭丝时，要长短、粗细均匀。

2 炒绿豆芽时放少许鸡汤，确保豆芽鲜嫩。

特点 色泽明亮，脆嫩鲜香。

23 仔姜鸭片

主料：烤鸭肉300克。

配料：仔姜50克、红椒50克。

调料：花生油、酱油、白糖、绍酒、湿淀粉、甜酱、醋、麻油。

制作方法

1 烤鸭肉批成1.2寸长、3分宽的片。

2 仔姜切片，红椒去籽、洗净，切成柳叶花片。

3 炒锅上火，辣锅冷油，放入烤鸭肉片划油后，倒入漏勺沥尽油。

4 炒锅上火，放花生油、姜片、红椒片，煸炒至熟，加绍酒、酱油、白糖、甜酱，用湿淀粉勾芡，倒入鸭片炒拌均匀，放醋、麻油，装盘即成。

大师指点
烤鸭肉片、仔姜片、红椒片大小均须匀称。成菜后须

亮油包滋。

特点 色泽酱红，鲜香微甜。

24 炒翡翠鸭舌

主料：熟鸭舌 300 克。

配料：莴苣 100 克、红椒 1 只。

调料：花生油、精盐、绍酒、湿淀粉、麻油。

制作方法

1 用手拆去熟鸭舌的骨头、气管。

2 莴苣去皮洗净，切成秋叶片，入开水锅略烫后，放入冷水泌透。红椒去籽，洗净切片。

3 炒锅上火，辣锅冷油，放入熟鸭舌划油后，倒入漏勺沥尽油。

4 炒锅上火，放花生油，待油四成热时，放莴苣片焐油至熟，倒入漏勺沥尽油。

5 炒锅上火，放花生油、红椒片、熟鸭舌、莴苣片煸炒成熟，加精盐、绍酒，用湿淀粉勾芡，炒拌均匀，放麻油，装盘即成。

大师指点

烫莴苣时，水中可放少许石碱，以保持色泽翠绿。

特点 莴苣爽脆，鸭舌鲜香。

25 炒菊红

主料：净鸭肫 400 克。

配料：荸荠片 100 克、青椒片 50 克、鸡蛋 1 个。

调料：花生油、精盐、酱油、白糖、绍酒、干淀粉、湿淀粉、醋、麻油。

制作方法

1 净鸭肫去肫皮，批切成片，加精盐、鸡蛋、干淀粉上浆。

2 炒锅上火，放花生油，辣锅冷油，放入鸭肫片划油至熟，倒入漏勺沥尽油。

3 炒锅上火，放花生油，辣锅冷油，将荸荠片划油至

熟，倒入漏勺沥尽油。

4 炒锅上火，放花生油、青椒片煸炒成熟，加绍酒、酱油、白糖，用湿淀粉勾芡后，放鸭肫片、荸荠片，炒拌均匀，放醋、麻油，装盘即成。

大师指点

1 肫片切的要厚薄均匀。

2 荸荠片亦可水煮后使用。

特点 爽脆鲜嫩，清淡可口。

26 炒鸭肝

主料：鸭肝 250 克。

配料：熟净笋片 50 克、韭菜黄段 50 克。

调料：花生油、酱油、白糖、绍酒、湿淀粉、醋、麻油。

制作方法

1 鸭肝去胆，洗净，批切成片。

2 炒锅上火，辣锅冷油，放入鸭肝片划油至熟，倒入

漏勺沥尽油。

3 炒锅上火，放花生油，熟净笋片稍炒，加酱油、白糖，用湿淀粉勾芡，放鸭肝、绍酒、韭黄黄段，炒拌均匀，放醋、麻油，起锅装盘即成。

大师指点

鸭肝片要大小、厚薄一致。划油时颜色变白即可。

特点 鲜嫩爽滑，咸中微甜。

27　炒鸭肠

主料： 鸭肠 300 克。

配料： 青蒜段 150 克、红椒片 10 克。

调料： 花生油、精盐、酱油、白糖、绍酒、湿淀粉、醋、麻油、矾。

制作方法

1　鸭肠剖开，清除杂质洗净，放盆内，加精盐、醋、绍酒、矾拌匀后，清洗干净，入开水锅略烫，捞起切成段。

2　炒锅上火，辣锅冷油，放入鸭肠划油至熟，倒入漏勺沥尽油。

3　炒锅上火，放花生油，青蒜段、红椒片煸炒成熟，放酱油、白糖，用湿淀粉勾芡，倒入鸭肠炒拌均匀，放醋、麻油，装盘即成。

大师指点

1　鸭肠必须处理干净，不可有异味。

2　烫制鸭肠时，一烫即捞，不可烫老。划油时也要待油温升高，及时倒入漏勺。

特点 ► 肠脆蒜香，清爽可口。

28　蚕豆米烩鸭片

主料： 熟鸭肉 300 克。

配料： 鲜蚕豆米 150 克、熟火腿片 20 克。

调料： 熟猪油、精盐、湿淀粉、虾籽、白汤。

制作方法

1　将熟鸭肉批成大鹅毛片。

2　鲜蚕豆米去皮，入大火开水锅内焯水，捞起放冷水中泌透，沥尽水。

3　炒锅上火，辣锅冷油，放入鲜蚕豆米划油至熟，倒入漏勺沥尽油。

4　炒锅上火，放白汤、虾籽、蚕豆米、鸭肉片、熟猪油，烧开后加熟火腿片，收稠汤汁，用湿淀粉勾琉璃芡，装盘即成。

大师指点

蚕豆米焯水时，一烫即可，不可烫过。

特点 ► 鸭肉鲜嫩，清淡爽口。

29　蛋黄鸭卷

主料： 光鸭 1 只（重约 2000 克）。

配料： 咸鸭蛋 6 个、鸡蛋清 1 个。

调料： 葱结、姜块、精盐、绍酒、干淀粉。

制作方法

1　光鸭去头、颈骨、翅膀、爪、屁股，从脊背开刀，去气管、食管、内脏，洗净后，再剔去脊骨、胸骨、腿骨，须保持鸭身的完整，用精盐、绍酒、葱结、姜块腌渍 1~2 小时。

2　咸鸭蛋洗净煮熟，取出 6 个咸鸭蛋黄。

3　鸡蛋清、干淀粉制成蛋清浆。

4　将鸭皮朝下放放案板上，在鸭肉上抹上蛋清浆，将鸭蛋黄一字排开，卷成圆筒形，用纱布包起，再用棉绳扎紧即成蛋黄鸭卷生坯。

5　笼锅上火，放水烧开，蛋黄鸭卷放笼中蒸熟，取出冷却后，去绳子、纱布，放冰箱存放。

6　食用前，取出蛋黄鸭卷，切成 3 分厚圆片，排入盘中，即可上桌。

大师指点

1　鸭子拆骨时须保持鸭皮完整。

2　包扎鸭卷时，要紧要实。

特点 ► 鲜香软嫩，别有风味。

30 烩鸭四宝

主料： 熟鸭舌 10 根、熟鸭掌 20 只、熟鸭腰 10 只、熟鸭胰 10 只。

配料： 熟净笋片 20 克、水发香菇片 10 克、青菜心 10 棵。

调料： 熟猪油、精盐、绍酒、湿淀粉、虾籽、胡椒粉、鸡汤。

制作方法

1 熟鸭舌去骨、气管。熟鸭掌沿骨节拆去骨头。熟鸭腰一剖两半，去薄膜。熟鸭胰洗净。

2 熟净笋片、水发香菇片、青菜心洗净，入大火开水锅分别烫熟，捞冷水中泌透，捞起。

3 炒锅上火，放鸡汤、虾籽、绍酒、鸭四宝、熟净笋片、水发冬菇片烧开，加熟猪油、青菜心，收稠汤汁，加精盐，用湿淀粉勾芡，撒胡椒粉，起锅装盘，青菜心围在四周即成。

大师指点

去骨时尽量保持舌、爪完整。

特点 软嫩香脆，口感多样。

31 清炸菊花肫

主料： 鸭肫 750 克。

调料： 花生油、葱结、姜块、酱油、绍酒、干淀粉、胡椒粉、花椒盐。

制作方法

1 鸭肫洗净，去肫皮，在肫仁上剞十字花刀，放入盆内，加葱结、姜块、酱油、绍酒、胡椒粉拌匀，浸渍入味，再拍上干淀粉。

2 炒锅上火，放花生油，待油六成热时，投入鸭肫油炸，约 2 分钟捞起，待油温七成热时，入锅重油约 1 分钟捞起，待油温八成热时，第三次油炸约 15 秒，捞起沥尽油，装平盘中即成。

3 上桌时带一小碟花椒盐。

大师指点

鸭肫剞刀，应深及三分之二，刀距、深浅须一致，炸时翻开，形如菊花。

特点 脆嫩鲜香，美味爽口。

32 炸肫仁

主料： 生鸭肫 350 克。

配料： 大米粉 100 克、面粉 30 克、鸡蛋 1 个。

调料： 花生油、葱结、姜块、绍酒、酱油、白糖、麻油、花椒盐。

制作方法

1 生鸭肫剖开，去肫皮、杂质，洗净，在肫仁上剞十字花刀，切成小块，用葱结、姜块、酱油、白糖、绍酒拌匀，浸渍入味。

2 鸡蛋、大米粉、面粉水制成全蛋糊。

3 炒锅上火，放花生油，待油七成热时，将肫仁沾满全蛋糊，入锅养炸至熟，捞起。待油九成热时，入锅重油，至色呈老黄色时，捞起沥尽油，装入盘内，浇麻油即成。

4 上桌时带花椒盐一小碟。

大师指点

1 剞刀时刀距、深浅须一致。

2 蛋糊要沾裹均匀。

特点 外脆里嫩，鲜香可口。

33 芝麻鸭肝

主料： 鸭肝 250 克。

配料： 熟芝麻 100 克、面粉 50 克、鸡蛋 2 个。

调料： 花生油、葱结、姜块、绍酒、酱油、白糖、干淀粉。

制作方法

1 鸭肝去胆洗净，批切成片，放入盆内，加葱结、姜块、绍酒、酱油、白糖拌匀，浸渍入味。

2 鸡蛋液、干淀粉制成全蛋浆。

3 鸭肝沾满面粉，沾上全蛋浆，沾满芝麻，即为芝麻鸭肝生坯。

4 炒锅上火，放花生油，待油七成热时，放入芝麻鸭肝生坯，炸至成熟，至芝麻呈黄色时，捞起沥尽油，装盘即成。

大师指点

全蛋浆要稍厚一些，芝麻要粘牢。

特点 香脆软嫩，美味可口。

34 脆皮松子鸭

主料： 光鸭 1 只（重约 2000 克）。

配料： 虾仁 300 克、松子仁 50 克、鸡蛋清 1 个。

调料： 花生油、葱结、姜块、葱姜汁、精盐、干淀粉、花椒盐。

制作方法

1 光鸭去嘴骨、翅膀、爪、屁股，从脊背剖开，沿骨头剥下鸭肉（连皮），去掉颈骨、胸骨、腿骨、内脏，洗净，放盆内，用花椒盐腌渍 1 小时后洗净。

2 笼锅上火，放水烧开，放鸭肉、葱结、姜块、绍酒，蒸至七成熟取出，晾凉。

3 虾仁洗净，用干布吸去水分，刳成蓉，加葱姜汁、鸡蛋清、绍酒、干淀粉、精盐，制成虾馅。

4 松子仁用开水略烫，去尽水。炒锅上火，放花生油，待油四成热时，放入松子仁，炸至金黄色捞起，放虾馅内拌匀。

5 炒锅上火放花生油，待油八成热时，放鸭炸至呈老黄色，捞起沥尽油。

6 鸡蛋清、干淀粉制成蛋清浆。

7 用刀在鸭肉上剞十字花刀，抹上蛋清浆，放上虾馅，用手抹平，即成松子鸭生坯。

8 油锅上火，待油五成热时，放入松子鸭生坯，养炸至熟，捞出放漏勺上，待油九成热时，用勺往鸭皮上浇油，使之变脆。再用刀将鸭切一字条，装盘即成。

9 带花椒盐一小碟上桌。

大师指点

注意每次炸制时的油温，确保虾馅、鸭皮各自的特色。

特点 香脆软嫩，爽口宜人。

35 桃仁鸭方

主料： 光鸭 1 只（重约 1500 克）。

配料： 虾仁 300 克、核桃仁 150 克、熟猪肥膘肉 50 克、鸡蛋清 1 个。

调料： 花生油、葱结、姜块、葱姜汁、绍酒、精盐、干淀粉、花椒。

制作方法

1 光鸭去嘴骨、翅膀、爪、屁股，从脊背开刀，去除气管、食管、内脏，洗净，用葱姜、姜块、绍酒、花椒腌渍 2 小时后，洗净，放中火开水的笼锅中（另加葱结、姜块）蒸至熟透，取出拆去所有骨头，将鸭肉切成正方形大块，在鸭肉上剞十字花刀。

2 虾仁洗净，挤尽水，刮成蓉，熟猪肥膘肉刮成蓉，同放盆中，加鸡蛋清、葱姜汁、干淀粉、精盐，制成虾馅。

3 核桃仁用开水略烫，去皮后入油锅拉油，捞起沥尽油。

4 鸡蛋清、干淀粉制成蛋清浆。

5 鸭肉放案板上，抹蛋清浆，放入虾馅抹平，核桃仁嵌入虾馅上，成为桃仁鸭方生坯。

6 炒锅上火，放花生油，待油六成热时，放入桃仁鸭方生坯，养炸至熟，捞起沥尽油。鸭皮向上放大漏勺内，待油九成热时，将辣油浇炸脆鸭皮，至鸭皮呈老黄色，再切成小方块，桃仁向上，并拼装盘内，成正方形即成。

大师指点

1 鸭肉上剞十字花刀加虾馅，用刀背拍一下，使虾馅与鸭肉紧密结合。

2 桃仁鸭切成小方块后，鸭块拼装成完整的正方形。

特点 ▸ 香酥脆嫩，美味爽口。

36　糯米鸭

主料：光鸭 1 只（重约 1500 克）。

配料：糯米 250 克、鸡蛋清 1 个。

调料：花生油、葱结、姜块、绍酒、精盐、花椒、干淀粉。

制作方法

1 光鸭去头、颈、翅、爪、屁股，从脊背开刀，沿脊骨取下鸭肉（连皮）洗净，用精盐、葱结、姜块、花椒、绍酒，腌制后洗净，入中火开水的笼锅中蒸熟蒸烂，取出去葱结、姜块、花椒。

2 糯米洗净，入开水锅焯水，再用冷水漂洗干净，上笼蒸熟，加少许精盐拌匀。

3 鸡蛋清、干淀粉制成蛋清浆。

4 在鸭肉上打十字花刀，抹蛋清浆，放上糯米抹平按实，成为糯米鸭生坯。

5 炒锅上火，放花生油，待油八九成热时，放糯米鸭生坯，炸至皮脆肉香，捞起沥尽油，切成长方块，装盘即成。

大师指点

1 糯米应蒸到颗粒分清为止，不可粘连。

2 糯米鸭出锅后，可再用辣油浇烫鸭皮，使之更脆。

特点 ▸ 皮脆香酥，软糯可口。

37　金钱芝麻鸭卷

主料：光鸭 1 只（重约 2000 克）。

配料：熟芝麻 100 克、鸡蛋清 1 个。

调料：花生油、葱结、姜块、绍酒、精盐、干淀粉。

制作方法

1 光鸭去头、翅、颈、爪、屁股，从脊背开刀，沿骨取下鸭肉（连皮）洗净，用精盐、葱结、姜块、绍酒、腌渍入味，约 1 小时后，取出洗净。

2 鸡蛋清、干淀粉制成蛋清浆。

3 鸭肉抹上蛋清浆，顺长卷成圆筒状，纱布包严，棉绳扎紧，入中火开水笼锅中，蒸熟取出拆去棉绳、纱布，晾凉后，切成 3 分厚的圆片。

4 鸭肉片沾满蛋清浆，再沾满熟芝麻用手压紧，即成金钱芝麻鸭卷生坯。

5 炒锅上火，放入花生油，待油七成热时，放入金钱芝麻鸭卷生坯，将其炸熟炸香，捞起沥尽油，装盘即成。

大师指点

1 鸭肉应卷紧、扎牢。

2 蛋清浆要厚一些，确保芝麻粘牢。

特点 ▸ 色泽金黄，香脆鲜嫩。

38 锅烧鸭子

主料： 光鸭1只（重约2000克）。

配料： 熟猪肥膘肉500克、锅巴200克、鸡蛋2个、大米粉150克、面粉50克。

调料： 花生油、葱结、姜块、绍酒、酱油、白糖、花椒盐、甜面酱。

制作方法

1 光鸭去嘴骨、翅、爪、屁股，从脊背剖开，去内脏、气管、食管，洗净。

2 砂锅放水上火，放鸭、葱结、姜块、酱油、白糖，大火烧开，加绍酒，盖盖，移小火烧焖至熟烂，去葱结、姜块，将鸭取出冷却。

3 将鸭拆去骨头，切成2寸长、1寸宽的块。熟猪肥膘肉也切成一样大小的块，鸭肉与熟猪肥膘肉相

叠，成为锅烧鸭子生坯。

4 鸡蛋、大米粉、面粉、水，制成全蛋糊。

5 炒锅上火，放花生油，待油七成热时，将锅烧鸭子生坯沾满全蛋糊，入锅炸至成熟。

6 炒锅上火，放花生油，待油九成热时，放入锅巴将其炸脆，捞起沥尽油装盘。锅烧鸭也重油，至色呈老黄色，捞起沥尽油，放入盘内锅巴上，放麻油即成。

7 上桌带花椒盐、甜面酱一小碟。

大师指点

1 鸭子拆骨时要保持鸭肉完整。

2 炸锅巴时要辣油下锅，辣油起锅，将锅巴炸脆。

特点 香酥脆嫩，美味爽口。

39 熘桃仁鸭

主料： 鸭脯肉250克。

配料： 核桃仁100克、鸡蛋清2个。

调料： 花生油、葱花、姜米、蒜泥、绍酒、酱油、白糖、湿淀粉、干淀粉、醋、麻油。

制作方法

1 将鸭脯肉切成长1.2寸见方、1分厚的片。

2 核桃仁开水浸泡后去衣，放四成熟花生油锅中，炸熟炸脆，捞起沥尽油，切成碎末。

3 鸡蛋清、干淀粉制成蛋清浆。

4 鸭肉片上抹蛋清浆，放入核桃仁末卷起，再沾蛋清浆，成为鸭卷生坯，放入有油的盘内。

5 炒锅上火，辣锅冷油，放入桃仁鸭卷生坯划油至熟，倒入漏勺沥尽油。

6 炒锅上火，放花生油、葱花、姜米稍炒，加水、酱油、白糖，用湿淀粉勾芡后，放蒜泥、醋、鸭卷炒拌均匀，放麻油，装盘即成。

大师指点

1 鸭脯批切要大小、厚薄均匀。

2 蛋清浆要略厚。

3 划油时要辣锅冷油，须防止鸭卷散卷。

特点 鲜嫩香软，酸甜可口。

40 熘肫仁

主料： 生鸭肫350克。

配料： 大米粉150克、面粉50克、鸡蛋1个。

调料： 花生油、葱花、姜米、蒜泥、绍酒、酱油、白糖、湿淀粉、醋、麻油。

制作方法

1 生鸭肫剖开，去肫皮、杂质，洗净，剞十字花刀，拍一下切成小块，放入盆内加绍酒、酱油、白糖拌匀，浸渍入味。

2 鸡蛋、大米粉、面粉制成全蛋糊。

3 炒锅上火，放花生油，待油七成热时，将鸭肫仁沾满全蛋糊，放入油锅中，炸熟捞起，待油九成热时，放入锅重油，至色呈老黄色，捞起沥尽油。

4 炒锅上火，放入花生油、葱花、姜米稍炒，加水、酱油、白糖烧开，用湿淀粉勾芡，放蒜泥、醋、肫仁，炒拌均匀，放麻油，装盘即成。

大师指点

剞花刀时，刀距、深浅要一致。

特点 外脆里嫩，酸甜适口。

41 烤鸭

主料： 光鸭 1 只（重约 2000 克）。
配料： 蝴蝶夹子（点心） 10~12 只、鲜荷叶 2 张。
调料： 葱白段、姜片、绍酒、饴糖、甜酱。
制作方法

1 光鸭去翅膀、爪，由腋下开口取出内脏、气管、食管、颈骨，洗净，由腋下填入葱白段、姜片、烫过的荷叶，从鸭腿下插入烤叉，直通到鸭脯、鸭颈，将鸭头别在烤叉尖上，即成烤鸭生坯。

2 大锅上火，放水烧开，用勺舀水冲烫叉鸭，至鸭皮紧绷后取出，在鸭皮上均匀涂抹饴糖（稍加绍酒稀释）放阴凉通风处 2~3 小时。

3 烤炉内点燃芝麻秸或黄豆秸，明火烧灭后，放进烤鸭生坯烤制，不停转动，直至烤熟。临食时，挑起火头，将鸭皮烤至棕红色。

4 将烤鸭沿骨批成片，带荷叶夹、甜面酱上桌即可。

大师指点

1 饴糖不能过稀，涂抹要均匀。

2 也可用果树炭烤制。

特点 色泽红亮，皮脆肉香。

注：一鸭可 7 吃：1. 鸭翅、鸭掌、鸭舌，可煨熟、凉拌、烧；2. 鸭肫、肝可卤、酱、炒；3. 鸭脯肉、鸭腿肉可烩、炒、汤；4. 鸭肠烫熟可凉拌、炒；5. 鸭血可烧；6. 鸭骨可制汤。

42 叉烧鸭子

主料： 光鸭 1 只（重约 1500 克）。
配料： 猪精肉 100 克，熟净笋、京冬菜 100 克，鸡蛋 2 个，猪网油 1 张。
调料： 熟猪油、葱结、姜块、葱白段、姜片、葱椒、绍酒、酱油、白糖、湿淀粉、干淀粉。
制作方法

1 光鸭去嘴骨、翅、爪，由腋下开刀去内脏、气管、食管，洗净，放入酱油中浸泡入味，取出晾干，周围抹上绍酒。

2 猪网油洗净，用绍酒、葱结、姜块浸渍后洗净，放清水中浸泡 12 小时，在阴凉通风处晾干。

3 猪精肉、熟净笋均切成丝，京冬菜拣洗干净。

4 鸡蛋、葱椒、干淀粉制成葱椒蛋浆。

5 炒锅上火放熟猪油，将肉丝、笋丝炒熟，放酱油、白糖、绍酒，用湿淀粉勾芡，加京冬菜拌匀，成肉丝馅，从腋下灌进鸭腹。

6 猪网油铺平，抹上葱椒蛋浆，放入鸭子，将其包裹，成为叉烧鸭子生坯。

7 取铁丝络，间隔放上葱白段、姜片，再放鸭子，鸭身再放葱白段、姜片，合拢后上烤叉。

8 烤炉内点燃黄豆秸，明火烧灭后，放入叉烧鸭子烧烤至成熟。临食时，再用明火将叉烧鸭子烧烤至金红色，去烤叉和铁丝络，装盘即可。

大师指点

1 要选用仔鸭。

2 烧烤时要不停转动，使鸭身均匀受热。

特点 外脆里香，滋润爽口，扬州一绝。

43 琵琶鸭舌

主料： 鸭舌 12 根。

配料： 虾仁 200 克、熟瘦火腿 20 克、水发香菇 10 克、水发发菜 5 克、蛋皮 5 克、青菜叶 1 张、鸡蛋清 1 个。

调料： 熟猪油、葱结、姜块、葱姜汁、绍酒、精盐、湿淀粉、干淀粉、鸡汤。

制作方法

1 鸭舌去衣洗净，放水锅内，加葱结、姜块、精盐，上大火烧开，放绍酒，加盖，移小火烧至成熟。捞起冷透，拆去骨头、气管。

2 虾仁洗净，用干布吸干水分，刮成蓉，放盆内加葱姜汁、绍酒、鸡蛋清、精盐、熟猪油，制成虾馅。

3 熟瘦火腿切成 5 分长、2 分见方的条（作为琵琶的把）。熟瘦火腿、蛋皮、青菜叶俱切成细丝。水发发菜洗净，作为琵琶弦。

4 水发香菇一切两半，作为琵琶弦底。

5 小汤匙内抹匀熟猪油，放冰箱略冻取出，放虾馅抹平，放鸭舌（弦头）、熟瘦火腿条（弦把）、熟瘦火腿丝、蛋皮丝、青菜叶丝和水发发菜（弦）、水发香菇片（弦底），成为琵琶鸭舌生坯。

6 笼锅上火，放水烧开，将琵琶鸭舌生坯，放笼锅中蒸熟，取出放冷水中脱出汤匙，整齐地摆放盘内，上笼锅中复蒸一下取出。

7 炒锅上火，放鸡汤烧开，加精盐，用湿淀粉勾米汤芡，浇琵琶鸭舌上即成。

大师指点

1 制作虾馅时，不能加水，保持一定厚度。

2 蒸制时掌握好时间，又要蒸透，但不可蒸过。

特点 ▶ 形似琵琶，鲜嫩味美。

44 火腿烩鸭掌

主料： 鸭掌 500 克。

配料： 熟火腿 50 克、嫩丝瓜（去皮）50 克、水发香菇片 25 克。

调料： 熟猪油、葱结、姜块、绍酒、精盐、湿淀粉、鸡汤。

制作方法

1 鸭掌去皮、洗净，入大火开水锅内焯水，捞出洗净后。放砂锅内，加水、葱结、姜块，大火烧开，放绍酒，盖盖，复小火烧至成熟，捞起晾凉，拆去掌骨。

2 熟火腿切菱形片。嫩丝瓜去瓤、切菱形片，洗净，入熟猪油锅上火焐油成熟，倒入漏勺沥尽油。

3 炒锅上火，放熟猪油、葱结、姜块，稍炒，放鸡汤、绍酒、鸭掌、熟火腿片、水发香菇片，烧至汤汁浓稠时，去葱结、姜块，放嫩丝瓜、精盐，用湿淀粉勾芡，起锅装盘即成。

大师指点

鸭掌不可煮得太烂，能拆骨即好，以免影响形态。

特点 ▶ 色彩艳丽、软韧鲜香。

45 掌上明珠

主料： 鸭掌 12 只。

配料： 虾仁 100 克、熟瘦火腿末 10 克、水发香菇末 10 克、熟鸽蛋 6 个。鸡蛋清 1 个。

调料： 熟猪油、葱结、姜块、葱姜汁、绍酒、精盐、湿淀粉、干淀粉、鸡汤。

制作方法

1　鸭掌去外衣、指甲，焯水后洗净，再放锅内，加水、葱结、姜块，上大火烧开，加绍酒、精盐，盖盖，移小火烧熟，捞起晾凉，拆去爪骨。

2　虾仁洗净，用干布吸去水分，刮成蓉，放盆内，加葱姜汁、绍酒、干淀粉、精盐制成虾馅。熟鸽蛋用刀一剖两半。

3　鸭掌中间放虾馅，在虾馅中嵌入半只熟鸽蛋，周围点缀熟瘦火腿末、水发香菇末、成为掌上明珠生坯。

4　笼锅上火，放水烧开，放入掌上明珠生坯蒸熟，取

出摆放盘中。

5　炒锅上火，放鸡汤烧开，加精盐、熟猪油，用湿淀粉勾芡，浇掌上明珠上即成。

大师指点

1　鸭掌拆骨时要保持完整。

2　鸭掌上放虾馅时，要先撒上干淀粉。

特点　熟鸽蛋光亮，形似明珠。鲜美滑嫩，晶莹美观。

46　京冬菜扒鸭

主料： 光鸭 1 只（重约 1750 克）。
配料： 京冬菜 100 克。
调料： 花生油、葱结、姜块、绍酒、酱油、白糖、麻油。

制作方法

1　光鸭去嘴骨、翅、爪、屁股，从脊背开刀，去内脏、气管、食管，洗净，用刀在鸭骨上拍一下。

2　炒锅上火，放花生油，待油八成热时，放鸭下锅，炸至金黄色，捞起沥尽油。

3　砂锅内放竹垫、水、葱结、姜块、酱油、白糖、鸭

（背朝上），烧开后，加绍酒，盖盖，移小火烧熟焖烂，去葱结、姜块、竹垫，将鸭翻转，放拣洗干净的京冬菜，用大火烧焖约 10 分钟离火，放入麻油，上桌即成。

大师指点

1　炸鸭时需大火辣油，一次性炸成金黄色。

2　鸭子基本成熟时加京冬菜，在火上焖烧入味。

特点　软嫩鲜香，咸中微甜。京冬菜风味独特。

47　腐乳鸭子

主料： 光鸭 1 只（重约 1500 克）。
调料： 花生油、葱结、姜块、绍酒、酱油、白糖、湿淀粉、香腐乳、麻油。

制作方法

1　光鸭去嘴骨、翅、爪、屁股，从脊背剖开，去内脏、气管、食管，洗净，用刀在骨头上稍拍几下，放入大火开水锅内焯水，捞起洗净。香腐乳用刀搨成泥。

2　砂锅内放清水、葱结、姜块、酱油、白糖、鸭子，

大火烧开，加绍酒，盖盖，移小火将鸭烧熟焖烂，取出扣入大碗，上笼蒸透，翻身入盘，泌下卤汁，去扣碗。

3　炒锅上火，放烧鸭汤汁、香腐乳泥，搅匀烧开，用湿淀粉勾琉璃芡，放麻油，浇鸭身上即成。

大师指点

烧鸭子时，酱油少一些，不使颜色过深。

特点　色泽红亮，肉嫩味香。

48 花雕扒鸭

主料： 光鸭1只（重约1500克）。
配料： 青菜心12棵。
调料： 花生油、熟猪油、葱结、姜块、花雕酒、酱油、白糖、湿淀粉、麻油。

制作方法

1. 光鸭去嘴骨、翅膀、爪、屁股，从脊背剖开，去内脏、气管、食管，洗净，用刀在骨头略拍一下。
2. 炒锅上火，放花生油，待油八成热时，放入光鸭，炸至金黄色时，捞起沥尽油。
3. 砂锅内放葱结、姜块、花雕酒、酱油、白糖、鸭，

大火烧开，盖盖，移小火烧焖至熟，取出装盘。

4. 将青菜心洗净，入大火开水锅内焯水，捞入冷水泌透取出，挤尽水，入熟猪油锅，上火焐油成熟，捞起沥尽油，围在鸭的四周。
5. 炒锅上火，放烧鸭汤汁烧开，用湿淀粉勾琉璃芡，放麻油，浇鸭身上即可。

大师指点

烧焖鸭子时，只用绍酒，无须加水。

特点 软嫩鲜醇，酒香扑鼻。

49 银丝鸭子

主料： 光鸭1只（重约2000克）。
配料： 干粉丝1000克。
调料： 花生油、葱结、姜块、绍酒、酱油、白糖、麻油、湿淀粉。

制作方法

1. 光鸭去嘴骨、翅膀、爪、屁股，从脊背开刀，去内脏、气管、食管，洗净，用刀在骨头上略拍一下。
2. 炒锅上火，放入花生油，待油八成热时，放入光鸭，炸至金黄色，捞起沥尽油。
3. 锅内放水、葱结、姜块、酱油、白糖、鸭子，大火

烧开，加绍酒，盖盖，移小火将鸭烧熟焖烂，取出扣大碗中，上笼略蒸，取出翻身入盘，泌下汤汁留用，去扣碗。

4. 炒锅上火，放花生油，待油九成热时，放入干粉丝炸脆，捞起沥尽油，围在鸭子周围。
5. 炒锅上火，放烧鸭汤汁烧开，用湿淀粉勾琉璃芡，放麻油，浇鸭身上即成。

大师指点

炸干粉丝时要大火辣油，确保一下锅就膨起、发白。

特点 鸭肉酥烂，银丝香脆。

50 红松鸭子

主料： 光鸭1只（重约1500克）。
配料： 猪前夹肉400克、松子75克、豌豆苗250克、鸡蛋2个。
调料： 熟猪油、葱结、姜块、葱姜汁、绍酒、精盐、酱油、白糖、湿淀粉、干淀粉、麻油。

制作方法

1. 取下两片鸭脯肉、两只腿肉，剞十字花刀，刀深至皮。

2. 猪前夹肉刮成肉泥，加葱姜汁、鸡蛋、绍酒、干淀粉、精盐，制成肉馅。
3. 松子放入油锅，上火焐油至熟，倒入漏勺沥尽油。
4. 鸡蛋液、干淀粉调制成全蛋浆。
5. 鸭脯肉、腿肉抹上全蛋浆，放上肉馅，撒上松子仁，抹平，成为红松鸭生坯。
6. 炒锅烧辣，放熟猪油，将红松鸭生坯皮朝上，将肉面煎出面子，盛起沥尽油。

7 锅内放清水、葱结、姜块、酱油、白糖、红松鸭生坯，上大火烧开，放入绍酒，移小火烧熟焖透，捞起冷却后，切成一字条扣入碗中，加汤汁。

8 笼锅上火，放水烧开，放入红松鸭蒸至酥烂，翻身入盘，泌去汤汁，去扣碗。

9 炒锅上火，放入熟猪油、拣洗后的豌豆苗，炒熟后泌入去汤汁，围在红松鸭周围。

10 炒锅上火，放烧鸭汤烧开，用湿淀粉勾琉璃荧，放麻油，浇红松鸭上即成。

大师指点

1 猪肉馅放鸭肉上时，可用刀排一下以增加粘合。

2 煎制时既需煎出硬面，但不可煎焦。

特点 色泽酱红，香酥软嫩。

51 荷香鸭

主料：光鸭 1 只（重约 1500 克）。

配料：荷叶 4 张、玻璃纸 2 张。

调料：葱结、姜块、桂皮、八角、五香粉、上等曲酒、精盐。

制作方法

1 光鸭去嘴骨、翅膀、爪、屁股，从颈部开口，去气管、食管。从裆下开口，去内脏，洗净，鸭腹内填进葱结、姜块、桂皮、八角，再用上等曲酒、精盐擦遍全身，均匀撒上五香粉。

2 荷叶入大火开水锅中略烫，取出稍冷，用 2 张荷叶，包裹鸭子，再包玻璃纸，外仍以荷叶包严，再包一层玻璃纸，用细绳扎紧，成荷香鸭生坯。

3 笼锅上火，放水烧开，放入荷香鸭生坯，将其蒸熟、蒸透，去细绳、玻璃纸、荷叶，掏去鸭腹葱结、姜块、桂皮、八角。

4 将鸭子切成长方块，装盘即成。

大师指点

1 擦盐时处处擦到，但不可过多，防止太咸。

2 最后装盘时，先垫一张烫过的荷叶在盘底。

特点 荷香扑鼻，鸭肉鲜嫩。

52 桂花酒焖鸭

主料：光鸭 1 只（重约 1750 克）。

配料：净板栗 400 克。

调料：花生油、葱结、姜块、桂花酒、酱油、白糖。

制作方法

1 光鸭去嘴骨、翅膀、爪、屁股，从背部剖开，去气管、食管、内脏，洗净，剁成块。

2 炒锅上火，放花生油，待油三成热时，放入净板栗养炸至熟，捞起，待油八成热时，放入鸭块炸至金黄色时，捞起沥尽油。

3 砂锅内放水、葱结、姜块、酱油、白糖、桂花酒、板栗、鸭块，大火烧开，盖盖，移小火烧熟，再用大火收稠汤汁，加桂花酒，装盘即成。

大师指点

桂花酒须分两次加入。

特点 鸭肉香嫩，板栗甜糯。

53 豆渣鸭子

主料： 光鸭 1 只（重约 1750 克）。

配料： 细豆腐渣 500 克。

调料： 花生油、熟猪油、葱结、姜块、葱白丁、绍酒、酱油、白糖。

制作方法

1 光鸭去嘴骨、翅膀、爪、屁股，从脊背处剖开，去气管、食管、内脏，洗净。

2 炒锅上火，放花生油，待油八成热时，放入鸭子炸至金黄色，捞起沥尽油。

3 细豆腐渣挤去豆浆，入锅炒干。

4 砂锅内放水、葱结、姜块、酱油、白糖、鸭子，大火烧开，加绍酒，盖盖，移小火烧熟焖烂，取出扣入大碗中。

5 笼锅上火，放水烧开，将鸭子蒸透，取出翻身入盘，泌去汤汁，去扣碗。

6 炒锅上火，放熟猪油，葱白丁稍炒，放汤汁、豆渣，收稠汤汁，倒入鸭子四周即成。

大师指点

1 细豆腐渣必须挤干豆浆，炒至干透。

2 汤汁须收稠如糊。

特点 软嫩清香，咸中微甜。

54 芋艿扒烧鸭

主料： 光鸭 1 只（重约 2000 克）。

配料： 芋艿 200 克。

调料： 花生油、葱结、姜块、绍酒、酱油、白糖、湿淀粉、麻油。

制作方法

1 光鸭去嘴骨、翅膀、爪、屁股，从脊背开口，去气管、食管、内脏，洗净，入大火开水锅焯水，捞起洗净。

2 砂锅内放水、葱结、姜块、酱油、白糖、光鸭，上大火烧开，加绍酒，盖盖，移小火烧熟焖烂，取出放碗中。

3 芋艿去皮洗净，切滚刀块，洗净。

4 炒锅上火，放花生油，待油八成热时，放入芋艿炸成金黄色，捞起沥尽油，摆放碗内一圈，成芋艿扒烧鸭生坯。

5 笼锅上火，放水烧开，放入芋艿扒烧鸭生坯，将其蒸熟蒸透，取出，翻身入盘，泌去汤汁，去扣碗。

6 炒锅上火，放汤汁烧开，用湿淀粉勾琉璃芡，放麻油，浇鸭上即成。

大师指点

芋艿须炸透、炸香，但不可炸焦。

特点 芋艿软糯，鸭肉鲜嫩。

55 金葱红扒鸭

主料： 光鸭 1 只（重约 2000 克）。

配料： 葱白段 150 克、笋片 25 克、豌豆苗 400 克。

调料： 花生油、葱结、姜块、绍酒、酱油、白糖、湿淀粉、麻油。

制作方法

1 光鸭去翅膀、鸭爪、鸭嘴骨、屁股，从脊背剖开，去内脏，鸭肫剖开去肫皮、杂质，洗净。鸭肝去胆洗净。葱白段切成 10 厘米段。

2 炒锅上火，放花生油，待油八成热时，将葱白段炸成金黄色，捞起，即成金葱。

3 炒锅上火，放花生油，待油八成热时，放入鸭子入锅，炸至金黄色，捞起沥尽油。

4 砂锅内放竹垫、水、鸭（脯朝下）、鸭肫、肝、葱结、姜块、酱油、白糖烧开，加绍酒，盖盖，移小火烧熟焖烂，取出鸭子、肫、肝，去葱结、姜块，将肫、肝切成片。

5 将金葱、笋片、肫、肝片排在碗底，放入鸭子，鸭脯朝下，加炖鸭时汤汁，即成金葱红扒鸭生坯。

6 笼锅上火，放水烧开，放入金葱红扒鸭生坯，将其蒸熟、蒸透，取出翻身入盘，泌下汤汁，去扣碗。

7 炒锅上火，放花生油，将洗净的豌豆苗，加精盐炒熟，泌去汤汁，围在鸭子四周。

8 炒锅上火，放入扒鸭汤汁烧开，用湿淀粉勾芡，放麻油，浇鸭上即成。

大师指点

光鸭洗净后，要用刀在骨头上排刮一下，便于成熟、装盘。

特点 色泽酱红，酥烂脱骨，香味浓郁。

56 糊涂鸭子

主料： 光鸭 1 只（重约 1500 克）。

配料： 熟火腿丁 100 克、熟净笋丁 100 克、水发冬菇丁 50 克、山药 250 克。

调料： 熟猪油、葱结、姜块、绍酒、酱油、白糖。

制作方法

1 光鸭去嘴骨、翅膀、爪、屁股，从脊背剖开，去气管、食管、内脏，洗净，用刀在鸭骨上排刮一下。鸭肫剖开，去肫皮、杂质，洗净。鸭肝去胆。鸭、鸭肫、鸭肝均入大火开水锅内焯水，捞出洗净。

2 砂锅内放水、葱结、姜块、酱油、白糖、鸭、肫、肝、上大火烧开，加绍酒，盖盖，移小火烧熟焖烂，鸭子取出，鸭汤备用。

3 将烧熟的鸭子去骨，切成大小不一的块，装盘。鸭肫、鸭肝切成丁。

4 炒锅上火放熟猪油、鸭肫、肝丁、熟净笋丁、熟火腿丁、冬菇丁，煸炒至熟，放汤汁，烧至汤浓，成四丁馅。

5 山药去皮，洗净煮熟，揉成山药泥。

6 炒锅上火，放熟猪油、山药泥、四丁馅及汤汁烧开，炒拌均匀，至汤汁黏稠时，倒鸭块上即成。

大师指点

山药要煮烂，彻底去皮和斑点，才能揉成细泥。

特点 口感多样，鸭肉软烂。

57 八宝鸭

主料： 光鸭（母的）1 只（重约 2000 克）。

配料： 糯米 40 克、熟精肉丁 40 克、熟火腿丁、熟净笋丁 40 克、水发香菇丁 40 克、熟鸭肫丁 40 克、芡实 10 克、薏仁 10 克、豌豆苗 250 克。

调料： 花生油、葱结、姜块、绍酒、精盐、酱油、白糖、湿淀粉、虾籽、麻油。

制作方法

1 光鸭去嘴骨、翅膀、爪，从颈部开口，整鸭出骨洗净，入大火开水锅略烫，捞起洗净。鸭骨入大火开水锅内焯水，捞出洗净。

2 鸭骨、内脏洗净后剁成块，入大火开水锅焯水，捞起洗净。

3 糯米淘洗干净，在清水中浸泡 1 小时左右，捞起沥尽水。芡实、薏仁淘洗干净。

4 炒锅上火，放花生油，熟精肉丁、熟净笋丁、水发香菇丁、熟鸭肫丁、熟火腿丁煸炒至熟，加鸡汤、酱油、白糖、虾籽烧开收稠汤汁，盛入盆内，加糯米、芡实、薏仁拌匀，成为八宝馅。从鸭子颈部开口处填入鸭腹，用绳扎紧开口处，成为八宝鸭生坯。

5 炒锅上火，放花生油，待油八成热时，将八宝鸭生坯放入，炸至金黄色时，捞起沥尽油。

6 大砂锅底放竹垫，八宝鸭生坯（鸭腹朝下）、水、葱结、姜块、鸭骨、酱油、白糖、虾籽大火烧开，加绍酒，盖盖，移小火烧熟焖烂，再用大火烧开。去葱结、姜块、鸭骨等，翻身装入盘中。

7 炒锅上火，放花生油，洗净的豌豆苗，加精盐炒

熟，泌去汤汁，围放在八宝鸭周围。

8 炒锅上火，放烧鸭汤汁烧开，用湿淀粉勾琉璃芡，放麻油，浇八宝鸭上即成。

大师指点

1 整鸭出骨时要保持鸭皮完整。

2 馅心只能填到鸭腹四分之三，不可填满。

特点 鸭肉鲜嫩，八宝味美。

58 八宝葫芦鸭

主料：光鸭 1 只（重约 2000 克）。

配料：糯米 40 克、鸭肫丁 40 克、火腿丁 40 克、熟笋丁 40 克、精肉丁 40 克、水发香菇丁 40 克、芡实 10 克、薏仁 10 克、净豌豆苗 400 克。

调料：花生油、葱结、姜块、绍酒、酱油、白糖、湿淀粉、麻油。

制作方法

1 光鸭去嘴骨、翅膀、爪，整鸭出骨洗净，入大火开水锅内焯水，捞起洗净。

2 糯米淘洗干净，用清水浸泡 1 小时。芡实、薏仁洗净，略泡。

3 炒锅上火，放花生油、鸭肫丁、火腿丁、精肉丁、水发香菇丁、笋丁炒熟，加白汤、绍酒、酱油、白糖烧开收稠汤汁，装盆内，与糯米、芡实、薏仁拌匀，成八宝馅。

4 将八宝馅从颈处开口处填入鸭腹，开口处用棉线扎

紧。再用棉线从鸭腹处扎紧成大、小两个圆球，成葫芦八宝鸭生坯。

5 炒锅上火，放花生油，待油八成热时，投入葫芦鸭生坯，炸至金黄色捞起，沥尽油。

6 大砂锅 1 只，放入竹垫，再放水、葱结、姜块、酱油、白糖、八宝葫芦鸭生坯，上火烧开，加绍酒，盖盖，移小火烧熟焖烂，取出盛入盘中。

7 炒锅上火，放花生油、豌豆苗、精盐炒熟，泌去汤汁，放葫芦鸭周围。拆去棉线，改用红绸或绿绸捆扎。

8 炒锅上火，放入烧鸭汤汁烧开，用湿淀粉勾琉璃芡，放麻油，浇葫芦八宝鸭上即成。

大师指点

整鸭出骨不可将鸭皮搞破。扎绳时要形成葫芦状。

特点 形似葫芦，鸭肉鲜香，八宝味美。

59 香酥鸭子

主料：生光鸭 1 只（重约 1750 克）。

配料：香菜 10 克、熟红椒丝 5 克。

调料：花生油、葱结、姜块、绍酒、酱油、花椒盐、陈皮、甜酱、番茄酱。

制作方法

1 鸭子去嘴骨、翅膀、爪、屁股，由翅膀腋下开口，去内脏、气管、食管，洗净控干，用花椒盐擦遍全身内外，放盆内，腌渍 3 小时左右，取出洗净。放盘内加

葱结、姜块、绍酒、陈皮，即成香酥鸭子生坯。

2 笼锅上火，放水烧开，放入香酥鸭子生坯，将其蒸熟取出，去葱结、姜块、陈皮，稍冷，全身抹上酱油。

3 炒锅上火，放入花生油，待油七成热时，放入香酥鸭，将其炸酥透捞出，待油九成热时，放入鸭子重油至鸭皮炸脆，捞出沥尽油。

4 将鸭子剁成块，整齐地摆放入盘，放拣洗后的香

菜、红椒丝即成。

5　带甜酱、番茄酱各一小碟，上桌。

大师指点

1　要腌渍入味。

2　第一次油炸，鸭子炸透、炸酥，第二次油炸，外皮炸脆。

特点　色泽酱红，内外酥透，香脆味美。

60　柴把鸭子

主料：熟鸭肉（去皮）　300 克。

配料：熟瘦火腿 100 克、熟净笋 100 克、水发香菇 100 克、蛋黄糕 100 克、水发海带 20 克。

调料：熟猪油、葱结、姜块、绍酒、湿淀粉、虾籽、鸭汤。

制作方法

1　将鸭肉切成长 1.2 寸、 2 分见方的条。熟瘦火腿、熟净笋、水发香菇、蛋黄糕均切成与鸭条相仿的条。水发海带切成细丝。

2　将鸭肉条、熟净笋条、熟火腿条、水发香菇条、蛋黄糕条各三条用海带丝扎在一起，成为柴把鸭子生坯。将柴把鸭子整齐摆放在碗内，放上葱结、姜

块、精盐、鸭汤、虾籽、熟猪油。

3　笼锅上火，放水烧开，放入柴把鸭子生坯，将其蒸熟、蒸透取出，去葱结、姜块，翻身入盘，泌出汤汁，去扣碗。

4　炒锅上火，放汤汁、精盐、鸭汤，用湿淀粉勾琉璃芡，浇盘内柴把鸭子上即成。

大师指点

几种条，长、短、粗、细要基本一样，海带丝要扎紧。

特点　形似柴把，原料多样，汤汁香醇。

注：此菜也可制成柴把鸭汤。

61　加香鸭

主料：光鸭 1 只（重约 1500 克）。

配料：猪肋条肉片 200 克、熟火腿片 100 克、水发香菇片 100 克。

配料：葱结、姜块、桂皮、八角、虾籽、绍酒、酱油、白糖、甜酱。

制作方法

1　光鸭去嘴骨、翅膀、爪、屁股，从腋下开刀，去尽内脏、气管、食管洗净，入大火开水锅内焯水，捞起洗净。

2　猪肋条肉片、熟火腿片、水发香菇片放盆中，加酱

油、白糖、绍酒拌匀，从鸭翅下填入鸭腹。

3　砂锅一只，放入竹垫、水、鸭、葱结、姜块、酱油、白糖、虾籽、桂皮、八角，烧开，加绍酒，盖盖，移小火烧熟焖烂，去葱结、姜块、桂皮、八角、竹垫，上桌即成。

大师指点

肉片等浸拌时酱油要少，砂锅烧焖时，桂皮、八角不要太多。

特点　鸭肉酥烂，香味浓郁。

62 蜜鸭

主料： 光鸭 1 只（重约 1500 克）。

配料： 糯米 100 克、莲子（去芯） 100 克、红枣（去皮、核） 100 克。

调料： 葱结、姜块、绍酒、白糖、蜂蜜。

制作方法

1 光鸭去嘴骨、翅膀、爪、屁股，从腋下开刀去内脏、气管、食管，洗净，入大火开水锅焯水捞出洗净。

2 糯米洗净，在冷水中浸泡 1 小时，入大火开水锅内煮熟，倒入淘米笋再入水内，洗至清水。莲子放砂锅内加水，上火烧开，移小火炖熟。

3 将糯米、莲子、红枣同放盆内，加白糖拌匀，填入鸭腹，鸭身均匀抹上蜂蜜，加葱结、姜块、绍酒，用玻璃纸包起放入盆内，即成蜜鸭生坯。

4 笼锅上火，放水烧开，放入蜜鸭生坯，将其蒸熟取出，去葱结、姜块、玻璃纸上桌即成。

大师指点

1 糯米在浸泡、煮熟后，须无硬心。

2 蜜鸭放容器内需用玻璃纸密封，蒸时不可进气。

特点 鲜、香、甜、润。

63 石耳鸭

主料： 光鸭 1 只（重约 1500 克）。

配料： 石耳 100 克、熟净笋片 50 克、青菜心 10～12 棵。

调料： 熟猪油、葱结、姜块、绍酒、酱油、白糖、湿淀粉、麻油。

制作方法

1 光鸭去嘴骨、翅膀、爪、屁股，从裆下开刀，去内脏、气管、食管，洗净，入大火开水锅内焯水，捞起洗净。

2 石耳洗净、撕碎。青菜心入大火开水锅中焯水，捞出放冷水中泌透，取出挤尽水，入熟猪油锅中，上火焐油成熟，倒入漏勺沥尽油。

3 砂锅一只，放入竹垫、水、鸭、葱结、姜块，大火烧开，加绍酒，盖盖，移小火煨熟取出，冷却后拆出骨头。将鸭肉切成长方块摆放碗中，加石耳、熟净笋片、酱油、白糖、葱结、姜块，即成石耳鸭生坯。

4 笼锅上火，放水烧开，放入石耳鸭生坯，将其蒸熟、蒸透，去葱结、姜块，翻身入盘，泌下汤汁，去扣碗，周围放上青菜心。

5 炒锅上火，放汤汁烧开，用湿淀粉勾琉璃芡，放麻油，浇石耳鸭上即成。

大师指点

煨鸭时掌握好时间，能拆骨即可，不可过烂。

特点 石耳爽滑，鸭肉酥烂。

64 酱桶鸭

主料： 光鸭 1 只（重约 1500 克）。

调料： 葱结、姜块、绍酒、甜酱。

制作方法

1 光鸭去嘴骨、翅膀、爪、屁股，从裆下开口，去内脏、气管、食管，洗净，沥尽水，放甜酱内浸泡 10 天，取出洗净，将葱结、姜块塞进鸭腹，鸭身抹匀绍酒。

2 笼锅上火，放水烧开，放入鸭子，将其蒸至熟烂，取出拆去骨头，将鸭肉撕成大片，装盘即成。

大师指点

此菜适宜冬季食用，春、秋季节浸渍 5~7 天即可。

特点 鸭肉鲜美，酱香浓郁。

65　青螺鸭

主料： 光鸭 1 只（重约 1500 克）。

配料： 青螺 300 克。

调料： 葱结、姜块、绍酒、酱油、白糖、麻油、胡椒粉。

制作方法

1　光鸭去嘴骨、翅膀、爪、屁股，从腋下开口，去内脏、气管、食管，洗净，入大火开水锅内焯水，捞起洗净。

2　青螺洗净，入大火开水锅内烫透，捞起洗净，放盆内，加酱油、白糖、胡椒粉拌匀，浸渍入味。再灌

入鸭腹即成青螺鸭生坯。

3　砂锅内放竹垫、青螺鸭生坯、水、葱结、姜块、酱油、白糖，上大火烧开，加绍酒，盖盖，移小火烧熟焖烂。取出鸭子，放入盘内，均匀刷上麻油，即可上桌。

大师指点

1　青螺要拣洗干净，浸渍时酱油不可多放。

2　鸭腹填馅不可过满，留有五分之一空间。

特点　鲜香味美，肥嫩可口。

66　嫩瓤鸭

主料： 光鸭 1 只（重约 1500 克）。

配料： 猪肋条肉（去皮）200 克、熟净笋片 100 克。

调料： 葱结、姜块、葱花、姜米、酱油、白糖、绍酒、精盐、干淀粉、花椒盐、五香粉、锡箔纸。

制作方法

1　光鸭去嘴骨、翅膀、爪、屁股，从腋下开口，去内脏、气管、食管，洗净，将花椒盐、五香粉、绍酒抹匀鸭身，腌渍 1 小时，洗净，放入大火开水锅内略烫，捞起洗净。

2　猪肋条肉洗净，刮成蓉，放入盆内，加葱花、姜米、绍酒、酱油、白糖、干淀粉、精盐，制成

肉馅。

3　将肉馅从开口处灌进鸭腹，用锡箔纸包裹鸭子、葱结、姜块，放盘内，即成嫩瓤鸭生坯。

4　笼锅上火，放水烧开，放入嫩瓤鸭生坯，其蒸熟、蒸透入味。取出鸭子，去锡箔纸，放入盘内，在鸭身上，均匀刷上麻油，即可上桌。

大师指点

1　腌制鸭子时，花椒盐、五香粉要适度，不可过多。

2　鸭腹填馅时不可过满，留有五分之一空间。

特点　鲜香味美，肥嫩可口。

67　熏鸭

主料： 光鸭 1 只（重约 1500 克）。

调料： 花生油、葱结、姜块、葱段、姜片、绍酒、桂皮、八角、湿茶叶、锅巴、麻油。

制作方法

1　光鸭去嘴骨、气管、食管、翅膀、爪、屁股，裆下开刀，去内脏洗净，入大火开水锅内焯水，捞起洗净。

2　锅内放水、葱结、姜块、桂皮、八角、鸭子，烧开后加绍酒，移小火，盖盖，将鸭子烧焖至七成熟，捞起。

3　大锅内放湿茶叶、白糖、锅巴，架上熏架，放葱段、姜片、鸭子，盖上锅盖，用湿纸密封锅盖缝隙，上火加热，将鸭子熏熟取出，均匀刷上麻油，剁成块，装盘即成。

大师指点

加热时须不断转动熏锅。使鸭子受热均匀，熏锅从冒

白烟进展到冒黄烟，鸭即熏好。

特点 鸭肉味美，风味独特。

68 清炖鸭

主料： 光鸭 1 只（重约 1750 克）。

配料： 熟火腿片 50 克、熟净笋片 50 克。

调料： 葱结、姜块、绍酒、精盐、虾籽。

制作方法

1 光鸭去嘴骨、翅膀、爪、屁股，从脊背剖开，去内脏、气管、食管，洗净，用刀拍刮一下骨头，将鸭肫一剖两半，去肫皮、杂质，洗净，鸭肝去胆洗净，将鸭子、肫、肝入大火开水锅内焯水，捞起洗净。

2 砂锅内放竹垫、水、葱结、姜块、鸭子（背朝

上）、肫、肝，上火烧开，加绍酒、虾籽，移小火炖熟、焖烂，再上大火烧开，加精盐，捞起鸭放大汤碗内（背朝下）。捞出的肫、肝切成片，去葱结、姜块。

3 炒锅上火，放鸭汤、肫、肝片、火腿片、笋片烧开，倒大汤碗中即成。

大师指点

要选用老鸭，在小火上慢慢炖焖。

特点 汤清味醇，鸭肉鲜香。

69 金银鸭汤

主料： 净光鸭半只（重约 750 克）。

配料： 烤鸭半只（重约 600 克）。

调料： 葱结、姜块、绍酒、精盐、虾籽。

制作方法

1 光鸭洗净，放大火开水锅内焯水，捞起洗净，放入砂锅，加清水、葱结、姜块，烧开加绍酒，移小火，待鸭子煨至七成熟时取出，去掉葱结、姜块，鸭汤留用。

2 将熟鸭、烤鸭剁成长方块，摆放入碗中，各占一半，加鸭汤、葱姜、姜块、绍酒、精盐、虾籽，即

成金银鸭子生坯。

3 笼锅上火，放水烧开，放入金银鸭子生坯，将其蒸熟、蒸透，取出。翻身入大汤碗中，泌去汤汁，去扣碗。

4 炒锅上火，放鸭汤烧开，加精盐，倒入金银鸭子碗内即成。

大师指点

蒸鸭时必须蒸熟、蒸透，使鲜鸭、烤鸭味道融合。

特点 酥烂味浓，汤汁醇厚。

70 文武鸭汤

主料： 净光鸭半只（重约 750 克）。

配料： 咸鸭半只（重约 600 克）。

调料： 葱结、姜块、绍酒、精盐。

制作方法

1 光鸭、咸鸭分别剁成长方块，将咸鸭块需浸泡在清

水中 4~5 小时，中途换两三次水。

2 光鸭块、咸鸭块入大火开水锅内焯水，捞起洗净。

3 砂锅内放水、葱结、姜块、光鸭块、咸鸭块，上大火烧开，加绍酒，盖盖，移小火煨熟焖烂，去葱结、姜块，加精盐，上桌即成。

鸭的腊香味。

特点 两鸭同煨，汤鲜腊香，风味独特。

71　天地鸭汤

主料：净光鸭半只（重约 1000 克）。

配料：光野鸭 1 只（重约 800 克）、熟火腿片 100 克、熟净笋片 150 克、水发香菇片 50 克。

调料：葱结、姜块、绍酒、精盐。

制作方法

1　光野鸭去嘴骨、翅膀、爪、屁股，从脊背剖开，去内脏、气管、食管。肫一剖两半，去肫皮、杂质。野鸭去外衣，爪去指甲，一起洗净，与光鸭同入大火开水锅内焯水，捞起洗净，用竹签将野鸭肉戳几下，挤尽血水，洗净。

2　砂锅内放入竹垫、水、光鸭、野鸭（皮朝上）、葱结、姜块、肫、肝，上大火烧开，放绍酒，盖盖，移小火煨熟、焖烂，取出竹垫，去葱结、姜块，将肫、肝切片，鸭身反转，放熟火腿片、熟净笋片、水发香菇片、肫肝片，用大火烧开，加精盐，即可上桌。

大师指点

小火煨焖时，不能着急，要达到酥烂脱骨而不失其形。

特点 家鸭鲜嫩，野鸭酥香，汤汁清醇。

72　馄饨鸭子

主料：光鸭 1 只（重约 1500 克）。

配料：鲜肉大馄饨 12 只。

调料：葱结、姜块、绍酒、精盐。

制作方法

1　光鸭去嘴骨、翅膀、爪、屁股，从脊背剖开，去内脏、气管、食管，洗净，在鸭骨上用刀排刮几下。鸭肫剖开，去肫皮、杂质。肝去胆，洗净。

2　将鸭、翅膀、爪、肫、肝，入大火开水锅内焯水，捞起洗净。

3　砂锅内放水、鸭、翅膀、爪、肫、肝、葱结、姜块。用大火烧开，加绍酒，盖盖，移小火煨熟焖烂，再上大火烧开，加精盐，除去葱结、姜块。

4　炒锅上火，放水烧开，放馄饨，至馄饨浮起成熟，用漏勺捞起，倒鸭汤内即成。

大师指点

馄饨亦可用虾蓉、五丁、荠菜等馅。

特点 馄饨滑嫩，鸭肉酥烂，别具风味。

73　莼菜兰花鸭汤

主料：生鸭脯肉 250 克。

配料：莼菜 100 克。

调料：精盐、鸭汤、鸭油、石碱。

制作方法

1　将鸭脯肉切成七八厘米宽的长条，剞上兰花刀，放盆内加石碱浸渍 1 小时后，用清水洗净浸泡，中途要不断换水，去除碱味。即成兰花鸭生坯。

2　炒锅上火，放鸭汤、洗净的莼菜，烧开后加精盐，倒入汤碗。

3　炒锅上火，放水烧开，放入兰花鸭生坯，烫熟捞起，倒入汤碗，滴几滴鸭油即成。

大师指点

1 石碱腌制鸭肉时，看到有血水吐出、鸭肉回软即捞

起，用清水浸泡，不断换水至鸭肉发亮方可捞出。

2 烫制鸭肉，大火开水，一烫即起，不能久烫。

特点 形似兰花，鲜嫩味美。

---

74 三套鸭

主料：光鸭 1 只（重约 1500 克）。

配料：光野鸭 1 只（重约 750 克）、光鸽一只（重约 300 克）、熟火腿片 150 克、熟净笋片 100 克、水发香菇片 100 克、整香菇一个。

调料：葱结、姜块、绍酒、精盐、虾籽。

制作方法

1 用刀在宰鸭口处切断颈骨，在近腹部连接处，划破鸭皮，取出颈骨，进行整鸭出骨。取出肫，去肫皮、杂质，肝去胆，洗净。将鸭骨剁成块，洗净。

2 野鸭、鸽子均用相同手法出骨。

3 将鸭、野鸭、鸽子放入大火开水锅内略烫，捞起洗净。肫、肝、骨架焯水洗净。

4 将熟火腿片、熟净笋片、水发香菇片（各留一半）填入鸽子腹中，再将鸽子填入野鸭腹中，最后将野

鸭填入鸭子腹中，再填熟火腿、熟净笋、水发香菇片（各留四片），用绳子扎住开口处，成三套鸭生坯。

5 大砂锅内放水、鸭骨、野鸭骨、鸽骨、葱结、姜块、三套鸭生坯（脊背朝上）、虾籽，上大火烧开，加绍酒，盖盖，移小火将鸭煨熟焖烂，再上大火烧开，捞出去颈部绳子的三套鸭，放大汤碗中。在鸭身上放熟火腿片、熟净笋片和水发香菇，倒入加过精盐的三套鸭汤至汤碗内，即成。

大师指点

1 整鸭出骨时，不能将鸭皮搞破。鸽肚填料时，须留三分之一空间。

2 扎绳子时不可过紧。

特点 造型别致，鲜香软烂，鸭中珍品。

---

75 炸肉皮煨鸭

主料：光鸭 1 只（重约 2000 克）。

配料：油炸肉皮 100 克。

调料：葱结、姜块、绍酒、精盐、石碱。

制作方法

1 光鸭去嘴骨、翅膀、爪、屁股，从脊背剖开，去内脏、气管、食管，洗净，入大火开水锅内焯水，捞起洗净。

2 油炸肉皮用冷水泡发后，批切成菱形片，用轻碱水

洗净残油后，再用冷水反复漂洗，去除碱味。

3 砂锅内放清水、鸭、肉皮、葱结、姜块，大火烧开，放绍酒，盖盖，移小火煨焖至熟，去葱结、姜块，加精盐即成。

大师指点

选用孔洞很多、老黄色的肉皮。碱治后，要套去碱味。

特点 鸭肉香嫩，肉皮鲜软。

---

76 三舌汤

主料：熟鸭舌 100 克。

配料：鲫鱼舌 100 克、鲢鱼舌 100 克、熟火腿片 20

克、熟净笋片 20 克、莴苣片 20 克。

调料：葱结、姜块、绍酒、精盐、虾籽、鸭汤。

制作方法

1 鸭舌去气管、舌骨，鲫鱼舌、鲢鱼舌洗净，入大火开水锅内焯水，捞起洗净。

2 将鸭舌、鲫鱼舌、鲢鱼舌（如过大则批切成片），分别整齐排入汤碗，加葱结、姜块、精盐、虾籽、少许鸭汤，即成三舌汤生坯。

3 笼锅上火，放水烧开，放入三舌汤生坯，将其蒸熟、蒸透，取出去葱结、姜块，翻身入汤碗，沁去

汤汁。去扣碗。

4 炒锅上火放鸭汤、熟火腿片、熟净笋片、莴苣片烧开，加精盐，倒入三舌汤碗中即成。

大师指点

1 鲫鱼舌要用大一些的鲫鱼，鲢鱼须用江鲢或河鲢的舌，腥味较小。

2 鸭汤须选用高邮麻鸭汤，味道醇厚。

特点 软韧鲜香，汤清味醇。

77 开乌炖全鸭

主料： 光麻鸭 1 只（重约 1500 克）。
配料： 水发大乌参 500 克、小排骨 250 克。
调料： 葱结、姜块、绍酒、精盐、虾籽。
制作方法

1 光麻鸭去嘴骨、翅膀、爪、屁股，从脊背剖开，去内脏、气管、食管，在骨头上拍一下，入大火开水锅内焯水，捞起洗净。

2 砂锅内放水、鸭、葱结、姜块、虾籽，大火烧开，加绍酒，盖盖，移小火煨焖至熟，去葱结、姜块。

3 小排骨剁成小块，洗净，与水发大乌参分别焯水，洗净后，将乌参摆放碗底，上放排骨、葱结、姜块、水，入大火开火的笼锅中蒸 1~1.5 小时，沁出汤汁，取出排骨、葱结、姜块，将乌参放入鸭子砂锅中，烧开加精盐即成。

大师指点

乌参可整条，亦可批切成大片。

特点 酥烂香醇，原汁原味。

78 神仙鸭子

主料： 光鸭 1 只（重约 2000 克）。
配料： 熟火腿片 100 克、熟净笋片 100 克、水发香菇片 40 克。
调料： 葱结、姜块、绍酒、精盐。
制作方法

1 光鸭去嘴骨、翅膀、爪，整鸭出骨。将鸭骨剁成块，洗净，鸭和骨头同入大火开水锅内焯水，捞起洗净。

2 砂锅内放清水、鸭、鸭骨、葱结、姜块，大火烧开，加绍酒，盖盖，移小火煨焖至熟。

3 砂锅上火，去鸭骨、葱结、姜块，在鸭脯上放熟火腿片、熟净笋片、水发香菇片烧开，加精盐即成。

大师指点

整鸭出骨，吃时有肉而无骨，故称神仙鸭子。

特点 鸭肉鲜香，汤汁清醇。

79 萝卜块鸭汤

主料： 光鸭 1 只（重约 1750 克）。
配料： 白萝卜块 500 克。
调料： 葱结、姜块、绍酒、精盐、虾籽、鸡汤。

制作方法

1 光鸭去嘴骨、翅膀、爪、屁股，从脊背剖开，去内脏、气管、食管，洗净。鸭肫剖开去肫皮、杂质，

肝去胆洗净。将鸭、翅膀、爪剁成块，一同放大火开水锅内焯水，捞起洗净。

2　炒锅上火，放水、白萝卜块，烧开后稍煮，捞起放冷水中浸泡，去尽水备用。

3　砂锅内放鸡汤、鸭块、爪、翅、肫、肝、葱结、姜块、虾籽，烧开后加绍酒，盖盖，移小火煨至七八

成熟。放白萝卜块煨至熟，去葱结、姜块，放精盐即成。

大师指点

此菜为扬州大众化餐宴菜，白萝卜亦可改用土豆、山药、竹笋等。

特点　鸭肉鲜香，萝卜酥烂。

80　出水芙蓉鸭

主料： 光鸭1只（重约1750克）。

配料： 猪精肉250克、熟净笋片50克、净红椒1只、水发木耳10克、香菜10克、鸡蛋清4个。

调料： 葱姜汁、绍酒、精盐、干淀粉。

制作方法

1　光鸭去嘴骨、翅膀、爪、屁股，从脊背开刀，剥下整张连皮的鸭肉，去腿骨、翅骨，洗净，鸭肫剖开去肫皮、杂质洗净，鸭肝去胆，鸭骨剁成块，共入大火开水锅内焯水，捞起洗净。

2　砂锅内放清水、葱结、姜块、鸭肉、鸭骨，大火烧开，加绍酒，盖盖，移小火煨至鸭肉八成熟，捞出鸭肉，冷却后，在肉面上剞出十字花刀，修成圆形块。捞出鸭骨，去葱结、姜块，鸭汤留用。

3　猪精肉刮成蓉，加葱姜汁、绍酒、鸡蛋清、干淀粉、精盐，制成肉馅。

4　净红椒入开水锅烫熟，切成菱形或圆形片。香菜拣

洗干净。

5　鸡蛋清、干淀粉制成蛋清浆。

6　鸭肉抹上蛋清浆，铺上肉馅。抹平成扁圆形，放入大火开水的笼锅中蒸熟，取出在肉面上划大十字花刀。

7　鸡蛋清3只放碗中，用竹筷拂打成发蛋，放鸭肉面上并抹平，放红椒片摆成小花，用香菜做枝叶，成为芙蓉鸭生坯，放小火开水的笼锅中，蒸至成熟成型。

8　炒锅内放鸭汤、熟净笋片、水发木耳烧开，加精盐，倒入大汤碗内，放芙蓉鸭即成。

大师指点

1　鸭肉取出后，鸭骨要继续煨炖。制作肉馅不要加水，十字花刀要刀深及皮。

2　最后蒸发蛋时，一蒸即可，否则发蛋会瘪。

特点　鲜香软嫩，形态美观。

81　三圆炖鸭

主料： 光鸭1只（重约1500克）。

配料： 桂圆肉50克、红枣（去核）50克、鲜莲子（芯）50克、青菜心10~12棵。

调料： 葱结、姜块、绍酒、精盐。

制作方法

1　光鸭去嘴骨、翅膀、爪、屁股，从脊背剖开，去气管、食管、内脏，洗净，在骨头上拍一下，入大火开水锅内焯水后，捞出洗净。

2　青菜心洗净后，入开水锅焯水至熟，捞出浸泡在冷水中。

3　砂锅内放水、葱结、姜块、鸭、桂圆肉、鲜莲子、红枣，大火烧开，加绍酒，盖盖，移小火煨焖至熟，捞起鸭子、桂圆、莲子、红枣放大汤碗中，汤内去葱结、姜块，放青菜心，上大火烧开，加精盐，倒入大汤碗内即成。

大师指点

鸭与桂圆肉、红枣、鲜莲子同炖，味道可相互融合。

特点　鸭肉鲜香，汤清味醇。三圆同炖，滋补佳品。

82 鲜莲烩鸭羹

主料： 净鸭脯肉 200 克。

配料： 鲜莲子肉（去芯） 100 克、熟火腿丁 50 克、鲜蘑菇丁 50 克、丝瓜丁 80 克、鸡蛋清 1 个。

调料： 熟猪油、葱结、姜块、绍酒、精盐、干淀粉、湿淀粉、胡椒粉。

制作方法

1 净鸭脯肉切丁，放盆内加精盐、鸡蛋清、干淀粉上浆，入大火开水锅内略烫，捞出放碗中，加葱结、姜块、绍酒、鸭汤，上中火开水的笼锅中，蒸约 30

分钟取出，泌去汤汁。鲜莲子肉放入碗内加水，上笼蒸约 20 分钟取出，泌去汤汁。

2 炒锅上火，放鸭汤、鸭肉丁、熟火腿丁、鲜蘑菇丁、鲜莲子肉烧开，加丝瓜丁、绍酒、精盐，用湿淀粉勾琉璃芡，放熟猪油，胡椒粉，盛入汤碗即成。

大师指点

蒸莲子时，蒸熟即可，不能蒸得过烂、开花。

特点 鲜糯香嫩，别有风味。

83 鸭羹汤

主料： 净鸭脯肉 150 克。

配料： 猪五花肉（去皮） 150 克、熟鸭肫 1 只、熟火腿 50 克、蘑菇 100 克、熟净山药 100 克。

调料： 熟猪油、葱结、姜块、绍酒、精盐、湿淀粉、胡椒粉。

制作方法

1 净鸭脯肉、猪五花肉、熟鸭肫入大火开水锅内焯水，捞起洗净，放炒锅内，加水、葱结、姜块，上大火烧开，加绍酒，盖盖，移小火煨焖至熟，取出切成大丁。

2 熟火腿切成丁，山药、蘑菇洗净煮熟，切成丁。

3 炒锅上火，放鸭汤、鸭丁、猪五花肉丁、熟鸭肫丁、熟火腿丁、熟净山药丁、蘑菇丁烧开，加精盐，用湿淀粉勾琉璃芡，放熟猪油、胡椒粉，盛入汤碗即可上桌。

大师指点

此菜在扬州很有名，尤受郊区农民欢迎，常常仅用鸭肉、肥肉、山药共煨。

特点 香、辣、鲜、嫩，别有风味。

84 汤爆双脆

主料： 鸭肫 3 只。

配料： 生猪肚尖 2 个、香菜 10 克。

调料： 葱结、姜块、绍酒、精盐、胡椒粉、高级清鸡汤、石碱。

制作方法

1 鸭肫用刀一剖两半，去肫皮、杂质洗净，切成四片，剞上兰花刀。生猪肚尖洗净，切成两条，剞上兰花刀。将鸭肫、肚尖切成块，用石碱粉拌匀，浸渍 4 小时，再用清水反复浸洗去碱味。

2 炒锅上火，放水、绍酒、葱结、姜块烧开，放鸭肫、肚尖一烫就捞起，沥尽水放汤碗内。

3 炒锅上火，放高级清鸡汤烧开，加精盐，倒入汤碗，撒胡椒粉，用香菜点缀即成。

大师指点

1 剞花刀时要刀纹清晰，不可过深。

2 爆肫、肚时，要大火开水，一烫即起，断生即可。

特点 汤清味醇，香脆鲜嫩。

蟹黄肥美敌江瑶
活眼蹒跚受赭糟
————
中国维扬传统菜点大观

蟹

类

1 醉蟹

主料：活螃蟹 2500 克。

调料：白酒、葱结、姜块、精盐、冰糖、花椒。

制作方法

1 活螃蟹放清水中浸泡 2~3 小时，使其吐出污物，用刷子刷干净，盛蒲包中，压以重物，沥尽水分。

2 炒锅上火，放水、葱结、姜块、花椒烧开，加精盐，冷却后去葱结、姜块，倒盆内沉淀。

3 小口坛洗净控干。放螃蟹、白酒使其饮醉，再逐个

掰开蟹脐放花椒，用牙签插牢，叠放坛中，加冷盐水、冰糖，用干荷叶封口，用黄泥糊严，放置 18 天左右，开坛取出，即可食用。

大师指点

醉制品分为生醉、熟醉两类，熟醉制品不宜久藏，醉 1~2 小时即可食用。生醉制品一般选用白酒，不能立即食用。

特点 ▶ 酒味香醇，甘鲜细腻。

2 神仙醉蟹

主料：活螃蟹 400 克。

配料：香菜叶 10 克。

调料：葱结、姜块、姜米、酱油、醋、花椒、52 度白酒。

制作方法

1 活螃蟹洗净，晾干水分。

2 炒锅上火，放水烧开，加酱油烧开，倒盆中冷却后，加 52 度白酒成为醉卤。

3 剪去蟹爪尖，从脐部揭开，去蟹和尚（即蟹胃）、

蟹衣、蟹黄周围的蟹壳，扣碗中。蟹鼓一剖两半，放入汤碗，加醉卤、葱结、姜块、花椒，用保鲜膜封严碗口，焖制约 3 小时后，去保鲜膜、葱结、姜块、花椒，翻身将醉蟹装入盘中。

4 带姜米、醋一小碟上桌即成。

大师指点

神仙醉蟹属生醉法，亦称活醉速成法，时间短，口味佳，但须严格操作程序。

特点 ▶ 酒香味醇，蟹肉鲜嫩。

3 糟蟹

主料：活螃蟹 500 克。

调料：香糟、白酒酿、花椒、大小茴香、甘草、陈皮末、精盐。

制作方法

1 花椒、大小茴香、甘草、陈皮末与炒过的精盐放盆内拌匀，取一半与香糟调匀，另一半留用。

2 活螃蟹刷洗干净，脐内放入香料，逐个用绳扎紧。

3 坛底按一层香糟、一层螃蟹依次叠起，放上白酒

酿、精盐，用荷叶扎口，黄泥封固，经 2~3 个月即成。

4 食用时取出，去扎绳，装盘上桌即可。

大师指点

1 糟蟹的酒坛须放阴凉通风处。

2 黄泥封固须严密，不可漏气。

特点 ▶ 糟香扑鼻，鲜香软嫩。

4 酱蟹

主料：活螃蟹（团脐） 5000 克。

调料：精盐、甜酱。

制作方法

1 活螃蟹洗净，在蟹脐内放精盐少许，用麻绳捆扎。逐个蘸满甜酱，一层层排入坛中，用荷叶封口、黄泥封固， 2 个月后可开坛。

2 食用时取出，去扎绳，用冷开水洗去甜酱，即可装盘上桌。

【大师指点】

出坛后如蟹壳不易剥离，须继续酱制。

【特点】 酱香浓郁，鲜嫩微甜。

5 醉蟹油拌佛手罗皮

主料：雄醉蟹 4 只。

配料：海蜇皮 200 克。

调料：精盐。

制作方法

1 海蜇皮洗净，切成 1.5 寸宽的长条，每条留四分之一不切，四分之三切成粗丝。再切成有 6 根粗丝的段，成为佛手罗皮生坯，放入开水锅略烫，令其卷起成佛手状。捞起用冷水浸泡约 24 小时，其间要多次换水。

2 醉蟹剥壳，取出蟹黄。

3 佛手罗皮捞起挤尽水，加精盐略拌，再用蟹黄、少许醉蟹卤拌匀，装盘即成。

【大师指点】

扬州人称海蜇皮为罗皮，罗皮不断换水浸泡，可去除咸涩味。

【特点】 形似佛手，香脆味浓。

6 拌蟹肉

主料：净蟹肉 300 克。

配料：酱瓜 30 克、酱生姜 30 克、香菜叶 10 克。

调料：葱结、姜块、绍酒、酱油、醋、胡椒粉、麻油。

制作方法

1 酱瓜、酱生姜洗净，切成末。香菜叶洗净。

2 净蟹肉放碗内，加葱结、姜块、绍酒，放入大火开水的笼锅中蒸熟取出，去葱结、姜块，放盆中，加酱瓜末、酱生姜末、胡椒粉拌匀，堆放盘中，加香菜叶，放酱油、醋、麻油，即可上桌。

【大师指点】

须选用新鲜的蟹肉。

【特点】 鲜香味美，回味悠长。

7 炒蟹粉

主料：净蟹肉 350 克。

配料：香菜 15 克。

调料：熟猪油、葱花、姜米、绍酒、酱油、醋、湿淀粉、胡椒粉。

制作方法

1 香菜拣洗干净。

2 炒锅上火，放熟猪油、葱花、姜米略炒，放净蟹肉，煸炒至有红油溢出，加绍酒、酱油，用湿淀粉勾芡，放醋、胡椒粉，炒拌均匀，装盘，放上香菜

即成。

大师指点

1 须选用新鲜净蟹肉。

2 烹醋时要略多。

特点 色泽金黄，味美香鲜。

8 炒蟹代粉

主料：净蟹肉 250 克。

配料：干粉丝 100 克、香菜 10 克。

调料：花生油、葱花、姜米、绍酒、精盐、酱油、湿淀粉、醋、胡椒粉。

制作方法

1 干粉丝用温开水泡开，剪成 2 寸长的段。香菜拣洗干净。

2 炒锅上火，放花生油、葱花、姜米略炒，放蟹肉煸炒成熟，加绍酒、酱油、少许水烧开，用湿淀粉勾芡，放醋、胡椒粉成蟹粉糊，盛碗内。

3 炒锅上火烧辣，放花生油、粉丝煸炒成熟，加酱油炒匀，盛盘内，倒入蟹粉糊，放上洗净的香菜叶即成。

大师指点

1 炒蟹粉时，要炒出香味时再加调料。

2 炒粉丝须辣锅辣油，可避免粉丝粘锅。

特点 鲜香爽滑，风味独特。

9 炒蟹徽

主料：净蟹肉 300 克。

配料：麻油徽子 4 把、香菜 10 克。

调料：花生油、葱花、姜米、绍酒、酱油、醋、胡椒粉、鸡汤、湿淀粉。

制作方法

1 麻油徽子切去两头，再切成 1.5 寸的段，入七成热花生油锅中炸脆，捞起沥尽油，盛盘内。

2 炒锅上火，放花生油、葱花、姜米煸香，放净蟹肉煸炒成熟，加绍酒、酱油、鸡汤烧开，用湿淀粉勾米汤芡，放醋、胡椒粉，调匀，倒麻油徽子上，放上香菜即成。

大师指点

炸徽子时一脆即捞起，不可炸过。

特点 酥脆香鲜，别具风味。

10 清炒螃蟹

主料：活螃蟹 500 克。

配料：香菜 10 克。

调料：花生油、葱花、姜米、绍酒、酱油、醋、胡椒粉。

制作方法

1 活螃蟹放清水中浸泡 2 小时，吐尽污物，刷洗外壳，取下爪，剁成块，去掉蟹和尚、蟹衣，剁掉爪尖。

2 炒锅上火，放花生油、葱花、姜米略炒，放蟹块、蟹爪煸炒成熟，加绍酒、酱油、醋、胡椒粉炒拌均匀，入味，盛盘中，放上香菜即成。

大师指点

选用螃蟹，不宜过大，中、小即可。

特点 鲜香味美，余味无穷。

11 炒蟹面酱

主料： 活螃蟹 500 克。

配料： 熟茭白 50 克、香干 4 块、毛豆米 20 克、青椒 20 克、红椒 20 克、面粉 100 克。

调料： 花生油、葱花、姜米、绍酒、酱油、醋、胡椒粉。

制作方法

1 活螃蟹在清水中浸泡 2 小时，清洗外壳，去除脐部外壳、爪尖，一剖两半，在刀切面拍上面粉，防止蟹黄外流。

2 熟茭白、香干切成丁。毛豆米焯水至熟，放冷水泌透取出。青、红椒去籽洗净，切成丁，成为五丁。

3 炒锅上火，放花生油、葱花、姜米煸炒，放入拍上面粉的螃蟹，炒熟，盛碗内。

4 将面粉、水制成面粉糊。

5 炒锅上火，放花生油煸炒五丁至熟，再倒入螃蟹，加酱油、绍酒烧开，倒入面粉糊不停搅动，使之成熟，放醋、胡椒粉，装盘即可。

大师指点

1 要选择大小一致的螃蟹。

2 螃蟹也可沾满面粉糊，油炸成熟。

特点 酥脆鲜香，美味可口。

12 锅烧蟹

主料： 净蟹肉 200 克。

配料： 虾仁 200 克、熟猪肥膘肉 50 克、鸡蛋清 1 个。

调料： 花生油、葱花、姜米、绍酒、干淀粉、精盐、麻油、甜酱、花椒盐。

制作方法

1 虾仁洗净，用干布吸去水分，刮成蓉。熟猪肥膘肉刮成蓉，同放盆内，与蟹肉、葱花、姜米、绍酒、鸡蛋清、干淀粉、精盐制成虾蟹馅。

2 用刀将虾蟹馅沿盆边刮成橄榄形，放有花生油的盘内，成锅烧蟹生坯。

3 炒锅上火，放花生油，待油六成熟时，放锅烧蟹生坯炸熟，捞起待油七成热时，入锅重油，炸至色呈金黄色时，捞起沥尽油，装盘浇麻油即成。

4 带花椒盐、甜酱各一小碟上桌。

大师指点

两次油炸，油温皆不宜过高。

特点 色泽金黄，软嫩鲜香。

13 干炸蟹球

主料： 净蟹肉 200 克。

配料： 鸡蛋 3 个、大米粉 100 克、面粉 50 克。

调料： 花生油、葱姜汁、绍酒、精盐、干淀粉、麻油、胡椒粉、花椒盐。

制作方法

1 净蟹肉放盆内，加葱姜汁、绍酒、精盐、胡椒粉、鸡蛋（1 个）、干淀粉，制成蟹肉馅，制成 10 只蟹球。

2 鸡蛋（2 个）、面粉、大米粉、水制成全蛋糊。

3 炒锅上火，放花生油，待油七成热时，投入沾满全蛋糊的蟹球炸熟捞起，待油八成热时，入锅重油，炸至外壳起脆，色泽金黄时；捞起沥尽油，盛盘中，放麻油。

4 带花椒盐一小碟上桌即可。

大师指点

蟹圆要大小一致。沾糊均匀。

特点 酥脆鲜香，美味爽口。

14 网油蟹卷

主料： 净蟹肉 150 克。

配料： 猪前夹肉 250 克（肥三瘦七）、加工后的猪网油 1 张、鸡蛋 2 个、大米粉 150 克、面粉 50 克。

调料： 花生油、葱花、姜米、绍酒、精盐、干淀粉、麻油、胡椒粉、花椒盐。

制作方法

1 猪前夹肉洗净，刮成蓉，与净蟹肉同放盆内，加葱花、姜米、绍酒、少许胡椒粉、精盐，拌匀成蟹肉馅。

2 鸡蛋（1 个）、干淀粉调制成全蛋浆。鸡蛋（1 个）、大米粉、面粉、水制成全蛋糊。

3 加工后的猪网油切成 6 寸长、 3 寸宽的长方块，抹上全蛋糊，放蟹肉馅，卷成长圆条，成为网油蟹卷生坯。

4 炒锅上火，放花生油，待油七成热时，放入沾满全蛋糊的蟹卷，炸熟，捞起。待油八成热时，蟹卷重油，炸至色呈老黄色，捞起沥尽油，切成斜角块装盘，浇麻油。

5 带花椒盐一小碟上桌即可。

大师指点

蟹卷卷成中指粗细即可，不宜过粗、过细。

特点 脆酥香鲜，滋润可口。

15 菊花蟹（一）

主料： 蟹黄 120 克。

配料： 虾仁 120 克、熟猪肥膘肉 30 克、咸面包 200 克、鸡蛋清 1 个、香菜 10 克。

调料： 花生油、葱姜汁、绍酒、精盐、干淀粉。

制作方法

1 虾仁洗净，用干布挤去水分，刮成蓉。熟猪肥膘肉刮成蓉，同放盆内，加葱姜汁、绍酒、鸡蛋清、干淀粉、精盐，制成虾馅。

2 咸面包切成 2 分厚的片，用模具刻成直径 1.2 寸的圆片。香菜拣洗干净，用作花的枝叶。

3 咸面包片上铺虾馅，放上花枝，用蟹黄做花，成为菊花蟹生坯。

4 炒锅上火，放花生油，待油六成热时，放入菊花蟹生坯养炸至熟，捞起。锅中留少许油，将菊花蟹面包一面煎至起脆、生香，倒入漏勺沥尽油，装盘即成。

大师指点

可先煎面包，后养炸虾馅成熟。

特点 造型美观，香脆鲜嫩。

16 菊花蟹（二）

主料： 蟹黄 120 克。

配料： 虾仁 120 克、熟猪肥膘肉 30 克、龙虾片 30 克、咸面包 200 克、鸡蛋清 1 个。

调料： 花生油、葱姜汁、绍酒、干淀粉、精盐。

制作方法

1 虾仁洗净，用干布吸去水分，刮成蓉。熟猪肥膘肉刮成蓉，同放盆内，加葱姜汁、绍酒、鸡蛋清、干淀粉、精盐制成虾馅。

2 咸面包切成 2 分厚的片，刻成直径 1.2 寸的圆片。

3 龙虾片剪成条，作为菊花瓣。

4 面包片揌上虾馅抹平，插上龙虾条，中间放上蟹黄，成为菊花蟹生坯。

5 炒锅上火，放花生油，待油七成热时，放入菊花蟹
　生坯炸熟，至底部香脆、龙虾片炸开时，捞出沥尽
　油，装盘即成。

龙虾片插入虾馅，要疏密有度。

特点 造型独特，脆嫩香鲜。

17　蟹黄锅巴

主料：净蟹肉 120 克。

配料：锅巴 100 克、熟净笋 30 克、水发香菇 30 克、
　　　豌豆苗 20 克。

调料：花生油、葱花、姜米、绍酒、酱油、湿淀粉、
　　　醋、胡椒粉、鸡汤。

制作方法

1 熟净笋、水发香菇切成片。豌豆苗拣洗干净。

2 炒锅上火，放花生油、葱花、姜米略炒，放蟹肉炒
　熟，加鸡汤、酱油、熟净笋片、水发香菇片烧开，
　加豌豆苗，用湿淀粉勾芡，放醋、胡椒粉倒碗内。

3 炒锅上火，放花生油，待油九成热时，投入锅巴油
　炸，至锅巴浮出油面、呈淡黄色时，捞起放盘内，
　倒入蟹粉卤汁即成。

大师指点

1 炸锅巴时油温要高。

2 用两口锅同时操作，锅巴、卤汁同时上桌，现场浇
　上锅巴，让食客同时享受到色、香、气、形、声。

特点 松脆香鲜，独具特色。

18　蟹黄炖蛋

主料：净蟹肉 150 克。

配料：鸡蛋 5 个。

调料：花生油、葱花、姜米、绍酒、精盐、酱油、
　　　醋、胡椒粉。

制作方法

1 炒锅上火，放花生油、葱花、姜米略炒，放入净蟹肉
　炒出香味，加绍酒、酱油、醋、胡椒粉，炒成蟹粉。

2 碗中 5 只鸡蛋拭打成蛋液，加蟹粉、水、精盐拌

匀，成蟹黄蛋液。

3 笼锅上火，放水烧开，放入蟹黄蛋液将其蒸熟，取
　出放入盘中即成。

大师指点

1 鸡蛋液和水的比例为 1∶1。

2 笼锅水烧开后，改小火蒸熟。

特点 色泽金黄，软嫩香鲜。

19　烩蟹圆

主料：净蟹肉 400 克。

配料：猪精肉 200 克、熟净笋 50 克、水发香菇 30
　　　克、豌豆苗 50 克、鸡蛋清 1 个。

调料：熟猪油、葱花、姜米、绍酒、精盐、干淀粉、
　　　湿淀粉、胡椒粉、鸡汤。

制作方法

1 猪精肉洗净，刮成蓉，加净蟹肉同放盆内，加葱

花、姜米、绍酒、鸡蛋清、胡椒粉、干淀粉、精盐
制成蟹肉馅，用手抓成圆子，放盘内。

2 熟净笋、水发香菇切成片，豌豆苗拣洗干净。

3 笼锅上火，放水烧开，放入蟹肉圆将其蒸熟，
　取出。

4 炒锅上火，放鸡汤、熟净笋片、水发香菇片、熟猪
　油、蟹肉圆烧开，收稠汤汁后，加豌豆苗、精盐，

用湿淀粉勾琉璃芡，装盘即成。

大师指点

1 蟹肉馅须串上劲，确保不散。

2 烩制时不要用手勺搅动。

特点 汤浓味醇，香鲜味美。

20 蟹鱼烩

主料： 净蟹肉 200 克。

配料： 净鳜鱼肉 200 克、香菜 10 克。

调料： 熟猪油、葱结、姜块、葱花、姜米、绍酒、精盐、湿淀粉、醋、胡椒粉、鸡汤。

制作方法

1 净鳜鱼肉用葱结、姜块、绍酒腌渍后，入大火开水的笼锅中蒸熟，取出稍冷后将鱼肉撕成碎块。香菜拣洗干净。

2 炒锅上火，放熟猪油、葱花、姜米略炒，加净蟹肉

炒出香味，放入净鳜鱼肉、醋、鸡汤、绍酒、胡椒粉烧开，收稠汤汁。用湿淀粉勾琉璃芡，放熟猪油，盛入汤盘，放上香菜即成。

大师指点

1 蟹肉炒出香味，出蟹油更佳。

2 蟹肉、鱼肉要烧透入味。

特点 细嫩鲜香，美味爽口。

21 蟹黄豆腐

主料： 净蟹肉 150 克。

配料： 豆腐 3 块、青蒜末 5 克。

调料： 熟猪油、葱花、姜米、绍酒、精盐、酱油、湿淀粉、醋、胡椒粉、鸡汤。

制作方法

1 一块豆腐切成 12 小块，共 36 块，放锅中加水、少许精盐烧开煮透，捞出沥尽水。

2 炒锅上火，放熟猪油、葱花、姜米略炒，放净蟹肉

炒出香味，加绍酒、酱油、醋、鸡汤、胡椒粉烧开，放入豆腐，烧焖至熟，用湿淀粉勾芡，放熟猪油，装盘后撒上青蒜末即成。

大师指点

1 蟹肉须炒出香味、黄油。

2 放入豆腐后须小火焖烧。

特点 细嫩鲜香，别具风味。

22 蟹黄扒白菜

主料： 净蟹肉 150 克。

配料： 大白菜心 2 棵（重约 1000 克）。

调料： 熟猪油、葱花、姜米、绍酒、醋、精盐、胡椒粉、鸡汤。

制作方法

1 炒锅上火，放熟猪油、葱花、姜米略炒，加净蟹肉炒出香味，放绍酒、精盐、鸡汤烧开，加醋、胡椒粉，成蟹肉卤汁。

2 大白菜心切成 1.5 寸长、8 分宽的长方块，放中火开水锅中焯水，捞起沥尽水。

3 炒锅上火，放一半蟹肉及卤汁、大白菜心烧熟、烧透入味，加精盐收浓汤汁，盛入汤盘内放上另一半蟹肉，即成。

大师指点

需选用大白菜芯，切的块形要一致。

特点 鲜香口醇，清淡味美。

23 蟹粉菜心

主料：净蟹肉 150 克。

配料：小青菜心 20 棵。

调料：熟猪油、葱花、姜米、绍酒、精盐、胡椒粉、
鸡汤。

制作方法

1 小青菜心洗净，放大火开水锅内焯水，捞出沥尽水，
放熟猪油中，上火煸油至熟，倒入漏勺沥尽油。

2 炒锅上火，放熟猪油、葱花、姜米略炒，加净蟹肉
炒出香味，放小青菜心、绍酒、鸡汤烧开，加精
盐、胡椒粉，收稠汤汁后，将小青菜心整齐摆放盘
中，倒入蟹肉汤汁即成。

大师指点

小青菜心要大小一致，煸油煸透。

特点 鲜香味醇，清淡爽口。

24 清蒸大闸蟹

主料：大闸蟹 10 只（重约 2000 克）。

调料：姜米、醋。

制作方法

1 大闸蟹洗净，放清水中，浸泡吐去污物，刷洗外
壳，捆好爪身。

2 笼锅上火，放水烧开，放入螃蟹将其蒸熟，取出，
去扎绳，摆放盘内。

3 带姜米、醋小碟上桌即成。

大师指点

须选用 200 克以上大闸蟹。自剥食用，须与姜米、醋
同食。

特点 蟹肉鲜美，姜醋鲜香。

25 芙蓉蟹

主料：净蟹肉 300 克。

配料：香菜 10 克、熟瘦火腿末 10 克、鸡蛋清 4 个。

调料：熟猪油、葱花、姜米、绍酒、精盐、酱油、湿
淀粉、醋、胡椒粉、鸡汤。

制作方法

1 香菜拣洗干净。

2 炒锅上火，放熟猪油、葱花、姜米略炒，加净蟹肉
炒出香味，放绍酒、酱油，用湿淀粉勾琉璃芡，加
醋、胡椒粉炒匀，盛入汤盘，摆放成扁圆形。

3 鸡蛋清放碗内，加鸡汤、精盐，拌打均匀，倒蟹肉
上，成芙蓉蟹生坯。

4 笼锅上火，放水烧开，放入芙蓉蟹生坯，将其蒸
熟，取出撒上熟瘦火腿末、香菜即可上桌。

大师指点

1 鸡蛋清和鸡汤的比例为 1 : 1。

2 蒸制时须小火慢蒸。

特点 洁白软嫩，鲜香美味。

26 芙蓉套蟹

主料：净蟹肉 500 克。

配料：鸡蛋清 4 个、大蟹壳 20 只。

调料：熟猪油、葱花、姜米、绍酒、精盐、酱油、湿
淀粉、醋、胡椒粉、鸡汤、石碱。

制作方法

1 大蟹壳用碱水洗净，再用清水漂洗去碱味，沥尽水。

2 炒锅上火，放熟猪油、葱花、姜米略炒，再放净蟹肉炒出香味，加绍酒、酱油，用湿淀粉勾芡，加醋、胡椒粉炒匀。

3 鸡蛋清、鸡汤、精盐制成芙蓉蛋液。

4 将 10 只大蟹壳平放盘内，放入蟹肉和芙蓉蛋液，盖上另 10 只大蟹壳，成为芙蓉套蟹生坯。

5 笼锅上火，放水烧开，放入芙蓉套蟹生坯，将其蒸熟、蒸透，取出，整齐地放入另一盘中，即成。

大师指点

1 大蟹壳须放平整，勿使蛋液溢出。

2 蒸制时须小火慢蒸。

特点 造型美观，软嫩鲜香。

27 雪花蟹斗

主料： 净蟹肉 500 克。

配料： 大蟹壳 10 只、鸡蛋清 4 个、红椒 1 只、水发香菇 1 只、香菜 20 克。

调料： 熟猪油、花生油、葱花、姜米、绍酒、精盐、酱油、湿淀粉、醋、胡椒粉、鸡汤、石碱。

制作方法

1 大蟹壳用碱水洗净，再用清水漂洗去碱味，沥尽水。

2 炒锅上火，放熟猪油、葱花、姜米略炒，放净蟹肉炒出香味，加绍酒、酱油，用湿淀粉勾芡，加醋、胡椒粉炒匀，成为蟹馅。

3 红椒去籽洗净，入开水锅烫熟，取出切成小菱形片或鸡心片，用花生油略拌，成为花瓣。香菜拣洗干净，成为花枝、花叶。香菇刻成小圆片，成为花心。

4 大蟹壳平铺盘内，放入蟹馅。

5 鸡蛋清打成发蛋，放在蟹肉上，上面点缀花朵、花心、花枝，成为雪花蟹斗生坯。

6 笼锅上火，放水烧开，放入雪花蟹斗蒸熟，取出整齐排入盘中。

7 炒锅上火，放鸡汤烧开，放精盐，用湿淀粉勾琉璃芡，浇蟹斗上即成。

大师指点

1 发蛋须打成泡沫，筷子可以竖起。

2 蒸制时掌握火候，不可蒸过。

特点 造型美观，软嫩鲜香。

28 吐司蟹斗

主料： 净蟹肉 350 克。

配料： 大蟹壳 10 只、虾仁 200 克、鸡蛋清 3 个、面包屑 150 克。

调料： 熟猪油、花生油、葱花、姜米、绍酒、精盐、酱油、干淀粉、湿淀粉、醋、胡椒粉、石碱。

制作方法

1 大蟹壳用碱水洗净，放清水漂洗去碱味，沥尽水。

2 虾仁洗净，用干布挤干水分，刮成蓉，放盆内，加葱姜汁、绍酒、鸡蛋清、干淀粉、精盐制成虾馅。

3 炒锅上火，放熟猪油、葱花、姜米略炒，放入蟹肉炒熟，加绍酒、酱油，用湿淀粉勾芡，加醋、胡椒粉炒匀，成为蟹馅。

4 大蟹壳内放入蟹馅，抹平，再放虾馅抹平，撒上面包屑，成为吐司蟹斗生坯。

5 炒锅上火，放花生油，待油六成热时，投入吐司蟹斗炸熟，捞起。待油温八成时，入锅重油，炸至面包屑呈老黄色时，捞起沥尽油，装盘即成。

大师指点

蟹馅、虾馅均需抹平。初炸时油温要低，确保虾蓉成熟。

特点 外层香酥，内层软嫩。

双箍鼓繁须，当顶抽长矛

鞠躬见汤王，封作朱衣侯

——中国维扬传统菜点大观

虾类

1 炝虾

主料：大青虾 30 只。
调料：生姜米、绍酒、酱油、麻油、胡椒粉。
制作方法
1 将大青虾剪去虾须、眼睛，洗净、沥尽水，用绍酒拌匀，摆放入盘。
2 将生姜米、酱油、胡椒粉、麻油拌匀，制成卤汁，

浇在虾上即可上桌。

大师指点
1 须选用鲜活的大青虾。
2 大青虾是维扬菜中唯一生吃的动物原料。

特点 鲜嫩爽滑，别有情趣。

2 腐乳炝虾

主料：大青虾 30 只。
调料：香腐乳、绍酒、白糖、麻油、胡椒粉。
制作方法
1 将大青虾剪去虾须、虾眼，洗净、沥尽水，用绍酒拌匀。
2 香腐乳放入碗内，加白糖、胡椒粉、麻油制成腐乳

糊，放入虾子，拌匀装盘。

大师指点
1 须选用鲜活大青虾。
2 香腐乳、麻油用量要多一些，确保每只虾上能均匀裹上腐乳糊。

特点 色泽淡红，香鲜滑嫩。

3 炝生

主料：大青虾 50 只。
调料：生姜米、绍酒、酱油、麻油、胡椒粉。
制作方法
1 大虾挤出虾仁，洗净，干布吸去水分，用绍酒拌匀，盛盘中。

2 生姜米、酱油、麻油、胡椒粉制成卤汁，与虾仁一起上桌，食用时蘸食即可。

大师指点
须选用鲜活大虾。

特点 鲜爽滑嫩，别具风味。

4 盐水虾

主料：大青虾 30 只。
调料：葱结、姜块、绍酒、精盐、花椒。
制作方法
1 将大青虾剪去虾须、虾眼，洗净、沥尽水，放大火开水锅中焯水，捞出洗净。
2 花椒洗净，放锅内稍煮后，用纱布包扎制成花椒袋。

3 炒锅上火，放虾、葱结、姜块、精盐、花椒袋烧开，移小火烧 3~5 分钟，盛碗中再浸泡半小时，装盘即成。

大师指点
1 须选用鲜活大青虾。
2 精盐用量稍多一些，确保虾仁中有淡淡咸味。

特点 鲜咸嫩滑，佐酒佳品。

5 油爆虾

主料： 大青虾 30 只。

调料： 花生油、葱花、姜米、蒜泥、绍酒、精盐、酱油、白糖、醋。

制作方法

1 大青虾剪去虾须、虾眼，洗净、沥尽水，放盆内用绍酒拌匀。

2 酱油、白糖、醋、葱花、姜米、蒜泥拌匀，制成糖醋汁。

3 炒锅上火烧辣，放花生油，待油九成热时，将虾炸熟，捞起，重油一次，至虾壳起脆，捞起沥尽油，放入糖醋汁拌匀即成。吃时装盘。

大师指点

1 须选用鲜活大青虾。炸制时，高油温一炸即捞起，可反复炸 2~3 次，至壳脆肉嫩。

2 若需鲜咸味，将酱油、白糖、醋改成精盐、开水制卤汁即可。

特点 香脆鲜嫩，酸甜可口。

6 面拖虾

主料： 小虾 150 克。

配料： 面粉 100 克。

调料： 花生油、葱花、绍酒、精盐。

制作方法

1 小虾洗净，沥尽水，放盆中，加葱花、绍酒、精盐、面粉拌和均匀。

2 炒锅上火，放花生油，待油七成热时，将虾炸熟捞起，待油八成热时，入锅重油，至虾壳起脆时，捞起沥尽油，装盘即成。

大师指点

须选用鲜活小虾。

特点 香脆鲜咸，佐酒佳品。

7 炒虾仁

主料： 虾仁 300 克。

配料： 熟火腿 25 克、熟净山药 50 克、水发香菇 1 只、葱白段 3 根、鸡蛋清 1 个。

调料： 熟猪油、精盐、绍酒、干淀粉、湿淀粉。

制作方法

1 虾仁洗净，用干布吸去水分，放入盆内加精盐、鸡蛋清、干淀粉上浆。

2 熟火腿、熟净山药、水发香菇、葱白段均切成丁。

3 炒锅上火，辣锅冷油，放入虾仁划油至熟，倒入漏勺沥尽油。

4 炒锅上火，放熟猪油、熟火腿丁、熟净山药丁、水发香菇丁、葱白丁炒熟，加精盐、绍酒、少许水，用湿淀粉勾芡，放入虾仁，炒拌均匀，放熟猪油，装盘即成。

大师指点

虾仁上浆时，放入精盐、鸡蛋清拌匀上劲，再加干淀粉拌和。

特点 亮油包滋，滑嫩鲜咸。

8 清炒虾仁

主料： 虾仁 350 克。

配料： 鸡蛋清 1 个。

调料： 熟猪油、绍酒、精盐、干淀粉、湿淀粉。

制作方法

1 虾仁洗净，用干布吸去水分，放盆中，加精盐、鸡蛋清、干淀粉上浆。

2 炒锅上火，辣锅冷油，放入虾仁划油至熟，倒入漏勺沥尽油。

3 炒锅上火，放熟猪油、少许水、绍酒、精盐，用湿淀粉勾芡，倒入虾仁，炒拌均匀，放熟猪油，装盘即成。

大师指点

须用新鲜大河虾仁。上浆须搅拌上劲。

特点 色泽洁白，鲜嫩爽口。

9 玉米虾仁

主料： 虾仁 300 克。

配料： 熟玉米粒 100 克、鸡蛋清 1 个。

调料： 熟猪油、精盐、绍酒、干淀粉、湿淀粉。

制作方法

1 虾仁洗净，用干布吸去水分，放盆中，加精盐、鸡蛋清、干淀粉上浆。

2 炒锅上火烧辣，辣锅冷油，放虾仁、玉米粒划油至熟，倒入漏勺沥尽油。

3 炒锅上火，放熟猪油、少许水、精盐、绍酒，用湿淀粉勾芡，放虾仁、玉米粒炒拌均匀，装盘即成。

大师指点

须选用新鲜虾仁。

特点 香糯软嫩，别具风味。

10 玉带虾

主料： 虾仁 350 克。

配料： 鸡蛋清 1 个、葱叶 4 根。

调料： 熟猪油、绍酒、精盐、干淀粉、湿淀粉。

制作方法

1 虾仁洗净，用干布吸去水分，放盆中，加精盐、鸡蛋清、干淀粉上浆。

2 葱叶切成 2~3 厘米小段，套在虾仁中段上，成为玉带虾仁生坯。

3 炒锅上火，辣锅冷油，放玉带虾仁生坯划油至熟，倒入漏勺沥尽油。

4 炒锅上火，放熟猪油、少许水、绍酒、精盐，用湿淀粉勾芡，倒入玉带虾仁炒拌均匀，放熟猪油，装盘即成。

大师指点

1 选用的虾仁须大小一致。

2 葱段须紧套在虾仁上。

特点 白绿相衬，软嫩味鲜。

11 炒凤尾虾

主料： 大青虾 30 只。

配料： 鸡蛋清 1 个。

调料： 熟猪油、绍酒、精盐、干淀粉、湿淀粉。

制作方法

1 去掉虾头和中间虾壳，留下完整尾壳，成为凤尾虾生坯。

2 将凤尾虾洗净，用干布吸去水分，放盆中，加精盐、鸡蛋清、干淀粉上浆。

3 炒锅上火，辣锅冷油，放入凤尾虾生坯划油至熟，倒入漏勺沥尽油。

4 炒锅上火，放熟猪油、少许水、绍酒、精盐，用湿淀粉勾芡，倒入凤尾虾炒拌均匀，放熟猪油，装盘即成。

大师指点

须选用大小一致的大青虾。

特点 形似凤尾，软嫩香鲜。

12 翡翠虾仁

主料： 虾仁 350 克。

配料： 鸡蛋清 1 个、青菜汁适量。

调料： 熟猪油、绍酒、精盐、干淀粉、湿淀粉。

制作方法

1 虾仁洗净放碗中，用青菜汁浸泡 20 分钟，捞出用干布吸干水分，加精盐、鸡蛋清、干淀粉上浆。

2 炒锅上火，辣锅冷油，放虾仁划油至熟，倒入漏勺沥尽油。

3 炒锅上火，放熟猪油、青菜汁、绍酒、精盐，用湿淀粉勾芡，倒入虾仁炒拌均匀，放熟猪油，装盘即成。

大师指点

须选用大小一致的虾仁。

特点 色如翡翠，香鲜软嫩。

13 虾仁锅巴

主料： 虾仁 200 克。

配料： 米饭锅巴 100 克、熟净笋 50 克、水发香菇 2 个、青菜叶 5 片、鸡蛋清 1 个。

调料： 花生油、绍酒、精盐、肉汤、干淀粉、湿淀粉。

制作方法

1 虾仁洗净，用干布吸去水分，放盆中，加精盐、鸡蛋清、干淀粉上浆。

2 熟净笋、水发香菇切成片，青菜叶洗净。

3 炒锅上火，放花生油，虾仁将其炒熟，加肉汤、熟净笋片、水发香菇片、青菜叶烧开，加精盐、绍酒，用湿淀粉勾米汤芡，盛碗中。

4 炒锅上火，放花生油，待油九成热时，放入米饭锅巴炸脆，捞起装盘中，倒入虾仁汤汁即成。

大师指点

1 要选择薄一些的米饭锅巴。

2 炸锅巴时，要大火辣油，锅巴一脆，即需捞起。

特点 香脆软嫩，汤汁鲜美。

14 炒虾脆

主料： 虾仁 150 克、鸡肫 150 克。

配料： 熟净笋 50 克、葱白段 3 根、青椒 1 只、鸡蛋清 1 个。

调料： 花生油、绍酒、精盐、酱油、白糖、湿淀粉、醋、麻油。

制作方法

1 虾仁洗净，用干布吸去水分，放盆中，加精盐、鸡蛋清、干淀粉上浆。

2 鸡肫洗净，去肫皮，批切成片。熟净笋切片。青椒去籽、蒂，洗净切片。葱白段切成雀舌葱。

3 炒锅上火，辣锅冷油，放入虾仁、鸡肫片划油至熟，倒入漏勺沥尽油。

4 炒锅上火，放花生油，熟净笋片、青椒片、雀舌葱炒熟，加酱油、白糖、绍酒，用湿淀粉勾芡，倒入虾仁、鸡肫片炒拌均匀，放醋、麻油，起锅装盘即成。

大师指点

也可选用鸭肫。

特点 香脆嫩滑，咸中微甜。

15 炒虾碰

主料： 虾仁 150 克、猪精肉 150 克。

配料： 熟净笋 50 克、韭菜黄 50 克、鸡蛋清 1 个。

调料： 花生油、绍酒、精盐、酱油、白糖、干淀粉、湿淀粉。

制作方法

1 虾仁洗净，用干布吸去水分，放盆中，加精盐、鸡蛋清、干淀粉上浆。

2 猪精肉洗净，切成丝，用精盐、鸡蛋清、干淀粉上浆。

3 熟净笋切成丝，韭菜黄洗净，切成段。

4 炒锅上火，辣锅冷油，放入虾仁、猪精肉丝划油至熟，倒入漏勺沥尽油。

5 炒锅上火，放熟猪油、熟净笋丝炒熟，加绍酒、酱油、白糖，用湿淀粉勾芡，放入虾仁、猪精肉丝、韭菜黄、炒拌均匀，起锅装盘即成。

大师指点

精肉选用里脊肉、胸条肉均可。

特点 香鲜滑嫩，咸中微甜。

16 炒虾蟹

主料： 虾仁 200 克、蟹肉 150 克。

配料： 香菜适量、鸡蛋清 1 个。

调料： 花生油、葱花、姜米、绍酒、酱油、干淀粉、湿淀粉、醋、麻油、胡椒粉。

制作方法

1 虾仁洗净，用干布挤去水分，放盆中，加精盐、鸡蛋清、干淀粉上浆。

2 炒锅上火，辣锅冷油，放入虾仁划油至熟，倒入漏勺内沥尽油。

3 炒锅上火，放花生油、葱花、姜米略炒，放蟹肉炒熟，加虾仁、绍酒、酱油，用湿淀粉勾芡，放醋、麻油，撒胡椒粉，炒拌均匀，装盘，放入拣洗干净的香菜即成。

大师指点

须选用新鲜的蟹肉。

特点 虾仁软嫩，蟹肉鲜香。

17 炒虾腰

主料： 虾仁 150 克、猪腰 150 克。

配料： 熟净笋 50 克、韭黄 50 克、鸡蛋清 1 个。

调料： 花生油、绍酒、精盐、酱油、白糖、干淀粉、湿淀粉、醋、麻油。

制作方法

1 虾仁洗净，用干布吸去水分，放盆中，加精盐、鸡蛋清、干淀粉上浆。

2 猪腰一剖两半，去除腰臊，剞鸡冠花刀，批切成片。

3 熟净笋切片，韭黄洗净、切段。

4 炒锅上火，辣锅冷油，放虾仁、猪腰划油至熟，倒入漏勺沥尽油。

5 炒锅上火，放花生油、笋片略炒，加绍酒、酱油、白糖，用湿淀粉勾芡，放虾仁、猪腰片、韭黄炒拌均匀，放醋、麻油，装盘即成。

大师指点

1 剞花刀时须深浅一致。

2 猪腰划油后须挤去血水。

特点 虾腰鲜嫩，韭黄香脆。

18 炒虾肝

主料： 虾仁 150 克、猪肝 150 克。

配料： 熟净笋 50 克、葱白段 4 根、青椒 1 只、鸡蛋清 1 个。

调料： 花生油、绍酒、精盐、酱油、白糖、干淀粉、湿淀粉、醋、麻油。

制作方法

1 虾仁洗净，用干布吸去水分，放盆中，加精盐、鸡蛋清、干淀粉上浆。

2 猪肝洗净切成片。熟净笋切成片。青椒去籽，洗净切成片。葱白段切成雀舌葱。

3 炒锅上火，辣锅冷油，放虾仁、猪肝划油至熟，倒入漏勺沥尽油。

4 炒锅上火，放花生油、笋片、青椒片、雀舌葱略炒，加绍酒、酱油、白糖，用湿淀粉勾芡，放入虾仁、猪肝炒拌均匀，放醋、麻油，装盘即成。

大师指点

猪肝切片须大小、厚薄均匀。

特点 软嫩香鲜，美味可口。

19 炸虾塔

主料： 虾仁 200 克。

配料： 熟猪肥膘肉 100 克、青菜叶 8 片、鸡蛋 2 个、大米粉 100 克、面粉 50 克。

调料： 花生油、葱姜汁、绍酒、精盐、干淀粉、湿淀粉、麻油、花椒盐。

制作方法

1 虾仁洗净，用干布吸干水分，刮成蓉，放盆中，加葱姜汁、绍酒、干淀粉、鸡蛋清、精盐，制成虾馅。

2 将熟猪肥膘肉切成 2 寸长、1.2 寸宽、2 分厚的长方片。

3 青菜叶洗净，放入大火开水锅内焯水，捞出冷水中沁透，挤去水，切成和熟猪肥膘肉一样大小的片。

4 将鸡蛋液和干淀粉制成全蛋浆。鸡蛋液、清水、大米粉、面粉制成全蛋糊。

5 熟猪肥膘肉片抹上全蛋浆，放入虾馅，抹平后贴上青菜叶，成为虾塔生坯。

6 炒锅上火，放花生油，待油七成热时，将虾塔生坯

沾满全蛋糊，入锅炸熟，捞起。待油八成热时，入
锅复炸，至色呈老黄色时，捞起沥尽油。

7 将熟虾塔切成一字条，摆放盘中，放麻油即成。

8 带一小碟花椒盐上桌。

大师指点

虾塔挂糊时，将绿菜叶露出少许，透出绿色。

特点 外香脆，内软嫩，滋润爽口。

20 芝麻虾

主料： 虾仁 200 克。

配料： 熟猪肥膘肉 50 克、豆腐皮 2 张、鸡蛋清 2 个、熟芝麻 100 克。

调料： 花生油、葱姜汁、绍酒、精盐、干淀粉。

制作方法

1 虾仁洗净，用干布吸去水分，刮成蓉。熟猪肥膘肉刮成蓉，同放盆内，加鸡蛋清、葱姜汁、绍酒、干淀粉、精盐制成虾馅。

2 豆腐皮切成 2 寸长、 1~2 寸宽的长方片。

3 鸡蛋清、干淀粉制成蛋清浆。

4 豆腐皮上抹蛋清浆、放上虾馅抹平，撒上熟芝麻，即成芝麻虾生坯。

5 炒锅上火，放花生油，待油七成热时，投入芝麻虾炸熟、炸香，捞起沥尽油，切成一字条，装盘即成。

大师指点

虾馅厚度约 2 分，要抹平。

特点 芝麻香脆，虾馅鲜嫩。

21 交切虾

主料： 虾仁 100 克。

配料： 熟猪肥膘肉 25 克、豆腐皮 2 张、熟芝麻 150 克、鸡蛋清 2 个。

调料： 花生油、葱姜汁、绍酒、精盐、干淀粉。

制作方法

1 虾仁洗净，用干布吸去水分，刮成蓉。把熟猪肥膘肉刮成蓉，同放盆内，加鸡蛋清、葱姜汁、绍酒、干淀粉、精盐制成虾馅。

2 豆腐皮切成 2 寸长、 1~2 寸宽的长方片。

3 鸡蛋清、干淀粉成蛋清浆。

4 豆腐皮上抹蛋清浆、放薄薄一层虾馅，沾上熟芝麻抹平。反转过来，抹蛋清浆，放薄薄一层虾馅，沾上熟芝麻抹平，即成交切虾生坯。

5 炒锅上火，放花生油，待油七成热时，放入交切虾生坯炸熟、炸香，捞起沥尽油，切成 1.2 寸长条，装盘即成。

大师指点

虾馅只能抹薄薄一层，不能厚。

特点 香脆鲜嫩，别具风味。

22 面包虾

主料： 虾仁 200 克。

配料： 熟猪肥膘肉 50 克、咸面包 2 只、熟火腿末 10 克、香菜叶 10 克、鸡蛋清 2 个。

调料： 花生油、葱姜汁、绍酒、精盐、干淀粉。

制作方法

1 虾仁洗净，用干布吸去水分，刮成蓉。熟猪肥膘肉刮成蓉，同放盆内，加绍酒、葱姜汁、鸡蛋清、干淀粉、精盐，制成虾馅。

2 咸面包切成 2 寸长、1 寸 2 分宽、2 分厚的长方片。

3 鸡蛋清、干淀粉制成蛋清浆。

4 面包片上抹蛋清浆，放虾馅抹平，再放熟火腿末、洗净的香菜叶，成面包虾生坯。

5 炒锅上火，放花生油，待油七成热时，放入面包虾炸熟、炸脆，捞起沥尽油，切成 1.2 寸长条，装盘即成。

大师指点

若将面包刻成圆片、秋叶片，即成为金钱面包虾、秋叶面包虾。

特点 面包香脆，虾馅鲜嫩。

23 凤尾面包虾

主料：虾仁 200 克。

配料：熟猪肥膘肉 50 克、大青虾 10 只、咸面包 2 只、熟火腿末 20 克、香菜叶 15 克、鸡蛋清 3 个。

调料：花生油、葱姜汁、绍酒、精盐、干淀粉。

制作方法

1 虾仁洗净，用干布吸去水分，刮成蓉。熟猪肥膘肉刮成蓉，同放盆中，加绍酒、葱姜汁、鸡蛋清、干淀粉、精盐制成虾馅。

2 面包用刀切成 0.2 分厚的大厚片，用模具刻出 10 个秋叶片。

3 大青虾去头、中段外壳，留尾壳，放入盆内加葱姜汁、绍酒、精盐拌匀，浸渍入味，再将虾肉放干淀粉内，用擀面杖捶扁，即成凤尾虾。

4 鸡蛋清、干淀粉制成蛋清浆。

5 面包片一头放上沾满蛋清浆的凤尾虾，再放虾馅抹平，放火腿末、拣洗干净的香菜叶点缀，成为凤尾面包虾生坯。

6 炒锅上火烧辣，放花生油，放入凤尾面包虾生坯，将面包一面煎脆，再入五六成的热油锅内，将凤尾面包虾养炸熟，捞起沥尽油，装盘即成。

大师指点

炸制时火力不宜大，避免面包焦煳。

特点 造型美观，香脆鲜嫩。

24 炸虾排

主料：虾仁 250 克。

配料：大米粉 100 克、面粉 50 克、鸡蛋清 1 个、竹签若干。

调料：花生油、绍酒、精盐、花椒盐、熟猪油。

制作方法

1 虾仁洗净，用干布吸去水分，放入盆中加葱姜汁、绍酒、精盐拌匀，浸透入味，用牙签将虾仁穿起，成为虾排生坯。

2 鸡蛋清、水、大米粉、面粉制成蛋清糊。

3 炒锅上火，放熟猪油，待油六成热时，放入沾满蛋清糊的虾排，将其炸熟，捞出抽去竹签，入锅重油，至色呈淡黄色时，捞出装盘。

4 带花椒盐一小碟上桌即成。

大师指点

1 选用大青虾挤的虾仁。

2 一根竹签穿 6~7 只虾仁，每串数量要一样。此菜又称"膏丽虾排"。

特点 香脆鲜嫩，别有风味。

25 凤尾虾排

主料： 虾仁 200 克。

配料： 大青虾 10 只、熟猪肥膘肉 50 克、面包屑 150 克、鸡蛋 2 个。

调料： 花生油、葱姜汁、绍酒、精盐、干淀粉、花椒盐。

制作方法

1 虾仁洗净，用干布吸去水分，刮成蓉。熟猪肥膘肉刮成蓉，同放盆内，加鸡蛋、葱姜汁、绍酒、干淀粉、精盐，制成虾馅。

2 虾去头、中段壳，留尾壳，放入盆内，加葱姜汁、绍酒、精盐、拌匀，浸渍入味，放干淀粉中，将虾肉捶扁成薄片，即凤尾虾生坯。

3 鸡蛋液、干淀粉制成全蛋浆。

4 虾肉一面沾上全蛋浆，沾满面包屑。另一面放上虾馅，沾满面包屑，成为凤尾虾排生坯。

5 炒锅上火，放花生油，待油七成热时，放入凤尾虾排生坯将其炸熟、炸脆，捞起沥尽油，摆放入盘内即成。

6 带花椒盐一小碟上桌。

大师指点

虾肉上的虾馅要多少均匀，确保成熟后大小一致。

特点 形态美观，香脆鲜嫩。

26 炸虾拢

主料： 虾仁 350 克。

配料： 熟猪肥膘肉 50 克、熟火腿末 50 克、香菜 25 克、番茄 1 只、鸡蛋清 1 个。

调料： 花生油、葱花、姜米、绍酒、精盐、干淀粉。

制作方法

1 虾仁洗净，用干布吸去水分，刮成蓉。熟猪肥膘肉刮成蓉，同放盆内，加鸡蛋清、葱花、姜米、绍酒、干淀粉、精盐，制成虾馅。

2 用刀将虾馅刮成 2 寸长的枣核形，成为虾拢生坯，放入有油的盘内。

3 炒锅上火，放花生油，待油六成热时，放虾拢生坯炸熟捞起，沥尽油，装盘中，两边放切成片的番茄、拣洗干净的香菜，撒火腿末，即成。

大师指点

1 虾拢大小须一致。油炸时须用温油。

2 葱花多一点，姜米少一点。

特点 软嫩香鲜，风味独特。

27 炸虾卷

主料： 虾仁 250 克。

配料： 加工后的猪网油 1 张、大米粉 150 克、面粉 50 克、鸡蛋 3 个。

调料： 花生油、葱姜汁、绍酒、精盐、干淀粉、花椒盐、麻油。

制作方法

1 虾仁洗净，用干布吸去水分，刮成蓉，放入盆中，加葱姜汁、绍酒、干淀粉、精盐、制成虾馅。

2 加工后的猪网油切成 2 寸宽长条。

3 鸡蛋、干淀粉制成全蛋浆。

4 大米粉、面粉、鸡蛋、水制成全蛋糊。

5 加工后的猪网油上抹全蛋浆，放上虾馅，卷成圆筒，成为虾卷生坯。

6 炒锅上火，放花生油。待油七成热时，将虾卷生坯沾满全蛋糊，放入炸熟，捞起。待油八成热时，入锅重油，炸至呈老黄色时，捞起沥尽油，切成斜角块，整齐地摆放盘中，浇麻油，即成。

7 带花椒盐一小碟上桌。

大师指点

虾卷如中指粗即可。

特点 香脆鲜嫩，清淡爽口。

28 卷筒虾

主料：虾仁 200 克。

配料：加工后的猪网油 1 张、熟净笋 50 克、水发冬菇 50 克、葱白段 10 根、大米粉 150 克、面粉 50 克、鸡蛋 2 个。

调料：花生油、绍酒、酱油、白糖、干淀粉、花椒盐、麻油。

制作方法

1 虾仁洗净，用干布吸去水分，刮成蓉，放入盆内。

2 熟净笋、水发冬菇、葱白段切成丝，放入虾蓉盆内，加绍酒、酱油、白糖，拌匀，成三丝虾馅。

3 加工后的猪网油洗净，切成 2 寸宽长条。

4 鸡蛋、干淀粉制成全蛋浆。

5 鸡蛋、水、大米粉、面粉制成全蛋糊。

6 加工后的猪网油抹上全蛋浆，放三丝虾馅，卷成圆筒形，成为卷筒虾生坯。

7 炒锅上火，放花生油。待油七成热时，放入沾满全蛋糊的卷筒虾，将其炸熟，捞起。待油八成热时，入锅重油，炸至呈老黄色时，捞起沥尽油，切成菱形块，装入盘中，浇麻油，即成。

8 带花椒盐一小碟上桌。

大师指点

卷成的圆筒有中指粗即可。

特点 外层酥脆，内层鲜香。

29 虎皮虾球

主料：虾仁 250 克。

配料：熟猪肥膘肉 50 克、面包屑 150 克、鸡蛋 1 个。

调料：花生油、葱姜汁、绍酒、精盐、干淀粉、花椒盐。

制作方法

1 虾仁洗净，用干布吸去水分，刮成蓉，熟猪肥膘肉刮成蓉，同放盆内。加鸡蛋、葱姜汁、绍酒、干淀粉、精盐，制成虾馅。

2 将虾馅抓成圆子，滚满面包屑，即成虎皮虾球

生坯。

3 炒锅上火，放花生油。待油七成热时，放入虎皮虾球炸熟。面包屑色呈老黄色时，捞起沥尽油，摆放盘中即成。

4 带花椒盐一小碟上桌。

大师指点

虾球须大小一致，沾裹面包屑要均匀。

特点 色泽老黄，香脆鲜嫩。

30 炸虾球

主料：虾仁 300 克。

配料：熟猪肥膘肉 50 克、净香菜叶 10 克、熟火腿末

5 克、鸡蛋 1 个。

调料：花生油、葱花、姜米、绍酒、精盐、干淀粉、

花椒盐。

制作方法

1. 虾仁洗净，用干布吸去水分，刮成蓉，熟猪肥膘肉刮成蓉，同放盆内。加葱花、姜米、绍酒、鸡蛋、干淀粉、精盐，制成虾馅。

2. 炒锅上火，放花生油。待油六成热时，将虾馅抓成圆子，放入油锅内炸熟捞起。待油七成热时，入锅重油，呈金黄色时，捞起沥尽油，堆放盘中，放上净香菜叶、熟火腿末即成。

3. 带花椒盐一小碟上桌。

大师指点

虾球大小须一致，现吃现炸。扬州有"跑马走虾球"之说，放久会瘪。

特点 色泽金黄，香鲜滑嫩。

31 玉钩吊金球

主料： 虾仁 300 克。

配料： 熟猪肥膘肉 100 克、绿豆芽 400 克、鸡蛋（二黄一清）、净香菜叶 10 克、熟火腿末 5 克。

调料： 花生油、葱姜汁、绍酒、精盐、干淀粉、花椒盐。

制作方法

1. 虾仁洗净，用干布吸去水分，刮成蓉，熟猪肥膘肉刮成蓉，同放盆中，加葱姜汁、绍酒、鸡蛋（二黄一清）、干淀粉、精盐，制成虾馅。

2. 绿豆芽去根洗净。

3. 炒锅上火，放花生油。待油六成热时，将虾馅抓成虾球，入锅炸熟捞起。待油八成热时，入锅重油，呈金黄色时，捞起沥尽油，堆放在盘中。

4. 炒锅上火，放花生油、绿豆芽、精盐炒熟，和熟火腿末围放在虾球四周，放上净香菜叶即成。

5. 带花椒盐一小碟上桌。

大师指点

虾圆大小须一致。绿豆芽须拣洗干净，去尾部时尽量长短一致。

特点 豆芽脆嫩，虾圆香鲜。

32 桑枣虾

主料： 虾仁 300 克。

配料： 熟猪肥膘肉 50 克、黑芝麻 150 克、鸡蛋清 1 个。

调料： 花生油、葱姜汁、绍酒、精盐、干淀粉。

制作方法

1. 虾仁洗净，用干布吸去水分，刮成蓉，熟猪肥膘肉刮成蓉，同放盆内。加绍酒、葱姜汁、鸡蛋请、干淀粉、精盐，制成虾馅。

2. 将虾馅抓成桑枣形（如大桑枣状），滚满黑芝麻，成桑枣虾生坯。

3. 炒锅上火，放花生油。待油五成热时，放入桑枣虾炸熟捞起。待油七成热时，入锅重油，待黑芝麻香味溢出时，捞起沥尽油，装盘即成。

大师指点

1. 桑枣虾须形态逼真，大小一致。

2. 油炸时控制油温，不可过高。

特点 形态逼真，香鲜软嫩。

33 膏丽虾

主料： 大青虾 30 只。

配料： 熟火腿末 5 克、大米粉 50 克、鸡蛋清 3 个、熟火腿末 10 克。

调料： 花生油、葱姜汁、绍酒、精盐。

制作方法

1 大青虾挤出虾仁洗净，用干布吸去水分，放盆内。加绍酒、葱姜汁、精盐、拌匀，浸渍入味。

2 将鸡蛋清打成发蛋，加大米粉，制成发蛋糊（亦称膏丽糊）。

3 炒锅上火，放花生油。待油四成热时，将虾仁沾满发蛋糊，下锅养炸熟，捞起沥尽油装盘，撒上熟火腿末即成。

大师指点

1 发蛋须打上劲，以筷子立住为准。

2 制作发蛋糊，若不用大米粉，可用干淀粉。

特点 色泽微黄，软嫩香鲜。

34 虾蟹明珠

主料： 虾仁 100 克。

配料： 蟹肉 100 克、鸽蛋 5 个、熟猪肥膘肉 25 克、大青虾 10 只、咸面包 2 只、熟火腿末 10 克、青菜叶末 10 克、鸡蛋清 2 个。

调料： 花生油、葱姜汁、绍酒、精盐、干淀粉、胡椒粉。

制作方法

1 虾仁洗净，用干布吸去水分，刮成蓉，熟猪肥膘肉刮成蓉，与蟹肉同放盆内。加绍酒、葱姜汁、鸡蛋清、干淀粉、胡椒粉、精盐，制成虾蟹馅。

2 大青虾去头、中段虾壳，留尾壳洗净，放干淀粉中将虾肉捶扁，即成凤尾虾。

3 鸽蛋煮熟，去壳，一切两半。咸面包切成 2 分厚的片，用模具刻成 10 个秋叶片。

4 鸡蛋清、干淀粉制成蛋清浆。

5 咸面包片一头放上沾满蛋清浆的凤尾虾，加虾蟹馅抹平，放半只鸽蛋嵌入馅内，鸽蛋两旁分别放火腿末、青菜叶末，成为虾蟹明珠生坯。

6 炒锅上火烧辣，放少许花生油。将面包面煎脆，再放花生油，将虾蟹明珠生坯养炸至熟，捞起沥尽油，装盘即成。

大师指点

须先将虾蟹明珠生坯面包面煎香脆，方可油炸。

特点 造型美观，香脆鲜嫩。

35 葫芦虾蟹

主料： 虾仁 200 克、蟹肉 150 克。

配料： 加工后的猪网油 1 张、大青虾 10 只、水发绿笋丝 10 根、面包屑 200 克、龙虾片 10 片、香菜 10 克、鸡蛋 2 个。

调料： 花生油、葱姜汁、绍酒、精盐、干淀粉、胡椒粉、花椒盐。

制作方法

1 虾仁洗净，用干布吸去水分，刮成蓉，放盆中。加鸡蛋、葱姜汁、绍酒、蟹肉、胡椒粉、精盐，制成虾蟹馅。

2 大青虾去头、中段虾壳，留尾壳，成凤尾虾。

3 加工后的猪网油切成 3 寸见方的片，计 10 片。

4 鸡蛋液、干淀粉制成全蛋浆。

5 加工后的猪网油上抹全蛋浆，一端放上沾满全蛋浆的凤尾虾，成"葫芦把"。放入虾蟹馅，裹成圆锥形，沾满全蛋浆，滚满面包屑，中间用水发绿笋丝扎紧成葫芦形，即葫芦虾蟹生坯。

6　炒锅上火，放花生油。待油五成热时，放入葫芦虾蟹生坯炸熟捞起。待油八成热时，入锅重油，至外层香脆，呈金黄色时，捞起沥尽油，围放在大圆盘四周。

7　炒锅上火，待油九成热时，放入龙虾片，炸熟脆，捞起放盘中央，放上香菜即成。

8　带花椒盐一小碟上桌。

大师指点

1　葫芦虾蟹须大小一致。

2　油炸葫芦虾蟹应时不时用牙签在上面戳一些小孔，便于炸透。

特点　形似葫芦，香脆鲜嫩。

36　纸包虾

主料： 大虾仁 40 粒。

配料： 熟火腿片 10 片（小片）、水发冬菇 10 片（小片）、香菜叶 10 片、鸡蛋清 2 个、 3 寸见方糯米纸 10 张。

调料： 花生油、绍酒、精盐、干淀粉。

制作方法

1　大虾仁洗净，用干布吸去水分。加绍酒、精盐、鸡蛋清、干淀粉，上浆。

2　鸡蛋清、干淀粉制成蛋清浆。

3　每张 3 寸见方糯米纸放大虾仁 4 粒，熟火腿片、水发冬菇、香菜叶各一片，包成长方形块，接口处用鸡蛋清黏合，成为纸包虾生坯。

4　炒锅上火，放花生油。待油五成热时，放入纸包虾生坯，养炸至熟，摆放盘中即可。

大师指点

1　虾仁上浆时，口味要略重。

2　包的长方块须大小一致，油炸时油温不宜高，要养炸至熟。

特点　造型独特，鲜嫩香醇。

37　一品虾

主料： 虾仁 500 克。

配料： 熟猪肥膘肉 100 克、水发海参丁 50 克、水发干贝丝 50 克、熟火腿丁 50 克、猪精肉丁 50 克、熟净笋丁 50 克、水发冬菇丁 50 克、水发冬菇 3 只、熟鸡肉丁 50 克、鸡蛋清 3 个。

调料： 熟猪油、葱姜汁、绍酒、精盐、干淀粉、湿淀粉、虾籽、鸡汤。

制作方法

1　虾仁洗净，用干布吸去水分，刮成蓉，熟猪肥膘肉刮成蓉，同放盆内。加鸡蛋清、葱姜汁、绍酒、干淀粉、精盐，制成虾馅。

2　炒锅上火，放熟猪油、水发海参丁、水发干贝丝、熟火腿丁、猪精肉丁、熟鸡肉丁、熟净笋丁、水发冬菇丁煸炒至熟，加鸡汤、虾籽烧开，收稠、收干汤汁，用湿淀粉勾芡，成为八丁馅心。

3　将火腿切成一字条， 3 只水发冬菇各切成一个口字。

4　大圆盘中将八丁馅心放成扁圆形，铺上虾馅，摆上"一品"二字，成为一品虾生坯。

5　笼锅上火，放水烧开，放入一品虾生坯，将其蒸熟，取出。

6　炒锅上火，放鸡汤、精盐烧开，用湿淀粉勾琉璃芡，放熟猪油，浇一品虾上即成。

大师指点

1　此菜系"官府菜"，意为"官运亨通"。

2　虾馅须略厚。蒸时须中火开水。

特点　鲜香软嫩，别具风味。

38 八卦虾

主料： 虾仁 500 克。

配料： 熟猪肥膘肉 100 克、水发海参丁 50 克、熟火腿 10 克、猪精肉丁 50 克、水发冬菇 100 克、水发干贝丝 50 克、熟净笋丁 50 克、鸡蛋清 2 个。

调料： 熟猪油、葱姜汁、绍酒、精盐、干淀粉、湿淀粉、虾籽、鸡汤。

制作方法

1 虾仁洗净，用干布吸去水分，刮成蓉，熟猪肥膘肉刮成蓉，同放盆内。加鸡蛋清、葱姜汁、绍酒、干淀粉、精盐制成虾馅。

2 50 克水发冬菇切成长、短条，作为八卦图边框。50 克熟火腿切成条，作八卦图线条。

3 炒锅上火，放熟猪油、水发海参丁、熟火腿丁、猪精肉丁、水发冬菇丁、熟净笋丁、水发干贝丝，炒

熟，加鸡汤、虾籽、精盐烧开，收稠、收干汤汁，用湿淀粉勾芡，成为六丁馅。

4 将六丁馅放入大圆盘中，摆放成扁圆形，放上虾馅，抹平成八卦形，放水发冬菇条，成为八卦边框，熟火腿条制成八卦图案，成为八卦虾生坯。

5 笼锅上火，放水烧开，放入八卦虾生坯，将其蒸熟，取出。

6 炒锅上火，放鸡汤烧开，加精盐，用湿淀粉勾琉璃芡，放熟猪油，浇八卦虾上即成。

大师指点

1 虾馅须略厚。

2 八卦造型尽可能逼真。

特点 软嫩鲜香，独具一格。

39 美人虾

主料： 大青虾 12 只。

配料： 虾仁 100 克、熟猪肥膘肉 20 克、熟黑芝麻 24 粒、水发冬菇 1 只、火腿 20 克、鸡蛋清 0.5 个。

调料： 熟猪油、葱姜汁、绍酒、精盐、干淀粉、湿淀粉、鸡汤。

制作方法

1 大青虾去头、中段虾壳，留尾壳，洗净，放干淀粉中，将虾肉捶扁，成凤尾虾。

2 虾仁洗净，用干布吸去水分，刮成蓉。熟猪肥膘肉刮成蓉，同放盆内，加鸡蛋清、葱姜汁、绍酒、干淀粉、精盐，制成虾馅。

3 熟黑芝麻当作眼睛，火腿切成鼻子形状，水发冬菇

切成嘴的形状。

4 在凤尾虾扁平部分抹上虾馅，用手抹成人面状，放上眼、鼻、嘴，成为美人虾生坯。

5 笼锅上火，放水烧开，放入美人虾生坯，将其蒸熟，取出，整齐摆放盘中。

6 炒锅上火，放鸡汤烧开，加精盐，用湿淀粉勾琉璃芡，放熟猪油，浇美人虾上即成。

大师指点

制成的人面要大小一致，五官匀称。

特点 造型独特，鲜香软嫩。

40 乌龙虾

主料： 大青虾 12 只。

配料： 虾仁 200 克、熟猪肥膘肉 50 克、鸡蛋皮

1 张、鸡蛋清 1 个。

调料： 熟猪油、葱姜汁、绍酒、精盐、干淀粉、湿淀

粉、鸡汤。

制作方法

1 大青虾洗净，去中段虾壳，中段肉在干淀粉中捶成长薄片，连住虾头、虾尾。

2 虾仁洗净，用干布吸去水分，刮成蓉。熟猪肥膘肉刮成蓉，同放盆内。加鸡蛋清、葱姜汁、绍酒、干淀粉、精盐，制成虾馅。

3 鸡蛋皮用模具刻成鸡心状。

4 虾中段片抹上虾馅，修成长圆形，放上鸡心状鸡蛋

皮，成为乌龙虾生坯。

5 笼锅上火，放水烧开，放入乌龙虾生坯，将其蒸熟，取出整齐摆放盘中。

6 炒锅上火，放鸡汤烧开，加精盐，用湿淀粉勾琉璃芡，放熟猪油，浇乌龙虾上即成。

大师指点

捶成的虾片须大小一致。

特点 软嫩鲜香，独具风味。

---

41 手表虾

主料： 虾仁 100 克。

配料： 大青虾 20 只、熟猪肥膘肉 25 克、熟火腿 50 克、黑芝麻适量、鸡蛋清 2 个。

调料： 熟猪油、葱姜汁、绍酒、精盐、干淀粉、湿淀粉、鸡汤。

制作方法

1 虾仁洗净，用干布吸去水分，刮成蓉，熟猪肥膘肉刮成蓉，同放盆内。加葱姜汁、绍酒、鸡蛋清、干淀粉、精盐，制成虾馅。

2 大青虾去头、中段虾壳，留尾壳，洗净后放盆中。用葱姜汁、绍酒拌匀，浸渍入味，取出放干淀粉中，将虾肉捶扁。

3 鸡蛋清、干淀粉制成蛋清浆。

4 两只虾沾满蛋清浆，将捶扁的虾肉重叠，虾尾为对称的手表带。虾馅放在捶扁的虾肉上，抹平成为表盘，放 12 粒黑芝麻成计时点，放熟火腿切成时针、分针，成手表虾生坯。

5 笼锅上火，放水烧开，放入手表虾生坯蒸熟，取出整齐摆放盘中。

6 炒锅上火，放鸡汤烧开，加精盐，用湿淀粉勾琉璃芡，放熟猪油，浇手表虾上即成。

大师指点

手表虾大小须一致。

特点 形似手表，香嫩鲜软。

---

42 琵琶虾

主料： 虾仁 200 克。

配料： 大青虾 10 只、熟猪肥膘肉 50 克、熟瘦火腿 25 克、水发香菇 5 片、水发发菜 10 克、鸡蛋清 2 个。

调料： 熟猪油、葱姜汁、绍酒、精盐、干淀粉、湿淀粉、鸡汤。

制作方法

1 虾仁洗净，用干布吸干水分，刮成蓉，熟猪肥膘肉刮成蓉，同放盆内。加鸡蛋清、葱姜汁、绍酒、干淀粉、精盐，制成虾馅。

2 大青虾去头、中段壳，留尾壳。作为琵琶的头。

3 水发发菜放大火开水锅内稍烫，捞出挤尽水，加精盐入味，成琵琶的弦。水发香菇入锅稍烫，捞出加精盐入味，刻成圆片，切成两半，作为琵琶弦底。熟瘦火腿切成小条，作为琵琶把子。

4 鸡蛋清、干淀粉制成蛋清浆。

5 小汤勺内抹上熟猪油，放冰箱内稍冻取出，将沾满蛋清浆的凤尾虾，放汤勺把子处，再放虾馅抹平，放熟瘦火腿条、水发发菜、水发冬菇，制成琵琶虾生坯。

6 笼锅上火，放水烧开，放入琵琶虾生坯，将其蒸熟，取出放冷水中脱汤匙，放入盘内。上笼锅稍蒸，取出摆放入盘。

7 炒锅上火，放鸡汤烧开，加精盐，用湿淀粉勾琉璃

芡，放熟猪油，浇琵琶虾上即成。

大师指点

琵琶造型时要有耐心、细心、摆放。

特点 形似琵琶，鲜香软嫩。

43 白汁虾扇

主料： 虾仁 500 克。

配料： 熟猪肥膘肉 100 克、熟火腿 40 克、猪精肉 40 克、熟净笋 40 克、熟鸡脯肉 40 克、水发海参 60 克、水发香菇 4 个、蛋黄糕 50 克、鸡蛋清 4 个。

调料： 花生油、葱姜汁、绍酒、精盐、干淀粉、湿淀粉、虾籽。

制作方法

1 虾仁洗净，用干布吸去水分，刮成蓉，熟猪肥膘肉刮成蓉，同放盆内。加鸡蛋清、葱姜汁、绍酒、干淀粉、精盐，制成虾馅。

2 熟火腿、猪精肉、熟净笋、熟鸡脯肉、水发香菇、40 克水发海参均切成丁，成六丁。

3 炒锅上火，放鸡汤、六丁、虾籽，烧开，收稠、收

干汤汁，放精盐，用湿淀粉勾芡，成六丁馅。

4 取大腰盘一只，放入六丁馅，制成扇面形，再铺上虾馅，抹平。

5 蛋黄糕刻成梅花状，20 克水发海参制成树枝，拼摆在虾馅上，成白汁虾扇生坯。

6 笼锅上火，放水烧开，放白汁虾扇生坯，将其蒸熟、蒸透，取出。

7 炒锅上火，放鸡汤烧开，加精盐，用湿淀粉勾米汤芡，放熟猪油，浇白汁虾扇上即成。

大师指点

六丁勾芡后，不可有汤汁。

特点 造型美观，形似扇面，软嫩鲜香。

44 四喜虾糕

主料： 虾仁 400 克。

配料： 熟猪肥膘肉 100 克、熟火腿末 50 克、蛋黄糕末 50 克、水发冬菇末 50 克、青菜叶（烫熟的）末 50 克、鸡蛋清 2 个。

调料： 熟猪油、葱姜汁、绍酒、精盐、干淀粉、湿淀粉、鸡汤。

制作方法

1 虾仁洗净，用干布吸去水分，刮成蓉，熟猪肥膘肉刮成蓉，同放盆内。加鸡蛋清、葱姜汁、绍酒、干淀粉、精盐，制成虾馅。

2 盘内抹上熟猪油，将虾馅摆放成 4 个 1.2 寸见方的方块，每块上用熟火腿末（红）、蛋黄糕末

（黄）、水发冬菇末（黑）、青菜叶（烫熟的）末（绿）拼成四个小方块，成为四喜虾糕生坯。

3 笼锅上火，放水烧开，放入四喜虾糕生坯，将其蒸熟，取出移入另一盘中。

4 炒锅上火，放鸡汤烧开，加精盐。用湿淀粉勾米汤芡，放熟猪油，浇四喜虾糕上即成。

大师指点

1 虾馅须略厚一点。

2 大、小方块，均需匀称。

特点 色彩鲜艳，鲜香软嫩。

45　棋盘虾

主料： 虾仁 500 克。

配料： 熟猪肥膘肉 100 克、熟火腿末 60 克、猪精肉丁 40 克、熟鸡肉丁 40 克、熟净笋丁 40 克、水发冬菇丁 40 克、熟鸡肫丁 40 克、水发海参丁 40 克、水发干贝 20 克，海带细丝、蛋黄糕、红萝卜干、青菜叶各适量，鸡蛋清 4 个。

调料： 熟猪油、葱姜汁、绍酒、精盐、干淀粉、湿淀粉、虾籽、鸡汤。

制作方法

1 虾仁洗净，用干布吸去水分，刮成蓉，熟猪肥膘肉刮成蓉，同放盆内。加鸡蛋清、葱姜汁、绍酒、干淀粉、精盐，制成虾馅。

2 炒锅上火，放熟猪油、熟火腿末、猪精肉丁、熟鸡肉丁、熟净笋丁、水发冬菇丁、熟鸡肫丁、水发海参丁和撕碎的水发干贝，炒熟，加鸡汤、绍酒、虾籽烧开，收稠、收干汤汁，放精盐，用湿淀粉勾芡，成为八丁馅。

3 大腰盘一只，放八丁馅成长方形，再用虾馅盖住，抹平。用海带细丝摆成棋盘样式。

4 将蛋黄糕刻成棋子状，红萝卜干切成片，与青菜叶分别刻成车、马、炮等字样，放棋子上，再放上棋盘，成为棋盘虾生坯。

5 笼锅上火，放水烧开，放入棋盘虾生坯，将其蒸熟。

6 炒锅上火，放鸡汤、精盐烧开，用湿淀粉勾米汤芡，放熟猪油，浇棋盘虾上即成。

大师指点

1 棋盘、棋子制作须细心，尽量逼真。

2 蒸制时，可不放棋子，蒸熟后再放。

特点 格调高雅，形态逼真，软嫩鲜香，情趣盎然。

46　蝴蝶虾

主料： 虾仁 400 克。

配料： 熟猪肥膘肉 100 克、猪精肉 50 克、熟鸡肉 50 克、熟净笋 50 克、水发香菇 5 片、青豆 50 克，青蒜、青菜叶、红椒、蛋黄糕各适量，鸡蛋清 4 个。

调料： 熟猪油、花生油、葱姜汁、绍酒、精盐、干淀粉、湿淀粉、虾籽、鸡汤。

制作方法

1 虾仁洗净，用干布吸去水分，刮成蓉，熟猪肥膘肉刮成蓉，同放盆内。加鸡蛋清、绍酒、葱姜汁、干淀粉、精盐，制成虾馅。

2 猪精肉、熟鸡肉、熟净笋、水发香菇均切成丁，加青豆，成为五丁。

3 红椒、水发香菇、青菜叶、青蒜分别焯水，沥尽水，用精盐、花生油略拌。

4 炒锅上火，放熟猪油、五丁略炒，加鸡汤、虾籽烧开，收稠、收干汤汁，放精盐，用湿淀粉勾芡，成五丁馅。

5 在大圆盘内将五丁馅摆成蝴蝶状，放上虾馅，抹平。

6 将红椒、香菇刻成小圆片，当成眼睛，放蝴蝶头部。

7 将红椒、香菇、蛋黄糕、青菜叶刻成小圆片，青菜叶切成丝，放蝴蝶翅膀上进行点缀。青蒜作为蝴蝶须，成蝴蝶虾生坯。

8 笼锅上火，放水烧开，放入蝴蝶虾生坯，将其蒸熟，取出。

9 炒锅上火，放鸡汤烧开，加精盐，用湿淀粉勾米汤芡，放熟猪油，浇蝴蝶虾上即成。

大师指点

蝴蝶造型须栩栩如生。

特点 造型生动，软嫩香鲜。

47 烧虾饼

主料： 虾仁350克。

配料： 熟猪肥膘肉50克、熟火腿50克、熟净笋50克、水发香菇4片、葱白段4根、青菜心8棵、鸡蛋（二黄一清）。

调料： 花生油、熟猪油、葱花、姜米、绍酒、精盐、干淀粉、湿淀粉、鸡汤、虾籽。

制作方法

1 虾仁洗净，用干布吸去水分，刮成蓉，熟猪肥膘肉刮成蓉，同放盆内。加鸡蛋（二黄一清）、绍酒、葱花、姜米、干淀粉、精盐，制成虾馅。

2 熟火腿、水发香菇、熟净笋切成片，葱白段切成雀舌葱（一种刀工形状，即葱花）。青菜心洗净，放

大火开水锅内焯水至熟，放冷水中泌透，取出挤尽水。

3 炒锅上火烧辣，放花生油滑锅，将虾馅制成扁圆形，煎定型后，加油炸熟。捞起沥尽油，成虾饼。

4 炒锅上火，放熟猪油，将雀舌葱略炒，放鸡汤、虾籽、虾饼、熟净笋片、水发香菇片、青菜心烧开，略煮，加精盐，用湿淀粉勾琉璃芡装盘。放上熟火腿片即成。

大师指点

煎虾饼时，掼虾馅入锅须用巧劲，虾饼要大小一致。

特点 色泽金黄，软嫩香鲜。

48 莲蓬虾

主料： 虾仁300克。

配料： 熟猪肥膘肉100克、熟火腿50克、熟净笋30克、青豆70颗、茼蒿100克、鸡蛋清适量。

调料： 熟猪油、葱姜汁、绍酒、精盐、干淀粉、湿淀粉、鸡汤。

制作方法

1 虾仁洗净，用干布吸去水分，刮成蓉，熟猪肥膘肉刮成蓉，同放盆内。加鸡蛋清、葱姜汁、绍酒、干淀粉、精盐，制成虾馅。

2 取小酒杯10只，抹上熟猪油，放冰箱略冻，填入虾馅抹平，每只上放青豆7颗，成莲蓬虾生坯。

3 笼锅上火，放水烧开，放入莲蓬虾生坯，将其蒸熟，取出，在冷水中脱去酒杯，摆放盘中，上笼蒸熟。

4 熟火腿、熟净笋切成片，茼蒿摘下嫩头洗净。

5 炒锅上火，放鸡汤、熟净笋片烧开，再加茼蒿、精盐烧开，用湿淀粉勾薄芡，倒入大汤碗中，放莲蓬虾、熟火腿片即成。

大师指点

虾馅上放青豆须匀称。脱出酒杯时要保持形态完整。

特点 形似莲蓬，软嫩清醇。

49 清汤捶虾

主料： 大青虾10~12只。

配料： 发菜25克。

调料： 葱姜汁、绍酒、精盐、干淀粉、鸡汤。

制作方法

1 大青虾去头、中段虾壳，留尾壳，洗净用干布吸干

水分，放盆中。用葱姜汁、绍酒、精盐拌匀，浸渍入味，放干淀粉中，将虾肉捶扁，成清汤捶虾生坯。

2 发菜洗净，放碗中，加鸡汤、精盐，上笼蒸熟、蒸透，取出泌去汤汁。

3 炒锅上火，放鸡汤烧开，加精盐，盛汤入碗中，放入发菜。

4 炒锅上火，放水烧开，将捶虾烫熟，取出。捏去虾尾壳，放汤碗中即成。

大师指点

捶虾须大小、厚薄一致。

特点 鲜嫩味美，汤清味醇。

50 虾仁粉皮汤

主料： 大虾仁 100 克。

配料： 粉皮 2 张、豌豆苗适量。

调料： 葱姜汁、绍酒、精盐、鸡汤。

制作方法

1 虾仁洗净，用干布吸去水分，放葱姜汁、绍酒拌匀，浸渍入味。

2 粉皮切成菱形块。豌豆苗洗净沥尽水。

3 炒锅上火，放鸡汤烧开，加精盐、豌豆苗烧开，盛汤入碗中。

4 炒锅上火，放水烧开，分别将虾仁、粉皮烫熟，沥尽水，放汤碗中即成。

大师指点

烫制虾仁、粉皮时，一烫即可，保持鲜嫩。

特点 软滑鲜嫩，汤汁清醇。

问胡不归良有由

美酒倾水炙肥牛

——中国维扬传统菜点大观

牛肉类

1 五香牛肉

主料： 生牛肉 5000 克。

配料： 葱结、姜块、绍酒、酱油、白糖、桂皮、八角。

制作方法

1 生牛肉洗净，用刀切成大块，放入大火开水锅内焯水，捞出洗净。

2 砂锅 1 只，放入水、葱结、姜块、酱油、白糖、桂皮、八角、生牛肉上火烧开，加绍酒，移小火烧焖至七成熟，上大火烧开，去葱结、姜块、桂皮、八角，捞出晾冷，汤卤留用。

3 牛肉用刀切成薄片，整齐地堆放入盘，放汤卤即成。

大师指点

1 牛肉烧焖至七成熟，要卤透入味。

2 牛肉要切成薄片，越薄越有味。

3 牛肉切片装盘后适当地放一些香菜、青蒜丝、熟红椒丝。

特点 色泽酱红，鲜香入味。

2 酱牛肉

主料： 生牛肉 5000 克。

配料： 葱结、姜块、绍酒、酱油、白糖、桂皮、八角、甜酱。

制作方法

1 生牛肉洗净，用刀切成大块，放入大火开水锅内焯水，捞出洗净。

2 砂锅 1 只，放入水、葱结、姜块、绍酒、酱油、白糖、桂皮、八角、生牛肉上火烧开，移小火烧焖至七成熟，再上大火去葱结、姜块、桂皮、八角，放甜酱，收稠汤汁，留少许甜酱卤，晾凉。

3 酱牛肉用刀切成片，整齐地堆放入盘，放甜酱卤即成。

大师指点

1 牛肉烧焖至七成熟，放入甜酱，收稠汤汁，要留甜酱卤，吃时放入盘内即可。

2 因为加入甜酱，牛肉在烧焖时放入的酱油要少一些。

特点 酱香浓郁，鲜韧有味。

3 药芹拌牛肉条

主料： 熟牛肉 200 克。

配料： 药芹 400 克、红椒 1 只。

调料： 酱油、麻油。

制作方法

1 熟牛肉切成长 1 寸 2 分，宽厚 2 分的长方条。

2 药芹、红椒分别拣洗干净，再分别放入大火开水锅内，烫熟捞出，晾凉，药芹切成 8 分长的段，红椒切成细丝。

3 熟牛肉条、药芹段、红椒丝同放盘内拌匀，堆放盘内，放酱油、麻油即成。

大师指点

1 选用煨熟的牛肉。

2 刀工要整齐。

3 此菜可放麻油拌匀，堆放入盘，然后放酱油。

特点 色泽鲜艳，风味独特。

4　卤牛肚

主料：生牛肚 5000 克。

配料：葱结、姜块、绍酒、酱油、白糖、桂皮、八角。

制作方法

1　生牛肚去污洗净，放入大火开水锅内焯水，捞出洗净，切成大块。

2　砂锅内放入水、葱结、姜块、绍酒、酱油、白糖、桂皮、八角、生牛肚上火烧开，加绍酒，移小火，

烧焖成熟，捞出晾凉，汤卤留用。

3　牛肚用刀切成片，整齐地堆放入盘，放汤卤即成。

大师指点

1　牛肚要去尽杂质。

2　牛肚烧焖以吃得动为标准。

特点　色泽酱红，软韧鲜香。

5　卤百叶肚

主料：生牛百叶肚 5000 克。

配料：葱结、姜块、绍酒、精盐、冰糖、花椒。

制作方法

1　生牛百叶肚去污洗净，放入大火开水锅内焯水，捞出洗净，切成大块。

2　花椒洗净，锅内放水烧开煮几分钟，捞出，用纱布包起成纱布袋。

3　砂锅 1 只，放水、葱结、姜块、精盐、冰糖、花椒袋、生牛百叶肚，上火烧开，移小火，烧焖成熟，取出晾凉，留汤卤。

4　牛百叶肚用刀切成块，整齐地堆放入盘，放入汤卤。

大师指点

1　此菜以上介绍的是红卤水锅，而此菜介绍的是白卤水锅。

2　牛百叶肚去尽杂质，清洗干净。

3　牛百叶烧焖以吃得动为标准。

特点　色泽洁白，软韧鲜香。

6　卤牛肝

主料：生牛肝 5000 克。

调料：葱结、姜块、绍酒、酱油、白糖、桂皮、八角。

制作方法

1　生牛肝洗净，用刀切成大块，放入大火开水锅内焯水，捞出洗净。

2　砂锅 1 只，放入水、葱结、姜块、绍酒、酱油、白糖、桂皮、八角、生牛肝上火烧开，加绍酒，移小

火烧焖成熟，再上大火烧开，捞出晾凉，留卤备用。

3　用刀将牛肝切成片，整齐地堆放入盘，放卤汁即成。

大师指点

牛肝焯水要焯透，放入砂锅卤时要卤透入味。

特点　色泽酱红，味道鲜美。

7 卤牛舌

主料： 生牛舌 1~2 根。

调料： 葱结、姜块、绍酒、酱油、白糖、桂皮、八角。

制作方法

1 生牛舌去污洗净，放入大火开水锅内稍烫取出，刮去白色的舌衣洗净，下锅焯水，再捞出洗净。

2 砂锅 1 只，放入水、葱结、姜块、酱油、白糖、桂皮、八角、生牛舌上火烧开，加绍酒，移小火，将牛舌烧焖至七成熟，捞出晾凉，留卤备用。

3 用刀将牛舌切成片，整齐地堆放入盘，放卤汁即成。

大师指点

1 牛舌去舌衣，下开水锅稍烫，时间不能长；如烫老，舌衣就去不掉。

2 牛舌卤时要卤透入味，至七成熟即可。

特点 ▶ 香鲜软韧。

8 卤牛心

主料： 牛心 1 只。

调料： 葱结、姜块、绍酒、酱油、白糖、桂皮、八角。

制作方法

1 牛心用刀一剖两半，洗净血污，放入大火开水锅内焯水，捞出洗净。

2 砂锅 1 只，放入水、葱结、姜块、酱油、白糖、桂皮、八角、牛心上火烧开，加绍酒，移小火烧焖成

熟，捞出晾凉，留卤备用。

3 牛心切成片，整齐地堆放入盘，放卤汁即成。

大师指点

1 牛心剖开，才能洗净心内血污。

2 要卤透入味。

特点 ▶ 色泽酱红，香软味美。

9 凉拌牛筋

主料： 生牛筋 750 克。

配料： 粉皮 2 张、香菜 10 克、红椒 10 克。

调料： 葱结、姜块、绍酒、酱油、麻油。

制作方法

1 生牛筋洗净，放入盆内，加水浸泡 3~4 小时捞出，放入大火开水锅内焯水，捞出洗净。

2 砂锅 1 只，放入水、葱结、姜块、生牛筋上火烧开，加绍酒，移小火烧焖成熟，再上大火烧开，捞出晾凉，用刀切成长 1 寸 2 分，厚 2 分的片。

3 粉皮用刀切成斜角块，放入大火开水锅内稍烫捞出，晾干晾凉。

4 香菜拣洗干净，红椒去籽洗净，放入大火开水锅内烫熟，捞出切成丝。

5 盘子 1 只，放入粉皮，上放牛筋、香菜、红椒丝，再放酱油、麻油即成。

大师指点

1 牛筋未加工之前放入水中浸泡，去血水。

2 牛筋烧焖成熟以吃得动为标准。

3 粉皮放入开水锅内一烫即好，厨师称为下锅烫一下。

特点 ▶ 洁白透明，软韧味美。

10 葱油牛筋

主料: 生牛筋 750 克。
调料: 花生油、葱白段、葱结、姜块、绍酒、精盐。
制作方法

1 生牛筋加工方法同凉拌牛筋。

2 用 2 根葱白段切成葱花。

3 牛筋放入盘中加精盐拌匀,堆放入盘,中间放葱花。

4 炒锅上火,放入花生油、葱白段,在中小火上将油熬炸香,去葱白段,浇入盘内葱花上,吃时将葱花和牛筋拌一下即成。

大师指点

1 牛筋加精盐要拌匀。

2 葱油要炸香。

特点 香鲜软韧。

11 三鲜牛筋

主料: 生牛筋 750 克。
配料: 鲜冬笋或春笋(净) 50 克、水发香菇 50 克、红椒 1 只。
调料: 葱结、姜块、绍酒、酱油、麻油。
制作方法

1 生牛筋加工方法同拌牛筋。

2 鲜冬笋切成片,水发香菇切成片,红椒去籽、梗,洗净切成片,将三种原料放入大火开水锅内烫熟,

捞出晾凉。

3 生牛筋放入盘内加鲜冬笋片、水发香菇片、红椒,拌匀,整齐地堆放入盘,放酱油、麻油即成。

大师指点

1 选用应时的冬笋或春笋。

2 牛筋加工成软韧有度。

特点 色泽鲜艳,软韧味美。

12 酱牛筋

主料: 生牛筋 750 克。
调料: 葱结、姜块、绍酒、酱油、白糖、桂皮、八角、甜酱。
制作方法

1 生牛筋洗净,放入大火开水锅内焯水,捞出洗净。

2 砂锅 1 只,放入水、葱结、姜块、绍酒、酱油、白糖、桂皮、八角、生牛筋上火烧开,加绍酒,移小火烧焖成熟,再上大火烧开,去葱结、姜块、桂皮、八角,放甜酱,收稠汤汁,最后留少许卤汁,

倒入盘内晾凉。

3 牛筋切成 1 寸 2 分长的段,放入盘内,加酱卤汁拌匀,再堆放盘内即可。

大师指点

1 牛筋烧焖时,酱油要少放,因为最后要加甜酱。

2 牛筋烧焖成熟不硬、不烂,软韧有度。

特点 色泽酱红,软韧味美。

13　生炒牛肉丝

主料： 生牛枚条肉 300 克。

配料： 红椒 100 克、鸡蛋 1 个。

调料： 花生油、酱油、白糖、精盐、绍酒、干淀粉、湿淀粉、醋、麻油。

制作方法

1　生牛枚条肉洗净，用刀切成丝，放入盆内。加精盐、鸡蛋、干淀粉上浆。

2　红椒去筋、籽，洗净，切成细丝。

3　炒锅放入花生油、牛肉丝，用筷子划散，上火稍加热，倒入漏勺，沥尽油。

4　炒锅上火，放入花生油、红椒丝煸炒成熟，放入绍酒、酱油、白糖，用湿淀粉勾芡，倒入牛肉丝，炒拌均匀，放醋、麻油，起锅装盘。

大师指点

1　牛肉要顶丝切成细丝。

2　红椒切的丝，不能大于牛肉丝。

特点 牛肉细嫩，咸甜适中。

注：炒牛肉的配料应随季节变化而使用应时品种，如冬季的韭菜黄、冬笋，春季的春笋、韭菜芽，夏、秋季的茭白。

14　炒牛肉片

主料： 生牛枚条肉 300 克。

配料： 熟净笋 50 克、红椒 1 只、鸡蛋 1 个。

调料： 花生油、酱油、白糖、绍酒、精盐、干淀粉、湿淀粉、醋、麻油。

制作方法

1　生牛枚条肉洗净，用刀批切成柳叶片，放入盆内。加精盐、鸡蛋、干淀粉上浆。

2　熟净笋切成片，红椒去筋、籽，洗净，切成片。

3　炒锅放入花生油、牛肉片，用筷子划散，上火稍加热，倒入漏勺，沥尽油。

4　炒锅上火，放入花生油、笋片、红椒片，煸炒成熟，放入绍酒、酱油、白糖，用湿淀粉勾芡，倒入牛肉片，炒拌均匀，放醋、麻油，起锅装盘。

大师指点

牛肉片放入油锅划散后，上火稍加热，时间不宜太长，防止变老。

特点 鲜嫩爽口，咸甜适中。

15　炒牛肝

主料： 生牛肝 250 克。

配料： 熟净山药 50 克、红椒 1 只。

调料： 花生油、酱油、白糖、绍酒、精盐、湿淀粉、醋、麻油。

制作方法

1　生牛肝洗净，用刀切成 1 分厚的片。

2　熟净山药切成片，红椒去筋、籽，洗净，切成片。

3　炒锅上火，辣锅冷油，放牛肝片划油至熟，倒入漏勺，沥尽油。

4　炒锅再上火，放花生油、红椒、山药片，煸炒成熟，加绍酒、精盐、酱油、白糖，用湿淀粉勾芡，倒入牛肝，炒拌均匀，放醋、麻油，起锅装盘。

大师指点

1　牛肝要切得大小一致、厚薄均匀。

2　牛肝划油要时间稍长才能体现其脆嫩。

特点 脆嫩爽口，咸甜适中。

16 炒牛心

主料：生牛心 250 克。

配料：熟净茭白 50 克、红椒 1 只。

调料：花生油、酱油、白糖、绍酒、湿淀粉、醋、麻油。

制作方法

1 生牛心洗净血污，用刀切成片。

2 熟净茭白切成片，红椒去筋、籽，洗净，切成片。

3 炒锅上火，辣锅冷油，放牛心片划油至熟，倒入漏勺，沥尽油。

4 炒锅再上火，放花生油、红椒、熟净茭白片，煸炒成熟，加绍酒、酱油、白糖，用湿淀粉勾芡，倒入牛心，炒拌均匀，放醋、麻油，起锅装盘。

大师指点

牛心片要大小一致、厚薄均匀。

特点 软嫩爽口，咸中带甜，美味可口。

17 青蒜炒牛肚

主料：熟牛肚 300 克。

配料：青蒜 150 克、红椒 1 只。

调料：花生油、酱油、白糖、湿淀粉、醋、麻油。

制作方法

1 熟牛肚用刀批切成片。

2 青蒜拣洗干净，切成 8 分长的段，红椒去籽、筋，洗净，切成片。

3 炒锅上火，放入花生油、熟牛肚，煸炒成熟，加青蒜、红椒炒熟，放酱油、白糖，用湿淀粉勾芡，放醋、麻油，起锅装盘。

大师指点

牛肚片下锅要煸炒透再放配料。

特点 牛肚软韧，香鲜味美。

18 炒牛肠

主料：生牛肠 500 克。

配料：熟净藕 50 克、红椒 1 只。

调料：花生油、葱结、姜块、绍酒、精盐、酱油、白糖、湿淀粉、醋、麻油、矾。

制作方法

1 生牛肠放入盆内，加矾、精盐、醋，拌匀，腌渍 10 分钟捞出，用清水洗去黏液和肠内杂质，放入砂锅内，加水、葱结、姜块，上火烧开，放绍酒，移小火，将牛肠煨焖成熟，取出晾凉，用刀切成块。

2 熟净藕切成片，红椒去筋、籽，洗净，切成片。

3 炒锅上火，放花生油、牛肠，煸炒出香味，放熟净藕片、红椒片煸炒成熟，加酱油、白糖，用湿淀粉勾芡，放醋、麻油，起锅装盘。

大师指点

1 牛肠初加工要去尽黏液、杂质。

2 牛肠煨焖成熟，防止吃不动。

3 牛肠煸炒要炒出香味。

特点 香鲜软韧，味美爽口。

19 炒牛腰

主料：生牛腰 400 克。

配料：熟净笋 50 克、红椒 1 只。

调料：花生油、酱油、白糖、绍酒、湿淀粉、醋、麻油、胡椒粉。

制作方法

1. 生牛腰洗净一剖两半去腰骚（腥味部分或杂质，通常有白色筋膜或血管），用刀在肉面剞荔枝花刀，再切成小块。
2. 熟净笋切成片，红椒去筋、籽，洗净，切成片。
3. 炒锅上火，辣锅冷油，放牛腰块划油成熟，倒入漏勺，沥尽油。
4. 炒锅再上火，放花生油、红椒片、笋片，煸炒成熟，加绍酒、酱油、白糖，用湿淀粉勾芡，放入牛腰块，炒拌均匀，放醋、胡椒粉、麻油，起锅装盘。

大师指点

1. 牛腰要去尽腰骚。
2. 牛腰划油后倒入漏勺，如发现有血水外溢，用手挤一下去血水，或用手勺压去血水。

特点 腰子细嫩，咸甜适中。

20 炸牛肉卷

主料：生牛枚条肉 300 克。

配料：鸡蛋皮 2 张（或豆腐皮 2 张）、大米粉 100 克、面粉 50 克、鸡蛋 2 个。

调料：花生油、葱姜汁、绍酒、酱油、白糖、干淀粉、麻油、花椒盐。

制作方法

1. 生牛枚条肉洗净，刮成蓉，放入盆内，加葱姜汁、绍酒、鸡蛋、干淀粉、酱油、白糖，制成牛肉馅。
2. 鸡蛋皮铺在案板上，放入牛肉馅，成长条状，用鸡蛋皮包裹成圆筒形，即成牛肉卷生坯。
3. 鸡蛋、大米粉、面粉、水，制成全蛋糊。
4. 炒锅上火，放入花生油。待油七成热时，将牛肉卷沾满全蛋糊，放入油锅内炸熟捞出。待油八成热时，放入牛肉卷重油（即二次油炸），炸至老黄色，用漏勺捞出，沥尽油。
5. 将牛肉卷用刀切成斜角块，整齐地摆放入盘，放麻油即成。
6. 带花椒盐一小碟上桌。

大师指点

1. 选用牛枚条肉。
2. 制作牛肉馅不要放水，肉馅要厚一些。
3. 卷成的牛肉卷应像中拇指一样的粗细。

特点 香酥脆嫩，口味鲜美。

21 炸牛肉塔

主料：生牛枚条肉 150 克。

配料：生鸭板油 150 克、青菜叶 6 片、鸡蛋 3 个、大米粉 100 克、面粉 50 克。

调料：花生油、葱姜汁、绍酒、酱油、白糖、干淀粉、麻油、花椒盐。

制作方法

1. 生牛枚条肉洗净，刮成蓉，放入盆内。加葱姜汁、绍酒、鸡蛋、干淀粉、酱油、白糖，制成牛肉馅。
2. 生鸭板油切成长 2 寸、宽 1 寸 2 分、厚 2 分的长方片。
3. 青菜洗净，放入大火开水锅内略烫捞出，挤尽水，切成与生鸭板油同样大小的片。

4 鸡蛋、干淀粉制成全蛋浆。

5 鸡蛋、大米粉、面粉、水制成全蛋糊。

6 生鸭板油铺在案板上抹上全蛋浆，放牛肉馅抹平，再抹全蛋浆，放青菜叶，即成炸牛肉塔生坯。

7 炒锅上火，放入花生油。待油七成热时，放入沾满全蛋糊的牛肉塔生坯，将其炸熟捞出。待油八成热时放入牛肉塔，炸至老黄色，用漏勺捞出沥油，用

刀切成长1寸2分的长方条，整齐地摆放入盘，放麻油即成。

8 带花椒盐一小碟上桌。

大师指点

1 牛肉馅放鸭板油上厚度约2分。

2 牛肉塔生坯沾满全蛋糊时，将青菜叶面用筷子稍抹一下，稍露出青菜叶。

特点 外香脆，里鲜嫩。

22 干炸牛肉

主料： 生牛枚条肉200克。

配料： 鸡蛋1个、大米粉100克、面粉50克。

调料： 花生油、葱姜汁、绍酒、酱油、白糖、麻油、花椒盐。

制作方法

1 生牛枚条肉洗净用刀批切成3~4分厚的大片，再在牛肉两面剞上十字花刀，并用刀拍松，切成大丁块，放入盆内。加葱姜汁、绍酒、酱油、白糖拌匀，腌渍入味。

2 鸡蛋、大米粉、面粉、水制成全蛋糊。

3 炒锅上火，放入花生油，待油七成热时，牛肉丁沾满全蛋糊，放入油锅内炸熟捞出。待油八成热时，放入牛肉丁重油，炸至老黄色，用漏勺捞出，沥尽油，整齐地堆放入盘，放麻油即成。

4 带花椒盐一小碟上桌。

大师指点

1 大丁块要大小一致。

2 牛肉片上剞花刀后用刀拍松，便于入味。

特点 香脆味美。

23 炸牛排

主料： 生牛枚条肉300克。

配料： 鸡蛋2个、面包屑150克、面粉50克。

调料： 花生油、葱结、姜块、绍酒、酱油、干淀粉、胡椒粉、辣酱油。

制作方法

1 生牛枚条肉洗净，用刀批切成2分厚的大片，再在牛肉两面剞上十字花刀，并用刀拍松，放入盆内，加葱结、姜块、绍酒、酱油、胡椒粉，拌匀，腌渍入味。

2 鸡蛋、干淀粉制成全蛋浆。

3 牛肉片两面沾上面粉，再沾上全蛋浆，放入面包屑内，两面沾满面包屑，并用手压紧，即成炸牛排

生坯。

4 炒锅上火，放入花生油。待油七成热时，放入牛排生坯，将其炸熟捞出。待油八成热时，放入牛排重油，炸至老黄色，用漏勺捞出，沥尽油，用刀切成一字条，整齐地堆放入盘即成。

5 带辣酱油一小碟上桌。

大师指点

1 制作的全蛋浆要厚一些。

2 沾上面包屑后要用手压紧，防止面包屑脱落。

特点 外香脆，里鲜嫩。

24　三丝牛肉卷（又称卷筒牛肉）

主料： 生牛枚条肉200克。

配料： 鸡蛋皮2张、葱白段100克、熟净笋100克、大米粉100克、面粉50克、鸡蛋2个。

调料： 花生油、葱姜汁、绍酒、酱油、胡椒粉、麻油、花椒盐。

制作方法

1. 生牛枚条肉洗净切成丝，葱白段、熟净笋均切成丝，同放盆内。加葱姜汁、绍酒、酱油、胡椒粉拌匀，制成三丝馅。

2. 鸡蛋皮铺在案板上，放入三丝馅成长条状，用手卷成圆筒形，即成三丝牛肉卷生坯。

3. 鸡蛋、大米粉、面粉、水制成全蛋糊。

4. 炒锅上火，放入花生油。待油七成热时，将三丝牛肉卷生坯沾满全蛋糊，放入油锅内，炸熟捞出。待油八成热时，放入三丝牛肉卷，炸至老黄色，用漏勺捞出，沥尽油，用刀切成斜角块，整齐地摆放入盘，放麻油即成。

5. 带花椒盐一小碟上桌。

大师指点

1. 三丝调味要清淡。

2. 卷成的圆筒有中拇指粗细。

3. 油炸时要正确掌握油温。

特点 三丝鲜香，香脆味美。

25　锅烧牛肉

主料： 熟卤牛肉250克。

配料： 鸡蛋2个、大米粉100克、面粉50克。

调料： 花生油、麻油、花椒盐。

制作方法

1. 熟卤牛肉用手撕成块，放入盆内，加牛肉卤汁浸泡入味。

2. 鸡蛋、大米粉、面粉、水制成全蛋糊。

3. 盘内放花生油、全蛋糊成圆形，上面铺满熟卤牛肉，再在上面放全蛋糊，将牛肉放在中间成圆饼形，即锅烧牛肉生坯。

4. 炒锅上火，放入花生油。待油七成热时，将锅烧牛肉生坯滑入锅内，将其炸熟捞出。待油八成热时，放入锅烧牛肉重油，炸至老黄色，捞出，沥尽油。

5. 将锅烧牛肉分切成三长条后，再切成长方条，整齐地还原成一圆盘，摆放入盘内，放麻油即成。

6. 带花椒盐一小碟上桌。

大师指点

1. 选用熟烂的卤牛肉。

2. 全蛋糊要稀一些。

特点 外酥脆，里香鲜。

26　炸牛肉圆

主料： 生牛枚条肉400克。

配料： 鸡蛋2个。

调料： 花生油、葱花、姜米、绍酒、精盐、酱油、白糖、干淀粉、麻油、花椒盐。

制作方法

1. 生牛枚条肉洗净，刮成蓉，放入盆内。加葱花、姜米、鸡蛋、绍酒、酱油、白糖、干淀粉、适量的水、精盐，制成牛肉馅。

2. 炒锅上火，放入花生油。待油七成热时，牛肉馅用手抓成圆子，入油锅炸熟捞出。待油八成热时，放入牛肉圆子，炸至老黄色，捞出沥尽油，堆放入盘，放麻油即成。

3 带花椒盐一小碟上桌。

大师指点

1 牛肉馅放少量的水。

2 放入少量的酱油，起增色的作用。

27 虎皮牛肉圆

主料：生牛枚条肉 300 克。

配料：面包屑 150 克、鸡蛋 2 个。

调料：花生油、葱花、姜米、绍酒、精盐、酱油、白糖、干淀粉、麻油、花椒盐。

制作方法

1 牛肉馅制法同炸牛肉圆子。

2 牛肉馅用手抓成玻璃球大小的圆子，放入面包屑

3 圆子制成比玻璃球稍大，比乒乓球稍小的形状，并大小一致。

特点 外香里嫩，口味鲜美。

内，滚动，沾满面包屑，即虎皮牛肉圆生坯。

3 其他制法同炸牛肉圆。

大师指点

牛肉馅要厚一些。

特点 香、鲜、嫩、滑。

28 玻璃牛肉片

主料：生牛枚条肉 120 克。

配料：4 寸见方玻璃纸 12 张。

调料：花生油、葱姜汁、百花酒、精盐、甜酱或番茄酱。

制作方法

1 生牛枚条肉用刀批切成长 1 寸 5 分、宽 8 分、厚 1 分的长方片，放入盆内。加葱姜汁、百花酒、精盐，拌匀，浸渍入味。

2 玻璃纸铺在案板上，每张上放入 1 片牛肉片，铺平，用玻璃纸包起牛肉片成长方形，即成玻璃牛肉片生坯。

3 炒锅上火，放入花生油。待油四成热时，放入玻璃牛肉片生坯，将其养炸熟，捞出，沥尽油，摆放入盘即成。

4 带甜酱或番茄酱一小碟上桌。

大师指点

1 牛肉要浸渍入味。

2 包起的玻璃牛肉片，长短大小一致。

3 下油炸时油温要低，火要小，炸熟即可。

特点 造型别致，软嫩鲜香。

29 金钱芝麻牛肉

主料：生牛枚条肉 300 克。

配料：熟芝麻 200 克、鸡蛋 2 个。

调料：花生油、葱姜汁、绍酒、精盐、干淀粉。

制作方法

1 生牛枚条肉洗净，刮成蓉，放入盆内。加葱姜汁、

鸡蛋、绍酒、干淀粉、少量的水、精盐，制成牛肉馅。

2 将牛肉馅抓成大圆子，放入熟芝麻内，沾满熟芝麻，并将牛肉圆压扁，即成金钱芝麻牛肉生坯。

3 炒锅上火，放入花生油。待油七成热时，放入金钱芝麻牛肉生坯，将其炸熟，芝麻炸香，捞出，沥尽油，整齐地堆放入盘即成。

牛肉圆要大小一致。

特点 形似金钱，香酥鲜嫩。

30 芝麻牛肝

主料： 生牛肝 200 克。

配料： 熟芝麻 100 克、鸡蛋 2 个、面粉 60 克。

调料： 花生油、葱结、姜块、绍酒、酱油、干淀粉。

制作方法

1 生牛肝洗净切成片，放入盆内。加葱结、姜块、绍酒、酱油，拌匀，浸渍入味。

2 鸡蛋、干淀粉制成全蛋浆。

3 生牛肝两面沾满面粉，再沾满全蛋浆，放入熟芝麻内沾满熟芝麻，并用手压紧，即成芝麻牛肝生坯。

4 炒锅上火，放入花生油。待油七成热时，放入芝麻牛肝生坯，将其炸熟，芝麻炸香，捞出，沥尽油，整齐地堆放入盘即成。

大师指点

1 牛肝片要大小、厚薄均匀。

2 全蛋浆要厚。

3 沾满熟芝麻用手压紧。

特点 芝麻香酥，牛肝鲜嫩，风味别致。

31 溜三丝牛肉卷

主料： 生牛枚条肉 200 克。

配料： 熟鸡脯肉 30 克、熟净笋 30 克、葱白段 30 克、红椒 1 只、酱瓜 10 克、酱生姜 10 克、水发香菇 10 克、鸡蛋 2 个。

调料： 花生油、葱姜汁、绍酒、酱油、白糖、干淀粉、湿淀粉、醋、麻油。

制作方法

1 生牛枚条肉洗净，用刀批切成长 1.5 寸、宽 1 寸、厚 1 分的片，放入盆内。加葱姜汁、绍酒，浸渍入味。

2 熟鸡脯肉、熟净笋、葱白段切成长 1 寸的细丝，即三丝。

3 酱生姜、酱瓜、水发香菇、红椒去筋籽洗净，均切成细丝做配菜。

4 鸡蛋、干淀粉制成全蛋浆。

5 牛肉片铺在案板上放入三丝，用手卷成圆筒形，沾满全蛋浆，放入有花生油的盆内，即成三丝牛肉卷生坯。

6 炒锅上火，辣锅冷油，将三丝牛肉卷生坯滑入锅内，划油至熟，倒入漏勺，沥尽油。

7 炒锅上火，放入花生油、配菜，煸炒至熟，放酱油、白糖，用湿淀粉勾芡，加醋，成糖醋味，倒入三丝牛肉卷，炒拌均匀，放麻油，起锅装盘。

大师指点

1 牛肉片越薄越好，卷成小拇指粗细。

2 全蛋浆要制作的厚些。

3 配菜和牛肉卷炒制时，要少用手勺，用翻锅拌匀。

特点 软嫩味美，酸甜适口。

32　糖醋牛肉

主料：生牛枚条肉 200 克。

配料：鸡蛋 2 个、大米粉 100 克、面粉 50 克。

调料：花生油、葱结、姜块、绍酒、葱花、姜米、蒜泥、酱油、白糖、湿淀粉、醋、麻油。

制作方法

1　生牛枚条肉洗净用刀批切成 3 分厚的大片，在肉的两面剞十字花刀，并用刀背拍松，然后切成小块，放入盆内，加葱结、姜块、绍酒、酱油拌匀，浸渍入味。

2　鸡蛋、大米粉、面粉、水制成全蛋糊。

3　炒锅上火，放入花生油。待油七成热时，牛肉沾满全蛋糊，放入油锅中，炸熟捞出。待油八成热时，放入牛肉块重油，炸至老黄色，捞出，沥尽油。

4　炒锅上火，放入花生油，葱花、姜米稍炒，放水、少量酱油、白糖，烧开，用湿淀粉勾芡，放蒜泥、醋成糖醋汁，倒入牛肉块炒拌均匀，放麻油，起锅装盘即成。

大师指点

1　牛肉块要大小均匀。

2　牛肉不切成小块，也可批切成柳叶片。

特点　外脆里嫩，酸甜适口。

33　象牙牛肉

主料：生牛枚条肉 150 克。

配料：熟净鲜冬笋尖 100 克、鸡蛋 2 个。

调料：花生油、葱结、姜块、葱花、姜米、蒜泥、酱油、白糖、干淀粉、湿淀粉、醋、麻油。

制作方法

1　生牛枚条肉洗净，用刀批切成柳叶片，放入盆内。加葱结、姜块、绍酒、酱油拌匀，浸渍入味。

2　熟净鲜冬笋嫩尖切成长 1 寸 2 分，宽、厚 2 分的小长方条。

3　鸡蛋、干淀粉制成全蛋浆。

4　1 片牛肉卷裹在 1 根熟净鲜冬笋嫩尖上，沾满全蛋浆，放入有花生油的盘内，即成象牙牛肉生坯。

5　炒锅上火，辣锅冷油，滑放入象牙牛肉生坯，划油至熟，倒入漏勺，沥尽油。

6　炒锅上火，放入花生油、葱花、姜米稍炒，放少量酱油、白糖，用湿淀粉勾芡，加蒜泥，倒入象牙牛肉，炒拌均匀，放醋、麻油起锅装盘。

大师指点

1　牛肉片要薄，紧裹在笋条上。

2　全蛋浆要厚一些。

3　象牙牛肉划油炒拌，少用手勺。

特点　外嫩里脆，酸甜适口，风味独特。

34　锅贴牛肉

主料：生牛枚条肉 200 克。

配料：生鸭板油 200 克、青菜叶 6 片、大米粉 100 克、面粉 50 克、鸡蛋 2 个。

调料：花生油、姜块、葱结、绍酒、酱油、干淀粉、麻油、胡椒粉、花椒盐。

制作方法

1　生牛枚条肉洗净，切成长 2 寸、宽 1 寸 2 分、厚 2 分的长方片，计 6 片，放入盆内，加葱结、姜块、绍酒、酱油、胡椒粉拌匀，浸渍入味。

2　生鸭板油洗净切成和牛肉片一样大小的片，计 6 片。青菜叶洗净也切成同样大小的片，计 6 片。

3　鸡蛋、干淀粉制成全蛋浆。

4　鸡蛋、大米粉、面粉、水制成全蛋糊。

5　生鸭板油铺在案板上，抹上全蛋浆，放上牛肉片，再抹全蛋浆，放上青菜叶，即成锅贴牛肉生坯。

6 炒锅上火烧辣，放入少许花生油，将锅贴牛肉生坯沾满全蛋糊，生鸭板油面放入锅底，青菜叶面朝上，用小火将其煎熟、煎脆，在青菜叶面，用热油，浇在全蛋糊上，将其浇熟，再倒入漏勺，沥尽油。用刀将锅贴牛肉切成 1 寸 2 分的长方条，整齐地摆放入盘，放麻油即成。

7 带一小碟花椒盐上桌。

大师指点

1 全蛋糊稍稀，青菜叶沾上全蛋糊用筷子推一下，露出青菜叶的绿色。

2 用小火将底部煎熟、煎脆，青菜叶面用热油浇熟。

特点 底面香脆，上面软嫩，风味独特。

35 如意牛肉卷

主料： 生牛枚条肉 150 克。

配料： 鸡蛋皮 2 张、熟鸡脯肉 100 克、青菜叶 20 克、鸡蛋 1 个。

调料： 花生油、葱姜汁、绍酒、精盐、干淀粉、牛肉汤。

制作方法

1 生牛枚条肉洗净，刮成蓉，放入盆内，加葱姜汁、绍酒、鸡蛋、干淀粉、精盐，制成牛肉馅。

2 熟鸡脯肉切成末，青菜叶切成末。

3 鸡蛋皮切成正方形，铺在案板上，抹上牛肉馅，并抹匀。牛肉馅上两边放上熟鸡脯肉末和青菜叶末，成长条形，鸡蛋皮从两边分别卷起熟鸡脯肉末和青菜叶末，向中间卷起，用鸡蛋液黏合，成如意牛肉卷生坯。

4 笼锅上火，放水烧开，再放入如意牛肉卷生坯，用中、小火将其蒸熟，取出。稍冷，用刀切成 3~4 分厚的大块，整齐地摆放入盘。

5 炒锅上火，放入牛肉汤，烧开，加精盐，用湿淀粉勾米汤芡，放花生油，浇如意牛肉卷上即成。

大师指点

1 牛肉蓉要刮细。

2 鸡脯肉、青菜叶末向中间卷起两边大小一致。

特点 形似如意，新鲜爽口。

36 绣球牛肉

主料： 生牛枚条肉 200 克。

配料： 虾仁 100 克、胡萝卜（红）60 克、熟鸡脯肉（白）60 克、鸡蛋皮（黄）60 克、水发发菜（黑）50 克、青菜叶（绿）5 片、鸡蛋清 2 个。

调料： 花生油、葱姜汁、绍酒、干淀粉、湿淀粉、精盐、鸡汤。

制作方法

1 生牛枚条肉洗净，刮成蓉，虾仁洗净，挤去水，刮成蓉，同放入盆内。加葱姜汁、绍酒、干淀粉、鸡蛋清、精盐，制成牛肉馅。

2 胡萝卜洗净去皮，切成细丝，熟鸡脯肉、鸡蛋皮、青菜叶洗净，均切成细丝，水发发菜拣洗干净，去尽水，同放盆内拌匀。

3 用手抓牛肉馅成圆子，放入五丝内，沾满五丝，即成绣球牛肉生坯。

4 笼锅上火，放水烧开，放入绣球牛肉生坯，在中火上，将其蒸熟取出，摆放入盘。

5 炒锅上火，放入鸡汤烧开，加精盐，用湿淀粉勾琉璃芡，放花生油，浇绣球牛肉上即成。

大师指点

1 制作牛肉馅不加水，厚一点，否则不易造型。

2 五丝要切细。

特点 色彩艳丽、造型别致、鲜嫩爽口。

37　烧十景

主料：油发鱼肚 150 克。

配料：油炸牛肉圆 10 个、油炸虾圆 10 个、水煮鱼圆 10 个、熟鸡脯肉 40 克、熟牛肉 40 克、虾仁 40 克、熟净笋 40 克、水发香菇 40 克、青菜心 10 棵、油面筋泡 40 克、鸡蛋清 1 个。

调料：熟鸡油、花生油、精盐、虾籽、干淀粉、湿淀粉、鸡汤、石碱、酱油。

制作方法

1 油发鱼肚放入冷水中浸泡回软，泡透取出，切成大片，放入盆中，加开水，石碱少许，搅拌洗去油污，再放入清水中，浸泡几次，去尽碱味，并清洗干净。

2 熟鸡脯肉撕成鹅毛片，熟牛肉、熟净笋、水发香菇切成片，虾仁洗净，挤尽水，加精盐、鸡蛋清、干淀粉上浆，油面筋泡切成块，青菜心洗净放入大火开水锅中焯水，捞出放冷水中泌透，取出挤尽水，

放入油锅中，上火焐油成熟，倒入漏勺，沥尽油。

3 炒锅上火，放入油发鱼肚片、油炸牛肉圆、油炸虾圆、水煮鱼圆、熟鸡脯肉片、熟牛肉片、熟净笋片、水发冬菇片、油面筋泡块、虾籽，烧开，加熟鸡油，收稠汤汁，放少许酱油、精盐，汤呈芽黄色，用湿淀粉勾琉璃芡，起锅装入大汤盘中，或砂锅内放上青菜心，再放上用花生油炒熟的虾仁即可。

【大师指点】

1 油发鱼肚用石碱去油污后，用冷水清洗净并浸泡去碱味。

2 如不用鱼肚可选用油面筋。

3 熟鸡油不宜过多，否则有鸡腥味。

【特点】 品种多样，营养均衡，口味鲜醇。

注：此菜可称"烧杂烩""全家福"。

38　荷叶粉蒸牛肉

主料：生牛肋条肉 1000 克。

配料：大米 500 克、鲜荷叶 8 张。

调料：花生油、姜块、绍酒、酱油、白糖、麻油、桂皮、八角、葱结。

制作方法

1 生牛肋条肉洗净，用刀切成长 2 寸、宽 1 寸、厚 3 分的大片，放入大火开水锅内焯水，捞出洗净。

2 砂锅内放入葱结、姜块、绍酒、酱油、白糖、牛肉片上火烧开，转小火将牛肉烧熟炖烂。

3 大米淘洗净干净，晾酥一个小时左右。

4 砂锅上火放入大米、桂皮、八角、将其炒成老黄色，倒入盘内晾冷，去桂皮、八角用小石磨将其磨成粉。

5 炒锅上火，放入烧牛肉的汤卤、大米粉、花生油，制成大米粉馅。

6 鲜荷叶洗净去中间梗，1 张鲜荷叶分 3 张，计 24

张，放入大火开水锅内稍烫，捞出晾凉。

7 12 张鲜荷叶铺在案板上，放上大米粉馅呈长方形，上放一片牛肉，再放大米粉馅，将牛肉包起，再用荷叶包起牛肉及大米粉馅，即成荷叶粉蒸牛肉生坯。

8 笼锅上火，放水烧开，再放入荷叶粉蒸牛肉生坯，在中火上将其蒸熟、蒸透，入味取出，去掉荷叶，另换新荷叶，上笼锅稍蒸取出，在荷叶上刷麻油，整齐地摆放入盘，上桌即成。

【大师指点】

1 牛肉片要大小一致，烧入味。

2 大米淘洗后要酥透。

3 粉蒸牛肉要蒸透入味。

【特点】 荷叶碧绿，米粉酥香，牛肉软烂，夏季佳品。

39　红烧牛肉

主料： 生牛肋条肉 1000 克。

配料： 土豆 500 克。

调料： 花生油、葱结、姜块、绍酒、酱油、白糖、湿淀粉、麻油、桂皮、八角。

制作方法

1　生牛肋条肉用刀切成小块，放入大火开水锅内焯水，捞出洗净，放入砂锅内，加水、葱结、姜块、酱油、白糖、桂皮、八角上火烧开，加绍酒，移小火上烧熟炖烂，去葱结、姜块、桂皮、八角。

2　土豆去皮，切成滚刀块，用清水洗净。

3　砂锅上火，放入花生油。待油九成热时，放入土豆，下锅油炸至老黄色、有外壳的，捞出沥尽油。

4　炒锅上火，放入牛肉和汤汁，土豆烧开，加花生油，收稠汤汁，用湿淀粉勾琉璃芡，放麻油，装盘即成。

大师指点

1　牛肉块要大小均匀、烧至熟烂。

2　油炸土豆要辣油下锅、辣油起锅，才能炸香土豆。

特点 色泽酱红，软烂适口。

40　咖喱牛肉

主料： 生牛肋条肉 1500 克。

调料： 花生油、葱结、姜块、绍酒、精盐、咖喱粉。

制作方法

1　生牛肋条肉切成块，放入大火开水锅内焯水，捞出洗净。

2　砂锅 1 只，放入水、牛肉块、葱结、姜块，上火烧开，放绍酒，加盖，移小火烧熟炖烂，去葱结、

姜块。

3　炒锅上火，放入花生油、咖喱粉，将其炒香，倒入牛肉块，收稠汤汁，放精盐，装盘即成。

大师指点

牛肉块要烧熟炖烂。

特点 色泽金黄，香辣美味。

41　黄焖牛肉

主料： 生牛肋条肉 1500 克。

调料： 花生油、葱结、姜块、绍酒、精盐、麻油。

制作方法

1　生牛肋条肉洗净切成块，放入大火开水锅内焯水，捞出洗净。

2　砂锅 1 只，放入绍酒、牛肉块、葱结、姜块，上火

烧开，移小火，将牛肉烧熟炖烂，再上火，放花生油，收稠汤汁，放精盐、麻油，装盘即可。

大师指点

此菜用绍酒烧牛肉，不需放水。

特点 酒香扑鼻，纯糯美味。

42　贵妃牛肉

主料：生牛肋条肉 1500 克。

配料：葱白段 12 根。

调料：花生油、葱结、姜块、绍酒、葡萄酒、酱油、白糖、麻油。

制作方法

1　生牛肋条肉洗净，用刀切成块，放入大火开水锅内焯水，捞出洗净。

2　将葱白段切成 3 寸长的段。

3　炒锅上火，放入花生油。待油九成热时，放入葱白段，油炸成金葱，捞出沥尽油。

4　砂锅 1 只，放入水、葡萄酒、牛肉块、葱结、姜块、金葱上火烧开，加少许酱油、白糖，移小火将其烧熟焖烂，倒入铁锅上大火，去葱结、姜块，加花生油，收稠汤汁，放麻油，装盘即可。

大师指点

放少量的酱油弥补葡萄酒色不足。

特点 酒香扑鼻，牛肉软糯，风味独特。

43　红烧牛筋

主料：生牛筋 1000 克。

配料：熟净笋 250 克。

调料：花生油、葱结、姜块、绍酒、酱油、白糖、湿淀粉、桂皮、八角。

制作方法

1　生牛筋放入盆中，加水浸泡，去血水，捞出洗净，放入大火开水锅内焯水，捞出洗净。

2　砂锅 1 只，放入水、牛筋、葱结、姜块、酱油、白糖、桂皮、八角、绍酒，上火烧开，移小火上烧熟，捞出去葱结、姜块、桂皮、八角，稍冷，去牛筋上的老肉，用刀切成 2 寸长的段，备用。

3　熟净笋切成滚刀块。

4　炒锅上火，放入牛筋汤、牛筋、熟净笋块，加花生油烧开，收稠汤汁，用湿淀粉勾琉璃芡，放麻油，起锅装盘。

大师指点

牛筋烧熟后要吃得动。

特点 色泽酱红，软韧有度，香味浓郁。

44　扒烧牛筋

主料：生牛筋 1500 克。

配料：熟净笋 50 克、水发香菇 50 克、青菜心 8 棵。

调料：花生油、葱结、姜块、绍酒、精盐、湿淀粉、虾籽、鸡汤。

制作方法

1　生牛筋放入清水中浸泡，去血水捞出，放入大火开水锅内焯水，捞出洗净，放入砂锅。加水、葱结、姜块，上火烧开，放绍酒，移小火，将牛筋烧熟焖烂，取出，去老肉，洗净用刀切成 3 寸长的段，放入清水中浸泡几小时。

2　熟净笋切成片，水发香菇切成片，青菜心洗净，放入大火开水锅内焯水，捞出放入冷水中泌透，取出沥净水，放入冷油锅中，上火焗油成熟，倒入漏勺，沥尽油。

3　炒锅上火，放入鸡汤、牛筋、熟净笋片、水发香菇片、虾籽、精盐烧开，加花生油，收稠汤汁，用湿淀粉勾琉璃芡，起锅装盘，摆入青菜心即可。

大师指点

1　牛筋要烧熟焖烂，去尽筋上的老肉。

2　烧牛筋要用大火，烧透入味。

特点 软糯适口，鲜咸味美。

45 牛肉圆汤

主料：生牛肉 250 克（去尽筋）。

配料：水发木耳 50 克、绿叶菜 50 克、鸡蛋 2 个。

调料：葱花、姜米、绍酒、干淀粉、精盐、虾籽、鸡油。

制作方法

1 生牛肉洗净，刮成蓉，放入盆中。加葱花、姜米、绍酒、鸡蛋、干淀粉、精盐，制成牛肉馅。

2 绿叶菜拣洗干净。

3 炒锅上火，放入水、虾籽，烧开，用手抓牛肉馅成

圆子下水，烧开，移小火炖 15 分钟，再上大火，放入水发木耳、绿叶菜，加精盐烧开，盛入汤碗，滴几滴鸡油即可。

大师指点

1 牛肉圆大小一致。

2 牛肉圆在水中烧开移小火，使汤汁鲜醇入味。

特点 ▶ 肉圆软嫩，汤汁鲜醇。

46 三鲜汤

主料：水煮牛肉圆 12 只。

配料：水油发鱼肚 50 克、熟净笋 30 克、水发木耳 30 克、熟牛肉 50 克、绿叶菜 50 克。

调料：精盐、虾籽、鸡汤、鸡油。

制作方法

1 水油发鱼肚批切成片，熟牛肉切成片，熟净笋切成片，水发木耳、绿叶菜拣洗干净。

2 炒锅上火，放入鸡汤、虾籽、水煮牛肉圆、水油发

鱼肚片、熟牛肉片、熟净笋片、水发木耳，烧开，加精盐、绿叶菜，烧开，盛入汤碗，滴几滴鸡油，即成。

大师指点

几种原料同时放锅内烧开，再烧 5 分钟，使汤菜相融合，后放精盐、绿叶菜。

特点 ▶ 原料多样，汤汁鲜醇，味不雷同，融为一体。

47 三圆汤

主料：水煮牛肉圆 10 只、油炸虾圆 10 只、水煮鱼圆 10 只。

配料：水发木耳 20 克、熟净笋 20 克、绿叶菜 50 克。

调料：精盐、虾籽、鸡汤、鸡油。

制作方法

1 熟净笋切成片，水发木耳、绿叶菜拣洗干净。

2 炒锅上火，放入鸡汤、虾籽、水煮牛肉圆、油炸虾

圆、水煮鱼圆、熟净笋片、水发木耳，烧开，加入精盐、绿叶菜，烧开，盛入汤碗，滴几滴鸡油即成。

大师指点

原料烧开，在火上烧的时间越长，汤菜越鲜，再放精盐，绿叶菜。

特点 ▶ 三种圆子，风味各异，汤汁鲜醇。

48 榨菜牛肉片汤

主料：生牛枚条肉 150 克。

配料：榨菜 50 克、熟净笋 40 克、水发木耳 40 克、绿叶菜 50 克。

调料：葱结、姜块、绍酒、精盐、酱油、鸡汤、鸡油。

制作方法

1 生牛枚条肉洗净切成片，放入碗中，加葱结、姜块、绍酒、水浸泡。

2 熟净笋切成片，水发木耳洗净，榨菜洗净切成薄片，绿叶菜洗净。

3 炒锅上火，放入鸡汤烧开，放入牛肉片和浸泡牛肉的水，将牛肉片烫熟，捞出，沥尽水。去葱结、姜块，再撇去汤内浮沫，汤成清澄，放入熟净笋片、水发木耳、榨菜、绿叶菜，烧开，滴两滴酱油，汤呈牙黄色，再放入精盐烧开，盛入汤碗，放入牛肉片，滴几滴鸡油即成。

大师指点

1 牛肉要批切成柳叶片，要薄一些。

2 牛肉片放入汤内一烫即捞，时间长容易变老。

3 可加胡椒粉。

特点 牛肉鲜嫩，汤汁清澄，汤味鲜美。

49 榨菜牛肝汤

主料：生牛肝 150 克。

配料：榨菜 50 克、熟净笋 40 克、水发木耳 40 克、绿叶菜 50 克。

调料：葱结、姜块、绍酒、酱油、精盐、鸡汤、鸡油。

制作方法

1 生牛肝洗净切成片，放入盆中，加水、葱结、姜块、绍酒、精盐，浸泡。

2 榨菜切成片，熟净笋切成片，水发木耳、绿叶菜拣洗干净。

3 炒锅上火，放入鸡汤烧开，放入牛肝及浸泡的血水，见牛肝烫熟，捞出，去葱结、姜块，而汤中呈现浮沫，用手勺撇净浮沫，放熟净笋片、榨菜片、水发木耳、绿叶菜，烧开，放精盐，滴几滴酱油，汤呈牙黄色，盛入汤碗，放入牛肝，滴几滴鸡油即成。

大师指点

1 不用鸡汤，可用牛肉汤。

2 去尽浮沫。

3 可加胡椒粉。

特点 牛肝脆嫩，汤清味鲜。

50 榨菜腰片汤

主料：生牛腰 200 克。

配料：榨菜 50 克、熟净笋 40 克、水发木耳 40 克、绿叶菜 50 克。

调料：葱结、姜块、绍酒、酱油、精盐、鸡汤、鸡油。

制作方法

1 生牛腰去腰骚，批切成薄片，放入盆中，加水浸泡 4~5 个小时，中途换 2~3 次的水，将牛腰泡发大，加葱结、姜块、绍酒、精盐。

2 榨菜切成片，熟净笋切成片，水发木耳、绿叶菜洗净。

3 炒锅上火，放入鸡汤烧开，放入腰片及浸泡的血水，将牛腰烫熟，捞出。去葱结、姜块，沥尽水，见汤面出现浮沫，用手勺撇去浮沫，放榨菜片、熟净笋片、水发木耳、绿叶菜、烧开，滴两滴酱油，呈牙黄色，加精盐，盛入汤碗，放入牛腰片，再滴几滴鸡油即成。

大师指点

1 不用鸡汤，可用牛肉汤。

2 去尽浮沫。

3 可加胡椒粉。

4 牛腰一定要浸泡4~5小时，使用牛腰发大，烫熟后达到脆嫩的程度。

特点 牛腰脆嫩，汤汁清醇。

51 三片汤

主料： 生牛枚条肉60克、生鸡脯肉50克、生净青鱼肉50克。

配料： 榨菜50克、熟净笋50克、水发木耳50克、绿叶菜50克。

调料： 葱结、姜块、绍酒、酱油、精盐、鸡汤、鸡油。

制作方法

1 生牛枚条肉、生鸡脯肉分别批切成柳叶片，生净青鱼肉切成长1寸2分、宽8分、厚2分的片，三种原料同放盆内，加水、葱结、姜块、绍酒、精盐浸泡。

2 榨菜切成片，熟净笋切成片，水发木耳，绿叶菜洗干净。

3 炒锅上火，放鸡汤烧开，放入三片和浸泡的血水，烫熟捞出，去葱结、姜块，沥尽水，汤中出现的浮沫用手勺撇去，放入熟净笋片、榨菜片、水发木耳、绿叶菜烧开，滴两滴酱油，汤呈牙黄色，加入精盐，盛入汤碗中，放入三片，滴几滴鸡油即成。

大师指点

1 不用鸡汤，可用牛肉汤。

2 三片入汤烫时，一烫即捞，防止烫老。

3 去尽浮沫。

4 汤内可加胡椒粉。

特点 汤清味醇，三片鲜嫩，清爽可口。

52 什锦牛肉羹汤

主料： 生牛枚条肉80克。

配料： 老豆腐1块、熟鸡肉50克、水发干贝50克、水发冬菇50克、熟净笋50克、胡萝卜50克、青豆50克。

调料： 精盐、湿淀粉、虾籽、鸡汤、鸡油、胡椒粉。

制作方法

1 生牛枚条肉洗净切成小丁，老豆腐、熟鸡肉、熟净笋、水发冬菇、胡萝卜均匀切成略小于牛肉的丁，水发干贝撕成丝，青豆备用。

2 炒锅上火，放入鸡汤、虾籽、牛肉丁、老豆腐丁、熟鸡肉丁、熟净笋丁、水发冬菇丁、胡萝卜丁、水发干贝丝、青豆，烧开，略烧一下，放精盐、胡椒粉，用湿淀粉勾芡，盛入汤碗中，滴几滴鸡油即成。

大师指点

不用鸡汤，可用牛肉汤。

特点 原料多样，鲜香，汤浓醇厚。

河桥尚忆繁华夜

小市春灯煮百羊

——

中国维扬传统菜点大观

羊肉类

1 羊羔

主料： 去皮羊肉 5000 克。

配料： 青蒜丝 20 克、胡萝卜 100 克。

调料： 葱结、姜块、绍酒、桂皮、八角、丁香、豆蔻、甜酱、红椒酱。

制作方法

1 去皮羊肉切成大块，洗净，放入大火开水锅内焯水，捞出洗净。

2 去皮羊肉放入锅内加水、葱结、姜块、胡萝卜、桂皮、八角、丁香、豆蔻上火烧开。放绍酒，移小火上，烧熟焖烂。去葱结、姜块、胡萝卜、桂皮、八

角、丁香、豆蔻，捞出羊肉。放入纱布，将其包成长方形，并压上重物（石头或铁块）1~2 小时。去重物、纱布，即成羊羔。

3 食用时将羊羔切成片，整齐地放入盘中。

4 上桌时带甜酱、红椒酱、青蒜丝各一碟。

大师指点

1 羊肉熟烂后，去尽香料、葱结、姜块等。

2 羊肉要用纱布包紧，并压以重物。

特点 羊肉鲜香，佐以调料，风味独特，冬季佳肴。

2 冻羊肉

主料： 生羊肉 3000 克。

配料： 青蒜丝 20 克、胡萝卜 100 克。

调料： 葱结、姜块、绍酒、酱油、白糖、桂皮、八角、丁香、豆蔻。

制作方法

1 生羊肉去皮、去骨、去毛，刮洗干净，再将生羊肉切成大块。将肉、皮、骨放入大火开水锅内焯水，捞出洗净。放入锅内，加水、葱结、姜块、胡萝卜、桂皮、八角、丁香、豆蔻、酱油、白糖，上火烧开，放绍酒，移小火上烧熟焖烂。去葱结、姜块、胡萝卜、桂皮、八角、丁香、豆蔻、皮、骨，

留底汤，捞出羊肉，撕成大片。

2 炒锅上火，放底汤烧开，倒入不锈钢的长型盘内，再放入撕碎的羊肉。置于室外进行冷冻，使羊肉汤和肉凝固在一起，放入冰箱，即成冻羊肉。

3 食用时将冻羊肉切成片，整齐地摆放入盘。

4 上桌时带青蒜丝一碟。

大师指点

1 去尽香料、葱结、姜块、胡萝卜等。

2 烧羊肉的原汤要浓厚，便于结冻。

特色：色泽酱红，羊肉香酥，肉冻软嫩，口味香甜。

3 拌肚丝（一）

主料： 熟羊肚 250 克。

配料： 熟净鲜冬笋 50 克、青蒜 70 克、红椒 1 只。

调料： 甜酱油、麻油。

制作方法

1 熟羊肚切成丝，熟净鲜冬笋切成丝，青蒜拣洗干净切成丝，红椒去籽洗净切成丝。

2 熟羊肚丝，熟净鲜冬笋丝，红椒丝分别放入大火开水锅内烫熟，捞出挤尽水，放入盆内，加麻油

拌匀。

3 取盘一只，放入青蒜丝成一圆圈，中间堆放熟羊肚丝和熟净鲜冬笋丝，上放红椒丝、青蒜丝，再放甜酱油即成。

大师指点

甜酱油的制法：炒锅上火，放入酱油与水比例是 3：1，再放白糖烧化即成。

特点 羊肚软韧，笋丝脆嫩，冷菜佳品。

4 拌肚丝（二）

主料：熟羊肚 250 克。

配料：熟净鲜冬笋 50 克、韭菜 30 克、红椒 1 只。

调料：葱蒜汁、芥末膏、胡椒粉、精盐、麻油。

制作方法

1 熟羊肚切成丝。熟净鲜冬笋切成丝。韭菜拣洗干净，切成末。红椒去籽，洗净，切成丝。

2 将熟羊肚丝、熟净鲜冬笋丝、红椒丝，分别放入大火开水锅内烫熟，捞出，挤尽水，并用麻油稍拌一下。

3 熟羊肚丝、熟净鲜冬笋丝、韭菜末，同放盆内，加精盐、葱蒜汁、芥末膏、胡椒粉，拌匀，整齐地堆放入盘，放上红椒丝即成。

大师指点

1 几种材料同放盆内，精盐要少放。

2 葱蒜汁的制法：葱段和大蒜瓣同放盆内，用擀面杖捣碎成汁即葱蒜汁。

特点 香，辣，鲜，脆。

5 拌羊肝

主料：生羊肝 350 克。

配料：姜丝 10 克、香菜叶 10 克。

调料：酱油、芥末膏、麻油。

制作方法

1 生羊肝切成丝，放入大火开水锅内烫熟，捞出挤尽水，整齐地叠放入盘，放上洗净的香菜叶。

2 酱油、芥末膏、姜丝、麻油制成调味汁，放入羊肝盘内即成。

大师指点

羊肝下锅烫熟就捞，保持鲜嫩。

特点 咸，辣，鲜，嫩。

6 盐水羊舌

主料：生羊舌 1 条。

调料：香菜 10 克。

调料：葱结、姜块、绍酒、精盐、桂皮、八角、冰糖。

制作方法

1 生羊舌洗净，放入大火开水锅内稍烫，捞出刮去舌衣，洗净。

2 砂锅内放水、羊舌、葱结、姜块，上火烧开，加精盐、冰糖、桂皮、八角，烧开，移小火上将羊舌烧焖熟，取出稍冷，切成片，整齐地堆放盘中，放上洗净的香菜即成。

大师指点

羊舌烧焖至七成熟即可捞出。

特点 香，鲜，味，美。

7 五香坛羊肉

主料：净去皮生羊肉 2000 克。

配料：胡萝卜适量。

调料：葱结、姜块、绍酒、精盐、五香粉、麻油。

制作方法

1 净去皮生羊肉切成大块，放入大火开水锅内焯水，捞出洗净，放砂锅内，加水、葱结、姜块、胡萝卜，烧开，加绍酒，移小火烧至六、七成熟，再上大火烧开，捞出切成 1，2 寸长，8 分宽，2 分厚的片，晾冷。

2 取小酒坛一只，坛底放一层五香粉，铺上羊肉片，撒精盐、五香粉，再放羊肉片，如此层层叠起，最后放五香粉封口，用干荷叶包紧坛口，用绳扎紧，放阴凉通风处 7~10 天。

3 食用时，取出羊肉片，洗去五香粉，扣入碗中。上

中火开水的笼锅内蒸熟，取出翻身入盘，去扣碗，放麻油即成。

大师指点

1 选用肥瘦适中的羊肉。

2 两次加热，第一次羊肉半熟，第二次成熟。

3 精盐不能多放，防止肉咸。

特点 鲜香扑鼻，软烂可口。

8 盐水羊耳

主料： 生羊耳 4 只。

配料： 净红椒 10 克、香菜 10 克、胡萝卜 100 克。

调料： 葱结、姜块、绍酒、精盐、冰糖、桂皮、八角、麻油、卤汁。

制作方法

1 生羊耳去毛，刮洗干净，放入大火开水锅内焯水，捞出洗净。

2 净红椒切成丝，放入大火开水锅内烫熟，捞出，挤尽水，用麻油稍拌一下。香菜拣洗干净。

3 砂锅内放入水、羊耳、葱结、姜块、胡萝卜、八

角、桂皮、冰糖，烧开，加绍酒、精盐，移小火烧焖成熟，捞出稍冷，切成丝，堆放入盘，放上香菜、净红椒丝，再放卤汁、麻油，即成。

大师指点

1 生羊耳需刮洗干净。

2 羊耳烧至七成熟即可。

3 卤汁略咸。

特点 香脆鲜咸，佐酒佳肴。

9 炒羊肉片

主料： 净瘦羊肉 300 克。

配料： 熟净山药 80 克、红椒 1 只、青蒜 50 克、鸡蛋 1 个。

调料： 花生油、酱油、白糖、绍酒、精盐、干淀粉、湿淀粉、醋、麻油。

制作方法

1 净瘦羊肉洗净，用刀批切成柳叶片，放入盆内加精盐、鸡蛋、干淀粉上浆。

2 熟净山药切成片；红椒去籽，洗净，切成片；青蒜拣洗净，切成段。

3 炒锅上火，辣锅冷油，放入羊肉片划油至熟，倒入

漏勺，沥尽油。

4 炒锅再上火，放入花生油、熟净山药片、红椒片、青蒜段，煸炒成熟，加酱油、白糖、绍酒，用湿淀粉勾芡，放入羊肉片，炒拌均匀，放醋、麻油，起锅装盘即成。

大师指点

1 选用羊后腿的瘦肉。

2 羊肉片要批切得厚薄均匀，长短一致。

特点 羊肉鲜嫩，咸甜适中。

10 炒京球

主料： 羊肉圆 250 克。

配料： 荸荠 120 克、红椒 1 只。

调料： 花生油、酱油、白糖、绍酒、湿淀粉、醋、麻油。

制作方法

1 荸荠去皮，洗净，切成 2 分厚的片，放入中火开水锅内稍煮，捞出放冷水中泌透取出。红椒去籽，洗净，切成片。

2 炒锅上火，放入花生油、羊肉圆划油至熟，倒入漏勺，沥尽油。

3 炒锅再上火，放入花生油、红椒片、荸荠片，煸炒成熟，放酱油、白糖、绍酒，用湿淀粉勾芡，倒入羊肉圆，炒拌均匀，放醋、麻油起锅装盘。

大师指点

1 羊肉圆下锅划油至熟即可。

2 调料要均匀地沾在羊肉圆上。

特点 香，酥，脆，嫩。

11 炒金丝

主料： 净生羊肉 150 克。

配料： 梨 600 克。

调料： 花生油、葱花、姜米、酱油、白糖、绍酒、湿淀粉、醋、麻油。

制作方法

1 净生羊肉洗净，切成肉末。

2 梨去皮、核，切成粗丝。

3 炒锅上火，放入花生油、梨丝，划油至熟，倒入漏勺，沥尽油。

4 炒锅再上火，放花生油、葱花、姜米、羊肉末，煸炒成熟，放酱油、白糖、绍酒，用湿淀粉勾芡，倒入梨丝，炒拌均匀，放醋、麻油，起锅装盘。

大师指点

1 梨丝要切得粗一些，划油见热就倒入漏勺，沥尽油。

2 肉末要煸炒至有香味成熟，再放调料、梨丝。

特点 肉末味香，梨丝脆嫩，风味独特。

12 烩羊脑

主料： 生羊脑 2 副。

配料： 猪肉圆 50 克、熟火腿 50 克、水发海参 50 克、豌豆苗 30 克。

调料： 熟猪油、葱结、姜块、绍酒、精盐、湿淀粉、虾籽、鸡汤。

制作方法

1 生羊脑放入清水中，漂洗去血水，撕去脑膜，放入大火开水锅内焯水，捞出洗净，放入砂锅内，加水、葱结、姜块，上火烧开，放绍酒，移小火煮熟，捞出稍冷，用手分成小块。

2 熟火腿切成片，水发海参批切成片，豌豆苗拣洗干净。

3 炒锅上火，放入鸡汤、虾籽、羊脑、猪肉圆、水发海参片，烧开，加熟猪油，收稠汤汁，放精盐、豌豆苗，烫熟，用湿淀粉勾琉璃芡，起锅装盘，放上熟火腿片即成。

大师指点

1 生羊脑加热前，要在清水中漂洗干净。

2 羊脑烧烩时，慎用手勺，防碎。

特点 羊脑鲜嫩，味美爽口。

13 炒明珠

主料： 生羊眼 16 只。

配料： 大白菜心 80 克、红椒 1 只、青蒜 70 克。

调料： 花生油、葱结、姜块、绍酒、酱油、白糖、湿淀粉、醋、麻油。

制作方法

1 生羊眼洗净，放入锅内，加水、葱结、姜块，上火烧开，加绍酒，煮熟，取出，去眼珠，用刀切成片。

2 大白菜心洗净，切成片；红椒去籽，洗净，切成片；青蒜拣洗干净，切成 8 分长的段。

3 炒锅上火，辣锅冷油，放入羊眼片划油至熟，倒入漏勺，沥尽油。

4 炒锅再上火，放入花生油、红椒片、大白菜心片、青蒜段，煸炒成熟，加酱油、白糖、绍酒，用湿淀粉勾芡，倒入羊眼片，炒拌均匀，放醋、麻油起锅装盘。

大师指点

羊眼煮熟后，要去眼珠和眼内汁液，洗净切成 2 分厚的片。

特点 ▶ 羊眼软韧，咸甜适中。

14 青蒜炒羊耳

主料： 熟羊耳 300 克。

配料： 青蒜 150 克、红椒 1 只。

调料： 花生油、酱油、白糖、绍酒、湿淀粉、醋、麻油。

制作方法

1 熟羊耳切成细条。

2 青蒜拣洗干净，切成 8 分长的段。红椒去籽洗净，切成丝。

3 炒锅上火，放入花生油、羊耳条、红椒丝，煸炒成熟，再放青蒜段煸炒成熟，加酱油、白糖、绍酒，用湿淀粉勾芡，炒拌均匀，放醋、麻油，起锅装盘即成。

大师指点

1 羊耳要切成比其他丝稍粗的细条。

2 此菜可以白炒，不用酱油、白糖，而用精盐即可。

特点 ▶ 羊耳香脆，咸甜适中。

15 喉罗脆

主料： 羊喉肉 300 克。

配料： 梨 1 只（400 克左右）、红椒 1 只。

调料： 熟猪油、葱结、姜块、绍酒、精盐、湿淀粉、醋、麻油。

制作方法

1 羊喉肉洗净，放入大火开水锅内焯水，捞出洗净，再放入锅内，加水、葱结、姜块，上火烧开，加绍酒，移小火煨焖至七、八成熟，捞出，切成片。

2 梨去皮、核，并切片；红椒去籽洗净，切成片。

3 炒锅上火，放入熟猪油、羊喉肉片、红椒片，煸炒成熟，加梨片稍炒，放绍酒、少许精盐，用湿淀粉勾芡，炒拌均匀，放麻油，装入放有底醋的盘内即成。

大师指点

1 羊喉肉煨至七、八成熟即可，不能煨烂。

2 梨片入锅后，稍炒即可。

特点 ▶ 羊喉鲜韧，梨片甜脆，两料混炒，相得益彰。

16　炒羊腰

主料：生羊腰 8 只。

配料：熟净笋 50 克、葱白段 50 克、红椒 1 只。

调料：熟猪油、绍酒、酱油、白糖、湿淀粉、醋、麻油、胡椒粉。

制作方法

1　生羊腰去外膜，一剖两半，去腰臊，洗净。用刀在肉面剞荔枝花刀，再切成块。

2　熟净笋切成片；葱白段切成雀舌葱；红椒去籽洗净，切成片。

3　炒锅上火，辣锅冷油，放入羊腰块划油至熟，倒入漏勺，沥尽油。

4　炒锅再上火，放入熟猪油、熟净笋片、雀舌葱、红椒片，煸炒成熟，放绍酒、酱油、白糖，用湿淀粉勾芡，倒入羊腰块，炒拌均匀，放醋、麻油、胡椒粉，起锅装盘即成。

大师指点

1　羊腰划油，由红变白，倒入漏勺，保持鲜嫩。

2　配料炒熟，放入的羊腰用干布挤去血水，再放入锅内炒拌均匀。

特点 鲜嫩爽口，咸甜适中。

17　冬瓜球烩酥腰

主料：羊腰 6 只。

配料：冬瓜 750 克、熟火腿片 20 克、水发冬菇 20 克、豌豆苗 30 克。

调料：熟猪油、葱结、姜块、绍酒、精盐、湿淀粉、虾籽、胡椒粉、鸡汤、石碱粉。

制作方法

1　羊腰去外膜洗净，放入大火开水锅内焯水，捞出洗净。放入砂锅，加水、葱结、姜块，上火烧开，放绍酒，移小火将其煨熟至酥，取出，用刀切成 2 分厚的片。

2　冬瓜用碎碗片去皮，并去瓤，用模具剜成球，即冬瓜球 16~20 个，放入大火和有稍许石碱粉的开水锅内焯水，捞出洗净，放入冷水中浸泡，去碱味，取出，放入锅内，加熟猪油，上火焐油成熟，倒入漏勺，沥尽油，再放入碗内，加鸡汤、虾籽，上中火开水笼锅内，将冬瓜球蒸至软烂，取出，泌去汤汁。

3　水发冬菇批切成片。

4　炒锅上火，放入鸡汤、虾籽、腰片、冬瓜球、水发冬菇烧开，加熟猪油，收稠汤汁，放精盐、豌豆苗，用湿淀粉勾琉璃芡，洒入胡椒粉，起锅装盘，放上熟火腿片即成。

大师指点

1　羊腰要煨熟至酥。

2　冬瓜球焯水，加石碱粉，能保持冬瓜球上的绿色。

特点 羊腰香酥，冬瓜翠绿，咸鲜适口。

18　炒血肠

主料：生羊肠 200 克。

配料：羊血 400 克、去皮荸荠 50 克、红椒 1 只。

调料：熟猪油、葱结、姜块、绍酒、精盐、湿淀粉、醋、麻油、矾。

制作方法

1　生羊肠放入盆内，加矾、精盐、醋，搅拌后，用清水洗净，再将生羊肠翻过来，去除里面的肠油、杂质，洗净。

2 用绳子扎起生羊肠的一头，灌入羊血，灌满后，再用绳子扎紧另一头，放入盘内。加葱结、姜块、绍酒，放入中火开水的笼锅内蒸熟，取出稍冷，用刀切成小段，即血肠。

3 去皮荸荠切成 2 分厚的片洗净，放入大火开水锅内煮熟，取出用冷水泌透。红椒去籽，洗净，切成片。

4 炒锅上火，辣锅冷油，放入血肠，划油至熟，倒入漏勺，沥尽油。

5 炒锅上火，放入熟猪油、红椒片、去皮荸荠片，煸炒成熟，加少量水、绍酒、精盐，用湿淀粉勾芡，放入血肠，炒拌均匀，放麻油，倒入放有底醋的盘内即成。

大师指点

1 羊肠要清理干净。

2 血肠入锅，少用手勺，用翻锅、晃锅炒拌均匀，防碎。

特点 羊肠软嫩，荸荠甜脆，风味独特。

19 炒白肠

主料：生羊肠 200 克。

配料：海蜇 150 克、鸡蛋清 4~6 只、香菜 10 克。

调料：熟猪油、葱结、姜块、绍酒、精盐、湿淀粉、醋、麻油、矾。

制作方法

1 生羊肠加工方法同炒血肠。

2 用绳子扎紧生羊肠的一头，从另一头灌入鸡蛋清，并用绳子扎紧，即成白肠生坯。放入盘内，加葱结、姜块、精盐、绍酒，再放入中火开水的笼锅内将其蒸熟，取出切成小段即白肠。

3 海蜇用开水烫开，洗去泥沙，用刀批切成片，放入清水中浸泡，不断换水，泡去咸味至海蜇酥脆。

4 香菜拣洗干净。

5 炒锅上火，辣锅冷油，放入白肠段划油至熟，倒入漏勺，沥尽油。

6 炒锅再上火，放入熟猪油、海蜇片，煸炒成熟，放少许水、绍酒、精盐，用湿淀粉勾芡，放入白肠段，炒拌均匀，放麻油，倒入有底醋的盘内加香菜即成。

大师指点

1 羊肠要处理干净。

2 海蜇烫后，要长时间浸泡，去咸涩味，使海蜇酥脆。

特点 羊肠软嫩，海蜇酥脆，别具风味。

20 爆羊肚片

主料：生羊肚 400 克。

配料：红椒 2 个。

调料：熟猪油、葱花、姜米、蒜片、绍酒、精盐、湿淀粉、醋、麻油、胡椒粉、碱粉。

制作方法

1 生羊肚洗净，去肚皮，取肚肉，将肚肉切成片，放入盆内加碱粉拌匀，腌渍 2 个小时取出，洗去碱粉，浸泡水中，不断换水至肚片透明发亮，泡去碱味即成。

2 红椒去籽，洗净，切成片。

3 炒锅上火，放水烧开，放入生羊肚片稍烫，捞出沥尽水。

4 炒锅再上火，放入熟猪油。待油九成热时，放入肚片下锅，一爆就倒入漏勺，沥尽油。

5 炒锅上火，放入熟猪油、红椒片、葱花、姜米、蒜片稍炒，加少量水、绍酒、精盐，用湿淀粉勾芡，放入羊肚片，撒胡椒粉，炒拌均匀，放麻油，装入有底醋的盘内即成。

大师指点

羊肚片加入碱粉，达到脆嫩的效果，厨师称"治"，用清水泡称"镀"。

特点 羊肚脆嫩，鲜咸爽口。

21 韭黄炒羊肚

主料：熟羊肚 250 克。

配料：韭黄 150 克、红椒 1 只。

调料：花生油、酱油、白糖、湿淀粉、醋、麻油、绍酒。

制作方法

1 熟羊肚切成条。

2 韭黄拣洗干净，切成 8 分长的段。红椒去籽，洗净，切成丝。

3 炒锅上火，放入花生油、羊肚条、红椒丝，煸炒成熟，加绍酒、酱油、白糖，用湿淀粉勾芡，放韭黄段，炒拌均匀，放醋、麻油，起锅装盘。

大师指点

1 羊肚切成比较粗的条。

2 羊肚炒熟，放入调料，再放韭黄炒拌，因韭黄遇热就起香、成熟。

特点 羊肚软韧，韭黄鲜香，咸甜适中。

22 荄儿菜炒羊肚

主料：熟羊肚 250 克。

配料：荄儿菜 200 克、红椒 1 只。

调料：花生油、酱油、白糖、绍酒、湿淀粉、醋、麻油。

制作方法

1 熟羊肚切成细条。

2 荄儿菜去外壳、老根，用手掐成 1 寸长的段。红椒去籽，洗净，切成丝。

3 炒锅上火，放入花生油、红椒丝、羊肚条，煸炒成熟，再放荄儿菜段，煸炒成熟，加酱油、白糖、绍酒，用湿淀粉勾芡，放醋、麻油，起锅装盘。

大师指点

荄儿菜用手掐段时，能掐动，就能吃动。

特点 羊肚软韧，荄儿菜脆嫩，别具风味。

23 炸羊肉圆

主料：净生羊肉 500 克。

配料：净生鱼肉 50 克、鸡蛋 2 个。

调料：花生油、葱花、姜米、绍酒、酱油、白糖、精盐、干淀粉、麻油、花椒盐。

制作方法

1 净生羊肉洗净，刮成蓉，净生鱼肉洗净刮成蓉，同放盆内。加葱花、姜米、鸡蛋、绍酒、酱油、白糖、干淀粉、少量水，搅拌均匀，放精盐，制成羊肉馅。

2 炒锅上火，放入花生油。待油七成热时，用手抓羊肉馅成圆子，下油锅炸熟捞出。待油八成热时，放入羊肉圆重油，炸至酱红色，捞出，沥尽油，整齐地叠放入盘，放麻油即成。

3 带花椒盐一小碟上桌。

大师指点

1 羊肉蓉加鱼肉蓉，增加羊肉馅的黏性，使羊肉圆圆润饱满。

2 羊肉馅加少量酱油，增加圆子的色泽。

特点 外香脆，里鲜嫩。

24 炸羊尾

主料： 羊尾 300 克。

配料： 大米粉 200 克、面粉 50 克、鸡蛋 1 个。

调料： 花生油、葱结、姜块、绍酒、酱油、麻油、花椒盐。

制作方法

1 羊尾去毛，刮洗干净，放入盆内，加葱结、姜块、绍酒拌匀，浸渍入味。

2 笼锅上火，放水烧开，放入羊尾蒸熟，取出稍冷，切成小段，放酱油，拌匀入味。

3 鸡蛋、大米粉、面粉、水制成全蛋糊。

4 炒锅上火，放入花生油。待油七成热时，羊尾沾满全蛋糊，入油锅炸熟捞出。待油八成热时，放入羊尾重油，炸至呈老黄色，外脆时，捞出，沥尽油。放入盘内，浇麻油即成。

5 带花椒盐一小碟上桌。

大师指点

1 羊尾要去尽毛。

2 羊尾蒸熟即可，不能蒸烂。

特点 ▶ 香，酥，脆，鲜。

25 锅烧羊肉

主料： 去皮、骨的生羊肉 500 克。

配料： 胡萝卜 100 克、面粉 150 克、鸡蛋 1 个。

调料： 花生油、葱结、姜块、绍酒、酱油、白糖、麻油、花椒盐。

制作方法

1 去皮、骨的羊肉切成块洗净，放入大火开水锅内焯水，捞出洗净。

2 羊肉放入砂锅内，加水、葱结、姜块、胡萝卜、酱油、白糖，上火烧开，放绍酒，移小火将羊肉烧熟焖烂，捞出稍冷，撕成大片。

3 鸡蛋、面粉、水制成全蛋糊。

4 取圆盘 1 只，放入 1 层花生油，放 1 层全蛋糊，再放 1 层羊肉片、 1 层全蛋糊，即成锅烧羊肉生坯。

5 炒锅上火，放入花生油。待油七成热时，滑放入锅烧羊肉生坯，将其炸熟捞出。待油八成热时，放入重油，炸至呈老黄色，外表起脆时，捞出，沥尽油，用刀切成一字条，整齐地摆放入盘，放麻油即成。

6 带花椒盐一小碟上桌。

大师指点

1 羊肉要烧入味。

2 全蛋糊要稀一点。

3 因糊稀，生坯滑下油锅时要细心，保持圆形。

特点 ▶ 外香脆，里味美。

26 炸羊排

主料： 净瘦生羊肉 200 克。

配料： 面包屑 300 克、面粉 100 克、鸡蛋 2 个。

调料： 花生油、葱结、姜块、绍酒、酱油、白糖、干淀粉、花椒盐、辣酱油。

制作方法

1 净瘦生羊肉批切成大片，在肉的两面剞十字花刀，

并用刀稍拍一下，放入盆内。加葱结、姜块、绍酒、酱油、白糖，稍拌一下，浸渍入味。

2 鸡蛋、干淀粉制成全蛋浆。

3 将羊肉片沾满面粉，再沾满全蛋浆，放入面包屑内，沾满面包屑，用手压一下，压紧，即成羊排生坯。

4 炒锅上火，放入花生油。待油七成热时，放入羊排生坯将其炸熟，捞出。待油八成热时，放入重油，炸至老黄色，捞出沥尽油，用刀切成一字条，摆放入盘即成。

5 带花椒盐、辣酱油各一小碟上桌。

1 羊肉要浸渍入味。

2 全蛋浆要厚一点。

3 沾满面包屑用手压紧，防止脱落。

特点 ▶ 香，脆，鲜，嫩。

27　葱炒羊舌

主料：生羊舌 250 克。

配料：葱白段 100 克、红椒 1 只、鸡蛋清 1 个。

调料：熟猪油、精盐、绍酒、干淀粉、湿淀粉、醋、麻油、鸡汤。

制作方法

1 生羊舌去外衣，气管洗净，用刀切成丝，放入盆内，加精盐、鸡蛋清、干淀粉上浆。

2 葱白段切成细丝。红椒去籽，洗净，切成细丝。

3 炒锅上火，辣锅冷油，放入羊舌丝，划油至熟，倒入漏勺，沥尽油。

4 炒锅再上火，放入熟猪油、红椒丝、葱丝、绍酒，煸炒成熟，加少量鸡汤、精盐，用湿淀粉勾芡，倒入羊舌丝，炒拌均匀，放麻油，装入放有底醋的盘内即成。

大师指点

1 生羊舌切成丝，刀工均匀。

2 划油时，羊舌丝由红变白即可，否则舌肉易老。

特点 ▶ 香，鲜，细，嫩。

28　葱炒羊肉

主料：净生羊肉 250 克。

配料：葱白段 100 克、红椒 1 只、鸡蛋清 1 个。

调料：熟猪油、精盐、绍酒、干淀粉、湿淀粉、醋、麻油、鸡汤。

制作方法

同葱炒羊舌，但要将生羊舌换成净生羊肉，其他相同。

大师指点

同葱炒羊舌。

29　红烧羊肉

主料：生羊肉 1000 克。

调料：胡萝卜 100 克、青蒜末 10 克。

调料：熟猪油、葱结、姜块、绍酒、酱油、白糖、干红辣椒（要辣的）、桂皮、八角、麻油。

制作方法

1 生羊肉剁成小方块洗净，放入大火开水锅内焯水，捞出洗净。

2 羊肉放入砂锅内，加水、葱结、姜块、酱油、白糖、胡萝卜、桂皮、八角、干红辣椒，上火烧开，放绍酒，移小火，将羊肉烧熟，去葱结、姜块、胡萝卜、桂皮、八角、干红辣椒，再上大火，放熟猪油，收稠汤汁，放麻油，盛入盘内，洒上青蒜末即成。

大师指点

1 可去皮、骨烧羊肉。

2 羊肉烧熟即可，不能烧烂。

特点 ▶ 羊肉香辣，甜咸适中，冬季佳肴。

30　红烧羊头肉

主料： 羊头 2 只。

配料： 板栗 500 克、胡萝卜 100 克。

调料： 熟猪油、葱结、姜块、绍酒、酱油、白糖、干红辣椒、桂皮、八角、丁香、甜酱、麻油。

制作方法

1　羊头去毛，刮洗干净，用刀一剖两半，取出羊脑、羊舌另用，洗净，放入大火开水锅内焯水，捞出洗净。

2　羊头放入锅内，加水、葱结、姜块、桂皮、八角、丁香、干红辣椒，上火烧开，放绍酒，移小火将羊头煨熟取出，拆去羊头骨，将羊肉切成块。

3　板栗用刀一剖两半，放入锅内，加水煮熟取出，去壳和外皮，洗净。

4　炒锅上火，放入水、羊头肉、板栗、酱油、白糖，烧开，放绍酒、熟猪油，收稠汤汁，加甜酱，收干汤汁，放麻油，装盘即成。

大师指点

1　羊肉煨至能拆骨即可。

2　不用板栗，也可用鲜冬笋。

特点 羊肉香辣，板栗酥糯，加以甜酱，风味特佳。

31　膘䏡肉

主料： 生净羊肉 1000 克。

配料： 净猪后腿肉 400 克、鸡蛋 8 个、胡萝卜 100 克。

调料： 熟猪油、葱结、姜块、葱丝、绍酒、酱油、白糖、陈皮、八角、甜酱、红辣椒酱。

制作方法

1　生净羊肉 600 克、净猪后腿肉，洗净，放入大火开水锅内焯水，捞出洗净。放入砂锅内，加水、葱结、姜块、陈皮、八角、胡萝卜，上火烧开，放绍酒，移小火煨熟，去葱结、姜块、陈皮、八角、胡萝卜，取出稍冷，切成细丝。

2　生净羊肉 400 克，用刀刮成蓉，加熟羊肉丝、熟猪肉丝、熟猪油、酱油、白糖、鸡蛋，拌匀，倒入长

方盘内，即成膘䏡肉生坯。

3　笼锅上火，放水烧开，再放入膘䏡肉生坯，将其蒸熟取出，即成。

4　将膘䏡肉切成长方片，整齐地摆放入盘。

5　带甜酱、红辣椒酱、葱丝各一小碟上桌。

大师指点

1　熟羊肉、熟猪肉要切成细丝。

2　羊肉、猪肉烧至七成熟即可。

3　生净羊肉刮成蓉要细。

特点 香，鲜，软，嫩。

32　鹿筋烩羊蹄

主料： 熟羊蹄肉 500 克。

配料： 鹿筋 500 克。

调料： 熟猪油、葱结、姜块、绍酒、精盐、虾籽、湿淀粉、胡椒粉、鸡汤。

制作方法

1　熟羊蹄肉切成长方块。

2　鹿筋放冷水中浸泡回软，放入砂锅加水、葱结、姜块，上火烧开，放绍酒，移小火，煨熟微烂，捞出去老皮、老肉洗净，切成 1 寸 5 分长的段，放冷水中浸泡，去腥膻气味。

3　炒锅上火，放鸡汤、虾籽、熟羊蹄肉、鹿筋烧开，放熟猪油，收稠汤汁，放精盐，用湿淀粉勾琉璃

芡，放胡椒粉，起锅装盘即成。

大师指点

1 鹿筋煨烂后去尽老皮、老肉。

2 鹿筋在水中浸泡时间要长，约需一天，要经常换水。

特点 羊肉软糯，鹿筋鲜韧，滋补佳品。

33 扒烧羊筋

主料： 干羊筋 500 克（或鲜羊筋 1000 克）。

配料： 熟火腿 50 克、熟净鲜冬笋 50 克、水发石耳 50 克、青菜心 6 棵。

调料： 熟猪油、葱结、姜块、绍酒、精盐、虾籽、湿淀粉、胡椒粉、鸡汤。

制作方法

1 干羊筋放入水中泡回软（鲜羊筋不用泡）。

2 羊筋放入锅内，加水、葱结、姜块，上火烧开，放绍酒，移小火煨至熟烂，捞出，放冷水中，去老皮、老肉并洗净，切成 2 寸长的段。

3 熟火腿切成片，熟净鲜冬笋切成片，水发石耳拣洗

干净，青菜心洗净、焯水、焐油，倒入漏勺，沥尽油。

4 炒锅上火，放熟猪油、葱结、姜块，稍炒，放入鸡汤、虾籽、羊筋、笋片、水发石耳，烧开，加绍酒，在中火上烧焖一下，移大火，去葱结、姜块，收稠汤汁，放精盐，用湿淀粉勾琉璃芡，撒胡椒粉，起锅装盘，放上熟火腿片、青菜心即成。

大师指点

羊筋要煨至熟烂。

特点 羊筋软糯，鲜美可口，汤浓汁厚，滋补佳品。

34 烤羊肉片

主料： 净生羊肉 400 克。

调料： 葱姜汁、百花酒、精盐、甜酱、辣酱油、甜酱油、花椒盐。

制作方法

1 净生羊肉切成片，放盆内加葱姜汁、百花酒、精盐，拌匀，腌渍入味，再整齐地摆放入盘。

2 取炭火盆 1 只，放入烧好的木炭，盆上摆上铁丝网。

3 吃时将羊肉片放在铁丝网上，烧烤成熟，即可食用。

4 蘸食甜酱、辣酱油、甜酱油、花椒盐。

大师指点

1 选用肥瘦相间的净生羊肉。

2 选用中间有圆洞的烧烤桌。

特点 滑润爽口，佐以调料，鲜香味美。

35 烧羊杂

主料： 熟羊肉 100 克。

配料： 熟羊舌 80 克、熟羊唇肉 80 克、熟羊肚 80 克、熟羊肺 80 克、熟羊肠 80 克、熟羊肝 80、熟羊腰 80 克、熟羊心 80 克、熟羊尾 80 克、熟板栗 100 克。

调料： 熟猪油、酱油、白糖、绍酒、干红尖椒、湿淀粉、醋、麻油、羊肉汤。

制作方法

1 熟羊肉、熟羊舌、熟羊唇肉、熟羊肚、熟羊肺、熟羊肠、熟羊肝、熟羊腰、熟羊心、熟羊尾，用刀切成片。

2 炒锅上火，放入羊肉汤、干红尖椒、以上十种片、板栗，烧开加熟猪油、酱油、白糖、醋、绍酒，收稠汤汁，用湿淀粉勾琉璃芡，装盘浇麻油即成。

大师指点

1 羊肉各部位的材料，只要加工成熟都可选用。

2 此菜可选用红烧，也可白烧。

特点 品种多样，风味各异，融为一体。

36 冬笋炖羊肉

主料： 生羊肉500克。

配料： 鲜冬笋500克、胡萝卜100克。

调料： 熟猪油、葱结、姜块、绍酒、精盐、虾籽、胡椒粉。

制作方法

1 生羊肉切成小块，放入大火开水锅内焯水，捞出洗净。

2 冬笋去根、外壳、皮，一剖两半洗净，放入水锅内，上火烧开稍煮，捞出放冷水中，泌透，用刀切成滚刀块。

3 羊肉块、冬笋块，放入砂锅加水、葱结、姜块、胡

萝卜，上火烧开，放绍酒、虾籽，移小火，将羊肉煨熟，再上大火去葱结、姜块、胡萝卜，放熟猪油使汤浓白，放精盐，胡椒粉，砂锅离火放入等盘，上桌即成。

大师指点

1 选用鲜冬笋。

2 羊肉煨熟，不宜煨烂。

特点 羊肉鲜香，冬笋脆、嫩，汤汁浓白，冬季佳肴。

37 煨羊蹄髈

主料： 羊蹄髈2只（1000克）。

配料： 熟净山药250克、胡萝卜100克。

调料： 熟猪油、葱结、姜块、绍酒、精盐、虾籽、胡椒粉、鸡汤。

制作方法

1 羊蹄髈去毛，刮洗干净，剖开去骨，切成块，放入大火开水锅内焯水，捞出洗净。

2 熟净山药切成滚刀块。

3 羊蹄髈肉放入砂锅，加水、葱结、姜块、胡萝卜，上火烧开，放入绍酒，移小火煨至七成熟，去葱

结、姜块、胡萝卜，泌去汤汁，放入鸡汤、虾籽，烧开，将羊蹄髈肉煨熟，上大火放熟猪油、山药块，烧至汤呈乳白色，放精盐，撒胡椒粉，砂锅离火，放入等盘上，上桌即成。

大师指点

羊蹄髈肉第一次煨至七成熟，去除羊肉腥膻气味；第二次煨加鸡汤，使羊肉味足，汤汁浓白。

特点 蹄肉鲜香，汤汁乳白，口味醇厚。

注：汤汁不放精盐，放酱油，汤呈牙黄色。不用山药，可用鲜冬笋。

38 黄芪煨羊肉

主料： 生羊肉750克。

配料： 黄芪20克、胡萝卜100克。

调料： 熟猪油、葱结、姜块、绍酒、精盐、虾籽、胡椒粉。

制作方法

1 生羊肉洗净切成小块，放入大火开水锅内焯水，捞出洗净。

2 黄芪洗净，放水中浸泡 1~2 小时。

3 羊肉放入砂锅内，加水、葱结、姜块、胡萝卜，上火烧开，放绍酒、黄芪、虾籽，移小火将羊肉煨熟。再上大火，去葱结、姜块、胡萝卜，放熟猪

油，使汤煮至浓白，放精盐、胡椒粉，盛入汤碗即成。

大师指点

1 黄芪清水浸泡后与羊肉同煨。

2 黄芪可用纱布包起同煨。

特点 汤汁浓白，羊肉酥烂，黄芪补气，滋补佳品。

39 银丝羊肚汤

主料：熟羊肚 200 克。

配料：洋菜 50 克、熟火腿 40 克、熟净笋 40 克、香菜 20 克。

调料：熟猪油、精盐、绍酒、胡椒粉、鸡汤。

制作方法

1 熟羊肚切成丝，洋菜洗净，切成 1 寸长的段，放冷水中浸泡，熟火腿，熟净笋切成丝，香菜去梗用叶，洗净。

2 炒锅上火，放入鸡汤、羊肚丝、笋丝，烧开，加绍酒、精盐、胡椒粉，倒入汤碗。

3 炒锅上火，放水烧开，放入洋菜稍烫捞出，放入汤碗内，加熟火腿丝、香菜叶，滴几滴熟猪油即成。

大师指点

洋菜下锅一烫就捞，防止融化。

特点 汤清味美。

40 榨菜肉片汤

主料：生羊精肉 200 克。

配料：熟净笋 50 克、榨菜 50 克、绿叶菜 50 克。

调料：葱结、姜块、酱油、精盐、绍酒、胡椒粉、羊肉汤、鸡油。

制作方法

1 生羊精肉洗净，用刀批切成柳叶片，放入碗内，加水、葱结、姜块、绍酒浸泡。

2 熟净笋切成片，榨菜切成片，绿叶菜拣洗干净。

3 炒锅上火，放入羊肉汤烧开，倒入羊肉片和浸泡羊

肉的水，当肉片发白时捞出，沥尽水，锅内汤继续烧开，去浮沫，至汤清烧开时，滴 1 滴酱油，呈牙黄色，放入笋片、榨菜片、绿叶菜烧开，放精盐、胡椒粉，将汤倒入汤碗，放入羊肉片，滴几滴鸡油即成。

大师指点

去除汤内浮沫，要使汤清澈见底。

特点 羊肉鲜嫩，汤清味鲜。

41 栗丁羊肉羹

主料：熟羊肉 150 克。

配料：加工后的熟栗子 50 克、熟瘦火腿 50 克、熟净

笋 50 克、水发冬菇 50 克、香菜 20 克。

调料：熟猪油、精盐、绍酒、湿淀粉、胡椒粉、羊

肉汤。

制作方法

1 熟羊肉切成丁，加工后的熟栗子切成丁，熟瘦火腿、熟净笋、水发冬菇，均切成丁，香菜拣洗干净。

2 炒锅上火，放入羊肉汤、熟羊肉丁、栗子丁、熟瘦火腿丁、熟净笋丁、水发冬菇丁，烧开，加绍酒、

精盐，用湿淀粉勾米汤芡，放胡椒粉、熟猪油，装入汤碗，撒入香菜即成。

大师指点

1 羊肉丁切得稍大，其他丁稍小。

2 一汤碗上桌，也可分小碗上桌。

特点 汤浓香辣，味美可口。

42 羊血羹

主料：熟羊血 150 克。

配料：豆腐皮 1 张、豆腐 1 块、熟净笋 50 克、水发香菇 50 克、香菜 20 克。

调料：熟猪油、酱油、精盐、绍酒、湿淀粉、醋、胡椒粉、虾籽、羊肉汤。

制作方法

1 熟羊血、豆腐皮、豆腐、熟净笋、水发香菇，均切成丝，香菜拣洗干净。

2 炒锅上火，放羊肉汤、虾籽、羊血丝、豆腐皮丝、

豆腐丝、熟净笋丝、水发香菇丝，烧开，加绍酒，加少量酱油，呈牙黄色，精盐、醋少许，用湿淀粉勾米汤芡，放胡椒粉，装入汤碗，放香菜，滴几滴熟猪油即成。

大师指点

1 羊血、豆腐切丝要粗一些。

2 一汤碗上桌，也可分为小碗。

特点 鲜，嫩，香，辣，风味独特。

响如鹅掌味如蜜

滑似蓴丝无点涩

——中国维扬传统菜点大观

菌菇类

1 松蕈拌虾仁

主料：虾仁 200 克。

配料：松蕈 150 克、熟火腿丁 25 克、青豆 10 克、鸡蛋清 1 个。

调料：精盐、干淀粉、麻油。

制作方法

1 虾仁洗净，挤去水分，用精盐、鸡蛋清、干淀粉上浆。

2 松蕈洗净、去柄，切成丁。

3 炒锅上火，放水烧开，分别将虾仁、松蕈烫熟，捞出沥尽水。

4 松蕈、青豆放碗内，加精盐拌匀入味，加虾仁、熟火腿丁，拌匀，盛盘中，放麻油即成。

大师指点

1 虾仁一烫即可。

2 松蕈丁要略大。

特点 滑嫩爽脆，清淡美味。

2 雷菌拌燕笋

主料：雷菌 200 克。

配料：鲜燕笋 400 克、熟火腿末 10 克。

调料：姜米、酱油、麻油。

制作方法

1 雷菌去柄，洗净切块，放大火开水锅中烫熟，捞出，沥尽水。

2 鲜燕笋去根、壳、衣，切成梳背块，洗净，放冷水锅中上火煮熟，捞出，沥尽水。

3 鲜燕笋块、雷菌块放盆内，撒上姜米、熟火腿末，拌匀，堆放入盘，放酱油、麻油即成。

大师指点

燕笋是春笋中的一个品种。

特点 鲜嫩香脆，佐酒佳肴。

3 春笋瓶儿菜炒猪肚菇

主料：猪肚菇 200 克。

配料：熟净芽笋 100 克、瓶儿菜 100 克。

调料：花生油、姜米、酱油、白糖、湿淀粉。

制作方法

1 猪肚菇去柄，洗净切成块。熟净芽笋切成滚刀块。瓶儿菜泡去咸味，洗净。

2 炒锅上火，放花生油、姜米稍炒，放瓶儿菜炒出香味，加猪肚菇、熟净芽笋、煸炒至熟，放酱油、白糖，用湿淀粉勾芡，加少许花生油，炒拌均匀，装盘即成。

大师指点

瓶儿菜即将春季长苔的青菜切碎、盐腌后，装大玻璃瓶中密封，至春末夏初时开瓶食用的腌菜。

特点 脆嫩香鲜，别有风味。

4 豆瓣炒松菌

主料：鲜松菌 200 克。

配料：鲜蚕豆瓣 150 克、熟火腿片 20 克。

调料：花生油、精盐、湿淀粉、鸡汤、熟鸡油。

制作方法

1 鲜松菌去柄、洗净，切成片。

2 鲜蚕豆瓣洗净，放大火开水锅中焯水捞出，放冷水中泌透，沥尽水。

3 炒锅上火，放花生油、鲜松菌煸炒至熟，放鲜蚕豆瓣、熟火腿片煸炒，加精盐、少许鸡汤，用湿淀粉勾芡，放熟鸡油，装盘即成。

大师指点

蚕豆瓣烫后在冷水中泌透，保持碧绿。

特点 ▶ 色彩艳丽，爽脆鲜嫩。

5 春笋炒松菌

主料：鲜松菌 300 克。

配料：净熟春笋 100 克。

调料：花生油、精盐、湿淀粉、鸡汤、熟鸡油。

制作方法

1 鲜松菌去柄洗净，切成大片。

2 净熟春笋洗净，切成滚刀块。

3 炒锅上火，放花生油，再放入净熟春笋焐油至熟，

倒入漏勺，沥尽油。

4 炒锅上火，放花生油、鲜松菌，煸炒至软香成熟，加鸡汤、净熟春笋、精盐，用湿淀粉勾芡，放熟鸡油，装盘即成。

大师指点

松菌大片须洗净。

特点 ▶ 鲜脆软嫩，美味佳肴。

6 酥燔平菇

主料：平菇 700 克。

调料：花生油、葱结、姜块、酱油、白糖、虾籽、鸡汤。

制作方法

1 平菇洗净，撕成条。

2 炒锅上火，放花生油。待油七成热时，将平菇炸至起脆，捞出，沥尽油。

3 炒锅上火，放鸡汤、葱结、姜块、平菇、酱油、白糖、虾籽，加适量炸过平菇的油，烧开，移小火上焖 20 分钟，待平菇回软后，上大火收干汤汁，放入炸过平菇的油，装盘即成。

大师指点

平菇须炸至香脆后再行燔制。

特点 ▶ 香酥鲜美，别有风味。

7 雁来菌拌毛豆米

主料：雁来菌 250 克。

配料：毛豆米 150 克、红椒 10 克、酱生姜 25 克、酱

黄瓜 25 克。

调料：精盐、麻油。

制作方法

1 雁来菌洗净泥沙，切成指甲大的丁，放大火开水锅中焯水至熟，捞出，沥尽水。

2 毛豆米洗净，放大火开水锅中焯水至熟，捞出，放冷水中泌透，再沥尽水。

3 红椒去柄、籽，洗净，放大火开水锅中焯水至熟，捞出，切成斜角片。

4 酱生姜、酱黄瓜切成丝，用开水烫泡去咸味，沥尽水。

5 将雁来菌、毛豆米、红椒片、酱生姜、酱黄瓜放盆内，加精盐、麻油拌匀，装盘即成。

大师指点

雁来菌买来后先行焯水，以防变色。

特点 色彩鲜艳，口味鲜美。

8 芽姜雁来菌

主料：雁来菌 300 克。

配料：嫩生姜 100 克。

调料：花生油、酱油、白糖、湿淀粉。

制作方法

1 将雁来菌切成大小均匀的 3 块，洗净，沥尽水。

2 嫩生姜去皮、洗净，切成片。

3 炒锅上火，放花生油、嫩生姜片煸炒几下，放雁来菌煸炒成熟，汁水渐出后，加酱油、白糖烧开，移小火煮焖 18 分钟，再移大火收稠汤汁，用湿淀粉勾芡，装盘即成。

大师指点

1 刚刚上市的新鲜生姜叫芽姜。

2 姜片须薄，糖要少放，突出雁来菌的鲜味。

特点 爽脆鲜辣，汁浓味美。

9 雁来菌烧鸡冠油

主料：雁来菌 500 克。

配料：猪鸡冠油 500 克。

调料：葱结、姜块、酱油、白糖、胡椒粉、白汤、绍酒。

制作方法

1 雁来菌洗去泥沙，切成块。

2 猪鸡冠油切段，放清水中，加绍酒，浸泡去异味、血水，洗净，沥尽水。

3 炒锅上火，放猪鸡冠油、葱结、姜块、绍酒，炒出香味，放水烧开，移小火煮半小时，用大火收干汤汁，移小火熬出油，成金黄色时捞出，油备用。

4 炒锅上火，放猪鸡冠油煸炒出油后，加葱结、姜块煸出香味，放雁来菌炒至回软，加白汤、猪鸡冠油渣、酱油、白糖，烧开，移小火煮 20 分钟，上大火收浓汤汁，去葱结、姜块，浇鸡冠油，撒胡椒粉，装盘即成。

大师指点

猪鸡冠油须煮熟烂后，才能熬油。

特点 香鲜爽脆，风味独特。

10 雁来菌烧麻鸭

主料：雁来菌 500 克。

配料：光鸭 1 只（重约 1500 克）。

调料：熟猪油、葱结、姜块、绍酒、酱油、白糖、胡椒粉、八角。

制作方法

1 雁来菌洗去泥沙、洗净，切成块。

2 光鸭去嘴骨、爪、翅、屁股，从脊背开刀，去尽内脏，剁成块洗净，放大火开水锅中焯水，捞出洗净。

3 炒锅上火加熟猪油，放水、鸭块、葱结、姜块、八角、酱油、白糖烧开，加绍酒，移小火上将鸭块烧

至八成熟时，放入雁来菌煮熟，用大火收稠汤汁，去葱结、姜块、八角，撒胡椒粉，装盘即成。

大师指点

须选用高邮湖、邵伯湖麻鸭子，不可用肉鸭。

特点 香酥爽脆，咸中微甜。

11 松菌烩鸡片

主料： 松菌 100 克。

配料： 生鸡脯肉 100 克、熟净春笋 50 克、莴苣 50 克、熟胡萝卜 50 克、鸡蛋清 1 个。

调料： 熟猪油、绍酒、精盐、干淀粉、湿淀粉、虾籽、白汤、鸡油。

制作方法

1 松菌洗净、切成片。熟净春笋洗净、切成片。莴苣去皮、洗净、切成片。熟胡萝卜洗净、去皮、切成片。

2 生鸡脯肉洗净、切片，用精盐、鸡蛋清、干淀粉上

浆，放大火开水锅中稍烫，捞出，沥尽水。

3 炒锅上火、放熟猪油，将松菌片、熟净春笋片、莴苣片、熟胡萝卜片煸炒至熟，倒入漏勺，沥尽油。

4 炒锅上火，放白汤、虾籽、绍酒、松菌片、熟净春笋片、莴苣片、熟胡萝卜片、鸡片烧开，收稠汤汁，加精盐，用湿淀粉勾琉璃芡，放鸡油，装盘即成。

大师指点

鸡片上浆后略烫，更为爽滑。

特点 香鲜滑嫩，美味可口。

注：白汤即猪肉汤。

12 雷菌烩鸭舌

主料： 雷菌 100 克。

配料： 熟鸭舌 200 克、熟净笋 50 克、青菜心 6 棵。

调料： 熟猪油、葱结、姜块、绍酒、精盐、湿淀粉、虾籽、白汤、鸡油。

制作方法

1 雷菌去根、洗净，放大火开水锅中焯水，捞出，沥尽水。焯水的汤沉淀后，去泥沙备用。

2 熟鸭舌去骨、气管洗净。熟净笋切片。青菜心洗净，放大火开水锅中焯水，捞出，冷水中泌透，取

出，沥尽水，放熟猪油锅中，上火焐油至熟，倒入漏勺，沥尽油。

3 炒锅上火，放熟猪油、葱结、姜块，炒出香味，放雷菌汤、白汤、雷菌、熟鸭舌、熟净笋片、虾籽烧开，加精盐、绍酒、青菜心，收稠汤汁，去葱结、姜块，用湿淀粉勾琉璃芡，放鸡油，装盘即成。

大师指点

雷菌汤不足，可加适量白汤。

特点 鲜香软嫩，汁浓汤鲜。

13 雷菌煎豆腐

主料： 雷菌 100 克。

配料： 老豆腐 150 克、小香葱 15 克。

调料： 花生油、葱结、姜块、酱油、白糖、虾籽、

白汤。

制作方法

1 雷菌去根，洗净。小香葱拣洗干净，切成段。

2 炒锅上火烧辣，放花生油。将切成 8 分见方的老豆腐煎至两面金黄，倒入漏勺，沥尽油。

3 炒锅上火，放花生油、葱结、姜块，炒香，放雷菌炒至回软，加白汤、酱油、白糖、老豆腐、虾籽烧开，移小火上烧透入味，去葱结、姜块，收稠汤汁，放小香葱，稍烧，装盘即成。

大师指点

须用小火烧透入味。

特点 软嫩鲜香，美味爽口。

14 烩平菇

主料： 平菇 400 克。
配料： 熟鸡肉 50 克、熟净笋 50 克、熟火腿 20 克、菠菜夹子 8 棵。
调料： 熟猪油、葱结、姜块、精盐、湿淀粉、虾籽、鸡汤、鸡油。
制作方法
1 平菇洗净，撕成条，放大火开水锅中焯水，捞出，沥尽水。
2 熟鸡肉撕成大鹅毛片。熟净笋、熟火腿切成片。菠菜夹子洗净。

3 炒锅上火，放熟猪油、葱结、姜块，炒出香味，放鸡汤、平菇、鸡片、熟净笋片、虾籽，烧开，收稠汤汁，放火腿片、精盐，去葱结、姜块，用湿淀粉勾琉璃芡，放鸡油装盘。

4 炒锅上火，放熟猪油，将菠菜夹子划油至熟，倒入漏勺沥尽油，放平菇盘中即成。

大师指点

平菇烧开后易出水，鸡汤不宜放多。

特点 软嫩鲜香，汤浓味厚。

注：菠菜的嫩头像夹子一样，故扬州人称菠菜夹子。

15 平菇烧豆腐

主料： 平菇 150 克。
配料： 豆腐 2 块、熟猪肉片 50 克。
调料： 熟猪油、葱结、姜块、酱油、白糖、湿淀粉、鸡汤、虾籽。
制作方法
1 平菇洗净，撕成条，放大火开水锅中焯水，捞出，沥尽水。
2 豆腐切成长方块，放大火开水锅中焯水后稍煮，捞

出，沥尽水。

3 炒锅上火，放熟猪油、葱结、姜块炒出香味，加鸡汤、虾籽、平菇、豆腐、熟猪肉片、酱油、白糖，烧开，移小火烧焖 10 分钟，再上大火收稠汤汁，去葱结、姜块，用湿淀粉勾琉璃芡，装盘即成。

大师指点

须用盐卤豆腐。

特点 色泽酱红，鲜嫩爽口。

16 蓑衣蘑菇

主料： 鲜蘑菇 350 克。
调料： 葱结、姜块、八角、精盐、虾籽、麻油、鸡汤。
制作方法
1 鲜蘑菇去根洗净，放大火开水锅中焯水，捞出沥

尽水。

2 砂锅内放鸡汤、葱结、姜块、八角、虾籽、精盐、鲜蘑菇，上火烧开，移中火上，将蘑菇卤透入味，再上大火收稠卤汁，去葱结、姜块、八角，放入

盘中。

3 将蘑菇切成蓑衣状，整齐摆放盘中，放入原卤、麻油即成。

切蓑衣时须刀工均匀、厚薄一致。

特点 形态美观，香鲜可口。

17 雪笋蘑菇

主料： 腌雪里蕻 200 克。

配料： 熟净春笋 100 克、鲜蘑菇 100 克、红椒 10 克。

调料： 花生油、姜米、精盐、湿淀粉。

制作方法

1 腌雪里蕻洗净，切成末，放清水中浸泡 3 小时，去尽咸味，捞出挤尽水。

2 熟净春笋切片。鲜蘑菇去柄，洗净切片，放大火开水锅中焯水，捞出，沥尽水。红椒去籽，洗净切片。

3 炒锅上火，放花生油、姜米，炒出香味后，放雪里蕻煸炒，再放熟净春笋片、鲜蘑菇片、红椒片煸炒至熟，加精盐，用湿淀粉勾芡，放花生油，装盘即成。

大师指点

1 雪里蕻须选用冬季腌制的，不能现腌现用。

2 雪里蕻须炒干水分，炒出香味。

3 放置冷却后，可当凉菜食用。

特点 鲜香脆嫩，应时佳肴。

18 口蘑鸡皮烩燕笋

主料： 水发口蘑 200 克。

配料： 熟鸡皮 100 克、熟净燕笋 100 克、熟火腿 20 克、青菜心 6 棵。

调料： 熟猪油、葱结、姜块、精盐、湿淀粉、虾籽、鸡汤、鸡油。

制作方法

1 水发口蘑洗净泥沙，批切成片，放大火开水锅中焯水，捞出，沥尽水。

2 熟净燕笋、熟火腿切成片。熟鸡皮撕成大片。

3 青菜心洗净，放大火开水锅中焯水，捞出，放冷水

中泌透，取出挤干水，放油锅内，上火焐油至熟，倒入漏勺沥尽油。

4 炒锅上火，放熟猪油、葱结、姜块炒出香味，放鸡汤、水发口蘑、熟鸡皮、熟净燕笋片、虾籽烧开，加精盐、熟火腿片，收稠汤汁，去葱结、姜块，用湿淀粉勾琉璃芡，放鸡油装盘，放入青菜心即成。

大师指点

须选用家养老母鸡的皮。

特点 肥嫩鲜香，软脆爽口。

19 口蘑烩鸭舌掌

主料： 水发口蘑 200 克。

配料： 熟鸭舌 20 只、熟鸭掌 10 只、熟鸡肉 50 克、熟火腿 20 克。

调料： 熟猪油、葱结、姜块、绍酒、精盐、湿淀粉、

虾籽、胡椒粉、鸡汤、鸡油。

制作方法

1 水发口蘑洗净泥沙、切片，放大火开水锅中焯水，捞出，沥尽水。

2 熟鸭舌去气管、舌骨，熟鸭掌去骨，熟鸡肉撕成鹅毛片，熟火腿切片。

3 炒锅上火，放熟猪油、葱结、姜块，炒出香味，放鸡汤、虾籽、水发口蘑、熟鸭舌、熟鸭掌、熟鸡肉片、烧开，加绍酒、精盐，收稠汤汁，用湿淀粉勾

琉璃芡，放入胡椒粉，熟火腿片拌匀，放鸡油装盘即成。

大师指点

熟鸭掌、熟鸭舌以能够拆骨为准。

特点 软烂鲜香，汤浓汁厚。

20 口蘑炒油面筋

主料： 水发口蘑 200 克。

配料： 油面筋 100 克，葱白段 50 克。

调料： 花生油、酱油、白糖、湿淀粉、麻油、泡发口蘑原汤。

制作方法

1 水发口蘑切片、洗净。油面筋一剖两半，放盆内，用开水泡至回软，挤去水。葱白段切成雀舌葱。

2 炒锅上火，放花生油、雀舌葱稍炒，加水发口蘑煸炒，放泡发口蘑原汤、油面筋炒熟，放酱油、白糖，用湿淀粉勾芡，放麻油，装盘即成。

大师指点

口蘑泡软后，须挤干水分。

特点 鲜香味美，别具一格。

21 口蘑锅巴

主料： 水发口蘑 100 克。

配料： 锅巴 150 克、熟净笋 50 克、熟鸡肉 50 克、熟火腿 20 克、豌豆苗 30 克。

调料： 花生油、绍酒、精盐、湿淀粉、鸡汤。

制作方法

1 水发口蘑切片、洗净。熟净笋、熟火腿切片。熟鸡肉撕成小鹅毛片。豌豆苗拣洗干净，烫熟。

2 炒锅上火，放鸡汤、水发口蘑、熟鸡肉片、熟净笋

片、熟火腿片烧开，加绍酒、精盐，用湿淀粉勾芡，成为口蘑汤汁。

3 炒锅上火，放花生油。待油九成热时，放入锅巴，炸至酥脆，捞出沥尽油，装盘内，上桌后倒入口蘑汤汁围上豌豆苗即成。

大师指点

炸锅巴时须大火辣油。

特点 酥脆鲜香，别具风味。

22 口蘑芙蓉豆腐

主料： 水发口蘑 100 克。

配料： 生豆浆 50 克、熟净笋 50 克、熟鸡肉 50 克、熟瘦火腿末 10 克、豌豆苗 30 克、鸡蛋清 2 个。

调料： 精盐、高级清鸡汤、熟鸡油。

制作方法

1 水发口蘑洗净，批切成片。熟净笋切片，熟鸡肉撕成小鹅毛片，豌豆苗拣洗干净。

2 鸡蛋清打成发蛋，加生豆浆调匀，上笼锅蒸熟，成芙蓉豆腐。

3 炒锅上火，放高级清鸡汤、水发口蘑、熟净笋片、熟鸡肉片、豌豆苗烧开，捞出，沥尽汤，放入汤碗中。

4 炒锅上火放高级清鸡汤烧开，放入精盐，盛汤碗中。

5 将芙蓉豆腐用铁勺剜成荷花瓣形薄片，放汤碗内，

撒上熟瘦火腿末，滴几滴鸡油即成。

态完整。

大师指点

蒸芙蓉豆腐时用中小火，不能蒸出孔。剞片时保持形

特点 软嫩可口，汤清味醇。

23 梅岭菜心

主料： 青菜心 20 棵。

配料： 熟鸡肉 50 克、熟火腿 20 克、熟净笋 30 克、水发口蘑 100 克、熟鸡肫 1 只。

调料： 熟猪油、精盐、虾籽、鸡汤。

制作方法

1 青菜心洗净，菜头削成圆形，顶头竖划一刀，放大火开水锅中焯水，捞出放入冷水中，浸透、取出挤干水，放熟猪油锅中，上火焐油至熟，捞出沥尽油。

2 熟鸡肉撕成小鹅毛片，熟净笋、熟火腿、熟鸡肫、

水发口蘑均切成片。

3 炒锅上火，放鸡汤、青菜心、熟鸡肉片、熟净笋片、水发口蘑片、熟鸡肫片、熟猪油、虾籽烧开，收稠汤汁，加精盐，盛砂锅中，放上熟火腿片，上火烧开即成。

大师指点

扬州北郊梅岭地区所产青菜，嫩而微甜，口感极佳。

特点 翠绿鲜嫩，冬令佳肴。

24 蚕豆瓣拌鲜蘑

主料： 鲜蚕豆瓣 200 克。

配料： 鲜蘑菇 200 克、酱生姜 15 克、酱黄瓜 15 克、红椒 1 只。

调料： 精盐、麻油。

制作方法

1 鲜蚕豆瓣洗净，鲜蘑菇去根、洗净，切成丁，将酱生姜、酱黄瓜洗净，切成末。红椒去籽、筋，洗

净，切成丁。

2 炒锅上火，放水烧开，将鲜蚕豆瓣、鲜蘑菇、红椒焯水至熟，捞出，沥尽水，放盆内，加酱生姜末、酱黄瓜末、精盐、麻油拌匀，装盘即成。

大师指点

选择颜色碧绿的蚕豆。

特点 色彩艳丽，鲜嫩味美。

25 菜脿草菇

主料： 茉菜 300 克。

配料： 草菇 200 克、毛豆米 100 克、红椒 20 克。

调料： 花生油、湿淀粉、精盐。

制作方法

1 茉菜拣洗干净，切成末，放盆内，加精盐拌匀，腌渍 1 小时，取出挤干水分。

2 草菇去根、洗净，放大火开水锅中焯水，取出切成片。毛豆米放大火开水锅中掉水，捞出放冷水中泌

透，沥尽水。红椒去籽、柄，洗净切片。

3 炒锅上火，放花生油、红椒、毛豆米、茉菜末、草菇，煸炒至熟，加精盐，用湿淀粉勾芡，放少许花生油，装盘即成。

大师指点

1 扬州人通常将应季腌制的茉菜末，称为"菜脿"。

2 茉菜腌渍时控制精盐用量。

特点 色泽翠绿，清爽利口。

26 草菇烩鸭腰

主料：鸭腰 300 克。

配料：草菇 200 克。

调料：熟猪油、葱结、姜块、绍酒、精盐、湿淀粉、虾籽、胡椒粉、鸡汤、鸡油。

制作方法

1 鸭腰洗净，草菇去根、洗净，分别放大火开水锅中焯水，捞出放冷水中沁凉。

2 炒锅上火，放水、葱结、姜块、鸭腰烧开，加绍酒，移小火上烧熟取出，用刀一割两半，去外皮。

3 炒锅上火，放鸡汤、鸭腰、草菇、虾籽烧开，加熟猪油，收稠汤汁，放精盐，撒胡椒粉，用湿淀粉勾琉璃芡，放鸡油，装盘即成。

大师指点

鸭腰去外皮须仔细，不能将其撕碎。

特点 鲜嫩味美，别具风味。

27 鸡汁扣松蓉

主料：大实心松蓉 1 只。

配料：西蓝花 100 克。

调料：熟猪油、酱油、白糖、湿淀粉、高级清鸡汤。

制作方法

1 大实心松蓉洗净泥沙，去根，顺切成厚片。

2 西蓝花切成小块，放入有油、盐的大火开水锅中焯水入味捞出，取出放腰盘一头。

3 炒锅上火烧辣，放熟猪油，将大实心松蓉片两面略煎。

4 炒锅上火，放高级清鸡汤、大实心松蓉片、酱油、白糖，烧开，移小火烧焖入味，取出放腰盘另一头。原汤烧开用湿淀粉勾芡，放熟猪油，倒松蓉上即成。

大师指点

1 松蓉须选用实心、未开伞的。

2 松蓉须煎香后烧焖入味。

特点 鲜脆味鲜，咸中微甜。

28 松蓉汆枚条肉汤

主料：鲜松蓉 150 克。

配料：猪枚条肉 150 克、豌豆苗 20 克。

调料：葱结、姜块、绍酒、精盐、酱油、白汤、鸡油。

制作方法

1 鲜松蓉清洗干净，切成厚片。豌豆苗拣洗干净。

2 猪枚条肉洗净。切成柳叶片放碗内，加水、葱结、姜块、绍酒、精盐，浸泡备用。

3 炒锅上火，放白汤烧开，倒入枚条肉片及浸泡的血水。待肉片变色发白，捞出肉片，撇去浮沫，放鲜松蓉、豌豆苗烧开，滴一滴酱油，加精盐，盛入汤碗，放入枚条肉，放几滴鸡油即成。

大师指点

枚条肉在鸡汤中一烫即可。

特点 鲜脆爽口，汤汁清醇。

29 炙松蓉

主料：粗硬心松蓉 2 只。
调料：熟猪油、精盐。
制作方法
1 粗硬心松蓉去根、盖，洗净泥沙，斜切成 3 分厚的片。
2 平底锅上中火烧热，放熟猪油，将粗硬心松蓉片摆

放煎制，略撒精盐，两面煎黄，边上微硬，中间溏心，倒入漏勺，沥尽油，装盘即成。

大师指点
煎松蓉时注意火候，不可煎焦。

特点 香脆软嫩，风味独特。

30 松蓉炖老鸡

主料：干松蓉 70 克。
配料：草鸡 1 只（重约 1500 克）。
调料：葱结、姜块、绍酒、精盐。
制作方法
1 干松蓉洗净泥沙，放砂锅内，加水烧开，移小火焖至回软，捞出洗净，切成片。原汤备用。
2 草鸡宰杀，去血、去毛，从脊背开刀，去气管、食管、内脏，屁股洗净，用刀在骨头上稍排。剖开鸡肫，去肫皮，洗去泥沙。肝去胆，心去血，洗净。

将草鸡、肫、肝、心在大火开水锅中焯水，捞出洗净。
3 砂锅内放水、松蓉原汤、葱结、姜块、松蓉、草鸡、肫、肝、心，放大火上烧开，加绍酒，移小火将鸡焖烧至熟烂，去葱结、姜块，用大火烧开，加精盐，即成。

大师指点
须选用散养的老母鸡。

特点 鲜香味美，汤汁清醇。

31 上汤扒素鲍鱼

主料：白灵菇 10 只。
配料：芦笋头 20 个。
调料：熟猪油、葱段、姜片、酱油、白糖、湿淀粉、胡椒粉、高级鸡汤、熟鸡油。
制作方法
1 将白灵菇刻成鲍鱼状，放大火开水锅中焯水，捞出沥尽水，成素鲍鱼生坯。
2 炒锅上火，放熟猪油、葱段、姜片，炒出香味，加

高级鸡汤、酱油、白糖、芦笋头、素鲍鱼生坯烧开，移小火烧至素鲍鱼上色后，再上大火，撒少许胡椒粉，用湿淀粉勾琉璃芡，放熟鸡油，装盘即成。

大师指点
刻制的素鲍鱼须大小一致。

特点 形似鲍鱼，鲜香脆爽。

32 白灵菇炒鸡片

主料: 白灵菇 200 克。

配料: 生鸡脯肉 150 克、红椒 10 克、葱白段 20 克、鸡蛋清 1 个。

调料: 花生油、绍酒、精盐、干淀粉、湿淀粉、麻油。

制作方法

1 白灵菇洗净泥沙,放大火开水锅中焯水,捞出批切成片。红椒去籽,洗净,切片。葱白段切成雀舌葱。

2 生鸡脯肉切成柳叶片,洗净,用干布吸去水分,放盆内,加精盐、鸡蛋清、干淀粉上浆。

3 炒锅上火,辣锅冷油,放入鸡片划油至熟,倒入漏勺,沥尽油。

4 炒锅上火,放花生油、白灵菇、雀舌葱、红椒片,煸炒成熟,加少许水、绍酒、精盐,用湿淀粉勾芡,倒入鸡片炒拌均匀,放麻油,装盘即成。

大师指点

鸡片划油,变色即可。

特点 色彩多样,鲜嫩适口。

33 虾籽卤冬菇

主料: 金钱香菇 120 克。

调料: 酱油、白糖、虾籽、麻油、鸡汤。

制作方法

1 金钱香菇放盆内,加开水,盖盖泡发 1 小时,取出去根,洗净泥沙。泡金钱香菇的水沉淀后去泥沙,留用。

2 炒锅上火,放鸡汤、虾籽、金钱香菇、酱油、白糖

烧开,加盖,移小火烧焖约 20 分钟,再上大火,加香菇水,收稠汤汁,放麻油,装盘即成。

大师指点

1 须选用河虾虾籽。

2 卤冬菇若配银杏则成"银杏冬菇",配冬笋则成"卤双冬",配青菜心则成"冬冬青"。

特点 香鲜软韧,风味独特。

34 松子拌冬菇

主料: 松子 30 克。

配料: 鲜冬菇 300 克。

调料: 花生油、酱油、白糖、麻油。

制作方法

1 炒锅上火,放花生油。待油四成热时,放入松子,焐油至微微变色捞出,沥尽油,放绵纸上,吸去油脂。

2 鲜冬菇去根、蒂,洗净,切成丁,放大火开水锅中焯水,捞出沥尽水,放盆内。加酱油、白糖、麻油拌匀。盛盘中,放上松子即成。

大师指点

松子焐油时须低油温、小火。

特点 香酥软韧,冷菜佳品。

35 酿冬菇

主料：水发香菇 24 只。

配料：净白鱼肉 100 克、熟瘦火腿末 10 克、香菜叶 5 克、鸡蛋清 1 个。

调料：熟猪油、葱姜汁、绍酒、精盐、干淀粉、湿淀粉、鸡汤。

制作方法

1 水发香菇洗净，沥尽水，放盆内，加精盐稍拌，平放盘中，撒上干淀粉。

2 净白鱼肉洗净，刮成蓉，加葱姜汁、绍酒、鸡蛋清、精盐，制成鱼馅，再加熟猪油拌匀。

3 将鱼馅放香菇上，抹圆、抹匀，放上熟瘦火腿末、

香菜叶点缀，成为酿冬菇生坯。

4 笼锅上火，放水烧开，放入酿冬菇生坯将其蒸熟，取出放另一盘中。

5 炒锅上火，放鸡汤、精盐烧开，用湿淀粉勾米汤芡，放熟猪油，浇酿冬菇上即成。

大师指点

1 选用大小一致的金钱菇。

2 白鱼肉须泡去血水，保持洁白。

3 蒸制时控制火候，确保鱼肉饱满、白亮。

特点 造型美观，鲜嫩爽口。

36 双色冬菇

主料：水发冬菇 40 只。

配料：净白鱼肉 50 克、熟瘦火腿末 10 克、香菜叶 5 克、鸡蛋清 1 个。

调料：熟猪油、葱姜汁、绍酒、精盐、湿淀粉、虾籽、鸡汤。

制作方法

1 水发冬菇去根洗净放碗内，加虾籽、精盐、熟猪油、鸡汤，放中火开水的笼锅中蒸 1 小时，取出泌下汤汁，取 30 只堆放盘中央，另 10 只放另一盘中，汤汁备用。

2 净白鱼肉洗净、刮成蓉，加葱姜汁、绍酒、鸡蛋

清、精盐，制成鱼馅，再加熟猪油拌匀。

3 将鱼馅放 10 只冬菇上，抹圆、抹匀，放上熟瘦火腿末、香菜叶点缀，成为双色冬菇生坯。

4 笼锅上火，放水烧开，放入酿冬菇生坯将其蒸熟，取出围放在冬菇四周。

5 炒锅上火，放汤汁、鸡汤、精盐，烧开，用湿淀粉勾米汤芡，放熟猪油，浇酿冬菇上即成。

大师指点

选用大小一致的金钱菇。

特点 软韧鲜嫩，一菜双味。

37 冬冬青

主料：水发冬菇 150 克。

配料：熟净鲜冬笋 150 克、熟火腿片 10 克、小青菜心 12 棵。

调料：熟猪油、精盐、湿淀粉、虾籽、鸡汤。

制作方法

1 水发冬菇去柄、洗净，批切成片。

2 熟净鲜冬笋洗净，切成劈柴块。小小青菜心将头部修成圆形，洗净，放大火开水锅中焯水，捞出，放入

冷水中泌透，取出挤干水，放熟猪油锅内熘油至熟，倒入漏勺，沥尽油。

3 炒锅上火，放鸡汤、水发冬菇、熟净鲜冬笋、虾籽、熟猪油烧开，收稠汤汁，放入精盐、小青菜心，用湿淀粉勾琉璃芡，盛盘中，放上熟火腿片即成。

大师指点

冬笋切成劈柴块容易入味。

特点 脆嫩软韧，冬令佳肴。

38 邵伯菱米烩花菇

主料：邵伯菱米 200 克。

配料：水发花菇 200 克、熟鸡肉 50 克、熟胡萝卜片 10 克、小青菜心 6 棵。

调料：熟猪油、精盐、湿淀粉、虾籽、鸡汤、鸡油。

制作方法

1 邵伯菱米一剖两半，去壳，洗净。水发花菇洗净，批切成片。

2 熟鸡肉撕成小鹅毛片。小青菜心将头部修成圆形，洗净，放大火开水锅中焯水，捞出放冷水中泌透，取出挤干水，放熟猪油锅内上火焐油至熟，倒入漏勺，沥尽油。

3 炒锅上火，放熟猪油。待油四成热时，放入邵伯菱

米、水发花菇片、熟胡萝卜片，焐油至熟，倒入漏勺，沥尽油。

4 炒锅上火，放鸡汤、邵伯菱米、水发花菇、胡萝卜片、虾籽烧开，收稠汤汁，放熟鸡肉、小青菜心、精盐烧开，用湿淀粉勾琉璃芡，放鸡油，装盘即成。

大师指点

1 菱米须刮去表皮，以防发黑。

2 菱米下锅时间不宜长，以保持脆爽。

特点 香脆鲜嫩，秋季佳肴。

39 花菇扒鹅掌

主料：水发花菇 300 克。

配料：生鹅掌 10 只、西蓝花 10 克。

调料：花生油、葱结、姜块、绍酒、精盐、酱油、白糖、湿淀粉、八角、虾籽、麻油、鸡汤。

制作方法

1 水发花菇洗净，批切成片，拼成花菇形，扣碗中，加葱结、姜块、精盐、虾籽、鸡汤，放中火开水笼锅中蒸熟、蒸透，取出翻身入盘，泌下汤汁。

2 西蓝花拣洗干净。

3 炒锅上火，放花生油。待油四成热时，放入西蓝花，焐油至熟，倒入漏勺，沥尽油，放在花菇

周围。

4 生鹅掌去衣、指甲，洗净，放大火开水锅中焯水，捞出洗净，放锅内，加水、绍酒、酱油、白糖、八角，大火烧开，移小火烧熟，捞出拆骨后，再放卤汁内略烧，捞出，放西蓝花周围。

5 炒锅上火，放鹅掌汤汁、花菇汤汁、鸡汤烧开，用湿淀粉勾琉璃芡，放麻油，倒盘内即成。

大师指点

三种原料须摆放整齐，倒汤汁时，从盘边倒入。

特点 各具风味，美味可口。

40 花菇老鸡炖辽参

主料：水发花菇 1 只。

配料：老母鸡 1 只（约 1500 克）、水发辽参 10 支、熟火腿片 20 克、水发枸杞子 10 克。

调料：葱结、姜块、绍酒、精盐。

制作方法

1 水发花菇洗净，批切成片，放大火开水锅中焯水，捞出洗净。

2 老母鸡宰杀，去血、毛、气管、食管，从脊背开刀，去内脏，洗净。用刀在骨上稍排，放大火开水

锅中焯水，捞出洗净。

3 砂锅内放水、葱结、姜块、老母鸡、水发花菇，大火烧开，加绍酒，加盖，移小火，焖烧至七成熟，放水发辽参、水发枸杞子，烧熟焖烂，去葱结、姜块，放精盐、熟火腿片即成。

大师指点

1 须选用当年老母鸡。

2 水发辽参须根据涨发情况决定放入砂锅的时间。

特点 汤清味醇，营养丰富。

---

41 鸡粥猴头菇

主料：鲜猴头菇 300 克。

配料：生鸡脯肉 100 克、熟瘦火腿末 10 克、香菜叶 10 克、大米粉 150 克。

调料：熟猪油、葱姜汁、绍酒、精盐、干淀粉、鸡汤。

制作方法

1 鲜猴头菇洗净、切片放盆内，加干淀粉拌匀，放大火开水锅中焯水，捞出。

2 生鸡脯肉洗净，刮成蓉，放碗内，加葱姜汁、绍酒、鸡汤、大米粉、精盐，制成生鸡粥。

3 炒锅上火，放鸡汤、生鸡粥、精盐，大火加热，不断搅动，成粥时放鲜猴头菇、熟猪油搅匀，盛入汤碗，撒上熟瘦火腿末、香菜叶即成。

大师指点

鸡肉蓉越细越好。加热时成为干稀适中的粥。

特点 软嫩爽滑，香鲜可口。

---

42 猴头菇炒肚片

主料：鲜猴头菇 150 克。

配料：熟猪肚 250 克、青蒜 50 克、红椒 20 克。

调料：花生油、绍酒、酱油、白糖、干淀粉、湿淀粉、醋、麻油。

制作方法

1 鲜猴头菇洗净，批切成片，用干淀粉拌匀，放大火开水锅中焯水，捞出，沥尽水。

2 熟猪肚批切成片，放大火开水锅中焯水，捞出洗净，沥尽水。

3 青蒜拣洗干净切成段，红椒去籽洗净切成片。

4 炒锅上火，放花生油、熟猪肚片煸炒，加红椒片炒熟，放酱油、绍酒、白糖，用湿淀粉勾芡，加猴头菇片、青蒜段，炒拌均匀，放醋、麻油，装盘即成。

大师指点

拌干淀粉后焯水的猴头菇口感爽滑。

特点 爽滑鲜香，咸中微甜。

---

43 白汁猴头菇

主料：水发猴头菇 400 克。

配料：熟火腿 150 克、小青菜心 10~12 棵。

调料：熟猪油、绍酒、精盐、干淀粉、湿淀粉、鸡汤。

制作方法

1 水发猴头菇批切成大片，洗净，放入大火开水锅内焯水，捞出挤尽水，拍上干淀粉。

2 熟火腿切成 1.5 寸长、8 分宽、3 分厚的长方片。

3 1 片猴头菇，1 片熟火腿片，叠放碗中，装满一碗，加熟猪油、绍酒、精盐、鸡汤，放入大火开水笼锅中蒸熟、蒸透，取出泌下汤汁，翻身入盘，去扣碗，围上焯水、焐油后的小青菜心。

44 红扒猴头菇

主料： 水发猴头菇 500 克。

配料： 生鸡脯肉 150 克、熟猪肥膘肉 50 克、青菜心 10 棵、鸡蛋清 1 个。

调料： 熟猪油、葱姜汁、绍酒、精盐、酱油、白糖、虾籽、干淀粉、湿淀粉、鸡汤。

制作方法

1 水发猴头菇洗净，切成一刀连、一刀断的夹心片。

2 生鸡脯肉洗净，刮成蓉，熟猪肥膘肉刮成蓉，同放盆内。加葱姜汁、鸡蛋清、干淀粉、绍酒、精盐，制成鸡馅。填入猴头菇夹心片，放大火开水笼锅，蒸 10 分钟。

4 炒锅上火，放鸡汤、汤汁、精盐烧开，用湿淀粉勾琉璃芡，倒入盘内即成。

大师指点

猴头菇片、熟火腿片均需整齐划一。

特点 酥香滑嫩，风味独特。

3 青菜心将头部修成圆形，洗净，放大火开水锅中焯水，捞出放冷水中泌凉，取出挤干水，放熟猪油锅内焐油至熟，倒入漏勺，沥尽油。

4 炒锅上火，放鸡汤、虾籽、酱油、白糖、水发猴头菇，大火烧开，移小火烧透入味，再上大火收稠汤汁，用湿淀粉勾琉璃芡，整齐盛入盘中，围上青菜心即成。

大师指点

猴头菇夹入的鸡馅须适量、匀称。

特点 色泽红亮，香鲜味浓。

45 鸡包猴头菇

主料： 老母鸡 1 只（重约 2000 克）。

配料： 水发猴头菇 200 克、熟火腿片 30 克。

调料： 葱结、姜块、绍酒、精盐。

制作方法

1 老母鸡宰杀，去血、毛，洗净，剁去翅、爪，整鸡出骨后洗净。剖开肫，去肫皮、泥沙，洗净。肝去胆，洗净。

2 水发猴头菇洗净，切成大片，与熟火腿片同灌入鸡腹，用棉线扎紧开口处，制成鸡包猴头菇生坯。放大火开水锅中焯水，捞出洗净。鸡肫、肝焯水后

洗净。

3 砂锅内放鸡包猴头菇生坯、肫、肝、葱结、姜块、水，上火烧开，放绍酒，加盖，移小火上烧熟焖烂，去葱结、姜块，移大火烧开，放精盐即成。

大师指点

1 整鸡出骨时，不能将鸡皮碰破。

2 鸡腹内填猴头菇、火腿时，只能装到三分之二，以防涨破鸡腹，影响造型。

特点 汤清味鲜，别有风味。

46　猴头菇鹿茸炖乌鸡

主料：水发猴头菇 200 克。

配料：乌鸡 1 只（重约 1200 克）、鹿茸片 15 克、熟火腿片 30 克。

调料：葱结、姜块、绍酒、精盐。

制作方法

1　水发猴头菇洗净，批切成片。

2　乌鸡宰杀，去血、毛，洗净，翅下开口，去内脏、头、爪、翅、屁股，洗净剁成块，放大火开水锅中焯水，捞出洗净。

3　鹿茸片洗去泥沙。

4　砂锅内放水、乌鸡、水发猴头菇、鹿茸片、葱结、姜块、绍酒，放入大火开水笼锅中，蒸 2 小时，取出，去葱结、姜块，加精盐，即可上桌。

大师指点

须蒸熟、蒸透、入味。

特点　汤清味醇，食疗佳品。

47　羊肚菌煨绿笋

主料：干羊肚菌 100 克。

配料：绿笋 150 克、熟火腿 100 克、青蒜 10 克。

调料：精盐、鸡汤。

制作方法

1　干羊肚菌用温开水泡软，洗去泥沙，泡冷水中。

2　绿笋洗去杂质，放锅中，加水、铜钱 2 只，约煮 30 分钟，捞出去老根，撕成条，再切成 1.2 寸长段，放水中泡去咸味。

3　熟火腿切成 3 分厚的长方块，青蒜洗净切成段。

4　砂锅内放鸡汤、干羊肚菌、绿笋、熟火腿，大火烧开，移小火烧熟焖烂入味，再上大火，加精盐、青蒜段，烧开，砂锅放入等盘上桌即成。

大师指点

1　羊肚菌须泡发、洗净。

2　煮绿笋水中放铜钱，可保持绿色。

特点　汤清味鲜，别具风味。

48　扣酿羊肚菌

主料：鲜羊肚菌 24 只。

配料：虾仁 120 克、熟猪肥膘肉 50 克、熟鸡肉 50 克、熟净笋 50 克、熟瘦火腿 50 克、菠菜夹子 12 棵、鸡蛋清 1 个。

调料：熟猪油、葱姜汁、葱结、姜块、绍酒、精盐、干淀粉、湿淀粉、鸡汤。

制作方法

1　鲜羊肚菌去泥沙，洗净，放鸡汤锅内，上火煨入味，取出去水分，两面沾上干淀粉。

2　虾仁洗净，挤去水分，刮成蓉，熟猪肥膘肉洗净，刮成蓉，同时放入盆内。加葱姜汁、绍酒、鸡蛋清、干淀粉、精盐，制作成虾馅。

3　熟瘦火腿切成末，菠菜夹子洗净，沥尽水。鲜羊肚菌内逐个抹上虾馅，抹平后撒上熟瘦火腿末，放入小火开水的笼锅中蒸熟，整齐摆放碗内。

4　熟鸡肉撕成小鹅毛片，熟净笋切成片放羊肚菌碗中，加鸡汤、葱结、姜块，放入中火开水笼锅中蒸熟入味，去葱结、姜块，翻身入盘，泌下汤汁，去扣碗。

5　炒锅上火，放熟猪油，将菠菜夹子焐油成熟，倒入漏勺，沥尽油，围放在羊肚菌周围。

6　炒锅上火，放鸡汤、汤汁、精盐烧开，用湿淀粉勾玻璃芡，浇在羊菌肚上即可。

蒸制羊肚菌时火要小，防止虾肉馅起孔。

特点 软嫩鲜香，风味独特。

49 熘桃仁羊肚菌

主料： 鲜羊肚菌24只。

配料： 核桃仁40克、大米粉100克、面粉50克、鸡蛋1个。

调料： 花生油、葱花、姜米、蒜泥、酱油、白糖、湿淀粉、泡打粉、醋、麻油。

制作方法

1 鲜羊肚菌洗净，放大火开水锅中加精盐煮透，捞出晾冷。

2 核桃仁用开水泡透，去外衣，放中火油锅中拉油至脆，捞出沥尽油。

3 将核桃仁放羊肚菌中，用牙签封口，成桃仁羊肚菌生坯。

4 鸡蛋、大米粉、面粉、泡打粉、水，制成全蛋糊。

5 炒锅上火，放花生油。待油七成热时，将桃仁羊肚菌生坯沾满全蛋糊，下油锅炸熟，捞出沥尽油，抽去牙签。待油八成热时，入锅重油，炸至老黄色时，捞出，沥尽油。

6 炒锅上火，放少许花生油、葱花、姜米稍炒，加水、酱油、白糖，烧开，用湿淀粉勾芡，放蒜泥、醋，成糖醋汁，再放入桃仁羊肚菌，炒拌均匀，浇麻油，装盘即成。

大师指点

羊肚菌加核桃仁后，封口须严，蛋糊不能入内。

特点 香酥滋润，酸甜可口。

50 羊肚菌老鸡盅

主料： 水发羊肚菌150克。

配料： 光老母鸡1只（重约1500克）、猪枚条肉100克、熟火腿30克。

调料： 葱结、姜块、绍酒、精盐。

制作方法

1 水发羊肚菌洗净，猪枚条肉切成块洗净、光老母鸡洗净剁成块，分别放大火开水锅中焯水，捞出洗净。熟火腿切成片。

2 瓷圆盅内放水、葱结、姜块、光老母鸡块、猪枚条肉块、水发羊肚菌、熟火腿片，加盖后用油纸封口，放中火开水笼锅中蒸熟、蒸烂，取出去葱结、姜块，放精盐搅匀即成。

大师指点

1 各种原料焯水后均需洗清水，确保汤清。

2 蒸制时间须长，确保成熟入味。

特点 香酥鲜烂，汤汁清醇。

51 翡翠鸡腿菇

主料： 鲜鸡腿菇200克。

配料： 丝瓜200克、毛豆米50克。

调料： 熟猪油、精盐、虾籽、湿淀粉、鸡汤。

制作方法

1 鲜鸡腿菇洗净，切成4瓣放冷水锅，上火煮透。汤过滤留用。

2 丝瓜去表皮，去瓤，切成一字条洗净，放入猪油锅内，上火焐油至熟，捞出，沥尽油。

3 毛豆米放大火开水锅中焯水至熟，捞出放冷水泌透，沥尽水。

4 炒锅上火，放鸡汤、虾籽、鲜鸡腿菇汤、鲜鸡腿菇、毛豆米，烧开，放熟猪油，收稠汤汁，放丝

瓜、精盐，用湿淀粉勾琉璃芡，放少许熟猪油，装盘即可。

大师指点

一字条丝瓜用精盐稍拌，泡洗干净。

特点 色泽美观，鲜脆爽口。

52 鸡腿菇蒸仔鸡

主料：鸡腿菇 200 克。

配料：仔鸡 1 只（重约 850 克）。

调料：葱结、姜块、绍酒、精盐、鸡油。

制作方法

1 鸡腿菇洗净，一切两半，放入汤盘内。

2 仔鸡宰杀，去血、毛，从脊背开刀，去内脏，洗净。用刀在骨头稍排。剖开肫，去杂质，肫皮洗净。肝去胆，洗净。同放在鸡腿菇上，加葱结、姜

块、绍酒、精盐、鸡油，成为鸡腿菇蒸仔鸡生坯。

3 笼锅上火，放水烧开，放入鸡腿菇蒸仔鸡生坯，将其蒸熟、蒸透，取出去葱结、姜块，移另一个盘即成。

大师指点

仔鸡亦可切成大块，成熟后在盘中拼成鸡形。

特点 爽脆鲜嫩，美味可口。

53 虫草花炖鸡腿菇

主料：鸡腿菇 500 克。

配料：虫草花 100 克。

调料：精盐、高级清鸡汤。

制作方法

1 鸡腿菇洗净，剖开，分放 10 只炖盅内。

2 虫草花洗净，分放 10 只炖盅内，加高级清鸡汤、

精盐。加盖，成虫草花炖鸡腿菇生坯。

3 笼锅上火，放水烧开，放入虫草花炖鸡腿菇生坯，用中、小火蒸熟，取出上桌即可。

大师指点

虫草起到调色、配色作用，使汤色金黄。

特点 汤汁香浓，营养丰富。

54 茶树菇炒肉丝

主料：水发茶树菇 200 克。

配料：生猪精肉 150 克、青蒜 50 克、鸡蛋清 1 个。

调料：花生油、绍酒、精盐、酱油、白糖、干淀粉、湿淀粉。

制作方法

1 水发茶树菇洗净，切成 1.2 寸长段。

2 生猪精肉洗净，切成丝，放盆内，加精盐、鸡蛋

清、干淀粉，上浆。青蒜洗净切成段。

3 炒锅上火，辣锅冷油。放入肉丝划油至熟，倒入漏勺，沥尽油。

4 炒锅上火，放花生油、水发茶树菇，煸炒出香味，加青蒜稍炒，放酱油、白糖、绍酒，用湿淀粉勾芡，放肉丝，炒拌均匀，放少许花生油，装盘即可。

大师指点

茶树菇须用中小火煸炒出香味。

特点 色泽酱红，香鲜脆嫩。

55 椒盐茶树菇

主料： 鲜茶树菇 300 克。

配料： 洋葱 30 克、青椒 1 只、红椒 1 只、鸡蛋 2 个。

调料： 花生油、精盐、干淀粉、花椒盐、麻油。

制作方法

1 鲜茶树菇去根，洗净，用精盐稍拌，腌渍入味。

2 青椒、红椒去籽，洗净，切丁。洋葱洗净，切丁。

3 鸡蛋液、干淀粉制成全蛋浆。

4 炒锅上火，放花生油。待油七成热时，将鲜茶树菇沾满全蛋浆，入锅炸熟捞出。待油温八成时，放入重油，炸至外皮香脆，捞出沥尽油。

5 炒锅上火，放花生油、洋葱丁、青红椒丁，煸炒出香味，加茶树菇、花椒盐，炒拌均匀，浇麻油，装盘即成。

大师指点

茶树菇须沾满、沾匀全蛋浆。

特点 香酥脆嫩，美味爽口。

56 茶树菇烧野鸡

主料： 水发茶树菇 250 克。

配料： 野鸡 1 只（重约 750 克）、青蒜 5 克。

调料： 花生油、葱结、姜块、绍酒、酱油、白糖、麻油、八角。

制作方法

1 水发茶树菇洗净，沥尽水。

2 野鸡宰杀，去毛、翅、爪、屁股，从脊背开刀，去气、食管、内脏，洗净，用刀剁成块，放大火开水锅中焯水，捞出洗净。

3 青蒜洗净，切成末。

4 炒锅上火，放花生油。待油七成热时，放水发茶树菇，将其炸香、炸脆，捞出，放冷水中泡至回软。

5 砂锅内放水、葱结、姜块、野鸡、茶树菇、八角、酱油、白糖，大火烧开，加绍酒，盖盖，移小火烧熟焖烂，再上大火收稠汤汁，浇麻油，装盘即成。

大师指点

野鸡剁成块，放冷水浸泡去血水。

特点 色泽酱红，香酥味美。

57 杏鲍菇熘大耳朵鸡

主料： 杏鲍菇 200 克。

配料： 猪里脊肉 200 克、青椒 20 克、鸡蛋 1 个。

调料： 花生油、葱花、姜米、蒜泥、精盐、酱油、白糖、干淀粉、湿淀粉、醋、麻油。

制作方法

1 杏鲍菇洗净，切成丁。青椒去籽，切成块。

2 猪里脊肉批切成厚片，肉面上剖十字花刀，并用刀拍一下，切成菱形大丁，放入盆内加精盐、鸡蛋、干淀粉上浆，成为大耳朵鸡。

3 炒锅上火，辣锅冷油，放入杏鲍菇划油至熟，倒入漏勺，沥尽油。

4 炒锅上火，辣锅冷油，放大耳朵鸡划油至熟，倒入漏勺，沥尽油。

5 炒锅上火，放花生油、葱花、姜米、青椒块稍炒，加酱油、白糖、蒜泥，用湿淀粉勾芡，放杏鲍菇、大耳朵鸡，炒拌均匀，放醋、麻油，装盘即成。

大师指点

杏鲍菇水煮则韧，划油则嫩，可根据需要加工。

特点 滑嫩鲜香，酸甜可口。

58 白玉菇炒鳜鱼丝

主料：白玉菇 200 克。

配料：净鳜鱼肉 150 克、青椒 20 克、鸡蛋清 1 个、酱生姜 10 克、酱瓜 10 克。

调料：花生油、精盐、干淀粉、湿淀粉、醋、麻油。

制作方法

1 白玉菇去两头、洗净，切成 6 厘米长段。

2 净鳜鱼肉洗净，切成丝，放入盆内。用精盐、鸡蛋清、干淀粉上浆。

3 青椒去籽，洗净，切成丝。酱生姜、酱瓜切成丝，放碗内，用开水泡去咸味，沥尽水。

4 炒锅上火，辣锅冷油，放白玉菇划油至熟，倒入漏

勺，沥尽油。

5 炒锅上火，辣锅冷油，放鳜鱼丝划油至熟，倒入漏勺，沥尽油。

6 炒锅上火，放花生油、青椒丝、酱生姜丝、酱瓜丝，稍加煸炒，加水、精盐，用湿淀粉勾芡，倒入鳜鱼丝、白玉菇，炒拌均匀，放麻油，盛入放底醋的盘中即成。

大师指点

鳜鱼丝须细而均匀，冷油下锅，用筷子划散。上火加热后，倒入漏勺，沥尽油。

特点 色泽洁白，鲜嫩爽口。

59 芥末炝木耳

主料：水发木耳 400 克。

配料：小红米椒 2 只。

调料：酱油、醋、白糖、芥末膏、麻油。

制作方法

1 炒锅上火，放少量水、白糖，烧开融化，盛碗内加酱油、少许醋，制成糖醋汁。

2 小红米椒去柄、籽，切成小圆圈，放入大火开水锅中烫熟。

3 水发木耳拣洗干净，放大火开水锅中烫熟，捞出沥尽水，放盆内与小红米椒拌匀。

4 糖醋汁加芥末膏搅匀，放盆内，与水发木耳、小红米椒拌匀。装盘，浇麻油即成。

大师指点

须选择小朵木耳，泡发后即可制作。

特点 爽脆香辣，风味独特。

60 木耳羹

主料：水发木耳 150 克。

配料：熟鸡脯肉 50 克、香菜叶 10 克、鸡蛋 1 个。

调料：熟猪油、葱花、姜米、绍酒、精盐、酱油、醋、胡椒粉、湿淀粉、鸡汤。

制作方法

1 水发木耳拣洗干净，放开水锅中用中火煮熟、煮软，捞出切成丝。

2 熟鸡脯肉撕成丝，鸡蛋液搅打均匀。

3 炒锅上火，放熟猪油、葱花、姜米稍炒，加鸡汤、熟鸡脯肉、水发木耳，烧开，放绍酒、精盐、少许酱油、醋，用湿淀粉勾芡，呈牙黄色，徐徐倒入鸡蛋液，边倒边搅，使之呈云片状，放胡椒粉，盛入汤碗，撒上香菜叶即成。

大师指点

1 木耳须煨软，不是泡软。

2 勾芡时须小火，不能起泡、发浑。

特点 香辣软嫩，开胃可口。

61 地耳炒春笋

主料： 水发地耳 200 克。

配料： 春笋 500 克、葱白段 20 克。

调料： 花生油、酱油、白糖、湿淀粉、麻油。

制作方法

1 水发地耳拣去杂质，洗净泥沙，沥尽水。

2 春笋去壳、根、外衣，放水锅内煮熟，捞出切成梳背块，洗净。葱白段洗净，切成雀舌葱。

3 炒锅上火，放花生油。待油八成热时，放入春笋拉

油，捞出沥尽油。

4 炒锅上火，放花生油、雀舌葱炒出香味，加地耳、春笋煸炒成熟，放酱油、白糖，用湿淀粉勾芡，放麻油，装盘即成。

大师指点

地耳须去尽杂质，清洗干净。

特点 脆嫩软鲜，风味独特。

62 地耳涨蛋

主料： 水发地耳 100 克。

配料： 鸡蛋 6 个。

配料： 花生油、葱花、精盐、干淀粉。

制作方法

1 水发地耳拣去杂质，洗净泥沙，沥尽水。

2 鸡蛋打入碗内，加葱花、干淀粉、精盐，搅打均匀，放入水发地耳，成地耳蛋液。

3 炒锅上火，放花生油。待油六成热时，倒入地耳蛋

液，边炒边搅拌，蛋液快凝固时，晃动炒锅，使其凝固成 1 块圆饼，盖上锅盖，炒锅不停地四面转动，使蛋饼受热均匀，慢慢涨发，翻身再煎制，当香味飘出时，去锅盖，起锅装盘即成。

大师指点

涨蛋时必须控制火力、加盖。大翻锅时，须保持形态完整。

特点 香酥松嫩，美味可口。

63 笋干煨石耳

主料： 水发石耳 200 克。

配料： 水发玉兰笋 250 克、熟火腿条 50 克。

调料： 花生油、葱段、姜片、精盐、鸡汤。

制作方法

1 水发石耳拣洗干净。

2 水发玉兰笋去老根，洗净切成片。

3 炒锅上火，放花生油、葱段、姜片炒出香味，放鸡

汤、水发石耳、水发玉兰笋、熟火腿条烧开，移小火上煨 10 分钟，再上大火收稠汤汁，至半干时，倒砂锅中，上火烧开，加精盐，上桌即成。

大师指点

切玉兰笋时须顶刀切，以使其纤维变短。

特点 香鲜脆爽，别具特色。

64 葛仙米豆腐羹

主料： 水发葛仙米 150 克。

配料： 豆腐 1 块、熟鸡肉 50 克、熟瘦火腿末 15 克、青蒜末 10 克。

调料： 精盐、湿淀粉、胡椒粉、鸡汤、熟鸡油。

制作方法

1 水发葛仙米洗净，放中火开水锅中煮熟，捞出放冷水中，泌凉，再去尽水。

2 豆腐切成丁，熟鸡肉切成丁。

3 砂锅内放鸡汤、葛仙米、熟鸡肉、豆腐、精盐烧开，用湿淀粉勾米汤芡，撒胡椒粉，装入汤碗，放熟瘦火腿末、青蒜末，滴几滴熟鸡油即成。

大师指点

勾芡时火须小，勿使浑汤。

特点 汤色明亮，口感爽滑。

65 灵芝炖鸡

主料： 灵芝片 20 克。

配料： 老母鸡（草鸡）1 只（重 1500~2000 克）。

调料： 葱结、姜块、绍酒、精盐。

制作方法

1 灵芝片洗净。

2 老母鸡宰杀，去毛、翅、爪、屁股，从脊背开刀，去气管、食管、内脏洗净，剁成块，放大火开水锅中焯水，捞出洗净。

3 砂锅内放水、灵芝片、老母鸡块、葱结、姜块，上大火烧开，加绍酒，加盖，移小火上煨熟焖烂，再上大火烧开，去葱结、姜块，加精盐即成。

大师指点

1 灵芝用量不宜多，否则汤会发苦。

2 小火煨焖，可使灵芝药性充分释放。

特点 汤汁清醇，滋补佳品。

66 灵芝银耳汤

主料： 灵芝片 20 克。

配料： 水发银耳 200 克。

调料： 精盐、鸡汤（咸味）、冰糖（甜味）。

制作方法

1 灵芝片洗净，放碗内加水，入小火开水笼锅中，蒸 2 小时，泌下汤汁待用。

2 （咸味）砂锅内放鸡汤、灵芝汤、水发银耳、灵芝片，大火烧开，加盖，移小火煨熟，再上大火烧开，加精盐即成。

3 （甜味）砂锅内放水、灵芝汤、灵芝、水发银耳，大火烧开，加盖，移小火煨熟，放入冰糖，再上大火烧开，至冰糖融化即成。

大师指点

须选用黄色银耳。

特点 （咸味）汤汁清醇，软糯可口；（甜味）软糯美味，香甜可口。

67 银耳枇杷羹

主料：干银耳 15 克。

配料：鲜枇杷 400 克。

调料：冰糖。

制作方法

1 干银耳用开水泡发胀大，去根蒂，撕成瓣洗净，放入砂锅中，加水上大火烧开，移小火煨焖至软烂，

加冰糖，用大火烧开，至冰糖溶化，盛汤碗内。

2 鲜枇杷用开水烫后，撕去外皮，剖开，去核、内膜，再用开水烫一下，放银耳碗内即成。

大师指点

枇杷去皮、膜、核，保持形态完整。

特点 软嫩香甜，别具风味。

68 白雪银耳

主料：水发银耳 150 克。

配料：鸡蛋清 4 个。

调料：精盐、高级清鸡汤。

制作方法

1 水发银耳拣洗干净，撕成片状。

2 砂锅上火，放高级清鸡汤、水发银耳烧开，移小火将其煨熟，再上大火加精盐烧一下，捞出沥尽汤，放入汤盘内。

3 鸡蛋清搅打成发蛋，放银耳片上，呈馒头形，成为白雪银耳生坯。

4 笼锅上火，放水烧开，放上白雪银耳生坯，稍微蒸一下，蒸熟取出。

5 炒锅上火，放高级清鸡汤烧开，加精盐，浇白雪银耳上即成。

大师指点

1 发蛋须搅打上劲，待银耳冷后，才可放上。

2 白雪上可放红、绿原料装饰，也可摆成图案。

特点 汤清味醇，软嫩滑爽。

69 翡翠鸡腿菇

主料：鲜鸡腿菇 200 克。

配料：丝瓜 200 克、毛豆米 50 克。

调料：熟猪油、精盐、虾籽、湿淀粉、鸡汤。

制作方法

1 鲜鸡腿菇洗净，切成 4 瓣放冷水锅，上火煮透，汤过滤留用。

2 丝瓜去表皮，去瓢，切成一字条洗净，放入猪油锅内，上火焐熟，捞出，沥尽油。

3 毛豆米放大火开水锅中，焯水至熟，捞出用冷水泌透，沥尽水。

4 炒锅上火，放鸡汤、虾籽、鸡腿菇汤、鸡腿菇、毛豆米烧开，加熟猪油，收稠汤汁，放丝瓜、精盐，用湿淀粉勾琉璃芡，装盘即可。

大师指点

一字条丝瓜用精盐稍拌，泡洗干净。

特点 色泽美观，鲜脆爽口。

70 鸡腿菇蒸仔鸡

主料：鸡腿菇 200 克。

配料：仔鸡 1 只（重约 850 克）。

调料：葱结、姜块、绍酒、精盐、鸡油。

制作方法

1 鸡腿菇洗净，一切两半，放入汤盘内。

2 仔鸡宰杀，去毛，从脊背开刀，去内脏，洗净。用刀在骨头稍排。剖去肫杂质，肫皮洗净，肝去胆，

洗净。同放在鸡腿菇上。加葱结、姜块、绍酒、精盐、鸡油，成为鸡腿菇蒸仔鸡生坯。

3 蒸锅上火，放水烧开，放入鸡腿菇蒸仔鸡生坯将其蒸熟、蒸透，取出去葱结、姜块，移另一个盘即成。

大师指点

仔鸡也可切成大块，成熟后在盘中拼成鸡形。

特点 爽脆鲜嫩，美味可口。

71 虫草花炖鸡腿菇

主料：鸡腿菇 500 克。

配料：虫草花 100 克。

调料：精盐、高级清鸡汤。

制作方法

1 鸡腿菇洗净，剖开，分放 10 只炖盅内。

2 虫草花洗净，分放 10 只炖盅内，加高级清鸡汤、

精盐。加盖，成虫草花炖鸡腿菇生坯。

3 笼锅上火，放水烧开，放入虫草花炖鸡腿菇生坯，用小火蒸熟，取出上桌即可。

大师指点

虫草花起到调色、配色作用，使汤色金黄。

特点 汤汁香浓，营养丰富。

72 茶树菇炒肉丝

主料：水发茶树菇 200 克。

配料：猪精肉 150 克、青蒜 50 克、鸡蛋清 1 个。

调料：花生油、绍酒、精盐、酱油、白糖、干淀粉、湿淀粉。

制作方法

1 水发茶树菇洗净，切成 1.2 寸长段。

2 猪精肉洗净，切丝，放盆内，加鸡蛋清、精盐、干淀粉上浆。青蒜洗净，切段。

3 炒锅上火，辣锅冷油，将肉丝划油至熟，倒入漏勺，沥尽油。

4 炒锅上火，放花生油、水发茶树菇煸炒出香味，加青蒜稍炒，放酱油、白糖、绍酒，用湿淀粉勾芡，放肉丝炒匀，放少许花生油，装盘即可。

大师指点

茶树菇须用中小火煸炒出香味。

特点 色泽酱红，香鲜脆嫩。

73 椒盐茶树菇

主料：鲜茶树菇 300 克。

配料：洋葱 30 克、青红椒各 1 只、鸡蛋 2 个。

调料：花生油、精盐、干淀粉、花椒盐、麻油。

制作方法

1 茶树菇去根、洗净，用精盐稍拌，腌渍入味。

2 青、红椒去籽、洗净、切丁。洋葱洗净、切丁。

3 鸡蛋液、干淀粉制成全蛋浆。

4 炒锅上火，放花生油，待油温七成热时，将茶树菇沾满全蛋浆，入锅炸熟捞出，待油温八成时重油炸至外皮香脆，捞出沥尽油。

5 炒锅上火，放花生油、洋葱丁、青红椒丁煸炒出香

味，加茶树菇、花椒盐炒拌均匀，浇麻油，装盘即成。

大师指点

茶树菇须沾满、沾匀全蛋浆。

特点 香酥脆嫩，美味爽口。

74 茶树菇烧野鸡

主料： 水发茶树菇 250 克。

配料： 野鸡 1 只（重约 750 克）、青蒜 5 克。

调料： 花生油、葱结、姜块、绍酒、酱油、白糖、麻油、八角。

制作方法

1 茶树菇洗净，沥尽水。

2 野鸡宰杀、去毛、翅、爪、屁股，从脊背开刀，去气、食管、内脏，洗净剁成块，放大火开水锅中焯

水，捞出洗净。

3 青蒜洗净，切成末。

4 炒锅上火，放花生油，待油温七成热时，放茶树菇将其炸香、炸脆，捞出放冷水中泡至回软。

5 砂锅内放水、葱结、姜块、野鸡、茶树菇、八角、酱油、白糖，大火烧开，加盖，移小火烧熟焖烂，再上大火收稠汤汁，浇麻油，装盘即成。

75 杏鲍菇熘大耳朵鸡

主料： 杏鲍菇 200 克。

配料： 猪里脊肉 200 克、青椒 20 克、鸡蛋 1 个。

调料： 花生油、葱花、姜米、蒜泥、精盐、酱油、白糖、干淀粉、湿淀粉、醋、麻油。

制作方法

1 杏鲍菇洗净，切成丁。青椒去籽，切成块。

2 里脊肉批切成厚片，肉面上剖十字花刀并用刀拍一下切成菱形大丁，放入盆内加精盐、鸡蛋液、干淀粉上浆，成为大耳朵鸡。

3 炒锅上火，辣锅冷油，放入杏鲍菇，划油至熟，倒

入漏勺沥尽油。

4 炒锅上火，辣锅冷油，放大耳朵鸡块划油至熟，倒入漏勺，沥尽油。

5 炒锅上火，放花生油、葱花、姜米、青椒片稍炒，加酱油、白糖、蒜泥，用湿淀粉勾芡，放杏鲍菇、大耳朵鸡炒拌均匀，加醋、麻油，装盘即成。

大师指点

杏鲍菇水煮则韧，划油则嫩，可根据需要加工。

特点 滑嫩鲜香，酸甜可口。

76 白玉菇炒鳜鱼丝

主料： 白玉菇 200 克。

配料： 净鳜鱼肉 150 克、青椒 20 克、鸡蛋清 1 个。

调料： 花生油、精盐、酱生姜、酱瓜、干淀粉、醋、麻油。

制作方法

1 白玉菇去两头、洗净。切成 6 厘米长段。

2 鳜鱼肉洗净切成丝放入盆内，用精盐、鸡蛋清、干淀粉、均匀上浆。

3 青椒去籽、洗净、切成丝。酱生姜、酱瓜切成丝，放碗内用开水泡去咸味，沥尽水。

4 炒锅上火，辣锅冷油，将白玉菇划油至熟，倒入漏勺，沥尽油。

5 炒锅上火，辣锅冷油，将鳜鱼丝划油至熟，倒入漏勺，沥尽油。

6 炒锅上火，放花生油，青椒，酱生姜丝，酱瓜丝

等，稍加煸炒，加水，精盐，用湿淀粉勾芡，倒入鳜鱼丝，白玉菇炒匀，浇放麻油，盛入放底醋的盘中即成。

大师指点

鳜鱼丝须细而均匀，冷油下锅，用筷子划散，上火加热后倒入漏勺，沥尽油。

特点 色泽洁白，鲜嫩爽口。

77　芥末炝木耳

主料： 水发木耳 400 克。

配料： 小红米椒 2 只。

调料： 酱油、醋、白糖、芥末膏、麻油。

制作方法

1 炒锅上火，放少量水，白糖，烧开溶化，盛碗内加少许醋，调成糖醋汁。

2 红椒去柄，籽，切成小圆圈，放入大火开水锅中烫熟。

3 木耳拣洗干净，放大火开水锅中烫熟，捞出沥干水，放盆内与红椒搅拌均匀。

4 糖醋汁内加芥末膏搅均，放盆内与木耳，红椒拌匀。装盘，放入麻油即成。

大师指点

须选择小朵木耳，泡发后即需制作。

特点 爽脆香辣，风味独特。

78　木耳羹

主料： 水发木耳 150 克。

配料： 熟鸡脯肉 50 克、香菜叶 10 克、鸡蛋 1 个。

调料： 熟猪油、葱花、芥末、绍酒、精盐、酱油、醋、胡椒粉、湿淀粉、鸡汤。

制作方法

1 木耳拣洗干净，放水锅中用中火煮熟、煮软，捞出切成丝。

2 鸡脯肉撕成丝，鸡蛋液打均匀。炒锅上火，放熟猪油、葱花、姜米稍炒，加鸡汤、鸡脯肉、木耳烧

开，放绍酒、精盐、少许酱油、醋，用湿淀粉勾芡，呈牙黄色，徐徐倒入鸡蛋液，边倒边搅，使之成云片状，撒胡椒粉，盛入汤碗，撒上香菜叶即成。

大师指点

1 木耳须煨软，不是泡软。

2 勾芡时须小火，不能起泡、发浑。

特点 香辣软嫩，开胃可口。

79　地耳炒春笋

主料： 水发地耳 200 克。

配料： 春笋 500 克。

调料： 花生油、葱白段、酱油、白砂糖、湿淀粉、

麻油。

制作方法

1 地耳拣去杂质，洗净泥沙，沥尽水。

2 春笋去壳、根，放水锅内煮熟，捞出切成梳背块，洗净。葱白段洗净，切成雀舌葱。

3 炒锅上火，放花生油，油温度八成热时，放入春笋拉油，捞出沥尽油。

4 炒锅上火，放花生油、雀舌葱炒出香味，加地耳煸

炒成熟，放春笋翻炒，加酱油、白糖，用湿淀粉勾芡，放麻油，装盘即成。

大师指点

地耳须去尽杂质，清洗干净。

特点 脆嫩软鲜，风味独特。

---

80 地耳涨蛋

主料：水发地耳 100 克。

配料：鸡蛋 6 个。

配料：花生油、葱花、精盐、干淀粉。

制作方法

1 地耳拣去杂质，洗净泥沙，沥尽水。

2 鸡蛋打入碗内，加葱花、干淀粉，精盐、搅打均匀，放入地耳。

3 炒锅上火，放花生油，待油 6 成热时，倒入地耳蛋

液，边炒边搅拌，蛋液快凝固时，晃动炒锅，使其凝固成一块圆饼，盖上锅盖，炒锅不停地四面晃动，使蛋饼受热均匀，慢慢涨发，翻身再煎制，当香味飘出时，去锅盖起锅装盘即成。

大师指点

涨蛋时必须控制火力、加盖。大翻锅时，须保持形态完整。

特点 香酥松嫩，美味可口。

---

81 笋干煨石耳

主料：水发石耳 200 克。

配料：水发玉兰笋 250 克、熟火腿片 50 克。

调料：花生油、葱段、姜片、精盐、鸡汤。

制作方法

1 石耳拣洗干净。

2 玉兰笋去老根，洗净切成片。

3 炒锅上火，放花生油、葱段、姜片炒出香味，放鸡

汤、石耳、玉兰笋、火腿片烧开，移小火上煨 10 分钟，再大火收稠汤汁，至半干时倒砂锅中，上火烧开，加精盐，上桌即成。

大师指点

切玉兰笋时须顶刀切，以使纤维变短。

特点 香鲜脆爽，别具特色。

---

82 葛仙米豆腐羹

主料：水发葛仙米 150 克。

配料：豆腐 1 块、熟鸡肉 50 克、熟瘦火腿末 15 克、青蒜末 10 克。

调料：精盐、胡椒粉、湿淀粉、鸡汤、熟鸡油。

制作方法

1 葛仙米洗净，放中火开水锅中煮熟捞出，放冷水中泌凉，再去尽水。

2 豆腐切成丁，鸡肉切成丁。

3 砂锅内放鸡汤、葛仙米、鸡肉、豆腐烧开，用湿淀粉勾米汤芡，撒胡椒粉，装入汤碗，浇上熟鸡油即成。

大师指点

勾芡时火须小，勿使浑汤。

特点 汤色明亮，口感爽滑。

83 灵芝炖鸡

主料： 灵芝片 20 克。
配料： 老母鸡（草鸡） 1 只（重 1500~2000 克）。
调料： 葱结、姜块、绍酒、精盐。
制作方法
1 灵芝洗净。
2 鸡宰杀、去血、毛、翅、爪、屁股、从脊背开刀，去气、食管、内脏、洗净，剁成块，放大火开水锅中焯水，捞出洗净。

3 砂锅内放水、灵芝、鸡块、葱结、姜块，大火烧开，加绍酒，加盖，移小火上烧熟焖烂，再上大火烧开，去葱结、姜块、放精盐即成。

大师指点
1 灵芝用量不宜多，否则汤会发苦。
2 小火煨焖，可使灵芝药性充分释放。

特点 汤汁清醇，滋补佳品。

84 灵芝银耳汤

主料： 灵芝片 20 克。
配料： 水发银耳 200 克。
调料： 精盐、鸡汤（咸味）、冰糖（甜味）。
制作方法
1 灵芝洗净，放碗内加水，入小火开水笼锅中蒸 2 小时，泌下汤汁待用。
2 （咸味）砂锅内放鸡汤、灵芝汤、银耳，灵芝，大火烧开，加盖，移小火焖熟，加精盐，大火烧开

即成。
3 （甜味）砂锅内放水、灵芝汤、灵芝、银耳，大火烧开，加盖，移小火焖至软烂，放入冰糖，再用大火烧开，至冰糖融化即成。

大师指点
须选用黄色银耳。

特点（咸味）汤汁清醇，软糯可口。
（甜味）软糯美味，香甜可口。

85 银耳枇杷羹

主料： 干银耳 15 克。
配料： 鲜枇杷 400 克。
调料： 冰糖。
制作方法
1 银耳用开水泡发胀大，去根蒂，撕成瓣洗净，放入砂锅中，加水，大火烧开，移小火焖烧软烂，加冰

糖，用大火烧开，至白糖溶化，盛汤碗内。
2 枇杷用开水烫后，撕去外皮，剖开去籽、内膜，再用开水烫一下，放银耳碗内即成。

大师指点
枇杷去皮、膜、核，保持形态完整。

特点 软嫩香甜，别具风味。

86 白雪银耳

主料： 水发银耳 150 克。
配料： 鸡蛋清 4 个。
调料： 精盐、高级清鸡汤。

制作方法
1 银耳拣洗干净，撕成片状。
2 炒锅上火，放鸡汤、银耳烧开，加精盐再烧一下，

捞出。沥尽汤，放入汤盘内。

3 鸡蛋清拭打成发蛋，放银耳片上，呈馒头形，成为白雪银耳生坯。

4 笼锅上火，放水烧开，放上白雪银耳生坯，稍微蒸一下，蒸熟。

5 炒锅上火，放鸡汤烧开，加精盐，倒入白雪银耳盘

内即成。

大师指点

1 发蛋须搅打上劲，待银耳冷后，才可放上。

2 白雪上可放红、绿原料装饰，亦可摆成图案。

特点 汤清味醇，软嫩滑爽。

87 月宫银耳

主料：水发银耳 200 克。

配料：鸽蛋 10 个、熟瘦火腿末 10 克、香菜叶 5 克。

调料：熟猪油、精盐、鸡清汤。

制作方法

1 水发银耳撕碎、洗净，放碗内，加鸡汤，放大火开水笼锅中蒸至熟烂，取出泌下汤汁。

2 取 10 只小酱油碟，抹上熟猪油，放冰箱稍冻取出，打入鸽蛋，放上熟瘦火腿末、香菜叶，成为月宫鸽蛋生坯。

3 笼锅上火，放水烧开，放入月宫鸽蛋生坯，将其蒸熟，取出放冷水中，取下鸽蛋，集中放另一盘中，复蒸一下，取出。

4 炒锅上火，放鸡汤烧开，加精盐，倒入大平底汤盘中，中间堆放银耳，鸽蛋围在四周即成。

大师指点

从小碟中取出鸽蛋，须保持完整。

特点 汤汁清醇，爽脆细嫩。

88 虫草炖老鸭

主料：虫草 2 克。

配料：光鸭（高邮雄麻鸭） 1 只（2000 克）。

调料：葱结、姜块、绍酒、精盐。

制作方法

1 光鸭去嘴、骨、爪、翅、屁股，从脊背开刀，去气、食管、内脏，洗净，用刀在骨头上稍排。肫去肫皮，洗净泥沙。肝去胆，洗净。心洗净。均放入大火开水锅中焯水，捞出洗净。

2 砂锅内放水、葱结、姜块、绍酒、虫草、光鸭和肫、肝等，加盖后用油纸密封。

3 笼锅上中火，放水烧开，放入砂锅，将鸭等蒸熟、蒸烂，去盖，放精盐，上桌即成。

大师指点

此菜用蒸烧的方法将鸭蒸熟，时间较长。

特点 汤汁清醇，酥烂脱骨。

89 竹荪鸽蛋汤

主料：竹荪 10 支。

配料：鸽蛋 10 个、菠菜夹子（菠菜嫩头） 30 克、熟火腿末 15 克、香菜叶 15 只。

调料：熟猪油、精盐、高级清鸡汤。

制作方法

1 取 10 只小酱油碟，抹上熟猪油，放冰箱略冻。每只放 1 个鸽蛋，再放熟火腿末、 1 片香菜叶，入中火开水笼锅中蒸熟，取出，在冷水中脱出鸽蛋，放

另一盘中，复蒸一下。

2 竹荪去两头，切成两段，放碗中，加高级清鸡汤、精盐，上中火开水笼锅内蒸熟，泌下汤汁，分放 10 个小盅中。

3 炒锅上火，放高级清鸡汤、精盐烧开，分放 10 只盅内。

4 炒锅上火，放水烧开，将菠菜夹子烫熟，捞出挤干水分，分放盅内，再放鸽蛋，即成。

大师指点

蒸鸽蛋时，掌握火候，防止起孔。

特点 造型美观，细嫩爽脆，汤清味醇。

---

90 酿竹荪

主料： 水发竹荪 12 只。

配料： 虾仁 150 克、熟猪肥膘肉 50 克、熟瘦火腿 10 克、水发香菇 10 克、香菜叶适量、鸡蛋清 1 个。

调料： 熟猪油、葱姜汁、绍酒、精盐、干淀粉、湿淀粉、鸡汤。

制作方法

1 水发竹荪洗净，切去两头，剖开，切成大小一致的 12 片，放大火开水锅中焯水，捞出，平铺在盘内，略撒干淀粉。

2 虾仁洗净，挤尽水，刮成蓉，熟猪肥膘肉洗净，刮成蓉，同放盆内。加葱姜汁、绍酒、鸡蛋清、干淀粉、精盐，制成虾馅。

3 熟瘦火腿切成小圆片、菱形片，当成花瓣。水发香

菇剪成长短不一的长条，当花枝，香菜叶洗净。

4 虾馅放水发竹荪上，抹平，再用熟瘦火腿片、水发香菇条、香菜叶，拼出花形，成为酿竹荪生坯。

5 笼锅上火，放水烧开，放入酿竹荪生坯，将其蒸熟，取出摆放入盘。

6 炒锅上火，放鸡汤烧开，加精盐，用湿淀粉勾琉璃芡，放熟猪油，浇酿竹荪上即成。

大师指点

1 圆形、菱形花瓣均需大小一致。

2 虾馅须略厚。

特点 形态美观，爽脆鲜嫩。

---

91 鸡枞炒仔鸡

主料： 鸡枞菇 200 克。

配料： 净仔鸡肉（带皮） 150 克、红大椒 1 只。

调料： 花生油、绍酒、精盐、酱油、白糖、干淀粉、湿淀粉、麻油、醋、鸡蛋液。

制作方法

1 鸡枞菇修去老根，切成丁洗净，放大火开水锅中焯水，捞出沥尽水。

2 净仔鸡肉洗净，在肉面上剞十字花刀，切成丁，用精盐、鸡蛋液、干淀粉上浆。

3 红大椒去籽，洗净，切成片。

4 炒锅上火，辣锅冷油，放入鸡丁划油至熟，倒入漏勺，沥尽油。

5 炒锅上火，放花生油、红椒、鸡枞菇，煸炒成熟，加酱油、白糖、绍酒，用湿淀粉勾芡，倒入鸡丁炒拌均匀，放醋、麻油，装盘即成。

大师指点

1 选用小一些的鸡枞菇。

2 炒制时须大火、快炒。

特点 香脆鲜嫩，咸中微甜。

92　燕笋炒鸡枞

主料：鸡枞菇 200 克。
配料：燕笋 250 克、青蒜 40 克。
调料：花生油、酱油、白糖、湿淀粉、麻油。
制作方法
1　鸡枞菇去老根，切成片洗净。
2　燕笋去壳、根、外衣，洗净，放大火开水锅中煮熟，捞出，切成滚刀块。
3　青蒜洗净，切段。

4　炒锅上火，放花生油、鸡枞菇、燕笋，焐油至熟，倒入漏勺，沥尽油。
5　炒锅上火，放少量花生油、青蒜，煸炒几下，加酱油、白糖，用湿淀粉勾芡，放鸡枞菇、燕笋，炒拌均匀，放麻油，装盘即成。

大师指点
燕笋含草酸，故需煮熟分解。

特点　香鲜脆嫩，咸中微甜。

93　鸡枞菇氽鲫鱼汤

主料：鸡枞菇 150 克。
配料：大活鲫鱼 2 条（约 800 克）。
调料：熟猪油、葱结、姜块、姜米、绍酒、精盐、醋。
制作方法
1　鸡枞菇去老根，洗净，切片。
2　大活鲫鱼去鳞、腮，剖腹去内脏，洗净。
3　炒锅上火，放水、鲫鱼、葱结、姜块、鸡枞菇烧

开，放绍酒，加盖继续烧开，放熟猪油，烧至汤色浓白，加精盐，去葱结、姜块，装碗即成。上桌时带醋碟。

大师指点
1　鲫鱼选用野生的。
2　放熟猪油后，须大火烧滚。

特点　汤汁浓白，香脆鲜嫩。

94　葱油金针菇

主料：金针菇 300 克。
配料：红大椒 1 只、青大椒 1 只。
调料：花生油、葱白段、精盐、醋、白糖。
制作方法
1　金针菇去老根，洗净，切成段，放大火开水锅中煮熟，捞出沥尽水。
2　炒锅上火，放花生油、葱白段，用小火炼出葱油，去葱白段。
3　金针菇用葱油、精盐、少许白糖，拌匀，盛盘中。

4　红大椒、青大椒去籽，洗净，放大火开水锅中烫熟，捞出去尽水，切成丝，用葱油、精盐拌匀，放金针菇上即成。

大师指点
1　制作葱油：葱白段放入油中，上火，火不能大。将葱白段炸出香味即可。
2　金针菇烫熟即可，不能烫过头。

特点　香鲜脆爽，清淡可口。

95 原盅炖杂菌

主料： 蟹味菇 100 克、白玉菇 100 克、滑子菇 100 克、虫草花 100 克、鸡枞菇 100 克、鸡腿菇 100 克、牛肝菌 100 克、松蓉 100 克、红枣 10 粒、枸杞 30 克。

调料： 精盐、鸡汤、鸡油。

制作方法

1 各种菇洗净。其中鸡枞菇、鸡腿菇用刀剖开，松蓉切成 4 瓣，鸡枞菇、松蓉、牛肝菌分别放大火开水

锅中焯水，捞出洗去颜色。

2 将八种菇分放 10 只盅内，放入鸡汤，加洗净的红枣、枸杞、精盐，盖上盅盖，放中火开水笼锅内蒸 1.5 小时，取出时淋上鸡油，上桌即成。

大师指点

须将各种菇蒸熟、蒸透。

特点 口感丰富，汤汁清醇。

96 发菜双球汤

主料： 发菜 50 克。

配料： 老豆腐 2 块、水发冬菇 40 克、榨菜末 50 克、水发绿笋 40 克、茼蒿 20 克、鸡蛋清 1 个。

调料： 花生油、葱花、姜米、精盐、干淀粉、麻油、素汤。

制作方法

1 发菜用水泡发开，拣去杂质，制成小包子大小的球形。

2 老豆腐去上下老皮，挤去水，揉成泥，放盆内，加鸡蛋清、葱花、姜米、干淀粉、精盐，制成豆腐馅。

3 炒锅上火，放花生油。待油七成热时，将豆腐馅用手抓成大圆子，入油锅炸熟，捞出沥尽油。

4 水发冬菇洗净，切丝。茼蒿拣洗干净。水发绿笋撕成丝，切 1 寸长段。

5 炒锅上火，放素汤、发菜球、豆腐球、水发冬菇丝、水发绿笋丝烧开，加茼蒿、精盐烧开，盛汤碗中，放上麻油即成。上桌带榨菜末小碟。

大师指点

1 发菜球须裹紧。

2 老豆腐泥须厚一些。

特点 黑白双球，鲜美醇厚。

注：素汤是黄豆芽制成的汤。

97 香煎金针菇肥牛卷

主料： 肥牛卷 20 个。

配料： 金针菇 200 克、鸡蛋 1 个、面粉 50 克。

调料： 熟猪油、葱段、姜片、酱油、白糖、葱椒、黑胡椒。

制作方法

1 金针菇去老根，洗净，理齐，分为 20 份。

2 鸡蛋液、葱椒制成葱椒蛋浆。

3 肥牛卷抹上葱椒蛋浆，放上金针菇，卷紧，成为金针菇肥牛卷生坯。

4 平底炒锅上火，放少量熟猪油，排入肥牛卷，用小

火将其煎熟，上色，取出整齐摆放盘中。

5 炒锅上火，放熟猪油、面粉，将其炒成油面酱。

6 炒锅上火，放熟猪油、葱段、姜片，炒出香味，加水、酱油、白糖、油面酱、黑胡椒粉烧开，收稠汤汁，放熟猪油，浇肥牛卷上即成。

大师指点

1 肥牛卷须长短、粗细一致。

2 调味亦可事先制好，吃时加热浇上。

特点 香脆味美，别具风味。

98 八珍菌菇盅

主料： 虎掌菌 100 克、松蓉 100 克、白灵菇 100 克、虫草花 100 克、鸡枞菇 100 克、羊肚菌 100 克、牛肝菌 100 克、花菇 100 克。

配料： 枸杞子 20 克。

调料： 花生油、绍酒、精盐、虾籽、鸡汤。

制作方法

1 各种菌洗净，虎掌菌、松蓉、白灵菇、花菇切成片，再和牛肝菌、鸡枞菇分别放大火开水锅中焯水，捞出洗净沥尽水。

2 炒锅上火，放花生油，将八种菌菇煸炒成熟，加绍酒、鸡汤、虾籽烧开，移小火炖 30 分钟，再上大火烧开，加精盐，分装在 10 只小盅内，成为八珍菌菇盅。

3 笼锅上火，放水烧开，放八珍菌菇盅，每盅内加枸杞子几粒，蒸制 10~15 分钟，取出上桌即成。

大师指点

选用新鲜的各种原料。

特点 香味浓郁，营养丰富。

99 罗汉全斋

主料： 鲜草菇 50 克、鲜蘑菇 50 克、水发金钱菇 50 克、水发松蓉 50 克、鸡枞菇 50 克、小猴头菇 50 克、鸡腿菇 50 克。

配料： 水发木耳 50 克、红莲子 50 克、皮素鸡 1 根、小茨菇 50 克、油面筋 50 克、加工后的银杏 50 克、莲子 50 克、西蓝花 50 克、黄豆芽 50 克、冬菇根 50 克、水发冬菇水 500 克、干笋根 50 克。

调料： 花生油、酱油、白糖、绍酒、湿淀粉、麻油。

制作方法

1 锅上火放水，黄豆芽、冬菇根、水发冬菇水、干笋根，烧开，加绍酒，在中火上烧煮 2 小时，去黄豆芽、冬菇根、干笋根，制成素汤。

2 以上各种原料去杂质洗净，鲜草菇顶部剞十字花刀，小猴头菇根部剞十字花刀，皮素鸡切成块，小茨菇刮去外皮洗净，放入大火开水锅内焯水，捞出洗净，油面筋用手捏破，西蓝花用刀切成小朵。

3 以上各种原料分别放入大火开水锅内焯水，捞出洗净，皮素鸡块放入油锅内拉油，捞出沥尽油。

4 锅上火放入素汤、笋、木耳、金针菇、皮素鸡、栗子、银杏、茨菇、油面筋、莲子、花生油，烧开，收稠汤汁放入酱油、白糖、绍酒，用湿淀粉勾琉璃芡，装入头菜盘内。

5 炒锅上火，放入花生油，其余原料，煸炒出香味，加素汤、酱油、白糖、绍酒，烧开，收稠汤汁，用湿淀粉勾琉璃芡，放麻油，放入先前有烧好原料的盘内拼匀即成。

大师指点

选用整只的各种原料，分别制作，然后组成在一起。

特点 原料多样，口感各异，融为一体，营养丰富。

盘写晶丸转未停

弘成吞处石光荧

——中国维扬传统菜点大观

鸽蛋类

1 白露鸽蛋

原料： 鸽蛋 10 个。

配料： 净露笋 100 克、豌豆苗 20 克。

调料： 精盐、高级清鸡汤、鸡油。

制作方法

1 净露笋切成片，豌豆苗洗净。

2 炒锅上火，放入高级清鸡汤、净露笋片，烧开，放入豌豆苗、精盐，烧开，倒入汤碗。

3 鸽蛋去壳放碗内。

4 炒锅上火，放水烧开，再放鸽蛋烧开，成鸽蛋鳖，并用漏勺捞出，沥尽水，放进汤碗内，滴几滴鸡油即成。

大师指点

水烧开后用手勺搅动水，使水旋起再放鸽蛋下锅，这样，鸽蛋不沉锅底，并用小火养熟即成鸽蛋鳖。

特点 露笋脆嫩，鸽蛋细嫩，汤清味醇。

2 凤尾鸽蛋

主料： 鸽蛋 10 个。

配料： 大青虾 10 只、熟瘦火腿末 15 克、香菜叶 15 克。

调料： 熟猪油、葱姜汁、绍酒、精盐、干淀粉、湿淀粉、鸡汤。

制作方法

1 大青虾去头和中段壳，留尾壳，放入盆内。加葱姜汁、绍酒、精盐，浸泡入味，10 分钟后放入干淀粉内，用擀面杖将虾肉锤扁，即成凤尾虾，放入盆内。

2 10 只小汤匙抹上熟猪油，放冰箱冷冻，取出在汤匙边处放凤尾虾，放入去壳的鸽蛋 1 个，鸽蛋黄在汤匙的正中间，两边放上熟瘦火腿末和洗净的香菜叶，即成凤尾鸽蛋生坯。

3 笼锅上火，放水烧开，放入凤尾鸽蛋生坯，将其蒸熟取出，放冷开水中脱去汤匙，再放入盆中，上笼锅稍蒸一下取出，整齐地摆放盘内。

4 炒锅上火，放入鸡汤烧开，加精盐，用湿淀粉勾米汤芡，浇在凤尾鸽蛋上即成。

大师指点

1 鸽蛋去壳放入汤匙里时，蛋黄要在正中间。

2 蒸时注意火候，脱汤匙要细心，防止损坏。

特点 造型美观，鸽蛋细嫩，别具风味。

3 凤腰鸽蛋

主料： 鸽蛋 10 个。

配料： 公鸡腰 16 只、熟火腿片 10 克、熟净笋片 10 克、豌豆苗 10 克。

调料： 熟猪油、葱段、姜块、绍酒、精盐、湿淀粉、虾籽、鸡汤。

制作方法

1 鸽蛋放入冷水锅内，上火煮熟，取出，放冷水中泌一下，剥去壳。

2 公鸡腰洗净，放入冷水锅内上火烧开，加葱结、姜块、绍酒，移小火上，将其煮熟取出，放冷水中泌一下，剥去外膜。

3 豌豆苗洗净。

4 炒锅上火，放入鸽蛋、公鸡腰、熟净笋片、虾籽、鸡汤，烧开，加熟猪油，使汤浓白，放精盐，用湿淀粉勾琉璃芡，起锅装入盘内，撒上熟火腿片。

5 炒锅再上火，放入熟猪油、豌豆苗、精盐，将其炒熟，放在凤腰鸽蛋周围即成。

大师指点

1 煮鸽蛋，火不宜太大，中、小火即可。

2 剥鸽蛋和公鸡腰去外膜要细心，不可剥破。

特点 鸡腰鲜香，鸽蛋细腻，汁浓味鲜、别有风味。

4 桂花鸽蛋

主料：鸽蛋 10 个。

配料：黄银耳 100 克。

调料：精盐、高级清鸡汤、鸡油。

制作方法

1 黄银耳放入盆内，加温开水泡发开，剪去根，放入盆内加温开水，继续泡发。泌去水，放入碗内加高级清鸡汤。

2 笼锅上火，放水烧开，再将高级清鸡汤、黄银耳放入碗内，用中火将黄银耳蒸熟、蒸烂，取出泌去汤，放入 10 个小碗内。

3 砂锅上火，放入高级清鸡汤，烧开，加精盐，分开放入 10 个小碗内。

4 10 只鸽蛋去壳，放入碗内。

5 炒锅上火，放入高级清鸡汤烧开，倒入鸽蛋，烧开后，将鸽蛋养煮熟，成鸽蛋鳖，分别放入 10 只小碗内，浇几滴鸡油即成。

大师指点

1 银耳泡发后，上笼蒸要将银耳蒸熟、蒸烂。

2 炒锅内的鸡汤烧开后，用勺搅拌转起来，再倒入鸽蛋，并要细心，不要弄破蛋黄，应根据顾客需求而制作实心蛋和溏心蛋两种。

特点 银耳纯糯，鸽蛋细腻，汤清味醇。

5 金银鸽蛋

主料：鸽蛋 10 个。

配料：虾仁 250 克、鸡蛋黄 4 只、熟猪肥膘肉 50 克、豌豆苗 400 克。

调料：花生油、葱姜汁、绍酒、干淀粉、精盐、鸡汤、湿淀粉。

制作方法

1 鸽蛋放入冷水锅中，上火煮熟取出，放入冷水中泌一下，剥去壳，用刀切两半备用。

2 虾仁洗净，用干布挤尽水分，刮成蓉，熟猪肥膘肉刮成蓉，同放入盆内，加葱姜汁、绍酒、鸡蛋黄、干淀粉、精盐，制成蛋黄虾馅。

3 将鸽蛋一半放上虾馅，将其还原成一只整鸽蛋，用手抹平，即成金银鸽蛋生坯。

4 炒锅上火烧辣、放花生油。待油六成热时，放入金

银鸽蛋生坯，在油锅内炸熟，倒入漏勺，沥尽油，放入扣碗内。

5 笼锅上火，放水烧开，再放入金银鸽蛋，将其蒸熟取出，翻身入盘，泌下汤汁，去扣碗。

6 炒锅上火，放入花生油、洗净的豌豆苗，炒熟，泌去汤汁，放入金银鸽蛋的周围。

7 炒锅再上火，放入鸡汤烧开，加精盐，用湿淀粉勾琉璃芡，浇金银鸽蛋上即成。

大师指点

1 虾馅制作厚一些，放入鸽蛋上要恢复原形，抹光滑。

2 金银鸽蛋下油锅，油温不宜太高，虾馅炸熟即可。

特点 形态美观、鲜嫩可口。

6 莲蓬鸽蛋

主料：鸽蛋 10 个。

配料：熟火腿片 40 克、熟净笋片 40 克、香菜 15 克、莲子 70 颗。

调料：熟猪油、精盐、高级清鸡汤、鸡油。

制作方法

1 取 10 只小酒盅，盅内抹上熟猪油，放冰箱稍冻一下取出。10 个鸽蛋去壳，分别放入小酒盅内。

2 笼锅上火，放水，烧开，再放入鸽蛋盅，上笼在中、小火上，将鸽蛋蒸至七成熟时，每个鸽蛋上放 7 颗莲子，继续将鸽蛋蒸熟，取出放入冷水中，将鸽蛋去小酒盅，即成莲蓬鸽蛋，上笼再蒸一下。

3 砂锅上火，放入高级清鸡汤、熟净笋片烧开，加精盐倒入大汤碗内，放入莲蓬鸽蛋、熟火腿片、洗净的香菜即成。

大师指点

1 蒸鸽蛋时注意火候，防止蒸不熟或蒸起孔。

2 莲蓬鸽蛋脱盅时要细心，防止碰坏。

特点 形似莲蓬、鸽蛋细嫩、汤汁清醇。

7 龙眼鸽蛋

主料：鸽蛋 6 个。

配料：虾仁 200 克、熟猪肥膘肉 50 克、发菜 20 克、大鸡蛋皮 2 张、鸡蛋清 1 个。

调料：熟猪油、葱姜汁、绍酒、干淀粉、精盐、湿淀粉、鸡汤。

制作方法

1 鸽蛋放冷水锅内，移小火上煮熟捞出，放冷水中泌一下，取出剥去壳，用刀一剖两半备用。

2 虾仁洗净，放干布中挤干水分，刮成蓉，放入盆内。熟猪肥膘肉刮成蓉，也放入盆中。加鸡蛋清、葱姜汁、绍酒、干淀粉、精盐，制成虾馅。

3 发菜放入碗内，加温开水泡发开，拣去杂质，洗净挤去水。

4 大鸡蛋皮放在案板上，用椭圆形模具刻成眼眶一样的形状，放上虾馅抹平，嵌入半个鸽蛋，在鸽蛋周围的一边，放上发菜，成长条形眉毛，即成 12 个龙眼鸽蛋生坯。

5 笼锅上火，放水烧开，再放入龙眼鸽蛋生坯，在中、小火上蒸熟取出，整齐地放入盘中。

6 炒锅上火，放鸡汤烧开，加精盐，用湿淀粉勾米汤芡，放熟猪油，浇在龙眼鸽蛋上即成。

大师指点

1 煮鸽蛋时火不宜太大。

2 发菜要拣尽杂质，洗净。

3 蒸时注意火候。

特点 形似龙眼，造型别致，细嫩味鲜。

8 明月鸽蛋

主料：鸽蛋 10 个。

配料：香菜叶 15 克、火腿末 15 克。

调料：熟猪油、精盐、清鸡汤。

制作方法

1 小酱油碟子 10 只，抹上熟猪油，放冰箱冷冻一下，取出，10 个鸽蛋去壳，分别放入 10 只小酱油碟子内，再放入火腿末和洗净的香菜叶，即成明月鸽蛋生坯。

2 笼锅上火，放水烧开，再放入明月鸽蛋生坯，将其蒸熟取出，放冷水中脱碟，然后放在盘内，上笼蒸一下，取出，整齐地摆放入大汤盘内。

3 炒锅上火，放清鸡汤烧开，加精盐，倒明月鸽蛋内即成。

大师指点

1 鸽蛋去壳放入小酱油碟子内，不能碰破蛋黄，而且

蛋黄要放在碟子中央，周围蛋清放入少许火腿末、香菜叶。

2 蒸鸽蛋时要用中、小火防止蒸过起孔。

3 鸽蛋脱碟时要细心，防止碰破。

特点 形似明月，鸽蛋细嫩，汤清味鲜。

9 巧片鸽蛋

主料： 鸽蛋 10 个。

配料： 龙虾片 100 克、熟瘦火腿末 10 克、香菜 50 克、黄瓜 1 根。

调料： 花生油。

制作方法

1 鸽蛋放入冷水锅内，上火煮熟取出，用冷水泌一下，剥去壳。

2 黄瓜去瓤洗净，用花刀将其刻成 10 片秋叶。

3 炒锅上火，放入花生油，鸽蛋、黄瓜片上火焐油成熟，倒入漏勺，沥尽油。

4 取大圆盘一只，将一片黄瓜，一个鸽蛋整齐地摆放

在盘子周围，中间空出。

5 炒锅再上火，放入花生油。待油八成热时放入龙虾片，将其炸熟、炸脆，捞出，沥尽油，放入盘子中间。

6 在龙虾片上，放洗净的香菜，撒上熟瘦火腿末即成。

大师指点

炸龙虾片时，油温要高，火要大，龙虾片才会炸脆，下锅就要捞，防止炸焦。

特点 虾片香脆，鸽蛋细嫩。

10 秋叶鸽蛋

主料： 鸽蛋 5 个。

配料： 虾仁 150 克、熟猪肥膘肉 50 克、咸面包片 250 克、熟瘦火腿末 20 克、香菜叶 15 克、鸡蛋清 1 个。

调料： 花生油、葱姜汁、绍酒、精盐、干淀粉、花椒盐。

制作方法

1 鸽蛋放入冷水锅中，上火煮熟取出，放冷水中泌一下，剥去壳，用刀剖成两半备用。

2 虾仁洗净，用干布挤干水分，用刀刮成蓉，放入盆内，熟猪肥膘肉刮成蓉，也放入盆内。加葱姜汁、鸡蛋清、绍酒、干淀粉、精盐，制成虾馅。

3 咸面包片用秋叶模具刻成片，计 10 片，铺在案板

上，抹上虾馅，嵌入鸽蛋，周围放熟瘦火腿末，洗净的香菜叶 1~2 片，即成秋叶鸽蛋生坯。

4 炒锅上火，放花生油，再放秋叶鸽蛋生坯，将面包面朝下煎脆，放入花生油，将虾馅、鸽蛋、咸面包片养炸熟，捞出沥尽油，整齐地放入盘内，撒上花椒盐即成。

大师指点

1 鸽蛋去壳要细心，不要弄破鸽蛋。

2 将面包煎脆，放入花生油，油温不宜高；将虾馅养炸熟，色呈洁白即成。

特点 香，脆，细，嫩。

11 球网鸽蛋

主料：鸽蛋 10 个。
配料：竹荪 100 克、熟火腿 10 克、香菜 10 克。
调料：精盐、高级清鸡汤、鸡油。
制作方法
1 竹荪放入盆内加温开水，将其泡发好，取出洗净。
2 炒锅上火，放入高级清鸡汤、熟火腿、竹荪，烧开，加精盐，倒入汤碗。
3 10 只鸽蛋去壳，放入碗内。
4 炒锅上火，放入高级清鸡汤烧开，再放入鸽蛋，烧开，用小火养熟，加精盐，装入有竹荪的汤碗内，撒上香菜叶，浇几滴鸡油，即成。

大师指点

1 第一次鸡汤加竹荪、熟火腿，烧开后倒入汤碗，只有汤碗一半的汤。
2 第二次打鸽蛋别时要将鸡汤烧开，用手勺搅动鸡汤，让鸡汤旋起来，再放鸽蛋，使鸽蛋不粘锅，然后将鸽蛋养熟。

特点 竹荪鲜脆，鸽蛋细嫩，汤汁清澄，别具风味。

12 桃仁鸽蛋

主料：鸽蛋 5 个。
配料：虾仁 200 克、桃仁 50 克、鸡蛋清 1 个。
调料：花生油、葱姜汁、绍酒、精盐、干淀粉、花椒盐。
制作方法
1 鸽蛋煮熟去壳，用刀一剖两半。
2 虾仁洗净，用干布挤干水分，用刀刮成蓉，放入盆内，加葱姜汁、绍酒、干淀粉、精盐，制成虾馅。
3 桃仁用温开水浸泡后去皮。
4 炒锅上火，辣锅冷油。放入桃仁，焐油成熟，倒入漏勺，沥尽油，用刀切碎（不要太碎，呈不规则碎块）。
5 半个鸽蛋，抹上虾馅，还原成鸽蛋形，在虾馅上嵌入核桃仁，即成核桃仁鸽蛋生坯。
6 炒锅上火，放入花生油。待油六成热时，放入核桃仁鸽蛋生坯，将其养炸熟，倒入漏勺，漏尽油，整齐地摆放入盘即成。

大师指点

1 虾馅要制作厚些。
2 核桃仁嵌入虾馅要少量，不宜过度，影响造型。
3 炸核桃仁鸽蛋生坯要用中小火养炸熟。

特点 造型别致，香脆鲜嫩。

13 银丝鸽蛋

主料：鸽蛋 10 个。
配料：洋菜 100 克、熟瘦火腿丝 20 克、香菜叶 20 克。
调料：精盐、高级清鸡汤。
制作方法
1 鸽蛋放冷水锅内，上火煮熟，捞出放冷水中，泌一下，取出剥去壳。
2 洋菜用冷开水泡发变软，用刀切成 1 寸长的段。
3 炒锅上火，放入高级清鸡汤烧开，加精盐，倒入汤碗。
4 炒锅上火，放水烧开，放入洋菜，烫一下，捞出沥尽水，倒入鸡汤碗内，熟鸽蛋也放入锅内烫一下，放入碗内，撒上熟瘦火腿丝、香菜叶即成。

大师指点

1 此菜还可以分装在 10 只小碗内。

2 洋菜泡发后下锅烫一下即成。

3 此菜鸽蛋也可以制成蛋别。

特点 洋菜透明，形似银丝，鸽蛋细嫩，汤清味醇。

14 玛瑙鸽蛋

主料：鸽蛋 10 个。

配料：熟猪肺 150 克、熟火腿 50 克。

调料：精盐、高级清鸡汤、鸡油。

制作方法

1 鸽蛋放入水锅内，上火煮熟，捞出放冷水中泌透，剥去壳。

2 熟猪肺顺经络撕成小块，熟火腿切成片。

3 炒锅上火，放入高级清鸡汤、鸽蛋、熟猪肺块，烧开，加精盐，倒入汤碗，放入熟火腿片，滴几滴鸡油即成。

大师指点

1 此菜也可以分成 10 个小碗。

2 猪肺要煨至软烂。

特点 鸽蛋细腻、猪肺软烂、汤清味醇。

愈风传乌鸡

秋卵方漫吃

中国维扬传统菜点大观

鸡蛋类

1 卤蛋

主料：鸡蛋6个。

调料：花生油、酱油、白糖、桂皮、八角。

制作方法

1 鸡蛋放水锅内，上火煮熟，捞出放冷水中，剥去蛋壳。

2 炒锅上火，放少量花生油、桂皮、八角，煸炒有香味时，放入水、酱油、白糖，烧开成卤汁，放入鸡蛋，待鸡蛋烧卤透上色，去桂皮、八角，即成卤蛋。

3 将卤蛋用刀切成块，整齐地摆放入盘，浇上卤汁即成。

大师指点

1 鸡蛋煮熟后放冷水中泌一下，使蛋壳分离，便于剥壳。

2 鸡蛋放卤汁中，要卤透上色。

特点 色泽酱红，鲜美香咸。

2 虎皮蛋

主料：生鸡蛋6个。

调料：花生油、酱油、白糖、桂皮、八角。

制作方法

1 生鸡蛋放入水锅内，上火煮熟，捞出放入冷水中，剥去蛋壳。

2 炒锅上火，放花生油。待油九成热时，放入鸡蛋，油炸至鸡蛋色呈金黄，用漏勺捞出，沥尽油。

3 炒锅内上火，放入少量花生油、桂皮、八角炒出香味时，放水、酱油、白糖，烧开成卤汁，放入鸡蛋，待鸡蛋烧卤透上色即可，去桂皮、八角，倒入碗内，即成虎皮蛋。

4 将虎皮蛋用刀切成小块，整齐地放在盘内，浇上卤汁即可。

大师指点

1 煮熟的鸡蛋不能放入酱油中浸泡，如果浸泡炸出的虎皮蛋，就会成深一块浅一块的花纹。

2 要卤透入味。

特点 色泽酱红，香鲜软嫩。

3 糟蛋

主料：鸡蛋8个。

配料：香糟250克、生螃蟹黄150克。

制作方法

1 香糟、生螃蟹黄同放入盆中拌匀。

2 鸡蛋洗净，放入盆内，加入香糟、生螃蟹黄，将其腌渍起来，计7~10天即成生糟蛋。

3 笼锅上火，放水烧开，放入生糟蛋，将其蒸熟，取出剥去壳，用刀切成块，放入盘内，浇上糟卤即成。

大师指点

腌制后的生鸡蛋放在阴凉通风的地方。

特点 糟香扑鼻，风味独特。

4 熘卞蛋

主料： 卞蛋 4 个。

配料： 面粉 100 克。

调料： 花生油、葱花、姜米、蒜泥、酱油、白糖、湿淀粉（绿豆淀粉）、醋、麻油。

制作方法

1 卞蛋去泥、壳，洗净，用刀切成小块（扬州称龙船块），放入盘内滚满面粉。

2 绿豆淀粉加水制成淀粉浆。

3 炒锅上火烧辣，放入花生油。待油七成热时，将卞蛋沾满淀粉浆，放入油锅内，将卞蛋炸好捞出；待油八成热时，放入卞蛋，炸至老黄色，用漏勺捞出，沥尽油。

4 炒锅上火，放入少量花生油、葱花、姜米，稍炒，有香味时，放入水、酱油、白糖，烧开，用湿淀粉（绿豆淀粉）勾芡，放入蒜泥、醋，成糖醋卤汁，放入卞蛋，炒拌均匀，浇麻油，起锅装盘即成。

大师指点

1 淀粉要制作厚一些。

2 选用绿豆淀粉，其他淀粉次之。

特点 外脆里嫩，酸甜适口。

5 玛瑙蛋

主料： 生咸鸭蛋 5 个。

配料： 水发冬菇 20 克、香菜叶 10 克。

调料： 熟猪油、鸡汤。

制作方法

1 小汤盘一只抹上熟猪油，放冰箱冷冻一下取出。

2 将生咸鸭蛋去壳，将蛋清、蛋黄分开，蛋清用筷子拭浓，加入少许鸡汤搅匀，除去浮沫，放入汤盘。

3 水发冬菇切成小斜角块，香菜叶洗净，放入蛋清内，蛋黄用手掰成小块，也放入蛋清内，即玛瑙蛋生坯。

4 笼锅上火，放水烧开，再放入玛瑙蛋生坯，将其蒸熟取出冷却后脱盘，用刀切成斜角块，整齐地摆放入盘即可。

大师指点

1 蛋清放入鸡汤不能多，否则太嫩切不成块。

2 冬菇、香菜叶、蛋黄放入盘内可摆成图案。

3 其中注意火候，防止蒸不熟或蒸老起孔。

特点 形似玛瑙，鲜嫩味美。

6 虾籽烩蛋糕

主料： 鸡蛋 8 个。

配料： 熟火腿片 15 克、水发金钱冬菇 4~6 片、熟净笋片 15 克、豌豆苗 40 克。

调料： 熟猪油、精盐、干淀粉、湿淀粉、虾籽、鸡汤。

制作方法

1 鸡蛋去壳放入碗内，加干淀粉、精盐，用筷子拭浓，制成蛋液。

2 炒锅上火，放水烧开，用手勺搅动开水，倒入蛋液，当蛋液成熟漂浮水面，倒纱布中，挤干水分，包成 8 分厚的长方形，再用重物压紧，待冷却后去纱布，成长方形的鸡蛋糕，用刀切成长方条。

3 炒锅上火，放入鸡汤、鸡蛋糕、熟净笋片、水发金钱冬菇片、虾籽，烧开，加熟猪油，使汤浓白，收稠汤汁，再放精盐，加洗净的豌豆苗烫熟，用湿淀粉勾琉璃芡，装入盘内，撒上熟火腿片，即成。

鸡蛋液倒入开水锅中，成熟后装入纱布，挤干水分，

包成长方块，用重物压平、压紧，使之黏合成蛋糕。

特点 色泽金黄，鸡蛋软嫩，汤稠味鲜。

7　炖蛋

主料：鸡蛋 4 个。

调料：熟猪油、葱花、精盐、干淀粉、鸡汤。

制作方法

1 鸡蛋去壳放入碗中，加葱花、鸡汤、干淀粉、精盐，用筷子拭浓，放入少许熟猪油，即成炖蛋液。

2 笼锅上火，放水烧开，再放入炖蛋液，在中火上将其蒸熟取出，放入等盘上，上桌即成。

大师指点

1 鸡蛋液加入鸡汤的比例是 1∶1。

2 蒸时注意火候。

3 加入肉丝、虾仁、火腿等，即成肉丝炖蛋、虾仁炖蛋、火腿炖蛋等。

特点 色泽淡黄，香鲜软嫩。

8　四喜蛋糕

主料：鸡蛋 10 个。

配料：熟火腿末 40 克、熟鸡脯肉末 40 克、水发海参末 40 克、熟豌豆苗末 40 克、鸡蛋清 2 个。

调料：熟猪油、精盐、干淀粉、湿淀粉、鸡汤。

制作方法

1 准备汤盆 1 只，抹上熟猪油。

2 鸡蛋去壳，放入碗内，加精盐、干淀粉，用筷子拭浓，放入汤盆中。

3 笼锅上火，放水烧开，再放入鸡蛋液，将其蒸熟取出，用刀修切成长宽 1 寸 2 分的正方体 4 块。

4 分别将熟火腿末、熟鸡脯肉末、水发海参末、熟豌

豆苗末加入鸡蛋清拌匀，均匀地将四种末放在蛋糕上，即成四喜蛋糕生坯。

5 笼锅再上火，放入四喜蛋糕生坯，稍蒸一下，取出放入盘内。

6 炒锅上火，放入鸡汤烧开，加精盐，用湿淀粉勾琉璃芡，倒在四喜蛋糕上即成。

大师指点

1 蒸蛋糕注意火候。

2 四种末放入鸡蛋清，使几种末黏合在一起。

特点 色彩艳丽，品种多样，鸡蛋软嫩。

9　罗汉蛋

主料：鸡蛋 6 个。

配料：生猪肋条肉 250 克、豌豆苗 300 克。

调料：花生油、葱姜汁、酱油、白糖、绍酒、干淀粉、湿淀粉、虾籽、鸡汤。

制作方法

1 鸡蛋 6 个，放冷水锅中，上火烧开，煮熟捞出，放入冷水中泌一下，取出剥去壳，用刀顺长一剖

两半。

2 生猪肋条肉洗净，用刀刮成蓉，放入盆内，加葱姜汁、酱油、白糖、绍酒、干淀粉、鸡蛋、精盐，制成肉馅。

3 半个鸡蛋放肉馅，用手还原成鸡蛋形，即成罗汉蛋生坯。

4 豌豆苗拣洗干净。

5 炒锅上火，放入花生油。待油八成热时，放入罗汉蛋生坯，将其炸熟，捞出，沥尽油。

6 炒锅再上火，放入鸡汤、虾籽、酱油、白糖、罗汉蛋烧开，移中、小火上烧透入味，用湿淀粉勾琉璃芡，起锅装盘。

7 炒锅上火，放入花生油、豌豆苗、精盐，炒熟，放

入盘内罗汉蛋周围即成。

大师指点

1 肉馅制作厚一些，稀了抹在鸡蛋上不能成形。

2 罗汉蛋下锅时，油温要高，使鸡蛋、肉馅炸结壳，再炸熟。

特点 色泽酱红，咸甜适中。

10 千层蛋糕

主料： 鸡蛋 16 个。

配料： 熟瘦火腿末 100 克、水发发菜末 100 克、青菜叶 15 克。

调料： 熟猪油、精盐、干淀粉、湿淀粉、鸡汤。

制作方法

1 鸡蛋去黄，将鸡蛋黄和鸡蛋清分开放入碗内。

2 青菜叶用刀刮成末，放入纱布内挤出青菜汁。

3 取方汤盘 2 只，抹上熟猪油，放入冰箱内冷冻一下，将 16 个鸡蛋黄加入干淀粉、精盐制成蛋黄液。8 个鸡蛋清加入干淀粉、精盐制成蛋清液，分别放入盘内。

4 熟瘦火腿末放入碗内，加入 1 个鸡蛋清，制成火腿蛋糕生坯；水发发菜末挤干水分，加入 1 个鸡蛋清，制成发菜蛋糕生坯；6 个鸡蛋清加入青菜叶汁、精盐、干淀粉，制成绿蛋糕生坯。三种蛋糕分别放入 6 寸盘中。

5 笼锅上火，放火烧开，分别将蛋黄液、蛋清液、绿

蛋糕生坯、火腿蛋糕生坯、发菜蛋糕生坯，放入笼锅。在中、小火上蒸熟，取出晾冷，用刀切成 1 寸宽的正方形各 10 片，然后 1 层蛋黄糕、1 层火腿蛋糕、1 层蛋白糕、1 层发菜蛋糕、1 层绿蛋糕分别抹上鸡蛋清，相叠在一起，计 10 个千层蛋糕，上笼蒸一下取出，即成千层蛋糕，整齐地摆放盘中。

6 炒锅上火，放入鸡汤烧开，加精盐，用湿淀粉勾琉璃芡，浇在千层蛋糕上即成。

大师指点

1 五种颜色的蛋糕要搭配得当。

2 五种颜色的蛋糕制作时要注意火候，根据蛋糕需要分别确定蒸熟时间。

3 五种蛋糕蒸熟后再叠加在一起。

4 五种蛋糕也可以制成圆形、菱形和长方形块状。

特点 色彩艳丽，品种多样，味不雷同。

11 龙船蛋

主料： 鸡蛋 10 个。

配料： 虾仁 80 克、熟猪肥膘肉 20 克、蛋黄糕 200 克、蛋皮 1 张、熟瘦火腿 200 克、海蜇 20 克、竹荪 20 克、熟净笋 30 克、洋菜 50 克、香菜 15 克、鸡蛋清半个、青菜叶 15 片。

调料： 葱姜汁、绍酒、精盐、干淀粉、高级清鸡汤。

制作方法

1 鸡蛋放入冷水锅中，上火烧开，煮熟捞出，放冷水中泌透，剥去壳。

2 鸡蛋宽面约三分之一处用刀切破至鸡蛋二分之一处，用刀切断，作船头前身，而鸡蛋另一头自三分之一处用刀切破作船尾，去里面的蛋黄，在中间三分之一处的蛋上，用刀剖十字花刀，作船篷。

3 虾仁洗净，用干布挤干水分，用刀刮成蓉，熟猪肥膘肉也刮成蓉，同放盆内。加葱姜汁、鸡蛋清、绍酒、干淀粉、精盐，制成虾馅，填入去蛋黄留下的空壳处并抹平。

4 用蛋黄糕刻成龙头、龙尾，熟净笋切成长条作竹

蒿，熟瘦火腿切成船旗杆和船舵，蛋皮制成旗杆上的小旗子，将其分别放在蛋的各部位，即成龙船蛋生坯，放入盘中，上笼锅蒸熟，取出备用。

5 青菜叶用刀斩成蓉，放入纱布，挤出青菜汁，海蜇放入碗中，用开水涨发，并换几次开水，使海蜇软烂即成，熟瘦火腿切成片，熟净笋切成片，竹荪泡发开。

6 洋菜洗净切成段。

7 炒锅上火，放入高级清鸡汤、青菜汁烧开，再放洋菜，使其融化，加精盐，用汤筛过滤一下，倒入大汤盘，放入海蜇片、竹荪、洗净的香菜、龙船蛋，稍冷即成。

大师指点

1 制作龙船蛋的鸡蛋在火上煮时，注意火候，而要使鸡蛋黄在鸡蛋的正中间。

2 鸡蛋制成船体，刻成龙头、龙尾要细心制作。

特点 形似龙船，造型别致，制作精细，汤汁鲜醇。

12 三潭印月

主料：鸡蛋 3 个。

配料：熟火腿 15 克、熟净笋 15 克、水发香菇 4 片、蛋黄糕 200 克、蛋白糕 150 克、西湖莼菜 1 瓶、水发海参 15 克、洋菜 30 克、香菜 10 克、青菜叶 150 克、水发发菜 15 克、鸽蛋 1 个。

调料：熟猪油、精盐、高级清鸡汤。

制作方法

1 鸡蛋放入冷水锅中，上火烧开，煮熟捞出，放入冷水中泌透，剥去壳，用圆形模具在鸡蛋中间刻三个圆形洞，去蛋白和里面的蛋黄，洗净，再用刀削去鸡蛋上下两头即成潭身。

2 用圆模具将水发香菇刻成大圆片，要和鸡蛋身一样大，3 层，放在鸡蛋的大头上，再用稍小的圆模具将蛋白糕刻成 3 毫米的圆形块，放在香菇片上，用比刻蛋白糕大一些圆模具将水发香菇刻成圆形片 3 层，放在蛋白糕上，将蛋黄糕刻成葫芦形放在香菇层上即成三潭的生坯。

3 将熟火腿、熟净笋、蛋黄糕、蛋白糕均切成 2 毫米的厚层各 3 层，再用圆模具刻成大圆片，相叠加在一起成三潭的底座。

4 小酱油碟抹上热猪油，放冰箱内稍冻一下，取出放入去壳的鸽蛋，再放熟火腿末少许、洗净的青菜叶末少许，上中火开水的笼锅蒸熟取出，放冷水中脱碟，即成月宫鸽蛋。

5 将三潭印月底座和月宫鸽蛋放入中火开水的笼锅内稍蒸，取出。

6 取大汤盘 1 只，盘中放入月宫鸽蛋，三潭放在周围，先放底座，再放坛身和坛顶。

7 青菜叶洗净切末，放入纱布，挤出青菜汁。

8 水发海参切成大片，水发发菜洗净，用手制成小圆球，西湖莼菜洗净。

9 砂锅上火，放入高级清鸡汤烧开，分别将水发海参片、水发发菜球、西湖莼菜稍烫一下，分别放入三潭印月的大汤盘中。

10 洋菜洗净用刀切成段

11 砂锅上火，放高级清鸡汤、青菜叶汁烧开，加精盐、洋菜，烧开，烧化，用汤筛过滤，倒入大汤盘中。

12 再放入熟火腿片、香菜叶，稍冷冻即成三潭印月。

大师指点

1 三只坛子要制作象形。

2 鸡蛋煮熟后，蛋黄要在鸡蛋的正中间。

3 莼菜、发菜、海参、火腿片、香菜不要多，起点缀作用。

特点 制作精细，形似三潭，汤清味醇。

13 海底松芙蓉蛋

主料: 鸡蛋清 3 个。

配料: 海蜇 500 克、火腿末 10 克、豌豆苗 30 克。

调料: 精盐、高级清鸡汤。

制作方法

1 炒锅上火,放入水烧开,再放海蜇,将海蜇烫收缩,放开,用漏勺捞出,放清水中洗净。

2 将洗净的海蜇放入盆内,倒入开水,盖上盖子,使海蜇涨发,1 小时后换开水,如此反复 3~4 次,使海蜇软烂,再放入冷水中,漂洗干净,即成海底松。

3 鸡蛋清放入碗内,加高级清鸡汤、精盐,用筷子搅浓,即成芙蓉蛋液。

4 笼锅上火,放水烧开,再放入芙蓉蛋液,在中小火上将其蒸熟,取出,即成芙蓉蛋。

5 高级清鸡汤放入炒锅,上火烧开,加海蜇、精盐,烧开,倒入汤碗内。

6 用铁勺将芙蓉蛋剜成片,放入汤碗内。

7 炒锅上火,放水烧开,再放洗净的豌豆苗,将其烫熟,用漏勺捞上,挤去水,放入汤碗。

8 将火腿末撒在芙蓉蛋上,即成海底松芙蓉蛋。

大师指点

1 海蜇入开水锅内烫一下后放入冷水中,在冷水中清洗泥沙。

2 海蜇在涨发过程中要选用保温桶,保持水的温度。

3 鸡蛋清和鸡汤的比例是 1:1。

4 蒸的时候注意火候,要细心、耐心。

5 芙蓉蛋蒸好后随即用手勺剜剥成片,放入汤锅,使其漂浮汤面而不沉底。

特点 色泽洁白,形似芙蓉,海蜇软烂,汤清味鲜。

岁晚亦无鸡可割

庖蛙煎鳝荐松醪

——中国维扬传统菜点大观

长鱼类

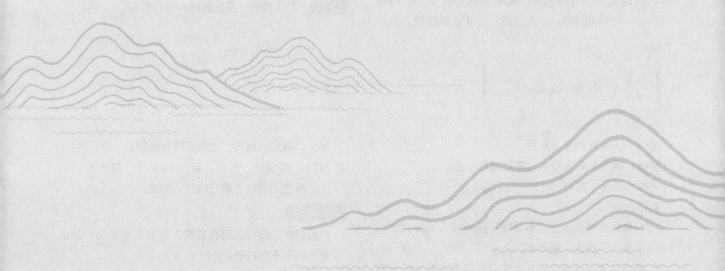

1 炝虎尾

主料： 长鱼脊背肉 400 克。

配料： 香菜 10 克、熟红椒末 5 克。

调料： 熟猪油、葱结、姜块、蒜泥、绍酒、酱油、醋、麻油、虾籽、胡椒粉、花椒、鸡汤。

制作方法

1. 长鱼脊背肉洗净，放入大火开水锅内稍烫捞出，切成 3~4 寸长的段，整齐地放入碗内，放葱结，姜块拍上花椒，成花椒姜块，再加绍酒、熟猪油、虾籽、鸡汤，即成炝虎尾生坯。

2. 笼锅上火，放水烧开，放入炝虎尾生坯，在中小火上，将其蒸熟、蒸透，取出，去葱结、花椒姜块，翻身入盘，泌下汤汁，去扣碗。

3. 炒锅上火，放入少许鸡汤，烧开，加入酱油，撒胡椒粉，浇在炝虎尾上，放蒜泥。

4. 炒锅上火，放入麻油。待油九成热时，将油烧辣，浇在蒜泥上，盖上碗，稍焖，去扣碗，放上洗后的香菜、熟红椒末，上桌即成。

大师指点

1. 选用长鱼背脊肉的尾部。

2. 一次调味，注意掌握调味品的用量。

3. 姜块拍上花椒，成花椒姜块。

特点 肉质细嫩，清香爽滑，口味鲜咸。

2 姜丝长鱼

主料： 生净长鱼肉 250 克。

配料： 芽姜 150 克、鸡蛋清 1 个。

调料： 精盐、酱油、干淀粉、麻油、胡椒粉。

制作方法

1. 生净长鱼肉洗净，切成火柴棒粗细的丝，放入盆内，加精盐、鸡蛋清、干淀粉，上浆。

2. 芽姜去皮，洗净，切成细丝，放入水中，洗清水。

3. 炒锅上火，放水烧开，姜丝放入微烫捞出，挤尽水，用麻油拌后，放入盘内。生净长鱼肉放入开水内烫熟，捞出，沥尽水，拌入胡椒粉、麻油，堆放在姜丝上，放酱油，即成。

大师指点

1. 姜丝要切得细如发丝，长短、粗细一致。

2. 长鱼下锅，用筷子划散开，断生即好，烫的时间不宜过长。

3. 要现吃现做。

特点 刀工精细，姜丝脆嫩，长鱼鲜嫩。

3 炝麻线长鱼

主料： 长鱼背脊肉 300 克。

配料： 熟净冬笋 100 克、熟红椒丝 5 克。

调料： 蒜丝、酱油、麻油、胡椒粉。

制作方法

1. 长鱼背脊肉撕去皮，即麻线长鱼肉放入大火开水锅中烫一下捞出，沥尽水。

2. 熟净冬笋切成丝，放入大火开水锅内烫熟，捞出沥尽水，堆放入盘内，上放麻线长鱼肉。

3. 酱油、胡椒粉、蒜丝、麻油制成汁，浇在鱼肉之上，再在上面放上熟红椒丝，即成。

大师指点

1. 长鱼背脊肉撕下的麻线鱼肉入锅烫三次捞出，每次烫的时间不宜过长。

2 调料浇在麻线长鱼之上，反复几次，使之入味均匀。

特点 形似麻线，味美质嫩，别具特色。

---

4 拌肝肠

主料：熟长鱼肝肠 350 克。

配料：韭菜苔 50 克、红椒 1 只、香菜 10 克。

调料：蒜泥、酱油、精盐、醋、麻油、胡椒粉。

制作方法

1 熟长鱼肝放入清水中漂洗干净，捞出放入碗内。

2 熟长鱼肠用尖头筷挑开，放精盐抓拌后，用清水漂洗干净，捞出，沥尽水，切成 1 寸 2 分长的段。

3 韭菜苔拣洗干净，切成 8 分长的段。红椒去筋、籽，洗净，切成丝。香菜拣洗干净。

4 炒锅上火放水烧开，放长鱼肝、肠，稍烫捞出，沥尽水，碗内加入胡椒粉，拌匀。

5 韭菜苔段、红椒丝，分别放入大火开水锅内烫熟，捞出，沥尽水，用麻油拌匀。

6 盘子 1 只，放入韭菜苔段，上放长鱼肝、肠，后放香菜、蒜泥、红椒丝，再放酱油、醋（少许）、麻油，即成。

大师指点

1 长鱼肠要清洗干净。

2 长鱼肝、肠下锅稍烫，长鱼肠反卷，即成。

特点 红白绿，色彩相应，食之爽脆。

---

5 卤荔枝长鱼

主料：粗长鱼 1 条（1000 克）。

调料：花生油、葱结、姜块、绍酒、酱油、白糖、桂皮、八角、麻油、胡椒粉。

制作方法

1 粗长鱼活杀，剖腹去内脏，去头尾、脊背、肚裆，洗净血污，沥尽水，在长鱼肉上剞荔枝花刀，刀深至皮，切成 1 寸 5 分长的段，放入盆内加葱结、姜块、绍酒、酱油，拌匀，腌渍入味。

2 炒锅上火，放入花生油。待油七成热时，放入粗长鱼段，炸至金黄色，倒入漏勺，沥尽油。

3 炒锅上火，放入花生油、葱结、姜块、桂皮、八角，煸炒，加水、酱油、白糖、粗长鱼段，大火烧开，加绍酒，移小火上，将长鱼段卤熟，卤透入味，再上大火，收稠汤汁，去葱结、姜块、桂皮、八角，撒胡椒粉，浇麻油，起锅装盘。

大师指点

1 长鱼肉剞刀后的间距深浅一致。

2 用小火将长鱼段卤熟、卤透。

特点 香味浓郁，酥而不腻。

---

6 炸脆火

主料：长鱼腹部肉 400 克。

配料：香菜 10 克、嫩姜末 10 克。

调料：花生油、酱油。

制作方法

1 长鱼腹部肉去内脏洗净，放入大火开水锅内稍烫，捞出晾冷。

2 炒锅上火，放入花生油。待油八成热时，放入长鱼腹部肉，炸至起脆时，捞出。待油九成热时，放入重油，炸至老黄色，捞出，整齐地堆放入盘，放酱油，放上拣洗后的香菜、嫩姜末即成。

大师指点

第一次炸鱼看到油锅内的油收花时，捞出，再提高油温，炸至长鱼肉内外酥脆。

特点 香，酥，松，脆，咸鲜适口。

---

7 炒长鱼

主料：长鱼肚裆肉 250 克。

配料：韭菜 200 克、红椒 1 只。

调料：花生油、酱油、白糖、绍酒、湿淀粉、醋、麻油、胡椒粉。

制作方法

1 长鱼肚裆肉去其中的内脏洗净，放入大火开水锅内稍烫，捞出，晾凉，理齐切成 1 寸 5 分的段。

2 韭菜拣洗干净，切成 1 寸长的段。红椒去籽，洗净，切成丝。

3 炒锅上火烧热，放花生油、长鱼肚裆肉，煸炒透成熟，放入红椒丝、韭菜段，炒熟，加绍酒、酱油、白糖，用湿淀粉勾芡，放醋、麻油、胡椒粉，起锅装盘即成。

大师指点

长鱼肉在锅内要煸炒透，再放配料同炒。

特点 酥，香，鲜，嫩，咸甜适中。

---

8 炒长鱼丁

主料：活粗长鱼 500 克。

配料：熟火腿丁 10 克、熟净笋丁 10 克、毛豆米 10 克、红椒丁 10 克、大蒜片 20 克、鸡蛋清 1 个。

调料：熟猪油、精盐、绍酒、干淀粉、湿淀粉、醋、麻油、胡椒粉。

制作方法

1 粗长鱼活杀，剖腹去内脏，去头、尾、脊背、肚裆、皮，洗净血污，用刀切成 2 厘米的丁，放入盆内，加精盐、鸡蛋清、干淀粉上浆。

2 毛豆米洗净，放入大火开水锅内焯水成熟，捞出，放入冷水沁透，去尽水。

3 炒锅上火，辣锅冷油，放入粗长鱼肉丁，划油至熟，倒入漏勺，沥尽油。

4 炒锅上火，放入熟猪油、熟火腿丁、熟净笋丁、红椒丁、毛豆米，煸炒成熟，放绍酒、精盐、少许水，用湿淀粉勾芡，倒入长鱼丁、大蒜片、胡椒粉，炒拌均匀，放醋、麻油，起锅装盘。

大师指点

1 划油要掌握好油温，保持长鱼丁鲜嫩。

2 炒时动作要迅速，火要旺。

特点 色彩艳丽，香鲜脆嫩。

---

9 生炒蝴蝶片

主料：活粗长鱼 750 克。

配料：熟净笋片 100 克、红椒片 15 克、鸡蛋 1 个。

调料：花生油、蒜片、酱油、白糖、绍酒、干淀粉、湿淀粉、醋、麻油、胡椒粉、精盐。

制作方法

1 粗长鱼活杀，剖腹去内脏、头尾、脊骨，洗净血污，用刀将长鱼肉斜批一刀至皮，一刀切断即成蝴蝶片，切成大小一致的片放入盆内，加精盐、鸡蛋、干淀粉上浆，成蝴蝶片生坯。

2 炒锅上火，辣锅冷油，放入蝴蝶片生坯划油至熟，倒入漏勺，沥尽油。

3 炒锅上火，放花生油、蒜片、红椒片、熟净笋片，煸炒成熟，放酱油、白糖、绍酒，用湿淀粉勾芡，倒入蝴蝶片，炒拌均匀，放胡椒粉、醋、麻油炒匀，起锅装盘。

大师指点

1 此菜用夹刀，刀深至皮。

2 正确掌握调味品的投放量。

特点 形似蝴蝶，鲜嫩爽脆。

10 炒双蝴蝶片

主料：活粗长鱼 250 克。

配料：大河虾 300 克、鸡蛋清 2 个。

调料：花生油、葱花、姜米、蒜片、酱油、白糖、绍酒、干淀粉、湿淀粉、醋、麻油、胡椒粉、精盐。

制作方法

1 粗长鱼活杀，剖腹去内脏、头、尾、脊骨，洗净血污，用刀从头顶斜劈切，一刀至皮，一刀切断放入盆中，加精盐、鸡蛋清、干淀粉上浆，成长鱼蝴蝶片生坯。

2 大河虾去头、壳，留尾，洗净，用刀将虾身肉切成两半，连着虾尾放入碗内，加精盐、鸡蛋清、干淀

粉上浆，成虾蝴蝶片生坯。

3 炒锅上火，辣锅冷油，分别放入长鱼蝴蝶片和虾蝴蝶片生坯，划油至熟，倒入漏勺，沥尽油。

4 炒锅上火，放入花生油、葱花、姜米、蒜片，煸炒，加绍酒、酱油、白糖，用湿淀粉勾芡，倒入长鱼蝴蝶片和虾蝴蝶片，炒拌均匀，放醋、麻油、胡椒粉，起锅装盘。

大师指点

1 划油时掌握油温，炒时动作要快。

2 掌握芡汁浓度，使调味汁全裹在原料上。

特点 形似蝴蝶，爽脆鲜嫩。

11 炒软兜（一）

主料：长鱼脊背肉 400 克。

调料：花生油、葱花、姜米、蒜片、绍酒、酱油、白糖、湿淀粉、醋、麻油、胡椒粉。

制作方法

1 长鱼脊背肉洗净，放入大火开水锅内稍烫捞出，理齐，切成 3~4 寸的段。

2 炒锅上火，放水烧开，再放长鱼脊背肉烫熟，用漏勺捞出，沥尽水。

3 炒锅上火，放入花生油、葱花、姜米，稍炒，加蒜

泥、绍酒、酱油、白糖，用湿淀粉勾芡，放入长鱼脊背肉，炒拌均匀，放醋、麻油，撒胡椒粉，炒拌均匀，起锅装盘。

大师指点

制作的卤汁要稠，须裹住长鱼肉。

特点 柔软滑嫩，香鲜味美。

注：活长鱼因放入布兜内，放入大火开水锅内烫熟取出。然后用尖筷子划成丝，故称软兜，所以称炒软兜。

12 炒软兜（二）

主料： 长鱼脊背肉 400 克。

调料： 花生油、葱花、姜米、蒜片、绍酒、酱油、白糖、湿淀粉、醋、麻油、胡椒粉。

制作方法

1 长鱼脊背肉洗净，放入大火开水锅内稍烫，捞出理齐、切成 3~4 寸的段。

2 炒锅上火，放入花生油、葱花、姜米，稍炒，放入

长鱼脊背肉煸炒成熟，加绍酒、蒜片、酱油、白糖，用湿淀粉勾芡，再放醋、麻油、胡椒粉，炒拌均匀，起锅装盘。

大师指点

长鱼肉在锅内要煸透、煸香。

特点 软嫩爽滑，鲜香味美。

13 龙爪长鱼

主料： 活粗长鱼 750 克。

配料： 熟净笋 100 克、红椒 1 只、鸡蛋清 1 个。

调料： 熟猪油、葱花、姜米、蒜片、精盐、绍酒、干淀粉、湿淀粉、醋、麻油、胡椒粉。

制作方法

1 粗长鱼活杀，剖腹去内脏，去头尾、脊背，洗净血污，长鱼用刀切成一头大、一头小的半圆形的块，在大头一端，尾端不断切四刀，放入盆中，加精盐、鸡蛋清、绍酒、干淀粉上浆。

2 熟净笋切成片。红椒去籽，洗净，切成片。

3 炒锅上火，辣锅冷油。放入活粗长鱼块划油至熟，长鱼自动卷起，呈龙爪型，倒入漏勺，沥尽油。

4 炒锅再上火，放入熟猪油、葱花、姜米、蒜片、红椒，炒熟，放少许水、精盐，用湿淀粉勾芡，倒入长鱼、笋片，炒拌均匀，撒胡椒粉、麻油，装入放有底醋的盘内即成。

大师指点

因是白炒锅要洗净，旺火速成。

特点 清，鲜，脆，嫩。

14 银丝长鱼

主料： 净长鱼肉 350 克。

配料： 熟火腿丝 20 克，熟净笋丝 50 克，鸡蛋清 1 个。

调料： 熟猪油，葱白丝、蒜泥、绍酒、精盐、干淀粉、湿淀粉、醋、麻油、鸡汤、白胡椒粉。

制作方法

1 净长鱼肉切成 1 寸 2 分长的细丝，放入清水，浸泡去血水，捞出挤尽水，放入盆中，加精盐、鸡蛋清、干淀粉上浆。

2 炒锅上火，辣锅冷油，放入净长鱼丝，划油至熟，

倒入漏勺，沥尽油。

3 炒锅上火，放入熟猪油、葱白丝、蒜泥、熟净笋丝，煸炒成熟，放绍酒、少许鸡汤、精盐、熟火腿丝，用湿淀粉勾芡，倒入长鱼丝，炒拌均匀，放白胡椒粉、麻油，装入有底醋的盘内即可。

大师指点

1 长鱼丝要切得长短粗细一致，并漂洗尽血水。

2 炒时火要大，动作要快。

特点 色泽银白，滑嫩爽口，味道鲜美。

15 鸡粥长鱼

主料：长鱼脊背肉 150 克。

配料：生鸡脯肉 100 克、大米粉 50 克、熟瘦火腿末 5 克、鸡蛋清适量。

调料：熟猪油、葱姜汁、绍酒、精盐、干淀粉、鸡汤。

制作方法

1 长鱼脊背肉用刀切成丁放入盆中，加精盐、鸡蛋清、干淀粉、上浆。

2 生鸡脯肉刮成蓉，放入盆中，加葱姜汁、绍酒、鸡汤、大米粉、精盐，制成生鸡粥。

3 炒锅上火，辣锅冷油，放入长鱼脊背丁，划油至

熟，倒入漏勺，沥尽油。

4 炒锅再上火，放入熟猪油、鸡汤、生鸡粥，用手勺不停搅动，生鸡粥炒至熟鸡粥时，放入长鱼脊背丁炒拌一下，倒入汤盆，撒入熟瘦火腿末即成。

大师指点

1 生鸡脯肉要斩成细蓉，制成生鸡粥，要用汤过滤一下。

2 生鸡粥下锅炒时，手勺不停搅动，防止煳底。

特点 鸡粥洁白，长鱼鲜嫩，口味鲜美。

16 荔枝长鱼

主料：活粗长鱼 700 克。

配料：熟茭白片 100 克、红椒片 20 克、鸡蛋清适量。

调料：花生油、葱花、姜米、蒜泥、酱油、白糖、绍酒、精盐、干淀粉、湿淀粉、醋、麻油、胡椒粉。

制作方法

1 粗长鱼活杀，剖腹去内脏，去头、尾、脊骨、肚裆，洗净血污。

2 粗长鱼肉铺在案板上，用刀剞荔枝花刀，刀深至皮，切成 1 寸长的段，放入盆内。加入精盐、鸡蛋

清、干淀粉上浆。

3 炒锅上火，辣锅冷油，放入长鱼肉划油至熟，倒入漏勺，沥尽油。

4 炒锅再上火，放入花生油、葱花、姜米、绍酒，稍炒，加熟茭白片、红椒片，炒熟，放酱油、白糖，用湿淀粉勾芡，放长鱼片、蒜泥，炒拌均匀，放醋、胡椒粉、麻油，装入盘中即成。

大师指点

掌握好剞刀的深度和间距。

特点 脆嫩爽口，咸中带甜。

17 鸡丝长鱼

主料：长鱼脊背肉 200 克。

配料：生鸡脯肉 200 克、青椒 40 克、红椒 40 克、鸡蛋清 1 个。

调料：熟猪油、葱花、姜米、蒜泥、精盐、绍酒、酱油、白糖、干淀粉、湿淀粉、醋、麻油、胡椒粉、鸡汤。

制作方法

1 长鱼脊背肉洗净，放入大火开水锅内稍烫捞出，理

齐，切成 2.5~3 寸的段。

2 生鸡脯肉洗净，切成丝，放入清水中浸泡，去血水，捞出挤尽水，放入盆内。加精盐、鸡蛋清、干淀粉上浆。

3 青椒、红椒洗净，切成丝。

4 炒锅上火，放入熟猪油、葱花、姜米，稍炒，放入长鱼脊背丝，煸炒成熟，放蒜泥、酱油、白糖，用湿淀粉勾芡，放醋、胡椒粉，炒拌均匀，放麻油，

起锅，装盘内一边。

5 炒锅上火辣锅冷油，放鸡丝，划油至熟，倒入漏勺，沥尽油。

6 炒锅上火，放入熟猪油、青红椒丝，炒熟，放入少许鸡汤、精盐、绍酒，用湿淀粉勾芡，倒入鸡丝，炒拌均匀，放麻油，盛入有底醋的盘内，鸡丝、长鱼肉各半即成。

1 长鱼肉要煸炒出香味。

2 鸡丝要粗细一致、刀工均匀，炒时注意火候，保持鲜嫩。

特点 黑白分明，长鱼爽滑鲜香，鸡丝洁白细嫩，一菜二味。

18 红白长鱼

主料：活粗长鱼 1500 克。

配料：洋葱块 100 克、红椒片 25 克、鸡蛋清 2 个。

调料：熟猪油、葱结、姜块、葱花、姜米、蒜泥、精盐、酱油、白糖、干淀粉、湿淀粉、醋、麻油、胡椒粉、鸡汤。

制作方法

1 粗长鱼活杀，剖腹去内脏，去头、脊骨。肚裆洗净血污，一半长鱼去皮，一半长鱼留皮。

2 去皮的粗长鱼，用刀剞兰花刀切成长方块，放入清水中，浸泡去血水，捞出挤尽水，放入盆中。加精盐、鸡蛋清、干淀粉上浆。

3 留皮的粗长鱼肉，肉面剞十字花刀深至皮，切成斜刀块放入盘中。加精盐、鸡蛋清、干淀粉上浆。

4 炒锅上火，辣锅冷油，放入去皮的长鱼肉划油至熟，倒入漏勺，沥尽油。

5 炒锅上火，放入熟猪油、洋葱块、红椒片，放少许鸡汤、精盐，用湿淀粉勾芡，放长鱼块，撒胡椒粉、浇麻油，炒拌均匀，倒入有底醋的盘内，占盘子的一半。

6 炒锅上火，辣锅冷油，放入有皮的长鱼段，划油至熟，倒入漏勺，沥尽油。

7 炒锅再上火，放水、长鱼段、酱油、白糖，烧开，移小火，烧熟焖透，再上大火收稠汤汁，撒胡椒粉，用湿淀粉勾芡，倒入盘中，占盘子的一半，即成红白长鱼。

1 红烧长鱼肉先用大火，再用小火，焖透、焖酥。

2 白炒要动作迅速，保持鲜嫩。

特点 两色两味，酥醇鲜嫩。

19 麻花长鱼

主料：活粗长鱼 500 克。

配料：熟猪肥膘肉 200 克、熟净笋片 50 克、红椒片 20 克、鸡蛋 1 个。

调料：花生油、葱花、姜米、绍酒、酱油、白糖、干淀粉、湿淀粉、醋、麻油、胡椒粉。

制作方法

1 长鱼活杀，剖腹去内脏，去头尾、脊背、肚裆，洗净血污，切成一寸两分到一寸五分长的段片，在段片的中间顺长划一刀。

2 熟肥膘肉也切成和长鱼段同样大小的片，中间顺长

划一刀。

3 鸡蛋、干淀粉制成全蛋浆。

4 取 1 块长鱼肉， 1 片熟猪肥膘肉，相叠在一起，翻卷成麻花形，再沾满全蛋浆，放入有油的盘内，即成麻花长鱼生坯。

5 炒锅上火，辣锅冷油，放入麻花长鱼生坯，划油至熟，倒入漏勺，沥尽油。

6 炒锅再上火，放入花生油、葱花、姜米、稍炒再放红椒片、熟净笋片，炒熟，放酱油、白糖、绍酒，用湿淀粉勾芡，倒入麻花长鱼、胡椒粉，炒拌均

匀，放醋、麻油，即成。

大师指点

1 长鱼肉片肥膘肉片大小要一致，穿翻成麻花形状。

2 上的浆要薄一些。

特点 形似麻花，鲜嫩爽口，咸甜适中。

20 木樨长鱼

主料：生净长鱼肉 150 克。

配料：笋丝 25 克、水发木耳丝 25 克、鸡蛋 5 个、去皮黄瓜丝 25 克。

调料：熟猪油、葱结、姜块、绍酒、精盐、干淀粉。

制作方法

1 生净长鱼肉，切成火柴棒粗细，放入水中，清洗干净，捞出，挤净水，放入盆内。加葱结、姜块、绍酒、精盐拌匀，腌渍入味，去葱结、姜块。

2 炒锅上火，辣锅冷油，放长鱼丝，划油至熟，倒入漏勺，沥尽油。

3 鸡蛋、长鱼丝、笋丝、水发木耳丝、去皮黄瓜丝、

精盐、干淀粉，搅拌均匀，即成木樨长鱼蛋液。

4 炒锅上火，放入熟猪油、木樨长鱼蛋液，用铲子不停地炒动，将其炒熟，装盘即成。

大师指点

1 生净长鱼肉切的丝，要长短粗细一致，放入清水中要浸泡血水。

2 炒蛋时，火不宜太大，要不断用铲子炒动，保持鸡蛋不成块、滑嫩。

特点 色泽金黄，鲜嫩爽滑。

21 软兜带粉

主料：长鱼脊背肉 300 克。

配料：龙口粉丝 250 克、韭菜末 25 克。

调料：花生油、葱花、姜米、蒜泥、绍酒、酱油、白糖、湿淀粉、醋、麻油、胡椒粉。

制作方法

1 长鱼脊背肉洗净，放入大火开水锅内稍烫，捞出理齐，切成 1 寸 5 分长的段。

2 龙口粉丝放在开水中浸泡回软泡透。

3 炒锅上火锅烧辣，放花生油、龙口粉丝煸炒熟炒

透，加酱油、白糖，收干汤汁，装入盆内。

4 炒锅上火，放入花生油、葱花、姜米、蒜泥，稍炒，加长鱼段，煸炒成熟，放韭菜末、酱油、白糖、绍酒，撒胡椒粉，用湿淀粉勾芡，放醋、麻油，起锅，倒入盘内粉丝上即成。

大师指点

1 选用龙口粉丝，要在水中浸泡透。

2 长鱼段、粉丝、都要炒干卤汁，吃时拌匀。

特点 长鱼软嫩，粉丝糯香。

22 麦穗长鱼

主料：活粗长鱼 750 克。

配料：熟净笋片 100 克、青椒片 50 克、鸡蛋清 1 个。

调料：花生油、葱花、姜米、蒜泥、绍酒、精盐、酱油、白糖、干淀粉、湿淀粉、醋、麻油、胡

椒粉。

制作方法

1 粗长鱼活杀，剖腹去内脏，去头尾及肚裆，洗净血污，在鱼肉上剞麦穗花刀，刀深至皮，再切成 1 寸

2分长的段，放清水中，浸泡去血水取出，挤尽水，放入盆内。加精盐、鸡蛋清、干淀粉上浆，成麦穗长鱼生坯。

2 炒锅上火，辣锅冷油，放入麦穗长鱼生坯，划油至熟，倒入漏勺，沥尽油。

3 炒锅上火，放入花生油、葱花、姜米稍炒，加青椒片、熟净笋片，炒熟，放酱油、白糖、蒜泥，用湿淀粉勾芡，再放麦穗长鱼，炒拌均匀，放胡椒粉、醋、麻油，起锅装盘。

大师指点

剞刀深度、间距要一致。

特点 形如麦穗，香嫩味美，咸甜适中。

23 芙蓉长鱼片

主料： 生净长鱼肉 100 克。

配料： 熟净笋片 20 克、水发冬菇 20 克、熟瘦火腿末 10 克、豌豆苗 20 克、鸡蛋清 5 个。

调料： 熟猪油、葱姜汁、绍酒、精盐、湿淀粉、鸡汤。

制作方法

1 生净长鱼肉洗净，放清水中洗净，去血水捞出，刮成蓉，放入盆内。加葱姜汁、绍酒、少量的水、精盐，制成长鱼馅。

2 鸡蛋清 5 个，用筷子拭打成发蛋，放入长鱼馅，拌匀成芙蓉长鱼馅。

3 锅内放入化开的冷熟猪油，用手勺将芙蓉长鱼馅剞成一片片的柳叶片。再上火，将芙蓉长鱼片养炸熟，倒入漏勺，沥尽油。

4 炒锅上火放熟猪油、熟净笋片、水发冬菇片炒熟，放少许鸡汤、精盐，用湿淀粉勾芡，放豌豆苗、芙蓉长鱼片，炒拌均匀。放熟猪油，起锅装盘，撒入熟瘦火腿末即可。

大师指点

1 用手勺剞长鱼片要大小一致。

2 要正确掌握火候。

特点 色泽洁白、鲜嫩爽口。

24 雪花长鱼

主料： 生净长鱼肉 250 克。

配料： 生鸡脯肉 50 克、熟猪肥膘肉 50 克、熟瘦火腿末 10 克、香菜 10 克、鸡蛋清 4 个。

调料： 熟猪油、葱姜汁、绍酒、精盐、干淀粉、湿淀粉。

制作方法

1 生净长鱼肉洗净切成丁，放入清水中，漂洗干净，捞出挤尽水，放入盆中。加精盐、鸡蛋清、干淀粉，上浆。

2 生鸡脯肉洗净，刮成蓉，熟猪肥膘肉刮成蓉，放入盆内。加鸡蛋清、葱姜汁、绍酒、干淀粉、精盐，制鸡蓉糊。

3 炒锅上火，放入熟猪油。待油三成热，放入鸡蓉糊，下锅划油，用手勺轻轻搅动，见浮出油面。用漏勺捞出，沥尽油。

4 炒锅上火，辣锅冷油，放入长鱼丁划油至熟，倒入漏勺，沥尽油。

5 炒锅再上火，放入少许熟猪油、长鱼丁、鸡蓉，炒拌均匀，用湿淀粉勾芡，放熟猪油，倒入盘内，放上洗净后的香菜，撒上熟瘦火腿末即成。

大师指点

鸡蓉滑油，油温要低，并用手勺不停搅动。

特点 色如雪花，鲜嫩可口。

25 乌龙盖雪

主料： 长鱼脊背肉 300 克。

配料： 生鸡脯肉 100 克、熟猪肥膘肉 50 克、鸡蛋清 4 个。

调料： 熟猪油、葱姜汁、葱花、姜米、蒜泥、酱油、白糖、绍酒、干淀粉、湿淀粉、醋、麻油、胡椒粉、精盐。

制作方法

1 长鱼脊背肉洗净，放入大火开水锅内稍烫，捞出，挤尽水，切成 1.5～2 寸长的段。

2 生鸡脯肉、熟猪肥膘肉，刮成蓉，放入盆内。加葱姜汁、鸡蛋清、绍酒、干淀粉、精盐，制成鸡蓉糊。

3 炒锅上火，放入熟猪油。待油三成热时，放入鸡蓉糊，用手勺轻轻推搅，见浮出油面，倒入漏勺，沥尽油，装入盘内，呈扁圆形。

4 炒锅上火，放入熟猪油、葱花、姜米，稍炒，加长鱼脊背肉段煸炒成熟，加绍酒、酱油、白糖、蒜泥，用湿淀粉勾芡，放醋、胡椒粉，炒拌均匀，浇麻油，放在鸡蓉中间即成。

大师指点

1 锅内油要多，油温要低，放入鸡蓉不断搅动至熟。

2 长鱼段要煸炒透，加调料。

特点 黑白分明，一菜二味，别具一格。

26 松子长鱼（一）

主料： 活粗长鱼 750 克。

配料： 松子仁 50 克、鸡蛋清 1 个。

调料： 花生油、葱花、姜米、蒜泥、绍酒、精盐、干淀粉、湿淀粉、醋、麻油、胡椒粉。

制作方法

1 粗长鱼活杀，剖腹去内脏，去头、尾、脊背、肚裆，洗净血污，在肉面上剞十字花刀，刀深至皮，切成长 1 寸的段，放入盆内，加精盐、鸡蛋清、干淀粉上浆。

2 炒锅上火，放入花生油、松子仁，将其炸熟、炸香，倒入漏勺，沥尽油。

3 炒锅上火，辣锅冷油，放长鱼段划油至熟，倒入漏勺，沥尽油。

4 炒锅上火，放花生油、葱花、姜米稍炒，然后加水、精盐、绍酒，用湿淀粉勾芡，放入蒜泥、松子仁、长鱼段，炒拌均匀，放胡椒粉，浇麻油，倒入放有醋的盘内即成。

大师指点

1 长鱼剞十字花刀，刀深至皮，刀距均匀。

2 烹炒时动作要迅速。

特点 松子清香，清嫩爽口。

27 松子长鱼（二）

主料： 活粗长鱼 750 克。

配料： 松子 50 克、虾仁 200 克、熟猪肥膘肉 50 克、鸡蛋清 2 个。

调料： 花生油、干淀粉、精盐、绍酒、葱姜汁、葱结、姜块、麻油、花椒盐。

制作方法

1 粗长鱼活杀剖腹去内脏，去头尾，脊骨洗净，洗净血污，在肉面剞上十字花刀，刀深至皮，放入盆内，加葱结、姜块、绍酒、精盐拌匀。浸渍入味，取出拍上干淀粉。

2 炒锅上火，放入花生油，将松子炸熟炸香，倒入漏勺沥尽油。

3 鸡蛋清，干淀粉，制成蛋清浆。

4 虾仁洗净挤干水分，刮成蓉，熟猪肥膘肉也刮成蓉，然后放进盆内，加鸡蛋清、葱姜汁、绍酒、干淀粉、精盐，制成虾蓉。

5 长鱼铺在案板上，抹上蛋清浆，放入虾蓉抹平，嵌入松子，抹上蛋清浆，即成松子长鱼生坯。

6 炒锅上火，放入花生油，待油七成热时，放入松子长鱼生坯，炸至淡黄色捞出沥尽油，用刀切成长方块，整齐地摆入盘内，浇上麻油即成。

7 带花椒盐一小碟上桌。

大师指点

1 长鱼浸渍入味，正反两面拍上干淀粉。

2 虾蓉制作要厚一点。

特点 香、脆、鲜、嫩。

28 锅巴长鱼

主料： 长鱼脊背肉 300 克。

配料： 锅巴 75 克、熟净笋片 50 克、红椒片 20 克、青椒片 20 克。

调料： 花生油、葱花、姜米、蒜片、绍酒、酱油、白糖、湿淀粉、胡椒粉、鸡汤。

制作方法

1 长鱼脊背肉洗净，放大火开水锅内，烫熟捞出。理齐，切成 2 寸长的段。

2 锅巴制成小块。

3 炒锅上火，放入花生油、葱花、姜米、笋片、红椒片、青椒片、蒜片，稍炒，加长鱼段煸炒成熟，放鸡汤、酱油、白糖、绍酒烧开，用湿淀粉勾芡，放

入胡椒粉，成长鱼卤汁。

4 炒锅上火，放入花生油。待油九成热时，放入锅巴炸熟，炸到内外酥脆，捞出，沥尽油，装入盘内。

5 锅巴和长鱼卤汁一起上桌，将卤汁倒入锅巴上，滋滋作响即成。

大师指点

1 炸锅巴要大火辣油，锅巴下锅一炸起身，捞出装盘。

2 制作长鱼卤汁和油锅炸锅巴要同时进行。

特点 香，脆，软，嫩。

29 炒鳝糊

主料： 长鱼脊背肉 400 克。

调料： 花生油、葱花、姜米、蒜泥、绍酒、酱油、白糖、湿淀粉、醋、麻油、花椒、胡椒粉、鸡汤。

制作方法

1 长鱼脊背肉洗净，放入大火开水锅内稍烫，捞出晾凉，理齐切成 3 寸长的段。

2 炒锅上火，放入花生油、葱花、姜米，稍炒，放入长鱼肉煸炒成熟，放少许鸡汤、酱油、白糖、绍酒烧开，用湿淀粉勾芡成糊状，放醋、麻油、胡椒

粉，装入汤盘内，中间用筷子扒一个塘，放入蒜泥。

3 炒锅上火，放入少量花生油、花椒，炒出花椒香成辣油，用汤筛去花椒，将辣油倒入汤盘的蒜泥上盖上扣碗，上桌去扣碗，即成。

大师指点

1 长鱼在锅内煸炒透。

2 上桌去扣碗，蒜香浓郁。

特点 长鱼酥嫩，蒜香浓郁。

30 三丝长鱼卷

主料： 生净长鱼肉 200 克。

配料： 虾仁 50 克、熟火腿丝 25 克、熟净笋丝 25
克、水发香菇丝 25 克、酱瓜丝 5 克、酱生姜丝
5 克、红椒丝 5 克、葱丝 5 克、鸡蛋清 2 个。

调料： 熟猪油、葱姜汁、绍酒、精盐、酱油、白糖、
干淀粉、湿淀粉、醋、麻油、花生油。

制作方法

1 生长鱼肉洗净，用清水浸泡去除血污，捞出刮成
蓉；虾仁洗净，挤去水分，刮成蓉。两种原料同放
入盆内，加鸡蛋清、葱姜汁、绍酒、干淀粉、精
盐，制成长鱼馅。

2 鸡蛋、干淀粉，制成全蛋浆。

3 把干淀粉撒在案板上，用手抓长鱼馅成小团子，然
后撒上干淀粉压扁成面皮，放入熟火腿丝、熟净笋

丝、水发香菇丝，包卷起，沾满全蛋浆，放入有花
生油的盘子内，即成三丝长鱼卷生坯。

4 炒锅上火，辣锅冷油，放入三丝长鱼卷生坯，划油
至熟，倒入漏勺沥尽油。

5 炒锅再上火，放入花生油、酱瓜丝、酱生姜丝、红
椒丝、葱丝，炒熟，放绍酒、酱油、白糖，用湿淀
粉勾芡，放醋，倒入三丝长鱼卷，炒拌均匀，放麻
油，起锅装盘。

大师指点

1 长鱼肉卷入三丝要卷紧，烹制时动作要轻，防止
散碎。

2 长鱼馅挤成团子时，大小要一致，放上干淀粉要轻
轻压扁。

特点 原料多样，各具风味，质嫩味美。

31 长鱼排

主料： 生净长鱼肉 350 克。

配料： 面包屑 200 克、鸡蛋 2 个。

调料： 花生油、葱结、姜块、绍酒、酱油、白糖、干
淀粉、胡椒粉、花椒盐、辣酱油。

制作方法

1 生长鱼肉洗净，在鱼肉的两面剞上十字花刀并拍
松，放入盆内，加葱结、姜块、绍酒、酱油、白
糖、胡椒粉拌匀，浸渍入味。

2 鸡蛋、干淀粉，制成全蛋浆。

3 长鱼肉拍上干淀粉，沾上全蛋浆，再沾上面包屑，
用手压一下，即成长鱼排生坯。

4 炒锅上火，放入花生油，待油七成热时放入长鱼排
生坯炸熟捞出，待油八成热时，将长鱼排重油，炸
至呈老黄色，面包屑炸脆炸香，捞出沥尽油，用刀
切成一字条，整齐摆放入盘。

5 带花椒盐、辣酱油各一碟上桌。

大师指点

1 全蛋浆要厚一些。

2 沾上面包屑用手压一下，压紧，确保扎实不脱落。

特点 外香酥，里鲜嫩。

32 夹沙长鱼

主料： 长鱼脊背肉 250 克。

配料： 甜豆沙 80 克、鸡蛋清 4 个。

调料： 熟猪油、绍酒、白糖、葱姜汁、干淀粉。

制作方法

1 长鱼脊背肉洗净，放入大火开水锅内烫熟，捞出晾
凉。理齐切成 1 寸长的段，放入盆内，加葱姜汁、

绍酒浸渍入味。

2　鸡蛋清拭打成发蛋，加入干淀粉成发蛋糊。

3　长鱼段铺在案板上，上放甜豆沙，约厚2分，再盖上长鱼段，即成夹沙长鱼生坯。

4　炒锅上火，放入熟猪油，待油三成热时，将夹沙长鱼生坯沾满发蛋糊入油锅，养炸成熟捞出。待油五成热时，放入夹沙长鱼重油，炸至呈淡黄色并起脆

时，捞出沥尽油，堆放入盘，撒上白糖即成。

大师指点

1　掌握好发蛋和干淀粉的比例。

2　夹沙长鱼沾满发蛋糊下油锅炸时火不能大，油温不能高。

特点　色泽淡黄、松软甜脆、美味可口。

注：夹入枣泥，即成枣泥长鱼。

33　膏丽长鱼

主料：活长鱼500克。

配料：熟火腿末10克、香菜5克、鸡蛋清3个。

调料：熟猪油、葱结、姜块、绍酒、胡椒粉、精盐、干淀粉（或大米粉）。

制作方法

1　长鱼活杀，剖腹去内脏，去头尾及骨，洗净血污，在长鱼肉上剞十字花刀，再切成斜角块放入盆内，加葱结、姜块、绍酒、胡椒粉、精盐拌匀，浸渍入味。

2　炒锅上火，辣锅冷油，放入长鱼肉划油成熟，倒入漏勺沥尽油，待冷透拍上干淀粉。

3　鸡蛋清放入碗内，用筷子拭打成发蛋，放入干淀

粉，制成发蛋糊。

4　炒锅上火，放入熟猪油，待油三成热时，长鱼肉沾满发蛋糊，放入油锅炸熟，发蛋糊呈微黄色时，捞出沥尽油，整齐地堆放入盘子内，放入拣洗后的香菜和熟火腿末，即成。

大师指点

1　发蛋糊不宜制作太久，现制作现用。

2　油炸时油温不能过高，火力不能太大，将发蛋糊养炸至色呈微黄。

特点　外松软，里鲜嫩。

34　金果长鱼

主料：长鱼脊背肉250克。

配料：大米粉100克、面粉50克、鸡蛋（二黄一清）。

调料：花生油、葱结、姜块、绍酒、酱油、白糖、麻油、胡椒粉、花椒盐、番茄酱。

制作方法

1　长鱼脊背肉洗净，放入大火开水锅内稍烫捞出。理齐切成1寸长的段，放入盆内加葱结、姜块、绍酒、酱油、白糖、胡椒粉拌匀，浸渍入味。

2　鸡蛋、大米粉、面粉、水，制成全蛋糊。

3　炒锅上火，放入花生油，待油七成热时，将长鱼肉沾满全蛋糊，入油锅炸熟，捞出，待油八成热时，放入重油，炸至呈金老黄色，捞出沥尽油，装入盘内，放麻油即成。

4　带花椒盐、番茄酱各一小碟上桌。

大师指点

1　腌渍入味。

2　重油时油温要高。

特点　形似金果，外脆里嫩，美味可口。

35 芝麻长鱼

主料：活粗长鱼 500 克。

配料：熟芝麻 200 克、鸡蛋 2 个。

调料：花生油、葱结、姜块、绍酒、酱油、白糖、干淀粉、胡椒粉、番茄酱。

制作方法

1 粗长鱼活杀剥腹去内脏，去头尾、脊骨、肚档，洗净血污，铺在案板上，在肉面上剞十字花刀，切成 3 寸长的段，放入盆内，加葱结、姜块、绍酒、酱油、白糖、胡椒粉拌匀，浸渍入味。

2 鸡蛋、干淀粉，制成全蛋浆。

3 长鱼段拍上干淀粉，沾满全蛋浆，再沾满熟芝麻，即成芝麻长鱼生坯。

4 炒锅上火，放入花生油，待油七成热时，放入芝麻长鱼生坯，将其炸熟捞出。待油八成热时，放入重油，将芝麻炸香，捞出沥尽油，切成一字条，整齐地摆放入盘。

5 带番茄酱一小碟上桌。

大师指点

1 全蛋浆要稠一些。

2 沾满熟芝麻后用手压紧，防止脱落。

特点 芝麻味香，鱼肉鲜嫩，外脆里嫩。

36 炸长鱼换柱

主料：活长鱼 500 克。

配料：笋 150 克、大米粉 100 克、面粉 50 克、鸡蛋 1 个。

调料：花生油、葱结、姜块、绍酒、酱油、麻油、花椒盐。

制作方法

1 长鱼活杀去头、尾，用筷子去除内脏，洗净血污。切成 1 寸长的圆筒形，用小长刀剔去脊背骨，洗净即成长鱼筒放入盆内，加葱结、姜块、绍酒、酱油拌匀，腌渍入味。

2 将笋切成 1 寸 2 分长、3 分宽的条，穿进长鱼筒内，即成长鱼换柱生坯。

3 鸡蛋、大米粉、面粉、水，制成全蛋糊。

4 炒锅上火，放入花生油，待油七成热时，长鱼换柱生坯沾满全蛋糊，放入油锅中炸熟，捞出沥尽油，待油八成热时，放入长鱼换柱重油，炸至老黄色，捞出沥尽油，堆放盘内，放麻油即成。

5 带花椒盐一小碟上桌。

大师指点

1 选用较粗的长鱼。

2 去内脏和脊背时要保持长鱼筒完整。

3 笋段要填满长鱼肚，不要过大和过小。

特点 酥香脆嫩，别有风味。

37 炸长鱼筒

主料：活长鱼 600 克。

配料：生猪五花肉 150 克、鸡蛋 1 个。

调料：花生油、葱姜汁、绍酒、精盐、干淀粉、花椒盐。

制作方法

1 长鱼活杀开膛，去内脏、头、尾、脊背骨，洗净血污，铺在砧板上，在肉上剞十字花刀，刀深至皮。切成 1 寸长的段，放入盆内，加葱姜汁、绍酒、精盐拌匀，腌渍入味。

2 生猪五花肉洗净，刮成蓉，放入盆内，加少许水、鸡蛋、葱姜汁、绍酒、干淀粉，制成肉馅。

3 炒锅上火，放水烧开，放入长鱼筒稍烫卷成圆筒形捞出，沥尽水，在皮朝上的位置拍上干淀粉，填入生肉馅，再拍干淀粉，即成长鱼筒生坯。

4 炒锅上火，放入花生油，待油七成热时，长鱼筒生坯放入油锅中炸熟捞出，沥尽油，待油八成热时，放入长鱼筒重油，炸至酥脆时，捞出沥尽油，堆放盘内。

5 带花椒盐一小碟上桌。

大师指点

1 花刀注意间距、刀纹。

2 烫时不可烫老。

特点 外香酥，里鲜嫩。

38 长鱼土司

主料： 净长鱼肉 250 克。

配料： 咸面包 2 只、虾仁 100 克、熟猪肥膘肉 50 克、熟火腿末 20 克、蛋黄末 20 克、熟黑芝麻 20 克、香菜 20 克、鸡蛋清 2 个。

调料： 花生油、葱姜汁、绍酒、精盐、干淀粉。

制作方法

1 长鱼肉洗净，刮成蓉，虾仁刮成蓉，熟猪肥膘肉刮成蓉，三种原料同放盆内，加鸡蛋清、葱姜汁、绍酒、干淀粉、精盐，制成长鱼馅。

2 面包切成边长 4 厘米、厚 0.5 厘米的菱形片。

3 面包铺在案板上，放上长鱼馅抹平，表面放上熟火

腿末、蛋黄末、熟黑芝麻、香菜叶，即成长鱼土司生坯。

4 炒锅上火，放入花生油，待油七成热时，放入长鱼土司生坯，将其炸熟炸脆，捞出沥尽油，整齐地放入盘在内。

大师指点

1 长鱼馅制作要浓厚。

2 面包和长鱼馅要粘牢。

特点 色彩艳丽，肉馅鲜嫩，面包香脆。

39 干炸长鱼千

主料： 活长鱼 400 克。

配料： 去皮猪五花肉 100 克、大米粉 100 克、面粉 50 克、鸡蛋 2 个。

调料： 花生油、葱姜汁、绍酒、精盐、干淀粉、葱椒、麻油、花椒盐。

制作方法

1 长鱼活杀开膛，去内脏、头、尾、脊背骨，洗净血污，肚皮和脊背肉相连，放入大火开水锅内略烫，捞出晾干。

2 鸡蛋、葱椒、干淀粉，制成葱椒蛋浆。

3 去皮猪五花肉洗净，刮成蓉，放入盆内，加入鸡蛋、葱姜汁、绍酒、干淀粉、精盐，制成肉馅。

4 鸡蛋、大米粉、面粉、水，制成全蛋糊。

5 长鱼铺平在砧板上，抹上葱椒蛋浆，放上肉馅，用

手抹平，卷成圆筒形，上中火开水的笼锅中蒸熟取出。

6 炒锅上火，放花生油，待油七成热时，将长鱼筒沾满全蛋糊，下油锅内炸熟，捞出沥尽油，待油八成热时，放入长鱼筒重油，待呈老黄色，捞出沥尽油，用刀切成块，整齐地堆放在盘子内，淋上麻油即成。

7 带花椒盐一小碟上桌。

大师指点

1 长鱼筒不能卷得太粗。

2 蒸熟的长鱼筒冷透后再裹糊炸。

特点 外脆里嫩，咸鲜味美。

40 生煎长鱼饼

主料： 生净长鱼肉 300 克。

配料： 虾仁 150 克、熟猪肥膘肉 50 克、熟净冬笋片 100 克、鸡蛋清 1 个。

调料： 花生油、葱姜汁、精盐、干淀粉、胡椒粉、花椒盐。

制作方法

1 生长鱼肉洗净，放冷水中浸泡，去血水，捞出刮成蓉，虾仁洗净挤尽水，刮成蓉，熟猪肥膘肉刮成蓉，三种原料同放盆内，加鸡蛋清、葱姜汁、干淀粉、胡椒粉、精盐，制成长鱼馅。

2 炒锅上火烧辣，放入花生油。用手抓长鱼馅成团子放入锅中，用锅铲压扁，将其煎熟，即成长鱼饼，整齐地装盘。

3 带花椒盐一小碟上桌。

大师指点

1 抓成的团子大小一致，压扁后煎成扁圆形。

2 用中小火将其煎熟。

特点 色泽金黄，香脆鲜嫩。

41 锅贴长鱼

主料： 长鱼脊背肉 150 克。

配料： 熟猪肥膘肉 150 克、青菜叶 6 片、大米粉 100 克、面粉 50 克、鸡蛋 1 个。

调料： 花生油、干淀粉、葱椒、花椒盐。

制作方法

1 长鱼脊背肉洗净，放入大火开水锅内稍烫，捞出晾凉，切成 2 寸长的段。

2 熟猪肥膘肉切成长 2 寸、宽 1 寸、厚 2 分的长方形片 6 片，青菜叶切成长 2 寸、宽 1 寸的长方形片 6 片。

3 鸡蛋、葱椒、干淀粉，制成葱椒蛋浆。

4 鸡蛋、大米粉、面粉、水，制成全蛋糊。

5 熟猪肥膘肉铺在案板上，抹上葱椒蛋浆，放上长鱼肉段，再抹上葱椒蛋浆，盖上青菜叶，即成锅贴长鱼生坯。

6 炒锅上火烧辣，放入花生油，待油四五成热时，将锅贴长鱼生坯沾满全蛋糊，放入锅内，熟猪肥膘肉面朝下，青菜叶朝上，全蛋糊要露出绿色，在小火上将其煎熟，熟猪肥膘肉上的全蛋糊煎脆，倒入漏勺，再将锅内油烧辣，将青菜叶面浇熟浇香，沥尽油，用刀切成 1 寸长的长条，整齐地摆放入盘，浇麻油即成。

7 带花椒盐一碟上桌。

大师指点

1 熟猪肥膘肉、长鱼肉、青菜叶三者要粘牢。

2 煎时用小火将其煎熟，再上大火煎脆。

特点 一面酥脆，一面软嫩，肥而不腻，美味佳肴。

42 锅塌长鱼

主料： 生净长鱼肉 500 克。

配料： 长鱼脊背肉 100 克、加工后的猪网油一张、熟瘦火腿丝 100 克、熟净笋丝 100 克、虾仁 50 克、熟猪肥膘肉 50 克、鸡蛋清 2 个。

调料： 花生油、葱姜汁、绍酒、精盐、干淀粉、葱椒、花椒盐、麻油。

制作方法

1 生长鱼肉洗净，放入清水中浸泡，去血水，捞出刮成蓉，虾仁洗净，挤尽水，刮成蓉，熟猪肥膘肉刮成蓉，放入盆中，加鸡蛋清、干淀粉、绍酒、精盐制成长鱼馅。

2 葱椒、鸡蛋、干淀粉，制成葱椒蛋浆。

3 猪网油铺在案板上，切成边长为 4 寸的正方形片 4 张。

4 长鱼脊背肉放入大水开水锅内稍烫，捞出晾凉，理齐切成细条。

5 在猪网油上抹上葱椒蛋浆，放长鱼馅约 2 分厚抹平，放上长鱼细条、熟瘦火腿丝、熟净笋丝，抹上

葱椒蛋浆，盖上一张猪网油，即成锅塌长鱼生坯。

6 炒锅上火（最好为平底锅）烧辣，放入花生油，锅塌长鱼生坯沾满葱椒蛋浆，中小火将其煎熟，两面煎脆，色呈金黄色，倒入漏勺沥尽油。

7 将锅塌长鱼用刀切成一字条，整齐地摆放入盘，浇麻油即成。

8 带花椒盐一小碟上桌。

大师指点

1 葱椒蛋浆要稠一些。

2 煎时正确用中小火煎脆，两面金黄。

特点 色泽金黄，香、脆、鲜、嫩。

---

43 仔盖长鱼

主料： 长鱼脊背肉 100 克。

调料： 花生油、葱结、姜块、酱油、白糖、桂皮、八角、干淀粉、麻油、花椒盐、胡椒粉。

制作方法

1 长鱼脊背肉洗净，放入大火开水锅内卤透，捞出晾凉，理齐切成 2 寸长的段，放入炒锅，加葱结、姜块、水、酱油、白糖烧开，收稠收干汤汁，倒入盆内晾凉。

2 鸡蛋、干淀粉，制成全蛋浆。

3 炒锅上火，放入花生油，待油七成热时，将长鱼肉

沾满全蛋浆，放入油锅炸熟炸脆，捞出沥尽油，待油八成热时，放入重油，炸至金黄色，捞出沥尽油，装入盘，放麻油，撒上胡椒粉即成。

4 带花椒盐一小碟上桌。

大师指点

1 长鱼脊背肉要卤透入味。

2 重油时油温要高，时间要短。

特点 色泽金黄，酥、脆、软、嫩。

---

44 糖醋脆鳝

主料： 长鱼脊背肉 500 克。

配料： 香菜 10 克、生姜丝 10 克。

调料： 花生油、葱花、姜末、酱油、白糖、绍酒、湿淀粉、醋、麻油。

制作方法

1 长鱼脊背肉洗净，放入大火开水锅内略烫捞出。

2 炒锅上火，放入花生油，待油八成热时，放入长鱼肉炸至起脆捞出，待油九成热时，放入长鱼肉，炸至酥脆，制成脆鳝捞出，放入盘内。

3 炒锅上火，放入花生油、葱花、姜末煸炒，放入

水、少许酱油、白糖，用湿淀粉勾芡，再放入醋、麻油，成糖醋卤汁，浇在脆鳝上，上放香菜、生姜丝即成。

大师指点

1 炸长鱼油温要高，炸至长鱼酥脆。

2 油炸长鱼和制作糖醋卤汁要同时进行，浇入卤汁，发出吱吱的响声。

特点 色泽乌黑，酥脆香鲜，酸甜适口。

45 醋溜长鱼饼

主料： 生净长鱼肉 250 克。

配料： 虾仁 100 克、熟猪肥膘肉 50 克、去皮荸荠 50 克、鸡蛋清 2 个。

调料： 熟猪油、葱姜汁、蒜泥、绍酒、精盐、酱油、白糖、干淀粉、湿淀粉、醋、麻油、胡椒粉。

制作方法

1 生长鱼肉洗净，放清水中，泡洗去血水后取出，刮成蓉，虾仁洗净，挤尽水分，刮成蓉，熟猪肥膘肉刮成蓉，去皮荸荠用刀拍碎成末，四种原料同放盆内，加鸡蛋清、葱姜汁、绍酒、干淀粉、胡椒粉、水（适量）、精盐，制成长鱼馅。

2 炒锅上火烧辣，放入少许熟猪油，用手挤成小圆子，压成长鱼饼，中上火将其煎熟，倒入漏勺之后沥尽油，整齐地摆放入盘。

3 炒锅上火，放入熟猪油、葱姜汁，稍炒，放水（少许）、酱油、白糖，烧开，放入蒜泥，用湿淀粉勾芡，再放醋、麻油，成糖醋卤汁，倒入长鱼饼之上即成。

大师指点

1 长鱼饼要做得大小一致。

2 长鱼饼要用中小火煎熟。

特点 鲜香脆嫩，酸甜适口。

46 菊花长鱼

主料： 活粗长鱼 500 克（2 条）。

调料： 花生油、葱结、姜块、精盐、绍酒、白糖、白醋、干淀粉、湿淀粉、麻油、胡椒粉、番茄酱。

制作方法

1 长鱼活杀，剖腹去内脏，去头、尾、脊骨、肚裆。

2 将长鱼肉铺在砧板上，用刀斜劈批 4 刀，刀深至皮，第 5 刀时切断皮，再将鱼肉切成条连在皮上，放入盆内，加葱结、姜块、绍酒、精盐（少许）、胡椒粉拌匀，浸渍入味，取出后拍上干淀粉，使长鱼肉条根根分清，即成菊花长鱼生坯。

3 炒锅上火，放入花生油，待油七成热时，放入菊花长鱼生坯，炸定型成熟后捞出，待油八成热时，放入重油，炸至老黄色，捞出沥尽油，整齐地堆放盘内。

4 炒锅上火，放花生油、番茄酱、水烧开，加白糖，用湿淀粉勾芡，放白醋、麻油（制作糖醋味的番茄汁），浇在菊花长鱼上即成。

大师指点

1 长鱼肉条要刀工整齐，拍上干淀粉，要根根分清，不能相互粘连。

2 炸成的菊花鱼要堆放成一枝花，周围可以配用黄瓜制作成的花叶，放在菊花长鱼周围。

特点 形似菊花，刀工整齐，外脆里嫩，酸甜可口。

47 溜长鱼筒

主料： 活粗长鱼 500 克（1 条）。

配料： 大米粉 100 克、面粉 50 克、鸡蛋 1 个。

调料： 花生油、葱结、姜块、绍酒、葱花、姜米、蒜泥、酱油、白糖、干淀粉、醋、麻油、胡椒粉。

制作方法

1 长鱼活杀，去头尾，用筷子捅去内脏，洗去血污，切成 1 寸长的段，用小号尖刀去脊骨，即成长鱼

筒，放入盆内，加葱结、姜块、绍酒、酱油、胡椒
粉拌匀，浸渍入味。

2 苹果去皮核，切成小滚刀块，拍上干淀粉。

3 鸡蛋、大米粉、面粉、水，制成全蛋糊。

4 炒锅上火，放入花生油，待油七成热时，将长鱼筒
裹上全蛋糊，下锅炸熟捞出，待油八成热时，放入
长鱼筒重油，炸成老黄色，捞出沥尽油。

5 炒锅上火，放入花生油、葱花、姜米稍炒，放入水、
酱油、白糖烧开，放入蒜泥，用湿淀粉勾芡，加醋成
糖醋汁，放入长鱼卷炒拌均匀，出锅装盘即成。

大师指点

去骨时，形态完整、不破皮。

特点 外酥脆、里鲜嫩，酸甜适口。

48 溜长鱼圆

主料： 净长鱼肉 300 克。

配料： 净青鱼肉 100 克、熟猪肥膘肉 50 克、鸡蛋
1 个。

调料： 花生油、葱花、姜米、蒜泥、葱姜汁、酱油、
白糖、绍酒、干淀粉、精盐、湿淀粉、醋、麻
油、胡椒粉。

制作方法

1 长鱼肉和青鱼肉洗净，刮成蓉，熟猪肥膘肉刮成
蓉，三种原料同放盆内，加胡椒粉、鸡蛋、葱姜
汁、绍酒、干淀粉、精盐制成长鱼馅。

2 炒锅上火，放花生油，待油七成热时，用手抓长鱼

馅成玻璃球大小的圆子，下油锅炸熟捞出，待油八
成热时，放入重油，炸香捞出，沥尽油。

3 炒锅上火，放入花生油、葱花、姜米稍炒，放入
水、酱油、白糖烧开，用湿淀粉勾芡，放入蒜泥、
醋成糖醋汁，倒入长鱼圆，炒拌均匀，浇麻油，起
锅装盘。

大师指点

1 长鱼肉要在清水中浸泡至洁白才能刮蓉。

2 油炸长鱼圆和制作糖醋汁可同时进行。

特点 入口细腻，酸甜适中。

49 龙戏珠

主料： 生净长鱼肉 400 克。

配料： 长鱼脊背肉 300 克、虾仁 200 克、熟猪肥膘肉
50 克、熟火腿丝 100 克、熟鸡脯肉 100 克、
熟净笋丝 100 克、水发海参 150 克、水发鱼翅
2 根、蛋黄糕 500 克、厚海带 1 条、松花蛋 1
个、鱼肝油丸 2 粒、鸡蛋皮 2 张、红樱桃 1
粒、红椒 1 只、熟鸡蛋 1 个、鸡蛋清 2 个、青
菜叶丝 5 克、笋 2 片。

调料： 熟猪油、葱姜汁、姜丝、精盐、绍酒、干淀
粉、湿淀粉。

制作方法

1 生长鱼肉用清水浸泡去血水，取出，刮成蓉，虾仁
洗净，挤尽水分，刮成蓉，熟猪肥膘肉刮成蓉，放
入盆内，加葱姜汁、鸡蛋清、绍酒、干淀粉、精盐

制成长鱼馅。

2 长鱼脊背肉用鸡心模具刻成小鸡心片。

3 熟火腿丝 5 克、熟鸡脯肉 5 克、熟净笋丝 5 克、青
菜叶丝 5 克、鸡蛋皮丝 5 克，放入盆内拌匀，成五
丝，手抓长鱼馅成圆子，放入五丝内，沾满丝，即
成绣球长鱼。

4 将熟火腿丝、鸡脯肉丝、熟净笋丝、姜丝放入盘内
拌匀，放入长鱼盘内制成龙身，在龙身上抹上长鱼
馅，将小鸡心长鱼贴在长鱼馅上成龙鳞，蛋黄糕刻
成龙头，安上松花蛋制作成眼球，鱼肝油丸做眼
球，笋雕刻成龙角，安放于龙身的一端，水发鱼翅
做成龙须，水发海参雕刻成龙爪，厚海带切成锯齿
形，安在龙身脊背上，海带切成锯齿形放在龙尾
上，以上各种原料一一安在各个部位，制成长鱼龙

的生坯。

5 笼锅上火，放水烧开，放入长鱼龙生坯与绣球长鱼生坯，将其蒸熟，取出。

6 鸡蛋清用筷子拌打成发蛋，加入干淀粉，放在长鱼龙周围成云彩，再上笼稍蒸，取出即成。

大师指点

1 龙头、龙身、龙鳞、龙爪、龙尾衔接紧密，做出无缝隙。

2 蒸时注意火候，不要蒸过。

特点 造型逼真，味美可口。

50 叉烧长鱼方

主料： 活粗长鱼 750 克（每条 250 克，约 3 条）。

配料： 加工后的猪网油 1 张、生净长鱼肉 350 克、熟猪肥膘肉 100 克、熟火腿末 50 克、鸡蛋 4 个。

调料： 葱结、姜块、葱姜汁、绍酒、精盐、干淀粉、葱椒、花椒盐（或甜酱）。

制作方法

1 长鱼活杀，剖腹去内脏，去头尾和脊骨，洗净血污，在长鱼肉内面剞十字花刀，深至鱼皮，放入盆内，加葱结、姜块、绍酒、精盐拌匀，浸渍入味。

2 生长鱼肉洗净，刮成蓉，熟猪肥膘肉刮成蓉，放入盆内，加葱姜汁、绍酒、鸡蛋、干淀粉、精盐，制成长鱼馅。

3 鸡蛋、葱椒、干淀粉，制成葱椒蛋浆。

4 猪网油铺在砧板上，抹上葱椒蛋浆，放入长鱼，铺成长 5 寸、宽 3 寸的长方形，再放入长鱼馅，用手抹平，抹上葱椒蛋浆，撒上熟火腿末，用网油包成长方形，放在长方形的铁丝络上，别上烤叉，即成叉烧长鱼方生坯。

5 烤炉内放入黄豆秸或芝麻秸，烧起成堆，扑灭明火，中间成凹塘，放入叉烧长鱼方生坯，将其烤熟，呈金黄色取出，去烤叉、铁丝络，将长鱼方用刀切成长方条，整齐地摆放入盘，即成。

6 带花椒盐或甜酱一小碟上桌。

大师指点

烤时烤叉要不停地转动，使其受热均匀。

特点 色呈金黄，香脆鲜嫩。

51 大烧马鞍桥

主料： 活粗长鱼 750 克。

配料： 生猪五花肉 250 克。

调料： 花生油、葱结、姜块、蒜瓣、绍酒、酱油、白糖、麻油、胡椒粉。

制作方法

1 长鱼活杀，剖腹去内脏和头尾，洗净血污，用刀切成 2 寸长的段，在长鱼段的两头内面各剞一刀（成熟后呈马鞍形）。

2 生猪五花肉去毛，刮洗干净，用刀切成长方块，放入大火开水锅内焯水，捞出洗净，放入锅内，加葱结、姜块、水，烧开，加酱油、白糖、绍酒，移小

火将其烧至七成熟。

3 炒锅上火，放入花生油，待油八成热时，放入长鱼段，将其炸熟、炸香，放入猪肉锅内烧开，移中小火，烧熟焖透，再上大火收稠汤汁，撒胡椒粉，放麻油，装盘即成。

大师指点

1 长鱼段要炸至外酥、肉嫩。

2 长鱼段在烧时要使其烧透入味。

特点 色泽酱红，鱼酥肉香，汤汁醇浓，一菜双味。

52　荷叶粉蒸长鱼

主料：活粗长鱼 750 克。

配料：大米 400 克、鲜荷叶 5 张。

调料：熟猪油、葱结、姜块、绍酒、酱油、白糖、麻油、长鱼汤、胡椒粉、桂皮、八角。

制作方法

1　长鱼活杀，剖腹去内脏、头、尾、脊骨，洗净血污，切成长 2 寸的长方块，放入盆内，加葱结、姜块、绍酒、酱油、白糖、胡椒粉拌匀，浸渍入味，去葱结、姜块。

2　大米淘洗干净，晾干，放入锅内，加桂皮、八角，用中小火炒至老黄色，倒入盘内，去桂皮、八角，用磨具磨成粉，用细筛过一下，加熟猪油、酱油、白糖、长鱼汤制成米粉馅。

3　鲜荷叶去梗、筋，放入大火开水锅内烫一下，每张荷叶切成 4~5 张备用。

4　取 12 张荷叶，铺在砧板上，放米粉馅，用手抹平，上放长鱼肉，再放米粉馅，包成长方形，即成荷叶粉蒸长鱼生坯。

5　笼锅上火，放水烧开，放入荷叶粉蒸长鱼生坯，中火将其蒸熟、蒸透取出，换新鲜的荷叶，上笼稍蒸取出，荷叶上刷上麻油，整齐地摆放入盘即成。

大师指点

1　长鱼要浸渍入味。

2　蒸时的荷叶不再使用，换新鲜荷叶上桌，荷叶翠绿，引人食欲。

特点　荷叶清香，长鱼鲜嫩，米粉香酥，夏季佳肴。

53　米粉长鱼

主料：活粗长鱼 750 克（1 条）。

配料：大米 300 克。

调料：熟猪油、葱结、姜块、绍酒、酱油、白糖、桂皮、八角。

制作方法

1　长鱼活杀，剖腹去内脏、头、尾、脊骨，洗净血污，用刀切成 1 寸 5 分长的块，放入盘内，加酱油、白糖、葱结、姜块、绍酒拌匀，浸渍入味。

2　大米淘洗干净，晾干后，放入锅内，加桂皮、八角炒至成老黄色，炒香，倒入盆内，去桂皮、八角，用磨子磨成粉，放入盆内，放熟猪油、酱油、白

糖，拌匀成米粉馅。

3　取扣碗一只，放入米粉抹平，上铺长鱼肉，再放米粉馅，长鱼肉，米粉馅即成米粉长鱼生坯。

4　笼锅上火，放水烧开，放入米粉长鱼生坯，将其蒸熟、蒸透入味，取出，翻身入盆盘，去扣碗即成。

大师指点

1　长鱼肉浸渍入味。

2　用中小火将大米炒熟、炒香、炒酥。

特点　米粉香酥，鱼肉鲜嫩，夏季佳肴。

54　米粉长鱼圆

主料：生净长鱼肉 300 克。

配料：虾仁 100 克、熟猪肥膘肉 50 克、大米 500 克。

调料：葱结、姜块、绍酒、精盐、干淀粉、桂皮、八

角、胡椒粉、麻油。

制作方法

1　长鱼肉洗净，放入清水中，浸泡去血水捞出，刮成蓉，虾仁洗净，挤尽水，刮成蓉，熟猪肥膘肉刮成

蓉，三种原料同放盆内，加鸡蛋清、葱姜汁、绍酒、干淀粉、精盐，制成长鱼馅。

2 大米淘洗干净，晾干，放入干净的锅内，加桂皮、八角，炒至老黄色，大米酥时倒入盘内，去桂皮、八角，用磨子磨成粉。

3 将长鱼馅抓成玻璃球大小的圆子，沾满大米粉，即成米粉长鱼圆生坯。

4 笼锅上火，放水烧开，放入米粉长鱼圆生坯，将其蒸熟取出，整齐地堆放盘内，放麻油即成。

大师指点

1 长鱼圆要大小一致。

2 上笼蒸时用中小火。

特点 米粉香郁，鱼圆鲜嫩。

55 腐乳长鱼

主料： 活长鱼 600 克。

配料： 熟猪肥膘肉 100 克。

调料： 熟猪油、花生油、香腐乳、葱结、姜块、绍酒、酱油、白糖、醋、麻油、胡椒粉、鸡汤。

制作方法

1 长鱼活杀，剖腹去内脏、头，切成 2 寸长的段，洗净血污，放入大火开水锅内焯水，捞出洗净。

2 熟猪肥膘肉切成小长方块，香腐乳用刀揭成泥。

3 炒锅上火，放入熟猪油、葱结、姜块、熟猪肥膘

肉，稍炒，放入鸡汤、长鱼段、酱油（少许）、白糖，烧开，加绍酒、胡椒粉，移小火将长鱼烧至酥烂，再上大火，放香腐乳泥，收稠汤汁，放醋、麻油起锅，装盘即可。

大师指点

1 制作时，先大火，后小火，达到长鱼酥烂。

2 酱油少用，突出香腐乳的红色。

特点 色泽红亮，香味纯郁。

56 烩长鱼饼

主料： 生净长鱼肉 300 克。

配料： 虾仁 150 克、熟猪肥膘肉 50 克、熟净笋 20 克、水发木耳 20 克、鸡蛋清 1 个。

调料： 花生油、葱白段、葱姜汁、绍酒、精盐、酱油、干淀粉、湿淀粉、虾籽、胡椒粉、鸡汤。

制作方法

1 长鱼饼的制发同生煎长鱼饼。

2 葱白段切成雀舌葱，笋切成片，木耳，制成配菜。

3 炒锅上火，放入花生油、雀舌葱，煸炒出香味，放入笋、木耳、长鱼饼、鸡汤、虾籽，烧开，放少许酱油、精盐，收稠汤汁，用湿淀粉勾芡，放胡椒粉，起锅装盘即成。

大师指点

雀舌葱煸炒出香味。

特点 汤汁醇厚，鱼饼软嫩，香鲜美味。

57 菜核长鱼

主料： 生净长鱼肉 300 克。

配料： 虾仁 150 克、熟猪肥膘肉 50 克、青菜心 12 棵、水发玉兰笋片 50 克、水发冬菇 50 克、熟

火腿片 100 克、鸡蛋清 1 个。

配料： 熟猪油、葱姜汁、绍酒、虾籽、精盐、干淀粉、长鱼汤。

制作方法

1 长鱼肉洗净，刮成蓉，虾仁（三分之一）洗净，挤尽水，刮成蓉，熟猪肥膘肉刮成蓉，三种原料同放盆内，加葱姜汁、鸡蛋清、干淀粉、绍酒、精盐、制成长鱼馅。

2 菜核（即菜心）用刀削成橄榄形，顶头剖成十字刀，洗净。

3 虾仁（三分之二）洗净，挤尽水，放入盆内，加精盐、鸡蛋清、干淀粉，上浆。

4 炒锅上火，放入熟猪油、菜核，将其焐油成熟，倒入漏勺沥尽油，凉透后，扒开菜核，将长鱼馅抓成圆子，嵌入菜核头，抹成圆形，撒上虾籽，即成菜

核长鱼生坯。

5 菜核长鱼生坯头向外、叶向内，整齐地摆放在砂锅内，上放熟火腿片、水发冬菇片、水发玉兰笋片，呈三个相等的扇面形，中间放入划油后的虾仁即成菜核长鱼砂锅，并放入长鱼汤。

6 砂锅上火烧开，移小火炖 5~10 分钟，使菜核成熟酥烂，再上大火，放熟猪油，使汤浓白，加精盐，即成。

大师指点

1 选用矮脚青的青菜。

2 原料放入砂锅要突出菜核长鱼。

特点 酥烂鲜醇，清淡爽口。

58 四宝长鱼

主料： 长鱼脊背肉 300 克。

配料： 水发鱿鱼 150 克、熟鸽蛋 12 个、熟火腿 100 克、猪腰 2 个、蛋黄糕 20 克、水发玉兰笋片 20 克、香菜 10 克。

调料： 熟猪油、姜块、葱结、绍酒、精盐、湿淀粉、胡椒粉、虾籽、鸡汤。

制作方法

1 长鱼脊背肉洗净，放入大火开水锅内略烫，捞出，晾冷，理齐切成 3~4 寸长的段，整齐地摆放入扣碗。

2 水发鱿鱼剞荔枝花刀，放大火开水锅内略烫，捞出沥尽水。

3 熟鸽蛋去壳。

4 猪腰去膜洗净，放大火开水锅内焯水，捞出洗净，放砂锅内，加水、葱结、姜块，上火烧开，放绍酒，移小火，煨至酥烂，捞出，切成 2 分厚的片，称"象眼酥腰"。

5 熟火腿切成长 1 寸 2 分、宽 8 分、厚 1 分的片。

6 将鱿鱼、熟鸽蛋、酥腰、熟火腿放在长鱼扣碗中，加葱结、姜块、绍酒、精盐、虾籽、鸡汤，成四宝长鱼生坯。

7 笼锅上火，放水烧开，放入四宝长鱼生坯，上中火将其蒸熟、蒸透取出，翻身入盘，泌下汤汁，去扣碗。

8 蛋黄糕、水发玉兰笋片、香菜制成花、叶，点缀四周。

9 炒锅上火，放鸡汤、泌下的汤汁，烧开，放精盐、胡椒粉，用湿淀粉勾芡，放熟猪油，倒入四宝长鱼上即成。

大师指点

1 长鱼要蒸透，口味要调准。

2 四宝长鱼在锅内要蒸透入味。

特点 四色，四味，汤醇味美。

59 烩鸡丝长鱼

主料： 净生长鱼肉 300 克。

配料： 熟鸡脯肉丝 100 克、水发香菇丝 20 克、熟净笋丝 20 克、熟火腿丝 20 克、鸡蛋清 1 个。

调料： 熟猪油、葱结、姜块、绍酒、精盐、干淀粉、湿淀粉、虾籽、胡椒粉、鸡汤。

制作方法

1 生长鱼肉洗净切成丝，放入清水中浸泡去血水，捞出，挤干水分，放入盆内，加精盐、鸡蛋清、干淀粉上浆。

2 炒锅上火，辣锅冷油，放入长鱼丝，划油至熟，倒入漏勺沥尽油。

3 炒锅上火，放熟猪油、葱结、姜块稍炒，去葱结、姜块，放熟鸡脯肉丝、熟净笋丝、水发香菇丝炒熟，加鸡汤、虾籽、绍酒、长鱼丝、胡椒粉、精

盐，用湿淀粉勾芡，放熟猪油，起锅装盘，放上熟火腿丝即成。

大师指点

长鱼肉要在清水中漂白后上浆。

特点 色彩美观，软嫩鲜美。

60 干贝长鱼

主料：活粗长鱼 1000 克（1 条）。

配料：水发干贝 100 克、虾仁 100 克、熟猪肥膘肉 50 克、鸡蛋清 1 个。

调料：熟猪油、葱姜汁、葱段、姜块、绍酒、精盐、干淀粉、湿淀粉、胡椒粉、鸡汤。

制作方法

1 长鱼活杀，去头、尾，用筷子捅去内脏，洗净血污，用小长刀剔去脊骨，成圆筒形，放大火开水锅内稍烫，捞出洗净。

2 水发干贝撕成丝。

3 虾仁洗净，挤尽水，刮成蓉，熟猪肥膘肉刮成蓉，同放盆内，加葱姜汁、鸡蛋清、绍酒、干淀粉、精盐制成馅，放入干贝丝拌匀成干贝馅。

4 将干贝馅灌入长鱼筒内，还原长鱼长筒形，整齐地

摆放入扣碗内，放葱段、姜块、绍酒、精盐、鸡汤，即成干贝长鱼生坯扣碗。

5 笼锅上火，放水烧开，放入干贝长鱼生坯扣碗，上中火将其蒸熟、蒸透取出，翻身入盘，泌下汤汁，去扣碗。

6 炒锅上火，放入鸡汤、泌下的汤汁，烧开，用湿淀粉勾芡，放熟猪油，倒入干贝长鱼上即成。

大师指点

1 长鱼去骨时，保持完整，不破皮。

2 长鱼筒下开水稍烫即捞，不可破皮。

3 用中火足气，蒸熟蒸透后出笼。

特点 长鱼软糯，汤汁浓香，口味鲜美。

61 长鱼烧卖

主料：生净长鱼肉 150 克。

配料：烧卖皮 12 张（每张直径 2.5 寸）、熟鸡脯肉丁 50 克、虾仁 20 克、熟净笋丁 50 克、水发冬菇丁 50 克、熟火腿末 20 克、青菜叶末 20 克。

调料：熟猪油、葱姜汁、绍酒、精盐、白糖、干淀粉、湿淀粉、胡椒粉、虾籽、鸡汤。

制作方法

1 生长鱼肉 50 克洗净，刮成蓉，虾仁洗净，挤尽水，刮成蓉，放入碗内，加葱姜汁、绍酒、干淀粉、精盐，制成馅，将 100 克长鱼切成丁。

2 炒锅上火，放入熟猪油、长鱼肉丁、熟鸡脯肉丁、熟净笋丁、水发冬菇丁，煸炒至熟，放酱油、白糖、鸡汤、虾籽，烧开，收稠收干汤汁，用湿淀粉

勾芡，撒胡椒粉，制成四丁馅。

3 烧卖皮放入四丁馅，用手制成烧卖，再用长鱼肉馅封粘口，上放熟火腿末、青菜叶末，即成长鱼烧卖生坯。

4 笼锅上火，放水烧开，放入长鱼烧卖生坯，将其蒸熟取出，整齐地摆放入盘。

5 炒锅上火，放鸡汤烧开，加精盐，用湿淀粉勾芡，放熟猪油，浇在烧卖上即成。

大师指点

1 长鱼肉要浸泡去血水。

2 选用 2.5 寸的烧卖皮。

特点 形似烧卖，造型别致，鲜香味美。

62 酿长鱼

主料： 活粗长鱼 500 克。

配料： 净长鱼肉 100 克、熟火腿丁 60 克、水发干贝 60 克、熟净冬笋丁 100 克、鸡蛋清 1 个。

调料： 熟猪油、葱姜汁、葱结、姜块、绍酒、精盐、酱油、白糖、干淀粉、湿淀粉、胡椒粉、鸡汤。

制作方法

1 粗长鱼活杀，去头、尾，用筷子捣去内脏，洗净血污，切成 1 寸 5 分长的段，放入大火开水锅内略烫捞出，洗去外面黏膜，即成长鱼筒。

2 长鱼肉清洗干净，刮成蓉，放入盆内，加鸡蛋清、葱姜汁、绍酒、干淀粉、精盐，制成长鱼馅。

3 炒锅上火，放入熟猪油、熟火腿丁、水发干贝（撕成丝的干贝）、熟净笋丁，煸炒成熟，加酱油、白糖、鸡汤烧开，收稠收干汤汁，用湿淀粉勾芡，成三丁馅。

4 长鱼筒一头抹上长鱼馅封口，另一头灌入三丁馅，抹上长鱼馅封口，即成酿长鱼生坯，整齐地放入扣碗内，放酱油、白糖、葱结、姜块、绍酒、胡椒粉、鸡汤（少许）。

5 笼锅上火，放水烧开，再放扣碗内的酿长鱼，上笼蒸熟蒸透取出，去葱结、姜块，翻身入盘，泌下汤汁，去扣碗。

6 炒锅上火，放入鸡汤、泌下的汤汁，加酱油、白糖，烧开，用湿淀粉勾芡，放熟猪油，浇在酿长鱼上即成。

大师指点

1 长鱼烫后要清洗干净黏膜。

2 要蒸透入味。

特点 软嫩鲜香。

63 扇面长鱼

主料： 生净长鱼肉 500 克。

配料： 虾仁 200 克、熟鸡脯肉丁 50 克、熟火腿丁 50 克、熟净笋丁 50 克、水发冬菇丁 50 克、熟鸡肫丁 50 克、熟肉丁 50 克、青豆 20 克、白果丁 20 克、熟猪肥膘肉 50 克、鸡蛋清 5 个。

调料： 熟猪油、葱姜汁、绍酒、精盐、酱油、干淀粉、湿淀粉、虾籽、胡椒粉、鸡汤。

制作方法

1 生长鱼肉洗净，放入水内浸泡去血水，取出刮成蓉，虾仁洗净，挤尽水，刮成蓉，熟猪肥膘肉刮成蓉，三种原料同放盆内，加鸡蛋清、葱姜汁、绍酒、干淀粉、精盐，制成长鱼馅。

2 虾仁 50 克洗净，挤尽水，加精盐、鸡蛋清、干淀粉上浆。

3 炒锅上火，辣锅冷油，放入虾仁划油至熟，倒入漏勺沥尽油。

4 炒锅上火，放入熟猪油、熟鸡脯肉丁、熟火腿丁、熟净笋丁、水发冬菇丁、熟鸡肫丁、白果丁、青豆，煸炒至熟，放鸡汤、虾籽，烧开，加精盐、胡椒粉，收稠收干汤汁，用湿淀粉勾芡，成八宝馅。

5 取大鱼盘一只，放入八宝馅，摆成扇面形，上铺长鱼馅，包起八宝馅呈扇面形，即扇面长鱼生坯。

6 鸡蛋清用筷子拭打成发蛋。

7 笼锅上火，放水烧开，放入扇面长鱼生坯，上中小火将其蒸熟，取出，放上发蛋，保持扇面形，放入笼锅内，稍蒸取出，即成扇面长鱼。

8 炒锅上火，放入鸡汤烧开，放精盐，用湿淀粉勾米汤芡，放熟猪油，浇在扇面长鱼上即成。

大师指点

1 长鱼肉馅制作时，不能加水，要厚一些。

2 注意火候，将扇面长鱼蒸熟，放入发蛋稍蒸即可。

特点 形似扇面，造型美观，鲜嫩爽口。

注：发蛋上可放各种图案。

64 金钱长鱼

主料： 生净长鱼肉 250 克。

配料： 虾仁 100 克、熟猪肥膘肉 50 克、鸡蛋皮 1 张、鸡蛋清 1 个。

调料： 熟猪油、葱姜汁、绍酒、精盐、干淀粉、湿淀粉、鸡汤、胡椒粉。

制作方法

1 生长鱼肉洗净，挤尽水，刮成蓉，虾仁洗净，挤尽水，刮成蓉，熟猪肥膘肉刮成蓉，三种原料同放盆内，加鸡蛋清、胡椒粉、葱姜汁、绍酒、干淀粉、精盐，制成长鱼馅。

2 鸡蛋皮用圆模具刻成直径 1 寸的圆皮，12 张，中间刻一个方洞。

3 将长鱼馅抓成 12 个圆子，用手按成直径 1 寸的扁圆片，盖上鸡蛋皮，即成金钱长鱼生坯。

4 笼锅上火，放水烧开，放入金钱长鱼生坯，用中火将其蒸熟，取出，整齐摆放入盘。

5 炒锅上火，放入鸡汤烧开，加精盐，用湿淀粉勾芡，放入熟猪油，浇在金钱长鱼上即成。

大师指点

1 金钱长鱼要制成大小一致。

2 长鱼馅要厚一些。

特点 形似金钱，鲜嫩味美。

65 瓢儿长鱼

主料： 生净长鱼肉 60 克。

配料： 生鸡脯肉 20 克、熟猪肥膘肉 20 克、长鱼脊背肉 40 克、熟瘦火腿 20 克、红椒 20 克、青椒 20 克、香菜 20 克、鸡蛋皮 1 张、鸡蛋清 1 个。

调料： 熟猪油、葱姜汁、绍酒、精盐、干淀粉、湿淀粉、长鱼清汤、胡椒粉。

制作方法

1 生长鱼肉洗净，放清水中浸泡去除血水，捞出，刮成蓉，生鸡脯肉洗净，刮成蓉，熟猪肥膘肉刮成蓉，三种原料同放盆内，加鸡蛋清、胡椒粉、葱姜汁、绍酒、干淀粉、精盐，制成长鱼馅。

2 将长鱼脊背肉、熟瘦火腿、鸡蛋皮、红椒、青椒切成各种图案，香菜拣洗干净，作为花的枝干。

3 取 12 只汤匙，抹上熟猪油，放冰箱稍冻取出，放入长鱼馅，抹平，上摆各种花的图案，即成瓢儿长鱼生坯。

4 笼锅上火，放水烧开，放入瓢儿长鱼生坯，用中小火将其蒸熟取出，在冷水中脱汤匙，放入盆内再上火稍蒸，取出，整齐地摆放入盘。

5 炒锅上火，放入长鱼清汤烧开，加精盐，用湿淀粉勾芡，放入熟猪油，浇在瓢儿长鱼上即成。

大师指点

1 长鱼肉得泡去血水，肉发白再刮蓉。

2 汤匙抹油后冷冻便于脱瓢儿。

特点 造型美观，鲜嫩味美。

66 清蒸长鱼筒

主料： 活粗长鱼 750 克（1 条）。

配料： 白鱼肉 200 克、熟火腿末 50 克、香菜叶 20 克、鸡蛋清 1 个。

调料： 熟猪油、葱结、姜块、葱姜汁、蒜泥、精盐、绍酒、干淀粉、湿淀粉、虾籽、胡椒粉、鸡汤。

制作方法

1 粗长鱼活杀，去头、尾，用筷子去尽内脏，洗净血污，切成 1 寸 5 分长的段。

2 炒锅上火，放水烧开，加醋，放入长鱼段，烫至可去骨时，捞出去骨，洗净。

3 白鱼肉洗净，刮成蓉，放入盆内，加鸡蛋清、葱姜汁、绍酒、干淀粉、水（少许）、精盐，制成白鱼馅。

4 将白鱼馅填入长鱼段内，两头抹平，一头嵌入熟火腿末，一头嵌入香菜叶，即成长鱼筒生坯，整齐地摆放入碗内，加葱结、姜块、虾籽、绍酒、精盐、鸡汤（少许）。

5 笼锅上火，放水烧开，放入长鱼筒生坯，用中火将其蒸熟、蒸透入味，取出，去葱结、姜块，翻身入盘，泌下汤汁，去扣碗，长鱼筒上放蒜泥。

6 炒锅上火，放鸡汤、泌下的汤汁，烧开，加精盐，用湿淀粉勾成米汤芡，放熟猪油，浇在长鱼筒上，撒上胡椒粉即成。

大师指点

1 长鱼筒放入加醋的开水锅内烫熟，不破皮，长鱼去骨时不能碰破皮。

2 白鱼馅要稠厚，不能稀。

特点 鱼肉细嫩，鲜香肥美。

67 炖脐门

主料： 长鱼肚皮肉 400 克。

调料： 熟猪油、葱结、姜块、蒜瓣、酱油、精盐、胡椒粉、花椒。

制作方法

1 长鱼肚皮肉去内脏洗净，放入大火开水锅内烫熟，捞出沥尽水，切成 3~4 寸的段。

2 炒锅上火，放入熟猪油、葱结、姜块稍炒，加长鱼肚皮肉、水、蒜瓣，烧开后倒入砂锅，烧开，放绍酒、酱油（牙黄色），移小火，将长鱼肚皮肉煨熟、煨透，再上大火，使汤浓白，去葱结、姜块，放精盐，用湿淀粉勾成米汤芡，撒入胡椒粉即成。

大师指点

在小火上将长鱼肚皮肉煨熟煨透至酥。

特点 质地酥嫩，口味鲜香。

68 炖生敲

主料： 活粗长鱼 250 克。

调料： 熟猪油、葱结、姜块、蒜头、精盐、绍酒、湿淀粉、虾籽、胡椒粉、鸡汤。

制作方法

1 粗长鱼活杀，剖腹去内脏、头尾，洗净血污，切成 1 寸长的段，放入大火开水锅内稍烫捞出，洗清黏液，放入砂锅。

2 蒜头去皮、洗净。

3 炒锅上火，放入熟猪油、蒜头，炒成牙黄色，连油放入砂锅。

4 砂锅内放葱结、姜块、长鱼段、虾籽、鸡汤，上火烧开，加绍酒，移小火，炖至长鱼酥烂，再上大火，放精盐，用湿淀粉勾米汤芡，放胡椒粉即成。

大师指点

1 此菜一定要用鸡汤，使汤浓厚。

2 炖至长鱼酥烂，再放精盐。

特点 汤厚浓郁，味鲜质酥。

69 红酥长鱼

主料： 活粗长鱼 750 克。

配料： 生猪五花肉 250 克、茼蒿 250 克、鸡蛋 1 个。

调料： 熟猪油、葱结、姜块、葱姜汁、绍酒、精盐、酱油、白糖、干淀粉、湿淀粉、胡椒粉。

制作方法

1 粗长鱼活杀，剖腹去内脏，去头、尾、脊骨，洗净血污，在长鱼肉上剞十字花刀，放入盆内，加葱结、姜块、绍酒、胡椒粉拌匀，浸渍入味。

2 生猪五花肉洗净，刮成蓉，放入盆内，加葱姜汁、鸡蛋、绍酒、干淀粉、精盐，制成猪肉馅。

3 鸡蛋和干淀粉制成全蛋浆。

4 长鱼肉铺在砧板上皮朝下，抹上全蛋浆，敷上猪肉馅，用刀排一下抹平，再抹上全蛋浆即成红酥长鱼生坯。

5 炒锅上火，放入熟猪油，待油七成热时，放入红酥长鱼生坯，入油锅炸至淡黄时捞出，沥尽油。

6 炒锅上火，放入水、酱油、白糖、葱结、姜块、红酥长鱼烧开，加绍酒，移小火，将其烧焖至酥烂取出，用刀切成长方块，整齐地放入扣碗内。

7 笼锅上火，放水烧开，放入红酥长鱼，蒸熟取出，翻身入盘，泌下汤汁，去扣碗。

8 炒锅上火，放入熟猪油、拣洗后的茼蒿，加精盐炒熟，去汤汁，放在红酥长鱼周围。

9 炒锅上火，放入汤汁烧开，用湿淀粉勾芡，放入麻油，浇在红酥长鱼上即成。

大师指点

1 肉蓉要细切粗剁，抹在鱼肉上用刀轻轻排一下，使之陷入鱼肉中，防止脱落。

2 焖时先用大火烧开，小火焖透。

特点 色泽红润，鲜美酥嫩，卤汁肥浓。

70 卷瓤长鱼

主料： 活粗长鱼 2 条（400 克）。

配料： 加工后的干猪网油 1 张、虾仁 100 克、猪精肉 100 克、熟火腿末 10 克、水发香菇末 10 克、鸡蛋清 1 个。

调料： 葱结、姜块、绍酒、精盐、酱油、白糖、干淀粉、湿淀粉、胡椒粉、麻油、鸡汤。

制作方法

1 粗长鱼活杀，剖腹去内脏，去头尾、脊骨，洗净血污，放入盆内，加葱结、姜块、绍酒拌匀，腌渍 10 分钟。

2 虾仁和猪精肉洗净，刮成蓉，放入盆内，加熟火腿末、水发香菇末、鸡蛋清、干淀粉、绍酒、精盐，制成虾肉馅。

3 干猪网油铺在砧板上，抹上一层薄虾肉馅，并抹平，上放长鱼肉，再放一层薄虾肉馅并卷成圆条，两头用纱线扎紧，即成卷瓤长鱼生坯。

4 砂锅 1 只，放入卷瓤长鱼生坯，加鸡汤、酱油、白糖烧开，放绍酒，移小火，烧焖成熟，取出晾冷，切成 1 厘米厚的圆形块，整齐摆放在盘内。

5 炒锅上火，放入原汁汤，撒胡椒粉烧开，用湿淀粉勾芡，放麻油，浇在长鱼卷上即成。

大师指点

1 在长鱼卷烧焖时放调料数量要准确。

2 长鱼卷切块时要轻，厚一些。

特点 软嫩鲜香，制作别致。

71 长鱼饺子

主料： 净生长鱼肉 100 克。

配料： 虾仁 100 克、熟瘦火腿末 50 克、熟净笋末 50 克、水发香菇末 50 克、鸡蛋清 1 个。

调料： 熟猪油、葱姜汁、绍酒、精盐、干淀粉、长鱼汤、胡椒粉。

制作方法

1 生长鱼肉用清水洗净，捞出，挤尽水，刮成蓉，虾仁洗净，挤尽水，刮成蓉，两种原料同放盆内，加葱姜汁、鸡蛋清、绍酒、干淀粉、精盐，制成长鱼馅。

2 将长鱼馅用手挤成大圆子，按成薄皮，成饺子皮。

3 炒锅上火，放入熟猪油、熟净笋末、水发香菇末来煸炒，加精盐、长鱼汤烧开，烧稠烧干汤汁，放熟瘦火腿末，用湿淀粉勾芡，成三丁馅。

4 长鱼饺子皮上放三丁馅，用手包捏成饺子，即长鱼饺子生坯。

5 炒锅上火，放入长鱼汤，烧开，加精盐和胡椒粉，倒入碗内。

6 炒锅上火，放水烧开，放长鱼饺子生坯，将其煮熟捞出，沥尽水，放入长鱼汤内即成。

大师指点

1 生长鱼肉放入清水中冲洗干净。

2 饺子放入开水锅需要煮熟。

特点 形似水饺，质嫩味鲜，别有风味。

72 清汤龙须

主料： 生长鱼皮 200 克。

配料： 熟瘦火腿丝 25 克、熟净笋丝 25 克、豌豆苗 10 克。

调料： 熟猪油、精盐、胡椒粉、长鱼清汤、明矾。

制作方法

1 生长鱼皮放入盆内，加精盐、明矾拌匀，用清水洗净黏液，漂洗干净，放入大火开水锅内烫透，捞出，用清水洗净，切成细丝，放入清水中浸泡。

2 炒锅上火，放入长鱼清汤烧开，放入长鱼皮丝、熟净笋丝稍烫捞出，放入汤碗内，放入熟瘦火腿丝。

3 炒锅上火，放入长鱼清汤烧开，加豌豆苗、精盐、胡椒粉烧开，倒入汤碗内，放熟猪油即成。

大师指点

1 生长鱼皮要清洗其黏液，放入大火开水锅中烫透，保持脆嫩。

2 长鱼汤要制成清汤，如汤不清可用血水或猪精肉吊汤。

特点 鱼皮脆嫩，汤清味醇。

73 长鱼细粉汤

主料： 长鱼脊背肉 250 克。

配料： 龙口粉丝 75 克。

调料： 熟猪油、精盐、绍酒、虾籽、胡椒粉、长鱼汤。

制作方法

1 龙口粉丝放冷水中浸泡回软。

2 长鱼脊背肉洗净，放入大火开水锅内稍烫捞出。

3 砂锅 1 只，放入长鱼脊背肉、龙口粉丝、长鱼汤、虾籽、熟猪油，上火烧开，放入绍酒，转小火稍煮一下，再上大火，放精盐、胡椒粉，盛入汤碗，滴几滴熟猪油即成。

大师指点

1 龙口粉丝用冷水泡发透。

2 长鱼骨头洗净血污，去除内脏，泡发 4~5 小时去尽血水，捞出，放入锅内加熟猪油，上火煸炒成熟，

加水、葱结、姜块，用大火烧开，放入绍酒，将汤烧至浓白，然后用汤筛过滤一下，即成长鱼汤。

特点 汤色乳白，粉丝爽滑，长鱼鲜嫩，美味佳肴。

74　清汤绣球长鱼

主料： 净长鱼肉 250 克、青鱼肉 150 克。

配料： 熟猪肥膘肉 50 克、熟瘦火腿丝 20 克、熟鸡脯肉丝 20 克、水发木耳丝 20 克、鸡蛋皮丝 20 克、青菜叶丝 20 克、鸡蛋清 2 个。

调料： 熟猪油、葱姜汁、精盐、绍酒、干淀粉、胡椒粉、高级清鸡汤。

制作方法

1 长鱼肉、青鱼肉分别放入清水中，浸泡去血水，捞出，刮成蓉，熟猪肥膘肉刮成蓉，三种原料同放盆中，加鸡蛋清、葱姜汁、绍酒、干淀粉、精盐、胡椒粉，制成长鱼馅。

2 熟瘦火腿丝、熟鸡脯肉丝、水发木耳丝、青菜叶丝、鸡蛋皮丝同放盘内拌匀，成五丝。

3 将长鱼馅用手抓成玻璃球大小的圆子，放入五丝内滚沾满五丝，即成绣球长鱼生坯。

4 笼锅上火，放入水烧开，再放绣球长鱼生坯，将其蒸熟取出。

5 炒锅上火，放入高级清鸡汤烧开，加精盐，倒入汤碗，放入绣球长鱼，滴几滴熟猪油即成。

大师指点

1 鱼蓉要泡清水，刮成的蓉要细。

2 注意火候，用中小火蒸熟。

特点 五丝绚丽，汤汁清鲜，滑嫩爽口。

75　脆鱼干丝汤

主料： 长鱼肚裆肉 300 克。

配料： 黄豆干丝 2 块。

调料： 花生油、绍酒、精盐、胡椒粉、虾籽。

制作方法

1 长鱼肚裆肉去内脏洗净，放入大火开水锅内稍烫，取出晾冷。

2 炒锅上火，放入花生油，待油九成热时，放入长鱼肚裆肉，油炸至长鱼起脆、色呈棕黄色时，捞出沥尽油，成脆长鱼。

3 黄豆干丝切成火柴棒粗细，放入盆内，连续用开水

烫 3 次，去尽黄泔味。

4 炒锅上火，放入水、脆长鱼、虾籽，用大中火将脆长鱼烧煨至回软，汤成浓白时，放入绍酒、黄豆干丝，烧开，加精盐、胡椒粉即成。

大师指点

1 炸长鱼时油温高、火要大，将长鱼肉炸脆起酥。

2 长鱼烧汤时要将汤烧至浓白。

特点 长鱼酥、鲜，干丝软嫩，汤汁浓白鲜醇。

一轮磨上流琼液

百沸汤中滚雪花

——中国维扬传统菜点大观

豆腐类

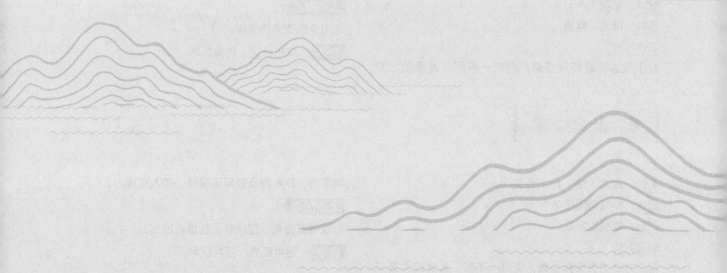

1　凉拌豆腐（小葱拌豆腐）

主料：豆腐 1 块（约 125 克）。
配料：小葱末 30 克。
调料：精盐、麻油。
制作方法
1　豆腐放入大火开水锅中，汆烫 1 分钟后，捞出，沥尽水。
2　豆腐放盘内，加小葱末、精盐、麻油，临吃时拌匀即成。

大师指点
1　此菜色泽素雅，一清二白，清香滑软，咸鲜爽口。
2　葱要选择小香葱。
3　豆腐在拌之前要焯水。

特点　鲜、香、软、嫩。

2　香椿拌豆腐（椿芽豆腐）

主料：豆腐 2 块（约 250 克）。
配料：香椿嫩芽 65 克。
调料：精盐、麻油。
制作方法
1　豆腐制法同上。
2　炒锅上火，放水烧开，放入拣洗后的香椿芽，烫熟捞出，挤尽水，用刀切成 2 厘米长的段。

3　取盘 1 只，放入豆腐、香椿段、精盐、麻油，临吃时拌匀即成。

大师指点
1　要选择鲜嫩的香椿。
2　拌制前要经过烫制过程。

特点　香椿味浓，咸鲜味香。

3　变蛋豆腐

主料：豆腐 1 块（约 125 克）。
配料：变蛋 1 个。
调料：精盐、麻油。
制作方法
制作方法同香椿拌豆腐，而唯一不同，香椿改为变蛋，即变蛋去壳切成小丁，放入豆腐内。

大师指点
选用全黑变透的变蛋。

特点　软嫩味美，别具风味。

4　蛋黄豆腐

主料：豆腐 1 块（约 125 克）。
配料：熟咸鸭蛋黄 2 个。
调料：精盐、麻油。
制作方法
制作方法同香椿拌豆腐，而唯一不同，香椿改为熟咸鸭蛋黄，熟咸鸭蛋黄用手捏碎，放入豆腐内。

大师指点
熟咸鸭蛋黄有一定咸味，盐量要控制。

特点　鸭蛋红亮，豆腐软嫩。

5 白水卤豆腐

主料: 豆腐 3 块(约 300 克)。

调料: 桂皮、八角、陈皮、白芷、香叶、精盐、冰糖、麻油。

制作方法

1 将豆腐切成 4 厘米×1.5 厘米×1.5 厘米的长条。

2 桂皮、八角、陈皮、白芷、香叶洗净,用纱布袋包起,制成香料袋。

3 炒锅上火,放入水、精盐、冰糖、香料袋,烧开,放入豆腐条,大火烧开,移小火,卤焖入味成熟,

再上大火烧开,用漏勺捞出豆腐条,稍冷,整齐装盘,浇麻油即成。

大师指点

1 制作时,先将卤水烧 0.5 小时,使香料味渗出融于汤水中,再上火放豆腐,卤至入味。

2 第二次制作就开始用第一次卤水,更换香料、添加调料制作,以此类推,即成老卤。

特点 老卤味香,别具风味。

注: 此菜是寺庙菜,流传于民间,为小酒馆下酒菜肴。

6 煎烧豆腐

主料: 豆腐 3 块。

配料: 虾仁 50 克、猪精肉丝 50 克、熟净冬笋片 40 克、水发木耳 40 克、鸡蛋清适量。

调料: 花生油、酱油、白糖、精盐、绍酒、葱段、姜片、干淀粉、湿淀粉、虾籽、鸡汤。

制作方法

1 将豆腐切成长方块(每块切成 8 块)。

2 虾仁洗净,用干布挤去水分,放入盆内,加入精盐、鸡蛋清、干淀粉上浆。猪精肉丝用精盐、鸡蛋清、干淀粉上浆。

3 炒锅上火烧辣,放入花生油、豆腐块,煎至两面金黄色,倒入漏勺沥去油。

4 炒锅上火,辣锅冷油,分别将虾仁、猪精肉丝划油成熟,倒入漏勺沥尽油。

5 炒锅上火,放入花生油、熟净冬笋片、水发木耳稍炒,加酱油、白糖、鸡汤、绍酒、豆腐块、猪精肉丝、虾籽,烧开,移小火,将其烧焖入味,用湿淀粉勾芡,装入盘中,放入虾仁即成。

大师指点

1 煎制豆腐时,要保持豆腐的完整性。

2 菜肴汤汁要均匀包裹在豆腐上。

特点 色泽酱红,豆腐软嫩,咸中微甜。

7 锅烧豆腐

主料: 豆腐 2 块(约 250 克)。

配料: 虾仁 120 克,熟猪肥膘肉 100 克。

调料: 花生油、葱姜汁、酱油、白糖、精盐、绍酒、虾籽、干淀粉、花椒盐、鸡汤。

制作方法

1 豆腐去上、下两面老皮,揣成蓉,用干布挤去水分,熟猪肥膘肉刮成蓉,虾仁洗净,用干布挤去水

分,刮成蓉,三种蓉同放盆内,加鸡蛋清、干淀粉、绍酒、葱姜汁、精盐,制成豆腐馅,将豆腐馅放入有油的盘内抹平,即成锅烧豆腐生坯。

2 笼锅上火,放水烧开,放入锅烧豆腐生坯,将其蒸熟,取出晾冷,用刀切成 3 块。

3 鸡蛋清、干淀粉,制成蛋清浆。

4 炒锅上火，放入花生油，待油七成热时，将锅烧豆腐沾满蛋清浆，入油锅炸至金黄色时，捞起沥尽油，用刀切成一字条，整齐地摆放入盘中即成。

5 带花椒盐一小碟上桌。

大师指点

1 豆腐馅味要淡一些。

2 蛋清浆要调厚些。

特点 香、脆、软、嫩。

8 虾仁烧豆腐

主料：豆腐 2 块（约 250 克）。

配料：虾仁 120 克、熟净笋片 20 克、水发木耳 10 克、鸡蛋清 0.5 个。

调料：熟猪油、精盐、绍酒、虾籽、干淀粉、湿淀粉、鸡汤。

制作方法

1 将豆腐切成 1.5 厘米大小的丁，放入大火开水锅中焯水，捞出沥尽水。

2 将虾仁洗净，用干布挤干水，放入盆内，加精盐、鸡蛋清、干淀粉上浆。

3 炒锅上火，放入鸡汤、熟净笋片、水发木耳、豆腐丁、虾籽、绍酒烧开，移小火烧焖入味成熟，再上大火，放熟猪油，收稠汤汁，加精盐，用湿淀粉勾芡，装入汤盘中。

4 炒锅上火，放入熟猪油、虾仁炒熟，放在豆腐上即成。

大师指点

1 虾仁宜选用河虾仁。

2 豆腐烧透入味。

特点 豆腐软嫩，虾仁洁白，咸鲜味香。

9 花菇豆腐

主料：豆腐 2 块（约 250 克）。

配料：花菇片 25 克、猪五花肉片 50 克、青菜心 6 棵。

调料：熟猪油、葱结、姜块、精盐、绍酒、湿淀粉、虾籽、鸡汤。

制作方法

1 将豆腐切成 2 厘米大小的块，放入大火开水锅中焯水，捞出沥尽水，青菜心洗净，放入大火开水锅中焯水，捞出放冷水中泌透，去尽水。

2 炒锅上火，放入熟猪油，猪五花肉片煸出油脂，加鸡汤、虾籽、姜块、葱结、豆腐块、花菇片烧开，加绍酒，移小火烧焖入味成熟，去葱结、姜块，放入精盐、青菜心略烧，用湿淀粉勾米汤芡，放熟猪油，装入汤盘中即成。

大师指点

1 花菇应选择质量好、新鲜的原料。

2 猪五花肉应选用中五花肉。

特点 豆腐软嫩，花菇鲜香，咸鲜味厚。

10 毛豆米肉丝烧豆腐

主料： 豆腐 2 块（约 250 克）。

配料： 生猪瘦肉丝 50 克、毛豆米 50 克、鲜红椒片 50 克。

调料： 熟猪油、酱油、白糖、绍酒、鸡汤、湿淀粉。

制作方法

1 将豆腐切成 2 厘米大小的块，毛豆米放入大火开水锅中焯水捞出，放冷水中沁透取出。

2 炒锅上火，放入熟猪油、生猪瘦肉丝，煸炒至熟，加鸡汤、豆腐、毛豆米、酱油、白糖烧开，加绍酒，移小火烧焖入味成熟，再上大火，收稠汤汁，用湿淀粉勾琉璃芡，放熟猪油，装入盘中即成。

大师指点

1 毛豆米应选择质地较嫩的品种。

2 豆腐应选择嫩豆腐。

特点 豆腐软嫩，毛豆米香糯，鲜咸适中。

11 金菇豆腐

主料： 豆腐 2 块（约 250 克）。

配料： 金针菇 25 克、生猪五花肉片 50 克、青菜心 6 棵。

调料： 熟猪油、葱结、姜块、酱油、白糖、绍酒、湿淀粉、鸡汤。

制作方法

1 将豆腐切成 2 厘米大小的块，与青菜心分别放入大火开水锅内焯水，捞出沥尽水，青菜心放入冷水中沁透取出。

2 炒锅上火，放入熟猪油、生猪五花肉片，煸炒至熟，大部分油脂被煸出来，加鸡汤、姜块、葱结、酱油、白糖、豆腐块、金针菇，烧开，加绍酒，移小火烧焖入味成熟，上大火，去姜块、葱结，放入青菜心，收稠汤汁，用湿淀粉勾米汤芡，加熟猪油，装入汤盆中即成。

大师指点

1 猪五花肉要用小火慢煸。

2 烹制时，要用小火加热，使原料烧透入味。

特点 豆腐软嫩，金针菇鲜香，咸鲜味厚。

12 海鲜菇豆腐

主料： 豆腐 2 块（约 250 克）。

配料： 海鲜菇 25 克、牛枚条肉片 50 克、青菜心 4 棵、鸡蛋清 0.5 个。

调料： 花生油、酱油、白糖、绍酒、干淀粉、湿淀粉、精盐、鸡汤。

制作方法

1 将豆腐切成 2 厘米大小的块，与洗净的青菜心分别放入大火开水锅中焯水，捞出沥干水分，青菜心入冷水中沁透取出。牛枚条肉片加入精盐、鸡蛋清、干淀粉上浆。

2 炒锅上火，辣锅冷油，放入牛枚条肉片，划油至熟，倒入漏勺沥尽油。

3 炒锅上火，放入鸡汤、豆腐块、海鲜菇、酱油、白糖烧开，加绍酒，移小火烧焖入味成熟，放入青菜心，上大火，收稠汤汁，用湿淀粉勾米汤芡，放牛枚条肉片、花生油，装入汤盆中即成。

大师指点

1 牛肉应选择牛枚条肉。

2 青菜心焯水后，要迅速放冷水中沁透。

特点 豆腐软嫩，海鲜菇鲜香，别具风味。

13 杏鲍菇豆腐

主料： 豆腐2块（约250克）。

配料： 杏鲍菇片25克、猪五花肉片50克、嫩蚕豆米40克。

调料： 熟猪油、葱结、姜块、酱油、白糖、绍酒、湿淀粉、鸡汤。

制作方法

1 将豆腐切成2厘米大小的块，与嫩蚕豆米分别放入大火开水锅中焯水，捞出沥尽水，嫩蚕豆米用冷水泌透取出。

2 炒锅上火，放入熟猪油、猪五花肉片，煸炒成熟，大部分油脂被煸出来，加鸡汤、姜块、葱结、豆腐块、杏鲍菇片、酱油、白糖，烧开，放绍酒，移小火烧焖入味成熟，去葱结、姜块，再上大火，放入嫩蚕豆米，收稠汤汁，用湿淀粉勾米汤芡，放入熟猪油，装入汤盘中即成。

大师指点

1 蚕豆米应选择刚上市的嫩蚕豆米。

2 蚕豆米不宜长时间加热。

特点 豆腐软嫩，杏鲍菇鲜香，咸鲜味厚。

14 锅煸豆腐

主料： 豆腐2块（约250克）。

配料： 生鸡脯肉片50克、红椒片50克、鸡蛋1个。

调料： 花生油、葱结、姜块、酱油、白糖、绍酒、干淀粉、湿淀粉、鸡汤。

制作方法

1 将豆腐切成3厘米×2厘米×0.3厘米大小的片。

2 鸡蛋、干淀粉，制成全蛋浆。

3 炒锅上火烧辣，放入花生油，豆腐片沾满全蛋浆，入锅煎至两面呈金黄色，倒入漏勺沥尽油。

4 炒锅上火，放入花生油、生鸡脯肉片、红椒片煸炒几下，加豆腐片、鸡汤、葱结、姜块、酱油、白糖烧开，放绍酒，移小火烧焖入味成熟，再上大火，去葱结、姜块，收稠汤汁，用湿淀粉勾芡，放花生油，装入汤盘中即成。

大师指点

1 豆腐片要切得厚薄一致。

2 豆腐煎制时，注意保持豆腐的完整性。

特点 色泽鲜艳，软嫩鲜香。

15 锅贴豆腐

主料： 豆腐2块（约250克）。

配料： 虾仁120克、熟瘦火腿末5克、香菜叶5克、鸡蛋清2个。

调料： 花生油、葱姜汁、精盐、绍酒、干淀粉、花椒盐。

制作方法

1 将豆腐切成4厘米×3厘米×0.3厘米大小的片，表面拍上干淀粉。

2 将虾仁洗净，挤去水，刮成蓉，放入盆中，加绍酒、干淀粉、鸡蛋清、葱姜汁、精盐，制成虾馅。将虾馅揾在豆腐片上，并抹平，上面用熟瘦火腿末、香菜叶点缀，即成锅贴豆腐生坯。

3 鸡蛋清、干淀粉，制成蛋清浆。

4 炒锅上火烧辣，放入花生油，放入豆腐面沾满蛋清浆的锅贴豆腐生坯，将豆腐面煎脆、呈金黄色，锅贴豆腐煎熟，倒入漏勺沥尽油，用刀切成一字条，摆放入盘中即成。

5 带花椒盐一小碟上桌。

大师指点

1 豆腐片大小要一致。

2 锅贴豆腐生坯煎制时注意控制火力，用中、小火煎

熟、煎脆。

特点 一面香脆，一面鲜嫩，风味独特。

16 金钩豆腐

主料： 豆腐2块（约250克）。

配料： 虾米25克、西葫芦丁50克。

调料： 熟猪油、葱丁、酱油、精盐、绍酒、湿淀粉、鸡汤。

制作方法

1 将豆腐切成1.5厘米大小的丁，放入大火开水锅中焯水，捞出沥尽水，虾米放碗中，加开水泡软。

2 炒锅上火，放入熟猪油、虾米、葱丁煸炒出香味，

加鸡汤、豆腐丁、西葫芦丁烧开，放绍酒，移小火烧焖入味成熟，再放少许酱油（呈牙色）、精盐，用湿淀粉勾芡，放熟猪油，装入汤碗中即成。

大师指点

1 虾米宜选择河虾米。

2 虾米烹前需要先泡软。

特点 豆腐软嫩，虾米鲜香，咸鲜味浓。

注：扬州人习惯称虾米为金钩。

17 菱角豆腐

主料： 豆腐2块（约250克）。

配料： 菱角肉100克、莴苣丁50克。

调料： 熟猪油、花生油、葱丁、精盐、绍酒、虾籽、湿淀粉、鸡汤。

制作方法

1 将豆腐切成1.5厘米大小的丁，放入大火开水锅中焯水，捞出沥尽水。

2 炒锅上火，放入花生油、葱丁煸香，加鸡汤、豆腐

丁、菱角肉、莴苣丁、虾籽烧开，放绍酒，移小火烧焖入味成熟，放精盐，用湿淀粉勾米汤芡，浇熟猪油，装入碗中即成。

大师指点

1 菱角肉需选择质嫩的品种。

2 豆腐丁烧制时注意保持其完整性。

特点 豆腐软嫩，菱角鲜香，莴苣色绿，咸鲜味厚。

18 雪菜豆腐

主料： 豆腐2块（约250克）。

配料： 咸雪菜100克、猪五花肉丝80克。

调料： 熟猪油、葱花、姜米、精盐、绍酒、湿淀粉、鸡汤。

制作方法

1 将豆腐切成1.5厘米大小的丁，放入大火开水锅中焯水，捞出沥尽水。

2 咸雪菜切成末，放清水中泡去咸味，捞出挤去水。

3 炒锅上火，放熟猪油、葱花、姜米稍炒，加咸雪菜、猪五花肉丝，煸炒香，放入鸡汤、豆腐丁烧开，放绍酒、精盐，移小火烧焖入味成熟，再上大火，收稠收干汤汁，用湿淀粉勾芡，浇熟猪油，装入汤盆中即成。

大师指点

1 雪菜要选择腌制过的品种。

2 雪菜在烹前要泡去部分咸味。

特点 豆腐软嫩，雪菜鲜香，咸鲜味浓。

19　雪花豆腐

主料： 豆腐 2 块（约 200 克）。

配料： 虾仁 50 克、火腿片 15 克、熟猪精肉小片 12 克、熟净小笋片 12 克、水发香菇片 12 克、鸡肫片 12 克、香菜叶 8 克。

调料： 熟猪油、精盐、绍酒、葱花、姜米、湿淀粉、鸡汤。

制作方法

1 将豆腐切成指甲大小的片，放入大火开水锅中焯水后，捞出沥尽水。

2 炒锅上火，放入熟猪油、姜米、葱花稍炒，加鸡汤、豆腐片、虾仁、火腿片、熟猪精肉片、熟净笋片、水发香菇片、鸡肫片，烧开，加绍酒、精盐，收稠汤汁，用湿淀粉勾芡，撒入香菜叶，浇熟猪油，装入汤盘中即成。

大师指点

1 豆腐切片要大小一致。

2 豆腐片烹制时，防止其散碎。

特点 豆腐软嫩，形如雪花，虾仁鲜嫩，咸鲜味浓。

20　韭菜花豆腐

主料： 方块豆腐 2 块（约 250 克）。

配料： 腌韭菜花 80 克、鲜红椒片 50 克、毛豆米 50g。

调料： 花生油、酱油、白糖、绍酒、湿淀粉、鸡汤。

制作方法

1 将豆腐切成 3 厘米 ×2 厘米 ×0.3 厘米大小的片，毛豆米放入大火开水锅中焯水，捞出沥尽水，放冷水泌透取出。

2 炒锅上火烧辣，放花生油、豆腐片，将其煎至金黄色，倒入漏勺沥尽油。锅在火上，放少许花生油、鲜红椒片稍炒，加鸡汤、豆腐片、毛豆米、酱油、白糖烧开，移小火烧焖入味成熟，放入腌韭菜花，用湿淀粉勾芡，浇花生油，装入盘中即成。

大师指点

1 豆腐片煎制时，注意其形状完整。

2 韭菜花加热时间不宜过长。

特点 豆腐软嫩，韭菜香鲜，咸淡适宜。

21　香肠豆腐

主料： 豆腐 2 块（约 250 克）。

配料： 熟香肠片 25 克、青蒜段 40 克。

调料： 熟猪油、酱油、白糖、绍酒、葱段、姜片、湿淀粉、鸡汤。

制作方法

1 将豆腐切成 2 厘米大小的块，放大火开水锅中焯水，捞出沥尽水。

2 炒锅上火，放熟猪油、熟香肠片煸炒香，加鸡汤、姜片、葱段、豆腐块、酱油、白糖烧开，放绍酒，移小火烧焖入味成熟，去姜片、葱段，再上大火，放青蒜段，用湿淀粉勾芡，浇熟猪油，装入汤盘中即成。

大师指点

1 香肠应选择咸鲜或五香口味的品种。

2 香肠成熟可选择蒸制方法。

特点 豆腐软嫩，香肠鲜香，咸鲜味厚。

22　三鲜豆腐饺

主料：豆腐 1 块（约 150 克）。

配料：虾仁 10 克、熟净笋丁 10 克、水发香菇丁 10 克、青豆 10 克、豌豆苗 100 克。

调料：熟猪油、精盐、绍酒、干淀粉、湿淀粉、鸡汤。

制作方法

1　炒锅上火，放熟猪油、虾仁、熟净笋丁、水发香菇丁煸炒成熟，加精盐、绍酒，用湿淀粉勾芡，成三鲜馅。

2　将豆腐批成薄片，放纱布上，拍上干淀粉，中间放三鲜馅，对折成三角形，放盘中，即成三鲜豆腐饺生坯。

3　笼锅上火，放水烧开，放入三鲜豆腐饺生坯，将其蒸熟取出。去纱布，整理一下，放盘中，上笼稍蒸取出，摆放入盘，豌豆苗拣洗干净，放入锅内，加熟猪油、精盐上火炒熟，放在饺子周围。

4　炒锅上火，放鸡汤烧开，加精盐，用湿淀粉勾芡，放熟猪油，浇在三鲜豆腐饺上即成。

大师指点

1　豆腐应选择质嫩，又有一定韧性的品种。

2　豆腐饺应大小一致。

3　蒸制时使用中火加热。

特点　形似饺子，质地软嫩，咸鲜味美。

23　蘑菇豆腐

主料：豆腐 2 块（约 250 克）。

配料：鲜蘑菇 100 克、猪精肉丝 80 克。

调料：熟猪油、精盐、绍酒、虾籽、湿淀粉、鸡汤。

制作方法

1　豆腐切成 1.5 厘米大小的丁，放入大火开水锅中焯水，捞出沥尽水。

2　鲜蘑菇洗净，切成片。

3　炒锅上火，放入熟猪油、猪精肉丝煸香，加鸡汤、虾籽、豆腐丁、蘑菇片烧开，放绍酒、精盐，移小火烧焖入味成熟，再上大火，收稠汤汁，用湿淀粉勾芡，浇熟猪油，装入汤盘中即成。

大师指点

1　鲜蘑菇宜选用个头较小的品种，大蘑菇质地较老。

2　豆腐丁要切得大小一致。

特点　豆腐软嫩，蘑菇鲜香。

24　鸡丝豆腐

主料：豆腐 2 块（约 250 克）。

配料：生鸡脯肉丝 100 克、毛豆米 20 克、鸡蛋清 0.5 个。

调料：熟猪油、精盐、酱油、白糖、绍酒、干淀粉、湿淀粉、鸡汤、虾籽。

制作方法

1　将豆腐切成 1.5 厘米大小的丁，毛豆米洗净，分别放入大火开水锅中焯水，捞出沥尽水，毛豆米放冷水中泌透取出。

2　生鸡脯肉丝放入盆内，加精盐、鸡蛋清、干淀粉上浆。

3　炒锅上火，辣锅冷油，放入生鸡脯肉丝划油至变色，倒入漏勺沥尽油。

4　炒锅上火，放鸡汤、虾籽、豆腐丁、毛豆米、酱油、白糖烧开，加绍酒，移小火烧焖入味成熟，再上大火，放入鸡脯肉丝，收稠汤汁，用湿淀粉勾芡，浇熟猪油，装入汤盘中即成。

大师指点

1　生鸡脯肉切丝时，要顺着鸡肉纤维方向切。

2　毛豆米宜选用鲜嫩者。

特点　鸡丝鲜嫩，毛豆翠绿，咸鲜味美。

25 虾仁豆腐

主料： 嫩豆腐2块（约250克）。

配料： 虾仁150克、熟净笋丁20克、鸡蛋清0.5个。

调料： 熟猪油、精盐、绍酒、酱油、白糖、干淀粉、湿淀粉、鸡汤。

制作方法

1 将豆腐切成1.6厘米大小的丁，放大火开水锅中焯水，捞出沥尽水。

2 将虾仁洗净，用干布挤尽水，放入盆内，加精盐、鸡蛋清、干淀粉上浆。

3 炒锅上火，辣锅冷油，放入虾仁划油至熟，倒入漏勺沥尽油。

4 炒锅上火，放入鸡汤、豆腐丁、熟净笋丁、酱油、白糖烧开，放绍酒，移小火烧焖入味成熟，再上大火，收稠汤汁，用湿淀粉勾芡，浇熟猪油，装入汤盘中，放上虾仁即成。

大师指点

虾仁宜选用河虾仁。

特点 虾仁洁白，鲜嫩味美。

26 冬笋豆腐

主料： 豆腐2块（约250克）。

配料： 熟净鲜冬笋100克、猪肉丝80克。

调料： 熟猪油、酱油、白糖、绍酒、湿淀粉、鸡汤。

制作方法

1 将豆腐切成1.5厘米大小的丁，放入大火开水锅中焯水，捞出沥尽水。

2 将熟净鲜冬笋洗净，切成3毫米厚的片。

3 炒锅上火，放熟猪油、猪肉丝煸炒香，加鸡汤、豆腐丁、熟净鲜冬笋片、酱油、白糖烧开，放绍酒，移小火烧焖入味成熟，再上大火，收稠汤汁，用湿淀粉勾芡，浇熟猪油，装入汤盘中即成。

大师指点

1 猪肉宜选用猪肋条肉。

2 冬笋选用新上市的鲜冬笋。

特点 冬笋鲜脆，豆腐软嫩，别具风味。

27 鸭血豆腐

主料： 豆腐2块（约250克）。

配料： 鸭血100克、熟猪肚片80克、香菜叶10克。

调料： 花生油、酱油、白糖、绍酒、湿淀粉、胡椒粉、鸡汤。

制作方法

1 将豆腐切成1.8厘米大小的丁，放入大火开水锅中焯水，捞出沥尽水。

2 将鸭血洗净，切成1.6厘米大小的丁，放入大火开水锅中焯水，捞出沥尽水。

3 炒锅上火，放花生油、熟猪肚片煸炒香，加鸡汤、豆腐丁、鸭血丁、酱油、白糖烧开，放绍酒，移小火烧焖入味成熟，再上大火，收稠汤汁，用湿淀粉勾芡，装入汤盘中，撒胡椒粉，放香菜叶即成。

大师指点

1 鸭血应切成大小一致的丁。

2 鸭血烹前需要经过焯水处理。

特点 鸭血鲜嫩，豆腐软嫩，香鲜味美。

28　肉皮豆腐

主料：豆腐 2 块（约 250 克）。

配料：油炸猪肉皮 80 克、鲜红椒片 50 克。

调料：熟猪油、绍酒、酱油、白糖、湿淀粉、碱、
鸡汤。

制作方法

1 将豆腐切成 3 厘米×2 厘米×0.3 厘米大小的片。
油炸猪肉皮放水中泡软取出，用刀批切成片，放入
盆中，加碱、热水（少许），洗去表面油污，再用
清水漂洗至无碱味，放水洗净。

2 炒锅上火烧辣，放熟猪油，豆腐片煎至金黄色，倒
入漏勺沥尽油。

3 炒锅上火，放熟猪油、鲜红椒片稍炒，加鸡汤、豆
腐片、油炸猪肉皮片、酱油、白糖烧开，放绍酒，
移小火烧焖入味成熟，再上大火，收稠汤汁，用湿
淀粉勾芡，浇熟猪油，装入汤盘中即成。

大师指点

1 酱油宜选用扬州虾籽酱油。

2 洗涤油炸猪肉皮时，要用碱加热水洗净。

特点　肉皮香酥，豆腐软嫩，咸甜适中。

29　猪肚豆腐

主料：豆腐 3 块（约 300 克）。

配料：熟猪肚片 100 克、鲜红椒片 50 克、青蒜段
15 克。

调料：熟猪油、酱油、白糖、绍酒、葱段、姜片、湿
淀粉、虾籽、鸡汤。

制作方法

1 将豆腐切成 3 厘米×2 厘米×0.3 厘米大小的片。

2 炒锅上火烧辣，放熟猪油，豆腐片煎至金黄色，倒
入漏勺沥尽油。

3 炒锅上火，放熟猪油、鲜红椒片稍炒，加鸡汤、虾
籽、豆腐片、熟猪肚片、酱油、葱段、姜片、白糖烧
开，放绍酒，移小火烧焖入味成熟，再上大火，收稠
汤汁，用湿淀粉勾芡，放熟猪油，装入汤盘中即成。

大师指点

1 猪肚应选择猪肚头为好。

2 豆腐片在煎制时，要注意其外形完整。

特点　猪肚软韧，豆腐香嫩，别具风味。

30　猪心豆腐

主料：豆腐 3 块（约 300 克）。

配料：熟猪心片 100 克、青椒片 50 克、青蒜段
15 克。

调料：熟猪油、酱油、白糖、绍酒、辣椒粉、湿淀
粉、虾籽、鸡汤。

制作方法

1 将豆腐切成 3 厘米×2 厘米×0.3 厘米大小的片。

2 炒锅上火烧辣，放熟猪油、豆腐片煎至金黄色，倒
入漏勺沥尽油。

3 炒锅上火，放熟猪油、青椒片稍炒，加鸡汤、虾
籽、辣椒粉（少许）、豆腐片、熟猪心片、酱油、
白糖烧开，放绍酒，移小火烧焖入味成熟，再上大
火，收稠汤汁，放青蒜段，用湿淀粉勾芡，放熟猪
油，装入汤盘中即成。

大师指点

豆腐应加工成大小一致的片。

特点　咸、辣、香、鲜。

31 鲨鱼豆腐

主料： 豆腐 2 块（约 250 克）。

配料： 虎头鲨鱼 250 克、青椒片 50 克、香菜段 15 克、鸡蛋清 1 个。

调料： 熟猪油、酱油、白糖、精盐、绍酒、干淀粉、湿淀粉、鸡汤。

制作方法

1 将豆腐切成 3 厘米×2 厘米×0.3 厘米大小的片。

2 虎头鲨鱼宰杀后洗净，剔下鱼肉，用精盐、鸡蛋清、干淀粉上浆。

3 炒锅上火烧辣，放熟猪油、豆腐片煎至金黄色，倒入漏勺沥尽油。

4 炒锅上火，辣锅冷油，放入虎头鲨鱼片划油至熟，倒入漏勺沥尽油。

5 炒锅上火，放熟猪油、青椒片稍炒，加鸡汤、豆腐片、酱油、白糖烧开，放绍酒，移小火烧焖入味成熟，再上大火，收稠汤汁，用湿淀粉勾芡，放熟猪油，装入汤盘中，放上鱼片，撒上香菜段即成。

大师指点

1 虎头鲨鱼应选择稍大的鱼。

2 煎豆腐片，应防止其散碎。

特点 豆腐软嫩，鱼肉细嫩，别具风味。

32 金丝鱼豆腐

主料： 豆腐 2 块（约 250 克）。

配料： 昂刺鱼 250 克、青椒片 50 克、香菜段 15 克、鸡蛋清 1 个。

调料： 熟猪油、花生油、精盐、酱油、白糖、绍酒、干淀粉、湿淀粉、鸡汤。

制作方法

1 将豆腐切成 3 厘米×2 厘米×0.3 厘米大小的片。

2 昂刺鱼宰杀后洗净，剔下鱼肉，用精盐、鸡蛋清、干淀粉上浆。

3 炒锅上火烧辣，放花生油、豆腐片煎至金黄色，倒入漏勺沥尽油。

4 炒锅上火，辣锅冷油，放昂刺鱼片划油成熟，倒入漏勺沥尽油。

5 炒锅上火，放熟猪油、青椒片稍炒，加鸡汤、豆腐片、酱油、白糖烧开，放绍酒，移小火烧焖入味成熟，再上大火，收稠汤汁，用湿淀粉勾芡，放熟猪油，装入盘中，放上昂刺鱼片，撒上香菜段即成。

大师指点

1 昂刺鱼应选择个头稍大的鱼。

2 用湿淀粉勾芡，应在菜肴接近成熟时进行。

特点 豆腐软嫩，鱼肉细嫩，咸鲜味香。

注：昂刺鱼因其鱼皮表面有金黄色的丝纹，故又名金丝鱼。

33 银鱼豆腐

主料： 豆腐 3 块（约 300 克）。

配料： 银鱼 200 克、熟茭白片 50 克、香菜段 15 克。

调料： 熟猪油、花生油、精盐、绍酒、湿淀粉、胡椒粉、虾籽、鸡汤。

制作方法

1 将豆腐切成 3 厘米×2 厘米×0.3 厘米大小的片。银鱼摘去鱼头，连同肠脏一起去除、洗净。

2 炒锅上火烧辣，放花生油、豆腐片煎至金黄色，倒入漏勺沥尽油。

3 炒锅上火，放鸡汤、熟猪油、虾籽、豆腐片、熟茭
白片烧开，放绍酒、银鱼、精盐，移小火烧焖入味
成熟，再上大火，收稠汤汁，放胡椒粉，用湿淀粉
勾芡，装入汤盘中，撒上香菜段即成。

大师指点

1 银鱼宜选择中等大小的鱼。

2 香菜不宜放入锅中加热。

特点 豆腐软嫩，银鱼细嫩，别具风味。

34 肥肠豆腐

主料：豆腐 2 块（约 250 克）。

配料：熟猪肥肠块 150 克、青蒜段 15 克。

调料：熟猪油、酱油、白糖、绍酒、辣椒粉、湿淀
粉、醋、麻油、白汤。

制作方法

1 将豆腐切成 3 厘米×2 厘米×0.3 厘米大小的片。

2 炒锅上火烧辣，放熟猪油、豆腐片煎至两面呈金黄
色，倒入漏勺沥尽油。

3 炒锅上火，放白汤、辣椒粉（少许）、熟猪肥肠

块、豆腐片、酱油、白糖烧开，放绍酒，移小火烧
焖入味成熟，再上大火，收稠汤汁，放青蒜段，用
湿淀粉勾芡，放醋、麻油，装入汤盆中即成。

大师指点

1 猪肥肠应选择肉厚的大肠头。

2 勾芡时，要使芡汁在汤汁中分布均匀。

特点 豆腐软嫩，肥肠肥韧，咸辣香甜。

35 家常豆腐

主料：豆腐 3 块（约 300 克）。

配料：猪精肉 80 克、熟净笋片 50 克、水发木耳 20
克、鸡蛋清 0.5 个。

调料：熟猪油、精盐、酱油、白糖、绍酒、虾籽、干
淀粉、湿淀粉、鸡汤。

制作方法

1 将豆腐切成边长 3 厘米的三角形片。将猪精肉切成
5 厘米长的丝，加入精盐、鸡蛋清、干淀粉上浆。

2 炒锅上火烧辣，放熟猪油、豆腐片煎至两面呈金黄
色，倒入漏勺沥尽油。

3 炒锅上火，辣锅冷油，放入猪精肉丝划油至熟，倒

入漏勺沥尽油。

4 炒锅上火，放入鸡汤、虾籽、豆腐片、熟净笋片、
水发木耳、酱油、白糖烧开，放绍酒，移小火烧焖
入味成熟，再上大火，放猪精肉丝，收稠汤汁，用
湿淀粉勾芡，放熟猪油，装入汤盘中即成。

大师指点

1 煎豆腐时的油温不能低。

2 要烧至原料入味。

特点 香、鲜、嫩、滑。

36 红烧豆腐

主料：豆腐 3 块（约 300 克）。

配料：猪瘦肉丝 70 克、熟笋尖 30 克。

调料：熟猪油、酱油、白糖、绍酒、葱白段、虾籽、
湿淀粉、鸡汤。

制作方法

1 将豆腐切成边长 1.6 厘米的块，放入大火开水锅中焯水，捞出沥尽水。葱白段切成雀舌葱。

2 炒锅上火，放熟猪油、猪瘦肉丝、雀舌葱煸炒香，加鸡汤、虾籽、酱油、白糖、豆腐烧开，放绍酒，移小火烧焖入味成熟，再上大火，收稠汤汁，用湿

淀粉勾芡，浇熟猪油，装入汤盘中即成。

大师指点

1 煸炒葱片，只要将其香味煸出即可。

2 要烧至原料入味。

特点 香、鲜、软、嫩。

---

37 大碗豆腐

主料： 豆腐 3 块（约 300 克）。

配料： 去皮五花肉片 100 克、青椒片 10 克、红椒片 10 克、青蒜段 20 克。

调料： 熟猪油、酱油、白糖、绍酒、葱结、姜块、湿淀粉、虾籽、鸡汤。

制作方法

1 将豆腐切成边长 1.6 厘米的块。

2 炒锅上火烧辣，放熟猪油、豆腐块煎至两面呈金黄色，倒入漏勺中沥去油。

3 炒锅上火，放熟猪油、去皮五花肉片，煸炒至肉片

变色，加入鸡汤、虾籽、葱结、姜块、豆腐块、酱油、白糖烧开，放绍酒，移小火烧焖入味成熟，再上大火，去葱结、姜块，放入煸炒后的青椒片、红椒片、青蒜段，收稠汤汁，用湿淀粉勾芡，浇熟猪油，装入汤盘中即成。

大师指点

1 煎豆腐时，应保证豆腐完整。

2 豆腐要烧至入味。

特点 香、鲜、软、嫩。

---

38 大白菜炖豆腐

主料： 豆腐 2 块（约 250 克）。

配料： 大白菜 250 克。

调料： 熟猪油、精盐、虾籽、鸡汤。

制作方法

1 将豆腐切成边长 1.6 厘米的块，放大火开水锅中焯水，捞出沥尽水。将大白菜切成 3 厘米长的段洗净，放大火开水锅内焯水，捞出沥尽水。

2 炒锅上火，放熟猪油、大白菜煸炒几下，加鸡汤、

虾籽、豆腐块烧开，移小火烧焖入味成熟，再上大火，放精盐，收稠汤汁，浇熟猪油，装入汤盘中即成。

大师指点

1 选用大白菜的菜心。

2 宜用小火烹制。

特点 豆腐软嫩，白菜脆鲜，汤汁醇厚。

---

39 干炸豆腐

主料： 豆腐 2 块（约 250 克）。

配料： 大米粉 150 克、面粉 50 克、鸡蛋 1 个。

调料： 花生油、精盐、干淀粉、陈皮酱、花椒盐。

制作方法

1 将豆腐切成 3 厘米×1 厘米×1 厘米大小的条，加入精盐拌匀，拍上干淀粉。

2 大米粉、面粉、鸡蛋、水，制成全蛋糊。

3 炒锅上火，放入花生油，待油七成热时，将豆腐条沾满全蛋糊，放入油锅中炸熟捞出，待油八成热时，放入重油，炸至色呈老黄色、炸脆，用漏勺捞起沥尽油，装入盘中即成。

4 带花椒盐、陈皮酱各一小碟上桌。

大师指点

1 豆腐条应大小一致。

2 豆腐条炸制时，要控制好油温。

特点 外脆里嫩，香脆可口。

40　豆腐丸子

主料： 豆腐 2 块（约 250 克）。

配料： 熟火腿末 80 克、鸡蛋清 40 克。

调料： 花生油、精盐、绍酒、葱花、姜米、干淀粉、花椒盐。

制作方法

1 豆腐去上、下老皮，揿成泥，挤去水分，放入盆内，加熟火腿末、葱花、姜米、鸡蛋清、干淀粉、精盐拌匀，制成豆腐馅。

2 炒锅上火，放入花生油，待油六成热时，将豆腐馅

挤成豆腐丸子，放入油锅中，炸至色泽金黄时，用漏勺捞起沥尽油，装入盘中即成。

3 带花椒盐一小碟上桌。

大师指点

1 火腿要选择瘦肉含量多的品种。

2 豆腐丸子炸好后，其色泽要一致。

特点 色泽金黄，外脆里嫩，火腿味浓。

41　泥鳅炖豆腐

主料： 豆腐 2 块（约 250 克）。

配料： 泥鳅 500 克、青蒜末 10 克。

调料： 熟猪油、花生油、精盐、酱油、白糖、绍酒、葱结、姜片、虾籽、八角、桂皮、胡椒粉。

制作方法

1 将豆腐切成边长 1.6 厘米的块，放入大火开水锅中焯水，捞出沥尽水。泥鳅先用清水养 2 小时，再宰杀、去除内脏、洗净。

2 炒锅上火，放入花生油，待油八成热时，放入泥鳅炸香捞出。

3 炒锅上火，放入水、豆腐、泥鳅、葱结、姜片、酱

油、白糖、八角、桂皮、熟猪油烧开，放入绍酒，移小火烧焖入味成熟，去葱结、姜片、桂皮、八角，再上大火，收稠汤汁，浇熟猪油，倒入砂锅烧开，撒上胡椒粉、青蒜末即成。

大师指点

1 泥鳅在宰杀前，要用清水养 2 小时，以去除泥鳅的土腥味。

2 泥鳅加热时，用小火烧透入味。

特点 泥鳅细嫩，豆腐软嫩，别具风味。

42　腊味蒸豆腐

主料： 豆腐 2 块（约 200 克）。

配料： 香肠 100 克、咸鸭 100 克、咸肉 100 克。

调料： 熟猪油、精盐、绍酒、葱结、姜块、鸡汤、虾籽。

制作方法

1　将豆腐切成长方块，放入大火开水锅中焯水，捞出沥尽水。

2　咸鸭剁成方块，咸肉切成片，放入温水中浸泡去大部分咸味，香肠切成片。

3　取汤碗 1 只，放入豆腐块、咸鸭块、咸肉片、香肠片、葱结、姜块、绍酒、虾籽、鸡汤、熟猪油，成腊味豆腐生坯。

4　笼锅上火，放水烧开，放入腊味豆腐生坯，将其蒸熟、蒸透入味取出，去葱结、姜块，翻身入盘，去扣碗，上桌即成。

大师指点

1　咸鸭、咸肉要泡去大部分咸味。

2　蒸制时，用中火蒸透入味。

特点 豆腐软嫩，腊香味浓，风味别致。

43　河蚌烧豆腐

主料： 豆腐 2 块（约 250 克）。

配料： 熟河蚌 150 克、熟净笋片 40 克、水发木耳 40 克、青蒜末 10 克。

调料： 熟猪油、精盐、绍酒、葱段、姜片、胡椒粉、鸡汤。

制作方法

1　将豆腐切成边长 1.6 厘米的块，放入大火开水锅中焯水，捞出沥尽水。熟河蚌切成与豆腐大小相似的块。

2　炒锅上火，放入熟猪油、葱段、姜片稍炒，加鸡汤、豆腐块、熟河蚌块、熟净笋片、水发木耳烧开，放绍酒，倒入砂锅内，上火烧开，移小火烧焖至河蚌酥烂、豆腐入味，再上大火，放精盐，收稠汤汁，用湿淀粉勾芡，撒上胡椒粉、青蒜末即成。

大师指点

1　河蚌要用小火烧透入味。

2　河蚌性凉，需要放入一定量的胡椒粉。

特点 河蚌鲜美，汤浓味厚。

44　肉末豆腐

主料： 豆腐 3 块（约 350 克）。

配料： 猪肉末 150 克、青蒜末 10 克。

调料： 花生油、葱花、姜米、酱油、白糖、绍酒、湿淀粉、虾籽、胡椒粉、鸡汤。

制作方法

1　将豆腐切成边长 1.6 厘米的块，放入大火开水锅中焯水，捞出沥尽水。

2　炒锅上火，放入花生油、葱花、姜米，炒出香味，加猪肉末煸炒成熟，再放入鸡汤、虾籽、豆腐块、酱油、白糖烧开，放绍酒，移小火烧焖入味成熟，再上大火，收稠汤汁，用湿淀粉勾芡，浇花生油，撒上胡椒粉、青蒜末，起锅装汤盘即成。

大师指点

1　肉末要炒熟炒酥。

2　豆腐在小火上烧透入味。

特点 色泽酱红，豆腐入味，肉末酥香。

45 竹蛏豆腐

主料：豆腐3块（约250克）。

配料：净竹蛏肉200克、青蒜末15克。

调料：熟猪油、酱油、白糖、绍酒、葱结、姜块、湿淀粉、胡椒粉。

制作方法

1 将豆腐切成边长2.5厘米的块，放入大火开水锅内焯水，捞出沥尽水。竹蛏肉洗净。

2 炒锅上火，放入熟猪油、葱结、姜块稍炒，放入净

竹蛏肉煸炒至熟，放入水、豆腐、酱油、白糖烧开，加绍酒，移小火烧焖入味成熟，再上大火，收稠汤汁，撒胡椒粉，去葱结、姜块，用湿淀粉勾芡，浇熟猪油，装入盘内，撒上青蒜末即成。

大师指点

竹蛏可先焯水后煸炒，用小火烧焖成熟。

特点 口味鲜美，别具风味。

46 淡菜萝卜烩豆腐

主料：豆腐3块（约250克）。

配料：水发淡菜50克、白萝卜100克、青蒜末10克。

调料：熟猪油、精盐、绍酒、葱结、姜块、湿淀粉、鸡汤、胡椒粉。

制作方法

1 将豆腐切成边长2.5厘米的块，放入大火开水锅中焯水，捞出沥尽水待用。

2 白萝卜切成片，放入冷水锅中，上火焯水，捞出沥尽水待用。

3 炒锅上火，放入熟猪油、葱结、姜块稍炒，放水发淡菜煸炒，放入鸡汤、豆腐、白萝卜片，移小火烧焖成熟，再上大火，收稠汤汁，放精盐，撒胡椒粉，去掉葱结、姜块，用湿淀粉勾芡，浇熟猪油，装入汤盘内，撒上青蒜末即成。

大师指点

水发淡菜煸炒后，加入鸡汤等原料，要烧至汤呈乳白色，使汤醇味美。

特点 豆腐软嫩，淡菜鲜美，萝卜糯烂，汤汁鲜醇。

47 火腿扣豆腐

主料：豆腐2块（约250克）。

配料：熟火腿片100克、熟净笋片50克、水发冬菇片50克。

调料：熟猪油、精盐、绍酒、葱结、姜块、虾籽、湿淀粉、鸡汤。

制作方法

1 取大碗1只，抹上熟猪油，放冰箱中稍冻。将熟火腿片、熟净笋片、水发冬菇片整齐地排列在碗内，再将豆腐切成大片整齐地排列于碗内，加入虾籽、精盐、葱结、姜块和鸡汤（少许），即成火腿扣豆

腐生坯。

2 笼锅上火，放水烧开，将火腿扣豆腐生坯放入笼锅中，蒸熟、蒸透入味取出，去葱结、姜块，翻身入盘，泌下汤汁，去扣碗。

3 炒锅上火，放入鸡汤、精盐烧开，用湿淀粉勾芡，浇熟猪油，倒入火腿扣豆腐中即成。

大师指点

1 刀工要精细，火腿片、笋片、冬菇片排列有序。

2 在笼锅内的几种原料要蒸透入味。

特点 刀工精细，排列有序，滋味互补，别具风味。

48 熘豆腐

主料： 豆腐 1 块（约 125 克）。

配料： 青椒片 10 克、红椒片 10 克、鸡蛋 1 个、大米粉 100 克、面粉 50 克。

调料： 花生油、精盐、葱花、姜米、蒜泥、酱油、白糖、干淀粉、湿淀粉、醋、麻油。

制作方法

1 豆腐切成 1 厘米大小的丁，放碗内撒入精盐腌渍入味，再拍上干淀粉。

2 鸡蛋、大米粉、面粉、水，制成全蛋糊。

3 炒锅上火，放入花生油，待油七成热时，将豆腐沾满全蛋糊，放入油锅内炸熟捞出，待油八成热时，将豆腐丁下锅重油，炸至老黄色时，倒入漏勺沥尽油。

4 炒锅上火，放入花生油（少量）、红椒片、青椒片、葱花、姜米，煸炒一下，放入酱油、白糖、水烧开，用湿淀粉勾芡，加入醋、蒜泥制成糖醋卤汁，倒入豆腐丁，炒拌均匀，浇上麻油，起锅装盘即成。

大师指点

1 豆腐挂全蛋糊时，筷子夹豆腐丁要防止夹碎豆腐。

2 糖醋汁要制作得酸甜味浓。

特点 外脆里嫩，酸甜适口。

49 油豆腐果炖口蘑

主料： 油豆腐果 200 克。

配料： 水发口蘑 100 克、猪五花肉片 50 克、青蒜末 10 克。

调料： 花生油、葱结、姜块、蒜泥、酱油、白糖、绍酒、湿淀粉、鸡汤。

制作方法

1 油豆腐果切成小块，放入盆中，加少许碱、热水洗一下，再放入清水中泡洗干净，并去除碱味。水发口蘑洗净切成片。

2 炒锅上火，放入花生油、猪五花肉片，煸炒至变色，加入鸡汤、葱结、姜块、酱油、白糖烧开，放入绍酒，移小火烧焖成熟，再放豆腐果、水发口蘑片烧焖入味，用湿淀粉勾芡，起锅装盘，撒上青蒜末即成。

大师指点

1 豆腐炸制豆腐果时，要辣油入锅，辣油起锅。

2 浇焖要入味。

特点 色呈牙黄，外香里嫩，大众食品。

50 香煎豆腐

主料： 豆腐 2 块（约 250 克）。

配料： 香菜末 10 克。

调料： 花生油、精盐、干淀粉、花椒盐、辣椒酱、番茄酱。

制作方法

1 豆腐切成大片，撒上精盐（少许）、干淀粉。

2 炒锅上火烧辣，放入花生油、豆腐片，煎炸至两面呈金黄色，倒入漏勺中沥尽油，整齐地摆放在盘中，撒上香菜末即成。

3 带花椒盐、辣椒酱、番茄酱各一小碟上桌。

大师指点

1 豆腐片要切得大小一致。

2 煎制时，要注意控制好火候。

特点 色呈牙黄，外香里嫩，大众食品。

51 芝麻豆腐

主料： 豆腐 1 块（约 125 克）。

配料： 豆腐皮 1 张、熟猪肥膘肉 50 克、熟芝麻 150 克、鸡蛋清 1 个。

调料： 花生油、葱姜汁、精盐、绍酒、干淀粉。

制作方法

1 豆腐去上、下老皮，揭成泥，挤尽水，放入盆中。熟猪肥膘肉刮成蓉，放入豆腐泥盆中，加葱姜汁、鸡蛋清、绍酒、干淀粉、精盐拌匀，成豆腐馅。

2 豆腐皮切成 6 厘米×3 厘米大小的片，放在砧板上，放上豆腐馅，抹平，厚约 0.6 厘米，撒上熟芝麻，即成芝麻豆腐生坯。

3 炒锅上火，放入花生油，待油七成热时，放入芝麻豆腐生坯，炸熟、炸香，倒入漏勺中沥尽油，整齐地摆放入盘中即成。

大师指点

1 豆腐馅调制时不能稀。

2 炸制时，油温不宜过高，以免豆腐皮炸焦。

特点 芝麻香酥，外脆里嫩。

52 椒切豆腐

主料： 豆腐 1 块（约 125 克）。

配料： 豆腐皮 1 张、熟猪肥膘肉 50 克、熟芝麻 150 克、鸡蛋清 1 个。

调料： 花生油、葱姜汁、精盐、绍酒、干淀粉。

制作方法

1 豆腐去上、下老皮，揭成泥，挤尽水，放入盆中。熟猪肥膘肉刮成蓉，放入豆腐泥碗中，加入葱姜汁、鸡蛋清、绍酒、干淀粉、精盐拌匀，成豆腐馅。

2 豆腐皮切成 6 厘米×3 厘米大小的片，放在砧板上，抹上一层薄薄的豆腐馅，撒上熟芝麻，再将其翻过来，在另一面抹上一层薄薄的豆腐馅，撒上熟芝麻，即成椒切豆腐生坯。

3 炒锅上火，放入花生油，待油七成热时，放入椒切豆腐生坯，炸熟、炸香，倒入漏勺中沥尽油，整齐地摆放入盘中即成。

大师指点

1 豆腐馅抹得不能厚。

2 炸制时，油温不宜过高。

特点 芝麻香酥，外脆里嫩。

53 扬州豆腐

主料： 豆腐 2 块（约 250 克）。

配料： 猪瘦肉丝 50 克、熟净笋片 40 克、水发木耳 10 克。

调料： 熟猪油、葱白段、酱油、白糖、绍酒、湿淀粉、虾籽、鸡汤。

制作方法

1 豆腐切成 2 厘米大小的块，放入沸水锅中焯水，捞出沥尽水。

2 葱白段切成雀舌葱。

3 炒锅上火，放入熟猪油、雀舌葱煸炒出香味，放入猪瘦肉丝煸炒成熟，加入鸡汤、虾籽、豆腐块、熟净笋片、水发木耳、酱油、白糖，烧开，放入绍酒，移小火烧焖入味成熟，再上大火，收稠汤汁，用湿淀粉勾芡，浇熟猪油，起锅装入汤盘中即成。

大师指点

1 煸炒雀舌葱，要用小火炒出香味。

2 烧豆腐时，要用小火烧焖入味。

特点 豆腐入味，香、鲜、软、嫩。

注：豆腐也可选用内酯豆腐。

54 桂花豆腐

主料： 豆腐 1 块（约 125 克）。

配料： 熟猪肥膘肉 50 克、鸡蛋黄 6 个、鸡蛋清 3 个。

调料： 熟猪油、葱花、精盐、绍酒、干淀粉。

制作方法

1 豆腐去上、下老皮，揭成泥，挤尽水，放入盆中。取 6 个鸡蛋黄、 3 个鸡蛋清，放碗中搅拌均匀，放入豆腐泥盆中，加入葱花、绍酒、干淀粉、精盐拌匀，成豆腐鸡蛋液。

2 炒锅上火，放熟猪油、豆腐鸡蛋液，用手勺不断炒动成豆腐碎块，呈桂花形，起锅装入盘中即成。

大师指点

1 要用 6 个蛋黄、3 个蛋清，使其色呈桂花色。

2 炒制时，要用中小火，防止结成大块。

特点 形似桂花，色呈金黄，滑嫩爽口。

55 鸡腿菇豆腐

主料： 豆腐 250 克。

配料： 鸡腿菇 25 克、猪五花肉片 50 克、青菜心 40 克。

调料： 熟猪油、酱油、白糖、绍酒、葱结、姜块、鸡汤。

制作方法

1 将豆腐切成 2 厘米大小的块，与青菜心分别放入大火开水锅中焯水，捞出沥尽水，青菜心用冷水泌透取出。

2 猪五花肉片洗净，鸡腿菇去根，撕开洗净。

3 炒锅上火，放入熟猪油、猪五花肉片煸炒熟出油，加入鸡汤、姜块、葱结、豆腐块、鸡腿菇、酱油、白糖烧开，放入绍酒，移小火烧焖入味成熟，去葱结、姜块，放入青菜心略烧，浇上熟猪油，装入汤盘中即成。

大师指点

猪五花肉煸炒时，火力不宜过大。

特点 豆腐软嫩，鸡腿菇鲜香，咸鲜味厚。

56 卷筒豆腐

主料： 豆腐 2 块（约 250 克）。

配料： 豆腐皮 1 张、猪五花肉 100 克、熟净笋 50 克、水发香菇 50 克、鸡蛋 2 个、大米粉 150 克、面粉 50 克。

调料： 花生油、葱姜汁、精盐、绍酒、干淀粉、麻油、花椒盐。

制作方法

1 豆腐去上、下老皮，揭成泥，挤尽水，猪五花肉剁成蓉，熟净笋切成末，水发香菇切成末，四种原料同放盆中，加入葱姜汁、绍酒、鸡蛋清、干淀粉、精盐，制成豆腐馅。

2 豆腐皮切成长方形，铺平，放入豆腐馅，卷成中指粗细的长圆条，即成卷筒豆腐生坯。

3 鸡蛋、大米粉、面粉、水，制成全蛋糊。

4 炒锅上火，放入花生油，待油七成热时，将卷筒豆腐生坯沾满全蛋糊，入锅炸至成熟捞出，待油八成热时，再入油锅重油，炸呈老黄色时，倒入漏勺沥尽油，用刀切成菱形块，整齐地摆放入盘，浇麻油即成。

5 带一小碟花椒盐上桌，蘸食。

大师指点

卷成卷的豆腐卷，以中指粗为好。

特点 外脆里嫩，鲜香可口。

57 嘶马拉油豆腐

嘶马拉豆腐，下面是洁白如玉的豆腐，上面是一层薄薄的油，有香菇的油腻、竹笋的清脆、蒜叶的香醇，如同脂羹般，美不胜收。

主料： 豆腐2块（约250克）。

配料： 熟猪精肉小片50克、小笋片12克、水发香菇片12克、熟肫片15克、青蒜花30克。

调料： 熟猪油、精盐、酱油、白糖、绍酒、葱花、姜米、湿淀粉、鸡汤、胡椒粉。

制作方法

1 将豆腐切成1.5厘米大小的片，放入大火开水锅中焯水后，捞出沥干水分。

2 炒锅上火，放熟猪油、姜米、葱花稍炒，加鸡汤、精盐、豆腐片、熟猪精肉小片、小笋片、水发香菇片、鸡肫片、酱油、白糖烧开，放绍酒，用湿淀粉勾芡，撒入青蒜花、胡椒粉，浇熟猪油，装入汤盘中即成。

大师指点

1 豆腐片要切得大小一致。

2 成品要趁热食用。

特点 豆腐软嫩，青蒜鲜香，咸鲜味浓。

58 松子豆腐

主料： 盐卤豆腐200克。

配料： 松子仁60克、熟净笋片20克。

调料： 花生油、葱白段、酱油、白糖、绍酒、湿淀粉、鸡汤。

制作方法

1 将盐卤豆腐切成1厘米厚、3厘米长的块，放入大火开水锅中煮2分钟后，捞出沥尽水。葱白段切成雀舌葱。

2 平底锅上火烧辣，放入花生油，待油六成热时，放入豆腐块，煎至两面金黄，倒入漏勺沥尽油。

3 炒锅上火，放入花生油，待油四成热时，放入松子仁，将其炸香，倒入漏勺沥尽油。

4 炒锅上火，放入花生油、雀舌葱炒出香味，加入煎好的豆腐、鸡汤、酱油、笋片、白糖烧开，放绍酒，移小火烧透入味，再上大火，收稠收干汤汁，用湿淀粉勾芡，装入盘中，撒上松子仁即成。

大师指点

1 豆腐要切得大小一致。

2 松子仁易焦煳，油炸时注意控制油温。

3 豆腐煎制时，注意掌握火候。

特点 色泽酱红，豆腐软嫩，松子香脆，咸鲜味浓。

59 叉烧豆腐

主料： 豆腐4块（约400克）。

配料： 虾仁200克、熟猪肥膘肉50克、猪网油200克、鸡蛋清4个。

调料： 花生油、葱白段、姜片、葱姜汁、精盐、绍酒、葱椒、干淀粉、鸡汤。

制作方法

1 将豆腐放清水中反复浸泡去除黄水，用刀批去豆腐两面硬皮，揿成蓉，用干净的纱布包起，挤尽水。将虾仁、熟猪肥膘肉分别刮成蓉，同放盆内，与豆腐蓉、鸡蛋清、干淀粉、绍酒、葱姜汁、精盐搅拌成豆腐馅。

2 鸡蛋清、葱椒、干淀粉，制成葱椒蛋清浆。

3 盘内抹上花生油，放上豆腐馅，分别制成长 22 厘米、宽 5 厘米、厚 0.7 厘米的长方块，上中火开水的笼锅内蒸熟，取出。猪网油铺在案板上，抹上葱椒蛋清浆，放上豆腐生坯，逐块包好，在接口处也抹上葱椒蛋清浆，即成叉烧豆腐生坯。

4 取铁丝络 1 只，上面每隔 1.5 厘米放 1 根葱白段，葱白段之间放上姜片，将包好的叉烧豆腐生坯模放

在葱白段上，上面再放葱白段、姜片，合上铁丝络，上烤叉，放入烤炉中，烤至猪网油呈金黄色，叉烧豆腐烤熟、烤香取出，去烤叉、铁丝络、葱白段、姜片，将烤成的豆腐块用刀切成一字条装盘即成。

大师指点

1 豆腐去除黄泔水。

2 烤制时注意控制温度。

特点 色泽金黄，多味复合，香鲜软嫩，清爽利口。

---

60 砂锅豆腐

主料： 盐卤豆腐 200 克。

配料： 虾仁 50 克、熟净笋片 50 克、熟鸡肉片 50 克、鸡蛋清适量。

调料： 熟猪油、葱白段、酱油、白糖、绍酒、干淀粉、虾籽、精盐、鸡汤。

制作方法

1 将盐卤豆腐切成 2 厘米大小的块，放入大火开水锅中焯水，捞出沥尽水，葱白段切成雀舌葱，虾仁洗净，挤尽水，放入盆中，加精盐、鸡蛋清、干淀粉上浆。

2 炒锅上火，放入熟猪油、雀舌葱稍炒，倒入砂锅

内，加酱油、白糖、鸡汤、绍酒、盐卤豆腐块、熟鸡肉片、熟净笋片、虾籽，上火烧开，移小火烧焖成熟入味，离火放入等盘。

3 炒锅上火，放熟猪油、虾仁炒熟，放入砂锅豆腐中即成。

大师指点

1 豆腐焯水，时间长一些，煮尽黄泔味。

2 砂锅易碎，加热后应放在垫子上。

特点 豆腐软嫩，鲜香适口。

---

61 皮箱豆腐

主料： 豆腐 4 块（约 400 克）。

配料： 虾仁 150 克、猪精肉 150 克、净冬笋片 40 克、水发香菇片 40 克、青菜心 6 棵、鸡蛋清适量。

调料： 花生油、葱姜汁、酱油、白糖、精盐、绍酒、干淀粉、湿淀粉、虾籽、鸡汤。

制作方法

1 将豆腐切成 4 厘米×2.5 厘米×2 厘米大小的长方块，计 12 块。

2 虾仁、猪精肉分别洗净，挤去水分，刮成蓉，放入盆内，加入鸡蛋清、葱姜汁、绍酒、干淀粉、精盐拌匀，制成虾肉馅。

3 炒锅上火烧辣，放入花生油，待油八成热时，放入

豆腐块，将其炸至豆腐结壳时，倒入漏勺中沥尽油，在豆腐的四分之一处，用刀划破三面，一面连着成盖子，挖去里面的嫩豆腐，将虾肉馅填入豆腐内，即成皮箱豆腐生坯。

4 青菜心洗净，放入大火开水锅内焯水，捞出放冷水中泌透取出，放熟猪油至锅内，上火焐油成熟，倒入漏勺沥尽油。

5 炒锅上火，放入鸡汤、皮箱豆腐生坯、酱油、白糖、虾籽烧开，移小火烧焖成熟取出，整齐摆放盘中，汤汁备用。

6 炒锅上火，放入汤汁、净冬笋片、水发香菇片、青菜心烧开，用湿淀粉勾芡，浇入盘中，青菜心放皮

箱豆腐周围即成。

大师指点

1 豆腐要在高温油锅中炸至结壳。

2 豆腐要用小火烧透入味。

特点 造型别致，形似皮箱，香软鲜美。

62 八宝豆腐

主料：豆腐4块（约250克）。

配料：虾仁100克、熟火腿丁10克、水发海参丁10克、熟鸡肉丁10克、熟肫丁10克、熟肥膘肉20克、熟净笋丁15克、水发冬菇丁15克、青豆15克、水发干贝10克、鸡蛋清1个、胡萝卜1根。

调料：熟猪油、葱姜汁、绍酒、精盐、干淀粉、湿淀粉、虾籽、胡椒粉、鸡汤。

制作方法

1 豆腐去上、下老皮，揿成泥，挤去水分，虾仁洗净，挤尽水，刮成蓉，熟猪肥膘肉刮成蓉，虾仁、火腿、海参丁同放入盆中，加入葱姜汁、绍酒、鸡蛋清、干淀粉、精盐制成豆腐馅。

2 炒锅上火，放入熟猪油、鸡汤、虾籽、熟火腿丁、水发海参丁、熟鸡肉丁、熟肫丁、熟净笋丁、水发

冬菇丁、水发干贝丝（干贝加水，上笼锅蒸熟，撕成的丝）、青豆烧开，收稠收干汤汁，用湿淀粉勾芡，撒上胡椒粉，制成八宝馅，装入大盘中，堆成馒头形，上面放上豆腐馅，抹成半圆形，上面用胡萝卜、香菜等点缀成图案，即成八宝豆腐生坯。

3 笼锅上火，放水烧开，放八宝豆腐生坯，将其蒸熟，取出。

4 炒锅上火，放入鸡汤烧开，加精盐，用湿淀粉勾琉璃芡，放熟猪油，浇在豆腐上即成。

大师指点

1 豆腐馅要制得厚一些。

2 蒸制豆腐时，注意掌握时间、火候。

特点 造型美观，鲜香软嫩。

63 豆腐刮肉

主料：豆腐4块（约500克）。

配料：熟猪肥膘小丁50克、熟净冬笋小丁30克、水发香菇小丁30克、油面筋泡小丁50克、大米粉20克、鸡蛋1个、青菜心5棵。

调料：花生油、葱花、姜米、精盐、酱油、白糖、绍酒、湿淀粉、虾籽、鸡汤。

制作方法

1 青菜心入大火开水锅中焯水，捞出放冷水泌透取出。

2 豆腐去上、下老皮，揿成泥，挤尽水，放入盆中，加入熟猪肥膘肉小丁、油面筋泡小丁、熟净冬笋小丁、水发香菇小丁、大米粉、鸡蛋、精盐拌匀，成豆腐刮肉馅，分成10份，制成扁圆形的豆腐刮肉

生坯。

3 炒锅上火烧辣，放入花生油、豆腐刮肉生坯，将其煎成两面金黄色，倒入漏勺中沥尽油。

4 砂锅内放入鸡汤、虾籽、豆腐刮肉、酱油、白糖，上火烧开，加入绍酒，盖盖，移小火烧焖入味成熟，放入青菜心，用湿淀粉勾米汤芡，移上等盘即成。

大师指点

1 豆腐刮肉在煎制时，要将表面煎一层硬壳。

2 烧制时火力不宜过大，以防其散碎。

特点 色泽棕红，形象饱满，咸鲜味香。

64　荷花豆腐

主料： 豆腐 1 块（约 150 克）。

配料： 虾蓉 100 克、青豆 20 克、鸡蛋清 40 克。

调料： 熟猪油、葱姜汁、精盐、绍酒、鸡汤、湿淀粉。

制作方法

1　豆腐去上、下老皮，揭成泥，挤尽水，放入盆中，加入虾蓉、葱姜汁、鸡蛋清、精盐拌匀，成豆腐馅。

2　取小酱油碟 1 只，10 只小汤匙分别抹入熟猪油，放冰箱冷冻取出。

3　酱油碟放入豆腐馅抹干，放上 7 克青豆，成莲蓬豆腐生坯。汤匙放入豆腐馅抹平，成荷花瓣生坯。

4　笼锅上火，放水烧开，放入莲蓬豆腐生坯与莲花瓣生坯，将其蒸熟取出，莲蓬豆腐脱出，放大盘中间，莲花瓣豆腐脱出，放莲蓬豆腐周围，成荷花豆腐。

5　炒锅上火，放入鸡汤烧开，加精盐，用湿淀粉勾芡，放熟猪油，浇在荷花豆腐上即成。

大师指点

1　青豆宜选用新鲜的品种。

2　荷花造型要形象逼真。

3　蒸制时注意控制火候。

特点　形似荷花，造型美观，质地软嫩，咸鲜味美。

65　扇面豆腐

主料： 豆腐 4 块（约 500 克）。

配料： 虾仁 200 克、熟猪肥膘肉 50 克、熟净笋丁 15 克、水发香菇丁 10 克、水发海参丁 20 克、熟鸡肉丁 20 克、熟肫丁 20 克、熟猪瘦肉丁 30 克、青豆 20 克、熟火腿丁 20 克、鸡蛋清 3 个、水煮百果 7 颗、水发海参适量。

调料： 熟猪油、葱姜汁、精盐、绍酒、干淀粉、湿淀粉、虾籽、鸡汤。

制作方法

1　将豆腐去上、下老皮，揭成泥，挤尽水，虾仁洗净，挤尽水，刮成蓉，熟猪肥膘肉刮成蓉，三种原料同放盆内，加葱姜汁、鸡蛋清、绍酒、干淀粉、精盐，制成豆腐馅。

2　炒锅上火，放熟猪油、熟净笋丁、水发香菇丁、水发海参丁、熟鸡肉丁、熟肫丁、熟猪瘦肉丁、熟火腿丁、青豆，煸炒成熟，加鸡汤、虾籽烧焖入味，放精盐，收稠收干汤汁，用湿淀粉勾芡，成八丁馅。

3　海参用刀划成粗、细、长、短不同的条，制成树枝，水煮白果刻成梅花。

4　取大腰盘 1 只，放入八丁馅，摆成扇面形，放上豆腐馅包起八丁馅，抹平成扇面形，放上花枝、梅花即成扇面豆腐生坯。

5　笼锅上火，放水烧开，放入扇面豆腐生坯，将其蒸熟取出。

6　炒锅上火，放鸡汤烧开，加精盐，用湿淀粉勾芡，放熟猪油，浇在扇形豆腐上即成。

大师指点

1　八宝丁要切得稍小些。

2　蒸制时，火力不宜过大。

特点　造型美观，形似扇面，质地软嫩，别具风味。

66 蟹黄豆腐

主料： 豆腐 3 块（约 300 克）。

配料： 净蟹肉 100 克、香菜叶 10 克。

调料： 熟猪油、酱油、绍酒、葱花、姜米、湿淀粉、醋、鸡汤、胡椒粉。

制作方法

1 将豆腐切成边长 1.6 厘米大小的块，放入大火开水锅中焯水，捞出沥尽水。

2 炒锅上火，放入熟猪油、葱花、姜米稍炒，放入净蟹肉煸炒香，加鸡汤、绍酒、酱油、醋、豆腐块烧开，移小火烧焖入味成熟，再上大火，收稠汤汁，用湿淀粉勾芡，装入汤盘中，撒上胡椒粉、香菜叶即成。

大师指点

1 烹制蟹肉不宜加入白糖。

2 豆腐要烧至入味。

特点 蟹肉鲜香，豆腐软嫩，是豆腐菜肴中的上品。

67 砂锅鳝鱼豆腐

主料： 豆腐 2 块（约 250 克）。

配料： 净鳝丝 300 克。

调料： 熟猪油、葱花、姜米、蒜泥、酱油、白糖、绍酒、湿淀粉、胡椒粉、麻油。

制作方法

1 豆腐切成 2 厘米大小的块，放入大火开水锅中焯水，捞出沥尽水。

2 鳝丝去内脏洗净，放入大火开水锅中焯水捞出，理齐后切成 5 厘米长的段。

3 砂锅上火，放入熟猪油、姜米、葱花稍炒，加入鳝丝煸炒出香味，放水烧开，再放绍酒，烧至汤汁浓白，放入豆腐块、酱油、白糖，移小火烧焖入味成熟，再上大火，收稠汤汁，放蒜泥，撒胡椒粉，用湿淀粉勾芡，浇麻油，装入汤盘中即成。

大师指点

1 鳝丝要新鲜，此菜也可将鳝丝油炸成脆鳝。

2 加入姜米、葱花、蒜泥烧至入味。

特点 豆腐软嫩，鳝丝鲜香。

68 脆鳝豆腐

主料： 豆腐 2 块（约 250 克）。

配料： 净鳝丝 200 克。

调料： 花生油、麻油、花椒盐。

制作方法

1 豆腐切成 2 厘米×0.6 厘米×0.6 厘米大小的条。鳝丝去内脏洗净，放入大火开水锅内焯水，捞出沥尽水。

2 炒锅上火，放入花生油，待油八成热时，放入豆腐条，炸至金黄色，捞起沥尽油。再将熟鳝丝放入九成热的油锅中，炸至酥脆，倒入漏勺中沥尽油，即成脆鳝。

3 炒锅上火烧辣，放入豆腐条、脆鳝，撒入花椒盐，炒拌均匀，浇麻油，起锅装入盘中即成。

大师指点

1 豆腐也可以切成扁平块或三角块。

2 炸制豆腐和脆鳝，都是辣油下锅，辣油起锅。

特点 香、脆、酥、鲜。

69 金鱼豆腐

主料：豆腐 2 块（约 250 克）。

配料：熟猪肥膘肉 100 克、鸡蛋皮 6 张、青菜叶 6
片、红椒 1 只、水发香菇 3 只、鸡蛋清 2 个、
香菜叶 20 克。

调料：花生油、葱姜汁、精盐、绍酒、干淀粉、湿淀
粉、鸡汤。

制作方法

1 豆腐去上、下老皮，搋成泥，挤去水分，熟猪肥膘
肉刮成蓉，笋切成末，水发香菇切成末，几种原料
放入盆中，加葱姜汁、绍酒、鸡蛋清、干淀粉、精
盐拌和均匀，成豆腐馅。

2 用金鱼模具，将鸡蛋皮刻成 12 片金鱼片。青菜叶
洗净，切成细丝。

3 红椒去蒂、籽、梗洗净，与水发香菇分别放入大火
开水锅内烫一下，捞出用精盐、花生油拌匀。用模
具将红椒、水发香菇刻成圆片，红椒大，水发香菇

小，相叠在一起，成金鱼眼睛，多余红椒切成末，
香菜叶洗净。

4 金鱼片铺平，抹上豆腐馅成金鱼形，摆上眼睛，青
菜叶丝放身上，成鱼鳞状，鱼尾上放青菜叶丝，似
鱼尾波浪纹，即成金鱼豆腐生坯。

5 大圆盘 1 只，盘中央放香菜叶，上放熟红椒末
待用。

6 笼锅上火，放水烧开，放入金鱼豆腐生坯，将其蒸
熟，取出装入盘内香菜叶周围。

7 炒锅上火，放入鸡汤烧开，加精盐，用湿淀粉勾
芡，浇在金鱼豆腐上即成。

大师指点

1 豆腐搋成的泥要细。

2 注意蒸制火候。

特点 形似金鱼，软嫩鲜香。

70 香橼豆腐

原料：豆腐 3 块（约 250 克）。

配料：熟火腿丁 80 克、熟鸡肉丁 80 克、猪瘦肉丁 80
克、熟净笋丁 50 克、水发香菇丁 50 克、大米
粉 200 克、鸡蛋黄 4 个。

调料：熟猪油、精盐、绍酒、虾籽、湿淀粉、鸡汤。

制作方法

1 豆腐去上、下老皮，搋成泥，挤尽水，放盆内，加
入鸡蛋黄、大米粉揉成面团，摘成 10 只豆腐
剂子。

2 炒锅上火，放熟猪油、熟火腿丁、熟鸡肉丁、猪瘦
肉丁、熟净笋丁、水发香菇丁稍炒，加虾籽、鸡汤
烧开，放绍酒、精盐，收稠收干汤汁，用湿淀粉勾
芡，倒入盘内晾冷，制成五丁馅。

3 豆腐剂子用手按平，包入五丁馅，捏成香橼形，即
成香橼豆腐生坯。

4 炒锅上火烧辣，放熟猪油，待油六成热时，放入香
橼豆腐生坯，养炸成熟，至金黄色时，倒入漏勺沥
去油，整齐地排入盘中。

5 炒锅上火，放鸡汤烧开，加精盐，用湿淀粉勾芡，
放熟猪油，浇在香橼豆腐上即成。

大师指点

1 豆腐面团内要加入蛋黄，使其色呈金黄。

2 五丁要切得细小些。

特点 形似香橼，鲜香味美。

71 苹果豆腐

主料： 豆腐 3 块（约 250 克）。

配料： 熟火腿丁 80 克、熟鸡肉丁 80 克、猪瘦肉丁 80 克、熟净笋丁 50 克、水发香菇丁 50 克、大米粉 200 克、鸡蛋黄 3 个、青菜汁 10 克。

调料： 熟猪油、葱花、姜米、精盐、绍酒、虾籽、湿淀粉、鸡汤、胡椒粉。

制作方法

1 豆腐去上、下老皮，揩成泥，挤尽水，放盆内，加入鸡蛋黄、大米粉、青菜汁揉成面团，摘成 10 只豆腐剂子。

2 炒锅上火，放熟猪油、熟火腿丁、熟鸡肉丁、猪瘦肉丁、熟净笋丁、水发香菇丁稍炒，放入鸡汤、虾籽烧开，加绍酒、精盐，收稠收干汤汁，用湿淀粉勾芡，倒入盘内晾冷，成五丁馅。

3 豆腐剂子用手按平，包入五丁馅，捏成苹果形，即成苹果豆腐生坯。

4 炒锅上火烧辣，放熟猪油，待油六成热时，放入苹果豆腐生坯，养炸成熟，至黄绿色时，倒入漏勺沥去油，整齐地排入盘中。

5 炒锅上火，放鸡汤烧开，加精盐，用湿淀粉勾芡，放熟猪油，浇在苹果豆腐上即成。

大师指点

1 豆腐面团内要加入蛋黄和青菜汁，使其色呈黄中带青。

2 五丁要切得细小些。

特点 形似苹果，鲜香味美。

72 棋盘豆腐

主料： 豆腐 4 块（约 500 克）。

配料： 虾仁 200 克、熟猪肥膘肉 100 克、熟火腿丁 30 克、熟鸡肉丁 30 克、猪精肉丁 30 克、水发海参丁 30 克、熟肫丁 30 克、熟净笋丁 30 克、水发香菇丁 30 克、水发干贝丝 30 克、青豆 30 克，鸡蛋清、蛋黄糕、红椒、香菇、海带丝（或水发发菜）适量。

调料： 熟猪油、葱姜汁、精盐、绍酒、干淀粉、湿淀粉、虾籽、鸡汤。

制作方法

1 豆腐去上、下老皮，揩成泥，用干布挤尽水，虾仁（170 克）洗净，挤尽水，刮成蓉，猪肥膘肉刮成蓉，三种原料同放盆内，加鸡蛋清、葱姜汁、绍酒、干淀粉、精盐搅拌均匀，制成豆腐馅。

2 虾仁（30 克）洗净，挤尽水，加精盐、鸡蛋清、干淀粉上浆。

3 炒锅上火，放熟猪油、虾仁、猪精肉丁稍炒，加熟火腿丁、熟鸡肉丁、熟肫丁、水发海参丁、熟净笋丁、水发香菇丁、水发干贝丝、青豆煸炒成熟，放鸡汤、虾籽烧开，加绍酒继续烧，收稠收干汤汁，放精盐，用湿淀粉勾芡，制成十锦馅。

4 用圆模具刻蛋黄糕成棋子，将烫熟的红椒、香菇刻成车、马、兵、卒、将、帅等字，摆在蛋黄糕上成棋子。

5 取大圆盘（或大腰盘）1 只，放入十锦馅铺平成长方形，上放豆腐馅铺平，包起十锦馅也成长方形，用海带丝（或水发发菜）、摆成象棋棋盘线，再摆上棋子、楚河、汉界，即成棋盘豆腐生坯。

6 笼锅上火，放水烧开，放入棋盘豆腐生坯，将其蒸熟，取出整理一下。

7 炒锅上火，放鸡汤烧开，加精盐，用湿淀粉勾米汤芡，放熟猪油，浇棋盘豆腐上即成。

大师指点

1 豆腐馅制得厚一些。

2 棋盘线条要摆放整齐。

3 蒸时掌握好火候。

特点 形似棋盘，鲜嫩爽口，雅俗共赏。

73 冬笋炖豆腐

主料： 豆腐 400 克。

配料： 熟净鲜冬笋 100 克、水发香菇 50 克、生鸡肉 150 克、熟火腿 120 克、生鸡骨 300 克、猪腿骨 300 克。

调料： 熟猪油、花生油、葱结、姜块、精盐、绍酒、酱油、白糖、胡椒粉、鸡汤。

制作方法

1 将生鸡肉、生鸡骨、猪腿骨放入大火开水锅中焯水，捞出洗净。

2 豆腐放水锅中，加精盐烧开，移中火煮至豆腐起孔，浮在水面时，捞出放冷水中泌水，泡去豆腥味，捞出沥尽水。熟净鲜冬笋切成滚刀块，水发冬菇批切成片放入盘中。

3 取砂锅 1 只，放入鸡肉、熟火腿、鸡骨、猪腿骨垫底，将老豆腐辅在上面，舀入鸡汤，加绍酒、酱油、白糖上大火烧开，移至小火，加花生油，将豆腐烧透入味至汤汁浓稠时离火，去鸡肉、火腿和猪腿骨。

4 炒锅上火，放入豆腐和汤汁，加冬笋块、香菇片，烧开，收稠汤汁，撒胡椒粉，浇入熟猪油，装盘即成。

大师指点

1 豆腐内孔洞要多。

2 豆腐炖制时火力不宜过大。

特点 色泽酱红，香脆鲜嫩，冬季佳肴。

74 文思豆腐汤

主料： 盐卤豆腐 2 块（约 200 克）。

配料： 熟火腿丝 30 克、熟鸡肉丝 40 克、水发香菇丝 20 克、熟净笋丝 40 克、菜叶丝 20 克。

调料： 精盐、绍酒、湿淀粉、高级清鸡汤、鸡油。

制作方法

1 将豆腐批切去上、下老皮，切成 0.2 厘米粗的丝，放入冷水中。

2 炒锅上火，放入高级清鸡汤、熟鸡肉丝、熟火腿丝、水发香菇丝、熟净笋丝、菜叶丝，烧开后，加精盐，装入汤碗中。

3 炒锅上火，放水烧开，放入豆腐丝和浸泡水，当豆腐丝上浮时，用湿淀粉勾芡，用勺子搅匀盛入汤碗中，滴几滴鸡油，上桌即成。

大师指点

1 香菇丝在烹前要洗去表面黑水。

2 几种丝要切得粗细均匀。

3 豆腐丝下锅烫时，一上浮就捞，使豆腐丝能浮在汤面，不下沉。

特点 色泽鲜艳，豆腐细嫩，咸鲜味美。

75 三丝豆腐汤

主料： 嫩豆腐 2 块（约 200 克）。

配料： 熟鸡脯肉丝 15 克、熟净笋丝 50 克、菜叶丝 15 克。

调料： 熟猪油、精盐、绍酒、湿淀粉、虾籽、鸡汤。

制作方法

1 将豆腐切成丝，放冷水中，泌去水，放入大火开水锅中焯水捞出。

2 炒锅上火，放入鸡汤、虾籽、豆腐丝、熟鸡脯肉丝、熟净笋丝、菜叶丝，烧开，放绍酒、精盐，用湿淀粉勾米汤芡，放入熟猪油，装入汤碗中即成。

大师指点

1 豆腐丝烹前要焯水。

2 勾芡要符合制品要求。

特点 色泽鲜艳，豆腐软嫩，咸鲜味美。

76 芙蓉蛋豆腐汤

主料： 豆腐 20 克。

配料： 鸡蛋清 3 个、莴苣丁 50 克、香菜叶 5 克、熟瘦火腿末 5 克。

调料： 鸡油、精盐、绍酒、高级清鸡汤、碱。

制作方法

1 将豆腐切成 1.5 厘米大小的丁，放入大火开水锅中焯水，捞出沥尽水。莴苣丁放大火开水锅内（加少许碱）焯水，捞出放冷水中漂洗去碱味并沁透。

2 将鸡蛋清放碗中，加入高级清鸡汤、精盐搅拌均匀，成芙蓉蛋液。

3 笼锅上火，放水烧开，放入芙蓉蛋液，将其蒸熟。

4 炒锅上火，放入鸡汤、豆腐丁、莴苣丁，烧开，加入绍酒、精盐，装入汤碗中，取出芙蓉蛋，用手勺剜芙蓉蛋成大片，放入汤中，撒上香菜叶、熟瘦火腿末，滴几滴鸡油即成。

大师指点

1 蒸芙蓉蛋时，蛋清与汤汁的比例为 1:1。

2 蒸芙蓉蛋时要用中、小火，蒸熟后不能有孔洞。

特点 洁白软嫩，汤汁清醇。

77 芙蓉豆腐汤

主料： 豆腐 1 块（约 150 克）。

配料： 水发香菇片 12 克、蘑菇片 12 克、豌豆苗 20 克、鸡蛋清 2 个。

调料： 熟猪油、精盐、绍酒、鸡汤。

制作方法

1 豆腐去上、下老皮，揣成泥，挤尽水，放盆中，加入鸡蛋清、精盐拌匀，放入盘内抹平，成芙蓉豆腐生坯。

2 笼锅上火，放水烧开，放入芙蓉豆腐生坯，将其蒸熟取出，用刀切成块。

3 炒锅上火，放入鸡汤、水发香菇片、蘑菇片，烧开，放入绍酒、豌豆苗、精盐，浇熟猪油，装入汤碗中，再放入芙蓉豆腐块即成。

大师指点

1 豆腐揣成的泥要细些，以防表面不光滑。

2 芙蓉豆腐蒸制时火力不宜过大。

特点 豆腐洁白，质地软嫩，咸鲜味醇。

78 翡翠豆腐汤

原料： 豆腐 1 块（约 150 克）。

配料： 菠菜 150 克。

调料： 花生油、精盐、湿淀粉、鸡汤。

制作方法

1 菠菜拣去老叶及粗梗，洗净，放入大火开水锅中余烫后捞出，放冷水沁透，取出挤尽水，切成小段。

2 豆腐切成 1 厘米大小的丁，放大火开水锅中焯水，捞出沥尽水。

3 炒锅上火，放入鸡汤、豆腐丁，烧开后，放入菠菜段，用湿淀粉勾芡，浇花生油，装入汤盘中即成。

大师指点

1 菠菜宜选用鲜嫩品种。

2 豆腐丁要保持其形状完整。

特点 菠菜鲜香，豆腐滑嫩，美味可口。

79　竹荪豆腐汤

主料： 豆腐1块（约150克）。

配料： 水发竹荪80克、水发香菇片12克、豌豆苗12克。

调料： 精盐、绍酒、高级清鸡汤、鸡油。

制作方法

1　将豆腐切成大片，放大火开水锅中焯水，捞出沥尽水。

2　炒锅上火，放高级清鸡汤、豆腐片、水发竹荪、水

发香菇片烧开，加绍酒、拣洗后的豌豆苗烧开，放精盐，装入汤碗中，滴几滴鸡油即成。

大师指点

1　竹荪要选择形整、质嫩的品种。

2　豆腐加热时间不宜过长，以防内部产生孔洞。

特点 豆腐洁白，质地软嫩，竹荪爽脆，汤汁鲜醇。

80　莲蓬豆腐

主料： 豆腐2块（约200克）。

配料： 虾仁150克、熟火腿40克、熟净笋30克、水发香菇40克、熟鸡肉40克、熟肫30克、鸡蛋清2个、青豆70颗。

调料： 熟猪油、精盐、绍酒、葱姜汁、虾籽、干淀粉、湿淀粉、高级清鸡汤。

制作方法

1　豆腐去上、下老皮，揻成泥，放盆内，虾仁洗净，挤尽水，刮成蓉也放盆内，加葱姜汁、鸡蛋清、干淀粉、绍酒、精盐，制成豆腐馅。

2　熟火腿、熟净笋、水发香菇、熟鸡肉、熟肫切成小丁，称为五丁。熟净笋（10克）切成片，水发香菇（10克）批切成片。

3　炒锅上火，放入熟猪油，五丁煸炒成熟，加高级清鸡汤、虾籽烧开，放精盐，收稠收干汤汁，用湿淀

粉勾芡，成五丁馅。

4　取小酒盅10只，盅内抹上熟猪油，放冰箱稍冻取出，放入豆腐馅，中间填入五丁馅，再放豆腐馅，用手抹平，每个盅面放7颗青豆，即成莲蓬豆腐生坯。

5　笼锅上火，放水烧开，放入莲蓬豆腐生坯，将其蒸熟取出，放冷开水中脱盅，放入盘内，上笼锅稍蒸取出。

6　炒锅上火，放入高级清鸡汤、熟净笋片、豌豆苗烧开，加精盐，倒入汤碗，放入莲蓬豆腐即成。

大师指点

1　豆腐馅上的青豆摆放均匀。

2　莲蓬豆腐蒸制时，要用中小火加热。

特点 造型美观，五丁鲜美，鲜嫩可口，汤清味醇。

81　鱼头豆腐汤

主料： 豆腐2块（约250克）。

配料： 鲢鱼头半只（约1000克）。

调料： 熟猪油、精盐、绍酒、葱结、姜块、胡椒粉。

制作方法

1　将豆腐切成块，放入大火开水锅中焯水，捞出沥

尽水。

2　鲢鱼头去鳞、鳃、内脏，洗净。

3　炒锅上火，放入水、鲢鱼头、豆腐块、葱结、姜块烧开，放绍酒、熟猪油，在火上继续加热，至鲢鱼头成熟、豆腐有孔、汤汁浓白，去葱结、姜块，放

精盐，撒胡椒粉，装入大汤盆内即成。

大师指点

1 选择新鲜的江鲢、河鲢的头。

2 在中火上氽烧时，要氽烧入味。

特点 豆腐软嫩，鱼头鲜香，汤汁乳白。

---

82 咸菜茨菇豆腐汤

主料： 豆腐 1 块（约 120 克）。

配料： 咸菜 150 克、茨菇 100 克、青蒜末 10 克。

调料： 熟猪油、精盐、虾籽。

制作方法

1 将豆腐切成边长 1.6 厘米大小的块，放入大火开水锅中焯水，捞出沥尽水。咸菜切成末，放水中泡去咸味。茨菇刨去皮洗净，切成片，放大火开水锅内焯水，捞出洗净，泡冷水中取出。

2 炒锅上火，放熟猪油、咸菜煸炒几下，放入水、虾籽、豆腐块烧沸后，移小火烧焖入味成熟，再上大火，放茨菇片、精盐，收稠汤汁，浇熟猪油，起锅装入汤碗内，撒青蒜末即成。

大师指点

1 咸菜要泡去咸味。

2 茨菇要刨去外皮。

特点 爽滑利口，别具风味，是扬州民间家常菜之一。

---

83 豆腐氽玉兰片

主料： 豆腐 1 块（约 150 克）。

配料： 黑鱼肉片 150 克、熟净笋片 20 克、水发木耳 20 克、香菜叶 20 克、鸡蛋清 1 个。

调料： 熟猪油、精盐、绍酒、葱结、姜块、干淀粉、鸡汤。

制作方法

1 将豆腐切成边长 3 厘米大小的厚片，放入大火开水锅中焯水，捞出沥尽水。

2 黑鱼肉片放入清水中，泡去血水，捞出挤净水，放盆中，加精盐、鸡蛋清、干淀粉上浆。

3 炒锅上火，放鸡汤、豆腐片、熟净笋片、水发木耳，烧开后，加精盐，倒入汤碗中。

4 炒锅复上火，放入水、葱结、姜块、绍酒，烧开后，放入黑鱼肉片，待黑鱼肉片变乳白色时，用漏勺捞出沥尽水，去葱结、姜块，倒入汤碗中，再放洗净的香菜叶，浇熟猪油即成。

大师指点

1 鱼片入锅要一片一片地下，以防粘连。

2 鱼片烫熟即捞出，保持鱼片的鲜嫩。

特点 鲜、嫩、爽、滑。

---

84 荠菜豆腐羹

主料： 豆腐 2 块（约 250 克）。

配料： 荠菜 250 克。

调料： 熟猪油、精盐、胡椒粉、湿淀粉、鸡汤。

制作方法

1 将荠菜去老叶及粗梗，洗净，切成末，放入大火开水锅中氽烫后，捞出放冷水中沁透，取出挤尽水。

2 豆腐切成 1 厘米大小的丁，放入大火开水锅中焯水，捞出沥尽水。

3 炒锅上火，加鸡汤、豆腐丁、荠菜末烧开，放精盐，用湿淀粉勾芡，撒胡椒粉，浇熟猪油，装入汤碗中即成。

大师指点

1 加工的豆腐丁要大小一致。

2 要选择质地较嫩的荠菜。

特点 荠菜鲜香，豆腐滑嫩，美味可口。

85 什锦豆腐汤

主料： 豆腐 1 块（约 100 克）。

配料： 熟火腿丁 20 克、熟鸡肉丁 20 克、熟肫丁 20 克、虾仁 20 克、熟猪肉丁 20 克、熟猪肚丁 20 克、熟净笋丁 20 克、水发木耳 20 克、水发金针菜小段 20 克、豌豆苗 20 克、鸡蛋清适量。

调料： 熟猪油、酱油、精盐、虾籽、干淀粉、湿淀粉、胡椒粉、鸡汤。

制作方法

1 将豆腐切成丁，放入大火开水锅内焯水，捞出沥尽水。

2 炒锅上火，放入熟猪油、猪肉丁、虾仁（用精盐、鸡蛋清、干淀粉、上浆），稍炒，加鸡汤、虾籽、豆腐丁、水发金针菜小段、熟火腿丁、熟鸡肉丁、熟肫丁、熟猪肚丁、熟净笋丁、水发木耳，烧开稍煮，放酱油（牙色）、精盐、豌豆苗，用湿淀粉勾米汤芡，撒上胡椒粉，浇熟猪油，装入汤碗中即成。

大师指点

10 种原料的丁，不能超过豆腐丁的大小。

特点 色彩明亮，汤汁鲜醇，口感丰富，味不雷同。

86 脆鳝豆腐汤

主料： 豆腐 2 块（约 250 克）。

配料： 净鳝丝 200 克。

调料： 花生油、葱结、姜块、蒜泥、精盐、绍酒、湿淀粉、胡椒粉。

制作方法

1 豆腐切成 2 厘米 × 0.6 厘米 × 0.6 厘米大小的条，放入大火开水锅中焯水，捞出沥尽水。鳝丝去内脏洗净，放入大火开水锅中焯水，捞出沥尽水。

2 炒锅上火，放花生油，待油九成热时，放入净鳝丝炸至酥脆，倒入漏勺沥尽油，即成脆鳝。

3 炒锅上火，放入水、脆鳝、葱结、姜块烧开，放绍酒，烧至汤呈浓白色，去葱结、姜块，加豆腐条，再烧至豆腐起孔，放入精盐、蒜泥，用湿淀粉勾芡，撒入胡椒粉，起锅装入汤碗中即成。

大师指点

1 炸制脆鳝，都是辣油下锅，辣油起锅。

2 脆鳝入锅煨汤时，要用中火烹制。

特点 鳝鱼鲜香，汤汁浓白，风味独特。

87 彩色珍珠豆腐汤

主料： 豆腐 2 块（约 250 克）。

配料： 虾仁 50 克、莴苣 400 克、胡萝卜 400 克、熟猪肥膘肉 50 克、蛋黄糕 400 克、鸡蛋清 1 个。

调料：熟猪油、葱姜汁、精盐、绍酒、干淀粉、鸡汤、石碱。

制作方法

1 豆腐球的3种制作方法如下。

制法一：

（1）豆腐去上、下老皮，搌成泥，挤去水分，虾仁洗净，挤去水分，刮成蓉，熟猪肥膘肉刮成蓉，三种原料同放盆中，加葱姜汁、绍酒、鸡蛋清、干淀粉、精盐，制成豆腐馅。

（2）炒锅上火，放水烧开，用手将豆腐馅抓成小圆子，放入水中，煮至浮上水面成熟，捞出放冷水中浸泡。

制法二：将豆腐用模具制成小圆球。

制法三：将豆腐切成丁或片。

2 莴苣、胡萝卜、蛋黄糕用模具刻成小圆球。莴苣球放入有石碱的中火开水锅中焯水煮熟，捞出放冷水中浸泡，去石碱味。胡萝卜球放入中火开水锅中焯水煮熟，捞出放冷水中浸泡。

3 炒锅上火，放入鸡汤、豆腐球（取三种豆腐中的一种）、莴苣球、胡萝卜球、蛋黄糕球，烧开，放精盐，浇熟猪油，起锅装入汤碗中即成。

大师指点

1 三种原料豆腐，宜选用制法一。

2 煮制莴苣时，加入一定量的石碱，可使其色泽碧绿、易熟。

特点 色泽鲜艳，鲜嫩味美。

88 玛瑙豆腐汤

主料：豆腐2块（约250克）。

配料：猪肺1挂、香菜叶10克。

调料：熟猪油、葱结、姜块、精盐、绍酒、鸡汤、胡椒粉。

制作方法

1 豆腐切成0.6厘米大小的丁，放入大火开水锅中焯水，捞出沥尽水。

2 猪肺用清水灌白，放入大火开水锅中焯水，捞出洗净，放入砂锅中，加入清水、葱结、姜块，上火烧开，放入绍酒，移小火煨熟焖烂，捞出稍晾，去掉气管、筋络、老皮，摘成小丁。

3 炒锅上火，放入鸡汤、豆腐丁、猪肺丁、少许煨肺汤，烧开，加绍酒，烧煮入味，放精盐，装入汤碗中，浇熟猪油，撒胡椒粉、香菜叶即成。

大师指点

猪肺要煨得比较烂，才容易去掉气管、筋络、老皮。

特点 猪肺软烂，汤醇味厚。

青菘绿韭古嘉蔬

尊丝菰白名三吴

——中国维扬传统菜点大观

素菜类

1 菠菜松

主料： 菠菜 500 克。

调料： 生姜米、精盐、麻油。

制作方法

1 菠菜拣洗干净。

2 菠菜投大火开水锅中焯水至七成熟，捞出稍冷，切成末，挤去水，放盆内。

3 盆内放生姜米、精盐拌匀，放入麻油，搅拌均匀，整齐地装入盘内即成。

大师指点

1 菠菜须去尽黄叶、老叶，泡洗几次，去尽泥沙。

2 焯水时掌握好时间，七成即可，不能烫过。

特点 色泽碧绿，香鲜可口。

2 豌豆松

主料： 豌豆苗 500 克。

配料： 红胡萝卜末 15 克。

调料： 花生油、精盐、麻油。

制作方法

1 豌豆苗拣洗干净。

2 炒锅上火，放花生油，将胡萝卜末焐油成熟，倒入漏勺沥尽油。

3 豌豆苗放大火开水锅中焯水，七成熟时捞起稍冷，切成末，挤去水，放盆内。

4 胡萝卜末、精盐放豌豆苗内拌匀，再放麻油拌匀，整齐地装入盘中即成。

大师指点

豌豆苗焯水，七成熟即可，不可烫过。

特点 翠绿香鲜，美味可口。

3 菜松

主料： 青菜叶 300 克。

调料： 花生油、精盐。

制作方法

1 青菜叶洗净，切成细丝，放盆内，加少许精盐稍拌一下。

2 炒锅上火，放花生油，待油八成热时，放入青菜丝炸至起脆，捞出沥尽油，盛入盘中即成。

大师指点

1 菜名也可为"青菜松""油菜松"。

2 切丝须长短、粗细均匀。

特点 菜丝蓬松，香脆爽口。

4 皮松（一）

主料： 豆腐皮 4 张。

配料： 熟净笋 20 克、水发冬菇 20 克、胡萝卜 20 克。

调料： 花生油、精盐、麻油、素汤。

制作方法

1 豆腐皮、熟净笋、水发冬菇、胡萝卜均切成丝。

2 炒锅上火，放花生油，将熟净笋丝、胡萝卜丝、水发冬菇丝划油至熟，倒入漏勺沥尽油。

3 炒锅上火，放素汤烧开，放豆腐皮丝、熟净笋丝、水发冬菇丝、胡萝卜丝烧开，加精盐，收稠汤汁，

放麻油，整齐地装入盘中即成。

大师指点

各种原料切丝均需长短、粗细均匀。

特点 色彩艳丽，香鲜适口。

5 皮松（二）

主料： 豆腐皮 4 张。

配料： 熟净笋 20 克、水发冬菇 29 克、胡萝卜 20 克。

调料： 花生油、精盐、麻油、素汤。

制作方法

1 豆腐皮、熟净笋、水发冬菇、胡萝卜均切成丝。

2 炒锅上火，放花生油，将熟净笋丝、水发冬菇丝、胡萝卜丝划油至熟，捞出沥尽油。

3 炒锅上火，放花生油，待油八成热时，将豆腐皮丝

炸至酥脆，倒入漏勺沥尽油。

4 炒锅上火，放素汤烧开，加豆腐丝、熟净笋丝、水发冬菇丝、胡萝卜丝烧开，放精盐，收稠汤汁，放麻油，整齐地装入盘中即成。

大师指点

1 炸腐皮丝时，起脆即可捞出，不可炸焦。

2 各种丝均需长短、粗细一致。

特点 香鲜软滑，美味可口。

6 拌银芽

主料： 绿豆芽 250 克。

配料： 红椒丝 20 克、青椒丝 20 克、水发冬菇丝 20 克。

调料： 精盐、麻油。

制作方法

1 绿豆芽去头尾，拣洗干净。

2 炒锅上火，放水烧开，将红椒丝、青椒丝、水发冬

菇丝烫熟，捞出沥尽水，放入盆内。锅内水再烧开，放入绿豆芽将其烫熟，捞出沥尽水，也放盆内，加精盐、麻油拌匀，装入盘中即成。

大师指点

1 绿豆芽须拣洗干净，去尽头尾。

2 各丝均需挤去水分，长短、粗细一致。

特点 脆嫩爽口，鲜咸适中。

7 芝麻茼蒿

主料： 茼蒿 1000 克。

配料： 熟白芝麻 50 克。

调料： 姜米、精盐、麻油。

制作方法

1 茼蒿去老梗、黄叶、杂质，洗净。

2 炒锅上火，放水烧开，放入茼蒿将其烫熟，捞出稍

冷，切碎挤尽水，放盆内。

3 熟白芝麻、姜米、精盐、麻油放茼蒿上，拌匀，整齐地摆放在盘内即成。

大师指点

茼蒿须选用嫩头，不能有老叶。

特点 色泽翠绿，鲜香爽口。

8 水晶番茄

主料：番茄 250 克。

配料：琼脂 20 克。

调料：白糖。

制作方法

1 番茄洗净，用开水稍烫，去蒂、皮，一剖两半，切成片摆放碗内，撒上白糖，腌渍入味。

2 琼脂洗净，切成段放碗内，浸泡在清水中。

3 炒锅上火，放水烧开，放琼脂、白糖，烧至溶化，倒番茄碗内，冷却结冻。

4 将结冻后的番茄翻身入盘，去扣碗即成。

大师指点

1 选用色泽红润的番茄。

2 番茄块须大小、厚薄均匀。

3 白糖腌渍后的番茄片摆放碗内时须注意造型，留有足够空隙。

特点 色泽明快，酸甜可口。

9 拌洋菜

主料：琼脂 50 克。

配料：红椒 1 只、青椒 1 只、水发冬菇 20 克。

调料：酱油、白糖、麻油、素汤。

制作方法

1 琼脂洗净，切成长段，放碗内，加温开水浸泡。

2 红椒、青椒去籽、梗，洗净，用刀切成细丝。水发冬菇切成细丝。

3 炒锅上火，放水烧开，将青椒丝、红椒丝、水发冬菇丝烫熟，捞出挤尽水，放盘内，加麻油拌匀。

4 琼脂段沥尽水，放盘内，上放三丝。

5 炒锅上火，放素汤（少许）、酱油、白糖烧开，稍冷后倒入琼脂盘内，放上麻油即成。

大师指点

1 青椒、红椒、冬菇丝须长短、粗细一致。

2 酱油、素汤的比例为 6:4。

特点 色泽艳丽，鲜韧爽口。

10 蜜汁番茄

主料：番茄 300 克。

调料：白糖。

制作方法

1 番茄洗净，去尽皮、梗，一剖两半，切成片，整齐堆放盘内。

2 将白糖均匀撒在番茄上即成。

大师指点

1 须选用新鲜、红润的番茄。

2 切片须大小、厚薄均匀。

特点 色泽红润，甜润味美。

11 兰花干

主料: 小方干 5 块。

调料: 花生油、酱油、白糖、桂皮、八角、素汤。

制作方法

1 小方干剞兰花刀(又称相思刀),拉开放竹筛上,晒至七成干。

2 炒锅上火,放花生油,待油八成热时,将兰花干炸至起壳,色呈老黄时,捞出沥尽油。

3 炒锅上火,放兰花干、素汤、酱油、白糖、桂皮、八角烧开,移中小火将兰花干烧透入味,倒汤盆内浸泡。

4 上桌时,捞出兰花干,切成小块,整齐地摆放盘中,倒入卤汁即成。

大师指点

1 剞兰花干时,须刀距、深浅一致,能够拉开。

2 油炸时,兰花干起硬壳即可。

特点 香鲜软嫩,别具一格。

12 水晶鱼

主料: 糯米 150 克。

配料: 豆腐皮 3 张、熟净鲜笋 30 克、水发香菇 30 克、水发绿笋 30 克、香干 2 块、面粉 40 克、香菜叶 10 片,鸡蛋 1 个。

调料: 花生油、酱油、白糖、姜米、湿淀粉、麻油、黄豆芽汤。

制作方法

1 糯米淘洗干净,放大火开水锅中煮一下,捞起,用冷水淘洗至水清。

2 笼锅上火,放水烧开,放入糯米将其蒸熟。

3 水发绿笋、熟净鲜笋、香干、水发香菇均切成小丁。香菜叶用开水烫熟,捞出刮细。

4 炒锅上火,放黄豆芽汤、花生油、四丁、酱油、白糖烧开,收稠收干汤汁,成四丁馅,放入盆内,加糯米成四丁糯米馅。

5 鸡蛋、面粉,湿淀粉、姜米,制成全蛋浆。

6 豆腐皮铺平,抹上全蛋浆,放四丁糯米馅,包成长方形,成为水晶鱼坯。

7 炒锅上火,放花生油,待油八成热时,放入水晶鱼生坯,炸至成牙黄色捞出,沥尽油,切成长方条,装盘内淋麻油即成。

大师指点

1 糯米蒸熟后,要颗粒分明。

2 油炸时控制好油温。

特点 软糯酥脆,别有风味。

13 醉面筋

主料: 水面筋 500 克。

调料: 酱油、白糖、绍酒、麻油、桂皮、八角、素汤。

制作方法

1 炒锅上火,放素汤、酱油、白糖、桂皮、八角、水面筋烧开,加绍酒,移小火煮至面筋入味,捞出即为醉面筋。

2 用手将醉面筋撕成碎块,放入碗中,加卤汁浸泡入味。上桌时,扣碗翻身入盘中,去扣碗,浇上麻油即成。

大师指点

面筋块须大小一致。

特点 色泽红亮,鲜香味浓。

14 卤面筋（一）

主料： 水煮面筋300克。

配料： 熟净笋片20克、水发香菇片20克。

调料： 花生油、姜片、酱油、白糖、香醋、桂皮、八角、麻油、素汤。

制作方法

1 水煮面筋撕成不规则的碎块。

2 炒锅上火，放花生油，待油八成热时，放入水煮面筋块稍炸，捞出沥尽油。

3 炒锅上火，放花生油（少许）、姜片、桂皮、八角稍炒，加素汤、酱油、白糖、水煮面筋块、熟净笋片、水发冬菇片烧开。移小火煮透入味，再上大火收稠汤汁，拣去姜片、桂皮、八角，放麻油，装盘即可。上桌时带香醋1碟。

大师指点

面筋用手撕成块便于入味。

特点 鲜香味浓，美味可口。

15 卤面筋（二）

主料： 油炸面筋泡300克。

配料： 熟净笋片20克、水发香菇片20克。

调料： 花生油、姜片、酱油、白糖、醋、桂皮、八角、麻油、素汤。

制作方法

1 将油炸面筋泡切成块。

2 炒锅上火，放花生油、姜片、桂皮、八角稍炒，加素汤、酱油、白糖、熟净笋片、水发冬菇片、油炸面筋块烧开，移小火煮透入味，再用大火收稠汤汁，去姜片、桂皮、八角，放醋、麻油，整齐堆放盘中即可。

大师指点

须选用外皮香脆、内里软嫩的油炸面筋。

特点 鲜香味浓，酸甜可口。

16 五香皮鸡

主料： 皮素鸡1条。

配料： 熟净笋片20克、水发冬菇片20克。

调料： 花生油、酱油、白糖、桂皮、八角、麻油、素汤。

制作方法

1 素鸡切成3分厚的片。

2 炒锅上火，放花生油，待油八成热时，放素鸡片炸成金黄色，捞出沥尽油。

3 炒锅上火，放花生油（少许）、桂皮、八角略炒，加素汤、酱油、白糖、熟净笋片、水发冬菇片、素鸡片烧开，移小火煮透入味。再用大火收稠汤汁，拣去桂皮、八角，放麻油，装盘即成。

大师指点

炸素鸡片时须大火辣油，香味飘出时捞出。

特点 鲜香味美，咸中微甜。

17 炝春笋

主料: 春笋 1000 克。

调料: 花生油、姜米、酱油、麻油、素汤。

制作方法

1 春笋去根、外壳和笋衣。

2 炒锅上火,放水、春笋烧开煮透,捞出放冷水中泌透,切成滚刀块。

3 炒锅上火,放花生油、春笋块,焐油成熟,倒入漏勺沥尽油。

4 炒锅上火,放素汤、春笋块,烧开后煮一下,捞出沥尽水,整齐堆放盘中,放姜米、酱油、麻油即成。

大师指点

1 春笋要两次入锅烧熟。

2 酱油须用扬州三伏抽油,纯发酵酿造。

特点 脆嫩鲜香,美味爽口。

18 卤春笋

主料: 春笋 1000 克。

配料: 水发冬菇片 20 克。

调料: 花生油、酱油、白糖、桂皮、八角、麻油、素汤。

制作方法

1 春笋去根、外壳、笋衣,洗净。

2 炒锅上火,放水、春笋烧开煮约 5 分钟,捞出洗净,放冷水中泌透,切成滚刀块。

3 炒锅上火,放花生油、春笋,焐油成熟,捞出沥尽油。

4 炒锅上火,放花生油(少许)、桂皮、八角稍炒,加素汤、春笋块、水发冬菇片烧开,转小火煮约 5 分钟,再上大火收干汤汁,去桂皮、八角,放麻油,整齐摆放盘中即成。

大师指点

春笋须小火烧焖入味。

特点 色泽红亮,鲜脆爽口。

19 酱春笋

主料: 春笋 1000 克。

调料: 花生油、酱油、白糖、甜酱、桂皮、八角、麻油、素汤。

制作方法

1 春笋去根、外壳、笋衣,洗净。

2 炒锅上火,放水、春笋烧开,移小火煮约 5 分钟,捞出放冷水泌透,切成滚刀块。

3 炒锅上火,放花生油、春笋块,焐油成熟,倒入漏勺沥尽油。

4 炒锅上火,放花生油(少许)、桂皮、八角稍炒,加素汤、酱油(少许)、白糖、春笋块烧开,转小火煮透,再上大火。去桂皮、八角,加甜酱,收干卤汁,放麻油,整齐放入盘中即成。

大师指点

因为要放甜酱,所以酱油不能放太多。

特点 鲜甜脆嫩,春季佳肴。

20 油焖笋

主料： 春笋 1000 克。

调料： 花生油、姜米、酱油、白糖、麻油、素汤。

制作方法

1 春笋去根、外壳、笋衣，洗净。

2 炒锅上火，放水、春笋烧开，移小火煮约 5 分钟，捞出放冷水沁透，切成滚刀块。

3 炒锅上火，放花生油、春笋块，焐油成熟，倒入漏勺沥尽油。

4 炒锅上火，放花生油（少许）、姜米稍炒，加春笋块、酱油、白糖、素汤（少许）烧开，加盖烧焖一下，上大火收干汤汁，放麻油，整齐放入盘中即成。

大师指点

若用冬笋，则切成劈柴块。

特点 色泽红亮，脆嫩可口。

21 卤冬菇

主料： 水发冬菇 400 克。

调料： 花生油、姜片、葱、桂皮、八角、酱油、白糖、麻油、素汤。

制作方法

1 水发冬菇洗净，去老根，批切成片。

2 炒锅上火，放花生油、葱（1 根）、姜片（1 片）、桂皮、八角稍炒，放水发冬菇片煸炒，加素汤、酱油、白糖烧开、烧入味，收干汤汁，去葱、姜片、桂皮、八角，放麻油，整齐放入盘中即成。

大师指点

最好选用金钱冬菇。

特点 鲜香软嫩，美味爽口。

22 炝冬笋

主料： 鲜冬笋 1000 克。

调料： 花生油、姜米、酱油、麻油、素汤。

制作方法

1 鲜冬笋去根、外壳、笋衣，一剖两半，放大火水锅中烧开，移中小火煮焖 10~15 分钟，捞出放冷水中沁透，切成劈柴块，洗净。

2 炒锅上火，放花生油，鲜冬笋块焐油成熟，倒入漏勺沥尽油。

3 炒锅上火，放素汤、鲜冬笋块煮透，捞出放入盘内，放入姜米、酱油、麻油即成。

大师指点

劈柴块易于入味。

特点 脆嫩爽口，咸鲜味美。

23 卤冬笋

主料： 鲜冬笋 1000 克。

调料： 花生油、酱油、白糖、桂皮、八角、麻油、素汤。

制作方法

1 鲜冬笋去根、外壳、笋衣，一剖两半，放水锅中用大火烧开，移小火煮 10~15 分钟，捞出用冷水沁透，切成劈柴块，洗净。

2 炒锅上火，放花生油、鲜冬笋块焐油成熟，倒入漏勺沥尽油。

3 炒锅上火，放花生油（少许）、桂皮、八角稍炒，加素汤、酱油、白糖、鲜冬笋块烧开，移小火煮焖

入味，再上大火收稠汤汁，去桂皮、八角，放麻油，整齐放入盘中即成。

大师指点

冬笋块须小火焖烧入味。

特点 色泽红亮，脆嫩爽口。

24 酱冬笋

主料： 鲜冬笋 1000 克。

调料： 花生油、甜酱、酱油、白糖、桂皮、八角、麻油、素汤。

制作方法

1 冬笋去根、外壳、笋衣，一剖两半，放水锅中用大火烧开，转中小火煮焖 10~15 分钟，捞出放冷水中沁透，切成劈柴块，洗净。

2 炒锅上火，放花生油、鲜冬笋块焐油成熟，倒入漏

勺沥尽油。

3 炒锅上火，放花生油（少许）、桂皮、八角稍炒，加素汤、酱油（少许）、白糖烧开，移小火煮焖入味，去桂皮、八角，加甜酱，上大火收稠收干汤汁，放麻油，整齐放入盘中即成。

大师指点

冬笋块烧透入味后再加甜酱，收干汤汁。

特点 色泽酱红，脆嫩味浓。

25 卤茭白

主料： 鲜茭白 500 克。

调料： 花生油、酱油、白糖、桂皮、八角、麻油、素汤。

制作方法

1 鲜茭白去外壳，刨去皮，放水锅中用大火煮透，捞出用冷水沁透，切成滚刀块，再放花生油锅中，上火焐熟，倒入漏勺沥尽油。

2 炒锅上火，放花生油（少许）、桂皮、八角稍炒，加素汤、酱油、白糖、鲜茭白块烧开，移中小火焖煮入味，去桂皮、八角，再上大火收稠汤汁，浇麻油，整齐地放入盘中即成。

大师指点

汤汁收稠，不可收干。

特点 色泽红亮，软嫩香鲜。

26 酱茭白

主料： 茭白 500 克。

调料： 花生油、甜酱、酱油、白糖、桂皮、八角、麻油、素汤。

制作方法

1 茭白去外壳，刨去皮，放水锅中，上大火煮熟，捞出用冷水沁透，切滚刀块，再放花生油锅中，上火焐油成熟，倒入漏勺沥尽油。

2 炒锅上火，放花生油（少许）、桂皮、八角稍炒，加素汤、酱油、白糖、茭白块，移中小火上煮焖入味，去桂皮、八角，加甜酱，收浓汤汁，浇麻油，整齐堆放盘中即成。

大师指点

酱油不要多，因为要加甜酱。

特点 软嫩可口，酱味浓郁。

27 油焖茭白

主料： 茭白 500 克。
调料： 花生油、姜米、酱油、白糖、麻油、素汤。
制作方法
1 茭白去外壳，刨去皮，放水锅中，上大火煮透，捞出用冷水泌透，切滚刀块，再放花生油锅中，上火焐油成熟，倒入漏勺沥尽油。
2 炒锅上火，放花生油（少许）、姜米稍炒，加素汤（少许）、酱油、白糖、茭白块，加盖烧焖，收干汤汁，放麻油，整齐堆放盘中即成。

大师指点
加盖烧焖，易于入味，最后汤汁须收干，注意不可焦糊。

特点 鲜香软嫩，味浓可口。

28 拌干丝

主料： 豆腐干 2 块。
配料： 虾米 10 克、姜丝 10 克、香菜 10 克。
调料： 酱油、麻油。
制作方法
1 将豆腐干批切成丝，放盆内加开水，烫约 10 分钟，泌去水，再烫第二次。上桌时，烫第三次，泌去水，整齐地堆放盘中。
2 虾米用开水泡发好，姜丝须洗 3 次至水清，香菜拣洗干净。
3 豆腐干丝上先放香菜，再放姜丝、虾米，上桌时放酱油、麻油即成。

大师指点
1 豆腐干丝须细如发丝，烫 3 次去尽黄泔味。
2 酱油须选用扬州三伏抽油（扬州特产）。

特点 刀工精细，绵软鲜美。

29 拌黄瓜

主料： 黄瓜 500 克。
调料： 蒜泥、精盐、酱油、麻油。
制作方法
1 黄瓜切去两头，刨去皮，一剖两半，去尽籽、瓤，洗净。
2 用刀将黄瓜拍松，切成块，放盆内，加蒜泥、精盐腌制入味。
3 泌去汁水，放盆中，放入酱油、麻油即成。

大师指点
也可不刨皮，但须拍得松碎。

特点 脆嫩爽口，佐酒佳品。

30 酸辣黄瓜

主料： 黄瓜 500 克。
调料： 精盐、白糖、白醋、辣椒油。
制作方法
1 黄瓜切去两头，去皮，一剖两半，去尽籽、瓤，洗净。

2 用刀将黄瓜拍松、碎，切成块，放盆中，加精盐稍拌，再加白糖、白醋拌匀，浸渍入味。

3 浸渍过的黄瓜泌去卤汁，整齐地放入盘中，浇上辣

椒油即成。

大师指点

黄瓜腌制时用精盐少许而重放白糖、白醋。

特点 香、辣、酸、甜，佐酒佳肴。

31 拌莴苣

主料：莴苣 750 克。
调料：姜米、精盐、酱油、麻油。
制作方法

1 莴苣去叶，刨去皮，洗净，切成片，放盆中，加精盐、姜米腌制入味。

2 莴苣挤去卤汁，堆放盘中，放酱油、麻油即成。

大师指点

1 莴苣片要薄一些，且厚薄均匀。

2 腌制时盐不宜多。

特点 脆嫩微咸，清淡爽口。

32 酸辣莴苣

主料：莴苣 500 克。
调料：精盐、白糖、白醋、辣椒油、卤汁。
制作方法

1 莴苣去叶，刨去皮，洗净，切成滚刀块，盛碗中，加精盐、白糖、白醋拌匀，浸渍入味（约半小时）。

2 取盘 1 只，放入莴苣，加卤汁（少许）、辣椒油拌

匀，整齐堆放盘中即成。

大师指点

1 亦可先放少许精盐腌莴苣，挤去卤汁，再加白糖、白醋腌渍入味。

2 莴苣块上可切一些浅的花纹。

特点 脆嫩爽口，香辣酸甜。

33 凉拌豆腐

主料：老豆腐 1 块（约 300 克）。
调料：蒜泥、精盐、生豆油（生黄豆油）。
制作方法

1 豆腐放大火开水锅稍烫，烫好后放盘内。

2 上桌时豆腐上撒精盐、生豆油拌匀，加蒜泥即成。

大师指点

豆腐用生豆油拌时，不可加蒜泥。

特点 香鲜软嫩，口味独特。

34 香椿拌豆腐

主料：老豆腐 1 块（约 300 克）。
配料：香椿头 100 克。
调料：生豆油、精盐、姜米。

制作方法

1 豆腐放大火开水锅中稍烫，捞出，放盘中，用生豆油拌匀。

2 香椿头拣洗干净，放大火开水锅中烫熟，挤去水，切成段。

3 豆腐上撒精盐、姜米，再放上香椿即成。

香椿须用嫩头。

特点 软嫩鲜香，香味独特。

35　炝萝卜

主料： 白萝卜 350 克。

调料： 精盐、酱油、麻油、卤汁。

制作方法

1 白萝卜去叶、根须，刨去皮，一切两半，用刀拍碎，成不规则块状，放碗中，加精盐拌匀，腌渍入味。

2 白萝卜加少许卤汁，堆放盘中，放酱油、麻油即成。

大师指点

1 白萝卜亦可不去皮，但要刷洗干净。

2 腌渍白萝卜时盐不可多。

特点 脆嫩爽口，咸鲜适中。

36　拌雪菜

主料： 白萝卜 350 克。

配料： 胡萝卜皮 20 克。

调料： 精盐、白糖、白醋、麻油、卤汁。

制作方法

1 白萝卜洗净，去叶、根须，刨去皮，切成细丝。

2 胡萝卜皮洗净，切成细丝，与白萝卜丝同放盆内，加精盐拌匀，再加白糖、白醋拌匀，腌渍入味。

3 萝卜丝加少许卤汁，堆放盘中，浇上麻油即成。

大师指点

1 萝卜丝要切细，刀工均匀。

2 腌渍时盐要少。

特点 刀工精细，酸甜脆嫩。

37　糖醋杨花萝卜

主料： 杨花萝卜 400 克。

调料： 精盐、白糖、白醋、麻油、卤汁。

制作方法

1 杨花萝卜洗净，去叶、根须，用刀拍碎，放盆中，加精盐稍拌，再放白糖、白醋拌匀，腌渍入味。

2 杨花萝卜加少许卤汁，整齐地堆放盘中，放入麻油即成。

大师指点

盐腌时掌握好用量。

特点 白里透红，酸甜脆嫩。

38 盐水花生

主料：当年新花生 350 克。

调料：精盐、桂皮、八角。

制作方法

1 当年新花生洗净，放入水锅中，加桂皮、八角，上火烧开，移小火煮熟，再用大火收汤。

2 捞出花生，堆放盘中，放入少许汤汁即成。

大师指点

须当年新花生，须洗净壳上泥沙。

特点 香咸软糯，佐酒佳品。

39 挂霜生仁

主料：炒花生米 200 克。

配料：大米粉 150 克。

调料：白糖。

制作方法

1 炒花生米除去外衣。

2 炒锅上火烧热，将大米粉炒熟，盛起晾冷。

3 炒锅上火，放水（少量）、白糖，不停搅动至白糖溶化、起黏、有劲，再放入炒花生米，炒至均匀裹上糖液，撒上大米粉，均匀沾在花生米上即成。

大师指点

1 炒大米粉时，炒干水分即可，不能变色。

2 如大米粉加少许红色素，即为"玫瑰生仁"。

特点 色泽如霜，香脆甜润。

40 盐水花生米

主料：花生米 300 克。

调料：精盐、桂皮、八角。

制作方法

花生米淘洗干净，放水锅中烧开，加精盐、桂皮、八角，烧至花生米软烂，拣去桂皮、八角，装盘即成。

大师指点

煮花生米时，盐须偏多，以使咸味透入花生米内。

特点 香鲜软烂，微咸爽口。

41 油炸花生米

主料：花生米 350 克。

调料：花生油、精盐。

制作方法

1 花生米拣洗干净，装入盘中，放开水稍烫，倒入漏勺，沥尽水。

2 炒锅上火，放花生油，待油七成热时，放入花生米炸至香脆，捞出沥尽油，盛入盘中，撒上精盐即成。

大师指点

开水烫后，使花生米含有一定水分，油炸时不致焦糊。

特点 香脆适口，咸淡适中。

42 盐水毛豆

主料： 鲜毛豆 300 克。
调料： 精盐、桂皮、八角。
制作方法

1 鲜毛豆荚剪去两头，清洗干净。
2 炒锅上火，放水、鲜毛豆、精盐、桂皮、八角烧

开，移中小火烧熟、烧透，拣去桂皮、八角，捞出堆放盘中即成。

大师指点

毛豆荚剪去两头，便于入味，须适当多放精盐。

特点 色泽翠绿，软糯爽口。

43 三鲜毛豆米

主料： 鲜毛豆米 250 克。
配料： 胡萝卜 20 克、熟净笋 20 克、水发冬菇 20 克。
调料： 精盐、麻油（亦可用酱油、麻油）。
制作方法

1 鲜毛豆米洗净，净放水锅中煮熟，捞出用冷开水泌透，沥尽水。
2 胡萝卜、熟净笋、水发冬菇均切成比鲜毛豆米略小

的丁，放大火开水锅内煮熟。
3 鲜毛豆米、熟净笋丁、胡萝卜丁、水发香菇丁同放盆内，加精盐拌匀入味，堆放盘中，放麻油即成（亦可将精盐换成酱油）。

大师指点

须选用鲜嫩毛豆米。

特点 脆嫩爽口，咸淡适中。

44 凉拌蚕豆米

主料： 鲜蚕豆米 250 克。
配料： 红椒片 20 克、熟净笋片 20 克、水发香菇片 20 克。
调料： 精盐、麻油。
制作方法

1 鲜蚕豆米洗净，放大火开水锅中煮熟，捞出放冷开水中泌透，捞起，放盆中。
2 红椒片、熟净笋片、水发香菇片放大火开水锅中煮

熟，捞出用冷开水泌透，捞出沥尽水，放鲜蚕豆米盆中加精盐、麻油拌匀，堆放入盘即成。

大师指点

1 须选用鲜嫩蚕豆米。
2 红椒、笋、香菇切成的片须略小于蚕豆米。

特点 色彩艳丽，软嫩香鲜。

45 油炸蚕豆瓣

主料： 老蚕豆 400 克。
调料： 花生油、精盐（或花椒盐）。

制作方法

1 老蚕豆洗净，浸冷水中 20 小时左右，回软后去

壳，成蚕豆瓣。

2 炒锅上火，放花生油，待油九成热时，放入蚕豆瓣，炸至色泽金黄时，捞出沥尽油。

3 蚕豆瓣稍冷后，加精盐（或花椒盐）拌匀，堆放入盘即成。

大师指点

1 老蚕豆须泡软泡透，炸后才能酥香。

2 炸时须大火，辣锅辣油。

特点 色泽金黄，酥脆味美。

46 五香黄豆

主料：黄豆 500 克。

调料：酱油、白糖、桂皮、八角。

制作方法

1 黄豆去除杂质，淘洗干净，用水浸泡 12 小时以上，泡透至完全回软。

2 炒锅上火，放水、黄豆烧开，加酱油、白糖、桂

皮、八角烧开，移小火将黄豆烧煮至熟烂入味，再上大火，去桂皮、八角，收稠汤汁，堆放入盘即成。

大师指点

去尽杂质，洗净，浸泡回软，小火煮熟煮烂。

特点 色泽酱红，鲜香软烂。

47 椒盐黄豆

主料：黄豆 500 克。

调料：花生油、花椒盐。

制作方法

1 黄豆拣去杂质，洗净，放冷水中浸泡 12 小时以上，泡透泡软，捞出沥尽水。

2 炒锅上火，放花生油，待油九成热时，放黄豆炸至酥脆，呈金黄色时捞出沥尽油。

3 黄豆堆放盘中，撒入花椒盐即成。

大师指点

1 黄豆须泡透，吸足水分。

2 辣锅辣油，大火加热。

3 油炸时不宜放太多黄豆，分次炸制。

特点 香、脆、酥，佐酒佳肴。

48 果酱山药

主料：山药 400 克。

调料：果酱。

制作方法

1 山药去皮，切成滚刀块或花刀块，放清水中漂洗 2~3 次，去尽黏液。

2 不锈钢锅上火，放水、山药烧开、煮熟，放冷开水

中泌透，取出沥尽水，整齐堆放盘中，带果酱一碟上桌，蘸食即成。

大师指点

1 须选用粉山药，即土山药。

2 不可用铁锅煮，山药易发黑。

特点 软糯爽口，酱香浓郁。

49 凉拌茄子（一）

主料：茄子 400 克。
调料：蒜瓣、酱油、麻油。
制作方法

1 茄子去蒂洗净，一剖两半，在茄皮上剞十字花刀，放盘内，放上去皮洗净的蒜瓣。

2 笼锅上火，放水烧开，放入茄子蒸熟取出，泌去汤汁，堆放入盘，加酱油、麻油即成。

大师指点

须选用新鲜紫茄子，蒸至微烂。

特点 软嫩可口，咸淡适中。

50 凉拌茄子（二）

主料：茄子 400 克。
调料：花生油、葱花、姜米、蒜泥、酱油、白糖、
　　　　醋、红辣椒酱。
制作方法

1 茄子去蒂洗净，切滚刀块。

2 碗内放葱花、姜米、蒜泥、酱油（少许）、白糖、醋、红辣椒酱，调匀成卤汁。

3 炒锅上火，放花生油，待油九成热时，将茄子炸至

略有枯边，捞出沥尽油，用手勺压去油和水，堆放盘中，浇上卤汁即成。

大师指点

1 卤汁中略加酱油，以防过咸。

2 炸时须大火，辣锅辣油。

特点 鲜香甜辣，风味独特。

51 素火腿

主料：豆腐皮 10 张。
调料：花生油、酱油、白糖、五香粉、麻油、素汤。
制作方法

1 豆腐皮撕成大片，洗净，挤尽水。

2 炒锅上火，放素汤、酱油、白糖烧开，放豆腐皮，烧至汤汁收干，加花生油、五香粉煸炒均匀，盛入盘中。

3 将炒熟的豆腐皮用纱布裹紧，成圆筒形，用棉绳扎紧，成为素火腿生坯。

4 笼锅上火，放水烧开，放入素火腿生坯，将其蒸熟、蒸透取出，去棉绳、纱布，即成素火腿。

5 上桌时，切成 2 分厚的半圆片，整齐摆放盘中即成。

大师指点

1 捆扎时须扎紧。

2 煮时要卤汁收干，脆嫩入味。

特点 鲜香软嫩，咸中微甜。

52 素烧鸭

主料：豆腐皮 10 张。
配料：熟净笋丝 50 克、水发冬菇丝 50 克。

调料：花生油、姜米、酱油、白糖、绍酒、五香粉、
　　　　湿淀粉、麻油、素汤。

制作方法

1 炒锅上火，放花生油（少许）、姜米稍炒，加熟净笋丝、水发冬菇丝煸炒至熟，加素汤、酱油、白糖烧开，放绍酒、五香粉，用湿淀粉勾米汤芡，制成卤汁倒入盆内。

2 将8张豆腐皮放卤汁中，浸泡至入味、回软，熟净笋丝、水发冬菇丝与入味豆腐皮分别摊在另外2张豆腐皮上，卷紧成圆筒状，并压扁，成素烧鸭生坯。

3 笼锅上火，放水烧开，放入素烧鸭生坯将其蒸熟、

蒸透，取出晾冷。

4 炒锅上火，放花生油，待油七成热时投入素烧鸭炸成老黄色，捞出沥尽油，放卤汁中浸泡入味。

5 上桌时，素烧鸭刷上麻油，切成一字条，整齐摆放盘中即成。

大师指点

豆腐皮浸泡入味，取出时须挤干卤汁。

特点 ▶ 色泽棕红，鲜香味美。

53　素皮蛋

主料： 琼脂50克。

配料： 发菜50克、胡萝卜50克、生鸭蛋10个。

调料： 干淀粉、精盐、姜米、醋。

制作方法

1 琼脂洗净切段，泡清水中。

2 炒锅上火，放水、胡萝卜烧至熟烂，捞出去皮，揭成泥，搓成10个小圆子，成为卞蛋黄。

3 发菜去杂质，洗净，用水泡发后，挤去水分，刮碎。

4 生鸭蛋顶部开洞，去除蛋清、蛋黄，洗净控干，完整蛋壳竖放盘中，用大米围住。

5 琼脂放水锅中烧化，加精盐、发菜，逐个倒入蛋壳，放入胡萝卜圆子，冷却后剥去蛋壳，即成素皮蛋。

6 切成两半装盘，带姜米、醋碟上桌。

大师指点

1 冷却时可放入冰箱2~3小时，形状更为完整。

2 蛋壳须用开水稍烫，起到消毒作用。

3 琼脂半凝固后放入胡萝卜球为佳。

特点 ▶ 形似卞蛋，松软滑嫩。

54　烤麸

主料： 生面筋500克。

配料： 熟净笋片50克、水发冬菇片50克。

调料： 花生油、酱油、白糖、姜片、桂皮、八角、麻油、素汤。

制作方法

1 笼锅上火，放水烧开，放入漂洗的生面筋，将其蒸熟、蒸透，取出用手撕成块。

2 炒锅上火，放花生油，待油八成热时，放入面筋拉油，倒入漏勺沥尽油。

3 炒锅上火，放花生油、姜片、桂皮、八角稍炒，加素汤、面筋块、熟净笋片、水发冬菇片、酱油、白糖烧开，移小火烧焖入味，去姜片、桂皮、八角，再上大火，收稠汤汁，浇麻油，起锅装盘即成。

大师指点

1 可用发酵后的生面筋。

2 一定要烧焖入味。

特点 ▶ 色泽酱红，鲜香软韧。

55 炒肉丝

主料：水煮熟面筋 300 克。

配料：青椒 50 克、红椒 50 克、鸡蛋 1 个。

调料：花生油、精盐、酱油、白糖、干淀粉、湿淀粉、麻油。

制作方法

1 水煮熟面筋切成长 1~2 寸、 1 分见方的丝，挤干水分，放盆内，加精盐、鸡蛋、干淀粉上浆。

2 青椒、红椒去籽洗净，切成丝。

3 炒锅上火，放花生油，辣锅冷油，放入水煮熟面筋

丝，划油至熟，倒入漏勺沥尽油。

4 炒锅上火，放花生油，青椒丝、红椒丝煸炒成熟，加酱油、白糖，用湿淀粉勾芡，倒入水煮熟面筋丝翻炒均匀，放麻油，装盘即成。

大师指点

1 面筋亦可用开水余一下，挤去水分。

2 面筋丝须粗细均匀，浆要上足。

特点 鲜香味浓，以假乱真。

注：素菜用鸡蛋称为"元菜"。

56 鱼香肉丝

主料：水煮熟面筋 200 克。

配料：水发玉兰笋 20 克、水发木耳 20 克、鸡蛋 1 个。

调料：花生油、葱花、姜米、蒜泥、精盐、酱油、白糖、醋、绍酒、豆瓣酱、泡辣椒、干淀粉、湿淀粉、素汤。

制作方法

1 水煮熟面筋切成细丝，放盆内，加精盐、鸡蛋、干淀粉上浆。

2 水发玉兰笋、水发木耳均切成丝。

3 小碗内放酱油、白糖、醋、豆瓣酱、素汤、湿淀粉，制成鱼香汁。

4 炒锅上火，辣锅冷油，放入水煮熟面筋丝划油至熟，倒入漏勺沥尽油。

5 炸锅上火，放花生油、泡辣椒将其炒出红色，加葱花、姜米、蒜泥稍炒，加水发玉兰笋丝、水发木耳丝炒熟，放面筋丝、鱼香汁炒拌均匀，装盘即成。

大师指点

1 鱼香味即烧鱼所用调味料，其中泡辣椒、豆瓣酱必不可少。

2 面筋丝划油时，油温不可过低，以防脱浆。

特点 色泽红润，香甜酸辣。

57 炒面筋

主料：水煮熟面筋 200 克。

配料：熟净笋 50 克、红椒 50 克、青椒 50 克。

调料：花生油、酱油、白糖、湿淀粉、醋、麻油。

制作方法

1 水煮熟面筋切成 3 分厚的片，熟净笋切成片。青椒、红椒去籽洗净，切成片。

2 炒锅上火，放花生油、水煮熟面筋煸炒，加熟净笋片、青椒片、红椒片炒熟，再加酱油、白糖，用湿淀粉勾芡，放醋、麻油，装盘即成。

大师指点

面筋片不宜太薄。

特点 软韧酸甜，佐酒佳肴。

58 炒素腰花

主料： 水发香菇 200 克。

配料： 熟净山药 50 克。

调料： 花生油、姜片、葱白段、酱油、白糖、干淀粉、湿淀粉、醋、麻油。

制作方法

1 水发香菇面上剞十字花刀，洗净，挤干水分，放盆内，撒上干淀粉。

2 熟净山药洗净，切成 1 寸长、5 分宽、2 分厚的片。

3 炒锅上火，辣锅冷油，放入水发香菇划油至熟、卷曲，倒入漏勺沥尽油。

4 炒锅上火，放花生油、姜片（1 片）、葱白段（1 根）炒出香味，加熟净山药片煸炒，加酱油、白糖，用湿淀粉勾芡，加入水发香菇，炒拌均匀，去姜片、葱白段，放醋、麻油，装盘即成。

大师指点

1 须选用肉质厚的香菇，剞刀要达到三分之二深度。

2 香菇划油时，适当离火，防止焦糊。

特点 形似腰花，酸甜爽口。

59 炒肥肠

主料： 生面筋 500 克。

配料： 熟净笋 50 克、青椒 50 克。

调料： 花生油、姜片、葱白段、酱油、白糖、湿淀粉、醋、麻油。

制作方法

1 准备钢笔粗的木圆棍，面筋拉长，卷在木棍上，两头卷紧，成素肥肠生坯。

2 锅上火，放水烧开，放入素肥肠生坯，移小火烧熟，捞出冷水泌凉，去木棍，即成肥肠，用刀切成菱形块。

3 熟净笋切片。青椒去籽洗净，切块。

4 炒锅上火，辣锅冷油，放素肥肠块划油养熟，倒入漏勺沥尽油。

5 炒锅上火，放花生油（少许）、葱白段（1 根）、姜片（1 片）炒出香味，放熟净笋片、青椒片炒熟，加素肥肠、酱油、白糖，用湿淀粉勾芡，炒拌均匀，去葱白段、姜片，放醋、麻油，装盘即成。

大师指点

1 两头须卷紧，不可松散。

2 素肥肠若不划油，也可用开水汆。

特点 形似大肠，香软味浓。

60 炒三丝

主料： 药芹 200 克。

配料： 水发冬菇 100 克、熟净笋 100 克。

调料： 花生油、精盐、湿淀粉、麻油。

制作方法

1 药芹去根、老边、叶，洗净，放大火开水锅中焯熟，捞出稍冷，切成 8 分长段。

2 熟净笋、水发冬菇洗净，切成丝。

3 炒锅上火，放花生油、药芹段、熟净笋丝、水发冬菇丝煸炒至熟，加精盐，用湿淀粉勾芡，放麻油，装盘即成。

大师指点

1 笋丝、冬菇丝须长短、粗细均匀。

2 烫药芹时变色即可，不能烫过。

特点 色泽鲜亮，清脆可口。

61 炒鸡片

主料： 皮素鸡半条。

配料： 熟净笋 50 克、韭黄 50 克。

调料： 花生油、酱油、白糖、湿淀粉、麻油。

制作方法

1 素鸡切成 1.5 寸长、6 分宽、1 分厚的长方片。

2 熟净笋切成片，韭黄拣洗干净，切成 8 分长的段。

3 炒锅上火，放花生油，待油七成热时，放入素鸡将其炸至淡黄色，捞出沥尽油。

4 炒锅上火，放花生油、熟净笋片炒熟，加酱油、白糖，用湿淀粉勾芡，加素鸡、韭黄炒拌均匀，放麻油，装盘即成。

大师指点

1 此菜为冬季时令菜，也可白炒，配绿叶蔬菜。

2 韭黄须在即将装盘前放入，不可炒过。

特点 形似鸡片，外香里嫩。

62 炒虾仁（一）

主料： 熟净山药 300 克。

配料： 熟净笋 50 克、青豆 50 克。

调料： 花生油、精盐、湿淀粉。

制作方法

1 熟净山药切成 2 分长的滚刀块，用指甲划去薄的一头，形如虾仁，用湿淀粉上浆即成虾仁生坯。

2 熟净笋切成丁。

3 炒锅上火，辣锅冷油，放入虾仁生坯划油至熟，倒入漏勺沥尽油。

4 炒锅上火，放花生油、熟净笋丁、青豆稍炒，加精盐、水，用湿淀粉勾芡，倒入虾仁，炒拌均匀，装盘即可。

大师指点

1 山药须切成大小一致的丁，上浆时务须粒粒上匀。

2 虾仁划油时掌握好油温，不能脱浆。

特点 形似虾仁，滑嫩鲜美。

63 炒虾仁（二）

主料： 去皮熟山药 200 克。

配料： 熟胡萝卜 50 克、青豆 50 克、鸡蛋清 1 个。

调料： 花生油、葱白段、精盐、干淀粉、湿淀粉。

制作方法

1 去皮熟山药切成长 8 分、宽 4 分、厚 1 分的菱形片，用精盐、鸡蛋清、干淀粉上浆，成虾仁生坯。

2 熟胡萝卜、葱白段均切成丁，加青豆，成为三丁。

3 炒锅上火，辣锅冷油，放入虾仁生坯划油至熟，倒入漏勺沥尽油。

4 炒锅上火，放花生油、葱白丁、熟胡萝卜丁、青豆炒熟，加精盐、水（少许），用湿淀粉勾芡，倒入虾仁，炒拌均匀，放少许花生油，装盘即成。

大师指点

山药上浆时，先用干布吸下水分，鸡蛋清不可多放，以免影响上浆均匀，应粒粒裹满。

特点 洁白如玉，滑嫩可口。

64 炒蟹粉

主料： 胡萝卜250克。

配料： 熟净笋 50 克、水发冬菇 50 克、香菜叶 10 克。

调料： 花生油、葱白段、姜片、酱油、白糖、醋、湿淀粉。

制作方法

1 胡萝卜去皮，用中火煮熟，去皮、拍碎，切成小丁。

2 熟净笋、水发冬菇、姜片均切成丝，香菜叶洗净。

3 炒锅上火，放花生油，将葱白段、姜片炒出香味，加胡萝卜丁、熟净笋丝、水发冬菇丝煸炒成熟，放酱油、白糖，用湿淀粉勾芡，去姜片、葱白段，放醋，炒拌均匀，放花生油，装盘再放香菜叶即成。

大师指点

1 胡萝卜丁须大小一致。

2 炒好后不能加麻油，只能加其他素油才能有蟹味。

特点 味如蟹粉，秋季佳肴。

65 炒鱼片

主料： 山药350克。

配料： 熟净笋30克、水发冬菇30克、豌豆苗30克。

调料： 花生油、精盐、湿淀粉、麻油。

制作方法

1 山药放冷水锅内，上火煮熟，捞出去皮洗净，切成1.5寸长、 2分厚的长方片，成鱼片生坯。

2 熟净笋、水发冬菇洗净切成片，豌豆苗拣洗干净。

3 炒锅上火，放花生油，辣锅冷油，放入鱼片生坯划油至熟，倒入漏勺沥尽油。

4 炒锅上火，放花生油、熟净笋片、水发冬菇片稍炒，加入豌豆苗、水、精盐，用湿淀粉勾芡，放鱼片，炒拌均匀，放麻油，装盘即成。

大师指点

1 山药片大小、厚薄须一致。

2 划油时油温不宜过高。

特点 形似鱼片，外香里嫩。

66 炒鳝糊

主料： 水发冬菇150克。

配料： 熟净笋50克。

调料： 花生油、葱白段、姜块、蒜泥、酱油、白糖、醋、花椒油、干淀粉、湿淀粉、素汤。

制作方法

1 水发冬菇剪成长条，洗净，挤干水分，放碗内，拍上干淀粉。

2 熟净笋、姜块切成丝，取葱白段1根。

3 炒锅上火，放花生油，待油七成热时，放水发冬菇条炸至外壳起脆，捞出沥尽油。

4 炒锅上火，放花生油、姜丝、葱白段炒出香味，再放熟净笋丝炒熟，加酱油、白糖、素汤、水发冬菇条，用湿淀粉勾芡，加醋，炒拌均匀，盛盘中，中间扒一小窝，放上蒜泥。

5 炒锅上火，将花椒油烧辣，倒蒜泥上，盖上扣碗稍焖，揭去盖碗即成。

大师指点

1 剪冬菇条时须顺着圆周，长短要一致。

2 冬菇条拍干淀粉时，要条条沾满、沾匀。

特点 外香里嫩，鲜香味美。

67 炒三鲜

主料： 水发冬菇 100 克。

配料： 熟净笋 100 克、去皮熟山药 100 克。

调料： 花生油、葱白段、姜片、酱油、白糖、湿淀粉、麻油。

制作方法

1 水发冬菇去蒂，批切成片，洗净，挤干水分。

2 熟净笋、去皮熟山药切成长 1 寸、宽 5 分、厚 2 分的片，洗净，沥尽水。

3 炒锅上火，放花生油、姜片（1 片）、葱白段（1

根）炒香，加水发冬菇片、熟净笋片、去皮熟山药片炒熟，去姜片、葱白段，放酱油、白糖，用湿淀粉勾芡，浇麻油，装盘即成。

大师指点

1 冬菇切片须挤干水分。

2 冬菇、冬笋、山药切片均需整齐一致。

特点 色泽酱红，鲜美爽口。

68 宫保鸡丁

主料： 皮素鸡 250 克。

配料： 炒熟花生米 150 克、红椒 50 克。

调料： 花生油、葱花、姜米、蒜泥、酱油、白糖、干淀粉、湿淀粉、醋、麻油、豆瓣酱。

制作方法

1 皮素鸡切成 3 分见方的丁，放碗内，拍上干淀粉。

2 炒熟花生米去尽外皮。红椒去籽，洗净，切成片。

3 炒锅上火，辣锅冷油，将素鸡丁划油至熟，倒入漏

勺沥尽油。

4 炒锅上火，放花生油、葱花、姜米稍炒，加红椒片略炒，放豆瓣酱、炒熟花生米、酱油、白糖，用湿淀粉勾芡，放素鸡丁、蒜泥炒拌均匀，放醋、麻油，装盘即成。

大师指点

素鸡丁须大小一致，划油时不宜多搅动。

特点 色彩鲜艳，鲜香辣咸。

69 白果熘鸡丁

主料： 皮素鸡 250 克。

配料： 白果 150 克、红椒 50 克。

调料： 花生油、葱花、姜米、蒜泥、酱油、白糖、干淀粉、湿淀粉、醋、麻油。

制作方法

1 皮素鸡切成 3 分见方的丁，放碗内，拍上干淀粉。

2 白果去壳，放碗内用开水烫一下，倒入漏勺沥尽水。红椒去籽，洗净，切成片。

3 炒锅上火，放花生油，白果炸至外皮脱落，浮上油面，去尽皮捞出，去芯。

4 炒锅上火，辣锅冷油，放入素鸡丁划油至熟，倒入漏勺沥尽油。

5 炒锅再上火，放花生油、葱花、姜米稍炒，放红椒片略炒，加酱油、白糖，用湿淀粉勾芡，倒入素鸡丁、蒜泥炒拌均匀，放醋、麻油，装盘即成。

大师指点

1 白果划油时宜温油下锅，火不宜大，脱皮即可。

2 素鸡丁大小均匀，拍粉要匀，划油时油温略高。

特点 香软酸甜，别有风味。

70 宫保肉丁

主料： 水煮熟面筋 250 克。

配料： 炒熟花生米 100 克、红椒 20 克。

调料： 花生油、葱花、姜米、蒜泥、酱油、白糖、醋、豆瓣酱、干淀粉、湿淀粉、麻油。

制作方法

1 水煮熟面筋切成 3 分见方小丁，挤干水，放碗内，拍上干淀粉，成为肉丁生坯。

2 炒熟花生米去外衣，红椒去籽，洗净，切成片。

3 炒锅上火，辣锅冷油，将肉丁生坯划油至熟，倒入漏勺沥尽油。

4 炒锅再上火，放花生油、葱花、姜米稍炒，放红椒片略炒，放酱油、白糖、蒜泥，用湿淀粉勾芡，放肉丁炒拌均匀，放醋、麻油，装盘即成。

大师指点

1 也可先炒豆瓣酱，炒出红油放葱花、姜米和其他配料。

2 面筋丁大小均匀，须挤干水分，沾匀干淀粉。

特点 形似肉丁，鲜香味美。

71 咖喱鸡块

主料： 皮素鸡 250 克。

配料： 土豆 100 克。

调料： 花生油、精盐、白糖、咖喱粉、湿淀粉、素汤、麻油。

制作方法

1 素鸡切成 1 寸长的滚刀块。

2 土豆切成 1 寸长的滚刀块，洗净，沥尽水。

3 炒锅上火，放花生油，待油七成热时，放入素鸡块略炸，捞出沥尽油。待油八九成热时，将土豆炸熟、炸香，捞出沥尽油。

4 炒锅上火，放花生油烧热后，再放咖喱粉炒香，加素汤、素鸡块、土豆块烧开，移小火烧焖成熟，再上大火，加精盐、白糖，用湿淀粉勾芡，放麻油，装盘即成。

大师指点

1 炒咖喱粉时注意火候，不可炒焦。

2 装盘时可用香菜叶围边。

特点 形似鸡块，鲜香微辣。

72 鱼香茄丝

主料： 茄子 250 克。

配料： 熟净笋 50 克、红椒 100 克。

调料： 花生油、葱花、姜米、蒜泥、酱油、白糖、豆瓣酱、湿淀粉、醋、麻油。

制作方法

1 茄子切去两头，去皮洗净，切成 1.2 寸长的丝。

2 熟净笋切成丝，红椒去籽，洗净，切成丝。

3 炒锅上火，辣锅冷油，放入茄子丝划油成熟，倒入漏勺沥尽油。

4 炒锅上火，放花生油、葱花、姜米稍炒，加豆瓣酱煸炒，放酱油、白糖、蒜泥，用湿淀粉勾芡，倒入茄子丝，炒拌均匀，放醋、麻油，装盘即成。

大师指点

1 葱在鱼香类菜肴中有画龙点睛的作用，葱白用量不可少。

2 须选用嫩茄子，茄子丝长短、粗细须一致。

特点 鲜嫩香辣，美味可口。

73 干煸牛肉丝

主料: 水煮熟面筋 250 克。

配料: 药芹 100 克、红椒丝 50 克。

调料: 花生油、葱白段、姜丝、酱油、白糖、醋、郫县豆瓣酱、湿淀粉、麻油。

制作方法

1 水煮熟面筋切成细丝,放大火开水锅氽一下,捞出挤尽水。

2 药芹去根、叶、老边,放入大火开水锅内稍烫,捞出切成 8 分长的段。

3 炒锅上火,放花生油,将水煮熟面筋丝煸炒至淡黄色时,放姜丝、葱白段、红椒丝、药芹同炒,加郫县豆瓣酱、酱油、白糖稍炒,用湿淀粉勾芡,炒拌均匀,放醋、麻油,装盘即成。

大师指点

1 此菜仿四川名菜"干煸牛肉丝"而制作,面筋丝略细,长短、粗细一致。

2 煸炒面筋丝时须快速翻炒,上色均匀,呈酱红色。

特点 味似牛肉,香辣可口。

74 炸脆鳝

主料: 水发冬菇 200 克。

调料: 花生油、精盐、白酒、鸡蛋清、干淀粉、湿淀粉、麻油、生姜。

制作方法

1 水发冬菇去根蒂,顺边剪成长条,洗净,挤干水分,放盆内。

2 生姜去皮,切成姜丝、姜米。将姜丝放碗内洗至水清,挤干。

3 鸡蛋清、姜米、白酒、精盐放水发冬菇碗内,拌匀腌渍后,拍上干淀粉,成为素鳝生坯。

4 炒锅上火,放花生油,待油七成热时将素鳝生坯炸熟、炸脆,捞出沥尽油,堆放盘中,放麻油,放上姜丝即成。

大师指点

冬菇丝临下油锅时才能拍干淀粉,确保脆而不焦。

特点 形如鳝丝,香脆爽口。

75 炒蒲芹

主料: 蒲芹 1000 克。

配料: 老百叶 100 克、熟净笋 50 克、水发香菇 50 克。

调料: 花生油、精盐、湿淀粉、麻油、素汤。

制作方法

1 蒲芹去根、叶,洗净,切成 1.2 寸长长段。

2 老百叶切成细丝,用开水烫 3 次,挤干水分。

3 熟净笋、水发香菇均切成细丝。

4 炒锅上火,放花生油,老百叶丝煸炒成熟,加素汤、精盐烧至入味,待汤汁将干时,盛碗内。

5 炒锅上火,放花生油、蒲芹、熟净笋丝、水发香菇丝煸炒至熟,加精盐、老百叶丝炒拌均匀,用湿淀粉勾芡,放麻油,装盘即成。

大师指点

1 百叶丝须烧煮入味。

2 炒蒲芹时,油不宜过多。

特点 脆嫩爽口,鲜咸适中。

76 香炸板鱼

主料： 土豆 500 克。

配料： 熟净笋 20 克、水发绿笋 20 克、水发香菇 20 克、香干 1 块、面粉 10 克、面包屑适量。

调料： 花生油、精盐、酱油、白糖、湿淀粉、黄豆芽汤。

制作方法

1 土豆洗净、煮熟、去皮，揭成泥，放盆内，加面粉、精盐、水（少量）制成土豆厚糊。

2 熟净笋、水发绿笋、水发香菇均切成小丁，放锅内，加黄豆芽汤、酱油、白糖烧开，收稠收干汤

汁，用湿淀粉勾芡，成为馅心。

3 面包屑铺案板上，放土豆糊抹平成长方形，加馅心抹平，再加土豆糊抹平，撒面包屑，切成菱形块，再片成片，成为板鱼生坯。

4 炒锅上火，放花生油，待油七成热时，放入板鱼生坯，将其炸熟捞出，待油八成热时，下锅重油，炸至板鱼呈老黄色时，捞出沥尽油，装盘即成。

大师指点

须热锅温油炸成形，重油炸香。

特点 色泽老黄，外脆里嫩。

77 香炸梅肉

主料： 山药 300 克。

配料： 豆腐皮 1 张、熟净笋 20 克、水发香菇 20 克、面粉 50 克。

调料： 花生油、姜米、精盐、花椒盐、麻油。

制作方法

1 山药洗净，放水锅内，上大火烧开，移中火烧至酥烂，取出去皮，揭成泥，放盆内。

2 熟净笋、水发香菇切成细丁，放山药盆内，加姜米、精盐，制成馅。

3 豆腐皮撕去边筋，切成 2 寸宽长条，平铺在案板

上，放入馅抹平，再卷成直径 4~5 分的长条，两头用面粉糊封口。每隔 6 分用绳扎紧，放大火开水笼锅中蒸 6 分钟取出，去绳，切段，成梅肉生坯。

4 炒锅上火，放花生油，待油七成热时，将梅肉生坯炸至金黄色，捞出沥尽油，整齐堆放盘中，浇麻油即成。

5 带花椒盐一小碟上桌。

大师指点

豆腐皮卷山药泥不宜太粗，每段长短一致。

特点 香脆鲜嫩，佐酒佳肴。

78 炸鹅颈

主料： 土豆 500 克。

配料： 豆腐皮 2 张、水发冬菇 50 克、水发金针菜 50 克、熟净笋 50 克、蘑菇 50 克、面粉 250 克。

调料： 花生油、姜米、精盐、酱油、白糖、花椒盐、鸡蛋、干淀粉、湿淀粉、素汤、麻油。

制作方法

1 土豆去皮洗净，放大火开水笼锅中蒸熟烂，取出揭成泥，放碗内，加干淀粉、精盐拌匀成团。

2 豆腐皮切成 6 寸长、1~2 寸宽长条。

3 熟净笋、水发冬菇、水发金针菜、蘑菇切成细末。

4 炒锅上火，放花生油、姜米、熟净笋末、水发冬菇末、水发金针菜末、蘑菇末煸炒至熟，加素汤、精盐烧至汤汁收干，用湿淀粉勾芡，盛盆内，成四丁馅。

5 鸡蛋、面粉、水，制成全蛋糊。

6 豆腐皮铺案板上，抹上一层全蛋糊，加土豆泥约 2 分厚，放四丁馅抹平，顺长卷起，成为鹅颈生坯。

7 炒锅上火，放花生油，待油七成热时，将鹅颈生坯沾满全蛋糊，入锅炸至金黄色时，捞出沥尽油，切成马蹄形块，整齐堆放盘中，浇上麻油即成。

8 带花椒盐一小碟上桌。

大师指点

1 馅心不可有卤汁。

2 铺土豆泥不宜太厚。

特点 形似鹅颈，外脆里酥，系传统名菜。

79 香炸鸡腿

主料：土豆 500 克。

配料：豆腐皮 4 张、熟净笋 150 克、水发冬菇 50 克、小方干 1 块、香菜 10 克、面包屑 250 克、面粉 100 克。

调料：花生油、姜米、精盐、花椒盐、鸡蛋、干淀粉、素汤、麻油。

制作方法

1 土豆洗净、去皮，放大火开水笼锅内，蒸至熟烂取出，揉成泥，放碗中。加精盐、干淀粉揉成面团。

2 豆腐皮切成长 3 寸、一头宽 3 寸、另一头宽 2 寸的片 12 片。部分熟净笋、水发冬菇、小方干切成小末。

3 炒锅上火，放花生油、姜米稍炒，加熟净笋末、水发冬菇末、小方干末煸炒至熟，放素汤、精盐，收干汤汁，用湿淀粉勾芡，成为三丁馅。

4 鸡蛋、面粉、水，制成全蛋糊。

5 豆腐皮铺案板上，将土豆泥分为 12 份，均匀铺在豆腐皮上，放三丁馅抹平，厚2~3分，卷成前大后小的鸡腿状。熟净笋切成 12 根长条，从鸡腿小头插入，作为鸡腿骨，成鸡腿，再沾满全蛋糊，滚上面包屑，制成香炸鸡腿生坯。

6 炒锅上火，放入花生油，待油七成热时，放入香炸鸡腿生坯，将其炸至外壳起脆，色呈金黄色时，捞出沥尽油，整齐摆放盘中，浇麻油即成。

7 带花椒盐一小碟上桌。

大师指点

1 豆腐皮加馅后须卷紧，油炸时油温偏高，一次成型。

2 馅心前边多放一些，卷起更像鸡腿。

特点 形如鸡腿，外香里嫩。

80 干炸豌豆苗

主料：豌豆苗 100 克。

配料：大米粉 100 克、面粉 50 克、鸡蛋 1 个。

调料：花生油、生姜汁、花椒盐、麻油。

制作方法

1 豌豆苗取嫩头，洗净，沥尽水。

2 鸡蛋、大米粉、面粉、生姜汁、水，制成全蛋糊。

3 炒锅上火，放花生油，待油七成热时，将豌豆苗逐个沾满全蛋糊，入锅炸熟捞出。待油八成热时，下

锅重油，色呈老黄、起脆时，捞出沥尽油，堆放盘中，浇上麻油即成。

4 带花椒盐一小碟上桌。

大师指点

1 选用豌豆苗头部 1 寸以内的嫩头。

2 全蛋糊不宜稀薄，两次油炸，确保酥脆。

特点 香脆爽口，别具风味。

81　炸地梨咯喳

主料： 荸荠 150 克。

配料： 绿豆粉 150 克、面粉 50 克。

调料： 花生油、白糖、甜桂花卤。

制作方法

1 荸荠洗净、去皮，切成细丝。

2 绿豆粉加水调匀。

3 炒锅上火，放水、荸荠丝、白糖、甜桂花卤烧开，慢慢倒入绿豆粉浆，不停搅动，成熟、起黏后，倒

汤盘内，冷冻成块。

4 将荸荠绿豆糕块切成菱形块，沾满面粉，成为地梨咯喳生坯。

5 炒锅上火，放花生油，待油八成热时，将地梨咯喳生坯炸熟，色呈淡黄时，捞出沥尽油，装盘即成。

大师指点

制作绿豆粉浆时，须均匀，不可结块。

特点 外香里嫩，老少皆宜。

82　炸猪排

主料： 豆腐皮 2 张。

配料： 豆腐 2 块、面包屑 100 克、熟净笋 25 克、水发冬菇 25 克。

调料： 花生油、姜米、精盐、干淀粉、麻油、辣酱油。

制作方法

1 豆腐皮切成长 4 寸、宽 1.5 寸的长方片。

2 熟净笋、水发冬菇切成末，与姜米同放盆中。

3 豆腐去上、下老皮，挤尽水，也放盆内，加精盐、干淀粉制成豆腐馅。

4 豆腐皮铺案板上，一面抹上 1.5 分厚的豆腐馅抹平，沾上面包屑，另一面和上面相同的制法，成为

猪排生坯。

5 炒锅上火，放花生油，待油七成热时，放入猪排生坯，将其炸熟，色呈老黄时捞出，沥尽油。

6 将猪排切成条，整齐堆放盘中，浇上麻油即成。

7 带辣酱油一小碟上桌。

大师指点

1 此菜沾上芝麻即可叫芝麻猪排，炸制时油温要高，一次炸透。

2 豆腐馅须调好口味，搅拌上劲。

特点 形似猪排，香酥可口。

83　膏丽肉

主料： 土豆 200 克。

配料： 甜豆沙馅 80 克、大米粉 200 克、面粉 50 克、鸡蛋清 2 个。

调料： 花生油、白糖。

制作方法

1 土豆洗净，下锅煮熟，取出去皮，制成泥蓉，放碗内，加大米粉、白糖揉匀揉透，成土豆米粉团。

2 土豆米粉团放案板上，用手捺平，包入甜豆沙馅，制成长方形，切成长 1 寸、宽 3 分的长方块，滚满

大米粉，成为膏丽肉生坯。

3 鸡蛋清、大米粉、面粉、水，制成蛋清糊。

4 炒锅上火，放花生油，待油五成热时，将膏丽肉生坯沾满蛋清糊，放入油锅内，炸熟捞起，待油六成热时，下锅重油，炸至色呈淡黄时，捞出沥尽油，装盘即成。

大师指点

1 两次油温不同，第一次炸定型，第二次炸香酥。

2 此菜也可称"夹沙膏丽肉"。

特点 香脆甜美，美味爽口。

84 虾仁吐司

主料： 豆腐 2 块。

配料： 香菜 20 克、胡萝卜 20 克、熟黑芝麻 20 克、咸面包适量、鸡蛋 1 个。

调料： 花生油、精盐、花椒盐、干淀粉、麻油。

制作方法

1 豆腐去上、下老皮，挤尽水，放盆内，加鸡蛋液、干淀粉、精盐制成豆腐馅。

2 咸面包切成 2 寸长、1 寸宽、2 分厚的长方片。

3 香菜洗净，去梗用叶。胡萝卜去皮洗净，切成末。

4 豆腐馅抹在咸面包片上，约 2 分厚，撒上胡萝卜

末、熟黑芝麻、香菜叶，成为虾仁吐司生坯。

5 炒锅上火，放花生油，待油七成热时，放入虾仁吐司生坯炸熟，呈牙黄色时，捞出沥尽油。

6 虾仁吐司切成 1 寸长、5 分宽的长方条，整齐堆放盘中即成。

大师指点

1 抹豆腐馅时要平整，三种末要撒成三条直线。

2 炸制时油温适中，不能焦糊。

特点 色彩艳丽，香脆可口。

85 炸玛瑙

主料： 荸荠 200 克。

配料： 京糕 150 克、红绿丝 20 克、大米粉 100 克、面粉 50 克、鸡蛋清 2 个。

调料： 花生油、白糖。

制作方法

1 荸荠去皮洗净，切成 2 分厚圆片。京糕切成和荸荠一样大小的圆片。两片荸荠中夹一片京糕，成荸荠夹子。

2 鸡蛋清、大米粉、面粉、水，制成蛋清糊。

3 炒锅上火，放花生油，待油六成热时，将荸荠夹子沾满蛋清糊，下油锅炸熟，捞出。待油七成热时，入锅重油，至外层起脆、色呈淡黄时捞出，沥尽油装盘，撒上白糖、红绿丝即成。

大师指点

京糕即山楂糕，荸荠须选用较大且大小一致的。

特点 香脆酸甜，口味独特。

86 锅搨豆腐

主料： 豆腐 2 块。

配料： 熟净笋 50 克、水发冬菇 50 克、京冬菜 50 克、面粉 150 克、鸡蛋 1 个。

调料： 花生油、姜米、精盐、花椒盐、酱油、白糖、干淀粉。

制作方法

1 豆腐去上、下老皮，挤尽水，搨成泥，放盆内，加精盐、干淀粉制成豆腐馅。

2 熟净笋、水发冬菇切成末。京冬菜拣洗干净，切成末。

3 炒锅上火，放花生油、姜米稍炒，加熟净笋末、水发冬菇末、京冬菜末炒熟，放酱油、白糖，收稠汤汁，盛入盆内。

4 大圆盘抹上花生油，将一半豆腐馅放入、抹平，均匀放上熟净笋末、水发冬菇末、京冬菜末，再放上豆腐泥抹平，成为锅搨豆腐生坯，放大火开水笼锅中蒸熟，取出。

5 鸡蛋、面粉、水，制成全蛋糊（稍稀）。

6 大圆盘内放入花生油，倒入一半全蛋糊，抹平，放上锅搨豆腐，再放另一半全蛋糊，抹匀。

7 炒锅上火，放花生油，待油七成热时，将锅揭豆腐滑入油锅炸熟、炸脆，至色呈老黄时捞出沥尽油，切成一字条，在盘中拼成圆形。

8 带花椒盐一小碟上桌。

1 京冬菜以山东日照所产为佳，能增加菜肴鲜味。

2 全蛋糊要略稀。油炸时，慢慢推动，防止粘底、破损。

特点 外香脆、里鲜嫩，美味可口。

87 锅烧豆腐

主料：豆腐 2 块。

配料：水发冬菇 30 克、金针菜 30 克、面粉 100 克、发酵粉 2 克、鸡蛋 1 个。

调料：花生油、姜米、精盐、干淀粉、花椒盐、甜酱、麻油。

制作方法

1 豆腐去上、下老皮，挤尽水，揭成泥，放盆内，加精盐、干淀粉制成豆腐馅。

2 水发冬菇切成末。金针菜拣洗干净，切成末。

3 炒锅上火，放花生油、姜米稍炒，放水发冬菇末、金针菜末炒熟，加精盐、麻油，放入豆腐馅中拌匀。

4 大圆盘内抹上花生油，放豆腐馅抹平，放入大火开水笼锅中蒸熟，成为锅烧豆腐生坯。

5 鸡蛋、面粉、发酵粉、水，制成发酵糊。

6 大圆盘内放入花生油，倒入一半发酵糊抹平，放上锅烧豆腐生坯，再倒入另一半发酵糊，抹平。

7 炒锅上火，放花生油，待油七成热时，放入锅烧豆腐生坯炸熟、炸脆，至色呈老黄时捞出，沥尽油，切成一字条，整齐摆放盘中，浇上麻油即成。

8 带花椒盐、甜酱各一小碟上桌。

大师指点

1 豆腐泥须蒸熟、蒸透，完整裹上发酵糊，不可破损。

2 发酵糊要在锅烧豆腐下油煎前制作，不要过早制作，防止糊发酵。

特点 色泽老黄，外脆里嫩。

88 椒盐金针菜

主料：水发金针菜 150 克。

配料：大米粉 150 克、面粉 50 克、鸡蛋 2 个。

调料：花生油、精盐、花椒盐、麻油。

制作方法

1 水发金针菜理齐，切去老根洗净，每根中间切一刀，挤去水分，放盆内加精盐拌匀。

2 鸡蛋、大米粉、面粉、水，制成全蛋糊。

3 炒锅上火，放花生油，待油七成热时，将水发金针菜沾满全蛋糊炸熟，捞出，待油八成热时，入锅重油，炸至香脆、呈老黄色时捞出，沥尽油，整齐堆放盘中，浇上麻油即成。

4 带花椒盐一小碟上桌。

大师指点

金针菜须挤干水分再拌盐，挂糊须沾满、挂匀。

特点 外脆里香，别有风味。

89　锅烧蚕豆

主料： 嫩蚕豆500克。

配料： 豆腐2块、面粉30克、鸡蛋1个。

调料： 花生油、姜米、精盐、花椒盐、干淀粉、麻油。

制作方法

1　嫩蚕豆去外壳、内皮成豆瓣，洗净晾干，用刀稍排下。

2　豆腐去上、下老皮，挤尽水，搨成泥蓉，放盆内，加嫩蚕豆瓣、鸡蛋、姜米、干淀粉、精盐，制成馅，放入油盘内，抹平，约3分厚，放入大火开水

笼锅中蒸熟，捞出稍冷后，切成菱形块，拍上面粉，成为锅烧蚕豆生坯。

3　炒锅上火，放花生油，待油七成热时，将锅烧蚕豆生坯炸熟捞起，待油八成热时，入锅重油，炸至呈老黄色时，捞出沥尽油，整齐摆放盘中，浇上麻油即成。

4　带花椒盐一小碟上桌。

大师指点

选用鲜嫩蚕豆。

特点　外脆里嫩，春夏时节，应时佳肴。

90　椒盐脆鳝

主料： 水发香菇200克。

配料： 面粉100克。

调料： 花生油、姜丝、精盐、绍酒、花椒盐、麻油。

制作方法

1　水发香菇沿边剪成3分宽长条，放盆内，加精盐、绍酒拌匀，腌制10分钟后，沾满面粉，成为脆鳝生坯。

2　炒锅上火，放花生油，待油七成热时，放入脆鳝生坯，炸制金黄色捞出，待油温八成热时，入锅重

油，炸制老黄色时，捞出沥尽油，堆放盘中，撒花椒盐，浇麻油，放上姜丝即成。

大师指点

1　选用大而厚实的香菇。

2　香菇条须挤去水分，再行腌制。

3　重油时，油温要高，现吃现炸。

特点　形如鳝丝，外脆里酥。

91　挂卤脆鳝

主料： 水发香菇200克。

配料： 去皮生荸荠20克、面粉100克。

调料： 花生油、酱油、绵白糖、湿淀粉、素汤、麻油、精盐、绍酒、醋。

制作方法

1　水发香菇沿边剪成3分宽长条，放盆内，加精盐、绍酒拌匀，腌制10分钟后，沾满面粉，成为脆鳝生坯。

2　去皮生荸荠切成2分厚的片，洗净。

3　炒锅上火，放花生油，待油七成热时，将脆鳝生坯

炸熟捞起，待油八成热时，入锅重油，炸至老黄色时，捞出沥尽油，堆放盘中。

4　炒锅上火，放花生油、去皮生荸荠片煸炒，加素汤、酱油、绵白糖烧开，用湿淀粉勾芡，放醋、麻油，浇脆鳝上即成。

大师指点

制卤汁时白糖和醋的比例为2:1，呈小糖醋味，酱油不可多放。

特点　酥脆爽口，酸甜味美。

92 清炸枚卷

主料： 山药 250 克。

配料： 豆腐皮 2 张、熟净笋 50 克、水发冬菇 20 克、面粉 10 克。

调料： 花生油、姜汁、酱油、白糖、干淀粉、甜酱、麻油、花椒盐。

制作方法

1 山药洗净、去皮，放入大火开水笼锅中蒸熟，取出切成细丁。熟净笋、水发冬菇切成丁，同放盆内，加姜汁、酱油、白糖、拌匀成三丁馅。

2 面粉、水，制成面粉糊。

3 豆腐皮切成长 6 寸、宽 2 寸的长方片，加三丁馅卷起，收口处抹面粉糊，两头用绳扎起，成枚卷生坯。

4 笼锅上火，放水烧开，将枚卷生坯蒸熟，切去绳，切成 2 寸长条，拍上干淀粉。

5 炒锅上火，放花生油，待油七成热时，将枚卷生坯沾满面粉糊，放油锅炸熟，呈金黄色时捞出，沥尽油，堆放盘中，浇上麻油即成。

6 带花椒盐、甜酱各一小碟上桌。

大师指点

1 各种丁须切细、均匀，放豆腐皮内成直线，卷起约大拇指粗细。

2 油温要高，炸制时间不宜过长。

特点 香脆鲜嫩，美味爽口。

93 黄油土豆排

主料： 土豆 500 克。

配料： 黄油 150 克、鸡蛋 2 个。

调料： 花生油、精盐、干淀粉。

制作方法

1 土豆去皮洗净，放入大火开水笼锅中蒸熟，取出，搋成泥蓉，放碗内，加黄油、精盐、干淀粉搅拌均匀成团，分成 10 份，制成直径 1.2 寸、3 分厚的圆饼，成土豆排生坯。

2 鸡蛋、干淀粉，制成全蛋浆。

3 炒锅上火，放花生油，待油七成热时，将土豆排生坯沾满全蛋浆，下油锅炸熟、炸脆至金黄色时捞出，整齐摆放盘中即成。

大师指点

1 土豆泥揉制时，须揉透、上劲。

2 油炸时须油温适中，既需炸透，又不可炸成外焦里不熟。

特点 外香脆、里鲜嫩，风味独特。

94 炸响铃

主料： 豆腐皮 1 大张。

配料： 水发冬菇 100 克、水发绿笋 50 克、熟净笋 60 克、绿菜叶 20 克。

调料： 花生油、精盐、花椒盐、麻油。

制作方法

1 豆腐皮洒水使其回软，撕去硬边，切成均匀 4 张。

2 水发冬菇、熟净笋、水发绿笋切成末，放盆内。绿菜叶洗净，放入大火开水锅内烫一下捞出，挤去水，刮成末，同放盆内，加精盐、麻油，拌匀成馅，分别放豆腐皮中，卷成直径 1.5 厘米的圆筒形，用纱线扎成 1.5 厘米的圆形。

3 炒锅上火，放花生油，待油六成热时，将豆腐卷炸熟，至金黄色时捞出，拆去纱线，改刀装盘即成。

4 带花椒盐一小碟上桌。

大师指点

1 馅心加入精盐，不能过咸。

95 香炸茄盒

主料：茄子150克。

配料：豆腐2块、熟净笋50克、水发香菇50克、大米粉100克、面粉50克、鸡蛋1个。

调料：花生油、姜米、精盐、花椒盐、麻油。

制作方法

1 茄子去蒂洗净，切成2分厚的圆片。水发香菇、熟净笋切成末。

2 豆腐去上、下老皮，挤尽水，搋成泥，放盆中，加姜米、熟净笋末、水发香菇末、精盐拌匀成馅。

3 茄片上放三丁馅，再放茄片压平，即成茄盒生坯。

96 蚂蚁上树

主料：龙口粉丝100克。

配料：熟净笋50克、水发冬菇50克、水发金针菜50克、香菜10克。

调料：花生油、酱油、白糖、湿淀粉、素汤、麻油。

制作方法

1 熟净笋、水发冬菇、水发金针菜均切成末，香菜洗净，去梗留叶。

2 炒锅上火，放花生油、熟净笋末、水发冬菇末、水发金针菜末煸炒至熟，加酱油、白糖、素汤烧开，

97 香酥鸭子

主料：豆腐皮10张。

配料：水发香菇30克、水发玉兰片30克、红胡萝卜250克、黄胡萝卜50克、香菜叶5克、面粉50克。

调料：花生油、葱段、姜片、绍酒、精盐、酱油、湿淀粉、胡椒粉、素汤。

2 炸制时油温适中。

特点 外脆里香，风味独特。

4 鸡蛋、大米粉、面粉、水，制成全蛋糊。

5 炒锅上火，放花生油，待油七成热时，将茄盒逐个沾满全蛋糊，入锅炸熟，捞出。待油八成热时，入锅重油，炸至呈老黄色时，捞出沥尽油，整齐地装盘，浇上麻油即成。

6 带花椒盐一小碟上桌。

大师指点

此为夏令时菜，须选用略粗的长圆形茄子。

特点 香脆鲜嫩，清淡爽口。

用湿淀粉勾米汤芡，浇麻油，撒香菜叶成为卤汁。

3 炒锅上火，放花生油，待油八成热时，放入龙口粉丝炸至蓬松、起脆，捞出沥尽油，盛盘中，趁热倒入三丁卤汁即成。

大师指点

1 烹制卤汁时，不宜过厚、过稀，成流汁为佳。

2 粉丝要干透，炸时高温、快速，形似树枝。

特点 粉丝香脆，卤汁鲜美，为传统菜肴。

制作方法

1 红胡萝卜去皮、洗净，切成丝。水发香菇、水发玉兰片切成丝，成为三丝。面粉、水，调成面糊。黄胡萝卜雕成鸭头、鸭腿骨。

2 炒锅上火，放花生油、葱段（1根）、姜片（1片）稍炒，放三丝炒熟，加绍酒、精盐、素汤烧

开,移小火烧透,再用大火收稠汤汁,去葱段、姜片,用湿淀粉勾芡,撒上胡椒粉、香菜叶,成为三丝馅心。

3 5 张豆腐皮,分别放入馅心包起,用面糊粘牢接头,制成鸭身。再用 4 张豆腐皮,包入馅心,包起粘牢,制成鸭腿。插入鸭腿骨,抹上酱油。另一张豆腐皮,包入馅心,卷成圆筒,作为鸭颈。

4 炒锅上火,放花生油,待油七成热时,将鸭身炸至

金黄色,捞出沥尽油,在盘中拼装成鸭身,待油五成热时放入鸭头、鸭腿、鸭翅,将其焐油成熟捞出,沥尽油,拼装于鸭身上即成。

大师指点

包制豆腐皮时,其弧度须总体安排,拼好后,酷似鸭身。

特点 形态逼真,外香酥、里鲜嫩。

98 炸鱼排

主料: 土豆 300 克。

配料: 咸面包 200 克、熟净笋 50 克、水发冬菇 50 克、香菜叶 10 克、胡萝卜 30 克、面粉 100 克。

调料: 花生油、精盐、花椒盐、麻油。

制作方法

1 咸面包切成 3 分厚的片。土豆去皮洗净,煮熟,揭成泥,放碗内。

2 熟净笋、水发冬菇切成丝,胡萝卜去皮切成末,香菜叶洗净。

3 熟净笋丝、水发冬菇丝放土豆泥内,加精盐、面粉制成馅。

4 咸面包片上放豆泥馅抹平,半边放胡萝卜末,半边放香菜叶,成为鱼排生坯。

5 炒锅上火,放花生油,待油七成热时,放入鱼排生坯炸熟,捞出,待油八成热时,下锅重油,炸至老黄色,捞出沥尽油,切成一字条,整齐堆放盘中,浇麻油即成。

6 带花椒盐一小碟上桌。

大师指点

1 笋丝、冬菇丝要细而均匀。

2 炸制时油温要高,快速炸脆。

特点 外香里嫩,清淡爽口。

99 三丝卷筒鸡

主料: 豆腐皮 2 张。

配料: 净熟笋 50 克、水发冬菇 50 克、水发绿笋 50 克、大米粉 100 克、面粉 50 克、鸡蛋 1 个。

调料: 花生油、酱油、白糖、湿淀粉、麻油、素汤。

制作方法

1 熟净笋、水发冬菇切成丝,水发绿笋撕成丝切成段。

2 炒锅上火,放花生油、熟净笋丝、水发冬菇丝、水发绿笋丝煸炒成熟,放素汤、酱油、白糖烧开,收稠收干汤汁,用湿淀粉勾芡,成三丝馅心。

3 豆腐皮内顺长放三丝馅,卷成圆筒,成为三丝卷筒

鸡生坯。

4 鸡蛋、大米粉、面粉、水,制成全蛋糊。

5 炒锅上火,放花生油,待油七成热时,将卷筒鸡生坯沾满全蛋糊炸熟,捞出,待油八成热时,入锅重油,炸至香脆,呈老黄色时捞起,沥尽油,切成斜角块,整齐摆放盘中,浇麻油即成。

大师指点

卷制时须卷紧,封口处用蛋糊粘牢。

特点 色泽老黄,脆嫩鲜美。

100 炸梨圆

主料： 梨 1000 克。

配料： 米粉 150 克。

调料： 花生油、白糖、甜桂花卤、湿淀粉。

制作方法

1 梨去皮、核，拍碎制蓉，放盆内，加米粉揉匀，搓成圆子，一头偏小，成梨圆生坯。

2 炒锅上火，放花生油，待油七成热时，将梨圆生坯炸熟，捞出，待油八成热时，入锅重油，炸至金黄色时捞起，沥尽油，装盘中。

3 炒锅上火，放水、白糖、甜桂花卤烧开，用湿淀粉勾琉璃芡，浇花生油，倒入梨圆即成。

大师指点

梨圆内可包豆沙、枣泥等馅心。

特点 软糯可口，香甜味美。

101 交切虾

主料： 豆腐 2 块。

配料： 豆腐皮 2 张、熟净笋 50 克、水发冬菇 50 克、熟芝麻 100 克、鸡蛋 1 个。

调料： 花生油、姜米、精盐、干淀粉、花椒盐。

制作方法

1 豆腐皮切成长 4 寸、宽 1.5 寸的片。

2 水发冬菇、熟净笋切成末。

3 豆腐去上、下老皮，挤尽水，揉成泥蓉，放盆内，加熟净笋末、水发冬菇末、姜米、鸡蛋液、干淀粉、精盐，制成豆腐馅。

4 豆腐皮抹上豆腐馅，撒满熟芝麻压紧，翻转，再抹上豆腐馅，撒满熟芝麻，成为交切虾生坯。

5 炒锅上火，放花生油，待油七成热时，放入交切虾生坯炸熟，捞出，待油八成热时，下锅重油，至熟芝麻香脆，捞出沥尽油，切成长 1.5 寸、宽 8 分的一字条，整齐排放盘中即成。

6 带花椒盐一小碟上桌。

大师指点

1 豆腐皮上抹豆腐馅前，撒一些干淀粉，以防馅心脱落。

2 豆腐皮上抹的豆腐馅要薄。

特点 香脆软嫩，清淡美味。

102 芝麻虾

主料： 豆腐 2 块。

配料： 豆腐皮 2 张、熟芝麻 100 克、熟净笋 50 克、水发冬菇 50 克、鸡蛋 1 个。

调料： 花生油、精盐、花椒盐、干淀粉。

制作方法

1 豆腐皮切成长 4 寸、宽 1.5 寸的片。

2 水发冬菇、熟净笋切成末。

3 豆腐去上、下老皮，挤尽水，揉成泥蓉，放盆内，加熟净笋末、水发冬菇末、鸡蛋、干淀粉、精盐制成豆腐馅。

4 豆腐皮抹上 3 分厚的豆腐馅，撒满熟芝麻压紧，成为芝麻虾生坯。

5 炒锅上火，放花生油，待油七成热时，放入芝麻虾生坯炸熟，捞出，待油八成热时，下锅重油，炸至芝麻香脆，捞出沥尽油，切成长 1.5 寸、宽 8 分的一字条，整齐摆放盘中即成。

6 带花椒盐一小碟上桌。

大师指点

豆腐馅要厚一些。

特点 芝麻香脆，别有风味。

103 干炸冬笋

主料： 鲜冬笋 500 克。

配料： 雪里蕻菜叶 10 片。

调料： 花生油、精盐、绍酒、麻油、素汤。

制作方法

1 鲜冬笋去外壳、根、皮，洗净，切成滚刀块，放入水锅煮一下，放另外的锅中，加素汤、绍酒、精盐烧开，移小火煮透入味，再上大火收干汤汁。

2 雪里蕻菜叶洗净、晾干。炒锅上火，放花生油，待油七成热时，将鲜冬笋块炸成金黄色捞出，沥尽油，再将雪里蕻菜叶放入油锅，炸至有酥香味时，捞出沥尽油，放入盘中，再放上鲜冬笋，浇上麻油即成。

大师指点

1 冬笋块须大小一致。

2 炸雪里蕻菜叶时，既要香酥，又不可焦煳。

特点 脆嫩香酥，味道鲜美。

104 万年青

主料： 菠菜 500 克。

配料： 大米粉 100 克、面粉 20 克、鸡蛋 1 个。

调料： 花生油、精盐、干淀粉、麻油、花椒盐。

制作方法

1 菠菜取嫩芯（俗称菠菜夹子），洗净控干。

2 鸡蛋、大米粉、面粉、水，制成全蛋糊。

3 炒锅上火，放花生油，待油六成热时，将菠菜沾满全蛋糊，入锅炸熟，捞出，待油七八成热时，入锅重油，捞出沥尽油，盛盘中，浇上麻油即成。

4 带花椒盐一小碟上桌。

大师指点

1 掌握好蛋糊厚度，确保菜叶能均匀沾满蛋糊。

2 重油菜叶时，油香味溢出、色呈翠绿时及时捞起。

特点 翠绿酥香，入口即碎。

105 香酥大排

主料： 藕 250 克。

配料： 大米粉 100 克、面粉 50 克、鸡蛋。

调料： 花生油、五香粉、花椒盐。

制作方法

1 藕去藕节、皮，洗净，放大火开水笼锅中蒸熟取出，修、切成排骨状。

2 鸡蛋、大米粉、面粉、五香粉、水，制成全蛋糊。

3 炒锅上火，放花生油，待油七成热时，将藕排沾满全蛋糊，放入锅炸熟，捞出，待油八成热时，入锅重油，至起脆、色呈金黄时，捞出沥尽油，装盘中即成。

4 带花椒盐一小碟上桌。

大师指点

1 因生藕脆性大，故蒸熟后改刀。

2 藕排大小、厚度须一致。

特点 外层酥脆，内里软糯。

106　锅烧肥鸭

主料： 豆腐皮 1 张。

配料： 水发香菇 50 克、水发粉丝 50 克、胡萝卜 50 克、熟胡萝卜 10 克、香菜 10 克、鸡蛋清 1 个。

调料： 花生油、葱丝、姜丝、绍酒、精盐、干淀粉。

制作方法

1　豆腐皮、水发香菇、胡萝卜均切成丝，加水发粉丝、葱丝、姜丝成为六丝。熟胡萝卜切成末，香菜取叶洗净。

2　炒锅上火，放花生油、水发香菇丝、胡萝卜丝、水发粉丝炒熟，加豆腐皮丝、葱丝、姜丝略炒，加精盐、绍酒，炒拌均匀，成为六丝馅。

3　鸡蛋清放碗内拭打成发蛋，加干淀粉拌匀成发蛋糊。

4　将一半发蛋糊倒盘内，放上六丝，再倒上另一半发蛋糊。

5　炒锅上火，放花生油，待油四成热时，将发蛋糊养炸至蓬松、呈淡黄色捞出，沥尽油，盛盘中，撒上香菜叶即成。

大师指点

1　发蛋须拭打至筷子能够竖立。

2　养炸时油温不宜高，保持洁白、膨松。

特点 膨松绵软，清淡爽口。

107　熘明虾

主料： 豆腐皮 2 张。

配料： 水发金针菜 100 克、苹果 2 个、面粉 100 克。

调料： 花生油、葱白段、姜米、酱油、白糖、湿淀粉、醋、麻油、素汤。

制作方法

1　豆腐皮切成长 1.5 寸、宽 6 分的片。

2　水发金针菜理齐，去根，切成 1 寸长的段，在每根菜头中间切一刀，使其开叉。

3　苹果去皮、核，切成长 1.5 寸、厚 3 分的月牙块。

4　面粉、水，制成面粉糊。

5　豆腐皮抹上面粉糊，放上苹果块，再放水发金针菜，裹紧成明虾生坯。

6　炒锅上火，放花生油，待油七成热时，将明虾生坯放入油锅炸熟，呈金黄色时捞出沥尽油装盘。

7　炒锅上火，放花生油、葱白段、姜米煸炒一下，加素汤、酱油、白糖烧开，用湿淀粉勾芡，加醋，成糖醋卤汁，倒明虾内，炒拌均匀，浇麻油即成。

大师指点

1　苹果须选用脆性的。

2　面粉糊不能稀，要有黏性。

3　金针菜前边要切开叉，卷在苹果上似虾须。

特点 形似大虾，酸甜可口。

108　熘鹅皮

主料： 油面筋 200 克。

配料： 熟净笋 20 克、水发香菇 20 克、红椒 20 克。

调料： 花生油、葱花、姜米、蒜泥、酱油、白糖、湿淀粉、醋、麻油、素汤。

制作方法

1　油面筋切成两半。

2 熟净笋、水发香菇切成片，红椒去籽洗净，切成片。

3 炒锅上火，放花生油、葱花、姜米稍炒，加熟净笋片、水发香菇片、红椒片炒熟，加素汤、酱油、白糖烧开，用湿淀粉勾芡，放蒜泥、醋，成糖醋卤汁。

4 炒锅上火，放花生油，待油八成热时，将油面筋炸至老黄色，捞出沥尽油装盘，倒入糖醋卤汁即成。

大师指点

制糖醋卤汁时，放少许酱油即成，防止颜色过深。

特点 形似鹅皮，酸甜香脆。

---

109 熘脆火

主料： 生面筋 300 克。

配料： 去皮净藕 20 克。

调料： 花生油、葱花、姜米、蒜泥、酱油、白糖、湿淀粉、醋、麻油、素汤。

制作方法

1 生面筋切成鸽蛋大小的块。去皮净藕切成末。

2 炒锅上火，放花生油，待油八成热时，将生面筋炸至起泡、深黄色时，捞出沥尽油，切成 1.2 寸长、3 分宽的长方块。再入八成热油锅稍炸，盛入放有辣油的盘中。

3 炒锅上火，放花生油、葱花、姜米稍炒，加素汤、

酱油、白糖烧开，用湿淀粉勾芡，加蒜泥、藕末、醋、麻油，成为糖醋卤汁，盛碗内。

4 面筋、糖醋卤汁同时上桌，卤汁浇入面筋时，发出吱吱声。

大师指点

1 糖醋卤汁和面筋最好同时制作，这样上桌时效果最好。

2 炸制面筋时掌握好时间，确保脆而不焦。

特点 香脆可口，酸甜适中。

---

110 熘焖鱼

主料： 油条 2 根。

配料： 面粉 120 克、鸡蛋 1 个。

调料： 花生油、葱花、姜米、蒜泥（或糖醋卤汁）、酱油、白糖、湿淀粉、醋、麻油、素汤。

制作方法

1 油条撕成两半，切成 1.2 寸长段。

2 鸡蛋、面粉、水，制成全蛋糊。

3 炒锅上火，放花生油，待油七成热时，将油条沾满全蛋糊炸透，呈牙黄色时捞出，待油八成热时，入

锅重油，炸至老黄色捞出，沥尽油，成为焖鱼。

4 炒锅上火，放花生油、葱花、姜米稍炒，加素汤、酱油、白糖烧开，用湿淀粉勾芡，加醋、蒜泥（或糖醋卤汁），放入焖鱼炒拌均匀，浇麻油，装盘即成。

大师指点

1 制作蛋糊时，加少许花生油，炸制后更为酥脆。

2 糖和醋的比例为 2：1。

特点 香脆酸甜，别有风味。

111 熘黄雀

主料： 土豆 250 克。

配料： 豆腐皮 2 张、熟净笋 100 克、水发绿笋 100 克、水发冬菇 15 克、香干半块、鸡蛋 1 个。

调料： 花生油、葱花、姜米、蒜泥、干淀粉、湿淀粉、酱油、白糖、醋、麻油、素汤、精盐。

制作方法

1 土豆洗净、煮熟、去皮，揭成泥，放盆内，加精盐、干淀粉制成土豆馅。

2 熟净笋、水发绿笋、水发冬菇、香干均切成细丝，成为四丝。

3 鸡蛋、干淀粉，制成全蛋浆。

4 炒锅上火，放花生油，放入四丝炒熟，加酱油、白糖，收干汤汁，成为四丝馅。

5 豆腐皮切成长 4 寸的条，抹上全蛋浆，加上土豆泥，抹平，约 2 分厚，放上四丝馅，卷成长条，切成斜角块，两头沾满全蛋浆，成为黄雀生坯。

6 炒锅上火，放花生油，待油七成热时，将黄雀生坯炸熟、炸脆，捞出沥尽油。

7 炒锅上火，放花生油、葱花、姜米稍炒，加素汤、酱油、白糖烧开，用湿淀粉勾芡，加蒜泥、醋制成糖醋汁，再放黄雀炒拌均匀，浇麻油，装盘即成。

大师指点

炒四丝时，香干丝在加调料后放入，以防粘锅。

特点 形似黄雀，口味酸甜。

112 炸黄雀

主料： 土豆 250 克。

配料： 豆腐皮 2 张、熟净笋 100 克、水发绿笋 100 克、水发冬菇 15 克、香干半块、鸡蛋。

调料： 花生油、葱花、姜米、蒜泥、精盐、酱油、白糖、干淀粉、花椒盐、湿淀粉、麻油、素汤。

制作方法

1 土豆洗净、煮熟、去皮，揭成泥，放盆内，加精盐、干淀粉拌匀，制成土豆馅。

2 熟净笋、水发绿笋、水发冬菇、香干均切成细丝，成为四丝。

3 鸡蛋、干淀粉，制成全蛋浆。

4 炒锅上火，放花生油，放入四丝炒熟，加酱油、白糖，收干汤汁，成为四丝馅。

5 豆腐皮切成长 4 寸的条，抹上全蛋浆，加土豆泥，抹平，约 2 分厚，放上四丝馅，卷成长条，切成斜角块，两头沾满全蛋浆，成为黄雀生坯。

6 炒锅上火，放花生油，待油七成热时，放葱花、姜米、蒜泥爆香，将黄雀生坯炸熟、炸脆，捞出沥尽油，装盘中。

7 带花椒盐一小碟上桌。

大师指点

炒四丝时，香干丝在加调料后再放，以防粘锅。

特点 形似黄雀，香脆爽口。

113 熘黄鱼

主料： 土豆 500 克。

配料： 熟净笋 100 克、水发冬菇 80 克、小方干 1 块、去皮胡萝卜 10 克、青豆 10 克、面粉 50 克。

调料： 花生油、葱花、姜米、蒜泥、精盐、番茄酱、白糖、湿淀粉、干淀粉、醋、麻油、素汤。

制作方法

1 土豆洗净、煮熟、去皮，揾成泥，放盆内，加干淀粉、精盐、麻油拌匀揉透，成土豆面团。

2 去皮胡萝卜洗净，切成丁。熟净笋、水发冬菇、小方干切成丝。

3 炒锅上火，放花生油、熟净笋丝、水发冬菇丝、方干丝、姜米炒熟，加精盐炒匀，盛起晾冷。

4 土豆面团制成皮，包入三丝，制作成黄鱼生坯。

5 炒锅上火，放花生油，待油七成热时，放入黄鱼生坯炸熟，捞出，待油八成热时，入锅重油，炸至金黄色，捞出沥尽油，装盘。

6 炒锅上火，放花生油、去皮胡萝卜丁、青豆炒熟，加素汤、番茄酱、白糖烧开，用湿淀粉勾芡后，再放醋、麻油，制成糖醋卤汁，浇在黄鱼上即成。上桌时带蒜泥小碟。

大师指点

此菜又称茄汁黄鱼。

特点 色泽金黄，甜酸可口。

114 醋熘筒头

主料：生面筋 500 克。

调料：花生油、葱花、姜米、蒜泥、酱油、白糖、干淀粉（绿豆淀粉最佳）、湿淀粉、醋、麻油、素汤。

制作方法

1 将生面筋分成 3 份，卷在小擀面杖上，两头卷紧。

2 炒锅上火，放水烧开，将卷好的面筋煮熟，捞出放冷水中，取出擀面杖后，切成马蹄块，成为筒头生坯。

3 干淀粉、水，制成淀粉浆（略厚一些）。

4 炒锅上火，放花生油，待油七成热时，将筒头生坯沾满淀粉浆炸熟、炸透，捞出，待油八成热时，入锅重油，至外表起脆、色呈金黄时，捞出沥尽油。

5 炒锅上火，放花生油、葱花、姜米稍炒，加素汤、酱油、白糖烧开，用湿淀粉勾芡，放蒜泥、醋、麻油，倒入筒头炒拌均匀，装盘即成。

大师指点

1 面筋须卷紧、卷实，擀面杖上可先涂少许油。

2 切好的面筋须挤尽水分。

特点 外香脆、里软韧，酸甜可口。

115 醋熘杨梅

主料：土豆 500 克。

配料：水煮面筋 150 克、熟净笋 50 克、水发冬菇 50 克、水发绿笋 20 克、豆腐 1 块、面粉 100 克、面包屑 10 克。

调料：花生油、番茄酱、精盐、白醋、白糖、干淀粉、湿淀粉、麻油、素汤。

制作方法

1 土豆洗净、去皮、煮熟，揾成泥。

2 熟净笋、水发冬菇、水煮面筋、水发绿笋均切成末，1 块豆腐揾成泥，同放碗内，加土豆泥、面粉、精盐调匀、揉透，摘成杨梅大小的圆子，稍加捏制，成为杨梅生坯。

3 炒锅上火，放花生油，待油七成热时，将杨梅生坯炸熟，捞出，待油八成热时，入锅重油，色呈金黄时，捞出沥尽油。

4 炒锅上火，放素汤、番茄酱、白糖烧开，用湿淀粉勾芡，放入杨梅炒拌均匀，放白醋，浇麻油，装盘即成。

大师指点

盛放杨梅生坯的盘中稍涂花生油，防止粘粘。

特点 形似杨梅，香脆松软。

116 醋熘鳝鱼

主料： 水发冬菇 150 克。

配料： 面粉 100 克、鸡蛋。

调料： 花生油、葱花、姜米、蒜泥、酱油、白糖、湿淀粉、醋、麻油、素汤。

制作方法

1 水发冬菇沿边剪成宽 4 分的长条。

2 鸡蛋、面粉、水，制成全蛋糊。

3 炒锅上火，放花生油，待油七成热时，将水发冬菇条沾满全蛋糊，入锅炸至起脆、金黄色时，捞出沥尽油，成鳝鱼。

4 炒锅上火，放花生油、葱花、姜米稍炒，放素汤、酱油、白糖烧开，用湿淀粉勾芡，加蒜泥、醋，制成糖醋卤汁，放入鳝鱼炒拌均匀，浇麻油，装盘即成。

大师指点

全蛋糊不可稀，要均匀裹在冬菇条上。

特点 ▶ 形似鳝鱼，外脆里香。

117 糖醋排骨

主料： 生藕 500 克。

配料： 面粉 250 克、鸡蛋。

调料： 花生油、葱花、姜米、蒜泥、酱油、白糖、湿淀粉、醋、麻油、素汤。

制作方法

1 生藕去皮、藕节，拍松，切成不规则小块，放盆内，加鸡蛋、面粉拌匀、拌透，成排骨生坯。

2 炒锅上火，放花生油，待油七成热时，放排骨生坯将其炸熟，待油八成热时，入锅重油，炸至色呈老黄色时，捞出沥尽油。

3 炒锅上火，放花生油、葱花、姜米稍炒，加素汤、酱油、白糖烧开，用湿淀粉勾芡，加蒜泥、醋，成糖醋卤汁，再放入藕块，炒拌均匀，放麻油，装盘即成。

大师指点

1 面粉可用藕粉代替。

2 藕块须沾满面粉。

特点 ▶ 外香里脆，酸甜可口。

118 醋溜瓦块鱼

主料： 水煮熟面筋 250 克。

配料： 面粉 150 克、鸡蛋。

调料： 花生油、葱花、姜米、蒜泥、精盐、酱油、白糖、干淀粉、湿淀粉、醋、麻油、素汤。

制作方法

1 水煮熟面筋切成 1.5 寸长、 8 分宽、 3 分厚的长方块，加少许精盐拌匀，浸渍入味。

2 鸡蛋、干淀粉、面粉、水，制成全蛋糊。

3 炒锅上火，放花生油，待油七成热时，将水煮熟面筋块沾满全蛋糊，入锅炸熟，定型捞出，待油八成热时，放入重油，炸至发脆、呈老黄色时，捞出沥尽油，即成瓦块鱼。

4 炒锅上火，放花生油、葱花、姜米稍炒，加素汤、酱油、白糖烧开，用湿淀粉勾芡，放蒜泥、醋，成糖醋卤汁，倒入瓦块鱼，炒拌均匀，放麻油，装盘即成。

大师指点

面筋也可根据形状批成大片。

特点 ▶ 鱼块香脆，酸甜可口。

119 醋溜鳜鱼

主料： 土豆 400 克。

配料： 豆腐皮 1 张、熟净笋片 100 克、水发冬菇 100 克、小方干 1 块、面粉 50 克、熟净红椒 5 克。

调料： 花生油、葱花、姜米、蒜泥、精盐、酱油、白糖、干淀粉、湿淀粉、醋、麻油、辣油。

制作方法

1 土豆洗净、去皮，上中火开水笼锅中蒸熟、蒸烂取出，揉成泥，放盆中，加精盐、干淀粉制成面团。

2 熟净笋、水发冬菇、小方干均切成细丝，成三丝。炒锅上火，放花生油、三丝煸炒成熟，放酱油、白糖，用湿淀粉勾芡，成三丝馅。

3 面粉、水，制成面糊。

4 1 片熟净笋制成脊鳍，2 片熟净笋制成胸鳍。熟净红椒、水发冬菇用圆模具刻成小圆片（熟净红椒大、水发冬菇小），成鱼眼。

5 豆腐皮铺平，抹上面糊，放入制成鳜鱼形的土豆面团，上放三丝馅，再放上土豆面团，包起三丝馅。头部：用刀切一下成鱼嘴，插放半片水发冬菇成鱼鳃。身部：脊背放脊鳍，胸部放胸鳍。尾部：用土豆面团制成扁圆形，上面用刀稍排几下，成鱼尾，安上鱼身，在鱼身上剞牡丹花刀，即成鳜鱼生坯。

6 炒锅上火，放入花生油，待油七成热时，鳜鱼生坯放入漏勺，下油锅炸至定型，去漏勺，将其炸熟，色呈老黄色捞出，放盘内，并放少许辣油。

7 炒锅上火，放花生油、葱花、姜米稍炒，放水、酱油、白糖烧开，放蒜泥，用湿淀粉勾芡，放醋、麻油，成糖醋卤汁，倒在鳜鱼上，放上鱼眼即成。

大师指点

1 制成的土豆面团要上劲。

2 土豆面团包严三丝馅，剞的牡丹花刀要浅，不能到三丝馅。

特点 形似鳜鱼，外脆里嫩，酸甜适口。

120 石榴刮肉

主料： 油发面筋泡 24 只。

配料： 豆腐 5 块、熟净笋 25 克、水发冬菇 25 克、水发金针菜 25 克、水发木耳 25 克、小青菜心 10 棵。

调料： 花生油、姜米、精盐、酱油、白糖、干淀粉、湿淀粉、麻油。

制作方法

1 在油发面筋泡上剪成横竖 5 厘米的十字口。

2 豆腐挤干水分，揉成泥，水发金针菜、水发冬菇切成相同小丁，放入盆内，加精盐、干淀粉制成豆腐馅。

3 小青菜心洗净，放入大火开水锅内焯水，捞出放冷水中泌透，挤干水分，放入油锅上火焐油至熟，捞出沥尽油。

4 将豆腐馅从十字口塞满面筋泡，用线将开口缝紧，成为石榴刮肉生坯。

5 砂锅放水、酱油、白糖烧开，再放石榴刮肉生坯烧开，移小火烧熟焖透，再上大火，收稠汤汁，抽去细线，装盘中，四周围以小青菜心，放入汤汁即成。

大师指点

此菜近似于无锡面筋塞鸡肉，但咸中微甜，口感清淡。

特点 口味清淡，咸中微甜。

121 红烧豆腐圆

主料：豆腐 5 块。

配料：熟净笋 50 克、水发冬菇 50 克、小青菜心 10 棵、鸡蛋 1 个。

调料：花生油、葱花、姜米、精盐、酱油、白糖、素汤、干淀粉、湿淀粉。

制作方法

1 将熟净笋、水发冬菇切成细丁。

2 豆腐去上、下老皮，挤尽水，揭成泥蓉，放盆内，加熟净笋丁、水发冬菇丁、鸡蛋、葱花、姜米、干淀粉、精盐，制成豆腐馅。

3 小青菜心洗净，在大火开水锅中焯水，捞出放冷水中泌透，取出，挤去水分，放花生油锅，上火焐油至熟，捞出沥尽油。

4 炒锅上火，放花生油，待油七成热时，将豆腐馅搓成圆子下锅炸熟，呈金黄色时捞出，沥尽油。

5 炒锅上火，放素汤、豆腐圆子烧开，加酱油、白糖，移小火烧透入味，再用大火收稠汤汁，用湿淀粉勾芡，盛入盘中，围上小青菜心即可。

大师指点

1 制作豆腐圆子时，要大小一致。

2 炸时掌握好油温，确保形态完整。

特点 形似肉丸，色味俱佳。

122 红烧马蹄鳖

主料：水发冬菇（大且厚的） 150 克。

配料：熟净春笋 100 克、京冬菜 50 克。

调料：花生油、葱、姜片、绍酒、精盐、酱油、冰糖、干淀粉、湿淀粉、麻油、素汤。

制作方法

1 水发冬菇去根、蒂，洗净，挤尽水，放碗内，加冰糖、绍酒、葱（1 根）、姜片（1 片）、素汤，用盘盖住，放中火开水笼锅中蒸熟、蒸透，取出。

2 京冬菜拣洗干净，加精盐拌匀。每根熟净春笋剖成 4 片。

3 蒸好的水发冬菇挤干水分，撒上少许干淀粉。

4 干淀粉加水和匀，再用开水冲成淀粉糊。

5 将淀粉糊均匀抹在水发冬菇盖上，成为甲鱼生坯。

6 炒锅上火，放花生油、葱（1 根）、姜片（1 片）稍炒，加素汤、酱油、冰糖、绍酒、甲鱼生坯烧开，入味，取出，每个水发冬菇改刀成 4 片，盛盘中，围上熟净春笋条。

7 炒锅上火，放冬菇卤汁烧开，用湿淀粉勾芡，放麻油，倒甲鱼上即成。

大师指点

1 选用冬菇须大小一致，以厚花菇为佳。

2 淀粉糊须有黏性，涂抹厚薄一致。

3 甲鱼烧煮时间不宜长。

特点 软嫩滑爽，味美可口。

123 扒烧猴头

主料：鲜猴头菇 200 克。

配料：熟净冬笋 50 克、水发冬菇 50 克、青菜心 10 棵。

调料：花生油、葱、生姜、精盐、湿淀粉、素汤。

制作方法

1 鲜猴头菇洗净，切成 3 分厚的片，放入大火开水锅内焯水捞出，整齐地摆放碗内，加素汤、精盐、葱（1 根）、生姜，用盘盖住，放中火开水笼锅中蒸熟、蒸透，取出，去葱、姜，翻身入盘，去汤汁，去扣碗。

2 熟净冬笋、水发冬菇切成片，青菜心洗净，放大火开水锅内焯水，捞出放冷水中泌透，取出，挤去

水，入花生油锅，上火焐油至熟，沥尽油，围放鲜猴头菇四周。

3 炒锅上火，放花生油、熟净冬笋、水发冬菇稍炒，加素汤、煮猴头菇汤烧开，加精盐，用湿淀粉勾芡，浇猴头菇上即成。

大师指点

猴头菇片须大小均匀。

特点 鲜嫩味美，口味独特。

---

124 红烧五香肥肠

主料： 生面筋 500 克。
配料： 熟净笋 50 克、菜薹 100 克、面粉 50 克。
调料： 花生油、葱、姜、绍酒、酱油、白糖、湿淀粉、桂皮、八角、麻油、素汤。

制作方法

1 将生面筋分成 4 份，缠紧在小擀面杖上。

2 炒锅上火，放水烧开，放入生面筋，烧煮至熟，放冷水中，脱去小擀面杖，用刀切成斜圆形状，放入酱油、面粉拌匀，成为肥肠生坯。

3 熟净笋切成片，菜薹拣洗干净，切成 1.2 寸长的段。

4 炒锅上火，放花生油，待油七成热时，放入大肠生

坯炸熟呈金黄色时，捞出沥尽油。

5 炒锅上火，放花生油，葱（1 根）、姜（1 块）稍炒，放熟净笋片、菜薹煸炒至熟，加素汤、桂皮、八角、大肠烧开，移小火略焖，再上大火收稠汤汁，去葱、姜、桂皮、八角，用湿淀粉勾芡，放麻油装盘，肥肠放入盘中，周围围上菜薹即成。

大师指点

1 煮面筋时，根据情况，中途可适量添加冷水。

2 面筋拌酱油、面粉时要拌匀拌透。

特点 形似肥肠，美味鲜香。

---

125 皮箱豆腐

主料： 豆腐 6 块。
配料： 熟净笋 50 克、水发冬菇 50 克、鲜蘑菇 50 克、水发金针菜 50 克、木耳 50 克、小青菜心 10 棵。
调料： 花生油、葱段、姜块、酱油、白糖、湿淀粉、麻油、素汤。

制作方法

1 豆腐切成 1.2 寸长、 8 分宽、 1 寸厚的长方块，共 12 块。

2 熟净笋、水发冬菇、鲜蘑菇洗净切成丁，水发金针菜、木耳切成丁，成为五丁。炒锅上火，放花生油、五丁煸炒成熟，放素汤、酱油、白糖烧开，收

干汤汁，用湿淀粉勾芡，制成五丁馅。

3 小青菜心洗净焯水，冷水泌凉，挤尽水，入油锅上火焐熟，捞出沥尽油。

4 炒锅上火，放花生油，待油八成热时，将豆腐块炸至金黄色、起壳时，捞出沥尽油。

5 在炸熟的豆腐块四分之三处，切开三面，一面连着，取出里面的豆腐，填入五丁馅，制成皮箱豆腐生坯。

6 炒锅上火，放花生油、葱段（1 根）、姜块（1 块）稍炒，加素汤、酱油、白糖、皮箱豆腐生坯烧开，移小火烧焖入味成熟，去葱段、姜块，再上大火收稠汤汁，捞出皮箱豆腐，摆放盘中，围上小青

菜心。

7 炒锅上火，将汤汁烧开，用湿淀粉勾芡，放麻油，倒在皮箱豆腐上即成。

大师指点

1 选用老豆腐。

2 豆腐块须大小厚薄一致。

3 做豆腐箱时，须细心，不可破裂。

4 要制作箱扣，否则不像箱子。

5 烧制时排列整齐，不可颠锅，防止散开。

特点 形似皮箱，软嫩鲜美，清淡爽口。

---

126 红烧鱼

主料： 豆腐 150 克。

配料： 水发玉兰片 100 克、水发金针菜 50 克、水发木耳 50 克、面粉 100 克。

调料： 花生油、葱丝、姜丝、绍酒、精盐、酱油、白糖、湿淀粉、花椒、八角、胡椒粉、素汤。

制作方法

1 豆腐去上、下老皮，挤尽水，搨成泥蓉，放盆内，加水发金针菜、水发玉兰片切成的细丝、精盐、胡椒粉，拌匀成豆腐馅。

2 面粉用开水调和成团，擀成四方片，包入豆腐馅。制成圆圈形，捏出鱼嘴、鱼鳍、鱼尾，成为鱼生坯。

3 炒锅上火，放花生油，待油七成热时，放入鱼生坯，炸至金黄色，捞出沥尽油。

4 炒锅上火，放花生油、花椒、八角稍炒，加葱丝、姜丝略炒，再加素汤、酱油、白糖、鱼生坯，烧开，加绍酒、水发木耳，移小火烧透入味，再用大火收稠汤汁，去花椒、八角、葱丝、姜丝，撒胡椒粉，用湿淀粉勾芡，装盘即成。

大师指点

鱼身用烫面制作，油炸时油温要偏高。

特点 形态逼真，鲜嫩适口。

---

127 红烧全鸡

主料： 山药 500 克。

配料： 豆腐皮 3 张、熟净笋 100 克、水发冬菇 50 克、水发绿笋 50 克、去壳银杏 80 克。

调料： 花生油、酱油、白糖、湿淀粉、素汤。

制作方法

1 山药洗净、去皮，先切下一小段刻成鸡头，其余煮熟烂后搨成泥蓉。

2 熟净笋、水发冬菇、水发绿笋切成细丝。去壳银杏冷水浸泡后去尽水。

3 炒锅上火，放花生油、三丝煸炒后，加酱油、白糖，收稠汤汁，盛盘内。

4 炒锅上火，放花生油，待油七成热时，放入银杏拉油、去皮，沥尽油稍冷，去除银杏。

5 将 1 张豆腐皮切成长 6 寸、宽 2 寸的片，抹上山药泥，放上三丝，卷成圆筒形如鸡颈。

6 1 张豆腐皮切成两个三角形，抹上山药泥，放上三丝，包成鸡腿形，插入用笋条做的鸡腿骨。

7 1 张豆腐皮抹上山药泥，放三丝，包成鸡身，用绳扎口。

8 炒锅上火，放花生油，待油七成热时，将鸡身、鸡腿、鸡颈放漏勺上炸熟、定型，捞出沥尽油，拼装在盘中，成为鸡形。

9 炒锅上火，放花生油、素汤、银杏、酱油、白糖烧开。用湿淀粉勾芡，倒鸡身上即成。

大师指点

此为做工菜，每一步均需扎实、认真。

特点 形似整鸡，美味可口。

128 红烧素元鱼

主料： 水发大冬菇 20 只。

配料： 土豆 400 克、熟净冬笋 150 克。

调料： 花生油、精盐、酱油、白糖、玉米粉、湿淀粉、麻油、素汤。

制作方法

1 土豆洗净，煮至熟烂，去皮揿成泥蓉，放盆内，加玉米粉、精盐，制成土豆馅，抓成大圆子，每只圆子上盖 1 只水发大冬菇，插上一根 3 分见方的熟净冬笋条，不要露出，即成元鱼生坯。余下笋切成片。

2 炒锅上火，放花生油，待油七成热时，放入元鱼生坯将其炸熟，捞出沥尽油。

3 炒锅上火，放花生油、笋片稍炒，加酱油、白糖、素汤、元鱼烧开，移小火烧焖入味，再上大火收稠汤汁，用湿淀粉勾芡，放麻油，整齐地装入盘内即成。

大师指点

制作土豆馅须略厚，便于造型。

特点 形似元鱼，鲜香味美。

129 红烧鸡腿

主料： 生面筋 200 克。

配料： 鲜春笋 500 克、水发绿笋 100 克、水发香菇 50 克、小青菜心 10 棵。

调料： 花生油、酱油、白糖、湿淀粉、麻油、素汤。

制作方法

1 鲜春笋去壳、根、皮，每根劈成 4 根，共 12 根，放大火开水锅内焯水，捞出放冷水中泌透备用。

2 生面筋切成 12 块，分别卷入春笋，制成鸡腿，放锅内煮熟、煮透，捞出放冷水中泌凉，成为鸡腿生坯。

3 炒锅上火，放花生油，待油七成热时，将鸡腿生坯炸熟，呈金黄色时捞出沥尽油。

4 水发香菇批切成片。水发绿笋撕成条，切成 1 寸长的段。小青菜心洗净、焯水，捞出放冷水中泌透，取出挤干水，放油锅内，上火焐油至熟，捞出沥尽油。

5 炒锅上火，放素汤、鸡腿、水发香菇片、水发绿笋段、酱油、白糖烧开，收稠汤汁，放小青菜心，用湿淀粉勾芡，放麻油，装盘即成。

大师指点

春笋剖开后，焯一下水，去除草酸味。

特点 形似鸡腿，美味爽口。

130 烧虎皮面筋

主料： 油炸面筋片 150 克。

配料： 熟净笋 75 克、水发冬菇 75 克、小青菜心 10 棵。

调料： 花生油、酱油、白糖、湿淀粉、麻油、素汤。

制作方法

1 油炸面筋片一剖两半，温水泡软，捞出挤尽水。

2 水发冬菇去根、蒂，切成片，熟净笋切成片，焯水后捞出，去尽水。青菜心洗净、焯水，挤去水，放入花生油锅，上火焐油至熟，捞出沥尽油。

3 炒锅上火，放花生油、熟净笋片、水发冬菇片稍炒，加素汤、油炸面筋片烧开，再放酱油、白糖，收稠汤汁，用湿淀粉勾芡，放麻油，装盘，熟净笋片、水发冬菇片放盘底，上放油炸面筋片，围以小青菜心即成。

大师指点

笋片、冬菇片先大火开水锅内焯水。

特点 软糯鲜嫩，美味可口，系扬州传统素菜。

131 家常豆腐

主料: 豆腐 3 块。

配料: 熟净笋 50 克、水发冬菇 50 克。

调料: 花生油、葱段、酱油、白糖、湿淀粉、麻油、素汤。

制作方法

1 豆腐切成 3 分厚的三角块。

2 熟净笋、水发冬菇切成片。

3 炒锅上火，放花生油，待油八成热时，将豆腐炸成金黄色、外层结壳时，捞出沥尽油。

4 炒锅上火，放花生油、葱段（1 根）稍炒，加熟净笋片、水发冬菇片煸炒，放素汤、豆腐烧开，放酱油、白糖，移小火烧焖入味，再上大火收稠汤汁，去葱段，用湿淀粉勾芡，放麻油，装盘即成。

大师指点

1 宜选用老豆腐，炸制时油温要高，迅速起壳。

2 烧制豆腐时要烧焖入味。

特点 色泽酱红，香鲜味美。

132 红烧素鱼翅

主料: 水发玉兰笋 250 克。

配料: 熟净笋 50 克、水发冬菇 50 克、小青菜心 10 棵。

调料: 花生油、酱油、白糖、干淀粉、湿淀粉、麻油、素汤。

制作方法

1 水发玉兰笋去根、洗净，切成块，一头切成丝，另一头相连，拍上干淀粉拌匀。

2 熟净笋、水发冬菇切成片。小青菜心洗净焯水后，挤尽水，放入油锅，上火焐油至熟，捞出沥尽油。

3 炒锅上火，放花生油，待油七成热时，放入水发玉兰笋将其炸熟，捞出沥尽油，成素鱼翅。

4 炒锅上火，放花生油、熟净笋片、水发冬菇片稍炒，加素汤、素鱼翅烧开，放酱油、白糖，收稠汤汁，用湿淀粉勾芡，放麻油，装盘，熟净笋片、水发冬菇片放盘底，盖上素鱼翅，围以小青菜心即成。

大师指点

1 玉兰笋亦可切成大厚片，用梳子刀法切丝，拍粉前，略拌精盐。

2 此为扬州传统名菜，用于高档宴席。

特点 形似鱼翅，色彩艳丽，鲜美可口。

133 烧素海参

主料: 紫菜 50 克。

配料: 熟净笋 100 克、山药 50 克、藕粉 50 克、水发冬菇 50 克、水发木耳 50 克、小青菜心 10 棵。

调料: 花生油、葱、姜、酱油、白糖、湿淀粉、麻油、素汤。

制作方法

1 紫菜泡开、洗净，刮成蓉，山药去皮洗净，放入水锅内上火烧至熟烂，取出，用刀搋成泥，50 克熟净笋切成末，同放盆内，加藕粉制作成馅。

2 盘内抹上花生油，用刀将馅刮成海参形放盘中，即成素海参生坯。

3 熟净笋、水发冬菇切成片，小青菜心洗净，放入大火开水锅内焯水，捞出挤尽水，放入油锅内上火焙油至熟，捞出沥尽油。

4 炒锅上火，放花生油，待油八成热时，放入素海参生坯将其炸熟，捞出沥尽油。

5 炒锅上火，放花生油、葱（1 根）、姜（1 块）稍炒，加熟净笋片、水发冬菇片、素汤、素海参烧开，放酱油、白糖，收稠汤汁，去葱、姜，用湿淀粉勾芡，放麻油，装盘，熟净笋片、水发冬菇片垫盘底，上放素海参，围以小青菜心即成。

大师指点

制馅时，各种原料均需沥尽水分，馅心要串成厚糊状。

特点 形似海参，软嫩鲜香，四季皆宜。

134 烧虎皮肉

主料： 生面筋 200 克。

配料： 豆腐皮 1 张、豌豆苗 400 克。

调料： 花生油、酱油、白糖、精盐、干淀粉、湿淀粉、红曲米、麻油、素汤。

制作方法

1 生面筋捺成四方形，煮熟，切成两片。

2 红曲米碾碎，与面筋拌匀，变成红色。

3 炒锅上火，放花生油，待油五成热时，将豆腐皮略炸，捞出沥尽油，放冷水中（随用随洗随捞），捞出，用干布吸尽水分。

4 干淀粉、水，制成淀粉浆。干淀粉、开水，制成淀粉糊。

5 豆腐皮抹上淀粉浆，再抹淀粉糊，放上面筋，冷透后切成 3 寸长、 4 分厚的大块，摆放碗内，加少许酱油、白糖，入大火开水笼锅中蒸熟、蒸透，取出，翻身入盘，泌下汤汁，去扣碗。

6 炒锅上火，放花生油、拣洗干净后的豌豆苗、精盐炒熟，围在虎皮肉四周。

7 炒锅上火，放素汤、泌下的汤汁、酱油、白糖烧开，用湿淀粉勾芡，放麻油，倒在虎皮肉上即成。

大师指点

制作时，浆、糊、馅都要依次抹平。

特点 色泽红亮，鲜香软嫩。

135 烧甲鱼

主料： 凉粉皮 5 张。

配料： 水发香菇 50 克、水发绿笋 100 克、水发玉兰笋 100 克、水发金针菜 20 根、鸡蛋 1 个。

调料： 花生油、精盐、酱油、干淀粉、湿淀粉、麻油、素汤。

制作方法

1 水发香菇去根、蒂，洗净，切成片。水发绿笋撕成 3 分宽的条，洗净，切成 1.2 寸的段，水发玉兰笋去根，切成片，同放碗内，加精盐拌匀。

2 凉粉皮切成 1.2 寸长、 3 分宽的片。

3 鸡蛋、干淀粉，制成全蛋浆。

4 两片粉皮中放水发香菇片、水发绿笋段、水发玉兰笋片，用水发金针菜从中间扎紧，成为甲鱼生坯（20~25 只）。

5 炒锅上火，放花生油，待油六成热时，将甲鱼生坯沾满全蛋浆，下油锅炸至定型，捞出沥尽油。

6 炒锅再上火，放素汤、甲鱼烧开、烧熟，加酱油、花生油，收稠收干汤汁，加精盐，用湿淀粉勾芡，放麻油，装盘即成。

大师指点

宜选用较大香菇，绿笋、玉兰笋定型一致，粉皮选用绿豆粉皮。

特点 造型独特，软嫩爽口。

136 红焖狮子头

主料： 水煮熟面筋 500 克。

配料： 山药 250 克、熟净笋 50 克、水发冬菇 50 克、水发金针菜 50 克、鲜蘑菇 50 克、小青菜心 10 棵、鸡蛋 2 个。

调料： 花生油、葱花、姜米、精盐、酱油、白糖、干淀粉、湿淀粉、麻油、素汤。

制作方法

1　水煮熟面筋洗净，挤干水分，刮碎，放盆内。

2　山药洗净、去皮，拍碎，放盆内。

3　熟净笋、水发冬菇、鲜蘑菇洗净，切成丁，放盆内。

4　小青菜心洗净、焯水，放入油锅，上火焐油至熟，捞出沥尽油。

5　盆内加鸡蛋、葱花、姜米、干淀粉、精盐，拌匀上

劲成馅，制成 10 ～ 12 只大圆子，成为狮子头生坯。

6　炒锅上火，放花生油，待油七成热时，放入狮子头生坯将其炸熟，呈金黄色时捞出，沥尽油。

7　砂锅内放素汤、酱油、白糖、狮子头，大火烧开，移小火烧焖入味成熟，再上大火，放小青菜心烧开，收稠汤汁，放入汤盘，上桌即成。

大师指点

1　各种原料混合，鸡蛋、干淀粉是黏合剂，要顺一个方向搅打上劲。

2　维扬传统名素菜，享誉四方。

特点 形态逼真，香浓可口。

137 菜心烧干贝

主料： 豆腐皮 6 张。

配料： 水发冬菇 50 克、水发绿笋 50 克、小青菜心 20 棵。

调料： 花生油、姜米、精盐、干淀粉、湿淀粉、麻油、素汤。

制作方法

1　豆腐皮切成 8 分宽的长条。

2　干淀粉、水、精盐、姜米，制成淀粉浆。

3　豆腐皮上抹匀淀粉浆，卷成圆筒，放大火开水笼锅中蒸熟，捞出稍冷，切成 3 分长小段。

4　炒锅上火烧辣，放少许花生油、豆腐段，将其煎成

牙黄色，倒入漏勺沥尽油，成干贝生坯。

5　水发冬菇切成片，水发绿笋撕成条，切成 1 寸长段。小青菜心洗净、焯水，放入油锅上火焐熟，捞出沥尽油。

6　炒锅上火，放素汤、水发冬菇片、水发绿笋段、干贝烧开、烧焖入味，放小青菜心、精盐烧开，收稠汤汁，用湿淀粉勾芡，放麻油，装盘即成。

大师指点

豆腐皮卷须卷紧，下油锅煎时锅要辣，防止粘锅。

特点 色彩调和，美味爽口。

138 素烧鹅颈

主料： 豆腐皮 2 张。

配料： 豆腐 2 块、熟净笋丝 20 克、水发香菇丝 50

克、面粉 50 克、鸡蛋 1 个。

调料： 花生油、葱丝、姜丝、精盐、酱油、白糖、干

淀粉、湿淀粉、素汤。

制作方法

1 豆腐去上、下老皮，挤尽水，揭成泥蓉，放盆中，加葱丝、姜丝、熟净笋丝、水发香菇丝、精盐拌匀成豆腐馅。

2 豆腐皮上放豆腐馅抹平，卷成圆筒形，成为鹅颈生坯。

3 鸡蛋、面粉、水，制成全蛋糊。

4 炒锅上火，放花生油，待油七成热时，将鹅颈生坯沾满全蛋糊，炸至外层结壳成熟，捞出沥尽油，切成斜角块。

5 炒锅上火，加素汤、鹅颈、花生油烧开，加酱油、白糖，收稠汤汁，用湿淀粉勾芡，装盘即成。

大师指点

豆腐须选用老豆腐，豆腐皮上可撒少许干淀粉，再抹馅。

特点 形似鹅颈，脆嫩爽口。

139 鲜豆浆番茄

主料： 鲜嫩番茄 10 只。

配料： 豆腐 150 克、熟净笋末 25 克、水发香菇末 25 克、蘑菇末 25 克、鲜豆浆 100 克。

调料： 花生油、姜米、精盐、干淀粉、湿淀粉、麻油、素汤。

制作方法

1 鲜嫩番茄用开水烫后去皮，在顶部开一小洞，掏去内囊，控干里面水分。

2 豆腐去上、下老皮，挤尽水，揭成泥，放盆中，加熟净笋末、水发香菇末、蘑菇末、鲜豆浆、干淀粉、精盐，制成豆腐馅。

3 鲜嫩将番茄整齐摆放盘中，逐个填满豆腐馅，抹平，放大火开水笼锅内蒸熟，取出，移放另一盘中。

4 炒锅上火，放素汤、鲜豆浆、花生油烧开，加精盐，用湿淀粉勾芡，放麻油，均匀倒在番茄上即成。

大师指点

1 馅心须填实，以防塌陷。

2 番茄大小须一致，开口大小一致。

特点 红白相映，鲜嫩可口。

140 酿青椒

主料： 青椒 12 只。

配料： 豆腐 2 块、熟净笋 50 克、水发冬菇 50 克。

调料： 花生油、葱花、姜米、蒜泥、精盐、酱油、白糖、干淀粉、湿淀粉、醋、麻油、素汤。

制作方法

1 青椒去梗、籽、筋，保持完整，不破不裂，洗净控干，内囊撒一层干淀粉。

2 熟净笋、水发冬菇切成细末。豆腐去上、下老皮，挤尽水，揭成泥，与熟净笋末、水发冬菇末、干淀粉、精盐拌制成馅。逐个灌入青椒，抹平，成酿青椒生坯。

3 炒锅上火，放花生油，待油六成热时，放入酿青椒生坯焐油至熟，倒入漏勺沥尽油。

4 炒锅上火，放花生油、葱花、姜米稍炒，加素汤、酱油、白糖烧开，用湿淀粉勾芡，加蒜泥、醋，制成糖醋卤汁，倒入酿青椒炒拌均匀，放麻油，装盘即成。

大师指点

1 青椒须大小一致，由根部斜切开，开口大小一致。

2 焐油时油温不宜高，小火加热，变色即可。

特点 色泽翠绿，酸甜爽口。

141　酿丝瓜

主料：丝瓜 500 克。

配料：豆腐 2 块、熟净笋末 50 克、水发冬菇末 10 克、香菜叶 5 克、枸杞子 12 粒。

调料：花生油、姜米、精盐、干淀粉、湿淀粉、素汤。

制作方法

1　丝瓜刮去外皮，切成 1.5 寸小段，挖去内瓤，洗净控干，放入油锅，上火焐油成熟。

2　豆腐去上、下老皮，挤干水分，揣成泥，与姜米、熟净笋末、熟净冬菇末、精盐、干淀粉制成馅。

3　将豆腐馅填入丝瓜，抹平，一头嵌一粒枸杞子，盖上香菜叶，整齐摆放盘中，即酿丝瓜生坯。

4　笼锅上火，放水烧开，放入酿丝瓜生坯，将其蒸熟，取出，摆放另一盘中。

5　炒锅上火，放素汤烧开，加精盐，用湿淀粉勾米汤芡，放花生油，倒在丝瓜上即成。

大师指点

刮丝瓜皮最好用碗瓷片，可以保留绿色。

特点　丝瓜翠绿，咸鲜爽口。

142　酿冬菇

主料：水发冬菇 200 克。

配料：豆腐 2 块、胡萝卜末及青菜叶末适量、鸡蛋清 1 个。

调料：花生油、精盐、干淀粉、湿淀粉、素汤。

制作方法

1　水发冬菇刻成直径 1 寸的圆片，放锅内，加素汤、精盐烧开，收干汤汁，捞出晾冷。

2　豆腐去上、下老皮，挤尽水，揣成泥，加干淀粉、精盐制成馅。

3　水发冬菇片上加豆腐馅，成馒头形，放上胡萝卜末、青菜叶末，成为酿冬菇生坯摆放盘中。

4　笼锅上火，放水烧开，放入酿冬菇生坯，将其蒸熟，整齐摆放另一盘中。

5　炒锅上火，放素汤烧开，加精盐，用湿淀粉勾琉璃芡，放花生油，倒在酿冬菇上即成。

大师指点

1　加馅前在冬菇上撒一些干淀粉。

2　胡萝卜末、青菜叶末各撒半边。

特点　形态美观，清淡鲜美。

143　酿黄瓜

主料：黄瓜 500 克。

配料：豆腐 2 块、熟净笋末 50 克、水发冬菇末 50 克、枸杞子 12 粒、香菜叶 5 克、鸡蛋清 1 个。

调料：花生油、姜米、精盐、干淀粉、湿淀粉、素汤。

制作方法

1　黄瓜刮去外皮，切去两头，切成 1.5 寸的段，挖去内瓤，放大火开水锅稍烫，再放入油锅，上火焐油至熟，捞出沥尽油。

2　豆腐去上、下老皮，挤尽水，揣成泥，加熟净笋末、水发冬菇末、鸡蛋清、姜米、干淀粉、精盐，制成豆腐馅。

3　黄瓜内填满豆腐馅，抹平后两头各放枸杞子 1 粒、香菜叶 1 片，成为酿黄瓜生坯。

4　炒锅上火，放花生油，待油五成热时，放入酿黄瓜生坯，将其焐油成熟，捞出沥尽油放碗内，加素汤、精盐，放大火开水笼锅中蒸透、入味，取出，摆放另一盘中。

5 炒锅上火，放素汤烧开，加精盐，用湿淀粉勾米汤芡，浇花生油，倒在酿黄瓜上即成。

大师指点

1 须选用嫩而直的黄瓜。

2 刮黄瓜皮时，须尽量保留绿色。

特点 色彩翠绿，清淡爽口。

144 酿茄子

主料： 茄子 4 根。

配料： 豆腐 2 块、水发腐竹丝 50 克、水发玉兰笋丝 50 克、水发木耳丝 50 克、鲜蘑菇丝 50 克、水发金针菜丝 50 克。

调料： 花生油、葱丝、姜丝、精盐、干淀粉、湿淀粉、胡椒粉、麻油、素汤。

制作方法

1 茄子去皮，切下蒂（留用），挖去内瓤，须保持茄体完整。

2 豆腐去上、下老皮，挤尽水，揉成泥，加水发腐竹丝、水发玉兰笋丝、鲜蘑菇丝、水发木耳丝、水发金针菜丝、葱丝、姜丝、干淀粉、精盐、胡椒粉，拌匀成豆腐馅。

3 茄子内填满豆腐馅，装上茄蒂，用牙签插牢，成为酿茄子生坯。

4 炒锅上火，放花生油，待油温五成热，放入茄子生坯，焐油成熟，捞出沥尽油，放碗内，加素汤、精盐，放入大火开水笼锅中蒸透、入味，取出，抽去牙签，摆放盘内。

5 炒锅上火，放素汤烧开，加精盐，用湿淀粉勾米汤芡，放麻油，倒在酿茄子上即成。

大师指点

1 宜选用短圆形茄子，焐油时间略长一些。

2 茄子含茄碱，不宜多食。

特点 软嫩味美，别有风味。

145 荷叶粉蒸肉

主料： 冬瓜 250。

配料： 水煮面筋 120 克、鲜荷叶 6 张、水发冬菇片 30 克、大米粉 200 克。

调料： 花生油、酱油、白糖、五香粉、素汤、麻油。

制作方法

1 冬瓜去皮、瓤，洗净，切成 2.5 寸长、3 分宽、2 分厚的块，放入油锅中上火焐油一下，捞出沥尽油。

2 大米粉炒成老黄色，盛盆内晾冷。

3 水煮面筋切成与冬瓜相同的块，放入油锅中上火焐油一下，捞出沥尽油。

4 炒锅上火，放素汤、酱油、白糖、花生油、冬瓜、水煮面筋煮熟，沁下卤汁放盆内。

5 卤汁中加大米粉、五香粉、麻油拌成米粉糊。

6 鲜荷叶划成 12 张扇形片，放大火开水锅中烫一下，捞入冷水中沁透，取出，用干布擦干水。

7 鲜荷叶上抹米粉糊，放冬瓜、水发冬菇、水煮面筋各一片，再抹米粉糊，包成长方块，成为荷叶粉蒸肉生坯。

8 笼锅上火，放水烧开，放入荷叶粉蒸肉生坯蒸熟、蒸透入味，取出整齐摆放盘中，每块刷少许麻油即成。

大师指点

此为夏季时令菜，制作繁杂，每一步均应仔细。

特点 清香软嫩，清淡爽口。

146 稀卤鳜鱼

主料： 山药 500 克。

配料： 豆腐皮 1 张、水发大冬菇 1 只、水发冬菇 15 克、熟净笋 15 克、青豆 15 克、豆腐干 1 块、白果 1 颗。

调料： 花生油、精盐、酱油、白糖、干淀粉、湿淀粉、麻油、素汤。

制作方法

1 山药洗净，放入水锅煮熟煮烂，取出后去皮洗净，揉成泥，加精盐、干淀粉制成馅。

2 熟净笋切成 1 大片，修成鱼背鳍形；2 小片，修成鱼胸鳍形；余下切成丁，水发冬菇切成丁。

3 豆腐干修成鱼尾形，水发冬菇修成鱼鳃，白果制成鱼眼。

4 豆腐皮上放馅，制成鳜鱼状，修去多余部分，放抹油的盘内，安上背鳍、胸鳍、鱼尾、鱼鳃、鱼眼，放入大火开水笼锅中蒸熟，取出，移放另一盘中。

5 炒锅上火，放素汤、酱油、白糖、熟净笋丁、水发冬菇丁、青豆烧开，用湿淀粉勾米汤芡，放麻油，倒在鳜鱼上即成。

大师指点

制成的山药馅要略厚，便于成型。

特点 制作精细，软嫩鲜香。

147 千张如意卷

主料： 千张（即百页）1 张。

配料： 豆腐 2 块、水发玉兰笋 50 克、水发金针菜 50 克、胡萝卜 100 克、鸡蛋清 2 个、鸡蛋黄 2 个。

调料： 花生油、姜米、精盐、酱油、胡椒粉、湿淀粉、麻油。

制作方法

1 豆腐去上、下老皮，挤尽水，揉成泥，放盆内。

2 水发玉兰笋切成细丝，放盆内，加一半豆腐泥、鸡蛋清、姜米、精盐、胡椒粉，制成白馅。

3 水发金针菜洗净，撕成细丝。胡萝卜煮熟，揉成泥，放盆内，放入另一半豆腐泥、鸡蛋黄、精盐、胡椒粉，制成红馅。

4 千张平铺，一半放白馅，一半放红馅，抹平，从两头向中间对卷，接头处用湿淀粉封口，成千张如意卷生坯。

5 笼锅上火，放水烧开，放入千张如意卷生坯，将其蒸熟、蒸透，取出晾冷，切成 5 分厚的块，整齐摆放盘中，放入麻油即成。

大师指点

1 千张须选用薄而韧性大的。

2 红、白馅须大小、厚薄一致。

3 蒸熟后须冷透再改刀。

特点 形似如意，松软味美。

148 荷花豆腐

主料： 豆腐 3 块。

配料： 山药 100 克、水发冬菇 50 克、水发玉兰笋 50 克、水发绿笋 100 克、熟青豆 7 粒。

调料： 花生油、精盐、干淀粉、素汤。

制作方法

1 山药洗净，放入水锅内，上火煮熟、煮烂，去皮洗净，揣成泥放盆内。豆腐去上、下老皮，挤尽水，揣成泥，放山药盆内。

2 豆腐泥加三分之一水发冬菇、水发玉兰笋、水发绿笋切成末，同放盆内，加精盐、干淀粉制成豆腐馅。

3 三分之二冬菇、玉兰笋切成小片；绿笋撕成条，切成 8 分长的段。

4 取直径 3 寸的瓷碟 1 只、瓷汤匙 8 只，抹上花生油，放入豆腐馅抹平，入大火开水笼锅中蒸熟，取出稍冷，脱去汤匙，在圆形豆腐上，嵌上 7 粒熟

青豆。

5 炒锅上火，放素汤、水发冬菇片、水发玉兰笋片、水发绿笋段烧开，加精盐，倒汤盘内，水发冬菇片、水发玉兰笋片、水发绿笋段堆放盘中央，放上圆豆腐块，围上汤匙中脱出的豆腐，即成荷花豆腐。

大师指点

碟、汤匙中油须抹匀。蒸熟后好去碟去匙。

特点 形似荷花，软嫩味浓。

149 清蒸全鸭

主料：山药 500 克。
配料：豆腐皮 2 张、熟净笋 100 克、水发香菇 25 克、水发金针菜 25 克、水发木耳 25 克、鲜蘑菇 25 克、水发腐竹 30 克、茄子 1 只。
调料：花生油、葱段、姜米、精盐、干淀粉、湿淀粉、素汤。

制作方法

1 山药去皮、洗净，放大火开水笼锅中蒸至熟烂，取出揣成泥放碗内，加干淀粉、精盐揉制成团。

2 熟净笋修成两个直径 1 寸的圆锥，作为鸭腿骨。另切成 2 个长 1 寸，宽、厚各 2 分的片，作为鸭翅骨。

3 水发香菇、水发金针菜、水发木耳、熟净笋、鲜蘑菇、水发腐竹洗净，切成末。茄子洗净，修成鸭头形。

4 豆腐皮去除边上的筋，放山药泥。抹成长 5 寸、宽 3 寸、厚 2 分的长方条，放上六末，卷成鸭身状。

5 豆腐皮去除边上的筋，放山药泥。修成长 3 寸、直径 6 分的圆筒状，卷成鸭颈，安在鸭身上，装上鸭头。

6 将剩余的山药泥分成四份，两份用手搓成鸭腿型，插上笋条；另两份用手搓成鸭翅，插上笋片。

7 取大腰盘一只，摆放鸭头、鸭颈、鸭身、鸭腿、鸭翅，制成全鸭生坯。

8 笼锅上火，放水烧开，放入全鸭生坯、葱段，将其蒸熟，泌去汤汁，移放至另一盘内。

9 炒锅上火，放泌下的汤汁、素汤烧开，加精盐，用湿淀粉勾芡，放花生油，倒至全鸭身上即成。上桌时带姜米小碟。

大师指点

1 山药须选用粉山药。

2 制作须细心，要形态逼真、比例与光鸭相似。

特点 形似全鸭，软嫩香醇。

150 蛋美鸡

主料：山药 500 克。
配料：豆腐皮 6 张、熟净笋 50 克、水发冬菇 50 克、水发绿笋 50 克、水煮熟面筋 50 克、蘑菇 50 克、银杏 50 克、糯米 100 克、鸡蛋清 1 个。
调料：花生油、精盐、鸡蛋、干淀粉、湿淀粉、素汤。

制作方法

1 将一小段山药去皮、洗净、煮熟，刻成鸡头。其余山药洗净、煮熟烂、去皮洗净，揣成泥放盆内，加精盐制成馅。

2 熟净笋、水发绿笋、水发冬菇、蘑菇、水煮熟面筋、银杏（去芯）均切成细末。

3 糯米洗净，在大火开水锅中焯水，再在清水中淘净，放大火开水笼锅中蒸熟，倒入盆内。

4 炒锅上火，放花生油，将六末煸炒至熟，加素汤烧开，放精盐、糯米，收稠汤汁，用湿淀粉勾芡，成为馅心。

5 豆腐皮用模具刻成直径2寸的圆形皮子，10张。

6 鸡蛋清、干淀粉制成蛋清浆。

7 圆皮上放入馅心，包捏成烧卖，用蛋清浆封口。

8 熟净笋修成两个直径1寸的圆锥，作为鸡腿骨。另切成2个长1寸，宽、厚各2分的片，作为鸡翅骨。

9 豆腐皮去除边上的筋，放山药泥。抹成长5寸、宽3寸、厚2分的长方条，放上六末，卷成鸡身状。

10 豆腐皮去除边上的筋，放山药泥。修成长2寸、直径6分的圆筒状，卷成鸡颈，安在鸡身上，装上鸡头。

11 将山药泥分别包在鸡腿、翅骨上，制成鸡腿、鸡翅，装在鸡身上，成为全鸡生坯。

12 笼锅上火，放水烧开，将鸡、蛋烧卖蒸熟，泌去汤汁，移放至另一盘内。鸡放盘中间，四周围以蛋烧卖。

13 炒锅上火，放泌下的汤汁、素汤烧开，加精盐，用湿淀粉勾芡，放花生油，倒鸡身上即成。

大师指点

糯米须先焯水，以防有硬心。烧卖大小须一致。

特点 形似真鸡，配以烧卖，鲜香爽口。

151 粉蒸肉

主料： 皮素鸡400克。
配料： 炒熟大米粉150克。
调料： 花生油、葱段、姜丝、绍酒、酱油、白糖、胡椒粉、五香粉、素汤。

制作方法

1 将皮素鸡切成长1.2寸、宽6分、厚3分的块。

2 炒锅上火，放花生油，待油六成热时，将素鸡块炸至起泡，捞出沥尽油。

3 炒锅上火，放花生油、一根葱、姜丝稍炒，加素汤、素鸡块、酱油、白糖、绍酒烧开，收稠汤汁，捞出素鸡块，去葱段、姜丝。卤汁倒碗内，加胡椒粉、炒熟大米粉、五香粉，拌匀，制成米粉馅。

4 取扣碗一只，放入一层米粉馅，再放素鸡块，层层叠加，整齐扣放碗内，即成米粉肉生坯。

5 笼锅上火，放水烧开，放入米粉肉生坯，将其蒸熟、蒸透，取出，翻身入盘，去扣碗即成。

大师指点

1 素鸡块形须大小、厚薄一致。

2 大米粉应选用粳米粉，炒出香味。加入五香粉。

特点 形态逼真，软嫩鲜香。

152 素熏鸭

主料： 豆腐皮12张。
配料： 米饭锅巴100克、青菜叶18张、茶叶5克。
调料： 花生油、酱油、白糖、五香粉、麻油、素汤。

制作方法

1 豆腐皮洗净，将10张豆腐皮撕碎。

2 炒锅上火，放素汤、酱油、白糖、碎豆腐皮、花生油烧开，收干汤汁，放入五香粉拌匀。

3 另两张豆腐皮铺平，分别放上烧好的碎豆腐皮，卷成圆筒，放大火开水笼中蒸熟，取出晾冷，成熏鸭生坯。

4 大铁锅底均匀放米饭锅巴、白糖、泡发后的茶叶，上放铁丝络、青菜叶、熏鸭生坯，密封锅盖，上火熏烧，白烟变成黄烟，揭开锅盖，取出用刀切成一字条装盘即成。

大师指点

1 熏鸭包制时须卷紧，以防松散。

2 熏制时火宜适中，不可过大。

特点 色泽酱红，香鲜爽口。

153 芙蓉豆腐

主料： 嫩豆腐 200 克。

配料： 水发冬菇 10 克、鲜蘑菇 10 克、青豆 20 克、鲜豆浆 150 克。

调料： 花生油、精盐、湿淀粉、素汤。

制作方法

1 嫩豆腐去上、下老皮，挤尽水，搋成泥，放盆内，加鲜豆浆、精盐拌匀，放开水笼中蒸熟，用瓷汤勺挖成块，整齐地放盘中。

2 水发冬菇、鲜蘑菇洗净，切成片。

3 炒锅上火，放花生油、冬菇片、蘑菇片、青豆炒熟，加素汤烧开，捞出围放在豆腐泥周围。

4 将汤汁烧开，用湿淀粉勾芡，浇豆腐泥上即成。

大师指点

豆腐泥须细腻，不可有颗粒。蒸时用中小火。

特点 色如芙蓉，鲜嫩可口。

154 如意冬笋

主料： 鲜冬笋 500 克。

配料： 豆腐 2 块，胡萝卜 1 根、青菜叶 5 张。鸡蛋清 2 个。

调料： 花生油、精盐、干淀粉、湿淀粉、素汤。

制作方法

1 鲜冬笋去根、壳、皮，洗净，煮熟，捞出，放冷水中泌透取出，切成 3 寸长段，再用旋刀批出 3 寸长、1 分厚的薄片。

2 豆腐去上、下老皮，挤尽水，放盆内，加鸡蛋清、干淀粉、精盐制成豆腐馅。

3 胡萝卜去皮，洗净切成细末。青菜叶洗净切成细末。

4 鸡蛋清、干淀粉制成蛋清浆。

5 笋片上抹 1 分厚的豆腐馅，两头分别顺长放入胡萝卜末、青菜叶末，然后分别向中间卷起，接头处用蛋清浆，粘合成如意冬笋生坯。

6 笼锅上火，放水烧开，放入如意冬笋生坯，将其蒸熟、蒸透取出，切成 3 分厚的块，整齐地摆放盘中。

7 炒锅上火，放素汤烧开，加精盐用湿淀粉勾芡，放花生油，倒至如意冬笋上即成。

大师指点

1 冬笋须选用大一些的，片要批得薄而均匀。

2 装盘时可根据需要，排列成各种图案。

特点 形似如意，脆嫩爽口。

155 荷叶米粉肉（一）

主料： 豆腐 500 克。

配料： 大米 150 克、鲜荷叶 2 张。

调料： 花生油、葱丝、姜丝、绍酒、酱油、白糖、桂皮、八角、麻油、素汤。

制作方法

1 大米淘洗干净，放锅内，加桂皮、八角用大火炒成老黄色，去桂皮、八角，用小磨子磨成粉。

2 豆腐切成 2 寸长、1 寸宽、3 分厚的块，放八成热油锅中炸至金黄色，捞出沥尽油。

3 炒锅上火，放花生油、葱丝、姜丝稍炒，加素汤、酱油、白糖、绍酒、豆腐块烧开捞出，去葱丝、姜丝，锅内汤汁加大米粉、麻油拌匀，成米粉糊。

4 鲜荷叶放开水锅中烫一下，捞出控干。

5 取大盘 1 只，放入荷叶，上放米粉糊抹平，再放豆腐块，上放米粉糊，盖上荷叶成荷叶米粉肉生坯。

6 笼锅上火，放水烧开，再放入荷叶米粉肉生坯，将其蒸熟、蒸透取出，换另一盘，将上面荷叶换新荷叶，上笼锅稍蒸取出，荷叶上刷麻油，上桌即成。

156 荷叶米粉肉（二）

主料： 水煮熟面筋 500 克。

配料： 大米 150 克、鲜荷叶 2 张。

调料： 花生油、葱丝、姜丝、绍酒、酱油、白糖、桂皮、八角、素汤、麻油。

制作方法

1 水煮熟面筋切成 2 寸长、 1 寸宽、 3 分厚的块，放八成热油锅中炸至金黄色，捞出沥尽油。

2 大米淘洗干净，放锅内，加桂皮、八角用大火炒成老黄色，去桂皮、八角，用小磨子磨成粉。

3 炒锅上火，放花生油、葱丝、姜丝稍炒，加素汤、酱油、白糖、绍酒、面筋块烧开捞出，去葱丝、姜

丝，汤汁内放入大米粉、麻油拌匀，成米粉糊。

4 鲜荷叶放开水锅中烫一下，捞出控干。

5 取大盘 1 只，放入荷叶，上放米粉糊抹平，再放面筋块，上放米粉糊，盖上荷叶成荷叶米粉肉生坯。

6 笼锅上火，放水烧开，再放入荷叶米粉肉生坯，将其蒸熟、蒸透取出，换另一盘，将上面荷叶换新荷叶，上笼锅稍蒸取出，荷叶上刷麻油，上桌即成。

大师指点

面筋块须大小、厚薄一致。

特点 鲜香软韧，美味可口。

157 五彩绣球

主料： 豆腐 2 块。

配料： 熟净笋 100 克、水发冬菇 50 克、鸡蛋皮 1 张、水发发菜 30 克、胡萝卜 1 根、青菜叶 5 张、鸡蛋清 1 个。

调料： 花生油、姜米、精盐、干淀粉、湿淀粉、素汤。

制作方法

1 50 克熟净笋、水发冬菇洗净切成末。熟净笋、胡萝卜、鸡蛋皮、青菜叶洗净，切成细丝，加水发发菜计五丝拌匀。

2 豆腐去上、下老皮，挤尽水，搋成泥，放盆内，加

笋末、冬菇末、姜米、鸡蛋清、干淀粉、精盐，拌匀成豆腐馅。

3 豆腐馅抓成圆子，滚满五丝，即成五彩绣球生坯。

4 笼锅上火，放水烧开，将五彩绣球生坯放入蒸熟，取出整齐地摆放另一盘中。

5 炒锅上火，放素汤、精盐烧开，用湿淀粉勾芡，浇花生油，倒至五彩绣球上即成。

大师指点

四丝切得越细越好。圆子大小须一致。

特点 形似绣球，鲜嫩爽口。

158 八宝鸭子

主料： 山药 500 克。

配料： 豆腐皮 3 张、糯米 400 克、香干 1 块、苡仁 20 克、芡实 20 克、鲜蘑菇 50 克、水发金针菜 20 克、水发冬菇 20 克、熟净笋 20 克、莲子 20 克、白果 20 克、糯米 20 克。

调料： 花生油、酱油、白糖、湿淀粉、咸桂花卤、素汤、麻油。

制作方法

1 山药洗净，放入水锅内，上火煮熟、煮烂，取出去皮，洗净，用刀搅成泥，放入盆内。

2 糯米淘洗干净，放入冷水中浸泡，泌去水，放入盆内，上大火开水笼锅内蒸熟，取出成糯米饭。

3 香干、熟净笋、水发冬菇、鲜蘑菇、莲子、水发金针菜，切成丁。

4 炒锅上火，放入花生油、香干丁、笋丁、冬菇丁、蘑菇丁、金针菜丁、莲子丁，煸炒成熟，放酱油、白糖、糯米饭、芡实、苡仁搅拌成八丁糯米馅。

5 将豆腐皮铺在案板上，放入山药泥，抹平，再放上八丁糯米馅，制作成鸭身、鸭颈、鸭翅、鸭腿、鸭头，即成八宝鸭生坯。

6 笼锅上火，放水烧开，再放八宝鸭生坯，用中火将其蒸熟取出，换盘。

7 炒锅上火，放入素汤、酱油、白果、咸桂花卤烧开，用湿淀粉勾芡，放麻油，倒至八宝鸭子上即成。

大师指点

制作的八宝鸭子要形象。

特点 形似鸭子，八宝鲜香、软糯。

159 八宝冬瓜盒

主料： 冬瓜 500 克。

配料： 豆腐 2 块、小方干 1 块、熟净笋 30 克、水发冬菇 30 克、水发金针菜 30 克、水发木耳 30 克、鲜蘑菇 30 克、白果 30 克、青豆 30 克、枸杞子 5 克、香菜叶 5 克、鸡蛋清 1 个。

调料： 花生油、姜米、精盐、湿淀粉、素汤。

制作方法

1 冬瓜用碎玻璃刮去外皮，留下绿色层，切成 12 块直径 2 寸的圆形块，再刮去瓤，边厚 2 分，底面不破，洗净控干。

2 豆腐去上、下老皮，挤去水分，搅成泥，放盆内，加鸡蛋清、精盐制成豆腐糊。

3 熟净笋、水发冬菇、水发木耳、水发金针菜、小方干、鲜蘑菇、白果洗净，切成丁，加青豆计八丁。

4 炒锅上火，放花生油、姜米稍炒，加八丁炒熟，放素汤、精盐，收稠汤汁，用湿淀粉勾芡成八丁馅。

5 炒锅上火，放水烧开，将冬瓜焯水、控干，取出入油锅，上火焅油至成熟，捞出沥尽油。

6 冬瓜内放八丁馅，用豆腐糊封口，放上枸杞子 1 粒、香菜叶 1 片，成八宝冬瓜盒生坯。

7 笼锅上火，放水烧开，放入八宝冬瓜盒生坯，将其蒸熟、蒸透取出，移换另一盘内。

8 炒锅上火，放素汤烧开，加精盐，用湿淀粉勾芡，浇花生油，倒至八宝冬瓜盒上即成。

大师指点

冬瓜盒大、小一致，成熟后保持碧绿。

特点 冬瓜碧绿，造型新颖，鲜嫩爽口，夏季佳肴。

160 扇面豆腐

主料：豆腐4块。

配料：熟净笋50克、水发冬菇50克、水发木耳50克、水发金针菜50克、鲜蘑菇50克、油发面筋50克、水发大冬菇2个、胡萝卜1根、鸡蛋清1个。

调料：花生油、姜米、精盐、酱油、白糖、干淀粉、湿淀粉、素汤。

制作方法

1 豆腐去上、下老皮，挤尽水，揿成泥，放盆内，加鸡蛋清、干淀粉、精盐，制成豆腐馅。

2 熟净笋、水发冬菇、水发木耳、鲜蘑菇、水发金针菜、油发面筋均切成小丁，成六丁。

3 炒锅上火，放花生油、姜米稍炒，放六丁炒熟，加素汤、酱油、白糖烧开，收稠、收干汤汁，用湿淀粉勾芡，成为六丁馅。

4 大腰盘抹上花生油，铺上六丁馅，呈扇面形，放上豆腐馅并抹平，放上水发大冬菇剪成的不规则长条，作为树干、树枝，胡萝卜刻成花放树枝上，成扇面豆腐生坯。

5 笼锅上火，放水烧开，放入扇面豆腐生坯，将其蒸熟、蒸透取出。

6 炒锅上火，放素汤烧开，加精盐，用湿淀粉勾芡，放花生油，倒至扇面豆腐上即成。

大师指点

1 须选用老豆腐。

2 扇面须外形逼真、美观。上面点缀的花卉可根据不同季节调整。

特点 ▶ 形似扇面，造型美观，鲜嫩可口。

161 黑白双球

主料：豆腐2块。

配料：水发发菜100克、鸡蛋清1个。

调料：花生油、精盐、干淀粉、湿淀粉、素汤。

制作方法

1 豆腐去上、下老皮，挤尽水，揿成泥，放盆内，加鸡蛋清、干淀粉、精盐，制成豆腐馅。

2 水发发菜洗净，团成玻璃球大小的球，放盘中。

3 炒锅上火，放水烧开，将豆腐馅抓成玻璃球大小的圆子，下锅汆熟，捞出。

4 碗内一半放上发菜圆子，一半放上豆腐圆子，入大火开水笼锅中蒸熟、蒸透，取出翻身入盘中，泌下汤汁。

5 炒锅上火，放入汤汁、素汤烧开，加精盐，用湿淀粉勾芡，放花生油，倒至黑白双球上即成。

大师指点

1 发菜须挤干水才能搓成球。

2 豆腐球须和发菜球大小一致。

特点 ▶ 黑白分明，鲜嫩爽口。

162 冬冬青（一）

主料： 鲜冬笋 600 克。

配料： 水发冬菇 50 克、青豆 80 克。

调料： 花生油、白糖、湿淀粉、麻油、黄豆芽汤。

制作方法

1 鲜冬笋去根、外壳、皮，切成 1.5 寸长、 3 分厚的劈柴块，放大火开水锅中煮透，捞出放冷水中泌透，捞出，再入油锅中，上火焐油至熟，倒入漏勺沥尽油。

2 水发冬菇洗净、切片，与青豆入开水锅中焯水，捞出放冷水中泌透，捞出再入油锅中上火焐油至熟。倒入漏勺沥尽油。

3 炒锅上火，放黄豆芽汤、笋块、冬菇片、青豆、白糖烧开，加花生油，收稠汤汁，用湿淀粉勾芡，放麻油，装盘。青豆围在四周即成。

大师指点

此菜宜现做现吃。

特点 色彩亮丽，脆嫩鲜美。

163 冬冬青（二）

主料： 鲜冬笋 600 克。

配料： 水发冬菇 50 克、小青菜心 10 棵。

调料： 花生油、白糖、湿淀粉、麻油、黄豆芽汤。

制作方法

1 鲜冬笋去根、外壳、皮，切成 1.5 寸长、 3 分厚的劈柴块，放大火开水锅中煮透，捞出放冷水中泌透，捞出，再入油锅中，上火焐油至熟，倒入漏勺沥尽油。

2 水发冬菇洗净，切成片，沥尽水。小青菜心洗净、焯水，挤尽水。同时入油锅焐油至熟，倒入漏勺沥尽油。

3 炒锅上火，放黄豆芽汤、冬笋块、冬菇片、小青菜心、白糖烧开，加花生油，收稠汤汁，用湿淀粉勾芡，放麻油，装盘。小青菜心围在四周即成。

大师指点

青菜心必须选用大小一致的。

特点 色彩亮丽，脆嫩爽口。

164 烩草菇

主料： 鲜草菇 400 克。

配料： 熟净笋 50 克、小青菜心 6 棵。

调料： 花生油、精盐、湿淀粉、素汤。

制作方法

1 鲜草菇去黑斑洗净，切成片，放大火开水锅内焯水，捞出洗净。

2 熟净笋切成片。小青菜心洗净、焯水，捞出，挤尽水，放油锅上火焐油至熟，倒入漏勺沥尽油。

3 炒锅上火，放花生油、草菇片焐油至熟，倒入漏勺沥尽油。

4 炒锅上火，放素汤、草菇片、笋片烧开，加小青菜心，收稠汤汁，加精盐，用湿淀粉勾芡，浇花生油，装盘即成。

大师指点

草菇也可不改刀切片，整用。

特点 滑嫩爽脆，鲜美可口。

165　黑白牡丹

主料：水发银耳 120 克、水发木耳 120 克。

配料：生菜 100 克。

调料：花生油、精盐、湿淀粉、素汤。

制作方法

1　水发银耳、水发木耳分别焯水，捞出沥尽水。

2　生菜洗净，用冷开水过一下，捞出，去净水，放大圆盘周围。

3　炒锅上火，放花生油烧热，加水发银耳、水发木耳煸炒，加素汤烧开，加精盐，收稠汤汁，用湿淀粉勾芡，用筷子挑出水发出银耳，在大圆盘中间摆出牡丹花形，四周围以木耳，倒入汤汁即成。

大师指点

选用整齐美观的，涨发透的，去净杂质、根蒂的银耳和木耳。

特点　形似牡丹，黑白分明，鲜美爽口。

166　烩口蘑

主料：鲜口蘑 250 克。

配料：花生油、精盐、湿淀粉、素汤。

制作方法

1　鲜口蘑洗净，放入大火开水锅稍煮，捞出放冷水中浸泡。

2　炒锅上火，放素汤、鲜口蘑、花生油烧开，收稠汤汁，加精盐，用湿淀粉勾芡，装盘即成。

大师指点

口蘑原指张家口所产蘑菇晒干后的制品，现有鲜货供应。

特点　鲜嫩可口，佐酒佳品。

167　烩三圆

主料：豆腐 3 块。

配料：土豆 100 克、小青菜心 10 棵、鸡蛋 2 个。

调科：花生油、姜米、精盐、白糖、湿淀粉、干淀粉、素汤。

制作方法

1　豆腐去上、下老皮，挤尽水，揉成泥，分为两份，分别放碗中。一个加鸡蛋清、姜米、干淀粉、精盐，制成白豆腐馅。另一个加鸡蛋黄、姜米、干淀粉、精盐、白糖，制成黄豆腐馅。

2　土豆洗净、煮熟、去皮，揉成泥，加精盐、干淀粉、制成土豆泥。

3　小青菜心洗净、焯水、捞出放冷水中泌透，取出挤尽水，放入油锅上火焐油至熟，倒入漏勺沥尽油。

4　炒锅上火，放花生油，待油温七成热，将土豆泥抓成小圆子炸熟，呈金黄色，捞出沥尽油。再将黄豆腐泥抓成小圆子，放油锅内炸熟，捞出沥尽油。

5　炒锅上火，放水烧开，将白豆腐泥抓成小圆子，入锅烧开，移小火养熟，捞出，沥尽水。

6　炒锅上火，放素汤、土豆圆、黄豆腐圆烧开，白豆腐圆、小青菜心烧开，收稠汤汁，用湿淀粉勾芡，装盘即成。

大师指点

各种圆子大小尽量一致。

特点　细腻爽滑，香鲜软嫩，汤清味醇。

168 桂花干贝

主料：豆腐皮 1 张。

配料：熟土豆 100 克、熟胡萝卜 50 克。

配料：花生油、姜米、葱、精盐、咸桂花卤、麻油、素汤。

制作方法

1 将豆腐皮切成 1 寸长的细丝，用水浸泡后，挤尽水。

2 熟土豆、熟胡萝卜，分别揩成泥。

3 炒锅上火，放花生油、姜米，稍炒，放豆腐皮丝稍

加煸炒，加素汤、精盐烧开，收干汤汁，盛盘中。

4 炒锅上火，放花生油、姜米、葱 1 根稍炒，加土豆泥、胡萝卜泥炒熟，去葱，放豆腐皮丝炒匀，加精盐、咸桂花卤炒匀，放麻油，装盘即成。

大师指点

1 豆腐皮丝须细而均匀。

2 炒二泥时锅须很热，不能粘锅。

特点 色彩艳丽，鲜嫩可口。

169 烩虾饼

主料：豆腐 8 块。

配料：熟净笋 100 克、水发绿笋 50 克、榨菜 25 克、水发木耳 25 克、菠菜 100 克、鸡蛋 2 个。

调料：花生油、姜米、精盐、干淀粉、湿淀粉、麻油、素汤。

制作方法

1 豆腐去上、下老皮，挤尽水，揩成泥，放盆中。

2 熟净笋一半切末，一半切片。水发绿笋去根，一半切末，一半撕成条，切成 1 寸长的段。榨菜切成末。菠菜拣洗干净。

3 将笋末、榨菜末、绿笋末，鸡蛋、姜米、干淀粉，放豆腐泥中，放精盐、麻油，拌匀成豆腐馅。

4 炒锅上火烧辣，放少许花生油，将豆腐馅抓成大圆子入锅，用锅铲压成扁圆形，将其两面煎黄、煎熟，倒入漏勺，沥尽油，成虾饼生坯。

5 炒锅上火，放花生油、素汤、虾饼、笋片、绿笋段、水发木耳烧开，收稠汤汁，放菠菜、精盐，用湿淀粉勾芡，装盘即成。

大师指点

1 豆腐馅须挤尽水，搅拌上劲，否则不易成型。

2 煎豆腐饼时，锅要辣，火不可大，用中小火。

特点 形似虾饼，外香里嫩。

170 三色冬瓜球

主料：冬瓜 500 克。

配料：胡萝卜 250 克、鲜蘑菇 100 克。

调料：花生油、精盐、湿淀粉、素汤。

制作方法

1 冬瓜用碎玻璃刮去最外层粗皮，保持绿色，用圆形挖勺，挖出若干冬瓜球，洗净。鲜胡萝卜去皮洗净，用圆形挖勺，挖出胡萝卜球，洗净。鲜蘑菇去根，洗净。

2 炒锅上火，放水烧开，分别将冬瓜球、胡萝卜球焯水，捞出冷水沁透，沥尽水。

3 炒锅上火，放花生油，待油三成热时，分别放入冬瓜球、胡萝卜球焅油成熟，捞出沥尽油。

4 炒锅上火，放素汤、冬瓜球、胡萝卜球、鲜蘑菇、花生油烧开，收稠汤汁，加精盐，用湿淀粉勾芡，放花生油，将三种原料分别放在盘中，整齐摆放即成。

大师指点

球体大小均匀。冬瓜球焯水时间要略长。

特点 色彩鲜艳，清淡爽口。

171 三鲜豆腐饺

主料：豆腐 5 块。

配料：熟净笋 50 克、水发冬菇 50 克、大青菜叶 20 片、小青菜心 10 棵。

调料：花生油、姜米、精盐、干淀粉、湿淀粉、素汤。

制作方法

1 大青菜叶洗净，大火开水锅稍烫，放冷水中泌凉，捞出挤尽水。

2 取豆腐 3 块，削去上、下老皮，批成 3 分厚大片，用圆模具刻成直径 2 寸的圆形片，放在大青菜叶上，撒少许干淀粉。

3 水发冬菇去蒂洗净，切成末。2 块豆腐挤去水，揿成泥放碗内。将笋末、冬菇末、姜米、精盐制成馅，挤成小圆子，放豆腐片上，将大青菜叶对角叠起、捏牢，成为豆腐饺生坯。

4 小青菜心洗净、焯水，放入冷水中泌透，捞出挤尽水，放油锅内上火焐油至熟，捞出沥尽油。再放入烧开的素汤中，加精盐烧开，捞出。

5 笼锅上火，放水烧开，放入豆腐饺生坯，将其蒸熟，取出，去大青菜叶，修齐边缘，整齐摆放盘中，四周围以小青菜心。

6 炒锅上火，放入素汤烧开，加精盐，用湿淀粉勾芡，放花生油，倒至豆腐饺子上即成。

大师指点

须选用老豆腐。蒸熟即成，不能蒸过头。

特点 造型美观，软嫩爽口。

172 五彩鱼丝

主料：山药 200 克。

配料：熟净笋 25 克、水发冬菇 20 克、药芹 50 克、红椒 1 只。

调料：花生油、葱段、生姜丝、绍酒、精盐、酱油、白糖、干淀粉、湿淀粉、醋、麻油。

制作方法

1 山药洗净、煮熟、去皮，切成 1.2 寸长、宽厚各 1 分的丝，放碗内，放精盐、干淀粉上浆。

2 红椒去籽洗净，与熟净笋、水发冬菇、药芹俱切成 8 分长的细丝。

3 炒锅上火，辣锅冷油，放入山药丝划油至熟，倒入漏勺沥尽油。

4 炒锅上火，放花生油、生姜丝、葱段稍炒，加笋丝、冬菇丝、药芹丝、红椒丝炒熟，加酱油、白糖、绍酒，拣去葱段，用湿淀粉勾芡，放山药丝，炒拌均匀，放醋、麻油，装盘即成。

大师指点

山药丝须长短、粗细一致。

特点 色彩鲜亮，鲜嫩可口。

173 鲜豆浆凤尾莴笋

主料：鲜嫩莴苣 12 根。

配料：鲜豆浆 200 克。

调料：花生油、精盐、湿淀粉、石碱。

制作方法

1 鲜嫩莴苣去外叶，留 3~4 片嫩叶。切成 5 寸长段（连叶），去外皮，用刀修成圆锥形，洗净，即成凤尾莴笋。

2 炒锅上火，放水，加少许石碱烧开，放凤尾莴笋焯水至半熟，捞出用冷水泌透，换几次水，去尽碱味，捞出沥尽水。

3 炒锅上火，放花生油，待油三成热时，放入凤尾莴笋焐油成熟，倒入漏勺沥尽油。

4 炒锅上火，放鲜豆浆、凤尾莴笋、精盐烧开，收稠汤汁，将凤尾莴笋捞出，整齐摆放在盘中。将汤烧开，用湿淀粉勾芡，倒至凤尾莴笋上即成。

1 莴苣加石碱焯水使莴苣易热，可保持绿色，去除苦味。

2 鲜豆浆不宜加热过久，以防莴苣发黑。

特点 绿白交叉，清香软嫩。

174 奶油菜心

主料： 小青菜心 20 棵。

配料： 牛奶 100 克。

调料： 花生油、精盐、湿淀粉。

制作方法

1 小青菜心洗净，放大火开水锅焯水，捞出放冷水泌透，取出挤去水，放入油锅上火，将青菜心焐油至熟，倒入漏勺沥尽油。

2 炒锅上火，放牛奶、小青菜心、精盐烧开，收稠汤汁，拣出小青菜心整齐摆放在盘中，烧开汤汁，用湿淀粉勾芡，倒至青菜心上即成。

大师指点

牛奶调好味后，再放菜心，以防变色。

特点 翠绿玉白，清香爽口。

175 白汁蹄筋

主料： 冬瓜 500 克。

配料： 水发玉兰笋 100 克、水发木耳 50 克、小青菜心 10 棵。

调料： 花生油、葱段、姜丝、绍酒、精盐、湿淀粉、桂皮、八角、胡椒粉、素汤。

制作方法

1 冬瓜去皮、内瓤，切成 1.5 寸长，宽、厚各 3 分的段，放碗内。

2 水发玉兰笋切成片，水发木耳洗净、去尽水。小青菜心洗净、焯水，放入冷水中泌透，取出挤去水，放油锅上火焐熟，倒入漏勺沥尽油。

3 湿淀粉加精盐、胡椒粉、花生油制成糊，倒冬瓜段上拌匀待用。

4 炒锅上火，放水烧开，将冬瓜段沾满糊下锅汆熟，捞出即蹄筋生坯。玉兰笋片、水发木耳也焯水，捞出。

5 炒锅上火，放桂皮、八角略炒，去桂皮、八角，放姜丝、葱段煸炒，加素汤、玉兰笋片、水发木耳、精盐、绍酒烧开，放蹄筋生坯、小青菜心、花生油烧开，收稠汤汁，拣去葱段，用湿淀粉勾芡，撒胡椒粉，装盘即成。

大师指点

冬瓜段须长短均匀，挂糊后，亦可油炸定形。

特点 松软味美，老少皆宜。

176 全家福

主料： 油面筋泡 100 克。

配料： 红枣 50 克、栗子 100 克、白果 100 克、熟净山药 50 克、水发冬菇 50 克、熟净笋 50 克、水发金针菜 50 克、小青菜心 10 棵、油豆腐果 100 克。

调料： 花生油、精盐、酱油、湿淀粉、麻油、素汤。

制作方法

1 油面筋泡、油豆腐果一切两半。

2 红枣用开水泡发、去核。栗子切两半，煮透去壳、衣。白果去壳，开水烫后，焐油去白果衣、芯。水发金针菜打成结。熟净笋、熟净山药切成 1.5 寸长、 6 分宽、 2 分厚的片，洗净。水发冬菇去蒂，洗净，切成片。

3 小青菜心洗净、焯水、放入冷水中泌透，取出挤尽水，入油锅上火焐油成熟，倒入漏勺沥尽油。

4 炒锅上火，放花生油、山药片、笋片、冬菇片略

炒，加素汤、栗子、白果、金针菜结、红枣、油豆腐果、油面筋泡烧开，放花生油，收稠汤汁，放小青菜心、精盐、少许酱油，汤成牙黄色，用湿淀粉勾芡，放麻油装盘或装砂锅，上放小青菜心即成。

1 栗子须顺长切开，横切不易去壳。

2 烧制时须用大火。

3 此菜为扬州传统特色素菜，四季皆宜。

特点 色彩调和，品种多样，鲜美可口。

177 美人白菜

主料：小青菜心 20 棵。

配料：豆腐 2 块、胡萝卜 1 根、水发冬菇 2 片、黑芝麻少许。鸡蛋清 1 个。

调料：花生油、精盐、干淀粉、湿淀粉、素汤。

制作方法

1 豆腐去上、下老皮，挤尽水，搋成泥，放盆内，加鸡蛋清、干淀粉、精盐拌成豆腐馅。

2 小青菜心根部削成圆锥形，一切两半，焯水后放冷水泌透，取出挤尽水，入油锅上火焐油至熟，倒入漏勺沥尽油。

3 豆腐馅抓成小圆子，放青菜心根部，揿扁成人面

状，放两粒黑芝麻作为眼睛，将胡萝卜刻成鼻子、水发冬菇修成嘴安上，成美人白菜生坯。

4 笼锅上火，放水烧开，放入美人白菜生坯蒸至熟，取出整齐摆放在盘中。

5 炒锅上火，放素汤烧开，加精盐，用湿淀粉勾芡，放花生油，倒至美人白菜上即成。

大师指点

1 青菜心焯水、焐油均须细心。

2 豆腐圆小指粗即可，抹成人面须大小一致、逼真。

特点 制作精细，形似人脸，清鲜软嫩。

178 草菇菜心

主料：小青菜心 15 棵。

配料：鲜草菇 100 克。

调料：花生油、精盐、湿淀粉、素汤。

制作方法

1 小青菜心拣洗干净，根部修成圆锥形，切成十字形。放入大火开水锅内，焯水后，放冷水中泌透，取出挤干水，入油锅上火焐油至熟，倒入漏勺沥尽油。

2 鲜草菇去黑斑，洗净，焯水。

3 炒锅上火，放素汤、小青菜心、鲜草菇烧开，加花生油，收稠汤汁，放精盐。装盘时将小青菜心整齐摆放在四周，中间放上鲜草菇。

4 炒锅上火，放入素汤、精盐，用湿淀粉勾芡，倒至草菇菜心上即成。

大师指点

此菜为冬令佳肴。

特点 色彩醒目，清淡爽口。

179　植物四宝

主料： 水发猴头菇 100 克。

配料： 草菇 100 克、熟净笋 100 克、鲜蘑菇 100 克、小青菜心 10 棵。

调料： 花生油、精盐、湿淀粉、素汤。

制作方法

1　水发猴头菇摘成拇指大小的块，洗净。

2　草菇去黑斑，洗净。熟净笋洗净，切小滚刀块。鲜蘑菇去蒂，洗净，与猴头菇块分别焯水，捞出沥尽水。

3　小青菜心洗净、焯水、放冷水中泌透，挤尽水，油锅上火焐油至熟，倒入漏勺沥尽油。

4　碗中整齐放入猴头菇块、草菇、鲜蘑菇、笋块，各占四分之一，放精盐、素汤、花生油，成四宝生坯。

5　笼锅上火，放水烧开，放入四宝生坯，将其蒸熟、蒸透，取出翻身入盘中，泌下汤汁，去扣碗。

6　炒锅上火，放汤汁烧开，加小青菜心烧开，将小青菜心整齐摆放在四宝周围。用湿淀粉勾芡，放花生油，浇四宝上即成。

大师指点

1　猴头菇须用清水泡去苦味，但时间不宜过长。

2　四宝排列均匀、整齐，亦可排成图案。

特点　色彩分明，组合多样，美味可口。

180　五香套肠

主料： 豆腐皮 500 克。

调料： 花生油、葱花、姜米、绍酒、精盐、酱油、白糖、胡椒粉、桂皮、八角、花椒、丁香、干淀粉、麻油、素汤。

制作方法

1　豆腐皮开水稍烫，晾干水分。

2　碗内放葱花、姜米、绍酒、花生油、胡椒粉、干淀粉制成淀粉糊。

3　留下几张豆腐皮待用，其余豆腐皮，每张抹上淀粉糊，卷成指头粗长圆条。待用豆腐皮抹上淀粉糊，放上 3 根长圆条卷起，成套肠生坯。

4　笼锅上火，放水烧开，放入套肠生坯将其蒸熟，取出切成 1 寸长的小段。

5　炒锅上火，放素汤、酱油、白糖、绍酒、桂皮、八角、丁香、花椒、套肠生坯烧开，移小火烧透入味，取出切成马蹄段，整齐摆放在盘中，卤汁去各种香料，放油，放入盘内即成。

大师指点

1　淀粉糊不宜过稀，须便于卷制。

2　采用不同加工方法，可制作红烧大肠、干炸大肠。

特点　造型别致，香韧爽口。

181　口蘑白汁排翅

主料： 口蘑 50 克。

配料： 玉兰笋 200 克、冬笋 200 克、绿笋 150 克、小青菜心 10 棵。

调料： 花生油、精盐、湿淀粉、麻油、素汤。

制作方法

1　口蘑泡透，刷洗干净，放入水内继续浸泡，并换水 3~4 次。原泡汤沉淀去渣、留用。口蘑切成鹅毛片。

2　冬笋去根、壳、外皮，放入水锅，上火煮熟取出冷水泌透后，切成 8 分长的片。绿笋煮熟，去根，撕成长条，切成 8 分长的段。

3　玉兰笋用开水泡发，去根，批成 3~4 层，三分之一相连，三分之二处切成细丝，在放开水中泡透，取出用干布吸去水分，成素鱼翅。

4 炒锅上火，放花生油，待油七成热时，放入素鱼翅炸至牙黄色，捞出沥尽油，成排翅生坯。

5 小青菜心洗净，放开水锅内，焯水，捞出用冷水泌透，取出挤尽水，入油锅上火焐油至熟，捞出倒入漏勺沥尽油。

6 炒锅时，放素汤、排翅生坯、口蘑片、笋段、绿笋

段、口蘑原汤、精盐，小青菜心、花生油烧开，收稠汤汁，用湿淀粉勾芡、装盘。冬笋片、绿笋片垫盘底，上放鱼翅、口蘑片，围以小青菜心淋上麻油即成。

大师指点

切制鱼翅时，切丝得均匀一致。炸制时油温不能高，防止翅尖焦煳。

特点 形似鱼翅，清淡香醇。

182 罗汉大全

主料： 皮素鸡1条。

配料： 熟净笋50克、水发冬菇50克、熟白果50克、熟栗子50克、水发腐竹50克、鲜蘑菇50克、素鱼圆50克、素海参50克、西蓝花50克、胡萝卜20克。

调料： 花生油、姜米、精盐、绍酒、湿淀粉、素汤。

制作方法

1 水发冬菇、熟净笋、鲜蘑菇、胡萝卜（去皮）洗净，切成片。皮素鸡切成片，水发腐竹切成段，西蓝花摘成小朵。

2 西蓝花、胡萝卜焯水至熟，捞出。

3 炒锅上火，放花生油、姜米稍炒，放素鸡片、笋片、蘑菇片、熟白果、腐竹段、素海参、素鱼圆、西蓝花、胡萝卜片、熟栗子煸炒几下，加素汤、绍酒、花生油烧开，收稠汤汁，放精盐，用湿淀粉勾芡，装盘即成。

大师指点

此菜亦称罗汉上素，食材可有多种选择，自行搭配。

特点 口感多样，香酥鲜嫩。

183 菜心烧干贝

主料： 豆腐皮6张。

配料： 香菜叶5克、小青菜心10棵。

调料： 花生油、姜米、精盐、酱油、白糖、干淀粉、湿淀粉、麻油、黄豆芽汤。

制作方法

1 豆腐皮切成1寸宽的长条。

2 干淀粉、姜米、精盐加水制成淀粉糊，抹豆腐皮上，卷成长条形。

3 笼锅上火，放水烧开，放入豆腐皮卷蒸熟、蒸透，取出切成4分长的段，形似干贝。

4 炒锅上火烧辣，放花生油，放入干贝略煎，倒入漏

勺沥尽油。

5 小青菜心洗净，放入大火开水锅内，焯水，捞出放冷水泌透，取出挤尽水，入油锅上火焐油至熟，捞出沥尽油。

6 炒锅上火，放黄豆芽汤，放入干贝、小青菜心，烧开放花生油、酱油、白糖，收稠汤汁，用湿淀粉勾芡，放麻油，装盘时干贝放盆中间，撒上香菜叶，四周围上小青菜心即成。

大师指点

淀粉糊须稍干，便于卷制。

特点 形似干贝，鲜美爽口。

184　香干炒芦蒿

主料： 芦蒿 150 克。
配料： 小香干 5 块。
调料： 花生油、酱油、白糖。
制作方法

1　芦蒿去根、叶，切成约 1 寸长小段，洗净沥尽水。小香干切成 1 寸长条。

2　炒锅上火，放花生油，待油三成热时，放入芦蒿段

焐油至熟，倒入漏勺沥尽油。

3　炒锅上火，放花生油少许，将芦蒿段、香干条略炒，加酱油、白糖，煸炒入味，装盘即成。

大师指点

也可白炒，放精盐，不放酱油、白糖，加红椒丝也可。

特点　脆嫩软醇，清淡可口。

185　白汁天花

主料： 鲜天花菌 500 克。
配料： 熟净笋 50 克、小青菜心 10 棵。
调料： 花生油、姜片、精盐、湿淀粉、麻油、素汤。
制作方法

1　鲜天花菌洗去黑斑，批切成块。熟净笋切成小片。

2　小青菜心洗净入大火开水锅内，焯水、捞出放冷水中泌透，取出挤尽水，入油锅上火焐油至熟，捞出沥尽油。

3　炒锅上火，放花生油、天花菌块、笋片，煸炒成熟，加素汤烧开，收稠汤汁，用湿淀粉勾芡，放小青菜心，浇麻油装盘即成。

大师指点

天花菌是一种人工养殖的食用菌，原产于泰山脚下，细嫩芳香，营养丰富。但过敏体质者慎用。

特点　鲜嫩美味，营养丰富，咸鲜适中。

186　水晶鱼

主料： 糯米 200 克。
配料： 豆腐皮 3 张、熟净笋 50 克、水发香菇 50 克、水发绿笋 50 克、青菜叶 20 克、香干 1 块、面粉 15 克。
调料： 花生油、酱油、白糖、麻油、素汤。
制作方法

1　糯米淘洗干净，放开水锅稍煮，捞出在清水中洗净，倒盘内。放入大火开水笼中蒸熟、蒸透。

2　熟净笋、水发香菇、水发绿笋、香干均洗净、切成丁。青菜叶烫熟，切成末。

3　炒锅上火，放素汤、笋丁、香菇丁、绿笋丁、香干

丁、青菜叶末、花生油、酱油、白糖烧开，收稠汤汁，放蒸熟糯米拌匀，成水晶馅心。

4　面粉加水，制成浆。

5　豆腐皮切成长方片，抹上面粉浆，放上水晶馅心，卷成长方形，即成水晶鱼生坯。

6　炒锅上火，放花生油，待油七成热时，放入水晶鱼生坯炸熟，至色呈牙黄色时，捞出沥尽油，切成长方条，整齐摆放在盘中淋上麻油即成。

大师指点

糯米先煮后蒸，确保无硬心。

特点　外香脆，内软嫩，美味可口。

187 烧鸡肉

主料: 老豆腐 4 块。

配料: 熟面筋 100 克、炒米粉 100 克、熟净笋 100 克,水发香菇 100 克、酱生姜 20 克、酱瓜 50 克、青菜心 10 棵。

调料: 花生油、精盐、酱油、白糖、干淀粉、湿淀粉、麻油。

制作方法

1 老豆腐切去上、下老皮,搋成泥,放盆中。

2 熟面筋、酱生姜、酱瓜切成小丁。熟净笋、水发香菇一半切丁,一半切片。

3 青菜心洗净放大火开水锅内焯水,捞出用冷水泌透,取出沥尽水,放入花生油锅,上火焐油至熟,捞出沥尽油。

4 豆腐泥放入碗中,加面筋丁、酱瓜丁、酱生姜丁、笋丁、香菇丁、炒米粉、干淀粉、精盐制成 10 个大圆子,成为素鸡肉生坯。

5 炒锅上火,放花生油,待油七成热时,将素鸡肉生坯炸熟,捞出沥尽油。

6 炒锅上火,加水、酱油、白糖,素鸡肉烧开,移小火上烧 15 分钟再上大火,放笋片、香菇片、青菜心烧开,收稠汤汁,用湿淀粉勾琉璃芡,放麻油,装盘即成。

大师指点

豆腐须选用硬实的老豆腐,酱生姜、酱瓜即扬州三和四美所产的酱乳黄瓜、酱生姜。

特点 形似鸡肉,软嫩香醇。

188 烧松蓉

主料: 松菌 750 克。

配料: 熟净笋 100 克、青豆 50 克。

调料: 花生油、姜片、酱油、白糖、湿淀粉,麻油、素汤。

制作方法

1 松菌去根、洗净,切成块,熟净笋切成小片。

2 炒锅上火,辣锅冷油,放入松菌划油至熟,倒入漏勺沥尽油。

3 炒锅上火,放花生油、笋片、青豆稍炒,加素汤、1 片姜、酱油、白糖烧开,放入松菌,收稠汤汁,去姜片,用湿淀粉勾琉璃芡,放麻油,装盘即成。

大师指点

松菌营养价值极高,但寒凉体质不宜食用,也不宜和土豆、海鲜、鹌鹑肉同食。

特点 软嫩爽口,佐餐佳品。

189 烧口蘑

主料: 口蘑 100 克。

配料: 鲜冬笋 250 克、绿笋 100 克、琼脂 20 克。

调料: 花生油、酱油、白糖、麻油。

制作方法

1 口蘑用水泡开,去根蒂上黑斑,洗净。泡口蘑的水沉去泥沙,留用。

2 绿笋用开水泡开,去老根,撕成条,切 1 寸长段。鲜冬笋去根、壳、衣,切成片,放开水锅内煮一下

捞出放冷水中泌透取出。琼脂洗净,切 1 寸长段。

3 炒锅上火,放花生油将口蘑稍炒,加口蘑汤、酱油、白糖、冬笋片、绿笋段、琼脂段烧开,淋麻油,装盘即成。

大师指点

口蘑须洗去杂质,汤底泥沙务必去尽。

特点 鲜美软醇,营养珍品。

190 烧素鸡

主料：豆腐皮 12 张。

配料：熟净笋 20 克、水发冬菇 20 克。

调料：花生油、姜汁、酱油、白糖、湿淀粉、麻油、黄豆芽汤。

制作方法

1 豆腐皮用开水泡透、泡软，沥尽水，放纱布上，卷成长圆条形，用绳扎紧扎实，放开水锅煮透取出，去除纱布、绳子，切成 1.5 寸长段，再切成块。

2 熟净笋、水发冬菇均切成片。

3 炒锅上火，放花生油，将笋片、冬菇片稍炒，加黄豆芽汤、姜汁、素鸡块、酱油、白糖烧开，收稠汤汁，用湿淀粉勾琉璃芡，放麻油，装盘即成。

大师指点

此菜系扬州家常菜，大明寺制作最佳。

特点 软嫩鲜美，老少皆宜。

191 炒蒲芹

主料：蒲芹 1000 克。

配料：水发玉兰笋 100 克、水发香蕈 50 克。

调料：花生油、酱油、白糖、湿淀粉、麻油。

制作方法

1 蒲芹去叶、老根，洗净，切成 1.2 寸长的段。

2 水发玉兰笋、水发香蕈洗净，切成片。

3 炒锅上火，放花生油、蒲芹段、玉兰笋片稍炒，加香蕈片煸炒至熟，放酱油、白糖，用湿淀粉勾芡，淋麻油装盘即成。

大师指点

须选用新鲜、嫩的蒲芹，去尽根、叶。

特点 色泽翠绿，脆嫩爽口。

192 口蘑锅巴

主料：水发口蘑 100 克。

配料：熟净冬笋片 100 克、药芹 30 克、锅巴 100 克。

调料：花生油、精盐、酱油、湿淀粉、麻油、素汤。

制作方法

1 水发口蘑洗净，批切成片。药芹拣洗干净。

2 口蘑片、熟净冬笋片、药芹均下开水锅焯水，捞出沥尽水。药芹切成 8 分长小段。

3 炒锅上火，放素汤、口蘑片、熟净冬笋片、药芹段烧开，加酱油、少许精盐，用湿淀粉勾米汤芡，放

麻油，盛入碗中，成口蘑卤汁。

4 锅巴掰成小块。

5 炒锅上火，放花生油，待油九成热时，放入锅巴，将其炸脆捞出，放盘中，和口蘑卤汁一起上桌，卤汁倒入锅巴中即成。

大师指点

制作卤汁和炸制锅巴须同时进行，确保上桌浇卤汁时发出吱吱响声，香气四溢。

特点 香脆软嫩，汤鲜味美。

193　大煮干丝

主料：大方干2块。

配料：熟净笋30克、水发冬菇30克、榨菜30克、菠菜30克。

调料：花生油、精盐、麻油、素汤。

制作方法

1　大方干切成火柴梗粗细的丝，放开水中烫十分钟后，换水再烫，连续烫3次，去尽黄泔味。

2　熟净笋、水发冬菇、榨菜洗净，切成细丝。菠菜拣洗干净。

3　炒锅上火，放素汤、方干丝、笋丝、冬菇丝、榨菜丝、花生油烧煮，至汤色浓白时，加精盐、菠菜烧开，放麻油装盘。方干丝垫底，另外三丝和菠菜盖在上面即成。

大师指点

方干丝不宜切得太细，否则缺乏韧性，易碎。

特点　绵软鲜嫩，清淡可口。

194　砂锅蟹粉狮子头

主料：老豆腐4块。

配料：油发面筋150克、熟净山药50克、水发冬菇50克、熟去皮胡萝卜、青菜心10棵、青菜叶8张、鸡蛋2个。

调料：花生油、葱、姜片、葱花、姜米、精盐、酱油、白糖、干淀粉、白胡椒粉、麻油、素汤。

制作方法

1　熟去皮胡萝卜用刀刮细，放在盆内，加鸡蛋液、姜米调成素蟹黄。

2　油发面筋、熟净山药、水发冬菇洗净，切成小丁。

3　老豆腐去上、下老皮，挤尽水，揉成蓉，放入盆内，加胡萝卜丁，笋丁、冬菇丁、山药丁、葱花、姜米、酱油、白糖、鸡蛋液、干淀粉、精盐制成豆腐馅，分为10份，制成狮子头，蟹黄嵌在狮子头中间，即成蟹粉狮子头生坯。

4　炒锅上火烧辣，放入少许花生油、蟹粉狮子头生坯，将其煎成两面黄，倒入漏勺沥尽油，青菜心、青菜叶洗净。

5　炒锅上火，放花生油，葱1根、姜1片稍炒，加青菜心煸炒，加素汤、酱油、白糖烧开，去葱、姜，倒入砂锅内，上放狮子头，盖上青菜叶烧开，移中小火上，烧焖至熟，去青菜叶，浇麻油，砂锅放入等盘，带白胡椒粉小碟上桌即成。

大师指点

1　豆腐须挤干水制成，豆腐馅要搅拌上劲。

2　煎狮子头时，锅要烧热，再放油煎出两面金黄。

3　烧时狮子头在砂锅内排列整齐，青菜心放在四周。

特点　软嫩鲜香，汤醇味美。

195　如意紫菜卷

主料：紫菜4张。

配料：青菜叶8张、胡萝卜1根、豆腐2块。

调料：花生油、精盐、干淀粉、湿淀粉、素汤。

制作方法

1　豆腐去上、下老皮，挤干水，揉成泥，放盆内，加干淀粉、精盐制成豆腐馅。

2　胡萝卜洗净、煮熟烂，揉成泥。青菜叶洗净，切成末。

3　紫菜铺平，放入1分厚的豆腐馅，一边放上胡萝卜泥，另一边放上青菜末，分别向中间卷起，成如意卷生坯。

4 笼锅上火，放水烧开，放入如意卷生坯蒸熟，取出切成 3 分厚的块，整齐堆排在盘中。

5 炒锅上火，放素汤烧开，加精盐，用湿淀粉勾芡，放花生油，倒至紫菜如意卷上即成。

大师指点

1 紫菜须选用边缘整齐、偏薄的。

2 紫菜两边各放的胡萝卜泥、青菜叶末要匀称，卷制时要卷紧，蒸制时间不宜长。

特点 形似如意，鲜美可口。

196 三鲜汤

主料：方干 1 块。

配料：熟净笋 50 克，水发木耳 50 克、菠菜 50 克、榨菜 20 克。

调料：花生油、精盐，麻油、素汤。

制作方法

1 方干批切成 4 分厚片，切成小方块。

2 熟净笋切成小片，水发木耳、菠菜拣洗干净，榨菜洗净切成片。

3 炒锅上火，放花生油，待油八成热时，将方干炸成金黄色，捞出沥尽油。

4 炒锅上火，放素汤、方干片、笋片、水发木耳烧开，加榨菜片、菠菜烧开，放精盐，盛汤碗内，浇麻油即成。

大师指点

方干厚薄、大小均匀，须炸出硬壳。

特点 鲜香味美，汤汁浓醇。

197 三圆汤

主料：老豆腐 2 块。

配料：土豆 150 克、菠菜 150 克、水发木耳 20 克、榨菜 20 克、茼蒿 40 克、鸡蛋 2 个。

调料：花生油、姜米、精盐、干淀粉、麻油、素汤。

制作方法

1 老豆腐去上、下老皮，挤干水，揉成泥。

2 一半豆腐泥，加鸡蛋清、姜米、干淀粉、精盐，制成白豆腐馅。

3 另一半豆腐泥，加鸡蛋黄、姜米、干淀粉、精盐，制成黄豆腐馅。

4 土豆去皮、洗净。菠菜剁碎，挤出菜汁。

5 笼锅上火，放水烧开，放入土豆蒸熟，取出揉成泥，加菠菜汁、姜米、干淀粉、精盐，制成绿土豆馅。

6 水发木耳、茼蒿拣洗干净，榨菜洗净切成片。

7 炒锅上火，放水烧开，将白豆腐馅抓成小圆子，下锅煮熟，捞出放冷水中泌透待用。

8 炒锅上火，放花生油，待油七成热时，将黄豆腐馅抓成小圆子下油锅炸熟，捞出沥尽油。再将绿土豆馅抓成圆子下油锅炸熟，捞出沥尽油。

9 炒锅上火，放素汤、白豆腐圆、黄豆腐圆、绿土豆圆、榨菜片、水发木耳烧开，加茼蒿、精盐烧开，盛汤碗内，浇麻油即成。

大师指点

1 豆腐泥、土豆泥须略厚，要搅打上劲。

2 三圆大小要一致。

特点 软嫩爽口，汤浓味鲜。

198 三丝汤

主料：熟净笋 50 克。

配料：水发冬菇 50 克、胡萝卜 50 克、鲜菠菜 20 克。

调料：精盐、麻油、素汤。

制作方法

1 熟净笋、水发冬菇、胡萝卜洗净，分别切成细丝。

2 鲜菠菜拣洗干净。

3 炒锅上火，放素汤、笋丝、冬菇丝、胡萝卜丝烧开，加鲜菠菜、精盐烧开后，盛入汤碗，浇麻油即成。

大师指点

三丝须长短、粗细一致。

特点 色彩艳丽，清淡鲜美。

199 干丝汤

主料：大方干 2 块。

配料：熟净笋 30 克、水发木耳 30 克、榨菜丝 30 克、菠菜 50 克。

调料：精盐、麻油、素汤。

制作方法

1 大方干、熟净笋、水发木耳俱切成细丝，菠菜拣洗干净。

2 方干丝放盆内，用开水连续烫 3 次，去尽黄泔味。

3 炒锅上火，放素汤、方干丝、笋丝、榨菜丝、木耳丝烧开，加菠菜、精盐，烧开后盛入汤碗，浇麻油即成。

大师指点

1 方干丝切成火柴梗粗细，长短须一致。

2 笋丝、木耳丝粗细、长短须和方干丝相称。

特点 绵软醇厚，清淡爽口。

200 粉丝汤

主料：龙口粉丝 100 克。

配料：熟净笋 30 克、水发木耳 30 克、榨菜 30 克、菠菜 50 克。

调料：精盐、麻油、素汤。

制作方法

1 龙口粉丝用清水浸泡 12 小时以上，涨发透。

2 熟净笋、水发木耳、榨菜均切成丝，菠菜拣洗干净。

3 炒锅上火，放素汤、龙口粉丝、笋丝、木耳丝、榨菜丝烧开，加菠菜、精盐烧开，盛入汤碗，浇麻油即成。

大师指点

粉丝用温水泡发可缩短时间。

特点 爽滑清鲜，汤浓味美。

201 清汤蒲菜

主料：鲜蒲菜 300 克。

配料：熟净笋片 30 克、水发冬菇片 30 克。

调料：精盐、麻油。

制作方法

1 鲜蒲菜去外壳、根洗净，掐成 8 分长的段。

2 炒锅上火，放清水、蒲菜段、熟净笋片、水发冬菇

片烧开，加精盐，盛入汤碗，浇麻油即成。

大师指点

须选用新鲜蒲菜，掐段要长短一致。

特点 汤汁清醇，脆嫩鲜美。

202 莼菜汤

主料：西湖莼菜 200 克。

配料：熟净笋丝 40 克、胡萝卜丝 40 克、水发冬菇丝 40 克。

调料：花生油、精盐、白胡椒粉、素汤。

制作方法

1 将西湖莼菜放入大火开水锅内焯水，捞出沥尽水。

2 炒锅上火，放素汤、西湖莼菜、熟净笋丝、胡萝卜丝、水发冬菇丝烧开，加精盐、白胡椒粉，盛入汤

碗，浇花生油即成。

大师指点

1 也可选用罐头莼菜。

2 笋丝、胡萝卜丝、冬菇丝须长短、粗细一致。

3 不可用麻油，避免掩盖莼菜清香味。

特点 爽滑清香，汤浓味美。

203 发菜双球汤

主料：发菜 50 克。

配料：老豆腐 2 块、熟净笋 40 克、水发冬菇 40 克、水发绿笋 40 克、榨菜末 50 克、茼蒿 20 克、鸡蛋 1 个。

调料：花生油、葱花、姜米、精盐、干淀粉、麻油、素汤。

制作方法

1 发菜泡发开，拣去杂质，洗净，制成圆球。

2 老豆腐去上、下老皮，挤干水，揉成泥，加榨菜末、鸡蛋、葱花、姜米、干淀粉、精盐制成素虾馅。

3 炒锅上火，放花生油，待油七成热时，将素虾馅抓

成圆子，下锅炸熟，捞出沥尽油。

4 熟净笋、水发冬菇洗净，切成丝，水发绿笋洗净，撕成丝，切成 1 寸长，茼蒿拣洗干净。

5 炒锅上火，放素汤、发菜球、素虾球、笋丝、冬菇丝、绿笋丝烧开，放茼蒿、精盐烧开，盛入汤碗，浇麻油即成。

大师指点

1 发菜球须包紧，大小一致。

2 素虾馅要略厚，虾球大小一致。

特点 黑白分明，味道鲜美，汤汁醇厚。

204 什锦豆腐汤

主料：老豆腐 1 块。

配料：熟净笋 15 克、水发冬菇 15 克、水发绿笋 15 克、去皮胡萝卜 15 克、水发木耳 15 克、鲜蘑

菇 15 克、鲜草菇 15 克、榨菜 15 克、青豆 15 克。

调料：精盐、湿淀粉、麻油、素汤。

制作方法

1 将老豆腐切成小方丁。

2 熟净笋、水发冬菇、水发绿笋、去皮胡萝卜、水发木耳、鲜蘑菇，鲜草菇、榨菜洗净，均切成小于豆腐丁的小丁，加青豆计十丁。

3 炒锅上火，放素汤、十丁烧开，加精盐，用湿淀粉

勾米汤芡，盛入汤碗，浇麻油即成。

大师指点

1 十丁均须整齐划一。

2 汤内亦可撒入胡椒粉。

特点 ▶ 色彩鲜艳，品种多样，汤浓味醇。

205 豆腐圆汤

主料: 老豆腐2块。

配料: 熟净笋40克、榨菜40克、茼蒿100克、鸡蛋清2个。

调料: 姜米、精盐、干淀粉、麻油、素汤。

制作方法

1 老豆腐去上、下老皮，挤尽水，揭成蓉，加姜米、鸡蛋清、干淀粉、精盐制成豆腐馅。

2 炒锅上火，放水烧开，将豆腐馅抓成玻璃球大小的圆子，下锅养煮熟，捞出放冷水中泌透，取出。

3 熟净笋、榨菜切成片，茼蒿拣洗干净。

4 炒锅上火，放素汤，豆腐圆子、笋片、榨菜片烧开，放茼蒿、精盐烧开，盛汤碗中，浇麻油即成。

大师指点

1 豆腐圆须大小一致。

2 豆腐圆也可油炸后烧汤。

特点 ▶ 软嫩鲜美，汤汁醇厚。

206 莲蓬豆腐汤

主料: 老豆腐2块。

配料: 熟净笋60克、水发木耳60克、水发冬菇40克、水发金针菇40克、水发腐竹40克、鲜蘑菇40克、青豆70粒、茼蒿100克、鸡蛋清1个。

调料: 花生油、葱花、姜米、精盐、干淀粉、湿淀粉、素汤。

制作方法

1 老豆腐去上、下老皮，挤尽水，揭成蓉，加鸡蛋清、干淀粉、精盐制成豆腐馅。

2 将20克熟净笋切成片，20克水发木耳拣洗干净，茼蒿拣洗干净。

3 将熟净笋、水发木耳、水发冬菇、鲜蘑菇、水发腐竹、水发金针菇，均切成小丁，成为六丁。

4 炒锅上火，放花生油、葱花、姜米稍炒。放六丁炒

熟，再放素汤烧开，收干汤汁放精盐，用湿淀粉勾芡，成为六丁馅。

5 取10只小酒盅，抹上花生油，放豆腐馅，中间掏洞放六丁馅，再加豆腐馅抹平，匀称嵌入7粒青豆，成为莲蓬豆腐生坯。

6 笼锅上火，放水烧开，放入莲蓬豆腐生坯，将其蒸熟，取出放冷水中脱去酒杯，放入盘内，上笼锅内复蒸一下，取出。

7 炒锅上火，放素汤、水（各占一半）、笋片、水发木耳烧开，加茼蒿、精盐烧开，倒入汤碗，放入莲蓬豆腐，浇花生油即成。

大师指点

豆腐馅要略厚，六丁馅不可有汤汁。

特点 ▶ 形似莲蓬，软嫩香醇。

207 清汤鸽蛋

主料： 胡萝卜 150 克。

配料： 熟净笋片 20 克、水发香菇片 20 克、豌豆苗 20 克、琼脂 10 克。

调料： 精盐、黄豆芽汤。

制作方法

1 胡萝卜去皮，放中火开水锅中煮至熟烂，取出搌成泥，搓成 10 个小圆子，作为鸽蛋黄。

2 琼脂洗净，放入盆内，加水泡透。

3 炒锅上火，放水烧开，放琼脂烧化，装入碗内。鸽蛋模具内放鸽蛋黄，灌入琼脂浓汁，用手捏紧放入冷水中沁透，取出去掉模具，成为素鸽蛋。

4 炒锅上火，放水烧开，放熟净笋片、水发香菇片、豌豆苗稍烫，捞起放汤碗中，放素鸽蛋。原汤加黄豆芽汤、精盐烧开，倒入汤碗即成。

大师指点

制作时要细心做好每一道程序。

特点 形似鸽蛋，色泽透明，软嫩爽口。

208 鱼圆汤

主料： 绿豆淀粉 100 克。

配料： 鲜豆浆 100 克、熟净笋片 15 克、水发木耳 10 克、胡萝卜片 10 克、茼蒿 20 克。

调料： 花生油、精盐。

制作方法

1 炒锅上火，放鲜豆浆烧开，徐徐倒入调稀的绿豆粉浆，搅拌均匀，糊化后冷却，抓成圆子放冷水锅中，上火烧开、养熟，捞出放冷水中沁透，成为素鱼圆。

2 茼蒿拣洗干净。

3 炒锅上火，放熟净笋片、水发木耳、胡萝卜片、素鱼圆烧开，加茼蒿、精盐，烧开盛汤碗中，浇花生油即成。

大师指点

1 绿豆粉浆须掌握好浓度，以能抓成圆子为准。

2 沁凉圆子时须换 3 次水，确保凉透。

特点 形似鱼圆，软嫩香鲜。

209 紫菜皮汤

主料： 紫菜 50 克。

配料： 豆腐皮 1 张、榨菜 30 克。

调料： 精盐、麻油、素汤。

制作方法

1 紫菜洗净，用水泡发，胀开后捞出沥尽水。

2 豆腐皮洗净，撕成大片，榨菜洗净切成片。

3 炒锅上火，放素汤、紫菜、榨菜片烧开，放豆腐皮、精盐烧开，盛汤碗中，浇麻油即成。

大师指点

紫菜须浸泡 2~3 小时。

特点 软韧味美，别具风味。

210 虎皮汤

主料：豆腐皮 2 张。

配料：榨菜 30 克、茼蒿 100 克。

调料：花生油、精盐、素汤、麻油。

制作方法

1 豆腐皮撕成大片，榨菜洗净切成片，茼蒿拣洗干净。

2 炒锅上火，放花生油，待油八成热时，放入豆腐皮炸脆，色呈金黄时捞出沥尽油。

3 炒锅上火，放素汤、豆腐皮、榨菜烧开，加茼蒿、精盐，烧开盛汤碗中，浇麻油即成。

大师指点

炸豆腐皮时须大火、辣油，一炸即起。

特点 酥香味美，汤汁可口。

211 清汤燕菜

主料：冬瓜 200 克。

配料：水发冬菇丝 30 克、胡萝卜丝 30 克、绿叶菜丝 30 克。

调料：花生油、绍酒、精盐、干淀粉、素汤。

制作方法

1 冬瓜去皮、瓤洗净，切成细丝，撒干淀粉拌匀。

2 炒锅上火，放水烧开，放冬瓜丝稍氽烫一下，捞出沥尽水。

3 炒锅上火，放素汤、冬瓜丝、胡萝卜丝、水发冬菇丝烧开，加绿叶菜丝、绍酒、精盐，烧开后，盛入汤碗，浇花生油即成。

大师指点

1 冬菇丝拌淀粉时要均匀，确保拌透。

2 竹荪、白萝卜亦可切成细丝，做素燕菜。

特点 色彩艳丽，软嫩味鲜。

小饭一碗香

千金不换粳

——中国维扬传统菜点大观

蛋炒饭

1　蛋炒饭（又称桂花蛋炒饭）

主料：冷白籼米饭600克（以3碗计算）。
配料：鸡蛋6个。
调料：熟猪油、葱花、精盐、干淀粉、鸡汤。
制作方法
1　鸡蛋去壳放入碗内，加入葱花、精盐、干淀粉，制成蛋液。
2　炒锅上火，烧辣，放熟猪油、蛋液，将其炒熟后，放入冷白籼米饭、葱花、精盐同炒，将饭炒熟炒香，起锅装盘即成。

3　炒锅上火，放鸡汤烧开，加精盐，盛入小碗，随饭一同上桌。

大师指点
1　鸡蛋液加葱花、精盐、干淀粉制成的蛋液炒熟呈小碎块，呈桂花形，故又称桂花蛋炒饭、清炒蛋炒饭。
2　白米饭下锅炒熟炒香。

特点　米饭柔韧，鸡蛋滑嫩，咸淡适宜。

2　荷包蛋炒饭

主料：冷白籼米饭600克（以3碗计算）。
配料：鸡蛋3个。
调料：熟猪油，葱花，精盐，鸡汤。
制作方法
1　炒锅上火烧辣，放熟猪油，鸡蛋去壳放入锅内，加葱花、精盐，将鸡蛋煎成荷包蛋，熟后倒入漏勺。
2　炒锅上火烧辣，放熟猪油、葱花稍炒，有香味时，加冷白籼米饭、精盐同炒，将饭炒熟炒香，起锅装

盘，放入荷包蛋即成。
3　炒锅上火，放鸡汤烧开，加精盐，盛入小碗，随饭一同上桌。

大师指点
1　荷包蛋要煎得完整。
2　根据食客的要求可煎成溏心蛋。

特点　香，鲜，嫩，韧。

3　月牙蛋炒饭

主料：冷白籼米饭600克（以3碗计算）。
配料：鸡蛋3个。
调料：熟猪油、葱花、精盐、鸡汤。
制作方法
1　炒锅上火烧辣，放熟猪油，鸡蛋去壳放入锅内，加葱花、精盐，将鸡蛋煎成半圆形即月牙形，熟后倒入漏勺。
2　炒锅上火烧辣，放熟猪油、葱花稍炒，有香味时，

加冷白籼米饭，精盐同炒，将饭炒熟炒香，起锅装盘，放入月牙蛋即成。
3　炒锅上火，放鸡汤烧开，加精盐，盛入小碗，随饭一同上桌。

大师指点
月牙蛋的制法：鸡蛋下锅，底部煎熟，用锅铲将鸡蛋对折成半圆形，煎熟后称月牙蛋。

特点　香，鲜，嫩，滑。

4 肉丝蛋炒饭

主料: 冷白籼米饭 600 克（以 3 碗计算）。

配料: 猪精肉丝 150 克、鸡蛋 6 个。

调料: 熟猪油、葱花、精盐、酱油、白糖、绍酒、干淀粉、鸡汤。

制作方法

1 猪精肉丝放入小盆内，加精盐、鸡蛋液、干淀粉上浆。

2 炒锅上火，辣锅冷油，放猪精肉丝划油至熟，倒入漏勺沥尽油，再放入锅内加酱油、白糖、绍酒、少许鸡汤，制成的肉丝与卤汁盛入碗内。

3 鸡蛋去壳放入盆内，加葱花、精盐、干淀粉制成蛋液。

4 炒锅上火烧辣，放熟猪油、蛋液，将其炒熟，再放冷白籼米饭、葱花，将米饭炒熟炒香，放入一半的肉丝和卤汁，将卤汁炒干，全部融入米饭内，起锅装盘，放上另一半肉丝即成。

5 炒锅上火，放鸡汤烧开，加精盐，盛入小碗内，随饭一同上桌。

大师指点

饭炒热后，放入肉丝和卤汁，一定将卤汁炒干，全部融入饭内。

特点 色泽红亮，香，鲜，软，韧。

5 虾仁蛋炒饭

主料: 冷白籼米饭 600 克（以 3 碗计算）。

配料: 虾仁 150 克、鸡蛋 6 个。

调料: 熟猪油、葱花、精盐、干淀粉、鸡汤。

制作方法

1 虾仁洗净，用干布挤干水分，放入盆内，加精盐、鸡蛋清、干淀粉上浆。

2 炒锅上火，辣锅冷油，放入虾仁划油至熟，倒入漏勺沥尽油。

3 鸡蛋去壳放入碗内，加葱花、精盐、干淀粉，制成蛋液。

4 炒锅再上火烧辣，放熟猪油、蛋液，将其炒熟，再放冷白籼米饭、精盐、葱花，将饭炒熟炒香，加一半虾仁，炒拌均匀，盛入盘内，放上另一半虾仁即成。

5 炒锅上火，放鸡汤烧开，加精盐，盛入小碗内，随饭一同上桌。

大师指点

选用新鲜的虾仁。

特点 虾仁鲜嫩，米饭柔韧。

6 火腿丁蛋炒饭

主料: 冷白籼米饭 600 克（以 3 碗计算）。

配料: 熟金华火腿 150 克、鸡蛋 6 个。

调料: 熟猪油、葱花、精盐、干淀粉、鸡汤。

制作方法

1 熟金华火腿切成小丁。

2 鸡蛋去壳放入碗内，加葱花、精盐、干淀粉，制成蛋液。

3 炒锅上火烧辣，放熟猪油、蛋液，将其炒熟，再放冷白籼米饭、葱花、精盐，将米饭炒熟炒香，加一半火腿丁，抄拌均匀，盛入盘内，放上另一半火腿丁即成。

4 炒锅上火，放鸡汤烧开，加精盐，盛入小碗内，随饭一同上桌。

大师指点

火腿丁改为火腿米，即称火腿米蛋炒饭。

特点 火腿酥香，鸡蛋软嫩，米饭柔韧，风味独特。

7 虾腰蛋炒饭

主料： 冷白籼米饭 600 克（以 3 碗计算）。

配料： 虾仁 100 克、猪腰子 2 个、鸡蛋 6 个。

调料： 熟猪油、葱花、精盐、酱油、白糖、绍酒、干淀粉、鸡汤。

制作方法

1. 虾仁洗净，用干布挤去水分，放入盆内，加精盐、鸡蛋清、干淀粉上浆，猪腰子一切两半，去腰臊洗净，在腰肉上剞直刀，再批切成片。

2. 炒锅上火，辣锅冷油，放入虾仁、腰片，划油至熟，倒入漏勺沥尽油，再放入锅内，加酱油、白糖、绍酒、少许鸡汤，制成虾腰及卤汁，盛入碗内。

3. 炒锅上火烧辣，放熟猪油、蛋液炒熟，再放冷白籼米饭、葱花，将其炒熟炒香，放入一半虾仁、腰片及卤汁，将卤汁炒干，融入饭内，起锅装盘，放入另一半虾仁、腰片即成。

4. 炒锅上火，放入鸡汤烧开，加精盐，盛入碗内，随饭一同上桌即成。

大师指点

1. 腰子划油后要保持鲜嫩。

2. 卤子一定要融入饭内。

特点 虾腰鲜嫩，米饭味浓。

8 三鲜蛋炒饭

主料： 冷白籼米饭 600 克（以 3 碗计算）。

配料： 虾仁 150 克、腰子 2 个、猪精肉 150 克、鸡蛋 6 个。

调料： 熟猪油、葱花、精盐、酱油、白糖、绍酒、干淀粉、鸡汤。

制作方法

1. 虾仁洗净，用干布挤干水分，放入盆内，加精盐、鸡蛋清、干淀粉上浆，腰子一切两半，去腰臊洗净，在腰肉上剞直刀，再批切成片，猪精肉批切成柳叶片，放入盆内，加精盐、鸡蛋、干淀粉上浆，成三鲜。

2. 炒锅上火，辣锅冷油，放入三鲜划油至熟，倒入漏勺沥尽油，放入锅内加酱油、白糖、绍酒、少许鸡汤，制成三鲜及卤汁。

3. 鸡蛋去壳放入碗内，加葱花、精盐、干淀粉，制成蛋液。

4. 炒锅上火烧辣，放熟猪油、蛋液，将其炒熟，再放冷白籼米饭、葱花，将其炒熟炒香，放入一半三鲜和卤汁，将其炒干，卤汁融入米饭内，盛入盘内，放上另一半三鲜即成。

5. 炒锅上火，放入鸡汤烧开，加精盐，盛入小碗内，随饭一起上桌。

大师指点

三鲜可选择其他鲜美原料。

特点 三鲜味美，米饭香浓。

9 十锦蛋炒饭

主料： 冷白熟米饭 600 克（以 3 碗计算）。

配料： 水发海参 30 克、熟鸡肉 30 克、熟瘦火腿 30 克、熟肫 30 克、虾仁 30 克、水发干贝 30 克、猪精肉 30 克、熟净笋 30 克、水发冬菇 30 克、青豆 30 克、鸡蛋 6 个。

调料： 熟猪油、葱花、精盐、绍酒、干淀粉、虾籽、鸡汤。

制作方法

1 水发海参、熟鸡肉、熟瘦火腿、熟肚、猪精肉、熟净笋、水发冬菇均切成小丁，虾仁洗净，用干布挤干水分，加精盐、鸡蛋清、干淀粉上浆，水发干贝撕成丝，加青豆计 10 种原料。

2 炒锅上火烧辣，放熟猪油、虾仁、猪肉丁煸炒，加海参丁、鸡肉丁、火腿丁、肚丁、笋丁、冬菇丁、干贝丝、青豆煸炒成熟，加鸡汤、虾籽、绍酒烧开，加精盐，制成十锦及卤汁。

3 鸡蛋去壳，放碗内加葱花、精盐、干淀粉，制成蛋液。

4 炒锅上火烧辣，放入熟猪油、蛋液炒熟，加冷白熟米饭，将其炒熟炒香，放入一半十锦及卤汁，将其炒干，卤汁全部融入米饭，装入盘内，放上另一半十锦，即成。

大师指点

1 选用新鲜的十锦原料。

2 十锦煸炒后，加鸡汤、调料、烧开，移小火上煮一下，煮出虾仔的鲜味。

特点 原料多样，香鲜软韧。

10 金裹银蛋炒饭

主料：冷白籼米饭 600 克（以 3 碗计算）。
配料：草鸡蛋 6 个。
调料：熟猪油、葱花、精盐、干淀粉、鸡汤。

制作方法

1 草鸡蛋去壳，选 6 黄 3 清（3 个鸡蛋清不用），放入碗内，加葱花、精盐、干淀粉，制成蛋液。

2 冷白籼米饭用手捏碎，颗粒分明，放入蛋液用筷子拌匀。

3 炒锅上火烧辣，放熟猪油、拌入蛋液的米饭，在锅内翻炒，使蛋液均匀地裹在米饭上，使米饭粒粒分明并炒香，盛入盘中即成。

4 炒锅上火，放入鸡汤烧开，加精盐，盛入小碗内，随饭上桌。

大师指点

1 一定选用草鸡蛋，因草鸡蛋的蛋黄色泽金黄。

2 米饭要捏碎，让米饭颗粒分明，蛋液能裹上米饭。

3 炒饭用中火，不能用大火。

特点 色泽金黄，颗粒分明，香鲜软韧。

谁道村郊野味侵
柴扉竹榻草花清
——中国维扬传统菜点大观

野味类

1 炒山鸡片

主料： 生野鸡脯肉 300 克。

配料： 鲜冬笋 400 克、韭菜黄 50 克、鸡蛋 1 个。

调料： 花生油、酱油、白糖、精盐、绍酒、干淀粉、湿淀粉、醋、麻油。

制作方法

1 生野鸡脯肉洗净，用刀批切成柳叶片，放入盆内，加水浸泡去血水，取出，挤干水分，加精盐、鸡蛋、干淀粉上浆。

2 鲜冬笋去根、壳、皮，一剖两半，放入开水锅内煮熟，取出，用刀切成小长方片，洗净，韭菜黄洗净，切成 8 分长的段。

3 炒锅上火，辣锅冷油，放入野鸡片划油至熟，倒入漏勺沥尽油。

4 炒锅上火，放入花生油、冬笋片，煸炒至熟，加入绍酒、酱油、白糖，用湿淀粉勾芡后，再放入韭菜黄段、野鸡片炒拌均匀，放醋、麻油，装盘即成。

大师指点

1 野鸡片要切得薄厚均匀，放入水中浸泡去血水。

2 冬笋在火上煮的时间稍长，以去尽涩味。

特点 香、鲜、嫩、滑。

2 红烧野鸡

主料： 野鸡 1 只。

配料： 葱白段 12 根。

调料： 熟猪油、葱结、姜块、绍酒、酱油、白糖、麻油。

制作方法

1 野鸡从胸部划一刀，剥去连毛的皮，取出内脏，肫去肫皮、杂质洗净，肝去胆洗净，留用。将野鸡剁成小块，放入清水中浸泡去血水，取出沥尽水。

2 炒锅上火，放熟猪油，油温八成热时，放入野鸡块划油至熟，捞出沥尽油。

3 炒锅上火，放熟猪油，油温九成热时，将葱白段炸成金黄色，成金葱，捞出沥尽油。

4 砂锅内放野鸡块、金葱段、葱结、姜块、酱油、白糖，上火烧开，加绍酒盖盖，移小火上焖熟，移大火收稠汤汁，拣去葱结、姜块，浇麻油，装盘即成。

大师指点

野鸡去皮后，须检查有无残留子弹及杂物，泡洗干净。

特点 香酥味美，冬令佳肴。

3 烧香鸭

主料： 野鸭 2 只（又称对鸭），重约 600 克。

配料： 熟净冬笋 150 克、花菜 50 克、熟火腿 20 克。

调料： 熟猪油、葱结、姜块、绍酒、精盐、酱油、桂皮、八角、虾籽、湿淀粉、鸡汤。

制作方法

1 野鸭去毛，裆下开口去内脏，洗净，入开水锅焯水，捞出。用竹签在鸭身戳几下，挤去血水，洗净，放砂锅内，加水、葱结、姜块烧开，加绍酒，移小火烧熟，捞出。用刀取下脯肉、腿肉，批切成块。

2 熟净冬笋洗净，切滚刀块。熟火腿切片。花菜洗净，摘成小朵，入开水锅焯水，捞入冷水泌透。

3 炒锅上火，放熟猪油、桂皮、八角炒出香味，加鸡汤、虾籽、野鸭块、笋块、花菜烧开，加熟猪油、少许酱油（呈牙黄色）、精盐，收稠汤汁，去桂皮、八角，用湿淀粉勾琉璃芡，起锅装盘，放上火腿片即成。

野鸭肉须煮熟后再加香料。

特点 香酥鲜醇，美味爽口。

4 砂锅野鸭

主料：野鸭 2 只，重约 800 克。

配料：熟净笋 150 克、水发冬菇 80 克。

调料：熟猪油、葱结、姜块、绍酒、酱油、白糖、麻油。

制作方法

1 野鸭去毛，由裆下开口，取出内脏。肝去胆洗净，肫去肫皮、杂质洗净。野鸭入开水锅焯水，取出用竹签戳鸭身，挤去血水，洗净，剁成块。

2 熟净笋洗净，切成滚刀块。水发冬菇洗净，切成片。

3 砂锅内放水、野鸭块、笋块、冬菇片、葱结、姜块、酱油、白糖，上火烧开，加绍酒，移小火上烧熟、焖烂，加熟猪油，用大火收稠汤汁，去葱结、姜块，浇麻油，装盘即成。

大师指点

野鸭务须浸泡去血水。

特点 香鲜酥烂，冬季美肴。

5 京冬菜野鸭

主料：野鸭 2 只，重约 800 克。

配料：京冬菜 150 克。

调料：熟猪油、葱结、姜块、绍酒、酱油、白糖、麻油。

制作方法

1 野鸭去毛，由裆下开口，取出内脏。肝去胆洗净，肫去肫皮、杂质洗净。野鸭入开水锅焯水，取出用竹签戳鸭身，挤去血水，洗净。

2 京冬菜拣去杂质，洗净。

3 砂锅内放水、野鸭、肫、肝、葱结、姜块、酱油、白糖烧开，加绍酒，盖盖，移小火烧熟、焖烂，改大火，加熟猪油、京冬菜烧开，浇麻油，上桌即成。

6 拌野鸭

主料：野鸭 1 只，重约 500 克。

配料：粉皮 2 张、香菜 5 克。

调料：葱结、姜块、姜米、绍酒、酱油、桂皮、八角、麻油。

制作方法

1 野鸭去毛，由裆下开口，取出内脏。肝去胆洗净，肫去肫皮、杂质洗净。野鸭入开水锅焯水，取出用竹签戳鸭身，挤去血水，洗净，放砂锅内，加葱结、姜块，上火烧开，再加绍酒、桂皮、八角，移小火烧熟，捞出稍冷，撕成大片。

2 粉皮切成菱形片，入大火开水锅内稍烫，捞出稍冷，加麻油拌匀。

3 香菜洗净。

4 圆盘内放上粉皮，盖上野鸭肉片、香菜、姜米，浇上酱油、麻油即成。

大师指点

1 煮野鸭时，熟了即可，不能过烂。

2 粉皮一烫即捞起，不可烫过。

特点 软嫩鲜酥，冷菜佳品。

7 酿野鸭

主料： 野鸭 2 只，重约 1000 克。

配料： 熟火腿 150 克、熟净笋 100 克、鲜蘑菇 100 克、鸡冠油 100 克、薏仁米 100 克、芡实 100 克、豌豆苗 250 克。

调料： 熟猪油、葱结、姜块、绍酒、精盐、酱油、白糖、湿淀粉、麻油。

制作方法

1 野鸭去毛，腋下开口去内脏、洗净，入开水锅焯水，捞出用竹签戳几下，挤去血水，洗净。

2 熟火腿、熟净笋、鲜蘑菇、鸡冠油均洗净、切丁，薏仁米、芡实洗净、控干，均放盆内，加酱油、白糖拌匀，从腋下塞进鸭腹，成酿野鸭生坯。

3 砂锅内放水，野鸭坯、葱结、姜块，上火烧开，加绍酒、酱油、白糖，烧开后移小火烧熟，捞出放盆内。原汤留用。

4 炒锅上火，放熟猪油、洗净的豌豆苗、精盐炒熟，泌去汤汁放野鸭周围。

5 炒锅上火，将原汤烧开，用湿淀粉勾琉璃芡，浇麻油，倒野鸭上即成。

大师指点

各种丁须大小均匀。

特点 鲜香软嫩，口味多样。

8 野鸭羹

主料： 熟野鸭肉 300 克。

配料： 熟火腿 50 克、熟净笋 50 克、熟净山药 50 克、水发冬菇 50 克、天花菌 50 克。

调料： 熟猪油、精盐、绍酒、湿淀粉、虾籽、胡椒粉、鸡汤。

制作方法

1 将熟野鸭肉、熟火腿、熟净笋、熟净山药、水发冬菇、天花菌切成五丁。

2 炒锅上火，放鸡汤、虾籽、五丁烧开，加绍酒、精盐，用湿淀粉勾米汤芡，浇熟猪油，撒胡椒粉，装碗即成（亦可分装 10 只小碗）。

大师指点

切丁时，野鸭肉丁稍大，其他丁略小，但须均匀。

特点 五丁鲜香，味不雷同。

9 野鸭烧海参

主料： 熟野鸭 1 只，重约 500 克。

配料： 水发海参 500 克。

调料： 熟猪油、葱段、姜片、绍酒、酱油、白糖、湿淀粉、虾籽、胡椒粉、鸡汤、麻油。

制作方法

1 将熟野鸭拆去骨头，撕成大片。

2 水发海参批切大片，入开水锅焯水后捞出。

3 炒锅上火，放熟猪油、葱段、姜片稍炒，加鸡汤、野鸭片、海参片、虾籽烧开，加绍酒、酱油、白糖烧开，收稠汤汁，去葱段、姜片，用湿淀粉勾琉璃芡，撒胡椒粉、浇上麻油，装盘即成。

大师指点

须烧透入味。

特点 香酥软糯，美味爽口。

10 野鸭圆

主料： 净生野鸭肉 500 克。

配料： 熟火腿末 50 克、熟净笋末 50 克、净青鱼肉 100 克、鸡蛋清 2 个。

调料： 花生油、葱花、姜米、绍酒、精盐、酱油、白糖、花椒盐、干藕粉。

制作方法

1 净生野鸭肉洗净、刮成蓉。净青鱼肉洗净、刮成蓉。同放盆内，加葱花、姜米、熟火腿末、熟净笋末、干藕粉、酱油、绍酒、白糖、鸡蛋清、精盐制成野鸭馅。

2 炒锅上火，放花生油，待油温七成热时，将野鸭馅抓成圆子炸熟，捞出。油温八成热时下锅重油，至外面炸香，捞出沥尽油，堆放盘中即成。

3 带花椒盐小碟上桌。

大师指点

1 野鸭馅须搅打上劲。

2 制作时野鸭肉圆要略大，须均匀一致。

特点 香酥鲜嫩，美味爽口。

11 熘野鸭卷

主料： 生野鸭脯肉 300 克。

配料： 熟火腿 50 克、熟净笋 50 克、葱白段 50 克、红椒 10 克、酱生姜 10 克、酱瓜 10 克、鸡蛋 2 个。

调料： 花生油、葱姜汁、绍酒、精盐、酱油、醋、白糖、干淀粉、湿淀粉、麻油。

制作方法

1 将生野鸭脯肉切成 2 寸长、1 寸宽、1 分厚的片，用葱姜汁、绍酒、精盐拌匀，浸渍入味。

2 熟火腿、熟净笋、葱白段均切成细丝。鸡蛋液、干淀粉调制成全蛋浆。

3 鸭脯片抹上全蛋浆，放上火腿丝、笋丝、葱白丝卷成圆筒形，挂上全蛋浆，即成野鸭卷生坯，放在有油的盘子里。

4 红椒、酱瓜、酱生姜洗净，切成细丝。葱白段切成丝。

5 炒锅上火，辣锅冷油，放入野鸭卷生坯划油至熟，倒入漏勺沥尽油。

6 炒锅上火，放花生油，红椒丝、酱生姜丝、酱瓜丝、葱白丝炒熟，加酱油、绍酒、白糖，用湿淀粉勾芡，倒入野鸭卷炒拌均匀，浇醋、麻油，装盘即成。

大师指点

1 卷三丝时须卷紧。全蛋浆要厚一些。

2 野鸭卷划油时，油要多一些。

特点 香嫩味美，酸甜可口。

桂花香馅裹胡桃

江米如珠井水淘

——中国维扬传统菜点大观

甜菜类

1 蜜汁燕菜

主料：燕菜 50 克。

配料：蜂蜜、冰糖适量。

制作方法

1 燕菜放冷水中浸泡至回软、松散，用手撕成条，放碗中加水。

2 笼锅上火，放水烧开，放入燕菜，将其蒸熟、蒸透，取出泌尽水，加冰糖、清水，复蒸至入味，泌

去汤汁，盛平底汤盘中。

3 将蜂蜜放碗内，用温开水调和稀释，倒燕菜上即成。

大师指点

第一次蒸制燕菜时，须蒸熟、蒸透。第二次蒸制时，须蒸至入味。

特点 爽滑甜润，滋补佳品。

2 冰糖明骨

主料：明骨 300 克。

配料：冰糖适量。

制作方法

1 明骨洗净，放温水碗中，浸泡至发软。

2 笼锅上火，放水烧开，再放入明骨蒸至熟，取出用冷水冲洗数次，切成指甲片大小的丁，再用开水烫

一下，盛在碗中。

3 砂锅上火，放水烧开，加冰糖将其烧化，用细汤筛过滤后，倒入明骨碗中即成。

大师指点

明骨须蒸至柔软且有弹性为佳。

特点 爽滑软韧，甜润可口。

3 冰糖蛤士蟆

主料：蛤士蟆油 15 克。

配料：冰糖 120 克、葱结、姜块、绍酒。

制作方法

1 将蛤士蟆油放六成热水中浸泡 6 小时，清除黑筋、泥沙，洗净盛碗内，加少许葱结、姜块、绍酒、水。

2 笼锅上火，放水烧开，再放入蛤士蟆油将其蒸熟、蒸透，取出，去葱结、姜块，泌去汤汁，放汤

碗中。

3 砂锅上火，放水、冰糖，烧开至冰糖溶化，倒入汤碗中即成。

大师指点

1 涨发蛤士蟆油时，忌用沸水，以免涨发不透。

2 务须去尽黑筋和泥沙。

特点 香甜味美，滑嫩爽口。

4 蜜汁火方

主料：上令火腿一方，重约 750 克。

调料：绵白糖、蜂蜜、甜桂花卤。

制作方法

1 上令火腿刮洗干净，修成正方形或长方形，在肉面

剞十字刀，刀深及皮，放扣碗中，放绵白糖成火方生坯。

2 笼锅上火，放水烧开，再放入火方生坯将其蒸至七成熟，取出泌去汤汁，加绵白糖复蒸，如此反复3~4次，至火方咸味尽去，呈现甜味后，取出翻身入盘，泌去汤汁，去扣碗。

3 蜂蜜、甜桂花卤放碗中，用适量开水调和均匀，浇

火方上即成。

大师指点

1 清洗火腿时，须用微烫的碱水刷洗干净，再用清水泡去碱味。

2 反复加绵白糖蒸制火方，必须去尽咸味。

特点 火腿酥香，甜味适中。此菜为扬州宴席中之上品。

5 金腿樱桃

主料：上令火腿500克。

配料：红、绿樱桃各10粒，黄瓜1根。

调料：绵白糖、冰糖、甜桂花卤、湿淀粉。

制作方法

1 上令火腿去皮，切成2.5寸长、1分厚的长方片10片，整齐摆放在碗底。剩余火腿切成片，放碗内，加绵白糖。

2 笼锅上火，放水烧开，将火腿碗放入笼内，蒸约五成熟时，泌去汤汁，加绵白糖再蒸，如此反复3~4次，去尽咸味，待火腿呈甜味后翻身放入盘中，泌

去汤汁，去扣碗。

3 用花刀将黄瓜刻成秋叶片，用绵白糖腌渍入味。

4 在盘内火腿片周围间隔放上红、绿樱桃和黄瓜片。

5 炒锅上火，放水、冰糖烧开，待冰糖化开后，用细汤筛滤去渣滓，加甜桂花卤烧开，用湿淀粉勾成米汤芡，倒在火腿上即成。

大师指点

火腿须反复加绵白糖蒸制，方可去尽咸味，变成甜味。

特点 色彩艳丽，酥香甜醇。

6 冰糖银耳

主料：银耳50克。

调料：白糖、冰糖适量。

制作方法

1 银耳用温开水泡发3~4小时，取出去除老根、黑斑、杂质，放清水碗中。

2 笼锅上火，放水烧开，再放入银耳，将其蒸熟、蒸烂，再加白糖蒸至入味，泌去汤汁，放汤碗中。

3 炒锅上火，放水烧开，加冰糖烧至溶化，滤去渣滓，倒入银耳碗中即成。

大师指点

银耳亦称白木耳，质脆韧，经水发后滑润不易入味，故蒸制时须熟烂后加糖再蒸。

特点 软、甜、爽、滑。

7 白雪银耳

主料：银耳15克。

配料：鸡蛋清4个。

调料：冰糖适量。

制作方法

1 银耳用温开水泡发3~4小时，取出去除老根、黑斑、杂质，放清水碗中。

2 笼锅上火，放水烧开，放入银耳将其蒸熟、蒸烂，泌去汤汁，放汤盘中凉透。

3 将鸡蛋清打成发蛋，倒银耳中，上笼略蒸，至发蛋凝固成熟取出，即为白雪银耳。

4 炒锅上火，放水、冰糖，烧开至冰糖溶化，用细汤

筛滤去杂质，倒银耳盘中即成。

大师指点

银耳须蒸熟、蒸烂。蒸发蛋时要改用中火，不可蒸过。发蛋上可放成各种图案。

特点 白雪绵软，银耳甜醇。

8 琥珀莲芯

主料： 干莲子 300 克。

配料： 桂圆 250 克。

调料： 生猪板油、冰糖、甜桂花卤、石碱粉。

制作方法

1 炒锅上火，放水烧开，加石碱粉、干莲子，边加热边用竹帚搅打，去尽莲子外皮，取出放冷水中漂洗干净，削去两头，去掉莲芯，再用清水漂去碱味。生猪板油切成大丁。

2 砂锅内放清水、莲子，烧开后放猪板油丁，移小火上焖烧约 30 分钟后捞起。

3 桂圆去壳、核，每粒桂圆中包一粒莲子，成琥珀莲芯。

4 将琥珀莲芯整齐排入碗内，加冰糖、甜桂花卤、猪板油丁，即成琥珀莲芯生坯。

5 笼锅上火，放水烧开，放入琥珀莲芯生坯，将其蒸至酥烂取出，去猪板油丁，翻身入汤盘，泌去汤汁，去扣碗。

6 砂锅上火，放水烧开，加冰糖烧化，用细汤筛滤去杂质，倒汤盘中即成。

大师指点

1 去皮后的莲子须用清水反复漂洗，去除碱味。

2 蒸制时须确保莲子酥烂。

特点 形似琥珀，酥烂香甜。

9 原焖莲子

主料： 莲子 300 克。

调料： 冰糖、甜桂花卤、石碱。

制作方法

1 莲子制作方法见琥珀莲心。

2 砂锅上火，放水、莲子，烧开后移小火上焖烧至七成熟时加冰糖，焖烧至莲子酥烂，加入甜桂花卤

即成。

大师指点

须在莲子焖烧至七成熟时放冰糖，早放则莲子难以酥熟，迟放则莲子易开花，影响形态。

特点 酥烂香糯，汤清味甜。

10 桂花糖藕

主料： 藕 1000 克。

配料： 糯米 200 克、生猪板油 50 克、荷叶 2 张。

调料： 熟猪油、绵白糖、甜桂花卤、湿淀粉、石碱粉。

制作方法

1 藕洗净，切去一端藕节，洗净藕孔内泥沙杂质，控去水分。

2 糯米淘洗干净，放至酥透，灌入藕孔，再用牙签将

切下的藕节还原。

3 砂锅上火，加水、少许石碱粉、藕段烧开，加盖荷叶，再盖上锅盖焖煮约 2 小时，至藕熟取出，去藕皮，稍冷后切成 1 厘米厚的片，整齐摆放在碗内，加绵白糖、生猪板油、甜桂花卤，成桂花糖藕生坯。

4 笼锅上火，放水烧开，放入桂花糖藕生坯，将其蒸熟、蒸透、蒸烂，去猪板油，翻身入汤盘，泌去汤

汁，去扣碗。

5 炒锅上火，放水烧开，加绵白糖、甜桂花卤，用湿淀粉勾琉璃芡，加熟猪油，浇桂花糖藕上即成。

【大师指点】

1 糯米灌藕孔内约八成即可，不可灌满。

2 煮藕时略加碱粉可使藕段易熟，且呈淡红色。

【特点】 软糯香甜，美味可口。

11 八宝饭

主料：糯米 350 克。

配料：蜜枣 10 克、桂圆肉 10 克、香橼条 10 克、核桃仁 10 克、葡萄干 10 克、红瓜 10 克、金橘饼 10 克、糖莲子 10 克。

调料：熟猪油、白糖、甜桂花卤、湿淀粉。

制作方法

1 糯米淘洗干净，吸透水，入开水锅焯透，捞出用水淘洗至水清，沥尽水，装入盘内。

2 笼锅上火，放水烧开，放入糯米，将其蒸熟，取出放盆内，加白糖、甜桂花卤、熟猪油搅拌均匀，成糯米饭。

3 用温开水将蜜枣、桂圆肉、香橼条、核桃仁、葡萄

干、红瓜、金橘饼清洗干净，刲碎成七宝末。

4 碗内抹上熟猪油，放冰箱稍冻后，将糖莲子摆放碗底，周围放七宝末（亦可排成各式图案），再放入糯米饭，成八宝饭生坯。

5 笼锅上火，放水烧开，放入八宝饭生坯，将其蒸熟、蒸透，取出翻身入盘，去扣碗。

6 炒锅上火，放水烧开，加白糖、甜桂花卤，用湿淀粉勾琉璃芡，加熟猪油，倒至八宝饭上即成。

【大师指点】

糯米放大火开水锅内焯水时，须将糯米煮得无硬心。

【特点】 色彩纷呈，软糯香甜。

12 蜜汁桃脯

主料：黄桃 800 克。

配料：红樱桃 50 克。

调料：熟猪油、白糖、湿淀粉。

制作方法

1 黄桃用刀一剖两半，去皮、核，放开水锅中稍煮，取出批切成片。

2 红樱桃切成片，摆放碗底成圆形，再放黄桃片、白糖，成蜜汁桃脯生坯。

3 笼锅上火，放水烧开，放入桃脯生坯蒸熟、蒸透，取出翻身入汤盘，泌去汤汁，去扣碗。

4 炒锅上火，放水、汤汁、白糖烧开，用湿淀粉勾琉璃芡，加少许熟猪油，浇桃脯上即成。

【大师指点】

黄桃先用水煮，以去除其酸涩味。

【特点】 色泽亮丽，甜润可口。

13 蜜汁甜桃

主料：甜桃 1000 克。

调料：熟猪油、白糖、甜桂花卤、湿淀粉。

制作方法

1 甜桃用刀一剖两半，放入大火开水锅内焯水、煮透，捞出放冷水中，去除皮、核。

2 甜桃用刀稍拍，斜切成片，整齐摆放在汤碗中，撒白糖，放甜桂花卤，成为蜜汁甜桃生坯。

3 笼锅上火，放水烧开，放入甜桃生坯，将其蒸透，翻身入汤盘，泌下汤汁，去扣碗。

4 炒锅上火，放水、汤汁烧开，加白糖、甜桂花卤，烧化后用湿淀粉勾琉璃芡，加熟猪油，浇甜桃上即成。

大师指点

甜桃煮熟后放冷水中，去皮、核时不可将桃肉拆碎。

特点 ▶ 香甜软烂，美味可口。

14 蜜汁芋苏

主料：芋苏 1000 克。

调料：熟猪油、白糖、甜桂花卤、湿淀粉、石碱。

制作方法

1 芋苏洗净去皮，切成梳篦块，再修成橄榄形。

2 炒锅上火，放水烧开，加石碱，放入芋苏稍煮，捞出晾干成红色后，摆放在汤碗中，加白糖、甜桂花卤，成蜜汁芋苏生坯。

3 笼锅上火，放水烧开，放入芋苏生坯，将其蒸熟、蒸透，翻身入汤盘，泌下汤汁，去扣碗。

4 炒锅上火，放水烧开，加汤汁、白糖、甜桂花卤烧开，用湿淀粉勾琉璃芡，加熟猪油，浇芋苏上即成。

大师指点

1 芋苏焯水时，加少许石碱，使之变成红色且易熟。

2 橄榄块要大小一致。

特点 ▶ 色泽红亮，软糯香甜。

15 桂花糖栗

主料：生板栗 750 克。

调料：熟猪油、白糖、甜桂花卤、湿淀粉。

制作方法

1 将生板栗一剖两半，放中火开水锅中煮熟，捞出去除皮、衣，洗净，用刀拍一下，一层层整齐排入汤碗，加白糖、甜桂花卤，成为桂花糖栗生坯。

2 笼锅上火，放水烧开，放入桂花糖栗生坯，将其蒸熟、蒸香，翻入汤盘，泌下汤汁，去扣碗。

3 炒锅上火，放水烧开，加汤汁、白糖、甜桂花卤烧开，用湿淀粉勾琉璃芡，加熟猪油，浇糖栗上即成。

大师指点

栗子煮熟后须用刀拍一下，使其发松，便于入味。

特点 ▶ 香酥甜润，美味可口。

16 冰糖白果

主料: 白果 250 克。
调料: 熟猪油、冰糖、甜桂花卤。
制作方法

1 白果去壳、皮、芯,洗净后放碗内,加水浸没。
2 笼锅上火,放水烧开,放入白果,将其蒸熟,沁去汤汁,加冰糖、甜桂花卤和适量水,入笼再蒸透入味,翻身入盘内,沁下汤汁,去扣碗。

3 炒锅上火,放水烧开,加汤汁、冰糖烧至溶化,加甜桂花卤,用细汤筛过滤后,加少许熟猪油,浇白果上即成。

大师指点

白果芯味苦,且有毒,必须去尽。

特点 香甜软糯,别有风味。

17 蜜汁杏子

主料: 杏子 1000 克。
配料: 红、绿樱桃各 5 颗。
调料: 熟猪油、白糖、蜂蜜、甜桂花卤、湿淀粉。
制作方法

1 杏子一剖两半,去皮、核洗净,整齐摆放在碗内,加白糖、少许熟猪油,成蜜汁杏子生坯。
2 笼锅上火,放水烧开,放入蜜汁杏子生坯,将其蒸熟,蒸透,取出翻身入汤盘,沁下汤汁,去扣碗,

在杏子周围间隔放上红、绿樱桃。
3 炒锅上火,放水烧开,加汤汁、蜂蜜、甜桂花卤,用湿淀粉勾琉璃芡,加少许熟猪油,浇蜜汁杏子上即成。

大师指点

杏子不可与黄瓜、胡萝卜、动物肝脏同时食用,也不宜和鸡蛋、牛奶等蛋白质丰富的食物同食。

特点 软烂香甜,味道独特。

18 酒酿元宵

主料: 酒酿 500 克。
配料: 熟芝麻 50 克、糯米粉 250 克。
调料: 熟猪油、白糖、甜桂花卤。
制作方法

1 糯米粉放盆内,加熟芝麻、白糖、甜桂花卤拌匀,用开水调匀揉成团后,搓成细条,切成丁,即成元宵。
2 将酒酿分放在 10 只小碗内,盛入用开水煮熟的

元宵。
3 炒锅上火,放水烧开,加白糖、甜桂花卤,烧开、搅匀,加少许熟猪油,分盛在 10 只小碗内即成。

大师指点

如不用酒酿,亦可用糯米甜酒。

特点 软糯香甜,别有风味。

19 西米橘瓣小圆子

主料： 西米 120 克。

配料： 广橘 250 克、糯米粉 120 克。

调料： 熟猪油、白糖、甜桂花卤。

制作方法

1 西米淘洗干净，放盆内加水浸泡。广橘去皮，撕去橘络，将橘瓣分开。

2 糯米粉用开水调匀，揉成团后，搓成细条，切成丁，成为小圆子。

3 炒锅上火，放水烧开，放入小圆子，待圆子上浮成

熟，即用漏勺捞起。

4 炒锅上火，放水烧开，将西米下锅，不断搅动，待西米成熟后，加白糖、甜桂花卤、熟猪油，烧开，盛入汤碗中，放入小圆子、橘瓣即成。

大师指点

1 橘子去皮时，须保持橘瓣完整。

2 西米须加热至无硬心后，才能放糖。

特点 西米软韧，圆子软糯，香甜可口。

20 西沙山药

主料： 山药 800 克。

配料： 甜豆沙 120 克。

调料： 熟猪油、白糖、甜桂花卤、湿淀粉、保鲜膜。

制作方法

1 山药洗净，放锅内，加水，大火烧开，中火煮至熟烂，去皮后洗净，用刀搋成泥蓉放入盆内，加熟猪油、白糖、甜桂花卤，拌匀成山药泥。

2 汤碗内抹上熟猪油，放冰箱内稍冻取出，放入山药泥和甜豆沙，各占一半，用保鲜膜封严碗口，即成

西沙山药生坯。

3 笼锅上火，放水烧开，放入西沙山药生坯，将其蒸熟、蒸透，去保鲜膜，翻身入汤盘，去扣碗。

4 炒锅上火，放水烧开，加白糖、甜桂花卤，用湿淀粉勾琉璃芡，放熟猪油，浇西沙山药上即成。

大师指点

山药须选用土山药。去皮时亦须去除黑斑，确保山药泥洁白。

特点 细腻绵软，香甜可口。

21 枣泥山药

主料： 山药 800 克。

配料： 黑枣 120 克。

调料： 熟猪油、白糖、甜桂花卤、湿淀粉、保鲜膜。

制作方法

1 山药洗净放锅内加水，大火烧开，改中火烧熟、煮烂，去皮搋成泥蓉放盆内，加熟猪油、白糖、甜桂花卤，拌匀成山药泥。

2 炒锅上火，放水、洗净的黑枣，将其烧至熟烂，捞出去皮、核，用刀搋成泥。

3 炒锅上火，放水、熟猪油、白糖、枣泥烧开，用手勺

不停炒动，使其上劲，加甜桂花卤，炒匀成枣泥馅。

4 汤碗内抹上熟猪油，放冰箱内略冻，放入山药泥、枣泥，各占一半，用保鲜膜封严碗口，成枣泥山药生坯。

5 笼锅上火，放水烧开，放入枣泥山药生坯蒸熟、蒸透，去掉保鲜膜，翻身入盘，去扣碗。

6 炒锅上火，放水烧开，加白糖、甜桂花卤，用湿淀粉勾琉璃芡，放熟猪油，倒入盘中即成。

大师指点

黑枣须去尽皮，熬制枣泥须小火慢熬，以免焦煳。

特点 黑白鲜明，细腻香甜。

22 蜜枣扒山药

主料： 山药 800 克。

配料： 蜜枣 150 克。

调料： 熟猪油、绵白糖、冰糖、甜桂花卤、湿淀粉、保鲜膜。

制作方法

1 山药洗净入锅，加水用大火煮至熟烂，去皮洗净，切成 1 寸 5 分长段，一剖两半，用刀稍拍，整齐排在汤碗半边。

2 蜜枣放碗内，加开水泡透去核，摆放在汤碗另一边，用多余的山药填满碗内，加熟猪油、绵白糖、甜桂花卤，成蜜枣山药生坯。用保鲜膜封严碗口。

3 笼锅上火，放水烧开，放入蜜枣山药生坯，将其蒸熟、蒸烂，取出，去保鲜膜，翻身入汤盘，去扣碗。

4 炒锅上火，放水、冰糖、甜桂花卤烧开，用湿淀粉勾琉璃芡，加少许熟猪油，倒汤盘中即成。

大师指点

须选用土山药，皮和黑斑均须去尽。

特点 香甜软糯，美味可口。

23 踏雪寻梅

主料： 山药 800 克。

配料： 甜豆沙 150 克、蜜枣 50 克、白果 50 克。

调料： 熟猪油、白糖、甜桂花卤、湿淀粉。

制作方法

1 山药洗净，放锅内加水，用大火烧开，移中火烧熟煮烂，去皮后揿成泥蓉，放盆内，加白糖、甜桂花卤、熟猪油成山药泥。

2 蜜枣用开水泡软，去核，撕成不规则的小条。

3 白果去壳、衣，芯，放开水锅煮熟，刻成梅花形。

4 腰盘内放甜豆沙，抹成扇面形，再加一层山药泥，上面放蜜枣条作为树枝，顶端放梅花，成踏雪寻梅生坯。

5 笼锅上火，放水烧开，放入踏雪寻梅生坯，将其蒸熟，取出。

6 炒锅上火，放水、白糖、甜桂花卤烧开，用湿淀粉勾米汤芡，加熟猪油，浇踏雪寻梅上，即成。

大师指点

须用土山药，去皮时须将黑斑一并去除。

特点 造型美观，细腻香甜。

24 山药桃子

主料： 山药 500 克。

配料： 枣泥 100 克、糯米粉 200 克。

调料： 熟猪油、白糖、甜桂花卤、红曲水、湿淀粉。

制作方法

1 山药洗净，放锅内加水，大火烧开，用中火煮至熟烂，去皮后揿成泥蓉，放入盆内，加糯米粉揉成面团，摘成剂子，包入枣泥，捏成桃状，在一侧压出沟纹，在桃尖刷少许红曲水，成山药桃子生坯，放漏勺上。

2 炒锅上火，放熟猪油，待油温八成热时，用手勺舀热油浇在山药桃子上，使之外皮结成硬壳，放盘内。

3 笼锅上火，放水烧开，放入山药桃子将其蒸熟，取出摆放盘内。

4 炒锅上火，放水烧开，加白糖、甜桂花卤，用湿淀粉勾琉璃芡，加熟猪油，浇山药桃子上即成。

大师指点

山药泥、糯米粉要揉和上劲，山药桃子须大小一致。

特点 造型逼真，软糯香甜。

25 炸山药蛾子

主料： 山药500克。

配料： 甜豆沙100克、糯米粉150克、红丝10克。

调料： 熟猪油、白糖、甜桂花卤。

制作方法

1 山药洗净，放开水锅内煮熟煮烂，去皮后搌成泥，放盆内，加糯米粉揉成面团，摘成小剂子。剂子用手压成圆片，包入甜豆沙，搓成小圆子，再搓成长圆形，如蚕果状，成山药蛾子生坯。

2 炒锅上火，放熟猪油，待油六成热时，投入山药蛾子生坯养炸至熟，捞起，待油七成热时，入锅重油，炸至淡黄色时，捞起沥尽油，盛盘内，撒入白糖、红丝即成。上桌时带甜桂花卤小碟。

大师指点

1 甜豆沙不可稀，确保包后成型。

2 搓成的圆子要大小一致，确保蛾子大小均匀。

特点 外脆内软，香甜可口。

26 百子闹海

主料： 糯米粉150克。

配料： 红樱桃20克、绿樱桃20克、菠萝肉20克、鲜桂圆肉20克、枇杷肉20克、橘子肉20克。

调料： 熟猪油、白糖、甜桂花卤。

制作方法

1 糯米粉用开水拌匀，揉成面团，搓成细条，切成豌豆大小的圆子。

2 将红樱桃、绿樱桃、菠萝肉、鲜桂圆肉、枇杷肉、橘子肉都切成小丁，成为六色小丁。

3 炒锅上火，放水、六丁、白糖、甜桂花卤，烧至糖溶化，放入少许熟猪油，分别盛入10只小汤碗。

4 炒锅上火，放水烧开，放入小圆子煮熟，用漏勺捞起，分放在小汤碗内即成。

大师指点

六种水果丁，亦可不经煮熟，直接放小碗内。

特点 色彩缤纷，软糯香甜。

27 酿苹果

主料： 苹果6只（每只重约125克）。

配料： 枣泥150克。

调料： 熟猪油、白糖、甜桂花卤、湿淀粉。

制作方法

1 苹果去皮，在上端五分之一处切下作为盖子，去核，洗净。

2 炒锅上火，放熟猪油，待油五成热时，放入苹果（连盖子）焐油，焐透，捞起沥尽油，逐个填满枣泥，用牙签插紧盖子，成为酿苹果生坯。

3 笼锅上火，放水烧开，放入酿苹果生坯，将其蒸熟、蒸透，取出摆放盘中。

4 炒锅上火，放水烧开，加白糖、甜桂花卤，用湿淀粉勾琉璃芡，放入少许熟猪油，浇苹果上即成。

大师指点

苹果焐油时，既要焐透，又不能焐烂。

特点 造型独特，软烂香甜。

28 酿枇杷

主料：枇杷 24 只。

配料：枣泥 100 克。

调料：熟猪油、白糖、甜桂花卤、湿淀粉。

制作方法

1 枇杷用刀削平脐子，掏去核，放开水锅煮熟，捞起泡冷水中，去皮后洗净，盛放盘内。

2 将枣泥填满枇杷，成为酿枇杷生坯。

3 笼锅上火，放水烧开，放入酿枇杷生坯，将其蒸熟、蒸透，取出放盘中。

4 炒锅上火，放水烧开，加白糖、甜桂花卤，用湿淀粉勾琉璃芡，加少许熟猪油，浇枇杷上即成。

大师指点

枇杷须选用大小一致的。

特点 软烂香甜，美味可口。

29 干炸一枝春

主料：清明前柳树嫩芽 50 克。

配料：虾仁 50 克、大米粉 50 克、鸡蛋清 3 个。

调料：熟猪油、葱姜汁、绍酒、花椒盐或白糖。

制作方法

1 清明前柳树嫩芽洗净，晾干水分。

2 虾仁洗净，用干布吸干水分，刮成蓉。

3 鸡蛋清用竹筷打成发蛋，加葱姜汁、绍酒、虾蓉、大米粉制成发蛋糊。

4 炒锅上火，放熟猪油，待油四成热时，将柳树嫩芽沾满发蛋糊，放入油锅，养炸至熟捞起，待油温六七成热时，放入柳树嫩芽重油，至色呈淡黄色，捞起沥尽油，堆放盘内即成。

5 上桌时带一小碟白糖或一小碟花椒盐。

大师指点

1 此菜为瘦西湖船宴佳肴，应时应景。

2 炸柳芽时火不宜大，油温不宜高，慢慢养炸。

特点 色泽清新，软嫩香鲜。

30 干炸玫瑰

主料：玫瑰花瓣 50 克。

配料：虾仁 100 克、大米粉 50 克、鸡蛋清 3 个。

调料：熟猪油、葱姜汁、绍酒、花椒盐或白糖。

制作方法

1 玫瑰花瓣洗净、晾干。

2 虾仁洗净，用干布吸干水分，刮成蓉。

3 鸡蛋清用竹筷打成发蛋，加葱姜汁、绍酒、虾蓉、大米粉，制成发蛋糊。

4 炒锅上火，放熟猪油，待油四成热时，将玫瑰花瓣沾满发蛋糊入油锅，养炸至熟，捞起。待油温六七成热时，入锅重油，炸至色呈淡黄色时，捞起沥尽油，堆放盘内即成。

5 上桌时带一小碟花椒盐或白糖。

大师指点

以花入馔，扬州特色。

特点 淡黄微红，鲜香软嫩。

31 炸珠兰

主料： 珠兰花 40 克。

配料： 大米粉 100 克、面粉 50 克、猪生板油 250 克、鸡蛋清 2 个。

调料： 熟猪油、白糖。

制作方法

1 珠兰花洗净、晾干。

2 生猪板油撕去外衣，切成 1 寸 2 分长、1 寸宽、2 分厚的长方片。

3 珠兰花放板油片上，卷成小拇指粗的圆筒，成炸珠兰生坯。

4 鸡蛋清、水、大米粉、面粉制成蛋清糊。

5 炒锅上火，放熟猪油，待油五成热时，将炸珠兰生坯沾满蛋清糊入油锅炸熟，捞起。待油温六成时，放入重油，色呈淡黄时，捞起沥尽油，盛入盘中，撒上白糖即成。

大师指点

1 珠兰卷须粗细、长短一致。

2 油炸时掌握好两次油温。

特点 色泽淡黄，香脆肥嫩。

32 炸兰花

主料： 马兰头 200 克。

配料： 大米粉 100 克、面粉 50 克、鸡蛋清 2 个。

调料： 熟猪油、白糖。

制作方法

1 马兰头洗净，去根须、黄叶，顶部顺势剪成三四分宽、尾部相连的兰花形。

2 鸡蛋清、大米粉、面粉、水制成蛋清糊。

3 炒锅上火，放熟猪油，待油五成热时，用筷子夹住马兰头底部，沾满蛋清糊，入油锅炸熟，捞起沥尽油，装盘内撒上白糖即成。

大师指点

1 此菜系用野菜制成的一款甜品。

2 油炸制时，火不宜大，油温不宜高。

特点 色呈淡黄，香脆甜鲜。

33 炸荸荠丸子

主料： 荸荠 400 克。

配料： 大米粉 100 克、红丝 10 克。

调料： 熟猪油、白糖。

制作方法

1 荸荠去皮洗净，用刀拍碎、刮成蓉，放盆内，加大米粉拌匀揉透，搓成白果大小的圆子，成荸荠圆子生坯。

2 炒锅上火，放熟猪油，待油六成热时，放入荸荠圆子养炸至熟，捞起。待油温七成热时，入锅重油，至呈淡黄色时，捞起沥尽油。堆放盘内，撒上白糖、红丝，即成。

大师指点

荸荠刮蓉要细一些，圆子要大小一致。

特点 色泽淡黄，香脆软甜。

34 炸金橘

主料：山芋 500 克。

配料：甜豆沙 50 克、大米粉 100 克。

调料：熟猪油、白糖、甜桂花卤。

制作方法

1 山芋烤熟，去皮、筋，揉成泥蓉，放盆内，加大米粉、甜桂花卤揉匀成山芋泥。

2 甜豆沙搓成小圆子，作为馅心。

3 山芋泥摘成桂圆大小的剂子，包入豆沙，搓成椭圆形，成金橘生坯。

4 炒锅上火，放熟猪油，待油七成热时，投入金橘生坯炸熟，捞起。油温八成热时，入锅重油，炸至色呈金黄色时，捞起沥尽油，堆放盘内，撒上白糖即成。

大师指点

山芋泥要揉匀揉透。甜豆沙要略干，便于搓圆。

特点 色泽金黄，香脆甜软。

35 儿女英雄

主料：樱桃 250 克。

配料：鲜蚕豆米 100 克。

调料：冰糖、白糖、甜桂花卤。

制作方法

1 樱桃洗净，去核，放碗内加白糖，腌渍一下。

2 鲜蚕豆米去壳、洗净，入大火开水锅焯水，捞入冷开水中泌透，沥尽水，放汤盘中。樱桃也放入蚕豆米汤盘中。

3 炒锅放水、冰糖，上火烧至冰糖溶化，加甜桂花卤，用汤筛过滤后，倒入蚕豆米樱桃碗中，即成。

大师指点

1 樱桃须加糖腌渍入味。

2 蚕豆米焯水后须立即用冷开水泌透，以保持碧绿。

特点 色彩亮丽，甜润软糯。

36 杏仁豆腐

主料：杏仁 150 克。

配料：琼脂 15 克、红樱桃 10 颗。

调料：白糖。

制作方法

1 杏仁用开水浸泡后，去皮，磨成细浆，用汤筛过滤，成杏仁浆。

2 琼脂洗净，稍加浸泡。

3 炒锅上火，放水、杏仁浆烧开，放入琼脂，烧至溶化后，加白糖烧开，倒汤盆晾凉，放冰箱中冷冻，凝固后即成杏仁豆腐。

4 炒锅上火，放水烧开，加白糖，溶化后盛起冷却，再放入冰箱凉透。

5 食用时，取出糖水盛碗中，将杏仁豆腐切成菱形块放碗中，放上红樱桃即成。

大师指点

1 亦可直接选用杏仁露。

2 琼脂与水的比例为 1 : 1。

3 根据不同需要，可分别加牛奶或豆浆。

特点 软嫩香甜，清淡可口。

37 西瓜冻

主料: 红西瓜瓤 700 克。

配料: 琼脂 10 克。

调料: 白糖。

制作方法

1 红西瓜瓤去籽, 600 克挤成汁盛碗内, 100 克切成小块。

2 炒锅上火,放西瓜汁烧开,加琼脂烧至溶化,加白糖烧开,放入汤盘中,再放西瓜块,冷却后放入冰箱冷冻凝固,即成西瓜冻。

3 炒锅上火,放水、西瓜汁、白糖烧开,盛碗中凉透,放冰箱中,即成糖水。

4 食用时,将西瓜冻切成块,放糖水碗中即成。

大师指点

1 若需要黄色,则用黄瓤西瓜。

2 西瓜汁和琼脂的比例为 50:1。

特点 夏季甜品,香甜爽滑。

38 香蕉冻

主料: 净香蕉 500 克。

配料: 琼脂 10 克。

调料: 白糖、甜桂花卤。

制作方法

1 净香蕉去尽筋络,搌成细泥。

2 炒锅上火,放水烧开,加琼脂烧化,加白糖、香蕉泥烧开,用汤筛过滤,盛汤盘冷却,再放冰箱内冷冻,即成香蕉冻。

3 炒锅上火,放水、白糖、甜桂花卤烧开,冷却后,放冰箱冷透,即成糖水。

4 食用时,将香蕉冻切成菱形块,放糖水碗中即成。

大师指点

1 香蕉须搌细、搌成蓉。

2 琼脂与水的比例为 1:50。

特点 色泽淡黄,香甜爽口。

39 莲子冻

主料: 新莲子 200 克。

配料: 琼脂 10 克。

调料: 白糖、甜桂花卤。

制作方法

1 新莲子去壳、衣、芯,放开水锅煮熟、煮透,捞起沥尽水。

2 炒锅上火,放水烧开,加洗净的琼脂,溶化后加白糖烧开,倒汤盘内,放莲子,冷却后入冰箱冷冻,

即成莲子冻。

3 炒锅上火,放水烧开,加白糖、甜桂花卤,待白糖溶化后盛碗中冷却,再放冰箱冷透,即成糖水。

4 食用时,取出莲子冻,用刀略划几下,放入糖水中即成。

大师指点

莲子芯须去尽。

特点 酥糯滑嫩,香甜可口。

40 菠萝冻

主料：净菠萝肉 200 克。

配料：琼脂 10 克。

调料：白糖、甜桂花卤。

制作方法

1 净菠萝肉洗净，切成小片，放开水锅中略煮取出，水留用。

2 炒锅上火，放菠萝水烧开，加琼脂烧化，加白糖烧开，倒入汤盘，放入菠萝片，冷却后，再放冰箱中冷冻，即成菠萝冻。

3 炒锅上火，放水、白糖、甜桂花卤，烧开冷却，放冰箱冷透即成糖水。

4 食用时，在菠萝冻上划几刀，放入糖水中即成。

大师指点

菠萝片须大小、厚薄一致。

特点 脆嫩香甜，冷冽爽口。

41 拔丝苹果

主料：苹果 1 只，重约 200 克。

配料：大米粉 100 克、面粉 50 克、鸡蛋 1 个。

调料：花生油、白糖。

制作方法

1 苹果去皮、核，切成小滚刀块，放盆内，撒上面粉，拌匀。

2 鸡蛋、水、大米粉、面粉制成全蛋糊。

3 炒锅上火，放花生油，待油七成热时，将苹果沾满全蛋糊，入锅炸至熟，捞起，待油八成热时，入锅重油，炸至老黄色时，捞起沥尽油。

4 炒锅上火，放少许花生油、白糖炒拌，至白糖全部溶化如水，倒入苹果块，炒拌均匀，盛入擦油的盘内，稍冷后，用筷子逐个将苹果块夹起拉开，出现细丝即成。

5 上桌时，带冷开水一小碗。

大师指点

掌握好熬糖的火候，现做热吃。

特点 酥脆甜润，别有风味。

42 拔丝香蕉

主料：净香蕉肉 200 克。

配料：大米粉 100 克、面粉 50 克、鸡蛋 1 个。

调料：花生油、白糖。

制作方法

1 净香蕉肉洗净，切成小滚刀块放盆内，撒上面粉拌匀。

2 鸡蛋、水、大米粉、面粉制成全蛋糊。

3 炒锅上火，放花生油，待油七成热时，将香蕉块沾满全蛋糊，投入油锅炸熟捞起，待油八成热时，入锅重油，炸至金黄色，捞起沥尽油。

4 炒锅上火，放少许花生油、白糖，炒至溶化成水，放入炸好的香蕉块，炒拌均匀，盛入擦油的盘中即成。

5 上桌时带一小碗冷开水。

大师指点

香蕉块蘸全蛋糊时尽可能厚薄均匀。

特点 外脆里嫩，软糯香甜。

43 拔丝京糕

主料： 京糕 200 克。

配料： 大米粉 100 克、面粉 50 克、鸡蛋清 2 个。

调料： 花生油、白糖。

制作方法

1 京糕切成长 1 寸，宽、厚 4 分的块，放碗内撒上面粉，拌匀。

2 鸡蛋清、水、大米粉、面粉制成蛋清糊。

3 炒锅上火，放花生油，待油六成热时，将京糕逐块沾满蛋清糊，入油锅炸熟捞起。待油七成热时，入锅重油，炸至淡黄色时，捞起沥尽油。

4 炒锅上火，放少许花生油、白糖炒成水状，放入炸好的京糕块，炒拌均匀，盛入擦过花生油的盘中即成。

5 上桌时带冷开水一小碗。

大师指点

京糕块须大小、厚薄一致。

特点 外脆里嫩，酸甜可口。

44 拔丝橘子

主料： 橘子 200 克。

配料： 大米粉 100 克、面粉 50 克、鸡蛋清 2 个。

调料： 花生油、白糖。

制作方法

1 橘子去皮，撕去橘络。

2 鸡蛋清、水、大米粉、面粉制成蛋清糊。

3 炒锅上火，放花生油，待油六成热时，橘子块沾满蛋清糊，入油锅炸熟捞起，待油七八成热时，入锅重油，炸至金黄色时，捞起沥尽油。

4 炒锅上火，放少许花生油、白糖炒成水状，放入橘子炒拌均匀，盛入擦过花生油的盘中即成。

5 上桌时带冷开水一小碗。

大师指点

橘络一定要清除干净。

特点 外脆里嫩，甜润爽口。

45 拔丝桃仁

主料： 核桃仁 200 克。

调料： 花生油、白糖。

制作方法

1 核桃仁用开水浸泡后，剔去外衣。

2 炒锅上火，放花生油，待油六成热时，放入核桃仁炸至外部香脆，捞起沥尽油。

3 炒锅上火，放少许花生油、白糖，炒至水状，放入炸好的核桃仁，炒拌均匀，盛入擦过花生油的盘中即成。

4 上桌时带冷开水一小碗。

大师指点

核桃仁油炸时，掌握好油温和火候，既要炸熟，又要炸香脆。

特点 酥脆香甜，别有风味。

46 拔丝土豆

主料： 土豆 250 克。

调料： 花生油、白糖。

制作方法

1 土豆去皮、洗净，沥尽水，切成滚刀块。

2 炒锅上火，放花生油，待油八成热时，放入土豆炸熟捞起，待油九成热时，入锅重油，炸至老黄色时，捞起沥尽油。

3 炒锅上火，放少许花生油、白糖，炒成水状，放入土豆块，炒拌均匀，盛入擦过油的盘中即成。

4 上桌时带冷开水一小碗。

大师指点

1 土豆块须大小一致。

2 炸土豆时须大火辣油。

特点 香脆软糯，风味独特。

47 拔丝山芋

主料： 山芋 400 克。

调料： 花生油、白糖。

制作方法

1 山芋去皮、洗净，沥尽水，切成滚刀块。

2 炒锅上火，放花生油，待油九成热时，放入山芋块炸熟，炸至老黄色时，捞起沥尽油。

3 炒锅上火，放少许花生油、白糖，炒成水状，放山芋块，炒拌均匀，盛入擦过油的盘中即成。

4 上桌时带冷开水一小碗。

大师指点

滚刀块要切得大小均匀。

特点 外香脆，里软糯，甜润可口。

48 挂霜桃仁

主料： 核桃仁 250 克。

配料： 大米粉 300 克。

调料： 花生油、绵白糖。

制作方法

1 核桃仁用开水泡发后，剔除外衣。

2 炒锅上火，放花生油，待油五成热时，放入核桃仁，炸至淡黄色、上浮油面时，捞起沥尽油。

3 炒锅上火，将大米粉炒熟、炒干，呈淡黄色时，盛

盘中晾凉。

4 炒锅上火，放少量水、绵白糖，将绵白糖炒溶化、起稠，放核桃仁炒匀，撒上大米粉，炒至核桃仁粒粒分开，冷却后筛去多余米粉，装盘即成。

大师指点

核桃仁须裹满糖浆、裹满米粉。

特点 色白如霜，香甜酥脆。

49 挂霜生仁

主料： 炒熟花生米 300 克。

配料： 大米粉 300 克。

调料： 绵白糖。

制作方法

1 炒熟花生米去衣。

2 炒锅上火，将大米粉炒熟、炒干，呈淡黄色时，盛

盘中晾凉。

3 炒锅上火，放少量水、绵白糖，将绵白糖炒溶化、起稠，倒入花生米炒匀，撒入大米粉，炒至花生米粒粒分开，盛盘中冷却，筛去多余米粉即成。

大师指点

炒制的花生米要确保香脆而不焦糊。

特点 色白如霜，香脆酥甜。

50 杏仁酪

主料： 杏仁 150 克。
配料： 糯米 50 克。
调料： 白糖、湿淀粉。
制作方法

1 杏仁用开水浸泡后，去掉外衣。
2 糯米淘洗干净，用清水浸泡。
3 将杏仁、糯米磨成细浆。

4 炒锅上火，放水和磨好的细浆烧开，不停地搅动，撒入白糖溶化后，用湿淀粉勾芡成稀糊状，盛碗中即成。

大师指点

杏仁、糯米均需浸透，确保浆内无颗粒。

特点 滑润香甜，杏仁味浓。

51 豌豆酪

主料： 鲜豌豆 200 克。
调料： 白糖、湿淀粉、石碱粉少许。
制作方法

1 鲜豌豆洗净，放汤碗中，放水浸泡，加少许石碱粉。
2 笼锅上火，放水烧开，将豌豆蒸至熟烂，冷却后放细筛上，放入冷水内，擦成豌豆泥，用纱布包起，挤干水分。

3 炒锅上火，放水烧开，加豌豆泥、白糖，加热溶化，用湿淀粉勾芡成糊状，盛汤碗内即成。

大师指点

1 此为扬州时令甜菜，豌豆泥内须无颗粒。
2 放少量石碱可使豌豆翠绿，但不可多放。

特点 色泽翠绿，香滑甜润。

52 奶油栗子酪

主料： 板栗 400 克。
配料： 鲜奶 500 克。
调料： 白糖、湿淀粉。
制作方法

1 板栗洗净，一剖两半，入开水锅煮透，趁热去除外壳和衣，放盆中加水，入大火开水笼锅内蒸至酥烂，取出揣成泥蓉，加水调匀，过汤筛，放入纱布挤尽水，成栗子泥。

2 炒锅上火，放水、栗子泥，边烧边搅，再加鲜奶、白糖烧开，用湿淀粉勾芡，使其成为稀糊状，盛入汤碗即成。

大师指点

加热栗子泥时，火不宜大，须熬去水分，才能加鲜奶、白糖。

特点 香甜滑润，美味可口。

53 核桃酪

主料：核桃仁 150 克。

配料：糯米 50 克、红枣 500 克。

调料：白糖、湿淀粉。

制作方法

1 核桃仁用开水浸泡后，撕去外衣，刮碎。

2 糯米淘洗干净，放水中浸泡至酥透。

3 红枣洗净，放盆中，加水，入大火开水笼锅中蒸熟烂，去皮、核，搕成泥蓉。

4 将核桃仁、糯米、红枣磨成浆。

5 炒锅上火，放水烧开，加核桃、糯米、红枣浆烧开，加白糖搅匀，用湿淀粉勾芡成稀糊状，盛汤碗内即成。

大师指点

熬核桃、糯米、红枣浆时，注意掌握火候，不可焦煳。

特点 润滑香甜，风味独特。

捎卖混沌列满盘
新添桂粉好汤圆

中国维扬传统菜点大观

面点类

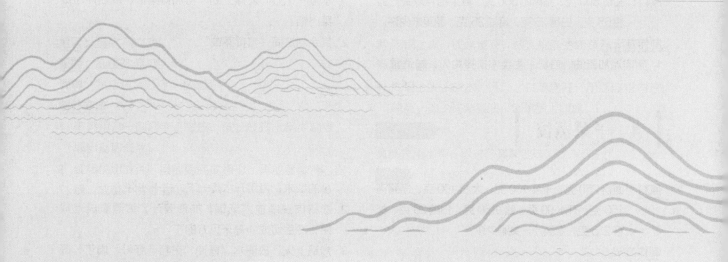

1 蟹黄蒸饺

原料： 猪肉 450 克、面粉 500 克、蟹黄 100 克、蟹肉 125 克、大油 225 克、酱油 50 克、白糖 35 克、精盐 10 克、葱姜末、黄酒、麻油、胡椒粉少许。

制作方法

1 炒锅烧热，放入大油，八成热时倒入蟹黄、蟹肉、葱姜末反复炒拌，改用文火熬制，加黄酒、精盐 5 克，待蟹黄、蟹肉收缩、上浮时，撒少许胡椒粉，装盆冷却待用。

2 猪肉洗净、刮蓉，加酱油、5 克精盐、白糖 35 克、姜葱末拌匀，分 3 次加水 200 克，顺一个方向搅拌上劲，加麻油、蟹油拌匀成蟹肉馅。

3 将面粉用 200 克温水调成面团，醒一下后搓成条，摘成 30 个剂子，用双饺杆擀成直径 9 厘米、中间厚四周薄的圆皮。

4 左手托住皮子，加入 35 克馅料，捏成有 12 个瓦楞形褶子的月牙形饺子，成为月牙饺生坯。

5 月牙饺放笼中，置旺火开水锅中，蒸约 10 分钟，待饺子鼓起、不粘手时即可上桌。

特点 皮薄馅嫩，卤汁鲜美。佐以姜丝、香醋更为味美，系深秋时令佳点。

2 月牙蒸饺

原料： 面粉 250 克、猪肉泥 400 克、酱油 75 克、白糖 30 克、精盐 10 克、虾籽、葱姜末少许。

制作方法

1 猪肉泥中加入酱油、精盐、白糖、葱姜末、虾籽搅拌入味，分 3 次加清水 100 克，顺一个方向搅拌上劲，成为鲜肉馅。

2 其余制法同"蟹黄蒸饺"。

特点 形似月牙，造型美观，皮薄馅多，微咸味鲜。

3 菜肉蒸饺

原料： 面粉 500 克、猪肉泥 350 克、青菜馅 400 克、酱油 65 克、白糖 25 克、麻油 25 克、葱姜末少许。

制作方法

1 猪肉泥加酱油、白糖、葱姜末搅拌均匀，加适量清水顺一个方向搅拌上劲，再加青菜馅、麻油拌匀成菜肉馅。

2 其余制法同"蟹黄蒸饺"。

4 干菜蒸饺

原料： 面粉 250 克、干菜 100 克、大油 100 克、净猪肉 150 克、开水 90 克、酱油 50 克、白糖 20 克、虾籽 2.5 克、葱姜汁、黄酒少许。

制作方法

1 干菜放开水中浸泡 2 小时，捞出洗净，剁成米粒大小的细末，再用开水烫一下，挤干水分。

2 净猪肉洗净放入汤锅，加葱姜汁、黄酒煮成七成熟，冷后切成 4 毫米见方的丁。

3 炒锅上火，放清水、酱油、白糖、虾籽、肉丁，旺火烧开，投入干菜末拌匀，烧开后改温火焖烂收干后，加大油拌匀，冷却待用。

4 用开水将面粉调成稍硬的开水面团，揉透、散热后盖上湿布稍醒，搓成长条，摘成 20 只面剂，擀成直径 3 厘米的圆皮，包入干菜馅。

其余制法同"蟹黄蒸饺"。上旺火开水笼蒸 5~6 分钟即成。

特点 鲜香爽口，咸中微甜。夏日之佳点。

5 虾肉蒸饺

原料：面粉 250 克、猪夹心肉 400 克、虾仁 75 克、酱油 50 克、白糖 25 克、精盐 10 克，葱姜末、黄酒少许，麻油 30 克。

制作方法

1 虾仁洗净，沥干水分，加精盐拌匀。猪夹心肉剁成肉泥，加酱油、白糖、葱姜末、黄酒拌匀，加清水

100 克，顺一个方向拌上劲，加虾仁、麻油拌匀成虾肉馅。

2 面粉用温水拌成温水面团，擀制成 20 只圆皮。

其余制法同"蟹黄蒸饺"。

特点 鲜嫩味美，清淡爽口。

6 鸡肉蒸饺

原料：面粉 500 克、猪夹心肉 400 克、净鸡脯肉 200 克、酱油 75 克、白糖 40 克、麻油 50 克、鸡蛋 1 个、虾籽 5 克，葱姜末、黄酒少许。

制作方法

猪夹心肉、净鸡脯肉分别洗净、刮蓉，加酱油、白

糖、黄酒、鸡蛋液、虾籽、葱姜末搅拌均匀，边拌边分 3 次加水 200 克，顺一个方向搅拌上劲后，加入麻油拌匀成馅。

其余制法同"蟹黄蒸饺"。

7 细沙蒸饺

原料：面粉 500 克、赤豆 250 克、熟猪油 75 克、白糖 300 克、桂花少许。

制作方法

1 赤豆洗净，放冷水锅中用旺火烧开，移小火煮烂、晾凉，倒细筛用手搓擦，边擦边用清水冲洗，再将豆沙放布袋中挤干水分备用。

2 炒锅上火，放熟猪油、白糖烧化，倒入豆沙蓉烧开，改小火熬浓，加桂花拌匀，冷却待用。

3 面粉用温水调成温水面团，制成 50 只圆皮，分别包入豆沙馅。

其余制法同"蟹黄蒸饺"。

8　枣泥蒸饺

原料： 面粉 500 克、黑枣 250 克、白糖 150 克、猪油 80 克，桂花少许。

制作方法

1　黑枣去核、洗净放锅中，加水煮烂，在细筛上去皮、搓蓉。炒锅上火，放猪油、白糖烧化，加枣泥煮开，改小火慢熬，待成干粥状，拌入桂花，冷却待用。

2　面粉调成温水面团，制成 50 只圆皮，包入枣泥。其余制法同"蟹黄蒸饺"。

9　笋肉蒸饺

原料： 面粉 500 克、生肉泥 700 克、净鲜笋 150 克、麻油 30 克、酱油 25 克、虾籽少许。

制作方法

将净鲜笋切成 4 毫米见方长条，再切成薄片，用酱油、麻油、虾籽浸透、控干，倒入生肉泥拌匀。

其余制法同"蟹黄蒸饺"。

10　山药枣泥蒸饺

原料： 面粉 250 克、山药泥 200 克、枣泥 200 克、白糖 100 克、糖油丁 50 克、大油 50 克、桂花卤少许。

制作方法

1　炒锅上火，放大油、白糖炒至白糖溶化，加少许清水、桂花卤、山药泥、枣泥，炒匀后盛起冷却。

2　面粉用 50 克开水拌成雪花状，摊开冷却，再用 50 克清水揉搓成团，摘成 20 只面剂，擀成直径 7 厘米的圆皮，每只圆皮放 30 克馅、1 粒糖油丁，包捏成月牙状，蒸熟即可上桌。

特点 营养丰富，甜润味美，冬令佳点。

11　野鸭蒸饺

原料： 面粉 250 克、熟野鸭肉 100 克、熟猪肉 50 克、青菜 500 克、酱油 50 克、白糖 50 克、精盐 10 克、大油 50 克、麻油 100 克，葱姜汁、黄酒、虾籽、五香粉各少许。

制作方法

1　熟野鸭肉、熟猪肉均切成小丁。炒锅上火，放清水、酱油、白糖、黄酒、葱姜汁、虾籽、野鸭肉丁、猪肉丁煮开入味，收汤后放五香粉、麻油拌匀，盛起冷却。

2　青菜洗净，下开水锅烫熟、捞出，放冷水中浸凉，沥干水分，剁成细末，挤干水分，加少许精盐揉匀，和野鸭肉丁、麻油、大油拌匀成馅。

其余制法同"山药枣泥蒸饺"。

特点 野味鲜美，冬令佳点。

12 眉毛饺

原料： 面粉 250 克、鲜猪肉 250 克、酱油 40 克、白糖 15 克，葱姜末、麻油适量。

制作方法

1 鲜猪肉洗净，剁成肉泥，加酱油、白糖、葱姜末拌匀入味，再加少许清水，搅拌上劲，加麻油拌匀成馅。

2 制皮方法同"野鸭蒸饺"。

3 包馅捏制成型，在结合处用手绞出绳状花边，上笼蒸熟即成。

特点 形似眉毛，鲜嫩多汁。

13 鸳鸯饺

原料： 面粉 250 克、猪肉馅 300 克，火腿末、蛋皮末适量。

制作方法

1 面粉调成温水面团，反复搓揉后摘成 20 只面剂，分别擀成直径 7 厘米的圆皮，包入猪肉馅心。

2 将皮子两边中间部分捏紧，转向 90 度，将两端捏紧，成为鸟头、鸟嘴，用镊子夹出花纹，在 2 个孔洞中分别放入火腿末和蛋皮末，成鸳鸯饺生坯。

3 上旺火开水笼蒸熟即成。

特点 造型美观，口味鲜香。

14 三色饺子

原料： 面粉 250 克、鲜肉馅 300 克，肴肉末、黄蛋皮末、白蛋皮末各 50 克。

制作方法

1 制皮方法同"野鸭蒸饺"，制成 20 只圆皮。

2 圆皮中放鲜肉馅，向中间叠成正三角形，边缘捏紧，中间挑出圆孔。

3 3 只孔内分别放入肴肉末、黄蛋皮末、白蛋皮末，上笼蒸熟即成。

特点 造型独特，口感多样。

15 一品饺子

原料： 面粉 250 克、鸡肉馅 400 克，肴肉末、蛋黄末、蛋白末各适量。

制作方法

1 和面、制皮方法同"野鸭蒸饺"。

2 皮子加鸡肉馅心后，皮边分三等分向中心拢起，拢成 3 个大孔，再在 3 个大孔的双边近中心处，夹出 3 个小孔。

3 将大孔捏成口字状，分别放入肴肉末、蛋黄末、蛋白末，即成一品饺子生坯。

4 将一品饺子生坯上旺火开水笼中，蒸熟即成。

特点 造型独特，口感鲜香。

16 三角饺子

原料：面粉 250 克、鸡肉馅 400 克。
制作方法
1 和面、皮子制作方法同"野鸭蒸饺"。
2 将皮子切成等边三角形，放上鸡肉馅心，将 3 条边

各自对叠，捏成一个三角体，用铜夹在每条边上夹出花边，成为三角饺子生坯。
3 上旺火开水笼蒸熟即成。

特点 造型美观，鸡馅香鲜。

17 冠顶饺子

原料：面粉 250 克、生肉馅 300 克、红色蜜饯适量。
制作方法
1 和面、制皮方法同"野鸭蒸饺"。
2 将圆皮按三等分向反面折叠，中间放生肉馅心，将每边各自对叠起来，拢向中心，留一孔洞，将 3 条边对捏紧，用铜夹夹出花边，将圆皮翻出窝起，再

夹出花边，在三角顶端空隙处按上 1 粒红色蜜饯，即可上笼蒸熟。
3 因冠顶饺翻出的圆边窝起后像小船，故又名"金山三船饺"。

特点 造型独特，味道鲜美。

18 三星饺子

原料：面粉 250 克、猪肉 300 克、酱油 30 克、白糖 20 克、麻油 10 克、虾籽 5 克、葱姜末少许。
制作方法
1 猪肉洗净、刮蓉，加酱油、白糖、虾籽、葱姜末拌匀，加水 50 克搅拌上浸，再加麻油拌匀待用。
2 面粉加温水 100 克拌匀揉透，稍加醒置，制成 20

只直径 8 厘米的圆皮。
3 每只圆皮加馅 20 克，将皮折成 3 个大小相等的角，捏紧角边、修平，在每只角上面剪出 4 毫米宽的长条（不要剪到头），再将 3 个长条卷成一个小圈，上旺火开水笼蒸 10 分钟即成。

特点 形态独特，鲜美香醇。

19 四喜饺子

原料：面粉 250 克、鲜肉馅 300 克，火腿末、香菜末、蛋黄皮末、香菇末各适量。
制作方法
1 和面、制皮方法同"野鸭蒸饺"。
2 圆皮中放入鲜肉馅心，沿边分四等分向中间捏起，中间不要捏合，成为 4 个大的孔洞，再于 2 个孔洞

间靠中心处夹出 4 个小孔。在 4 个大孔外端夹出尖角，在孔洞中分别放上火腿末、香菜末、蛋黄皮末、香菇末，即成四喜饺子生坯。
3 上旺火沸水笼蒸 6 分钟即成。

特点 色彩丰富，口感鲜美。

20 四眼饺子

原料： 面粉 200 克、鲜肉馅 200 克，火腿末、蛋黄皮末、蛋白皮末、黑木耳末各适量。

制作方法

1 面粉用 70 克温水和匀，制成 20 只直径 8.4 厘米的圆皮，放上鲜肉馅心，将皮子按四等分向上包拢，中间捏紧成 4 个孔洞，再把每个孔洞的 2 个边捏紧，形成 4 条边，每条边顶端提起，捏在另一条边尾部，在 4 个孔洞中放入 4 种末，即成四眼饺子生坯。

2 上旺火沸水笼蒸约 8 分钟即成。

特点 造型美观，口感鲜嫩。

21 四角饺子

原料： 面粉 250 克、鲜肉馅 300 克。

制作方法

1 和面、制皮方法同"野鸭蒸饺"。

2 将圆皮由外向内叠成四角的方形，反转朝上放上鲜肉馅心，4 边各自对叠，4 只角向中间捏拢，用铜花夹夹出花边，再把 4 个叠进去的圆边翻出，朝上窝起，即成四角饺子生坯。

3 上旺火沸水笼蒸约 8 分钟即成。

特点 匀称美观，味道鲜美。

22 七星饺子

原料： 面粉 250 克、虾肉馅 300 克、圆蛋黄皮 7 个。

制作方法

1 和面、制皮方法同"野鸭蒸饺"。

2 圆皮放上虾肉馅心，分成七等分朝上拢起，中间捏拢成 7 个孔，每个孔对过粘起，成 7 条边，下端成为 7 只角。用小剪刀修平 7 条边，从每条边剪出一条宽 4 毫米的条，底部不要剪断，条的顶端弯向中心，用蛋液粘起成一圆圈，共计 7 个圆圈，成为七星饺子生坯。

3 七星饺子生坯上旺火沸水笼蒸熟，每个圆心中放一个圆蛋黄皮即成。

特点 形态独特，口感鲜嫩。

23 相思饺子

原料： 面粉 250 克、鲜肉馅 300 克、蛋黄皮末、青菜泥末。

制作方法

1 和面、制皮方法同"野鸭蒸饺"。

2 将圆皮对折成半径的三分之一，将折叠面向下，包入鲜肉馅心，2 条直边对折捏紧，用花夹夹出花边，使上端圆弧呈孔洞状，再将翻过去的圆边翻出来，也夹出花边，成为相思饺子生坯。

3 将饺子两个圆孔向上，放笼中，用旺火沸水蒸熟取出，在翻起来的边里分别放入蛋黄皮末、青菜泥末，即可上桌。

特点 形态美观，鲜嫩可口。

24 五角风轮饺

原料: 面粉 250 克、鸡肉馅 300 克、蛋黄皮末。

制作方法

1 和面、制皮同"野鸭蒸饺"。

2 圆皮中放入鸡肉馅心,按五等分向上捏拢,均匀捏成 5 个等角 5 条等边。

3 用剪刀将边修齐,分别从两边向中心剪出 2 条粗细一样的条子,不可剪断,取一个角的一条边和另一

个角第 2 根边粘在一起,依次粘出 5 个。用镊子将两根条子粘结点夹住,向上向中间弯起、粘牢,依次粘好,分别放上蛋黄皮末,成为五角风轮饺生坯。

4 上旺火沸水笼蒸熟即成。

特点 造型美观,制作精细,口味鲜美。

25 梅花饺子

原料: 面粉 250 克、鲜肉馅 300 克、蛋黄皮末少许。

制作方法

1 和面、制皮同"野鸭蒸饺"。

2 圆皮上放鲜肉馅心,分五等分向中心捏拢成 5 只角。将 5 条边剪齐,每条边向中心卷起,与第 2 条

边粘起,共成 5 个圆孔,向外微扩成 5 瓣,成为梅花饺子生坯。

3 圆孔内放上蛋黄皮末,上旺火沸水笼蒸熟即成。

特点 形似梅花,口味鲜香。

26 兰花饺子

原料: 面粉 250 克、鲜肉馅 300 克,肴肉末、蛋黄皮末、青豆末、蛋白皮末、香菇末各少许。

制作方法

1 和面、制皮方法同"野鸭蒸饺"。

2 圆皮加鲜肉馅,分四等分向上拢起捏成四角形,中间留一圆孔。用剪刀将 4 条边剪齐,在每条边上剪出 2 根条子,中心部分相连。将每边上面一根与相

邻的下面一根下端黏结起来,成为 4 个小斜孔,再将 4 个角剩余部分的边上剪出花边,粘好后用手指将 4 个角略搅弯,做成兰花叶。

3 在 4 个斜孔内和中间圆孔内分别填上肴肉末、蛋黄皮末、蛋白皮末、青豆末、香菇末。

4 上旺火沸水笼蒸约 7 分钟即成。

特点 造型美观,玲珑可爱。

27 桃饺

原料: 面粉 50 克、鲜肉馅 300 克,鸡蛋液、肴肉末、青菜末少许。

制作方法

1 和面、制皮方法同"野鸭蒸饺"。

2 圆皮中放鲜肉馅,对折后用鸡蛋液黏合,在五分之三处捏紧,制成一大一小 2 个圆孔,在大孔顶尖部分捏出桃尖。另将五分之二的边捏成 2 条对等的双边,从上往下捏成水波状花边,纹路需对称。将 2

条边下端提起，用蛋液粘在当中，成为桃叶，再从中捏出桃梗，在 2 个大孔中放上肴肉末，小孔中放上青菜末。

3 上旺火沸水笼蒸熟即成。

特点 状如蟠桃，口味鲜美。

28 船饺

原料： 面粉 250 克、鲜肉馅 300 克、青菜末少许。

制作方法

1 和面、制皮方法同"野鸭蒸饺"。

2 皮子由 2 条边向中间折起、相连，将皮子翻转，加入鲜肉馅心， 2 条直线边各自比齐对叠，用铜花夹夹出花边，再将开口的两端粘起，使之成为 2 个圆孔，中心处竖着粘起，成为 4 个小孔。将叠起的 2 条边翻上来窝起，因形似 2 条小船，故名船饺。

3 上旺火沸水笼蒸约 8 分钟取出，在 4 个小孔中放上青菜末，即可上桌。

特点 形态美观，口感鲜嫩。

29 草帽饺子

原料： 面粉 250 克、鲜肉馅 500 克。

制作方法

1 面粉用 100 克温水调揉成团，盖上湿布醒置 10 分钟。摘成 20 只面剂，擀成直径 8 厘米的圆皮。

2 圆皮中放入鲜肉馅心，对叠成半圆形，对齐、捏紧。将 2 只角向圆心处弯，使 2 只角上下接头，捏紧。将中间隆起部分向上，四周捏出花边，成为草帽饺子生坯。

3 上旺火沸水笼蒸熟，上桌即可。

特点 形似草帽，口感鲜嫩。

30 三角饺子

原料： 面粉 250 克、鸡肉馅 400 克。

制作方法

1 和面、制皮方法同"野鸭蒸饺"。

2 将皮子切成等边三角形，加入鸡肉馅心后，将 3 条边分别对折，捏成三角体，用铜夹夹出花边，上笼蒸熟即成。

特点 造型别致，口味鲜香。

31 糯米烧卖

原料： 面粉 250 克、糯米 500 克、熟猪肉 150 克、冬笋丁 50 克、冬菇丁 50 克、酱油 50 克、白糖 30 克、大油 200 克，清汤、葱姜末、精盐适量。

制作方法

1 糯米搓洗干净，用热水浸泡 1 小时，上笼蒸熟备用。

2 熟猪肉切成小丁。炒锅上火，放少许大油、葱姜末炒香，加猪肉丁炒散，放冬笋丁、冬菇丁、酱油、精盐、白糖、清汤，烧开后倒入蒸熟的糯米，收汤后加少许大油拌匀，成为糯米馅。

3 面粉用 100 克温水调成团，揉匀稍醒，制成 20 只直径 8 厘米、稍厚、四周呈菊花瓣状的圆皮。

4 圆皮内加入馅心，将皮子四周向上拢起，包成石榴状稍扁形状，上口张开，成为烧卖生坯。

5 上旺火沸水笼蒸约 10 分钟，即可上桌。

特点 薄皮大馅，鲜糯可口。

32　生肉烧卖

原料： 面粉 350 克、净猪肉 500 克、酱油 75 克、白糖 40 克、虾籽 5 克、麻油 30 克、葱姜末和精盐少许。

制作方法

1 皮子制法同"糯米烧卖"，但须制作 30 张皮子。

2 净猪肉刮蓉，加酱油、白糖、葱姜末、虾籽拌匀，再加清水 80 克，搅拌上劲，加少许精盐、麻油拌匀待用。

3 每只皮子中加馅 30 克，收拢成烧卖状，上旺火沸水笼蒸 10 分钟至熟，即可上桌。

特点 皮薄馅多，鲜嫩多汁。

33　金丝烧卖

原料： 面粉 250 克、糯米 500 克、熟猪肉 150 快、冬笋丁 50 克、香菇丁 50 克、大油 200 克、酱油 50 克、白糖 30 克、蛋黄皮适量，精盐、葱姜末少许。

制作方法

1 蛋黄皮切成细丝。

2 其他制作方法同"糯米烧卖"，包制完成后，将蛋黄皮丝撒满在烧卖开口处即成。

特点 色泽美观，香糯可口。

34　银丝烧卖

原料： 面粉 250 克、鲜肉馅 300 克、熟猪肉 150 克、冬笋丁 50 克、香菇丁 50 克、大油 200 克、酱油 50 克、白糖 30 克、蛋白皮丝适量，葱姜末、精盐少许。

制作方法

制作方法同"金丝烧卖"，将撒在烧卖口的金丝改成银丝即成。

35　蟹黄烧卖

原料： 面粉 250 克、鲜肉馅 300 克、蟹油 200 克、白胡椒粉少许。

制作方法

1 将蟹油放入鲜肉肉馅中，搅拌均匀（蟹黄要拌散拌匀）；再加白胡椒粉拌匀，即成蟹黄馅。

2 制皮、成形、蒸制同"糯米烧卖"。

特点 味道鲜美，薄皮大馅，食用时佐以香醋。

36 虾肉烧卖

原料： 面粉250克、净猪肉350克、虾仁100克、白芝麻30克、酱油50克、白糖20克、鸡蛋清1个、淀粉适量，葱姜末、精盐少许。

制作方法

1 白芝麻淘净炒熟，碾成细末。

2 虾仁洗净，沥干水分，用鸡蛋清、精盐、淀粉抓匀上浆。

3 净猪肉刮蓉，加精盐、白糖、酱油、葱姜末拌和入味，加水50克拌匀上劲，加芝麻末和匀成馅。

4 面团调制、制皮同"糯米烧卖"，在每只烧卖口放上虾仁后，上笼蒸熟即成。

特点 虾仁玉白，口感鲜嫩。

37 三鲜烧卖

原料： 面粉500克、猪夹心肉500克、虾仁150克、水发海参100克、水发干贝100克、熟鸡肉100克、酱油50克、白糖50克，精盐、麻油、葱姜末适量。

制作方法

1 将水发海参、水发干贝、熟鸡肉均切成米粒大小的细丁，虾仁切碎。

2 将猪夹心肉洗净、刮蓉，加酱油、白糖、葱姜末拌匀，再加适量精盐、清水100克搅匀上劲，放入海参丁、干贝丁、鸡肉丁、虾仁、麻油拌匀，成为三鲜馅。

3 和面、制皮、包制、成熟同"糯米烧卖"，但需制皮40张，包制烧卖40只。

特点 鲜香味美，营养丰富。

38 菜米烧卖

原料： 面粉250克、糯米300克、菜肉馅150克、酱油50克、白糖25克、大油100克、虾籽少许。

制作方法

1 糯米淘洗干净，用热水浸泡1小时，起酥后上笼蒸熟。炒锅中放酱油、白糖、虾籽、清水250克，烧开后倒入糯米饭，收汤后加入大油、菜肉馅拌匀待用。

2 和面、制皮、包制、成熟同"糯米烧卖"。

特点 皮薄馅多，别有风味。

39 翡翠烧卖

原料： 面粉500克、小青菜叶1500克、大油300克、熟火腿末80克、白糖400克、精盐适量。

制作方法

1 小青菜叶洗净下开水锅焯熟，浸冷水中，凉透捞出、挤干、刮蓉，用少许精盐拌匀去涩味，再加白糖、大油拌匀。

2 面粉摊开，加开水150克拌成雪花面，散去热气，洒50克冷水，拌揉成团，擀成50只荷叶边状、直径6厘米圆皮。

3 圆皮上加入馅心，包成下端圆鼓、上端稍张开的石榴状生坯，在颈口处稍捏细，在开口处撒上熟火腿末。

4 翡翠烧卖上旺火沸水笼，蒸 4~5 分钟即可出笼。

特点 皮薄如纸，色如翡翠，入口肥甜，甜中微咸。系维扬点心中的"双绝"之一。

40 冬瓜烧卖

原料： 面粉 500 克、冬瓜 2000 克、熟鸡肉 150 克、鲜笋 100 克、香菇 100 克、熟火腿 150 克、大油 100 克、虾米 100 克、虾籽 5 克，清汤、湿淀粉适量，葱姜米、精盐少许。

制作方法

1 冬瓜洗净，切成 8 厘米见方的块，入开水锅焯透，捞出放冷水中浸凉，改刀成 1 分见方的丁。熟火腿、熟鸡肉、鲜笋、香菇均切成细丁。

2 炒锅上火，放大油、葱姜米炒香，放入四种细丁、虾籽、精盐、清汤煮沸入味。冬瓜丁加少许精盐拌匀，挤去水分，倒入馅心锅内稍煮，用湿淀粉勾芡，冷却待用。

3 制皮、捏制、成熟方法同"翡翠烧卖"。

特点 口味清爽，咸中带鲜，夏令佳点。

41 虾仁汤包

原料： 面粉 500 克、鲜小虾仁 200 克、净五花肉 200 克、生肉皮 300 克、大油 30 克，干淀粉、鸡汤适量，精盐 20 克，虾籽、葱丁、葱段、姜片少许。

制作方法

1 净五花肉洗净，生肉皮刮洗干净，均下开水锅焯水，再放入冷水锅加葱段、姜片煨至肉皮煮烂取出，五花肉切成细丁，肉皮剁碎。

2 炒锅内加 750 克鸡汤、肉丁、肉皮、精盐、虾籽，开后撇去浮沫，烧至汤稠，倒出冷却，中途不断搅动，使肉丁均匀分布。

3 鲜小虾仁用纱布吸干浮水，加少量精盐略拌，用干淀粉上浆。

4 炒锅上火，放大油烧至四成热，下虾仁、葱丁划熟，捞出沥尽油。将凝结的肉皮切成筷子头大小的丁，和冷却的虾仁拌匀、上劲。

5 面粉用 200 克、30℃左右清水拌揉成团，盖布醒置后摘成 50 只面剂，擀成直径 8 厘米的圆皮，加入馅心，捏成有 20 个褶子、收口呈鲫鱼嘴状的包子，上旺火沸水笼蒸约 5 分钟，待包子口溢出汤汁时，即可上桌。

特点 皮薄汁多，鲜嫩香醇。

42 蟹黄汤包

原料： 面粉 500 克、猪腿肉 300 克、猪肋条肉 400 克、蟹肉 200 克、肉皮 250 克、原汁鸡汤 1000 克、大油 150 克、酱油 80 克、白糖 30 克、精盐 10 克、虾籽 5 克，葱姜末、黄酒、碱水少许。

制作方法

1 炒锅中放大油，将蟹肉熬成蟹油。

2 猪腿肉、肉皮洗净放汤锅中，加葱姜煮至七成熟，捞起晾凉。猪腿肉切成 0.3 厘米见方小丁，肉皮切成半粒绿豆大小的细粒，放入鸡汤锅中，加虾籽、30 克酱油、精盐、葱姜末煨至汤汁收浓，冷却成冻。

3 猪肋条肉洗净刮蓉，加酱油、白糖、葱姜末、黄酒，搅拌上劲，再加入蟹油、皮冻拌匀，成为蟹黄馅心。

4 250 克面粉发酵后，加碱水揉匀，盖上湿布醒置。250 克面粉调成冷水面团，和醒透酵面团揉和，制成 50 张直径 8 厘米的圆皮。

5 捏制、成熟方法同"虾仁汤包"。

特点 皮薄馅多，卤汁鲜浓，原汁原味，软嫩可口。

43 生肉汤包

原料： 面粉 500 克、净五花肉 500 克、猪肉皮 250 克、精肉 250 克、酱油 50 克、麻油 50 克、白糖 25 克、黄酒 50 克、肉汤 400 克、虾籽 5 克、精盐 5 克、葱姜末 5 克。

制作方法

1 精肉洗净，下开水锅烫透洗净，再下冷水锅煮熟，捞出洗净，原汤待用。猪肉皮剁碎。

2 熟精肉切成细丁，加肉汤 400 克、肉皮末、精盐、黄酒、虾籽煮开去沫，收浓汤汁，盛入容器，边冷却边搅拌，冷后放入冰箱冷冻。

3 净五花肉打成肉蓉，加酱油、白糖、葱姜末拌匀，和入打碎的肉冻，加麻油拌匀，成为馅心。

4 面粉用 200 克冷水和匀成团，醒置 10 分钟，制成 40 只直径 6 厘米的圆皮，逐个包入 25 克馅心，包捏、收口成形，分置 4 个小笼，上旺火开水锅蒸约 10 分钟，即可上桌。

特点 皮薄馅多，汤鲜味美。

注：此为维扬点心中代表之一，食用时须先开窗、后喝汤。

44 豌豆苗汤包

原料： 面粉 500 克、嫩豌豆苗 2000 克、猪瘦肉 500 克、大油 250 克、肉皮 250 克、精盐 20 克、白糖适量、虾籽 5 克、麻油 25 克、原汁鸡汤 1000 克，葱姜汁、葱姜末、黄酒少许。

制作方法

1 嫩豌豆苗拣洗干净，下开水锅烫熟，入冷水浸凉，剁成菜泥，挤干水分，加精盐、大油拌匀。

2 猪瘦肉、肉皮洗净，下开水锅加葱姜末煮至八成熟，捞出刮成细末，放原汁鸡汤中，加精盐、白糖、虾籽、葱姜汁、黄酒熬制成皮冻。

3 将豌豆苗泥和皮冻拌和均匀，淋入麻油，成为汤包馅心。

4 制皮、包捏、成熟方法同"虾仁汤包"。

特点 色泽翠绿，清香爽口。

45 野鸭汤包

原料： 面粉 500 克、熟野鸭肉 500 克、净猪肉 500 克、肉皮冻 250 克、熟冬笋 50 克、大油 75 克、酱油 75 克、白糖 25 克、麻油 30 克，虾籽、葱姜汁、黄酒、五香粉少许。

制作方法

1 熟野鸭肉、净猪肉、熟冬笋均切成绿豆大小的丁。

炒锅烧热，放大油、鸭肉丁、猪肉丁、笋丁煸炒，加酱油、白糖、虾籽、葱姜汁、黄酒、清水，煮开后撇去浮沫，收浓汤汁，盛起冷却后加五香粉拌匀，再与肉皮冻拌匀，成为汤包馅心。

2 制皮、包捏、成熟方法同"虾仁汤包"。

特点 皮薄馅多，鲜美可口。

46 鲜肉馄饨

原料： 面粉 500 克、鲜瘦肉 400 克、大油 50 克、酱油 20 克、精盐 30 克、麻油 150 克、虾籽 5 克，石碱液、干淀粉、姜末、青蒜末、胡椒粉各适量。

制作方法

1 鲜瘦肉洗净、刮蓉，加酱油、精盐、姜末、少许干淀粉拌匀入味，分几次加水，每次均按一个方向打匀上劲、搅拌上劲，再加麻油拌匀，成为馄饨馅心。

2 面粉加清水、少量石碱液，拌成稍硬的面团，反复搓揉至光滑而有韧劲，盖上湿布醒 15 分钟，搓成长条形，撒上淀粉，用擀面杖反复压制，每次均重复撒淀粉，最后制成薄如纸的长方片，叠在一起，切成 8 厘米见方的皮子 200 张，用湿布盖上。

3 将馅心用竹刮挑入皮子，依次向里靠拢、捏紧，成为馄饨。

4 锅内放清水、虾籽烧开，待汤有鲜味放入馄饨，用勺沿锅边推动，盖盖稍焖，待馄饨浮起，盛入放有虾籽汤、大油、酱油、青蒜末、胡椒粉的碗中（每碗 29 只），即可上桌。

特点 汤鲜味美，软嫩可口。

47 葱肉锅贴

原料： 面粉 500 克、猪前夹肉 700 克、酱油 100 克、白糖 50 克、葱花 150 克、素油 100 克。

制作方法

1 猪前夹肉洗净、刮蓉，加酱油、白糖搅拌入味，分两次加清水 150 克搅拌上劲，加葱花拌匀。

2 面粉加开水 225 克、拌匀摊开，冷却后揉成团，摘成面剂 50 只，擀成直径 8 厘米的圆皮，加馅包成月牙蒸饺状。

3 平底锅烧热后涂一层素油，由外向内依次排上饺子生坯，再加一些素油，煎至底面黄色，倒入冷水加盖，待水烧干，刷一层素油，即可出锅。

特点 色泽金黄，外脆里嫩，馅卤多，葱味香浓。

48 牛肉锅贴

原料： 面粉 200 克、牛肉 200 克、酱油 50 克、咸黄油 30 克、白糖 30 克、黄芽菜末 50 克、素油 15 克、葱末 5 克，精盐、姜末少许。

制作方法

1 面团调制同"葱肉锅贴"。制成 20 只直径 8 厘米的圆皮。

2 牛肉洗净、刮蓉，加酱油、白糖、精盐、葱末、姜末拌匀，分次加清水搅拌上劲，再加黄芽菜末、咸黄油拌匀，加入圆皮中，包成月牙饺。

3 煎制方法同"菜肉锅贴"。

特点 底壳香脆，柔嫩鲜美。

49 薄饼

原料：面粉 500 克、花生油适量。

制作方法

1 将面粉用开水和成雪花状，摊开晾凉，揉成面团。摘成 40 个面剂，擀成直径 8 厘米的圆皮，涂上花生油，盖上另一张皮子，擀至合拢。

2 炒锅上火，烧热后放入面皮，烙成两面皆有芝麻状焦斑时取出，撕开成为两张，每张四折叠成扇形，即可装盘上桌。

特点 吃口软糯，略有甜味。

50 盘丝饼

原料：面粉 500 克、大油 175 克，炒盐、五香粉、鸡蛋液各适量。

制作方法

1 将 250 克面粉加 125 克大油，擦成干油酥。

2 将 250 克面粉，用大油 50 克、温水 100 克和适量炒盐、五香粉调揉成水油面团。

3 将水油面团擀成长方形，铺满干油酥，对叠起来，擀成长方形后，再对叠一次，擀开卷起，摘成 30 只面剂，按扁后擀成长方皮，卷起来，接头处用鸡蛋液粘牢，将有酥纹面朝上，按扁，制成圆皮。

4 平底锅上火烧热，排入圆皮，改用中火，不断翻身，烙成两面金黄色即成。

特点 形态美观，香酥可口。

51 葱油火烧

原料：上白面粉 1000 克、花生油 250 克、咸板油丁 150 克、葱花 250 克、精盐少许。

制作方法

1 将咸板油丁与葱花拌匀。

2 将 100 克上白面粉和 50 克花生油拌成干油酥。100 克面粉和 100 克花生油、5 克精盐和成稀油酥。

3 800 克面粉用 500 克开水拌成雪花状，再加 200 克冷水调成软面团，搓揉上劲。

4 将一半面团用手搓成长方形，抹上一半干油酥，卷成长条，用手拎起一端，甩掼成长条（约 30 厘米长、6 厘米宽），均匀涂上一半稀油酥，卷起制成 10 张圆皮，在上端放上葱油丁，卷成条状，按扁后成为生坯。

5 平底锅上火烧热，刷上底油，排上生坯边烙边按，成为直径 12 厘米的圆饼，其间由外而内不断更换饼的位置，使其均匀受热，将两边烙出黄斑，取出排在烤炉四周，用高温烘烤至金黄、起鼓时，刷上一层油，出炉装盘。

特点 葱香扑鼻，色泽金黄。咸鲜油润，酥脆爽口。

52 豆苗饼

原料：面粉 250 克、嫩豌豆苗 500 克、净猪肉 250
克、大油 100 克、精盐 20 克、白糖 10 克，葱
姜末、酱油少许。

制作方法

1 嫩豌豆苗洗净，用开水烫软，捞出放冷水中浸透，
剁成细泥，挤干水分。
2 将净猪肉切成豌豆大小的丁，和葱姜末一起煸炒，

加酱油、白糖、精盐、清水烧入味，倒入豌豆苗泥
炒匀，冷却备用。
3 面粉加清水 150 克调成软面团，放置片刻后制成
20 张面皮，包入馅心，收口搓尖，捺成圆饼。
4 炒锅上火烧热、加大油，将饼煎至两面金黄即成。

特点 外脆里嫩，鲜香可口。

53 刀削面

原料：面粉 1000 克、熟鸡脯肉 100 克、净笋 100
克、小青菜 10 棵、大油 100 克、清鸡汤 1000
克、鸡蛋 3 个，虾籽、精盐少许。

制作方法

1 将 1000 克面粉用清水、鸡蛋液、精盐和成韧而光
滑的面团，盖湿布稍醒。
2 净笋、小青菜洗净、焯水、浸冷，净笋切片，小青

菜削去根部，切成四瓣，熟鸡脯肉撕成丝。
3 清鸡汤上火，放笋片、虾籽、精盐，烧开后放入小
青菜烧开，离火。面团揉透，擀皮，切成面条，用
另一只水锅烧开、养熟，同时将烧开的鸡汤分装 10
只碗内，加大油、小青菜、笋片、鸡丝即可上桌。

特点 汤鲜味浓，韧滑爽口，原汁原味。

54 小刀面

原料：面粉 350 克、鸡蛋 2 个，鸡汤、大油、精盐
适量。

制作方法

1 面粉用清水、鸡蛋液、精盐调匀，搓揉上劲，醒置

后，擀皮、切成面条。
2 水锅上火、烧开，下入面条稍煮。取 4 只大碗，放
大油、精盐，倒入烧开的鸡汤，盛入面条即成。

特点 韧滑爽口，原汁原味（可配以不同的浇头）。

55 扬州脆炒面

原料：机制面条 150 克、肉丝 40 克、虾仁 40 克、笋
丝 30 克、素油 1000 克，清汤、大油、鸡蛋
清、淀粉、韭芽、酱油、白糖、麻油各适量。

制作方法

1 虾仁洗净，用鸡蛋清、淀粉上浆，入大油锅划油，

倒入漏勺。肉丝下油锅滑散，加笋丝、韭芽、清
汤、酱油、白糖烧开入味，倒入虾仁，盛小碗内。
2 炒锅上火，倒入素油，至 8 成热时，将机制面条炸
脆，捞起控尽油。
3 炒锅上火，放炸脆的面条，倒入小碗卤汁，待卤汁

汤干，浇麻油，盛入盘内，放上虾仁、笋丝、肉丝，即可上桌。

特点 香、脆、滑、爽，集面食、菜肴于一身。

注：如面条不油炸，也可上笼蒸熟，拌油后下锅烙透，再下卤汁起锅，则为"软炒面"。

56 三丁大包

原料：面粉 500 克、老酵面 150 克、猪肋条肉 500 克、熟鸡肉 100 克、净笋肉 100 克、酱油 75 克、白糖 50 克、虾籽 5 克、石碱 7 克，鸡汤、葱段、姜片、葱姜末、湿淀粉适量。

制作方法

1 猪肋条肉洗净、焯水，入水锅加葱段、姜片煮至七成熟捞出、冷却，切成 0.7 厘米见方的丁。熟鸡肉切成 0.8 厘米见方的丁。净笋肉切成 0.5 厘米见方的丁。

2 炒锅上火，放底油将葱姜末炒香，倒入三丁煸炒后加鸡汤、酱油、白糖、虾籽，大火烧开后，改中火煮至上色、入味，再用大火用湿淀粉勾琉璃芡，放

冷备用，成三丁馅。

3 面粉用温水 250 克和匀、揉透，再和老酵面揉匀，保温、保湿，待面团发起，加石碱水揉至无黄色斑点，再盖上湿布醒一会儿，搓条摘成 12 只面剂，用手掌拍成中间略厚、四周稍薄、直径 10 厘米的圆皮。

4 将馅心放面皮中央，捏出 32 个均匀褶子，收口处呈鲫鱼嘴状，上旺火沸水笼蒸约 15 分钟，至鲫鱼嘴中有汁水时，即可上桌。

特点 造型美观，皮软味鲜，馅心脆嫩，咸中微甜。系维扬点心代表品种。

57 五丁包子

原料：面粉 500 克、老酵面 150 克、猪肋条肉 350 克、虾仁 100 克、熟鸡肉 100 克、净笋 100 克、水发海参 100 克、酱油 100 克、白糖 50 克、大油 50 克、虾籽 5 克、湿淀粉 20 克，精盐、黄酒、鸡汤、鸡蛋清、葱姜各适量。

制作方法

1 猪肋条肉洗净、焯水，煮熟晾凉，切成 0.7 厘米见方的丁。熟鸡肉切成 0.8 厘米见方的丁，净笋切成 0.5 厘米见方的丁，水发海参切成 0.8 厘米见方的

丁。虾仁洗净，用精盐稍拌，上鸡蛋清浆，入四成热大油锅中划熟，盛起冷却。将海参丁加葱结、姜片煸炒，去葱姜，加鸡汤、黄酒、精盐烩熟，用湿淀粉勾芡，盛起冷却。

2 炒锅上火，将肉丁、鸡丁、笋丁烩熟（方法同三丁馅），加入虾仁、海参，烩成五丁馅，冷却备用。

3 包制、成熟方法同"三丁大包"。

特点 皮松馅美，味浓爽口，咸中微甜，营养丰富。

58 水晶包子

原料：面粉 500 克、老酵面 150 克、猪板油 150 克、白糖 150 克，红绿丝、石碱适量。

制作方法

1 猪板油撕去外皮，切成 0.7 厘米厚的片，均匀撒上

白糖稍放，再切成方丁。红绿丝切碎，和猪油丁拌匀，成水晶馅。

2 发酵、制皮、包制同"三丁包子"，但须分为

24 只。

3 入旺火沸水笼蒸制 10 分钟，即可出笼上桌。

特点 皮松软、馅透明，口感甜润，肥而不腻。

59 什锦素菜包子

原料： 面粉 500 克、老酵面 150 克、青菜 800 克、大方干 30 克、水发金针菜 30 克、水发木耳 20 克、水发香菇 20 克、净白果 10 克、栗子肉 10 克、鲜笋 15 克、山药 50 克、枣肉 10 克、油面筋 15 克、熟菜油 200 克、麻油 10 克、精盐 50 克，白糖、石碱、淀粉各适量。

制作方法

1 将水发金针菜、木耳、水发香菇、净白果、栗子肉、鲜笋、山药、枣肉、油面筋、大方干洗净、去皮，分别切成小丁。

2 炒锅放底油，将诸丁下锅煸炒，加清水、精盐、少许白糖烧开，加淀粉勾薄芡，晾凉备用。

3 青菜洗净，入开水锅焯水，用冷水浸透、挤干，刮成细末，再挤一次后，加熟菜油、什锦馅、精盐、麻油拌匀成馅。

4 和面、制皮、包制同"三丁包子"，制成 24 只，上旺火沸水笼蒸约 10 分钟，即可上桌。

5 **特点** 皮软馅香，咸中微甜，味美爽口，营养丰富。

60 生肉包子

原料： 自来酵面（酵母发好的面团）700 克、净肋条肉 400 克、酱油 75 克、白糖 35 克、麻油 25 克、虾籽 5 克、葱姜末少许、石碱适量。

制作方法

1 净肋条肉洗净、刮蓉，加酱油、白糖、葱姜末、虾籽拌匀，分两三次加入清水共 150 克，拌匀上劲后，加麻油拌匀备用。

2 自来酵面内加石碱水揉透，摘剂子 20 只，拍成中间稍厚、直径 8 厘米的圆皮，加入馅心，捏成有 32 个皱褶、收口处呈鲫鱼嘴状的包子。

3 将包子笼放旺火沸水锅上蒸约 10 分钟，至皮不粘手、鲫鱼嘴中有卤汁即可上桌。

特点 蓬松柔软，鲜嫩多汁，形态美观。咸中微甜。

61 三鲜包子

原料： 自来酵面 700 克、净笋 250 克、水发香菇 150 克、蘑菇 150 克、素油 50 克、麻油 25 克、酱油 20 克、白糖 20 克、精盐 5 克、虾籽 5 克，石碱、淀粉适量。

制作方法

1 将净笋、水发香菇、蘑菇均切成米粒大小的方丁。

2 炒锅上火，放素油煸炒三丁，加水少许、酱油、精盐、白糖、虾籽，烧入味后用淀粉勾薄芡，浇上麻油，冷却备用。

3 兑碱、制皮、包制同"生肉包子"。

特点 软硬相间，清爽适口，常食有降血脂功效。

62 笋肉包子

原料： 自来酵面 700 克、猪五花肉 350 克、冬笋肉 100 克、酱油 75 克、白糖 30 克、麻油 25 克、虾籽 3 克，葱姜末、石碱适量。

制作方法

1 将冬笋肉切成 0.3 厘米见方的丁，加酱油、少许麻油腌制待用。猪五花肉洗净、刮蓉，加酱油、白糖、葱姜末、虾籽拌匀，再分三次用 150 克清水搅拌上劲，倒入笋丁拌匀待用。

2 其余制法同"生肉包子"。

特点 鲜爽脆嫩，应时佳点。春季用春笋，冬季用冬笋。

63 火腿包子

原料： 自来酵面 700 克、熟火腿 250 克、熟猪瘦肉 250 克、熟猪油 50 克、酱油 25 克、白糖 25 克、麻油 25 克、鸡汤 159 克，葱姜末、虾籽、石碱、淀粉各适量。

制作方法

1 将熟火腿、熟猪瘦肉切成 0.3 厘米见方的丁。

2 炒锅上火，放鸡汤、酱油、熟猪油、白糖、虾籽、葱姜末、火腿丁、猪肉丁，烧开放淀粉勾芡，淋上麻油，冷却备用。

3 其余制法同"生肉包子"。

特点 皮薄馅多，味浓爽口。

64 空心包子

原料： 自来酵面 700 克、白糖 50 克、麻油 25 克、石碱适量。

制作方法

1 自来酵面兑石碱水揉透，取出 400 克加白糖和麻油揉匀，醒置 5 分钟后摘成 12 只面剂，拍成圆皮。

2 另将 300 克自来酵面，制成 12 只圆球，当成馅心包入圆皮。

3 上旺火沸水笼蒸熟，取出后，在包子腰部开一小口，用镊子取出圆球，即成空心包子。

特点 蓬松绵软，宴席上品。可与卤汁浓厚的菜肴配套。

65 柿饼包子

原料： 大酵面 700 克、柿饼 600 克、白糖 100 克、熟猪油 100 克、糖油丁 50 克、石碱适量。

制作方法

1 柿饼去蒂，洗净刮蓉。

2 炒锅上火，放清水、熟猪油、白糖煮开，放入柿饼，熬成粥状，冷却备用。

3 其余制法同"生肉包子"，但需在每只包子中加入一两粒糖油丁。

特点 蓬松柔软，甜润爽口，为秋季佳点。

66 蜜枣包子

原料： 大酵面 700 克、蜜枣 500 克、白糖 50 克、熟
猪油 50 克、糖油丁 50 克，桂花、石碱适量。

制作方法

1 蜜枣上笼蒸软，去枣核后剁成泥。
2 炒锅上火，放熟猪油、白糖、清水烧开，放入枣
泥、桂花，熬成干粥状，冷却备用。
3 其余制法同"生肉包子"，但需在每只包子内，放
一两粒糖油丁。

特点 甜润爽口，蓬松柔软，营养丰富，老少
皆宜。

67 素菜包子

原料： 大酵面 700 克、青菜泥 300 克、干子 150 克、
笋肉 50 克、素油 100 克、麻油 100 克、酱油
50 克、白糖 50 克，精盐、石碱适量。

制作方法

1 将笋肉、干子切成 0.3 厘米见方的丁。
2 炒锅上火，放素油将干子炸去水分，加笋丁煸炒
后，加入酱油、白糖，烧开盛起，冷却后与青菜
泥、精盐、麻油拌匀成馅。
3 其余制法同"生肉包子"。

特点 膨松爽口，咸中微甜。

68 山药包子

原料： 大酵面 700 克、净山药 500 克、白糖 200 克、
糖油丁 50 克、熟猪油 100 克，桂花、石碱
适量。

制作方法

1 净山药煮熟、刮成泥。
2 炒锅上火，放熟猪油、白糖、桂花和少许水，烧开
后，加入山药泥拌匀，熬至干粥状盛起冷却，成为
山药馅。
3 其余制法同"生肉包子"，但每只包子内需加 1 粒
糖油丁。

特点 细腻香甜，滋润可口，滋补养生，冬令
佳点。

69 鸡肉包子

原料： 大酵面 700 克、净五花肉 300 克、熟鸡丁 150
克、酱油 100 克、白糖 30 克、麻油 25 克，虾
籽、葱姜汁、石碱各适量。

制作方法

1 净五花肉剁成泥，加酱油、白糖、葱姜汁、虾籽搅
拌入味，分 3 次加水 100 克，搅拌上劲，和麻油、
熟鸡丁拌匀成鸡肉馅。
2 其余制法同"生肉包子"。

特点 色泽光亮，形态饱满，鲜嫩味美，咸中
微甜。

70 五仁包子

原料： 自来酵面 700 克、花生仁 50 克、瓜子仁 50 克、芝麻 50 克、松子仁 50 克、核桃仁 50 克、猪板油 100 克、白糖 300 克、青梅 50 克、红丝 50 克，石碱适量。

制作方法

1 将核桃仁、松子仁、花生仁、瓜子仁分别用油划熟，芝麻炒熟，核桃仁、花生仁去皮切碎。猪板油去衣切成小方丁，和白糖拌匀。青梅、红丝切成小丁。

2 上述原料加白糖拌匀、揉透，即成五仁馅。

3 其余制法同"生肉包子"。

特点 蓬松柔软，甜润味浓，营养丰富。

71 雪笋包子

原料： 自来酵面 700 克、熟猪肋条肉 200 克、咸雪里蕻 250 克、冬笋 100 克、酱油 50 克、白糖 50 克、麻油 50 克、熟猪油 150 克、虾籽、葱姜汁、石碱各适量。

制作方法

1 咸雪里蕻择洗干净，浸泡去大部分咸味，切成米粒大细丁，用开水烫洗，挤干水分。

2 冬笋、熟猪肋条肉切成 0.3 厘米见方小丁。

3 炒锅上火，加熟猪油、肉丁、笋丁、酱油、白糖、虾籽、葱姜汁、适量水，稍煮入味，倒入雪里蕻，待卤汁吸干后，小火焖约 15 分钟盛起，冷却后淋麻油拌匀，即成雪里蕻馅心。

4 其余制法同"生肉包子"。

特点 鲜嫩香润，素菜荤做，营养丰富，冬令佳点。

72 野鸭菜包

原料： 自来酵面 700 克、熟野鸭肉 200 克、净冬笋 50 克、瘦猪肉 150 克、青菜叶 500 克、熟猪油 100 克、酱油 75 克、白糖 50 克、麻油 100 克、虾籽 5 克，葱姜汁、黄酒、五香粉、石碱各适量。

制作方法

1 瘦猪肉洗净，入开水锅煮至七成熟，捞起晾冷，切成 0.3 厘米见方的丁。熟野鸭肉、净冬笋分别切成 0.3 厘米见方的丁。

2 炒锅上火，放熟猪油烧热，煸炒肉丁、野鸭丁，加酱油、白糖、虾籽、葱姜汁、黄酒、清水，烧至上色，加入笋丁，煮至汁浓、笋丁呈牙黄色时，淋麻油，盛起备用。

3 青菜叶洗净晾干，焯水后浸冷，刮成细末，挤去水分，和野鸭馅、熟猪油、麻油、五香粉拌匀，成为馅心。

4 其余制法同"生肉包子"。

特点 色味俱佳，鲜香味美，冬令佳肴。

73　干菜包子

原料： 自来酵面 700 克、干咸菜 250 克、猪前夹心肉 250 克、熟猪油 250 克、酱油 75 克、白糖 50 克，葱姜汁、黄酒、虾籽、石碱各适量。

制作方法

1　猪前夹心肉焯洗干净，煮至七成熟，捞出晾凉，切成 0.3 厘米见方的肉丁。

2　炒锅上火，放熟猪油、肉丁、葱姜汁煸炒，加酱油、白糖、虾籽、黄酒、适量清水，烧至入味，盛起备用。

3　干咸菜用开水浸泡 2~3 小时，再用冷水洗净，切去菜头，刮成细末，挤去水分。

4　炒锅放小火上，加熟猪油、干菜末，炒干水分，分 2~3 次倒入煮肉卤汁，炒至卤汁被吸干，加入肉丁炒拌均匀，即成馅心。

5　其余制法同"生肉包子"。

特点 ▶ 清爽适口，干香滋润，咸中微甜，油而不腻。

74　菜肉包子

原料： 自来酵面 700 克、猪前夹心肉 250 克、小青菜 1000 克、熟猪油 100 克、麻油 50 克、精盐 20 克、酱油 25 克、白糖 30 克，葱姜汁、虾籽、石碱各适量。

制作方法

1　小青菜拣洗干净，焯水后浸冷、挤干，刮成细末，再挤干，加少许精盐拌匀。

2　猪前夹心肉焯洗干净，入开水锅加葱姜汁煮至七成熟，晾凉后切成 0.3 厘米见方的丁。

3　炒锅上火，放酱油、白糖、虾籽、清水、肉丁、精盐，旺火煮开，温火烧透。汤汁浓时加麻油，盛起冷却，和熟猪油、菜泥拌匀，即成馅心。

4　其余制法同"生肉包子"。

特点 ▶ 蓬松柔软，皮薄馅多，清爽适口。

75　荠菜包子

原料： 自来酵面 700 克、荠菜 750 克、熟猪五花肉 300 克、鲜笋 50 克、熟猪油 100 克、酱油 50 克、白糖 25 克，虾籽、黄酒、精盐、石碱各适量。

制作方法

1　荠菜拣洗干净，焯水后浸冷，沥去水分刮成细末，挤干，与熟猪油、精盐、白糖拌匀。熟猪五花肉、鲜笋均切成 0.5 厘米见方的丁。

2　炒锅上火，放酱油、白糖、精盐、黄酒、虾籽、清水、肉丁、笋丁，烧开后改小火煨透。待卤汁收干，盛起晾凉，与荠菜末拌匀，成为馅心。

3　其余制法同"生肉包子"。

特点 ▶ 鲜美爽口，风味独特，系春季应时佳点。

76 枣泥包子

原料： 自来酵面 700 克、黑枣 400 克、白糖 200 克、熟猪油 125 克，桂花、石碱适量。

制作方法

1 黑枣去核、煮烂，过筛去皮待用。
2 炒锅上火，放熟猪油、白糖，待白糖溶化后，倒入

枣泥烧开，改小火慢熬，成干粥状盛起，冷后加桂花拌匀，成为馅心。

3 其余制法同"生肉包子"。

特点 枣香扑鼻，蓬松爽口。

77 蟹黄包子

原料： 自来酵面 700 克、猪前夹肉 300 克、蟹黄蟹肉共 200 克、熟猪油 140 克、酱油 75 克、白糖 30 克、麻油 25 克，葱姜末、胡椒粉、黄酒、精盐、石碱各适量。

制作方法

1 炒锅上火，放熟猪油，四成热时放入葱姜末炒制，七成热时放入蟹黄、蟹肉，用小火反复炒拌，加少

许黄酒、精盐，待蟹黄收缩，撒少许胡椒粉，盛起晾凉，成为蟹油。

2 猪前夹肉洗净，剁成肉泥，加酱油、白糖、葱姜末拌匀，分 2 次加水 100 克，顺一个方向搅打上劲，加蟹油、麻油拌匀成馅心。

3 其余制法同"生肉包子"。

特点 味浓多卤，鲜美可口。系维扬名特点心。

78 虾肉包子

原料： 自来酵面 700 克、净猪夹心肉 300 克、熟虾仁 150 克、酱油 75 克、白糖 30 克、葱姜汁、虾籽、黄酒、石碱各适量。

制作方法

1 净猪夹心肉洗净、刮蓉，加酱油、白糖、葱姜汁、

虾籽、黄酒拌匀，分 3 次加清水，顺一个方向搅拌上劲，倒入熟虾仁拌匀，即成馅心。

2 其余制法同"生肉包子"。

特点 外形饱满，卤汁充盈，虾鲜肉嫩，咸中微甜。

79 细沙包子

原料： 自来酵面 700 克、红豆 250 克、白糖 300 克、熟猪油 75 克、糖油丁 100 克，桂花、石碱适量。

制作方法

1 红豆洗净，用冷水、旺火煮开，改小火焖烂、冷却，用细筛擦成细泥，倒布袋中挤去水分，备用。

2 炒锅上火，加熟猪油、白糖炒化，加豆沙炒匀，开后改小火熬浓，盛起加桂花，成为馅心备用。

3 其余制法同"生肉包子"，但每个馅心内需加 1 粒糖油丁，上旺火沸水笼蒸约 15 分钟即成。

特点 甜润细腻，桂花香浓。

80 一品包子

原料：嫩酵面 700 克、油发鱼肚 150 克、水发海参 200 克、蟹肉 50 克、鲜笋 50 克、熟鸡肉 100 克、熟猪油 50 克、麻油 25 克、酱油 25 克，白糖、精盐、虾籽、淀粉、胡椒粉、葱姜汁、石碱各少许。

制作方法

1 将油发鱼肚、水发海参、熟鸡肉、鲜笋均切成 0.15 厘米见方小丁。炒锅上火，将熟猪油烧至七成热，倒入海参丁煸炒一下，再加鱼肚丁、笋丁、鸡丁、蟹肉煸炒，加酱油、白糖、精盐、葱姜汁、麻油、虾籽烧至入味，加胡椒粉，淀粉勾薄芡，冷却备用。

2 其余制法同"生肉包子"。

特点 鲜美味浓，营养丰富，包子上品。

81 双冬包子

原料：大酵面 700 克、水发冬菇 400 克、冬笋肉 200 克、素油 50 克、麻油 50 克、酱油 50 克、白糖 30 克，虾籽、精盐、淀粉、石碱各适量。

制作方法

1 水发冬菇、冬笋肉均切成 0.15 厘米见方小丁。

2 炒锅上火，放素油，煸炒冬菇丁、笋丁，加酱油、白糖、精盐、虾籽、清水，煮开入味，淀粉勾薄芡后放麻油，盛起冷却备用。

3 其余制法同"生肉包子"。

特点 清爽素雅，营养佳品。

82 芝麻糖包子

原料：大酵面 700 克、黑芝麻 300 克、白糖 300 克、麻油 50 克、石碱适量。

制作方法

1 黑芝麻洗净，用温火炒熟，黑芝麻鼓起且有香味时，盛起碾碎，加白糖、麻油拌匀，即成馅心。

2 其余制法同"生肉包子"，但在蒸之前，每只包子口里滴少许凉开水，以助白糖溶化。

特点 香甜润口，营养丰富，冬令补品。

83 生煎包子

原料：烫酵面 700 克、猪前夹肉 350 克、酱油 75 克、白糖 30 克、麻油 250 克、葱花 50 克，虾籽、姜酒、精盐、碱水各适量。

制作方法

1 猪前夹肉洗净、刮蓉，加酱油、白糖、精盐、虾籽、姜酒拌匀，再分 3 次倒入清水，顺一个方向搅拌上劲，倒入葱花拌匀成馅。

2 烫酵面加少许碱水揉匀揉透，制成 20 只直径 8 厘米的圆皮，包入馅心，捏紧收口。

3 平底锅上火烧热，整齐排入包子，倒入少量清水、麻油，加盖后用中火煎至锅内有水汽炸裂声，葱香味外溢（12~15 分钟），包子底部有金黄色硬壳，即可装盘上桌。

特点 香脆可口，卤汁鲜浓。

84 马齿菜包子

原料：大酵面 700 克、干马齿菜 250 克、熟猪肉 250 克、冬笋丁 50 克、熟猪油 150 克、酱油 75 克、白糖 50 克、麻油 25 克，葱姜汁、虾籽、石碱各适量。

制作方法

1 干马齿菜洗净，用温水浸泡 1 小时，沥干刮碎，挤干待用。

2 熟猪肉切成 0.3 厘米小丁。

3 炒锅上火，放底油，将冬笋丁、肉丁煸炒一下，加酱油、白糖、虾籽、葱姜汁烧至入味后，加熟猪油、菜末翻炒至熟，淋入麻油，盛起冷却，即为馅心。

4 其余制法同"生肉包子"。

特点 味道鲜美，香味独特，营养丰富。

85 萝卜丝包子

原料：大酵面 700 克、白萝卜 1000 克、熟猪肉 250 克、熟猪油 150 克、酱油 75 克、白糖 50 克、麻油 25 克、青蒜末 25 克，虾籽、精盐、葱姜汁、石碱各适量。

制作方法

1 白萝卜去皮、洗净，刨成丝，用精盐腌制 15 分钟后，挤干。熟猪肉切成 0.3 厘米见方小丁。

2 炒锅上火，放少许熟猪油，煸炒肉丁，加酱油、白糖、葱姜汁、虾籽烧开，再放入萝卜丝、熟猪油拌匀，加青蒜末、麻油拌匀，成为馅心。

3 其余制法同"生肉包子"。

特点 松软爽口，鲜咸脆嫩。

86 韭黄包子

原料：自来酵面 700 克、净五花肉 350 克、韭黄末 150 克、酱油 75 克、白糖 30 克、麻油 25 克、虾籽 5 克，葱姜汁、石碱适量。

制作方法

1 净五花肉洗净、刮蓉，加酱油、白糖、虾籽、葱姜

汁拌匀，分 2 次加入清水，顺一个方向搅拌上劲后，加入韭黄末、麻油，拌匀即成馅心。

2 其余制法同"生肉包子"。

特点 软嫩味美，冬令佳点。

87 银耳细沙包子

原料：大酵面 700 克、红豆 500 克、银耳 25 克、白糖 700 克、熟猪油 150 克、糖油丁 100 克，桂花、石碱适量。

制作方法

1 红豆洗净，放冷水锅烧开，改小火煮焖 2~3 小时，煮烂出锅，在细筛内擦成细泥，挤干水分备用。

2 银耳用开水泡发 15 分钟，沥干切成小方块。

3 炒锅上火，放熟猪油、白糖、少许清水，待白糖溶化，倒入豆沙烧开，改小火熬制，将熟时倒入银耳、糖油丁、桂花，待成稀粥状时，盛起备用。

4 其余制法同"生肉包子"。

特点 甜醇软糯，营养丰富。

88　寿桃包子

原料： 大酵面 400 克、枣泥馅 100 克，石碱、食用红/绿/黄色素少许。

制作方法

1 大酵面兑石碱揉匀，取出 30 克面团做叶、柄，其余摘成 10 只面剂拍成圆皮，每只包入枣泥馅心 10 克，收口朝下，上端捏出桃尖，向一旁略歪，在桃尖处压出凹槽。

2 用 30 克面团制成 10 根桃柄、 20 片桃叶，分别装在桃子底部，上旺火沸水笼蒸约 15 分钟至熟。

3 用牙刷将桃身染成浅黄色，桃尖喷上淡红色，桃叶喷上淡绿色，即成。

特点 形象逼真，用于寿宴。

89　佛手包子

原料： 大酵面 300 克、细沙馅 100 克，鸡蛋清、石碱、食用绿/黄色素适量。

制作方法

1 大酵面兑石碱揉匀，取 30 克染成淡绿色，做成叶、柄。

2 其余面团制成 10 只圆皮，包入细沙馅，收口捏紧向下，在三分之二处按成铲刀状，在扁平处切出 10 根手指，中间 4 根向后翻折，用鸡蛋清粘牢，余下 2 根成为大拇指。将腰部稍加捏拢，装上叶、柄，蒸熟，染成黄色即成。

特点 形象逼真，软香甜润。

90　秋叶包子

原料： 自来酵面 300 克、细沙馅 100 克，碱液、食用绿色素适量。

制作方法

1 自来酵面兑碱液、揉匀，取出 30 克制成 10 根叶柄。

2 其余面团，制成 10 只圆皮，分别包入细沙馅，先向馅心处捏紧，插入叶柄，另一端搓尖， 2 边比齐，从后往尖捏成一道长缝，成为中间叶柄，再用铜花钳在叶柄 2 边夹出 2 排人字形花纹，上笼蒸熟。

3 将整个叶面染成淡绿色即成。

特点 状如秋叶，绵软香糯。

91　刺猬包子

原料： 自来酵面 300 克、细沙馅 100 克、黑芝麻 20 粒，麻油、石碱适量。

制作方法

1 自来酵面加石碱水揉匀揉透，制成 10 只圆皮，分别包入细沙馅，收口捏拢向下放。

2 将坯子一头捏尖一头捏圆，尖部捏成刺猬头，圆部捏出刺猬尾巴。嘴部上方剪出 2 只耳朵，嵌上 2 粒黑芝麻作为眼睛。

3 将生坯上旺火沸水笼蒸约 10 分钟，取出晾凉。用剪刀从头到尾依次剪出长刺，分别刷上麻油，即成。

特点 形态逼真，造型美观。

92 玉兔包子

原料： 自来酵面 300 克、细沙馅 100 克，碱液、食用
红色素适量。

制作方法

自来酵面兑碱液揉匀揉透，取出 10 克染成红色。余下
制成 10 只圆皮，包入细沙馅心，收口捏拢向下放，搓

成圆锥形。锥尖压扁，一剪两半，向下弯成兔耳，在
头的尖端剪出兔嘴，在圆头部分剪出兔尾，在下部剪
出兔爪。红面团搓成两个小圆球，安在兔头上部，作
为眼睛。上旺火沸水笼蒸熟，即成。

特点 形态逼真，松软甜润。

93 金鱼包子

原料： 自来酵面 300 克、细沙馅 100 克，红曲米水、
碱水各适量。

制作方法

1 自来酵面兑碱水揉匀揉透，取出 40 克待用。其余
制成 10 张圆皮，放入细沙馅心，收口向下，捏出
葫芦状，馅心挤往大头。小头一端擀平，中间剪
开，刻上印纹，成为金鱼的 2 条尾巴。再用 3 克
面团捏成 2 条一头尖一头圆的长条，捺平，刻上
印纹，装在金鱼尾两侧，将鱼尾折成游动状。大
的一头在顶端捏出鱼头，用骨针挑出嘴巴，向上

略翘起。

2 用弯成弧形的铜片，在鱼头两侧刻出鱼鳃，在鳃上
安两个面团做的小圆球，中间戳洞，装上眼球。再
用鹅毛管在鱼身上刻出鱼鳞。

3 用 4 个一头尖一头圆的小面团（其中两个稍大），
按扁后，刻上印纹，稍大的安在前部作为胸鳍，小
的安在腹部作为腹鳍。

4 上旺火沸水笼蒸熟，刷上红曲米水，即成。

特点 形态生动，绵软香甜。

94 螃蟹包子

原料： 自来酵面 300 克、蟹肉馅 150 克，食用红/黄
色素、碱水各适量。

制作方法

1 蟹肉馅心制作同"蟹黄包子"。

2 自来酵面兑碱水揉匀揉透，制成 10 只圆皮，包入
馅心，收口捏紧向下。

3 将包馅面团搓成椭圆形，馅心挤往中间，两边压成
面皮，各分切成 4 根面条，在圆顶处捏出两只
蟹钳。

4 将面团放入蟹型模具中，压平即成。

5 上旺火沸水笼蒸熟，取出喷上食用红/黄色素即成。

特点 形态逼真，松软甜润。

95 葫芦包子

原料： 自来酵面 350 克、略干细沙馅 150 克，鸡蛋
清、食用黄色素、碱液各少许。

制作方法

1 将略干细沙馅心，搓成大小各 10 只圆球。

2 自来酵面兑碱液揉匀揉透，分别摘成 20 克、 15 克圆球各 10 个，制成圆皮，各包入 10 克、 5 克馅心，收口捏紧成圆锥形。

3 小圆锥底部涂上鸡蛋清，安在大圆锥收口处，修成

葫芦状，上旺火沸水笼蒸熟，出笼喷上食用黄色素即成。

特点 形似葫芦，松软甜润。

96 开花包子

原料： 大酵面 700 克、白糖 150 克、糖油丁 100 克，红丝、碱液各适量。

制作方法

1 将糖油丁切碎，和红丝拌匀。

2 大酵面兑碱液揉匀揉透，再和白糖揉匀，醒 10 分钟后，摘成 10 个面剂。

3 干笼垫上排 10 只横截面朝上的面剂，上旺火沸水

笼蒸约 12 分钟，至顶端开裂成花瓣状、不粘手时即成（标准开花包应为三瓣。若两瓣或无瓣，则是欠碱。若四瓣或碎裂，则是碱多了）。

4 开花包子稍冷后，在花瓣中心放 1 粒糖油丁，再上火蒸 10 分钟，即可上桌。

特点 松软香甜，滋润可口。

97 糖三角

原料： 自来酵面 700 克、红糖 100 克，熟面粉、碱水适量。

制作方法

1 红糖加 10 克熟面粉拌匀。

2 自来酵面兑碱水揉匀揉透，制成 10 只圆皮，加入红糖，捏成三角形，边缘捏紧。

3 上旺火沸水笼蒸约 15 分钟即可出笼。

特点 造型美观，方便适用。

98 鸡丝卷子

原料： 自来酵面 700 克、熟火腿 140 克、葱花 150 克、麻油 50 克、精盐 20 克、碱液适量。

制作方法

1 自来酵面兑碱液揉匀揉透，擀成 7 毫米厚长方形，均匀抹上麻油，撒上精盐。

2 熟火腿切成细末，和葱花拌匀，均匀撒在面片上。

3 将面片切成 10 厘米宽的长条，两层叠起，切成 10 条细条，切齐两头，再切成 6 厘米长的段共 20 段。

4 上笼放旺火沸水锅上，蒸约 10 分钟，即可上桌。

特点 丝条清晰，松软咸鲜，味美适口。

99　麻花卷子

原料： 自来酵面 700 克、麻油 30 克、碱液适量。

制作方法

1　自来酵面兑碱液揉匀揉透，饧置后擀成 7 毫米厚，均匀抹上麻油，由外向内卷起成长条，切成 10 段。

2　用手拉住每段两头，切口向两侧，均匀用力相反方向拧成麻花形。上旺火沸水笼蒸约 15 分钟，即成。

特点 形似麻花，厚薄均匀，层次分明。

100　银丝卷子

原料： 大酵面 700 克、白糖 100 克、麻油 30 克、碱水适量。

制作方法

1　大酵面兑碱水揉匀揉透，再加白糖揉匀。

2　将六成面团用拉面方法拉成细丝（也可切成细丝），整齐摊开，抹上麻油。四成面团擀成长方形薄片，顺长包入面条，卷匀包紧，切成 8 厘米长的 10 段，接头粘牢、向下，静置 15 分钟。

3　上旺火沸水笼蒸约 5 分钟即成。

特点 洁白松软，形态饱满，线条整齐，口味香甜。

101　马鞍卷子

原料： 大酵面 700 克、麻油 25 克、精盐 15 克、碱水适量。

制作方法

1　大酵面兑碱水，揉匀揉透，擀成 0.3 厘米的长方片，涂上麻油，撒上精盐，由外向内卷三四层（直径 5 厘米），须卷紧卷实。

2　将面卷切成 10 段，逐个顺长拉长，卷起后，用筷子在当中按出一凹槽，成马鞍形。

3　上旺火沸水笼蒸约 15 分钟即成。

特点 洁白松软，花纹美观，层次分明（若加花椒末、葱花则成椒盐卷子）。

102　猪脑卷子

原料： 自来酵面 700 克、麻油 30 克、碱水适量。

制作方法

1　自来酵面兑碱水，揉匀揉透，擀成长 40 厘米、宽 16 厘米、中间略厚的面皮，均匀抹上麻油，由外向内卷起，卷紧。

2　将面卷切成 10 段，用筷子在中间按出深槽，对叠起来后再在中间横按一下，使两侧切口处的层次翻卷开来。

3　上旺火沸水笼蒸约 15 分钟即成。

特点 大众品种，造型有别。

103　夹沙卷子

原料：自来酵面 700 克、细沙馅 150 克、白糖 50 克、碱水适量。

制作方法

1 自来酵面加碱水揉匀揉透，再加白糖揉匀，擀成长 40 厘米、宽 20 厘米的薄皮。

2 将细沙馅均匀抹在面皮上，由外向内卷紧，切成 10 段，切口向上。

3 生坯上旺火沸水笼蒸约 10 分钟，出笼即可上桌。

特点 色香味美，松软甜润，营养丰富。

104　寿字卷子

原料：大酵面 700 克、白糖 50 克、红樱桃 10 粒、碱水适量。

制作方法

1 大酵面加碱水揉匀揉透，再和白糖揉匀，制成 20 只面剂。

2 每只面剂搓成长条，向内卷成圆盘状，对半切开，

将两半背对背用筷子在两腰处夹拢，再用筷子将两端细条拨松，即成生坯。

3 生坯上旺火沸水笼蒸约 10 分钟，然后在每个寿字卷中间放半粒红樱桃即成。

特点 松软甜润，生日点心。

105　四喜卷子

原料：自来酵面 700 克、火腿末 100 克、葱末 50 克、麻油 30 克，精盐、碱液适量。

制作方法

1 自来酵面加碱液揉匀揉透，擀成长 40 厘米、宽 25 厘米的薄片，均匀抹上麻油，撒上拌好精盐的葱末、火腿末。

2 将两边皮子由外向内对卷，切成 20 段，再在每段反面切一刀，深至一半，将两边向下翻出，即成生坯。

3 生坯上旺火沸水笼蒸约 10 分钟，即可上桌。

特点 松软香润，形态美观。

106　豆腐卷子

原料：大酵面 700 克、豆腐 2 块、火腿末 50 克、香葱末 50 克、麻油 50 克，精盐、碱液适量。

制作方法

1 大酵面加碱液揉匀揉透，擀成长 40 厘米、宽 20 厘米的薄片，均匀抹上麻油。

2 豆腐入冷水锅煮开，冷却后切成细粒，和香葱末、

精盐、火腿末均匀撒在面皮上，由外向内卷起，接头处粘牢，切成 10 段，切口向上竖起。

3 平底锅上火，排上豆腐卷，淋上麻油，加水、盖盖，煎至水汽冒完，溢出葱香，将卷子翻身，底部呈金黄色，即可上桌。

特点 葱香浓郁，松软鲜嫩。

107　葱油卷子

原料： 大酵面 700 克、香葱末 75 克、咸板油丁 75 克，麻油、碱液适量。

制作方法

1. 大酵面加碱液揉匀揉透，擀成 60 厘米长的薄皮，均匀涂上麻油，撒上香葱末、咸板油丁，将面皮由外向内折成四折，按平，切成 20 段，用筷子顺长在中间按出凹纹，将两端反向扭转 90°，即成生坯。
2. 将生坯上旺火沸水笼蒸约 8 分钟，外皮不粘手时，即成。

特点 ▶ 松软爽口，葱香浓郁。

108　高桩馒头

原料： 自来酵面 600 克、面粉 100 克、白糖 50 克、碱液适量。

制作方法

1. 自来酵面加碱液揉匀揉透，加白糖揉匀后，再和 100 克面粉揉透，切成 10 只面剂，逐只揉搓成下粗上细的圆柱状，盖上湿布醒置 15 分钟。
2. 生坯入笼，上旺火沸水锅蒸约 12 分钟，按有弹性、不粘手时即成。

特点 ▶ 洁白光泽，嚼有韧性。

109　荷叶夹子

原料： 自来酵面 700 克、白糖 50 克、麻油 30 克、碱液适量。

制作方法

1. 自来酵面加碱液揉匀揉透，再和白糖揉透，盖上湿布醒置一下，擀制成 10 张直径 8 厘米的圆皮。
2. 在圆皮半边抹上麻油，对叠成半圆形，用干净木梳在半圆皮子上斜压出交叉的齿印，用手捏住半圆皮中心部位，用木梳顶住弧的中间向圆心挤压，再在两个 90°弧的中间向圆心处挤压一次，即成生坯。
3. 生坯上笼，放旺火沸水锅蒸约 12 分钟，坯皮展开如荷叶状时即成。

特点 ▶ 绵软空松，内可夹菜（扒鸡、扒鸭、扒蹄之类），爽口醇和。

110　千层油糕

原料： 老酵面 300 克、中筋面粉 300 克、糖板油丁 300 克、白糖 300 克、熟猪油 50 克，红/绿丝、碱液适量。

制作方法

1. 老酵面用碱液揉透，呈绿豆色，盖湿布醒置 10 分钟后，摘成小面团，散放在 300 克中筋面粉中，用 40℃左右温水和匀揉透，醒置 5 分钟。
2. 将面团擀成长 120 厘米、宽 30 厘米的薄皮，抹上熟猪油、白糖，撒上糖板油丁，从左向右卷成圆筒状，招头向上，擀成长 20 厘米、宽 20 厘米的方形糕坯。

3 糕坯上笼，撒上红、绿丝，上旺火沸水锅蒸 1 小时，至糕面膨起，取出晾凉，修齐 4 边，切成丝条，每条切成 5 块相同大小的菱形块，复蒸后即可

上桌。

特点 松软肥甜，层多质韧，爽口不腻，维扬一绝。

111 夹沙糕

原料： 自来酵面 700 克、细沙馅 200 克、白糖 50 克，红丝、碱液适量。

制作方法

1 白糖和细沙馅心拌匀待用。

2 自来酵面加碱液揉匀揉透，擀成长 80 厘米、宽 20 厘米的薄皮，抹上细沙馅心，叠成四层，成 20 厘

米见方的正方形生坯。

3 上旺火沸水笼蒸约 15 分钟即可出笼，均匀撒上红丝，切成 4 条，每条切成 5 个菱形块，复蒸后即可上桌。

特点 层次均匀，红白相间，色彩明艳，松软香甜。

112 素油糕

原料： 大酵面 300 克、面粉 300 克、白糖 300 克、植物油 50 克，红丝、碱液适量。

制作方法

1 大酵面加碱液揉匀揉透，摘成小块散放在面粉中，用温水和匀揉透，醒置 10 分钟。

2 面团擀成长 100 厘米、宽 20 厘米的薄皮，抹上植物油，撒上白糖，折成 16 折，再擀成 60 厘米长、

15 厘米宽的皮子，对叠成 4 层的正方块，再擀成长 25 厘米、宽 20 厘米的生坯。

3 生坯上旺火沸水笼蒸 30 分钟取出，均匀按上红丝，取出 5 条，每条切成 4 个菱形块，复蒸后即可上桌。

特点 纯素面点，香甜爽口。

113 蜂糖糕

原料： 自来酵面 700 克、白糖 175 克，红枣、桂花、红色素液、碱液适量。

制作方法

1 自来酵面加碱液和成绿豆色后，加白糖、桂花和 50 克温水，揉匀揉透，摔打上劲。

2 将酵面分成两份，分别揉至光滑、无气泡。

3 2 只小钵，内壁涂油，圆头朝下放入面团（空间余

30%），放 40℃温室内静置，待面团胀满与钵口相平，即可出房。

4 将酵面复入小笼（每团一个笼），光面朝上、压薄抹平，四周嵌上红枣，上旺火沸水笼蒸约 20 分钟，糕面不粘手时，用红色素画出喜庆、丰收等图案即成。

特点 松软香甜，寓意吉祥。

114 枣果蜂糕

原料： 大酵面 700 克，无核红枣、黑枣、蜜枣各 5 粒、红樱桃 5 粒、青梅 5 粒、白糖 150 克，素油、碱液适量。

制作方法

1 大酵面加碱液揉透，再和白糖揉匀，光面朝下放抹过素油的瓷盆内，置 40℃ 温房内，20 分钟出房。

2 生坯入笼，按成中间凸起、四周薄的圆皮，依次嵌上红枣、黑枣、蜜枣、红樱桃、青梅，上旺火沸水锅蒸约 20 分钟即可。趁热盖上红戳。

3 稍冷后切成 20 块瓜瓣形，即可装盘上桌。

特点 色彩艳丽，松软香甜。

115 麻花酥

原料： 面粉 250 克、大油 200 克、食用红色素少许。

制作方法

1 将 125 克面粉加 60 克大油擦成干油酥。125 克面粉，加 40 克冷水、20 克大油揉成水油面。

2 水油面揉匀、按扁，铺上干油酥，向上拢起，收口捏紧朝下放，擀成长方形薄皮，叠成 3 层，在半边涂上食用红色素，对叠起擀成长 18 厘米、宽 9 厘米的长方片，修齐 4 边。

3 将修齐的皮子，切成 5 长条，每条切成 4 段，在每段中心顺长切出 2 厘米长口子，从切口处向外翻出，成为麻花生坯。

4 炒锅上火，倒入大油，待油温六成热时，分 2 次下入生坯养炸，始终保持六成油温，待麻花浮起，即可捞出，用热油浇一下，即可装盘上桌。

特点 膨大酥松，香脆甜美。

116 双麻酥饼

原料： 面粉 500 克、果料馅心 300 克、糖油丁 100 克、白糖 100 克、去壳芝麻 150 克、大油 1000 克、鸡蛋 1 个。

制作方法

1 果料馅心和切碎的糖油丁、白糖拌匀，搓成 20 只小圆球。

2 将 200 克面粉用 100 克大油擦成干油酥。250 克面粉，加温水（30℃）100 克、大油 50 克揉成水油面。

3 水油面包入干油酥，收口向上，按扁擀成长方皮，两面向中间叠成 3 层，再擀成长方形，由外向内卷紧，切成 20 只面剂。

4 面剂内包入馅心，捏紧收口，向下按成圆饼状，两边涂上鸡蛋液，沾满去壳芝麻。

5 炒锅上火，倒入大油，油温三四成热时，投入生坯，小火养炸 5~7 分钟，待生坯膨大捞出。油锅上中火，八成热时，倒入复炸，全部浮起后，捞出装盘即可上桌。

特点 膨大酥香，甜润爽口。

117 萝卜丝酥饼

原料： 面粉 500 克、白萝卜丝 400 克、熟火腿丝 50 克、熟鸡肉丝 50 克、香葱丝 50 克、麻油 30 克、精盐 20 克、大油 1000 克、鸡蛋 1 个。

制作方法

1 白萝卜丝用精盐腌制后，挤去水分，和熟鸡肉丝、熟火腿丝、香葱丝、麻油拌匀成馅心。

2 面粉 200 克，和大油 100 克擦成干油酥。面粉 250 克，和 30℃ 温水、大油 50 克揉成水油面。

3 将水油面、干油酥分别摘成 10 个剂子，水油面按扁包入干油酥，收口捏紧、向上，擀成长方条，卷紧后对半切开成两个半圆柱体，切口向上按成圆皮，共 20 只。

4 圆皮内包入馅心，收口处加少许鸡蛋液、捏紧，有纹的一面向上，按成椭圆形，成为生坯。

5 成熟方法同"双麻酥饼"，色呈淡黄即成。

特点 咸鲜酥香，风味独特，冬令佳品。

118 五仁酥饼

原料： 面粉 500 克、核桃仁 50 克、松子仁 50 克、熟白果仁 50 克、熟花生仁 50 克、瓜子仁 50 克、去壳芝麻 100 克、白糖 100 克、大油 1000 克、鸡蛋 1 个。

制作方法

1 将五仁（核桃仁、松子仁、熟白果仁、熟花生仁、瓜子仁）分别刴碎，加白糖拌匀成馅。

2 其余制法同"双麻酥饼"。

特点 酥香爽口，风味独特。

119 酥盒

原料： 面粉 500 克、细沙馅 300 克、大油 1000 克、鸡蛋 1 个。

制作方法

1 选用稍硬的细沙馅，捏成 10 只小圆球。

2 油酥面皮制法同"双麻酥饼"。

3 酥皮中间放 1 只圆馅，边缘抹上鸡蛋液，用另一张皮子盖上，捏薄捏紧，捏出绳状花纹，拢圆按正，成为生坯。

4 成熟方法同"双麻酥饼"。

特点 层次细致，酥纹分明，松甜爽口。

120 双边酥盒

原料： 面粉 300 克、细沙馅 300 克、大油 1000 克、鸡蛋 1 个。

制作方法

制作方法同"酥盒"，但需在捏花边时绞出两道绳状花纹，大小一样，环环入扣。

特点 制作精细，造型美观，酥香可口。

121 酥饺

原料：面粉 300 克、硬枣泥馅 300 克、大油 1000
克、鸡蛋 1 个。

制作方法
1 将硬枣泥馅捏出 20 只小圆球。
2 干油酥、水油面制法同"双麻酥饼"。

3 将干油酥、水油面各摘成 5 只圆剂，卷成圆柱状，
横切成 4 截按扁，酥纹向上，加上按扁的馅心，四
周抹上鸡蛋液，对折后捏紧，在半圆部分捏出绳状
花边，炸制成熟即成。

特点 纹路分明，酥香甜润。

122 眉毛酥

原料：面粉 300 克、熟火腿末 150 克、大油 1000
克、麻油 20 克、葱末 50 克、鸡蛋 1 个、
精盐。

制作方法
1 将熟火腿末、麻油、葱末、精盐拌匀成馅。

2 起酥、制皮方法同"双麻酥饼"。
3 加馅包制对折时，将一头圆弧多折进去一些，成为
一头圆、一头尖的形状，宛如眉毛，故名眉毛酥。
4 成熟方法同"双麻酥饼"。

特点 酷似眉毛，香酥鲜美。

123 三味酥盒

原料：面粉 250 克、硬沙馅 75 克、硬枣泥馅 75 克、
桂圆肉馅 75 克、大油 1000 克、鸡蛋 1 个。

制作方法
1 干油酥、水油面制法同"双麻酥饼"。
2 将干油酥、水油面分别摘成 6 个面剂，将干油酥包
入水油面，按扁擀长，卷成圆筒状，切成 5 个面

坯，按扁后包入硬沙馅。其余酥皮分别包入硬枣泥
馅、桂圆肉馅，将 3 只不同馅心的酥饺首尾相接，
用鸡蛋液粘牢，组成圆饼状，捏出绳状花边，即成
生坯。
3 成熟方法同"双麻酥饼"。

特点 酥香甜美，味不雷同。

124 鸳鸯酥盒

原料：面粉 500 克、硬沙馅 150 克、硬枣泥馅 150
克、大油 1000 克、鸡蛋 1 个，红/黄色素
少许。

制作方法
1 如"酥饺"制法，做出 20 只硬沙馅酥饺， 20 只
硬枣泥馅酥饺，但都不要绞边。将 2 只不同馅心的

酥饺搭起来，成为太极图案，连接处抹上鸡蛋清，
绞出绳状花边。
2 在 2 个酥饺有纹一面的酥心部位，分别点上红色素
和黄色素下锅炸制，浮起后即可装盘上桌。

特点 图案别致，口味丰富，酥松爽口。

125 萱花酥

原料：面粉 250 克、硬枣泥馅 150 克、大油 1000
克、鸡蛋 1 个。

制作方法

1 将硬枣泥馅心搓成 20 只圆球。

2 100 克面粉和 50 克大油擦成干油酥。 125 克面
粉，加温水 50 克、大油 25 克调成水油面。各分成
五等分，水油面包入干油酥，擀开卷成圆柱，切成

2 截，从中间剖开，成为 4 个半圆柱体，共
20 只。

3 半圆柱体切面向上，用手按扁，尽量使酥纹面扩
大。包入枣泥球，窝起收口（抹鸡蛋液），朝下，
稍稍按扁，即成生坯。

4 成熟方法同"双麻酥饼"。

特点 酥香甜润，层次分明。

126 千层酥

原料：面粉 250 克、白糖 100 克、大油 1000 克，淡
红色素、蛋液少许。

制作方法

1 将白糖用淡红色素调成淡红色。

2 起酥方法同"萱花酥"。水油面包入干油酥后，收
口捏紧朝下，擀成长方形薄皮，从两边向中间叠成
3 层，再擀成长 30 厘米、宽 24 厘米的皮子。

3 将皮子切成 24 厘米长、 1.5 厘米宽的长条 20

根。拿一根卷在手指上，卷齐后底部涂上蛋清，塞
进底部中心，脱出坯子，将酥层向外翻，窝成平面
成圆饼状，酥层在圆饼厚边的中间。

4 油锅上火，油温三四成热时放入生坯，逐渐升高油
温，待生坯上浮、酥层分明、色泽洁白时，捞起控
油，撒上淡红色糖，盖上白纸压实，即可上桌。

特点 造型精致，酥甜可口。

127 金钱酥

原料：面粉 250 克、白糖 50 克、大油 1000 克，黄/
绿色素少许。

制作方法

1 将白糖染成绿色。

2 面团调制同"萱花酥"，但需将水油面染成黄色。

3 其余制作同"千层酥"，但翻成圆饼后，须用方头
筷在中间戳出方洞。

4 成熟后趁热在方眼中撒入绿色糖粉。

特点 状如金钱，香酥甜润。

128 葱油三角酥

原料：面粉 250 克、咸油丁 50 克、熟猪肉 50 克、香
葱 50 克、脱壳芝麻 75 克、大油 1000 克、鸡
蛋 1 个，麻油少许。

制作方法

1 将熟猪肉、咸油丁、香葱切成碎丁，加麻油、脱壳
芝麻拌匀成馅心。

2 起酥方法同"萱花酥"。将油酥面和水油面分别摘成 10 个剂子，将干油酥包入水油面，收口捏紧向上，按扁擀成长条，折成 2 层，擀平成长条，修齐一头，由外向内卷成，收口处涂鸡蛋液。

3 将圆筒横切成段，横截面朝下，揿扁涂鸡蛋液，放上馅心。再将另一段揿扁，合在有馅心的皮子上，

酥层清晰的做面子，切成三角形，捏紧边绞出绳状花纹，成为生坯。

4 油锅加大油，待三四成热时，将生坯下锅用温火炸制至酥层放开、上浮，即可装盘上桌。

特点 形状别致，酥松香润，咸鲜可口。

129 徽州饼

原料：面粉 550 克、枣泥馅 550 克、麻油 150 克、大油 25 克。

制作方法

1 50 克面粉、 50 克大油擦成干油酥。

2 500 克面粉用开水打成雪花面，逐步加冷水调匀成团，稍加静置，拉成长条、按扁，抹上干油酥，卷

起成条，摘成 22 只面剂。

3 面剂擀圆，包入枣泥馅 25 克，接头捏紧向下放，擀成直径 8 厘米的圆饼。

4 平底锅放温火上烧热，刷上麻油烙圆饼，两面反复刷四次麻油，至饼面呈半透明状时，即可上桌。

特点 色泽黄亮，酥香甜润。

130 彩丝酥球

原料：面粉 250 克、果料馅 150 克、大油 1000 克、鸡蛋 1 个，红、绿、黄色素各少许。

制作方法

1 面团调制同"萱花酥"。

2 将水油面分成 3 份，分别染成红、绿、黄色面团，包入三分之一干油酥，收口捏紧向上、按扁，擀成长方形，两边内折成 3 层，再擀成长方形，对叠擀成 12 厘米长、 8 厘米宽的长条，切成 36 根 8 厘米的长条， 3 种色彩都这样操作。

3 将 3 色长条均匀涂上鸡蛋液，在红条切面上粘上黄

色、绿色，依次粘上 6 根，计 9 根面条，形成长 8 厘米、宽 5 厘米的长方块，将长方块捏紧、擀实，涂上鸡蛋液。

4 将剩下的边角料揉成面团，擀成 6 个相同大小长方形薄片。盖在涂过鸡蛋液的长方块上。将果料馅分成六等分，搓成 8 厘米长条，长方块中卷一条馅心，接头粘用蛋液，卷成圆筒，从中切断，将馅心往里稍压，上下刀口用蛋液粘牢，搓成球状生坯。

5 生坯入油锅汆熟即成。

特点 色彩艳丽，难度较大。

131 元宝酥

原料：面粉 250 克、硬沙馅 150 克、大油 1000 克、鸡蛋 1 个。

制作方法

1 面团、坯皮制作同"萱花酥"。

2 生坯按扁成椭圆形，中间略凸，加硬沙馅后向中间推挤，将两端窝起，如古代元宝形。

3 生坯下油锅汆炸即成。

特点 小巧玲珑，吉祥喜庆。

132 鲫鱼酥

原料： 面粉 300 克、硬枣泥馅 200 克、大油 1000
克、鸡蛋 1 个、红色素少许。

制作方法

1 面团调制同"酥饺"。

2 水油面、干油酥各摘成 5 个剂子，逐个包好、捏
紧，擀成长方皮，卷成 5 个圆柱体，每个横切 4
截，横截面朝下，按扁擀平，成 20 张酥皮。

3 将酥层清晰一面做面子，另一面抹上鸡蛋液，放入

硬枣泥馅心对叠，塞进一角，成为眉毛酥。

4 以塞进一角的一端做鱼头，在离头四分之一鱼身的
地方，印出半圆形印痕，成为鱼鳃。再用剪刀剪出
鱼鳞，在另一端剪出鱼尾，用木梳印出花纹。用红
色素点出眼睛，即成生坯。

5 炒锅上火，放大油，油温三四成热时，将生坯浸炸
至酥层放开、浮上油面即成。

特点 形象逼真，做工精致。

133 寿桃酥

原料： 面粉 250 克、糖油丁 50 克、白果 50 克、龙眼
25 克、白糖 25 克、大油 1000 克、鸡蛋 1
个，红/绿色素少许。

制作方法

1 面团调制同"萱花酥"。

2 白果去皮、芯，划油后去衣，和糖油丁、龙眼切
碎，与白糖拌匀成馅心。

3 将水油面染成绿色，包入干油酥，收口捏紧向上，
擀成长方形，横向叠成 3 层，擀成长方形对叠，成
长 20 厘米、宽 15 厘米的皮子。修齐四周，切成
0.5 厘米宽、 15 厘米长的条子 40 根，涂上鸡蛋
液，将切面向上，用 8 根条子粘成一个长方块，共

5 块，顺长捏紧轻轻摊平，抹上鸡蛋液。将修下的
坯料捏成团，擀成同样大小的薄皮 5 张，蒙在抹过
蛋液的长方块上按紧，切成 4 个小方块，共
20 个。

4 小方块酥层向外，里子抹上鸡蛋液，包入馅心，收
口捏紧向下，顺酥层在顶端捏出桃尖，用竹片压出
印痕。用绿色水油面做成两片桃叶，抹上鸡蛋液，
按上桃身，在桃尖处刷少许红色素。

5 油锅上火，待油温三成热时，养炸生坯，至酥层散
开、上浮即成。

特点 形象美观，喜庆吉祥。

134 灵芝酥

原料： 面粉 250 克、大油 1000 克。

制作方法

1 面粉用 150 克开水调成开水面团，再和 50 克大油
揉匀揉透，如此每次加大油 50 克揉透，前后
4 次。

2 将面团分成 30 份，拍成长方形。

3 油锅上火，待油温 200℃时，将生坯竖立下锅，用
竹筷夹住两侧，待生坯起鼓，呈金黄色时，即可
上桌。

特点 形似灵芝，入口松软。

135 藕丝酥

原料： 面粉 250 克、硬豆沙馅 100 克、大油 1000 克、鸡蛋 1 个、发菜、黄色素少许。

制作方法

1 面团调制同"萱花酥"。将 50 克水油面染成黄色，按扁包入干油酥擀成长方形薄片，横叠 3 层，收口向上再擀成长方形薄片，对叠擀成 20 厘米长、15 厘米宽的酥皮，切下毛坯，再切成 0.5 厘米宽、15 厘米长长方形条子 40 根，抹上鸡蛋液，朝一个方向翻，切面向上分成五等分，8 根一份互相粘组成一长方块，顺长捏拢、擀平，抹上鸡蛋液。将修下的毛边揉成团，擀成和长方块一样大小的薄片 5 张，蒙在抹过鸡蛋液的长方块上，稍加擀压。

2 将硬豆沙馅搓成 5 个长条，顺长放酥皮上，由外向内卷起，酥层在外，粘上鸡蛋液，收口向下，切成 4 段，共计 20 段。

3 将每段捏成有 3 节的藕段，一端抹上鸡蛋液，捏拢捏紧，抹上鸡蛋液，粘上发菜末，成为藕的根端。另一端捏拢，用黄面团捏成藕的牙尖，抹上鸡蛋液，插入收口捏紧。再取少量水油面捏成细丝，抹上鸡蛋液滚上发菜末，在藕节处绕一圈成为藕酥生坯。

4 油锅上火，放入大油，油温三成热时，放入生坯，至酥层散开、浮上油面时，即可上桌。

特点 ▶ 藕段洁白，酥纹清晰。

136 雪糕

原料： 糯米粉 250 克、白糖 200 克、香精少许。

制作方法

糯米粉加 75 克温水调成雪花状，上笼蒸熟。取出加 100 克白糖、香精少许揉匀，压成 25 厘米长、10 厘米宽的糕坯，上下面压上另 100 克白糖，切成 10 块，即可上桌。

特点 ▶ 香甜可口，略有韧性。

137 发糕

原料： 大米粉 250 克、白糖 50 克、面肥 250 克，碱水、桂花卤。

制作方法

1 大米粉过细筛后，用 1000 克开水烫熟，加面肥揉匀，在温室发酵。发好酵的面团，兑碱水揉透，加白糖、桂花卤揉匀。

2 笼内铺湿布，放上方框，倒入米粉，蒸约 1 小时，取出切块，即可上桌。

特点 ▶ 绵软蓬松、香甜可口。

138 松糕

原料： 糯米粉 300 克、粳米粉 200 克、白糖 120 克、花生油 60 克。

制作方法

1 将糯米粉、粳米粉和白糖、花生油炒拌均匀，静置

3~4 小时，使糖液渗透米粉。

2 笼内放方木框，筛进 5~6 厘米厚米粉，只能抹平不能压实，上旺火沸水锅蒸熟，稍冷后切成 10 块，

即可上桌。

特点 大众糕点，价廉物美。

139 糯米糕

原料： 糯米 300 克、糯米粉 200 克、白糖 150 克、桂花豆沙馅 100 克，大油、果料各适量。

制作方法

1 糯米淘净，浸泡 1 小时，沥去水分，上笼蒸熟，和白糖、大油拌匀揉碎，三分之二倒入笼中方木框内抹平，铺上桂花豆沙馅。

2 糯米粉用开水调成雪花面，蒸熟后与白糖拌匀，按成和方框一样大小，铺到桂花豆沙馅心上，再倒上其余糯米饭抹平。冷却后取出翻身，抹上大油撒上果料即成。

特点 软糯甜润，糯而不黏。

140 三色糯米糕

原料： 糯米 500 克、白糖 200 克、红果酱 75 克、绿豆沙馅 75 克、豆沙馅 75 克、京糕 50 克、熟面粉少许。

制作方法

1 糯米淘净，浸泡 2 小时，沥去水分，和 200 克白糖拌匀备用。

2 京糕切成小片。

3 糯米和熟面粉调匀，分成 3 份，擀成长方形后分别铺上红果酱、绿豆沙馅、豆沙馅，顺长卷成长卷。

4 3 条并拢捏成 40 厘米长、7 厘米宽的长方块，切成 20 段 2 厘米的小长段，切面向上，复蒸 2 分钟即可装盘，盘中用京糕片点缀即成。

特点 三色三味，凉黏兼备，夏令冷食。

141 重阳方糕

原料： 粳米粉 300 克、白糖 150 克，青梅、金橘、瓜子仁、红丝共 100 克。

制作方法

1 粳米粉用 80 克温水、125 克白糖揉成雪花状。

2 将青梅、金橘切碎，和白糖、瓜子仁、红丝拌匀

待用。

3 笼内放有 20 个小格子的方木框，均匀撒入粉料，蒸熟后装盘即可。

特点 香甜松软，清爽适口。

142 夹沙松糕

原料：粳米粉 1000 克、豆沙馅 250 克、白糖 500 克、糖油丁 150 克、红丝少许。

制作方法

1 粳米粉用 300 克温水揉成雪花状，再加白糖揉匀。

2 笼内放一有 20 个小格子的方木框，均匀筛入一半

米粉，在每个小格内均匀放上糖油丁、豆沙馅，放平，筛入另一半粉料，上笼蒸熟，取掉方格，用红丝点缀即成。

特点 松软绵糯，口味香甜。

143 云片糕

原料：粳米粉 250 克、白糖 150 克。

制作方法

1 粳米粉过筛，撒少许清水和白糖，揉匀成块，擀成

20 厘米长、8 厘米宽、2 厘米厚的长方块。

2 生坯上笼蒸熟取出，冷却后切成薄片即成。

特点 冷后食用，家常糕点。

144 枣泥拉糕

原料：糯米粉 300 克、粳米粉 200 克、枣泥 100 克、豆沙 100 克、糖油丁 100 克、大油 80 克、白糖 250 克、瓜子仁 10 克、玫瑰花少许。

制作方法

1 将枣泥、豆沙、白糖、大油一起熔化，稍冷后与糯

米粉、粳米粉一道拌匀成厚糊状。

2 取梅花形模具 12 只，底部放几粒糖油丁、瓜子仁，装入厚粉抹平。

3 生坯上笼蒸熟，取出用玫瑰花点缀即成。

特点 枣香扑鼻，软糯肥甜。

145 糯米芝麻糕

原料：糯米 150 克、糯米粉 350 克、芝麻 50 克、白糖 200 克，青梅、金橘、红丝共 100 克。

制作方法

1 糯米淘净，浸泡 1 小时，洗净上笼蒸熟。

2 芝麻去壳，炒香碾碎，加白糖 100 克拌匀。再和切末后青梅、金橘、红丝拌匀。

3 粳米粉加 100 克温水、100 克白糖拌匀成雪花状，装入笼中 20 个小方格中，在粉料上各放 7.5 克馅心，再筛入其余粉料抹平，均匀撒上熟糯米，上笼蒸熟。

4 出笼后，取掉方格，稍加点缀即成。

特点 香甜软糯，热吃为佳。

146 百果松糕

原料：糯米粉 250 克、粳米粉 250 克、糖油丁 100 克、糖莲心 4 颗、蜜枣 2 个、白糖 250 克、核桃肉 2 个，玫瑰花、糖桂花适量。

制作方法

1 将糖莲心掰开，蜜枣去核、切片，核桃肉切成小块待用。

2 将糯米粉、粳米粉和 200 克白糖、清水 30 克拌匀，用粗筛筛过，静置 1 天后放入圆笼内刮平（不可按实），用各种果料、蜜饯、香花摆成图案，上笼蒸熟即成。

特点 香甜软糯，别具风味。

147 糯米雪球

原料：糯米 100 克、镶粉 250 克、白糖 100 克、桂花细沙馅 200 克。

制作方法

1 糯米淘净，清水浸泡 1 小时，沥去水，上笼蒸熟备用。

2 镶粉用热水调成雪花状，取三分之一上笼 10 分钟，取出和其余镶粉拌匀揉透，制成 20 只剂子。

3 将剂子捏成酒窝形，包入桂花细沙馅心，捏紧搓圆，上笼蒸熟，取出趁热在熟糯米中滚沾，再在白糖中滚沾，即可装盘上桌。

特点 糯而有劲，香甜可口。

148 鸽蛋麻团

原料：糯米粉 150 克、面粉 50 克、黑芝麻末 50 克、白糖 100 克、素油 1500 克、脱壳芝麻末 100 克、麻油 25 克。

制作方法

1 黑芝麻末和白糖、麻油拌和成馅心。

2 面粉用 50 克开水和匀揉透，再和糯米粉揉匀。

3 粉团搓成 20 只面剂，每只包入 7.5 克馅心捏紧，搓成椭圆形，沾湿滚上脱壳芝麻，搓成鸽蛋状。

4 锅上火加素油，投入生坯，待麻团起泡、上浮，呈金黄色时，即可装盘上桌。

特点 形似鸽蛋，香脆甜润。

149 麻球

原料：水磨糯米粉 800 克、面粉 200 克、白糖 50 克、芝麻 100 克、素油 1500 克。

制作方法

1 面粉加 100 克开水和成开水面团。水磨糯米粉用 100 克开水调成团，和面团揉匀揉透，摘成 20 只剂子。

2 剂子内包入白糖，搓圆沾湿，滚上芝麻，成为生坯。

3 素油锅内油温到六成热时，投入生坯，炸约 5 分钟，待外壳发硬捞起控油，名为"硬壳"。待外壳冷却，倒入油锅小"养"，不停翻动，防止粘连。
15 分钟全部浮起后，移至大火，至外壳金黄、起

脆时，即可捞起装盘。

特点 色泽金黄，香脆甜糯。

150 芝麻糖团

原料： 糯米粉 250 克、黑芝麻 100 克、白糖 150 克。
制作方法

1 黑芝麻淘洗干净，用文火炒熟，一半碾碎与白糖拌
和成馅。

2 糯米粉用开水烫成稍硬粉团，分成 20 只剂子，包
入白糖，搓圆后上笼蒸熟，趁热滚上芝麻，即可
上桌。

特点 软糯香甜。

151 五仁元宵

原料： 糯米粉 1500 克，芝麻、瓜子仁、核桃仁、花
生仁、松子仁各 50 克，白糖 300 克、熟面粉
100 克、麻油 30 克、糖稀 150 克，青红丝、
桂花适量。
制作方法

1 将芝麻、瓜子仁、核桃仁、花生仁、松子仁、熟面

粉、桂花、麻油和糖稀一起拌匀，压成方块，制成
馅心小团。

2 馅心球沾水，滚上糯米粉，用开水烫一次，再滚一
次糯米粉，如此反复 4~5 次后，下开水煮熟，即可
装碗上桌。

特点 口感丰富，软糯香甜。

152 水晶团子

原料： 镶粉 1000 克、白糖 300 克、糖油丁 200 克、
糖色 30 克、素油 200 克。
制作方法

1 镶粉加清水、糖色拌成糕粉，蒸熟揉成团，摘成 20
只剂子，包入糖油丁、白糖拌成的馅心，捏紧收

口，向下放置。

2 平底锅放火上，放素油后，排入团子，用小火煎
制。底部变黄时，反转煎。至糖油丁熔化、四周发
软时，即可上桌。

特点 入口肥甜，外脆里糯，别有风味。

153 酒酿

原料： 糯米 5000 克、甜酒药 20 克。
制作方法

1 糯米淘洗干净，清水浸泡，冬季 10 小时，夏季 4
小时，春夏 6 小时。浸泡后淘净，上旺火沸水笼蒸
熟后，离火，用冷水浇一下，再猛蒸 3 分钟，取出
用凉开水浇冷，至饭粒松散，控干。

2 米饭内和入甜酒药（视外界温度而定），上下翻
匀，盛入 3 只中间放有小细瓶的陶钵里，按实后取
出小瓶作为通气孔，盖严。

3 将陶钵用棉被捂盖严实，24 小时取出，即成酒酿。

特点 酒香浓郁，味甜卤多。

154 糍巴

原料：糯米 2000 克、精盐 25 克、食油 2000 克。

制作方法

1 糯米淘洗干净，浸泡 4 小时后沥干水分。

2 锅内放开水 700 克、精盐 25 克，放入糯米上下翻炒，煮至七成熟，倒入圆木笼中，用旺火沸水蒸熟。

3 取有底的方木框，垫上大的湿纱布，倒入糯米饭，用纱布包起，以重物压实。冷却后切成长 10 厘米、宽 7 厘米、厚 1 厘米的长方块 20 块。

4 油锅上火，油温八成热时，将糍粑炸成金黄色，捞起即成。

特点 香脆微咸，美味爽口。

155 八宝饭

原料：糯米 1000 克、豆沙馅 250 克、白糖 500 克、大油 150 克、红绿丝 50 克、金橘饼 30 克、蜜枣 20 粒、熟白果仁 20 颗、糖湘莲 20 颗、红樱桃 10 颗，糖桂花、淀粉适量。

制作方法

1 糯米淘洗干净，浸泡 5 小时后取出，冲洗干净，蒸至米粒透明，洒少许冷水，再焖蒸 15 分钟取出，与白糖 400 克、大油 100 克、糖桂花少许拌匀。

2 蜜枣去核，一切两半。红绿丝洗净，与切碎的金橘饼拌匀。熟白果仁切开、去芯，糖湘莲切开。

3 取小碗 10 只，内抹大油，碗底中间放一颗红樱桃，周围排上红丝、金橘饼，外面围上绿丝末。取 4 片蜜枣放在碗的四周，之间放半颗白果仁、半颗莲子。

4 碗中盛满糯米饭，按平后加一层豆沙馅，再盖一层糯米饭，抹平压实，中间戳一小孔透气，上笼复蒸。

5 食用时，将糯米饭倒扣汤盘内，浇上勾了薄芡的白糖水，即可上桌。

特点 甜香软糯，味黏可口。

156 油饺子

原料：糯米粉 200 克、面粉 100 克、豆沙馅 200 克、糖油丁 50 克、素油 1500 克。

制作方法

1 面粉用 100 克开水烫成熟芡，再和糯米粉拌匀揉透。

2 粉团分成 20 只剂子，按成椭圆形皮子，每只包入 10 克豆沙馅、1 粒糖油丁，皮子对叠，捏成半圆形，成为生坯。

3 油锅上火，油温五成热时，投入生坯，炸至色泽金黄时，即可出锅装盘。

特点 外脆里嫩，软糯甜香。

157　如意糕

原料： 镶粉 250 克、白糖 100 克、果料 50 克（金橘、香橼条、瓜子仁、松子仁）。

制作方法

1　果料切成碎末，混合均匀。

2　将镶粉用冷水调成雪花面，上笼蒸熟，取出和白糖揉透，擀成长方形薄皮，抹上麻油，撒上果料末，从两边向中间对卷，平放桌上，切口向上，装盘即成。

特点 清凉爽口，果香四溢。

158　红尖椒

原料： 镶粉 250 克、枣泥馅 150 克，红/绿色素、清油适量。

制作方法

1　镶粉用 80 克开水烫成雪花状，将三分之一上笼蒸熟，取出和其余粉面揉匀。

2　将 30 克粉团染成深绿色，其余染成红色。

3　将红色粉团摘成 20 只剂子，各包入 7.5 克枣泥馅心，收口捏紧，捏成尖椒状，用骨针按几道印痕，在圆头按上用深绿粉团做成的蒂子，上笼蒸熟，取出刷上清油即成。

特点 形态逼真，色彩鲜艳。

159　玉米

原料： 镶粉 250 克、细沙馅 150 克，黄/绿色素、清油适量。

制作方法

1　镶粉用开水烫拌，取三分之一蒸熟，取出与其余粉料拌匀揉透。

2　将五分之三粉团染成黄色，五分之二染成绿色，两种粉团各摘 20 个剂子。将黄色剂子捏成酒盅状，包入细沙馅心，搓成一头尖、一头圆的玉米状，顺长挑出 34 道印痕，再用鹅毛管刻出玉米粒。每个绿色剂子做出 2 片尖叶，包住玉米两侧，顺长压出印痕，下端露出玉米蒂，成为生坯。

3　生坯上笼蒸熟，取出刷上清油即成。

特点 形象逼真，吃口香润。

160　喜鹊登梅

原料： 镶粉 300 克、硬豆沙馅 150 克，可可粉、红色素、清油适量。

制作方法

1　粉料调制同"玉米"。

2　三分之一粉团用可可粉染成棕色，其余用红色素染成淡红色。

3　将淡红色粉团分成 20 只剂子，按扁包入硬豆沙馅心，收口向下，用铜花钳夹出梅花包子形。

4　棕色粉团分成 40 只剂子，均捏成小鹊形状，头部安两粒红粉团做眼睛，剪出两边翅膀，用木梳压出羽纹。尾部往上翘，按上羽纹。小鹊下部捏出一个尖梗，梅花上戳两个小孔，装上两只喜鹊，成为生坯。

5 生坯上旺火沸水笼蒸约 2 分钟至熟，取出装盘，刷上清油即成。

特点 形态美观，充满喜庆。

161 白兔

原料：镶粉 250 克、硬豆沙馅 150 克，清油、红色素适量。

制作方法

1 粉团调制同"玉米"。

2 将粉团分成 20 只剂子，分别包入硬豆沙馅心，收口向下，搓成一头尖一头圆的形状。

3 将尖的一头搓长，顺长剪成两半，长约 2 厘米，成

为耳朵。在耳朵中间按一道槽，向上折起，形似兔头，两侧按上红色的眼睛。前端剪出三瓣状的兔嘴，后端剪出尾巴，腹部捏出四只脚，成为生坯。

4 将生坯上旺火沸水笼蒸熟，取出装盘，刷上清油，即可上桌。

特点 形态逼真，吃口清爽。

162 园林春色

原料：镶粉 250 克、枣泥馅 150 克、白糖 50 克、琼脂 5 克，各种色素、清油适量。

制作方法

1 粉团调制同"玉米"。

2 将粉团分成 6 份，分别染上不同颜色，包入枣泥馅心，捏成各种造型：假山、花草、飞鸟等和 3 条金

鱼，上笼蒸 2 分钟，取出刷上清油待用。

3 取大圆盘一只，中间用熟粉围起一池塘。将琼脂用开水化开，滤渣后染成绿色，倒入鱼塘，冷却后放上金鱼。池塘周围摆上假山、花草、飞鸟等，即可上桌。

特点 形态逼真，色调淡雅。

163 熊猫戏竹

原料：镶粉 300 克、果料馅 100 克，清油、可可粉、蓝/绿色素适量。

制作方法

1 粉团调制同"玉米"。

2 将 30 克粉团染成绿色。 100 克粉团用可可粉和蓝色素染成棕黑色。其余白色粉团摘成 10 只剂子，按扁成圆皮。

3 将棕黑色粉团搓长，切成 10 段，按成长扁条状，对切成两条，对称地贴在白色圆皮上，按实按扁，翻过来包入果料馅心，捏紧收口，使 2 根黑条平行。将上端白粉皮捏出头颈。用棕黑色粉团做成

眼、鼻、耳朵，按出头部，再剪出嘴。从身体两侧把棕黑粉条剪出，捏成四只脚，顶端捏圆，用木梳压出脚趾。背后的下端，捏出臀部和短尾。

4 将绿色粉团搓成 10 根长条，用骨针压出竹节，嵌上竹枝和竹叶。

5 熊猫做成各种姿态，或坐或卧，或爬行、戏耍，每只熊猫配竹一根。

6 将生坯上旺火沸水笼蒸约 3 分钟，取出装盘，刷上清油即可。

特点 宴席粉点，形象美观，技艺高超，细加品赏。

164 清蛋糕

原料： 面粉 350 克、鸡蛋 500 克、白糖 500 克、瓜子仁 25 克、核桃仁末 25 克，青红丝少许。

制作方法

1 将面粉蒸熟、晾凉、过筛。将蛋清、蛋黄分开，蛋清打成雪花状；蛋黄与白糖和匀，与面粉拌和，再和蛋白和透，成稀糊状。笼内木框上放一张白纸，刷上鸡蛋液，倒入蛋糊，抹平后有序放上瓜子仁、核桃仁末、青红丝，上笼锅蒸熟即成。

2 晾凉后，取出木框，翻转倒出，食用时切成小块上桌。

特点 膨松香甜，营养丰富。

165 双色蛋糕

原料： 面粉 200 克、鸡蛋 5 个、白糖 250 克、果酱 50 克，可可粉、香精少许。

制作方法

1 鸡蛋液打成发蛋，徐徐拌入白糖、香精，饧置 5 分钟。

2 取一半蛋糊用可可粉拌成棕色。

3 笼内铺上白纱布，放上方木框，将棕色蛋糊蒸熟，离火，抹上果酱，再倒另一半蛋糊，抹平蒸熟。

4 出笼后取出、冷却，切成 20 块小长方块，即可上桌。

特点 色泽艳丽，松软可口。

166 玻璃蛋糕

原料： 面粉 200 克、鸡蛋 5 个、白糖 300 克、琼脂 5 克、香精少许。

制作方法

1 鸡蛋液加白糖、香精打成发蛋，拌入面粉，饧置 5 分钟。

2 笼内铺上纱布，放上方框，倒入蛋糊抹平，蒸熟后冷却。

3 琼脂洗净，加水 250 克，放锅内烧至溶化后，加白糖 50 克。化后过滤到碗中，冷却，将凝结时倒蛋糕上，冷却后取出，切成 20 块菱形块，即可上桌。

特点 表面透明，松软香甜，夏季佳点。

167 牛奶蛋糕

原料： 面粉 200 克、鸡蛋 5 个、白糖 250 克，奶粉、大油、红丝适量。

制作方法

1 鸡蛋液和白糖打成发蛋，再徐徐倒入奶粉、面粉调匀，静置 5 分钟。

2 取 20 只梅花模具，内抹大油，倒入蛋糊，入烤箱烤至金黄色成熟取出，取模具，装盘即成。

特点 入口酥软，营养丰富。

168 三色蛋糕

原料： 面粉 200 克、鸡蛋 5 个、白糖 250 克，可可粉、红色素、香精适量。

制作方法

1 鸡蛋液与白糖、香精打成发蛋，徐徐拌入面粉。三分之一加可可粉调成棕色面团，三分之一染成红色面团，三分之一原色。各醒置 5 分钟。

2 笼内铺纱布，放上一 16 厘米见方的木框，先倒入原色蛋糊，上火蒸熟，取出。再依次将棕色、红色蛋糊分别蒸熟。 3 块叠放，切成 20 只小方块，上桌即成。

特点 色彩分明，松软香甜。

169 如意蛋糕

原料： 面粉 200 克、鸡蛋 5 个、白糖 250 克，枣泥馅、香精适量。

制作方法

1 鸡蛋液打成发蛋，和白糖、香精、面粉拌匀，醒置 5 分钟。

2 笼内铺上纱布，放上 33 厘米长、宽的正方形木框，倒入蛋糊抹平，上笼蒸熟，取出抹上枣泥馅，一边由外向里卷二分之一，一边由里向外卷二分之一，翻身收口向下，用刀横切成 20 只，即可上桌。

特点 吉祥如意，喜庆佳点。

170 千层油糕

原料： 面粉 400 克、大酵面 90 克、白糖 600 克、熟猪油 150 克、糖油丁 400 克、红丝 10 克、碱水适量。

制作方法

1 大酵面兑碱水，和匀呈绿豆色，摘成若干小块，和 250 克面粉，分次加温水揉匀揉透，醒置 10 分钟。

2 将面团擀成 2 米长、 40 厘米宽的长方形面皮，均匀抹上熟猪油，撒上白糖，均匀放上糖油丁，从左

往右卷成筒状，压扁后擀成长方形。两头擀薄向里叠成方角，再将两边向中线叠起，对叠成 4 层，压成 40 厘米见方的方形糕坯。

3 糕坯撒上红丝，上旺火沸水笼蒸约 45 分钟，当糕面膨起、不粘手时，即可出笼。

4 修齐四边，切成相同大小菱形小块，复蒸后即可上桌。

特点 色彩美观，绵软甜润，层次清晰。系"维扬双绝"之一。

171 火腿锅饼

原料： 面粉 100 克、熟火腿 50 克、熟精肉 50 克、香葱 25 克、麻油 25 克、素油 1000 克、鸡蛋 1 个。

制作方法

1 面粉和鸡蛋液、清水调成蛋面。

2 香葱、熟火腿、熟精肉切成细丁，加麻油拌和成馅心。

3 炒锅上火，锅热后倒入蛋面，摊成直径 30 厘米的圆皮，包入馅心，四边折起成长方形，用蛋液粘牢。

4 炒锅上火，放素油，将锅饼炸至上浮、鼓起，成金黄色时，取出控油，切成 12 块长方形，即可上桌。

特点 外脆里嫩，醇香可口。

172 葱油锅饼

原料： 面粉 100 克、火腿末 50 克、咸油丁 25 克、葱末 25 克、鸡蛋 1 个、大油 1000 克、麻油少许。

制作方法

1 面粉加鸡蛋液、清水和成面团，再逐步加水，打成面糊。

2 炒锅上火，大油滑锅，倒入面糊，摊成直径 25 厘米的圆饼，盛起待用。

3 将咸油丁、火腿末、葱末拌匀成馅，包入圆饼，叠成长方形，用蛋液粘牢，稍加烘烤。

4 炒锅上火，将大油烧热，下锅饼炸至两面金黄、上浮油面，即可出锅。

5 沥油后切成 20 块小长方形，装盘，淋上麻油，即可上桌。

特点 外脆里嫩，鲜香爽口。

173 枣泥锅饼

原料： 面粉 100 克、枣泥馅 125 克、鸡蛋 1 个、大油 1000 克。

制作方法

1 面粉和鸡蛋液、清水和成稀糊状。

2 炒锅上火，底油滑锅，将面糊摊成直径 30 厘米的圆饼。

3 将枣泥馅在圆皮上摊成长方形，折叠，粘牢接头。

4 炒锅上火，放大油，将锅饼炸至中间鼓起，色呈金黄时，取出控油，切成 12 块，装盘即成。

特点 外脆里嫩，枣香扑鼻。

174 山药锅饼

原料： 面粉 100 克、山药 100 克、白糖 100 克、鸡蛋 1 个、大油 1000 克。

制作方法

1 山药去皮洗净，上笼蒸熟，取出揭蓉。

2 炒锅上火，将白糖、山药蓉炒至上劲，冷却成馅。

3 其余操作同"葱油锅饼"。

特点 香甜脆爽，滋补佳品。

175 细沙锅饼

原料： 面粉 100 克、细沙馅 100 克、鸡蛋 1 个、大油
1000 克。

制作方法

1 面粉和鸡蛋液、清水摊成糊，在锅中摊成直径 30
厘米的圆饼，包入细沙馅心，折成长方形，粘牢

接头。

2 炒锅上火，放大油烧热，将锅饼炸至中间鼓起，色
呈金黄时取出，切成 12 小块，装盘上桌即成。

特点 外脆里嫩，香甜可口。

176 寿字蛋糕

原料： 鸡蛋 8 个、面粉 200 克、白糖 750 克、琼脂 5
克，香草精、红/蓝/黄色素各少许。

制作方法

1 将 2 个鸡蛋液和 6 个鸡蛋黄打成泡沫，加白糖 250
克，打成发蛋，徐徐加入面粉拌匀，醒置 5 分钟。

2 笼中纱布上放方形模具，倒入蛋面糊，上火蒸 15
分钟，取出冷却。

3 琼脂洗净，加水 100 克加热至溶化。再加白糖 500
克，用中火烧至挑起丝，微火保温。

4 将 6 个蛋清打成发蛋，徐徐倒入白糖液，搅拌成蛋
白糖。

5 冷却后的蛋糕切成 12 块，还原装盘内，铺一层蛋
白糖抹平。部分蛋白糖染成红色，用裱花嘴在蛋糕
表面中心裱一寿字，周围裱一罗纹形五星，五角各
裱一只小桃子。用绿色蛋白糖裱上桃叶，在周围裱
上波浪式和宝塔形花边即成。

特点 造型美观，松软香甜。

177 双喜蛋糕

原料： 面粉 200 克、白糖 750 克、鸡蛋 8 个、琼脂 5
克，香草精、红/黄/蓝色素各适量。

制作方法

1 蛋糕制法同"寿字蛋糕"。

2 将冷却后的蛋糕切成 12 块，按原状装入盘中，铺

上蛋白糖抹平。用红蛋白糖裱出"生日之喜"。用
黄色蛋白糖在上下两端各裱出两根罗纹直线，空白
处裱上小花。用绿蛋白糖在蛋糕周围裱上波浪形、
宝塔形花边即成。

特点 香甜松软，生日祝福。

178 幸福蛋糕

原料： 面粉 200 克、鸡蛋 8 个、白糖 750 克、琼脂 5
克、香草精、红/黄/绿色素适量。

制作方法

1 蛋糕制法同"寿字蛋糕"。

2 蛋糕冷却后切成 12 块，还原装入盘内。抹上蛋白
糖，在两侧四分之一处，用嫩黄色蛋白糖裱出一道
垂直的罗纹花边。用红色蛋白糖在中间裱出幸福二
字。用月牙裱花嘴在十字垂角上各裱一朵黄花或红

花。用绿色蛋白糖裱出花叶。用黄色蛋白糖裱出数条由上到下的细线，在蛋糕周围裱上锥形宝塔形花

边即成。

特点 香甜可口。

179 藕粉鸽蛋

原料： 藕粉 150 克、鸽蛋 10 个、白糖 150 克、樱桃 10 颗，熟猪油、桂花卤适量。

制作方法

1 取汤匙 10 只，抹上熟猪油，打入鸽蛋，用小火蒸熟，待用。

2 锅内放清水 500 克、白糖 150 克、桂花卤少许，烧开后冲入藕粉中，拌匀后盛入汤盘。用樱桃在汤盘中间围成一圈，鸽蛋放在樱桃四周即成。

特点 造型美观，营养丰富。

180 煎山药饼

原料： 山药 250 克、粳米粉 100 克、白糖 100 克、枣泥 150 克、素油 100 克、桂花卤少许。

制作方法

1 山药洗净、去皮、蒸熟、搌蓉，加白糖、粳米粉、桂花卤拌匀揉透，摘成 10 只剂子，分别包入 15 克

枣泥馅心，收口向下，按成圆饼形生坯。

2 平锅上火，倒入素油，排入生坯，用文火煎至两面金黄即成。

特点 外脆里嫩，营养丰富。

181 豌豆拉糕

原料： 糯米粉 200 克、青豌豆 50 克、白糖 150 克、樱桃 10 颗、香精少许。

制作方法

1 青豌豆煮熟（须保持绿色）。樱桃切成两半。

2 锅内放清水 400 克、白糖 150 克、香精少许，烧开后徐徐倒入糯米粉，不停搅拌，收劲后离火，倒入

抹过油的菱形模具中。一边按上红樱桃，一边按上豌豆，放入冰箱。

3 食用时，脱出模具，切成 20 只菱形小块，装盘上桌即成。

特点 富有嚼劲，甜香爽口。

182 萝卜丝饼

原料： 面粉 100 克、白萝卜 250 克、熟火腿丝 100 克、熟鸡肉丝 100 克、麻油 25 克、香葱 25 克、鸡蛋 3 个、素油 1000 克、精盐适量。

制作方法

1 白萝卜洗净、去皮、切成丝，加少许精盐腌制，静置后沥去水。熟火腿切丝，香葱切末。

2 萝卜丝、火腿丝、鸡肉丝、葱末、鸡蛋液、精盐拌

匀成馅心。

3 面粉加 100 克清水、鸡蛋液和成糊状。

4 取 10 只圆形模具，底部浇面糊，放 35 克馅心，再浇一层面糊。

5 平锅上火，倒入素油，五成热时，将饼下锅油炸，3 分钟后取出模具，至金黄色时，捞起刷麻油装盘即成。

特点 两面金黄，酥脆香浓。

183　水晶玻璃球

原料：澄粉 50 克、琼脂 50 克、白糖 150 克，香精、红/蓝/黄色素少许。

制作方法

1 澄粉用 50 克开水冲和、揉匀饧置 5 分钟后，各取四分之一染成红、黄、绿色，连同白色，各制成 3 朵小花。

2 炒锅上火，放清水 1000 克、白糖、琼脂、香精，待琼脂溶化，过滤后倒入 12 只放了小花（花蕊向下）的酒杯中，冷却后放入冰箱。

3 余下的琼脂水倒入大圆盘冷却。食用时将杯中半球在盘中摆成半圆形即成。

特点 色彩鲜艳，造型别致。

184　三鲜雪梨

原料：澄粉 50 克、土豆 150 克、熟火腿 75 克、熟鸡肉 50 克、面包屑 50 克、笋肉 25 克、鸡蛋 1 个、素油 500 克，虾籽、精盐、白糖、胡椒粉、淀粉各适量。

制作方法

1 熟火腿 50 克、熟鸡肉、笋肉分别切成小丁。

2 炒锅上火，先煸炒笋丁，再放入火腿丁、鸡丁、虾籽、白糖、精盐、少许水，开后用淀粉勾薄芡，盛起冷却成馅心。

3 土豆洗净、去皮、刮蓉。澄粉用 50 克开水拌和揉成团，醒置 5 分钟。

4 将土豆泥、澄粉、胡椒粉揉匀揉透，摘成 10 个剂子，包入馅心，收口向上，捏成黄梨形，插上一根用火腿做成的梨梗，沾上鸡蛋清，滚上面包屑，成为生坯。

5 油锅上火，待油温三四成热时，投入生坯，炸至金黄色时，即可装盘上桌。

特点 外酥里嫩，味道甜美。

185　雪花奶露

原料：藕粉 100 克、白糖 350 克、炼乳 50 克、琼脂 5 克、鸡蛋清 3 个、香草粉少许。

制作方法

1 鸡蛋清打成发蛋。琼脂泡软。

2 锅上火，内加清水、白糖、琼脂、香草粉，待白糖、琼脂溶化，改小火，待能拨出糖丝，倒入发蛋，成为蛋白糖。

3 锅上火，加清水 500 克、白糖 100 克和炼乳，白糖溶化后，徐徐倒入藕粉中拌匀，倒入盘中，铺上蛋白糖即成。

特点 营养丰富，甜润可口。

186 荞面神仙饼

原料：荞面 100 克、糯米粉 100 克、蜜枣 50 克、桂圆肉 50 克、白糖 200 克、鲜白果 50 克、素油 100 克。

制作方法

1 鲜白果去壳，入四成热油锅中划油至变色，捞出去皮、芯，切成碎丁。

2 蜜枣蒸软，去核切碎。桂圆肉切碎。用 100 克白糖和 3 种果料拌匀成馅心。

3 荞面、糯米粉用 100 克开水拌揉成团，分成 20 只剂子，分别包入 12 克馅心，收口向下，按成扁圆形，成为生坯。

4 锅上火，放入清水 750 克、白糖 100 克，待糖溶化后，下入生坯，至上浮时，即可装碗上桌。

特点 滑嫩甜爽，风味独特。

187 豌豆麻辣糕

原料：豌豆粉 150 克、麻油 50 克、酱油 50 克、虾米 25 克，咸萝卜干、咸胡萝卜、蒜泥汁、稀辣椒各适量。

制作方法

1 豌豆粉加 100 克清水和开，徐徐倒入锅内 500 克开水中，搅拌均匀，倒入方瓷盘待用。

2 咸萝卜干、咸胡萝卜切碎。虾米用开水浸泡后切碎。

3 将豌豆糕切成 3 厘米见方、1 厘米厚的小块，装盘内，撒上萝卜干碎、胡萝卜碎，浇上稀辣椒、蒜泥汁、麻油、酱油，拌匀即可上桌。

特点 色泽明亮，口感爽滑，夏令佳点。

188 豌豆秋叶糕

原料：豌豆粉 200 克、熟猪油 50 克、麻油 100 克、干咸菜 50 克、香葱 50 克、酱油 50 克、白糖 15 克、虾籽 5 克。

制作方法

1 豌豆粉用 15 克白糖切碎和匀，倒入 300 克开水和匀，倒方瓷盘中待用。

2 干咸菜切碎，泡去咸味，洗净沥干。香葱切碎。

3 炒锅上火，放熟猪油，炒香葱花，下咸菜碎、虾籽、白糖、酱油，少许清水，烧开盛起，作为菜馅。

4 豌豆糕用模具刻成秋叶块，用麻油煎成两面金黄，加入菜馅，装盘即成。

特点 形如秋叶，微咸香嫩。

189 窝头

原料：大酵面 350 克、玉米粉 250 克、白糖 100 克、麻油 100 克、碱液适量。

制作方法

1 将大酵面和玉米粉、白糖、麻油拌匀，加开水 100 克拌匀、揉透，醒置 10 分钟，摘成 20 只剂子，搓成圆形，收口处按一深窝，成为生坯。

2 将生坯上旺火沸水笼煮熟即成。

特点 口感香甜，入口即化。

190　玉果粉点

原料： 澄粉 400 克、豆沙馅 180 克，白糖、茶叶梗、
可可粉、大油、各色曲水适量。

制作方法

1　将 400 克澄粉以 700 克开水拌成熟面，饧置 10 分
钟，分成 10 份，染成不同颜色。

2　茶叶梗粉碎，与可可粉分别加白糖、少量大油制
成馅。

3　每个剂子分成 3 份，包入豆沙馅 6 克、茶叶梗粉、
可可粉做成各种水果形状，上笼蒸 5 分钟即熟。

特点 ▶ 形象逼真，松软香甜，营养丰富。

191　豇豆糕

原料： 面粉 1500 克、红豆 500 克、大油 100 克、白
糖 600 克、麻油适量、鲜荷叶适量、桂花卤
少许。

制作方法

1　红豆拣洗干净，用温火焖烂，用竹筛擦去豆皮，
沥干。

2　炒锅上火，放清水 750 克、白糖、大油、桂花卤，

待白糖溶化，加豆沙调匀，徐徐倒入面粉，半熟
时，倒出冷却，揉至滑糯，按成 1.6 厘米厚、 2.5
厘米宽的长条，切成 2.5 厘米长的菱形块。

3　鲜荷叶洗净，开水烫一下，放笼底，排上豆糕，上
火蒸约 10 分钟，待糕面起蜂窝时即可出笼装盘，
涂上麻油。

特点 ▶ 吃口松软，清凉香浓，夏令佳点。

192　伊府面

原料： 鸡蛋面条 100 克，虾仁、海参、火腿丝、菠菜
头各 10 克、玉兰片 5 克、大油 500 克、鸡汤
100 克，葱花、黄酒、精盐、淀粉各适量。

制作方法

1　将鸡蛋面条入开水锅煮至七八成熟，捞出沥干，冷
却后下六七成热油中炸至金黄色，捞起。

2　炒锅上火，放少许精盐、鸡汤，将炸过的面条下
锅，稍许盛入盘内。

3　炒锅上火，放少许大油炒香葱花，放虾仁、海参、
玉兰片、火腿丝、菠菜头煸炒，加鸡汤、精盐，开
后淀粉勾芡，浇面条上即成。

特点 ▶ 香咸味鲜，润滑爽口。

193　蜜汁山药饼

原料： 面粉 150 克、山药 500 克、豆沙馅 250 克、白
糖 150 克、桂花卤 50 克、大油 1000 克。

制作方法

1　山药洗净、去皮，上笼蒸烂，剁成蓉，与面粉揉匀揉
透，摘成核桃大小的剂子，包入豆沙馅，按成小圆饼。

2　油锅上火，油温七成热时，放入圆饼，炸至金黄色
捞起装盘。

3　炒锅上火，放少许清水、白糖、杜花卤，待白糖起
黏时，倒入山药饼中即成。

特点 ▶ 甜香细腻，美味爽口。

194 山药凉糕

原料：山药 500 克、白糖 250 克、面粉 150 克、豆沙馅 250 克、京糕 250 克，红/蓝/黄色素少许。

制作方法

1 将白糖 125 克染成红色，125 克染成绿色。

2 山药洗净、去皮，蒸熟后剁成泥。面粉蒸熟，和山药泥拌匀，分成 2 块。

3 一块山药泥擀成 12 厘米见方方块，涂上豆沙馅，抹平，铺上切成 0.3 厘米厚的京糕，再盖上另一块山药泥。

4 将糕坯切成 2 块，一块撒上红糖，一块撒上绿糖，均切成条，间隔排在盘中即成。

特点 红绿相间，美味可口。

195 八宝卷煎饼

原料：熟火腿 50 克、水发海参 50 克、熟虾仁 50 克、水发冬菇 25 克、熟鸡肉 25 克、净笋 25 克、蘑菇 25 克、熟鸡肫 25 克、麻油 100 克、酱油 25 克、大油 50 克、鸡蛋 11 个，葱姜酒、虾籽、精盐、胡椒粉、淀粉各适量。

制作方法

1 分别将熟火腿、水发海参、水发冬菇、熟鸡肉、熟鸡肫、净笋、蘑菇、姜、葱切成细丝。

2 炒锅上火，放大油煸炒姜葱丝、海参丝、笋丝，再放入冬菇丝、鸡丝、蘑菇丝、鸡肫丝、熟虾仁、葱

姜酒和适量清水，烧开后，加酱油、虾籽、精盐，加淀粉勾薄芡，撒上胡椒粉，盛起作为馅心备用。

3 将面粉调成原糊，煎出 10 只 15 厘米直径圆蛋皮，另 1 个鸡蛋液加水调成糊状。

4 将馅心均匀抹在蛋皮上，包成 8 厘米长、5 厘米宽的方形蛋卷。

5 平锅上火，将麻油烧至五成热，将蛋卷沾上蛋糊，排列锅中，煎至两面金黄即成。

特点 香酥鲜美，营养丰富。

196 神仙贵妃饼

原料：面粉 250 克、白糖 100 克、大油 150 克、蜜枣 50 克，瓜子仁、核桃仁、黑芝麻、香橼条、金橘各 25 克，麻油 25 克、精盐少许。

制作方法

1 100 克面粉擦成干油酥，100 克面粉调成水油面。

2 炒锅上火，放大油，八成热时将 50 克面粉炒成熟油面，待用。

3 蜜枣、金橘去核切碎。核桃仁、香橼条切碎，同放

碗中，加瓜子仁、白糖、精盐、麻油拌匀，倒入熟油面拌匀成馅心，分成 10 份。

4 水油面、干油酥分别摘成 10 个剂子，起酥后擀成长条，顺长对折，收口向下，压成扁圆形，周围滚上黑芝麻，成为生坯。

5 将生坯排入烤盘，入烤炉或烤箱，烤约 40 分钟即可上桌。

特点 香酥味甜，风味独特。

197 将军过桥饺

原料：荞面 250 克、精面 200 克、活黑鱼 1 条（约 1000 克）、白糖 20 克、大油 1000 克，葱、姜、酒、精盐、淀粉各少许。

制作方法

1 活黑鱼去鳞、鳃、内脏洗净，刮下鱼肉，切成鱼米待用。

2 炒锅上火，放大油，油温五成热时，将鱼米划油，变色后捞起沥油。锅内放葱姜末、少许清水、精盐、白糖、酒，烧开后淀粉勾芡，倒入鱼米，捞起冷却待用。

3 黑鱼皮、骨洗净，放 1000 克清水锅中，加葱、姜、酒、大油，用旺火烧至汤呈奶白色，加精盐，捞去皮、骨待用。

4 荞面、精面加开水 175 克烫成雪花面，稍冷后洒少许清水揉透，分成 60 只面剂，擀成直径 6 厘米的圆皮，包入馅心，捏成月牙饺。

5 水锅上火，烧开后下入饺子，浮起后捞入汤碗，倒入黑鱼汤即成。

特点 汤浓如乳，鲜美爽口。

198 绿豆糕

原料：绿豆粉 1500 克、白糖 250 克、糯米粉 250 克、素油 1000 克，豆沙、枣泥适量。

制作方法

1 将绿豆粉、糯米粉、白糖、素油拌均匀，用密眼筛过筛，待用。

2 笼内铺纱布，放上木制印花板的小方格，先铺层糕粉，放进豆沙或枣泥，再铺满糕粉，按实，上笼蒸熟即成。

特点 色泽深绿，肥甜酥香，夏令佳点。

199 油煎南瓜饼

原料：糯米粉 400 克、南瓜 250 克、豆沙 200 克、白糖 50 克、素油 30 克、香精少许。

制作方法

1 南瓜去籽，蒸熟去皮，擦成泥，与糯米粉、白糖、香精拌匀，上笼蒸熟，冷却揉透，分成 12 只剂

子，包入豆沙馅心，捏紧按扁成饼。

2 平锅上火，素油烧热后，排入饼煎至两面金黄即成。

特点 外香脆，里甜润，香味浓郁。

剪剪黄花秋后春

霜皮露叶护长身

——

中国维扬传统菜点大观

其他类

1 凉拌螺丝肉

主料： 净螺丝肉 200 克。

配料： 熟瘦火腿 30 克、熟净笋 30 克、水发冬菇 30 克、青蒜 30 克。

调料： 酱油、麻油、胡椒粉。

制作方法

1 净螺丝肉拣洗净，入大火开水锅内稍烫，捞出沥尽水，放盆中。

2 熟瘦火腿、熟净笋、水发冬菇洗净，切成丁，入开水锅稍烫，捞放螺丝肉上。青蒜拣洗干净，入开水锅烫熟，捞出切成丁，挤干水，放盆中，加麻油、胡椒粉，拌匀装盘，再放酱油即成。

大师指点

1 亦可用香肠丁代替火腿丁。

2 螺丝肉一烫即可，不能烫过。

3 酱油须用扬州三伏酱油，亦可改用精盐。

特点 鲜香味美，初春佳肴。

2 烩青螺

主料： 青螺肉 250 克。

配料： 熟瘦火腿 30 克、熟净笋 30 克、水发冬菇 30 克、豌豆苗 50 克。

调料： 熟猪油、绍酒、精盐、湿淀粉、胡椒粉、鸡汤。

制作方法

1 青螺肉拣洗干净，入开水锅稍烫，捞出沥尽水。

2 熟瘦火腿、熟净笋、水发冬菇洗净切成丁。豌豆苗拣洗干净。

3 炒锅上火，放鸡汤、青螺肉、火腿丁、笋丁、冬菇丁烧开，放绍酒、熟猪油，收稠汤汁，用湿淀粉勾琉璃芡，撒上胡椒粉，装盘即成。

4 炒锅上火，放熟猪油、豌豆苗、精盐煸炒至熟，沁去汤汁，四周围放青螺肉即成。

大师指点

1 火腿也可改为香肠。

2 豌豆苗也可在盘边摆成小堆。

特点 鲜韧味美，风味独特。

3 冬瓜盅

主料： 小冬瓜 1 只，重 2~3 斤。

配料： 熟鸡腿肉 400 克、熟火腿 150 克、水发绿笋 50 克、水发冬菇 30 克、水发干贝 50 克。

调料： 熟猪油、葱结、姜块、绍酒、精盐、虾籽、鸡汤。

制作方法

1 在小冬瓜绿色的一面雕刻图案然后再薄薄地刮去瓜皮，至显出绿色图案，再将瓜蒂一头修刻成波浪式或三角形做盖子，挖去瓜瓤，洗净，入开水锅焯水，捞出放冷水中沁透、沥尽水，再放入熟猪油锅，上火焐油至熟，捞出沥尽油，成冬瓜盅。

2 水发干贝放碗中，加鸡汤、葱结、姜块、绍酒，放入中火、开水的笼锅中蒸熟。

3 熟鸡腿肉切块，熟火腿切片，水发绿笋去根撕成长条、切成段，水发冬菇切成片。

4 炒锅上火，放鸡汤、鸡块、火腿片、冬菇片、绿笋段、干贝、虾籽烧开，收稠汤汁，加精盐后，倒冬瓜盅内，加上盖子，即成冬瓜盅生坯。

5 笼锅上火，放水烧开，放入冬瓜盅生坯，将其蒸熟，取出移放盘中，即可上桌。

大师指点

1 盖子应在瓜体四分之一处切开。

2 冬瓜盅焐油时，七成熟即可。

3 刻制图案可根据不同情况确定内容。

特点 造型独特，原料丰富。清淡爽口，夏令佳肴。

4 酿冬瓜

主料：冬瓜1只，重2~3斤。

配料：熟鸡脯肉150克、猪肉150克、熟火腿50克、熟净笋100克、水发冬菇50克。

调料：熟猪油、精盐、湿淀粉、虾籽、鸡汤。

制作方法

1 在冬瓜绿色一面刻出图案（花卉、山水、福字、喜字等），刮去一层薄薄的瓜皮。在白色一面开出方洞或圆洞，取出瓜瓤，洗净，入大火开水锅内焯水，捞出沥尽水，再放熟猪油锅，上火焐油至熟，捞出沥尽油。

2 熟鸡脯肉、猪肉、熟火腿、熟净笋、水发冬菇均切成丁。

3 炒锅上火，放熟猪油，将猪肉丁煸炒至熟，再放鸡丁、火腿丁、笋丁、冬菇丁煸炒几下，加鸡汤、虾籽烧开，收稠汤汁，加精盐，用湿淀粉勾芡，成为五丁馅，灌入冬瓜内，盖上盖子，成酿冬瓜生坯。

4 笼锅上火，放水烧开，放入酿冬瓜生坯略蒸，取出摆放盘中。

5 炒锅上火，放鸡汤烧开，加精盐，用湿淀粉勾芡，浇酿冬瓜上即成。

大师指点

1 盖子应在瓜体四分之一处切开。

2 冬瓜焐油时，七成熟即可。

3 刻制图案可根据不同情况确定内容。

特点 清淡鲜嫩，造型美观。

5 酿瓠子

主料：瓠子1000克。

配料：去皮五花肉500克、鸡蛋1个。

调料：熟猪油、葱姜汁、绍酒、酱油、白糖、干淀粉、湿淀粉、鸡汤。

制作方法

1 将瓠子刮去外皮，切成2寸长段，从一端去尽瓜瓤，另一端不可破裂。

2 去皮五花肉洗净、刮成蓉，放入盆内，加绍酒、葱姜汁、鸡蛋、酱油、白糖、干淀粉，制成肉馅，填入瓠子，抹平成为酿瓠子生坯。

3 炒锅上火，放熟猪油，待油四成热时，将酿瓠子生坯入锅焐油至熟，捞出沥尽油，整齐地摆放碗中。

4 笼锅上火，放水烧开，放入酿瓠子生坯，将其蒸熟蒸透，取出翻身入盘，沁去汤汁。去扣碗。

5 炒锅上火，放鸡汤烧开，加酱油、白糖，用湿淀粉勾琉璃芡，浇在酿瓠子上即成。

大师指点

1 肉馅不宜过稀。

2 瓠子段须粗细一致。

特点 鲜嫩味美，咸中微甜。

6 酿茄子

主料： 茄子 500 克。

配料： 猪肉 200 克、虾仁 100 克、鸡蛋 1 个。

调料： 熟猪油、葱姜汁、绍酒、精盐、酱油、白糖、干淀粉、湿淀粉、鸡汤。

制作方法

1. 茄子去皮，切成 2 寸长段，从一端去尽瓤，另一端不可破，洗净。
2. 猪肉、虾仁洗净，刮成蓉，放盆内，加葱姜汁、绍酒、鸡蛋、干淀粉、精盐制成馅，灌入茄子，抹平，成为酿茄子生坯。
3. 炒锅上火，放熟猪油，待油四成热时，将酿茄子生坯焐油至熟，捞出沥尽油，摆放碗内。
4. 笼锅上火，放水烧开，放入酿茄子生坯，将其蒸熟蒸透，取出翻身入盘，泌去汤汁，去扣碗。
5. 炒锅上火，放鸡汤、汤汁烧开，加酱油、白糖，用湿淀粉勾琉璃芡，放熟猪油，倒至酿茄子上，即成。

大师指点

1. 茄子段须大小、粗细一致。
2. 虾肉馅不宜过稀。

特点 香鲜细嫩，美味可口。

7 酿丝瓜

主料： 丝瓜 500 克。

配料： 熟火腿 50 克、熟鸡肉 50 克、猪精肉 50 克、熟净笋 50 克、水发冬菇 50 克、虾仁 80 克、鸡蛋清 1 个。

调料： 熟猪油、葱姜汁、精盐、干淀粉、湿淀粉、虾籽、鸡汤。

制作方法

1. 丝瓜刮去外皮，切 2 寸长段，从一端去尽瓜瓤，另一端不可破裂，洗净，放入大火开水锅内焯水，捞出沥尽水，放入四成热的熟猪油锅内，焐油至熟，捞出沥尽油。
2. 将熟火腿、熟鸡肉、猪精肉、熟净笋、水发冬菇均切成小丁，成为五丁。
3. 虾仁洗净、挤干、刮成蓉，放盆内，加葱姜汁、鸡蛋清、干淀粉、精盐制成虾馅。
4. 炒锅上火，放熟猪油，将猪肉丁煸熟，放火腿丁、鸡肉丁、笋丁、冬菇丁、鸡汤、虾籽烧开，收稠、收干汤汁，用湿淀粉勾芡，成五丁馅。
5. 将五丁馅灌入丝瓜，用虾馅封口，成酿丝瓜生坯。
6. 笼锅上火，放水烧开，放入酿丝瓜生坯，将其蒸熟蒸透，取出整齐地摆放在盘中。
7. 炒锅上火，放鸡汤烧开，加精盐，用湿淀粉勾琉璃芡，放熟猪油，倒至酿丝瓜上即成。

大师指点

1. 丝瓜段须粗细、大小均匀。
2. 蒸透即可，不要蒸过。

特点 软嫩香鲜，美味爽口。

8 绣球干贝

主料： 干贝 100 克。

配料： 虾仁 200 克、熟猪肥膘肉 100 克、熟瘦火腿丝 30 克、熟笋丝 30 克、水发冬菇丝 30 克、熟蛋皮丝 30 克、青菜叶丝 30 克。

调料：熟猪油、葱姜汁、葱结、姜块、绍酒、精盐、干淀粉、湿淀粉、鸡汤。

制作方法

1 干贝泡发开，放碗内，加葱结、姜块、绍酒、水，放入中火开水的笼锅中蒸熟，中途换水3次，泌去汤汁，去老肉后，撕成丝。

2 虾仁洗净，挤干水，刮成蓉。熟猪肥膘肉刮成蓉。同放盆内，加鸡蛋清、葱姜汁、绍酒、干淀粉、精盐，制成虾馅，再放干贝丝拌匀，成干贝虾馅。

3 将熟瘦火腿丝、水发冬菇丝、熟笋丝、熟蛋皮丝、青菜叶丝等拌匀，成五丝。

4 干贝虾馅抓成小圆子，滚满五丝，成绣球干贝生坯。

5 笼锅上火放水烧开，放入绣球干贝生坯，将其蒸熟取出，整齐地摆放盘中。

6 炒锅上火，放鸡汤烧开。加精盐，用湿淀粉勾米汤芡，浇熟猪油，倒至绣球干贝上即成。

大师指点

1 五丝须粗细、长短一致。

2 虾馅须略厚。

特点 ▸ 造型美观，香鲜细嫩。

---

9 桂花干贝

主料：干贝50克。

配料：虾仁150克、熟火腿末20克、鸡蛋4个。

调料：熟猪油、葱姜汁、葱结、姜块、绍酒、精盐、干淀粉。

制作方法

1 干贝洗净，放水中泡开，再放碗内，加葱结、姜块、绍酒、水，上中火开水笼锅中蒸熟，中途换水3次，取出泌下汤汁，去除老肉，撕成丝。

2 虾仁洗净、挤干水、刮成蓉，加鸡蛋（4个）、葱姜

汁、绍酒、精盐制成虾蛋馅，加干贝丝拌匀，成为桂花干贝生坯。

3 炒锅上火，辣锅冷油，放入桂花干贝生坯，将其炒熟，装入盘内，撒上熟火腿末即成。

大师指点

桂花干贝下锅炒时，要正确地掌握火候，不能炒成蛋块而是呈嫩桂花形。

特点 ▸ 形似桂花，滑嫩香鲜。

---

10 炒三鲜

主料：猪胸条肉100克。

配料：虾仁80克、猪腰1只（约150克）、熟净笋50克、红椒1只、鸡蛋清1个。

调料：花生油、葱白段、绍酒、精盐、酱油、白糖、干淀粉、湿淀粉、醋、麻油。

制作方法

1 猪胸条肉洗净、批切成柳叶片。虾仁洗净、挤干，同放盆内，加鸡蛋清、精盐、干淀粉上浆。猪腰剖开，去尽腰臊，剞上直刀（深达三分之二），再批切成鸡冠形片。

2 熟净笋切成片，红椒去籽、洗净、切片。葱白段切

成雀舌葱。

3 炒锅上火，辣锅冷油，分别放入猪胸条肉、虾仁、猪腰划油至熟，倒入漏勺沥尽油，为三鲜。

4 炒锅上火，烧辣，放花生油、红椒片稍炒，放入雀舌葱、笋片，煸炒成熟，加酱油、白糖，用湿淀粉勾芡，倒入三鲜，炒拌均匀，浇醋、麻油，装盘即成。

大师指点

三鲜划油时，按以下顺序：先放虾仁，再放猪胸条肉，最后放腰片。

特点 ▸ 软嫩香鲜，咸中微甜。

11 菊花火锅

主料： 白菊花 1 朵。

配料： 生鸡脯肉片 100 克、生野鸡脯肉片 100 克、生野鸭脯肉片 100 克、生鸡肫片 100 克、生猪腰片 100 克、生鳜鱼肉片 100 克、大虾仁 100 克、生枚条肉片 100 克、咸金钢脐 2 只、麻油馓 100 克、锅巴 100 克、干粉丝 100 克、菠菜心 100 克、雪里蕻 100 克、熟净笋片 100 克、香菜 100 克。

调料： 花生油、精盐、百花酒、胡椒粉、虾籽、高级清鸡汤。

制作方法

1 将生鸡脯肉片、生野鸡脯肉片、生野鸭脯肉片、生鸡肫片、生猪腰片、生鳜鱼肉片、大虾仁、生枚条肉片分别放碗内，加百花酒、精盐，拌匀入味，分别整齐摆放在盘内（以上八种原料称为八生片）。

2 咸金钢脐掰成 10 块，麻油馓去两头，切成 2~2.5 寸长段，锅巴掰成小块，干粉丝切成段。

3 炒锅上火，放花生油，分别将金钢脐、麻油馓、锅巴、粉丝炸熟、炸脆，捞出沥尽油，分放盘内（以上四种原料称为四茶食）。

4 白菊花、菠菜心洗净。雪里蕻洗净、切段。熟净笋片洗净，分别装盘中（以上四种原料称为四蔬菜）。

5 炒锅上火，放高级清鸡汤、虾籽烧开，加精盐，倒菊花火锅内，点燃锅中酒精，香菜和各种原料上桌，食客根据自身需要，烫熟食用。

6 带胡椒粉一小碟上桌。

大师指点

各种原料均须清理干净，各种片、段、块大小相对一致。

特点 口感丰富，冬令佳肴。

注：扬州人称油炸金钢脐为虎爪，油炸麻油馓为虎筋，油炸锅巴为虎皮。

12 什锦火锅

主料： 油发鱼肚 80 克。

配料： 熟火腿片 50 克、熟鸡脯肉片 50 克，虾仁 50 克、熟肫片 50 克、油炸肉圆 10 个、油炸虾圆 10 个、水煮鱼圆 10 个、熟净笋片 50 克、水发冬菇片 50 克、黄芽菜段 100 克、水发粉丝 50 克、鸡蛋清 1 个。

调料： 熟猪油、精盐、干淀粉、虾籽、鸡汤、石碱。

制作方法

1 油发鱼肚泡软，批切成片，用碱水洗去油污，清洗几次，泡去碱味，捞出挤干。

2 虾仁洗净，挤去水分，用精盐、鸡蛋清、干淀粉上浆。

3 黄芽菜切成 1 寸长、8 分宽的段，焯水，捞出、沥尽水。

4 火锅底放水发粉丝、黄芽菜段、鱼肚片，上面整齐摆放熟鸡脯肉片、熟肫片、油炸肉圆、油炸虾圆、水煮鱼圆、熟净笋片、水发冬菇片，再间隔摆放熟火腿片、炒熟的虾仁，成为什锦火锅。

5 炒锅上火，放鸡汤、虾籽烧开，加精盐，倒入火锅加盖。点燃火锅淋少许熟猪油烧开后，即可上桌。

大师指点

各种原料均须清理干净，各种片、段、块大小相对一致。

特点 鲜嫩香浓，口感多样。

13 砂锅什锦

主料： 油发鱼肚 80 克。

配料： 熟火腿片 50 克、熟鸡肉丝 50 克、虾仁 50 克、熟肫片 50 克、油炸肉圆 10 个、油炸虾圆 10 个、水煮鱼圆 10 个、熟净笋片 50 克、水发冬菇片 50 克、青菜心 6 棵、鸡蛋清适量。

调料： 熟猪油、精盐、酱油、干淀粉、虾籽、鸡汤、石碱。

制作方法

1 油发鱼肚泡软，批切成片，用碱水洗去油污，清洗几次，泡去碱味，捞出挤干。

2 炒锅上火，放水烧开，将青菜心焯水至熟，捞入冷水中泌透，取出挤干水。

3 砂锅底放上鱼肚片，上面分别整齐摆放熟鸡肉丝、油炸肉圆、水煮鱼圆、油炸虾圆、熟净笋片、熟肫片、水发冬菇片，间隔放青菜心、熟火腿片，成为砂锅什锦生坯。

4 虾仁洗净、挤干水放入盆内，加精盐、鸡蛋清、干淀粉上浆。

5 炒锅上火，放鸡汤、虾籽烧开，加熟猪油，入什锦砂锅中。砂锅上火，烧开，放少量酱油（呈牙黄色），加精盐，移放盘中。

6 炒锅上火，放熟猪油，将虾仁炒熟，放什锦砂锅中，加盖上桌即成。

大师指点

砂锅上桌，掀开盖子须确保汤汁翻滚。

特点 营养丰富，口感多样。

14 烧杂烩

主料： 油发肉皮 100 克。

配料： 油炸肉圆 10 个、油炸虾圆 10 个、水煮鱼圆 10 个、熟五花肉片 50 克、熟鸡肉片 50 克、熟净笋片 50 克、虾仁 50 克、水发木耳 10 克、熟猪肚片 50 克、鸡蛋清青菜心适量。

调料： 熟猪油、精盐、酱油、干淀粉、湿淀粉、虾籽、鸡汤、石碱。

制作方法

1 油发肉皮用冷水泡透，批切成大片，放入盆中，加碱水洗去油污，再反复用水漂去碱味，捞出挤干。

2 虾仁洗净，挤干水，放入盆内加精盐、鸡蛋清、干淀粉上浆。

3 青菜心洗净、焯水，用冷水泌透。

4 炒锅上火，放鸡汤、虾籽、熟五花肉片、油炸肉圆、水煮鱼圆、油炸虾圆、熟猪肚片、熟鸡丝、水发木耳烧开，加熟猪油、青菜心，收稠汤汁，加精盐、少许酱油呈牙黄色，用湿淀粉勾琉璃芡，起锅装盘。

5 炒锅上火，放熟猪油，将虾仁炒熟，倒杂烩上即成。

大师指点

此菜亦称为"烧什锦""全家福"。

特点 口感多样，软嫩香醇。

编委会成员简介

张延年

江苏省烹饪研究所兼职副研究员，扬州师范学院历史系兼职副教授，现任扬州市烹饪研究会名誉会长、扬州市天海职业技术学校董事。主要从事烹饪理论研究，出版了《调鼎集》《养生炖补》和系列丛书《厨师学艺》《舌尖上的乡情——南北家乡菜》等作品，是《中国烹饪词典》主要编写人之一。在从事教育工作六十余年间，先后筹建创办了扬州商业技工学校、扬州市英才烹饪技工学校、扬州市天海职业技术学校。

石顺明

扬州市烹饪研究会名誉副会长，高级实习指导教师，特级烹调师。历任扬州商业技工学校（现江苏省旅游职业学院）实习饭店主任、实习指导科科长。多年来一直从事烹饪和烹饪教育工作，精通维扬菜肴的制作工艺。在《中国烹饪》等杂志、报纸发表过《扬州蛋炒饭》《扬州瓜刻》《端午时节十二红》等十余篇文章。

顾正阳

特级烹调技师、扬州名厨。从事维扬菜肴制作数十年。先后在江苏省交际处、南京饭店、扬州市政府第二招待所工作。曾担任膳食科股长、行政总厨等职务。

马月清

特级烹调师，从事烹饪工作四十余年。先后在扬州市第二招待所、中国驻纳米比亚大使馆、国务院办公厅小餐厅工作。曾获得扬州市级机关创新菜点大奖赛冷拼一等奖、热菜三等奖。

胡夏陵

中国烹饪协会会员，特级烹调师。多次参加江苏省、扬州市烹饪比赛，获得一等奖和标兵称号。入选《中华烹饪名人大典》。

张建敏

扬州市烹饪研究会会长，国家特级烹调师，淮扬菜名师。1981年毕业于江苏省扬州商业技工学校，在政府接待部门工作40余年，曾任厨师长和餐饮经理。曾在中国驻美使领馆从厨，澳门回归时，主厨"澳门回归宴"，并多次接待国家级领导人。

胡桂林

维扬素菜制作大师，从事烹饪工作数十年。先后在国防科委七院五所、上海五〇二厂、扬州小觉林素菜馆、扬州广陵酒楼、扬州东园饭店等单位从厨。

姚庆功

高级技师、高级实习指导师，国家职业技能竞赛裁判员、金牌教练员，全国餐饮业评委。江苏旅游职业学院原机关党总支书记。从事烹饪教学工作40余年，发表专业论文上百篇，主持国家级课题1个、省级课题2个，参与其他不同级别的课题若干。40余年的教学生涯中荣获多项殊荣，现为"资深级中国烹饪大师""江苏功勋烹饪大师""淮扬菜烹饪大师""扬州工匠"；被扬州市科教文卫系统评为"爱岗敬业标兵""师生楷模"；2014年被评为"全国职业院校技能大赛优秀工作者"，2014年至今，连续十年在全国院校技能大赛中被评为"全国职业院校技能大赛烹饪大赛优秀指导教师""江苏省高校优秀党务工作者"。

陈恩德

出身于扬州烹饪世家，四代从厨，16岁入行。中国烹饪大师、国家劳动和社会保障部餐饮业一级裁判员、全国餐饮业国家一级评委、"淮扬菜之乡"烹饪大师、淮扬面点大师、江苏省非物质文化遗产扬州（三把刀）传承人、冶春餐饮股份有限公司技术总顾问，业内公认的淮扬面点传承"头块牌子"。他为淮扬菜的发扬光大作出了重要贡献，为"淮扬四大名厨"之一。

姜传水

　　1961 年出生，1981 年于江苏省扬州商业技工学校烹饪专业毕业，电大中文专业毕业。中国烹饪大师、江苏省烹饪大师、中国淮扬菜烹饪大师。自 1985 年始，任扬州市政府第二招待所餐厅厨师长。1990 年后，任招待所膳食部副主任兼厨师长。1995 年赴德国工作。1999 年调扬州市政府机关后勤服务中心，主理和苑楼餐厅。2004 年受国务院中直机关邀请，进京为中央领导服务。2000 年，代表扬州市机关事务管理局参加江苏省人事厅、江苏省烹饪协会和江苏省机关事务管理局举办的"乡土杯"烹饪大赛并获得金奖。退休前任扬州市机关事务管理局机关生活服务中心副主任、餐饮总监。

鞠福明

　　扬州市烹饪研究会名誉副会长、理事，高级实习指导教师、高级烹调师、淮扬菜名师。1987 年调入江苏省商业专科学校（即如今的扬州大学旅游烹饪学院），长期担任实践教学工作。在教学期间，撰写了《银杏的食疗保健》《烹饪工艺实践过程中下脚料管理》《烹饪过程中绿色蔬菜的保护》等文章，参与中国纺织出版社有限公司出版的尚锦文化高手系列 6《素菜高手》的编写工作。